Le projet de logements collectifs

Le projet de logements collectifs

Besoins, programme, acteurs, économie

Michel Platzer
Ingénieur civil des Ponts et Chaussées,
anciennement responsable du développement durable d'Icade

EDITIONS
LE MONITEUR

Pour nous contacter :
Éditions du Moniteur
20, rue des Aqueducs
94250 Gentilly
editionsdumoniteur@infopro-digital.com

Directrice des éditions : Claire de Gramont
Directeur éditorial : Thierry Kremer
Éditrice : Claire Maillochon
Édition et coordination des illustrations : Alain Bouteveille
Réalisation de la couverture : STDI (Charlène Pineau)
Mise en pages : STDI (Clémentine Tesnières)
Réalisation des illustrations : STDI (Julie Kroschwald et Shishu Vilmain)
Fabrication : Anne-Lise Gonnet

Illustrations de couverture : © Adobe Stock, eric.rodriguez (haut gauche), sambath (haut droite)

Photographie de couverture : © Adobe Stock, slavun (bas)

ISBN papier : 978-2-281-14788-9
ISBN numérique : 978-2-281-14789-6
1re édition, 1er tirage

Sommaire

Sigles et acronymes

Alur (loi)	Loi pour l'accès au logement et un urbanisme rénové
AMO	Assistant au maître d'ouvrage
Anah	Agence nationale de l'habitat
Ancols	Agence nationale de contrôle du logement social
Anil	Agence nationale pour l'information sur le logement
APL	Aide personnalisée au logement
BRS	Bail réel solidaire
CCH	Code de la construction et de l'habitation
CCP	Code de la commande publique
Cerema	Centre d'études et d'expertise sur les risques, l'environnement, la mobilité et l'aménagement
CGI	Code général des impôts
CG3P	Code général de la propriété des personnes publiques
CSP	Code de la santé publique
CSTB	Centre scientifique et technique du bâtiment
Cofrac	Comité français d'accréditation
CPI	Contrat de promotion immobilière
Dalo	Droit au logement opposable
DCE	Dossier de consultation des entreprises
DHUP	Direction de l'habitat, de l'urbanisme et des paysages
ELAN (loi)	Loi portant évolution du logement, de l'aménagement et du numérique
FDES	Fiche de déclaration environnementale et sanitaire
HBM	Habitations bon marché
HSP	Hauteur sous plafond
ICPE	Installation classée pour la protection de l'environnement
Insee	Institut national de la statistique et des études économiques
LOM	Loi d'orientation des mobilités
LTCEV	Loi relative à la transition énergétique pour la croissance verte
Mapa	Marché à procédure adaptée
M€	Millions d'euros
Md€	Milliards d'euros
MIQCP	Mission interministérielle pour la qualité des constructions publiques
MOLLE (loi)	Loi de mobilisation pour le logement et la lutte contre l'exclusion
MOP (loi)	Loi relative à la maîtrise d'ouvrage publique et à ses rapports avec la maîtrise d'œuvre privée
OFS	Organisme de foncier solidaire
OHLM	Organisme d'habitations à loyer modéré
OLS	Organisme de logement social
PAS	Prêt d'accession sociale
PEMD	Produits, équipements, matériaux, déchet
PLAI	Prêt locatif aidé d'intégration
PLU	Plan local d'urbanisme
PLUS	Prêt locatif à usage social
PNLHI	Pôle national de lutte contre l'habitat indigne
PSLA	Prêt social location-accession
PTZ	Prêt à taux zéro
Puca	Plan urbanisme construction architecture

QPV	Quartiers prioritaires relevant de la politique de la ville
RE 2020	Réglementation environnementale 2020
RSD	Règlement sanitaire départemental
SDES	Service des données et études statistiques
SDP	Surface de plancher
SGPE	Secrétariat général de la planification écologique
Shab	Surface habitable
Shob	Surface hors œuvre brute
Shon	Surface hors œuvre nette
SIS	Secteur d'information sur les sols
SRU (loi)	Solidarité et renouvellement urbains
SU	Surface utile
USH	Union sociale pour l'habitat
Véfa	Vente en l'état futur d'achèvement
ZAN	Zéro artificialisation nette des sols

Remerciements

Les auteurs remercient Cécile Granier, ingénieure de l'École spéciale des travaux publics (ESTP), directrice Conseil et Expertises d'ARTELIA, qui a porté un regard amical et constructif sur la création de cet ouvrage, et plus directement sur les chapitres réglementation incendie, accessibilité et certifications.
Merci également à David Bruchon, ingénieur de l'École nationale supérieure des technologies et industries du bois d'Épinal (ENSTIB), directeur Ingénierie de GA Smart Building, pour ses conseils éclairés sur le logement bas carbone.
Merci enfin à Michel Amzallag pour sa relecture attentive du chapitre sur l'équilibre économique de l'opération de logements sociaux.

PARTIE 1

Contours du projet

1

Logements collectifs et individuels, sociaux et libres, propriétaires et locataires

1.1 Le logement en quelques chiffres

Une note de la Cour des comptes datant de 2023[1] proposait une synthèse quantitative du logement en France :
- 37,4 millions de logements en 2021 pour 67 millions d'habitants ;
- 57,7 % des ménages étaient propriétaires de leur résidence principale en 2021 ;
- en 2019, la taille moyenne des ménages par résidence principale était de 2,19 personnes, contre 3,08 personnes en 1968 ;
- 38,2 Md€ de moyens publics consacrés au logement en 2021, soit 1,5 % du produit intérieur brut, dont 13,7 Md€ de dépenses fiscales ;
- 6 millions de ménages, sur un total de 31,4 millions[2], étaient bénéficiaires d'aides au logement ;
- 5,3 millions de ménages disposaient d'un logement social ;
- plus de 2 millions de demandes de logement social étaient en attente à fin 2021[3], dont 750 000 formulées par des demandeurs déjà locataires du parc social, pour environ 450 000 attributions annuelles ;
- moins de 8 % de rotation annuelle des occupants du parc social en 2020, contre plus de 10 % en 2011 ;
- en 2021, 17 % des résidences principales étaient des « passoires thermiques », c'est-à-dire classées F et G.

Une comparaison européenne (fig. 1.1) place la France en milieu de tableau. Malgré un parc de logements important,

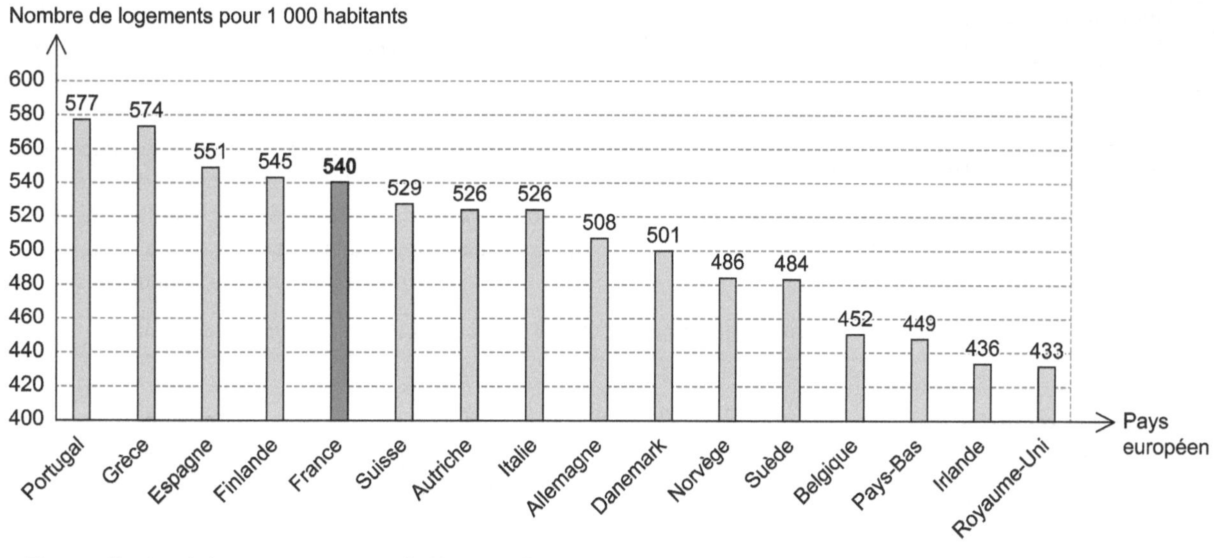

▲ **Fig. 1.1.** Nombre de logements pour 1 000 habitants en Europe

(sources : Organisation de coopération et de développement économiques (OCDE), données reprises par le Laboratoire économique du logement (LABEL), cellule économique de la Fnaim, étude « Le logement en France et en Europe. Année 2019 », mai 2020) la demande reste forte, notamment à cause de la réduction de la taille des ménages : le besoin en logements peut augmenter sans que la population ne croisse. Accéder à la propriété (actuellement une moitié de propriétaires), loger les plus démunis – le logement social représente 14 % du parc –, répondre à l'enjeu de l'impact carbone du secteur du bâtiment, autant de défis qui interrogent tant les professionnels que les pouvoirs publics.

Le parc français est le second plus important d'Europe avec 35,7 millions de logements au 1er janvier 2019 (37,4 millions au 1er janvier 2022), derrière l'Allemagne qui en compte 42 millions. Rapportés à leur nombre d'habitants, les parcs portugais et grecs sont en tête, avec respectivement 577 et 574 logements pour 1 000 habitants en 2019. Les écarts s'expliquent par la démographie, le nombre de résidences secondaires et de logements vacants et le type d'habitat de chaque pays.

1.2 Qui occupe les logements ?

Pour comprendre les chiffres du logement, il faut distinguer les objets physiques (les logements) de leurs occupants. Si en 2021 la France comptait 37,4 millions de logements, 18 % d'entre eux étaient partiellement ou totalement inoccupés, répartis en 10 % de résidences secondaires et 8 % de logements vacants. Seuls 30,5 millions de logements avaient donc une fonction d'habitat au sens de résidence principale (tab. 1.1 et tab. 1.2).

▼ **Tab. 1.1.** Pourcentage de ménages vivant en appartement ou maison en 2021, en fonction du statut d'occupation du logement

(source : coordination de Béatrice Boutchnenik, « DataLab. Logement construction. Chiffres clés du logement. Édition 2022 », Service des données et études statistiques (SDES) pour le ministère de la Transition écologique et de la Cohésion des Territoires, juillet 2022)

Statut d'occupation du logement	**Pourcentage de ménages vivant en**	
	appartement	***maison individuelle***
Propriétaires	20	80
Locataires	78	22

La première image de la France du logement est donc celle de deux groupes presque homogènes : des propriétaires de maisons individuelles et des locataires d'appartements. Ces deux groupes s'insèrent dans des logiques géographiques différentes[4] :

– les propriétaires occupants sont surreprésentés hors des agglomérations : 78 % des ménages habitant une commune rurale sont des propriétaires occupants, contre 50 % en agglomération. Ainsi, les départements caractérisés par une forte présence de propriétaires occupants sont majoritairement ruraux et possèdent des pôles urbains mineurs ;

– les logements du parc locatif privé se situent principalement au sein de grandes agglomérations : 62 % d'entre eux se trouvent dans une unité urbaine de plus de 100 000 habitants ;

– le parc locatif social est essentiellement situé en milieu urbain : 91 % du parc est localisé en agglomération. L'Île-de-France regroupe, à elle seule, 21 % des logements sociaux de France. Le parc social est également fortement implanté dans le nord de la France, notamment dans les Hauts-de-France et en Normandie, où il représente plus de 20 % du parc total de logements.

1.3 Logements collectifs et maisons individuelles

Au-delà des tendances générales, collectif et individuel sont dans la pratique souvent imbriqués. Des immeubles collectifs poussent dans les petites agglomérations, et les pavillons de banlieue représentent autant de pépites pour les jeunes couples urbains. Acquérir une maison plutôt qu'un appartement reste le projet favori d'une grande majorité des locataires[5]. La maison serait ainsi désirée, et l'appartement subi. Au-delà des préférences des habitants, le débat entre logement individuel et logement collectif se développe également chez les responsables politiques et les aménageurs du territoire, à toutes les échelles. Les détracteurs de la maison choisissent le plus souvent comme angle d'attaque l'impact environnemental négatif de sa croissance, alors que les critiques du collectif s'attachent davantage à

▼ **Tab. 1.2.** Répartition des ménages en appartements et maisons en 2021, en fonction du statut d'occupation du logement

(source : *ibid.*)

Statut d'occupation du logement	**Ménages vivant en (millions)**		**Total des ménages (millions)**
	appartement	***maison individuelle***	
Propriétaires	3,5	14,1	17,6
Locataires du parc privé	5,6	1,9	7,5
Locataires du parc social	4,4	0,9	5,3

ses conséquences sur les personnes. Ainsi, lorsque dans les années 1970 les périphéries des grandes métropoles françaises se couvraient de lotissements à la mode californienne, les détracteurs de la maison évoquaient déjà la « pollution horizontale ». En 2023, Emmanuelle Wargon, alors ministre en charge du logement, qualifia même la maison individuelle de « non-sens écologique », créant une polémique. Les critiques de l'habitat collectif se focalisent, elles, sur son inadaptation supposée aux attentes des usagers. Les qualificatifs foisonnent, de la « caserne » aux « cages à lapin » dans lesquelles chaque occupant ne serait qu'un numéro parmi d'autres.

Comme le montre la figure 1.2, qui couvre 40 ans d'autorisations de constructions, les deux modèles, collectif et individuel, se répartissent le volume global d'autorisations à peu près à égalité, avec chacun autour de 200 000 autorisations par an. Les inversions de tendance sont régulières, la dernière étant en faveur du collectif.

Les logements autorisés sont ceux dont le permis de construire a été obtenu ; cela ne prend en compte ni les logements en construction ni ceux qui ont été livrés. Les logements en résidence concernent les résidences pour les étudiantes, pour les personnes âgées, etc.

S'agissant de l'ensemble des logements ou des résidences principales, l'équilibre 45/55 en faveur de la maison individuelle semble bien installé dans le paysage français (tableau 1.3). En France métropolitaine, l'accroissement net du parc de logements a été beaucoup plus rapide que celui de la population (tableau 1.4) : 52,4 % contre 19,4 %[6].

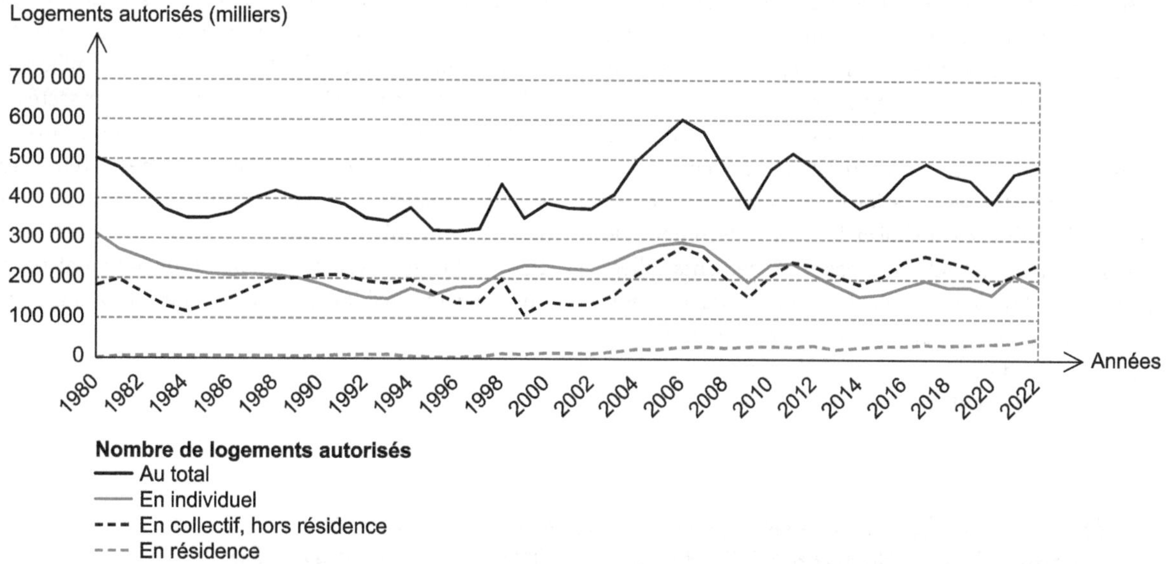

▲ **Fig. 1.2.** Autorisations annuelles de construction de logements collectifs et individuels de 1980 à 2022 (sources : J.-C. Driant ; SDES, Sit@del2, estimations sur les données arrêtées à fin mai 2023, publication de fin juin 2023)

ZOOM ACCROISSEMENTS NET ET BRUT

L'accroissement net correspond à la différence entre constructions et démolitions, tandis que l'accroissement brut correspond aux seules constructions.

▼ **Tab. 1.3.** Évolution de la répartition entre logements individuels et collectifs en France de 2004 à 2023 (source : Comptes du logement 2023, SDES)

<table>
<tr><th colspan="2"></th><th>2004</th><th>2013</th><th>2020</th><th>2021</th><th>2022</th><th>2023</th></tr>
<tr><td colspan="2">Nombre total de logements (milliers)</td><td>31 031</td><td>34 415</td><td>36 883</td><td>37 180</td><td>37 497</td><td>37 818</td></tr>
<tr><td rowspan="2">Pourcentage de logements</td><td>individuels</td><td colspan="3">56</td><td colspan="3">55</td></tr>
<tr><td>collectifs</td><td colspan="3">44</td><td colspan="3">45</td></tr>
<tr><td rowspan="2">Pourcentage de résidences principales</td><td>individuelles</td><td colspan="2">57</td><td colspan="4">56</td></tr>
<tr><td>collectives</td><td colspan="2">43</td><td colspan="4">44</td></tr>
</table>

▼ **Tab. 1.4.** Évolutions de la population et du parc de logements entre 1982 et 2020 en France métropolitaine (en milliers)
(sources : Insee et SDES pour le ministère de la Transition écologique et de la Cohésion des territoires, estimations annuelles du parc de logements au 1er janvier 2020)

Année ou évolution	Population (1)	Résidences principales (2)	Résidences secondaires (3)	Logements vacants (4)	Logements (2 + 3 + 4)	Taille moyenne des ménages (1)/(2)
1982	**54 335**	19 542	2 260	1 850	23 652	2,8
2020	**64 898**	29 460	3 597	2 998	36 055	2,2
2020/1982	**19,4 %**	50,8 %	59,2 %	62,1 %	52,4 %	– 0,6

1.4 Logement et habitat

La critique contemporaine du logement collectif, qui n'est pas étrangère au tropisme en direction de la maison individuelle, trouve une de ses causes dans la confusion entre habitat et logement, portée notamment par le Mouvement moderne en architecture – le logement y est décrit comme une « machine à habiter », célèbre expression attribuée à l'architecte Le Corbusier – et a conduit les décideurs, urbanistes et architectes de la période des grands ensembles du milieu du XXe siècle à choisir le modèle technique de la construction industrielle de masse de logements collectifs, qui permettait de construire beaucoup et rapidement. La pensée de l'époque pouvait se résumer à « pour donner à chacun un habitat, construisons le plus vite possible le maximum de logements possibles ».

Cependant, le logement n'est qu'une composante de l'habitat, sa coquille. La définition d'un habitat que donne le dictionnaire en ligne Le Robert est celle d'un « milieu géographique propre à la vie d'une espèce animale ou végétale » ou d'un « mode d'organisation et de peuplement par l'homme du milieu où il vit »[7]. Pendant des millénaires, les humains, à la manière des animaux et des insectes, ont habité leur environnement, puisant en général dans leurs ressources proches les matériaux destinés à l'édification de leurs maisons. On construisait une maison (house) mais on habitait son foyer (home). Dans les années 1950, Heidegger avait estimé que tout bâtiment pouvait constituer une habitation, autant voire davantage qu'un logement.

ZOOM EXTRAIT DE LA CONFÉRENCE DE 1951 « *BAUEN, WOHNEN, DENKEN* » (« CONSTRUIRE, HABITER, PENSER ») DE MARTIN HEIDEGGER (1889-1976)

Nous ne parvenons, semble-t-il, à l'habitation que par le « bâtir ». Celui-ci, le bâtir, a celle-là, l'habitation, pour but. Toutes les constructions, cependant, ne sont pas aussi des habitations. Un pont, le hall d'un aéroport, un stade ou une centrale électrique sont des constructions, non des habitations ; une gare ou une autoroute, un barrage, la halle d'un marché sont dans le même cas. Pourtant ces constructions rentrent dans le domaine de notre habitation : domaine qui dépasse ces constructions et qui ne se limite pas non plus au logement. L'homme du tracteur devant ses remorques se sent chez lui sur l'autoroute, mais il n'y loge pas ; l'ouvrière se sent chez elle dans la filature, pourtant elle n'y a pas son habitation ; l'ingénieur qui dirige la centrale électrique s'y trouve chez lui, mais il n'y habite pas. Ces bâtiments donnent une demeure à l'homme. Il les habite et pourtant il n'y habite pas, si habiter veut dire seulement que nous occupons un logis. À vrai dire, dans la crise présente du logement, il est déjà rassurant et réjouissant d'en occuper un ; des bâtiments à usage d'habitation fournissent sans doute des logements, aujourd'hui les demeures peuvent même être bien comprises, faciliter la vie pratique, être d'un prix accessible, ouvertes à l'air, à la lumière et au soleil : mais ont-elles en elles-mêmes de quoi nous garantir qu'une habitation a lieu ? Quant aux constructions qui ne sont pas des logements, elles demeurent toutefois déterminées à partir de l'habitation, pour autant qu'elles servent à l'habitation des hommes. Habiter serait ainsi, dans tous les cas, la fin qui préside à toute construction. Habiter et bâtir sont l'un à l'autre dans la relation de la fin et du moyen. Seulement, aussi longtemps que notre pensée ne va pas plus loin, nous comprenons habiter et bâtir comme deux activités séparées, ce qui exprime sans doute quelque chose d'exact ; mais en même temps, par le schéma fin-moyen, nous nous fermons l'accès des rapports essentiels. Bâtir, voulons-nous dire, n'est pas seulement un moyen de l'habitation, une voie qui y conduit, bâtir est déjà, de lui-même, habiter.
Martin Heidegger, traduction d'André Préau, *Essais et conférences*, Gallimard, 1958

Dans les années 1960, d'autres voix, telle celle de Jane Jacobs dans *The Death and Life of Great American Cities*[8] ou de Bernard Rudofsky dans *Architecture Without Architects*[9] avaient contesté le dogme « moderne » de la fusion entre logement et habitat et énoncé qu'installer des personnes dans des « machines à habiter » était certes nécessaire, mais en aucune façon suffisant.

Chacun s'accorde aujourd'hui à reconnaître qu'il ne suffit pas de construire des appartements pour créer un habitat : j'habite mon appartement ; j'habite aussi mon immeuble ; j'habite mon quartier, ma ville ; j'habite aussi, coiffé de mon casque de réalité virtuelle, des espaces numériques démultipliés. Penser l'habitat, ce n'est pas simplement penser le logement. La construction de logements collectifs reste un moyen au service d'une fin : la création d'un habitat qui procure aux ménages la possibilité d'une existence harmonieuse.

Ainsi, l'opposition française actuelle de l'individuel allié au désir face au collectif et à son rejet n'est qu'un produit de l'histoire urbaine récente. De multiples causes ont conduit au rejet des grands ensembles : manque d'équipements et de services publics, ségrégation sociale, absence d'intégration au tissu urbain existant, etc. D'autres pays, avec des histoires urbaines différentes, proposent de (très) grands ensembles symboles d'un véritable art de vivre, comme l'illustre le complexe Alterlaa de Vienne, en Autriche (photo 1.1), conçu par Harry Glock et réalisé par l'agence coopérative municipale Gemeinnützige Siedlungs und Bauaktiengesellschaft (Gesiba) de 1975 à 1986. Une ville dans la ville avec terrains de sport, piscines, services. Le mythe de l'immeuble collectif devient réalité.

▲ **Photo 1.1.** Complexe Alterlaa à Vienne, 3 200 appartements (architecte : Harry Glock ; photo recadrée © Thomas Ledl, CC BY-SA 4.0, https://creativecommons.org/licenses/by-sa/4.0, *via* Wikimedia Commons)

1.5 Définitions de l'Insee des occupants d'un logement

1.5.1 Ménage

Le ménage est l'un des concepts essentiels des données statistiques qui nous renseignent sur la situation du logement en France. Par définition, le nombre de ménages est égal au nombre de résidences principales : « un habitat pour un ménage ». Au sens du recensement utilisé par l'Insee, toute personne fait partie soit de la population des ménages soit de la population « hors ménage ». Voici la définition que donne l'Institut : « Un ménage, au sens du recensement de la population, désigne l'ensemble des personnes qui partagent la même résidence principale, sans que ces personnes soient nécessairement unies par des liens de parenté. Un ménage peut être constitué d'une seule personne. Il y a égalité entre le nombre de ménages et le nombre de résidences principales. » Selon l'Insee et au sens du recensement de la population, les personnes vivant hors ménage sont donc celles « vivant dans des habitations mobiles, les mariniers, les sans-abri, et les personnes vivant en communauté (foyers de travailleurs, maisons de retraite, résidences universitaires, maisons de détention, etc.) ».

1.5.2 Famille

Il convient de ne pas confondre ménage et famille. Toujours au sens de l'Insee, « une famille est la partie d'un ménage comprenant au moins deux personnes et constituée :

- soit d'un couple vivant au sein du ménage, avec le cas échéant son ou ses enfant(s) appartenant au même ménage ;
- soit d'un adulte avec son ou ses enfant(s) appartenant au même ménage (famille monoparentale).

Pour qu'une personne soit enfant d'une famille, elle doit être célibataire et ne pas avoir de conjoint ou d'enfant faisant partie du même ménage.

Un ménage peut comprendre zéro, une ou plusieurs familles. »

Il existe donc des ménages sans famille, mais pas de famille sans ménage.

1.5.3 Communauté

Comme vu précédemment, la population hors ménage comprend les personnes résidant dans une communauté. Pour l'Insee, « une communauté est un ensemble de locaux d'habitation relevant d'une même autorité gestionnaire et dont les habitants partagent à titre habituel un mode de vie commun. La population de la communauté comprend les personnes qui résident dans la communauté, à l'exception de celles qui résident dans des logements de fonction. »

En 2018, il existait ainsi selon l'Insee 30 000 communautés en France, principalement présentes au sein des grandes agglomérations. Ces communautés sont catégorisées par l'Insee suivant leur fonction et la population hébergée :

- les services de moyen ou de long séjour des établissements publics ou privés de santé ;
- les établissements sociaux de moyen et long séjour ;
- les maisons de retraite ;
- les foyers et résidences sociales ou assimilés ;
- les communautés religieuses ;
- les casernes, quartiers, bases ou camps militaires ou assimilés ;
- les établissements hébergeant des élèves ou des étudiants, y compris les établissements militaires d'enseignement ;
- les établissements pénitentiaires ;
- les établissements sociaux de court séjour ;
- les autres communautés.

En France en 2018, 1,6 million de personnes habitaient dans des logements qualifiés de non ordinaires au sens du recensement de la population, c'est-à-dire par des personnes hors ménages.

1.5 Un logement pour tous, une équation complexe

Les sociétés modernes placent face à face d'un côté une « offre », constituée de l'ensemble des logements construits, et de l'autre côté une « demande », celle de la plupart des personnes à disposer d'un logement, alors que leur fonctionnement n'apporte qu'une solution imparfaite à cette équation.

La question du mal-logement, récurrente depuis l'après-guerre, explosa au grand jour à l'hiver 1953-1954. Le 1er février 1954, l'appel de l'abbé Pierre sur radio Luxembourg, qui fut ensuite désigné comme l'appel à « l'insurrection de la bonté », créa un électrochoc dans la

▲ **Photo 1.2.** Le camp de sans-logis de Noisy-le-Grand en 1957, où fut créé le mouvement ATD Quart Monde

(source : Mouvement ATD Quart Monde France ; photo © ATD Quart Monde, centre de mémoire et de recherche Joseph Wresinski)

société française : « Mes amis, au secours... Une femme vient de mourir gelée, cette nuit à trois heures, sur le trottoir du boulevard Sébastopol, serrant sur elle le papier par lequel, avant-hier, on l'avait expulsée... » Relayé par tous les médias du moment, cet appel entraîna une mobilisation de masse en faveur des sans-logis et convainquit le corps social de l'urgence de construire beaucoup et vite. L'État lança la programmation de la construction de 12 000 logements neufs d'urgence.

Trois ans plus tard, en 1957, le mouvement ATD Quart Monde se créa dans le camp de sans-logis de Noisy-le-Grand (photo 1.2). Le mouvement obtint en 2007, pour ses 60 ans, la reconnaissance par la loi du droit au logement opposable (Dalo).

Le nombre de recours déposés au titre du Dalo s'établit autour de 100 000 chaque année, dont plus de la moitié concerne l'Île-de-France. Ces recours sont examinés dans chaque département par des commissions de médiation. Environ un tiers sont acceptés, soit environ 35 000 familles reconnues chaque année prioritaires au titre du Dalo.

Cependant, l'État ne parvient pas à assumer ses obligations. Entre 2014 et 2020, le nombre moyen annuel de relogements était de 20 000 ; le Dalo a accusé ainsi un « déficit » de 15 000 relogements par an. À la fin de l'année 2024 plus de 100 000 familles prioritaires restaient en attente d'un relogement, essentiellement en Île-de-France.

▼ **Tab. 1.5.** Proportions de satisfaction des ménages concernant leurs conditions de logement

(source : Insee)

Conditions de logement jugées	Proportions de satisfaction des ménages (%)									
	1973	1978	1984	1988	1992	1996	2001	2006	2013	2020
satisfaisantes ou très satisfaisantes	52,1	57,7	63,9	68,3	70,6	72,5	74,7	74,7	76,6	**78,7**
acceptables	32,7	29,0	26,0	22,7	21,2	21,5	18,1	18,8	17,6	**21,3**
insuffisantes ou très insuffisantes	15,2	13,3	10,2	8,9	8,2	6,0	7,2	6,5	5,9	

▼ **Tab. 1.6.** Proportions de logements affectés par un défaut selon leur statut d'occupation. Champ : France métropolitaine, hors ménages dont la personne de référence est étudiante
(sources : enquêtes Logement 2013 et 2020, SDES)

Défauts du logement	Proportions de logements affectés par un défaut (%)					
	Propriétaire occupant		Locataire du parc privé		Locataire du parc social	
	2013	2020	2013	2020	2013	2020
Défauts graves de confort						
Façade dégradée	0,7	**0,5**	1,9	**1,9**	3,0	**2,5**
Installation électrique dégradée	1,3	**1,0**	4,9	**4,4**	4,2	**4,5**
Infiltration intérieure	2,2	**2,1**	4,3	**3,6**	3,9	**3,4**
Infiltration extérieure (mur, toit, ouvertures)	5,3	**4,5**	8,4	**7,0**	8,5	**7,8**
Vis-à-vis de moins de 10 m	9,4	**8,1**	17,5	**15,3**	10,4	**10,6**
Fenêtres laissant passer l'air anormalement	12,4	**10,4**	30,6	**26,1**	30,4	**30,2**
Autres défauts						
Défaut d'évacuation de l'eau	2,8	**3,0**	7,6	**7,6**	8,0	**8,5**
Logement trop sombre	4,3	**3,9**	11,3	**9,1**	8,1	**6,3**
Logement trop difficile à chauffer	12,0	**8,4**	24,6	**21,2**	21,3	**17,3**
Signes d'humidité sur certains murs	14,7	**13,0**	30,0	**28,8**	28,9	**27,5**
Problème d'isolation du toit ou des murs	18,3	**16,5**	25,0	**21,8**	23,3	**20,5**
Manque d'aération	23,3	**17,2**	23,1	**17,5**	12,0	**9,5**

▼ **Tab. 1.7.** Les chiffres 2023 du mal-logement
(source : fondation pour le logement des défavorisés)

Conditions de logement		Nombre concerné de	
		ménages	*personnes*
Personnes privées de logement personnel	Personnes sans domicile	–	330 000
	Résidence principale en chambre d'hôtel	21 000	25 000
	Habitations de fortune	–	100 000
	Personnes en hébergement « contraint » chez des tiers		643 000
Totaux		**21 000**	**1 098 000**
Personnes vivant dans des conditions de logement très difficiles	Privation de confort	939 000	2 090 000
	Surpeuplement « accentué »	218 000	934 000
Totaux		**1 123 000**	**2 819 000**
« Gens du voyage » subissant de mauvaises conditions d'habitat		–	208 000
Résidents de foyers de travailleurs migrants « non traités »			23 000
Totaux de ménages et de personnes mal logés		**1 144 000**	**4 148 000**

Si l'accès de tous au logement reste problématique, la satisfaction des ménages par rapport à ce dernier est en constante progression, la part des ménages satisfaits ou très satisfaits approchant en 2020 les 80 % (tab. 1.5). Les conditions de logement « insuffisantes ou très insuffisantes » (environ 6 % en 2013) concernent malgré tout autour d'1,5 million de ménages, soit plusieurs millions de personnes. Une part non négligeable des logements présente ainsi en 2020 des défauts graves de confort (tab. 1.6).

Le mal-logement fait l'objet d'un rapport annuel de la fondation pour le logement des défavorisés. L'édition 2023 conclut à un total de plus d'un million de ménages mal logés et de 4 millions de personnes mal logées (tab. 1.7).

1.6 Logement social et logement libre

L'immeuble social neuf ou récent se fond dans le paysage urbain. Banalisé en apparence, il présente toutefois trois singularités.

Son propriétaire contracte sur une longue durée (15 à 50 ans, voire plus) des engagements vis-à-vis de l'État dans le cadre d'une « convention de conventionnement ». L'existence de cette convention permet juridiquement d'affirmer que ces logements sont « sociaux ». Ces engagements portent sur les caractéristiques des locataires et les niveaux des loyers, mais aussi sur les logements eux-mêmes (voir chapitres 4 et 6) et commandent des restrictions au droit fondamental de disposer[10]. Ils font l'objet d'une publication aux hypothèques[11] et s'imposent aux propriétaires successifs en cas de vente. En référence à la restriction au droit de disposer qui singularise le logement social, les logements qui ne sont pas sociaux sont désignés par l'expression « logements libres ».

Le logement social est soumis à un corpus évolutif de règles administratives, juridiques et financières que tout développeur d'opérations nouvelles ou tout gestionnaire de patrimoine doit maîtriser. Le domaine du logement social regroupe des savoir-faire et des métiers portés par une famille d'acteurs économiques, les organismes de logement social.

Troisième particularité, le logement locatif social est indissociable de son histoire, 160 ans d'efforts au service des Français les moins favorisés. Les immeubles qui marquent cette histoire ne sont bien entendu pas des modèles à reproduire, mais des expériences riches d'enseignements. Même si les locataires de 1930 ne possédaient ni poste de télévision ni smartphone, les anciennes HLM mettent en perspective, souvent avec pertinence, nos logements neufs d'aujourd'hui.

1.7 Les aides au logement

Comme on le verra au chapitre 2, l'histoire du logement au XXe siècle est marquée par l'intervention des pouvoirs publics. Chaque année, la collectivité publique engage des efforts importants, mais en baisse relative, pour aider le secteur du logement : la part des aides au logement dans le PIB est passée de 2,2 % en 2010 à 1,5 % en 2023. En 2023, si les aides au logement ont coûté 44 Md€ à la collectivité publique, les prélèvements fiscaux sur le secteur du logement ont rapporté plus du double, soit 97 Md€.

Au-delà des chiffres, l'aide publique au logement s'est longtemps focalisée sur la construction neuve (voir chapitre 2), sur la base d'une aide aux constructeurs, qu'ils soient publics ou privés. Une évolution stratégique a été décidée en 1977 avec le passage de l'aide à la pierre à l'aide à la personne : désormais, l'État allait aider le locataire à payer un loyer plutôt que d'aider le propriétaire à construire des logements à bas loyer.

ZOOM LA DÉPENSE NATIONALE RELATIVE AU LOGEMENT

Les aides au logement rapportées au produit intérieur brut (PIB) ne doivent pas être confondues avec la dépense nationale relative au logement, effort consacré par l'ensemble des agents économiques (ménages, bailleurs sociaux, pouvoirs publics, etc.) au domaine du logement, qui s'est élevée à 21,7 % PIB en 2023, soit 612 Md€.

1.7.1 Les aides à la personne

Les aides personnelles au logement (15,6 Md€ en 2023), destinées presque exclusivement aux locataires, représentent les deux tiers de l'action publique en direction des « consommateurs » de logements. Elles regroupent :

- l'aide personnalisée au logement (APL) créée en 1977 (voir chapitre 15) et réservée aux locataires du parc social : 6,9 Md€ ;
- les allocations logement (AL), qui comprennent :

– l'allocation de logement familiale (ALF) créée en 1948 pour soutenir les ménages avec des personnes à charge ayant des difficultés à faire face à leur dépense de logement dans le parc privé : 5,3 Md€,

– l'allocation de logement sociale (ALS) créée en 1972 et aujourd'hui destinée à l'ensemble des ménages du parc privé qui ne peuvent bénéficier de l'ALF : 3,3 Md€.

1.7.2 Les aides aux constructeurs et aux rénovateurs

Les subventions d'investissement se montaient à 5,2 Md€ en 2023 mais les logements neufs ne représentaient que 33 % du total.

Les avantages de taux concernent les prêts accordés aux bailleurs sociaux et aux ménages, dont le taux est inférieur à celui du marché ; leur total s'élevait à 2,3 Md€, dont 39 % pour la construction de logements sociaux.

Les avantages fiscaux (TVA à taux réduit, réduction d'impôt sur le revenu) s'établissaient à 13,0 Md€ en 2023 et bénéficiaient au secteur social (40 %), au secteur libre (29 %) et aux propriétaires occupants (28 %), à l'hébergement collectif (3 %).

Ainsi, les deux « poids lourds » des aides publiques au logement sont l'aide aux loyers des locataires et les avantages fiscaux aux constructeurs, qui représentent ensemble les deux tiers de l'effort public. La hausse des aides à la rénovation énergétique pourrait induire à terme de nouveaux changements dans la structure du budget public du logement, dans l'hypothèse d'un budget global stable, voire en récession relative.

1.8 Trois idées fausses sur le logement locatif social

Un logement social n'est pas tout à fait un logement dont le propriétaire est un organisme HLM, ni un logement situé dans les tours et les barres des cités, ou un logement à petit loyer. Si ces trois caractéristiques s'appliquent à une partie importante des logements sociaux existants, aucune de leurs combinaisons n'est totalement pertinente pour définir le logement social.

1.8.1 Organismes de logement social

Les organismes de logement social (OLS), anciennement dénommés organismes HLM, regroupent les offices publics de l'habitat, les entreprises sociales pour l'habitat et des sociétés coopératives rassemblant les trois quarts du parc de logements locatifs sociaux existants et assurant plus de 90 % de la production annuelle de logements locatifs sociaux neufs. Plus d'un million de logements sociaux sont par ailleurs la propriété d'autres structures : sociétés d'économie mixte, État, collectivités locales, secteur privé, associations, etc.

1.8.2 Tours et barres

Le tableau 1.8 montre que les petits, moyens et grands immeubles situés en périphérie des villes constituaient 43 % de l'ensemble du patrimoine des OLS en 2006. Les deux tiers environ de ces immeubles étaient situés dans des grands ensembles, qui ne représentaient donc que 30 % (66 % de 43 %) de la totalité.

En social comme en libre, les opérateurs immobiliers ne construisent plus d'unités massives de tours et de barres depuis plus de 50 ans. Les logements sociaux contemporains sont des opérations de moyenne voire petite taille intégrées dans leur environnement, jusqu'à s'apparenter aux résidences bourgeoises de banlieue chic, à l'image de ceux construits à Ville-d'Avray (voir 1.6.3).

Il existe aussi des tours et des barres en logement locatif libre. Le modèle urbain du quartier de tours et de barres n'était pas celui d'un type de logement (le social) mais celui d'une époque, et il a concerné le logement social, le logement intermédiaire et même le logement haut de gamme. Un des principaux promoteurs privés de tours et de barres en marge du secteur social, la Société centrale immobilière de la Caisse des dépôts (SCIC), filiale de la Caisse des dépôts, a réalisé entre 1954 et 1970 plus de 150 000 logements

▼ Tab. 1.8. Patrimoine des OLS par types d'immeubles en 2006
(source : enquête Logement 2006, Insee)

<table>
<tr><th>Types d'immeubles</th><th colspan="2">Ensemble du parc des OLS (%)</th><th>Constructions récentes (après 1996) des OLS (%)</th><th>Ensemble des logements (%)</th></tr>
<tr><td>Petits et moyens immeubles en zone périphérique</td><td>25</td><td rowspan="2">43</td><td>12</td><td>8</td></tr>
<tr><td>Grands immeubles(1) en zone périphérique</td><td>18</td><td>0</td><td>4</td></tr>
<tr><td>Petits et moyens immeubles en ville</td><td colspan="2">32</td><td>48</td><td>26</td></tr>
<tr><td>Grands immeubles (1) en ville</td><td colspan="2">10</td><td>5</td><td>5</td></tr>
<tr><td>Maisons en ville ou en lotissement</td><td colspan="2">15</td><td>35</td><td>42</td></tr>
<tr><td>Maisons isolées</td><td colspan="2">0</td><td>0</td><td>15</td></tr>
<tr><td colspan="5">(1) Grands immeubles : plus de huit étages ou plus de trois cages d'escalier.</td></tr>
</table>

locatifs libres dans de grands ensembles, qui étaient nommés « villes nouvelles » avant que Paul Delouvrier[12] ne donne à cette expression son cadre institutionnel. Parmi les « villes nouvelles » de la SCIC, l'Île-de-France compte Épinay-sur-Seine Orgemont (2 000 logements, architecte Michelin), Sarcelles Lochères (15 000 logements, architectes Boileau-Labourdette), Créteil Mont-Mesly (5 000 logements, architecte Stoskopf). Il existe bien d'autres exemples, comme, dans les Pyrénées-Atlantiques, la ville-champignon de Mourenx (1 000 logements, architectes Maneval et Douillet). Ces ensembles associaient locatif libre et accession à la propriété, dans une recherche de mixité urbaine. Si une grande partie de ces logements ont finalement été acquis par des organismes sociaux (la SCIC, devenue Icade, en a cédé 40 000 entre 2007 et 2010), l'exemple d'Orgemont à Épinay-sur-Seine (voir encadré) reste un témoignage vivant des ambitions de cette époque.

ZOOM LA SOCIÉTÉ CENTRALE IMMOBILIÈRE DE LA CAISSE DES DÉPÔTS

« La création, le 11 juin 1954, d'une première filiale technique, la Société centrale immobilière de la Caisse des dépôts (SCIC), constitue un des événements majeurs de l'histoire du logement et de l'architecture des débuts de la croissance. Premier promoteur en France d'opérations de logements de grande envergure, celle-ci met en place une véritable "architecture de maîtrise d'ouvrage" qui se déclinera ensuite, au cours des années 1960, au travers des Zones à urbaniser en priorité (les ZUP). En favorisant les performances quantitatives et temporelles, elle dépossédera les architectes et les collectivités locales de leurs prérogatives tout en développant un modèle d'habitation à la fois recentrée sur la sphère individuelle et compatible avec une organisation rationnelle du territoire. »
Paul Landauer, « La SCIC, premier promoteur français des grands ensembles (1953-1958) », *Histoire urbaine*, n° 23, 2008/3

1.8.3 Appartements à faibles loyers

Malgré l'appellation d'habitations à loyers modérés (HLM) maintenue pendant plus d'un demi-siècle, le loyer ne distingue pas plus le logement social que ne le font les tours et les barres, pour les raisons suivantes.

Il n'existe pas un loyer mais plusieurs familles de loyers pour les logements sociaux neufs : les plus faibles, qui sont les loyers « d'intégration » ; les loyers médians, « d'usage social » ; et les plus élevés, loyers intermédiaires dits de « locatif social ». Sur l'ensemble de la France, les valeurs de base servant au calcul des loyers de ces logements couvrent une vaste plage allant en 2023 de 5 € à plus de 14 € au mètre carré de surface utile.

Face à ces loyers « sociaux », les loyers moyens du parc privé se situaient en 2020 autour de 19 €/m² dans la métropole du Grand Paris, et autour de 12 €/m² dans les métropoles de Lyon et d'Aix-Marseille. L'écart est donc significatif dans les zones tendues, mais peut être beaucoup plus restreint dans les zones immobilières « calmes » ; l'évolution de la demande peut même conduire dans certains cas à des loyers privés égaux voire inférieurs à ceux du parc social.

Les données ci-dessus concernent les loyers moyens des baux en cours (le stock de logements loués), et non pas les loyers des nouveaux baux conclus l'année « *n* » (le flux de logements loués). Les loyers du stock couvrent dans le secteur libre une vaste plage, car ils dépendent de l'ancienneté du bail qui lie propriétaire et locataire. Dans le secteur libre comme dans le social, le bail une fois signé, le propriétaire ne peut augmenter annuellement le loyer que de façon réglementée par application de l'indice de référence des loyers (IRL), qui n'est pas soumis aux fluctuations de l'offre et de la demande. Dans une zone où la demande est forte, les loyers des nouvelles locations libres peuvent augmenter en un an de 10 à 20 %, alors que les loyers des baux en cours n'augmenteront que de 1 à 2 %.

La loi n° 2014-366 du 24 mars 2014 pour l'accès au logement et un urbanisme rénové, dite loi Alur, a notamment pour objectif de réduire les impacts de ce phénomène en encadrant les nouveaux loyers libres en référence aux loyers médians du marché.

Dans un même immeuble et sur un même palier, deux logements identiques peuvent ainsi se voir appliquer des loyers allant du simple au double en fonction de l'ancienneté des locataires, le plus récent payant en général plus cher. À Paris, si les nouveaux loyers libres sont actuellement sans commune mesure avec des loyers sociaux, il existe encore des loyers libres faibles, et même inférieurs aux loyers sociaux neufs les plus élevés, du fait de l'ancienneté des locataires. Secteurs libres et sociaux arrivent ainsi parfois à se recouper.

En conclusion, le loyer ne permet pas de déterminer avec certitude, pour un logement pris au hasard, son caractère social ou libre.

Les exemples d'Épinay-sur-Seine et de Ville-d'Avray détaillés ci-après, illustrent bien cette situation : avant leur cession à des organismes sociaux, entre 2010 et 2015, le loyer moyen des logements libres d'Épinay-sur-Seine, qui comportent des locataires anciens, était de 6,50 €/m² habitable, alors que loyer moyen des logements sociaux neufs de Ville-d'Avray, dont les locataires sont récents, était de 6 à 7 €/m² utile.

ZOOM DÉCONNEXION ENTRE STATUT JURIDIQUE ET TYPOLOGIE : LOGEMENTS SOCIAUX EN « RÉSIDENCE BOURGEOISE » ET LOGEMENTS LIBRES EN « TOURS ET BARRES »

Des logements sociaux en « résidence bourgeoise » : laVilla Esmeralda, Ville-d'Avray, 2012

Un document du maître d'ouvrage décrit ainsi la résidence : « Située dans le centre-ville de Ville-d'Avray, la Villa Esmeralda regroupe 38 logements sociaux et une maison-relais. Les logements sociaux, du studio au 5 pièces, sont répartis au sein d'habitats variés : 3 logements prennent place dans une maison bourgeoise réhabilitée du XIXe siècle, 4 autres composent 4 maisons de ville, les 31 logements restants sont intégrés au bâtiment collectif principal. Une cage d'escalier du collectif abrite les logements sociaux et la loge gardien, la deuxième accueille les 21 logements de la maison-relais. »
Cette opération illustre les véritables tendances du logement social contemporain, loin des tours et des barres : qualité de l'insertion urbaine, mixité du programme et des fonctions, association de la restructuration de l'existant à la construction neuve. Aucune caractéristique architecturale ou urbaine ne permet de deviner qu'il s'agit de logements sociaux (fig. 1.3 et photo 1.3).

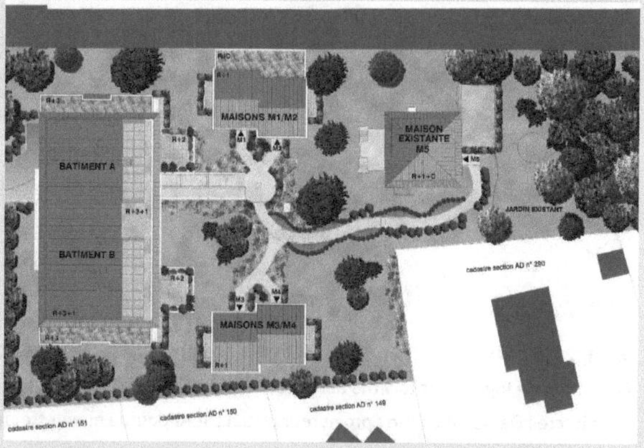

▲ **Fig. 1.3.** Plan-masse de l'opération de Ville-d'Avray ; opération de logements locatifs sociaux Villa Esmeralda, 59 logements associant neuf et réhabilitation
(architectes : Architectonia ; maître d'ouvrage : le Logement Francilien)

▲ **Photo 1.3.** Vue des bâtiments A et B sur cour (à gauche) et sur rue (à droite)
(source : le Logement Francilien)

Des logements libres en « tours et barres » : le quartier d'Orgemont, Épinay-sur-Seine, de 1956 à 2013

La création du quartier d'Orgemont est racontée dans un numéro spécial de la revue *Techniques et Architecture* de 1959 ; on y retrouve la volonté de l'architecte de constituer des « macro-lots » avant l'heure (maquette de la figure 1.4) : « Le terrain choisi domine la Seine qui le borde au sud, d'une trentaine de mètres, et présente une légère déclivité vers le nord. Il est limité à l'est et au nord par la voie ferrée de Paris à Ermont-Eaubonne et à l'ouest par la cité d'Orgemont [cité-jardin constituée de pavillons, construite entre les deux guerres]. L'ensemble est divisé en trois îlots comportant chacun un groupe scolaire, et reliés par une grande promenade plantée qui se prolonge à l'ouest par une grande place formant arc de cercle, face au centre culturel. Ces deux grands axes, sur lesquels s'articule la structure urbaine, sont marqués en volume par 4 tours et un immeuble de 12 étages sur rez-de-chaussée, un immeuble de 9 étages et une tour de 16 étages. Les immeubles bas sont presque tous à 5 niveaux. Les parkings sont prévus à raison d'un emplacement pour deux logements, mais une surface suffisante est réservée pour les étendre ultérieurement à un emplacement par logement. »
En 2013, et encore aujourd'hui, le site accueillait un mélange de logements locatifs libres, locatifs sociaux et copropriétés privées, qui cohabitaient dans une même forme urbaine de « grand ensemble » (fig. 1.4). Le grand ensemble a changé en 70 ans : la plus haute des tours, absente sur la maquette initiale du projet, est une copropriété privée. Les immeubles situés le plus au nord du site sont majoritairement locatifs sociaux, les immeubles au sud au premier plan sont locatifs libres. À gauche, on aperçoit la cité-jardin antérieure au grand ensemble.

▲ **Fig. 1.4.** Vue de la maquette d'Orgemont en 1955 et vue aérienne contemporaine
Opération de logements locatifs libres construite en 1956, 1 800 logements.
(architecte : Daniel Michelin ; promoteur initial : SCIC pour la maquette de l'opération d'origine)

1956-2012 : continuité dans les plans d'appartements de ces deux opérations

Tout sépare les deux exemples d'Épinay-sur-Seine en 1956 et de Ville-d'Avray en 2012 : le temps, la forme urbaine, le statut... Pourtant, les plans des appartements, bien que différents, participent des mêmes principes (fig. 1.5 et fig. 1.6). Figure 1.5, les couchages sont liés au séjour. Cette notion dite du « faux type » – un « faux quatre pièces » n'a que deux chambres – était fréquente dans les grands ensembles. On note l'éclairage naturel de la cuisine, de la salle de bains et des W.-C., dans une structure compacte mais efficace, incompatible avec la réglementation accessibilité d'aujourd'hui.
Figure 1.6, il ne s'agit plus un « faux type », car l'appartement comporte trois vraies chambres. La troisième chambre est plus grande et bien distincte du séjour tout en en restant proche. Comme pour le plan d'Orgemont, salle de bains et cuisine bénéficient d'une fenêtre, la salle de bains regarde vers le balcon, et la cuisine est fermée.

▲ **Fig. 1.5.** Plan partiel d'étage courant d'un bâtiment nord-sud du quartier d'Orgemont (Épinay-sur-Seine, 1955)

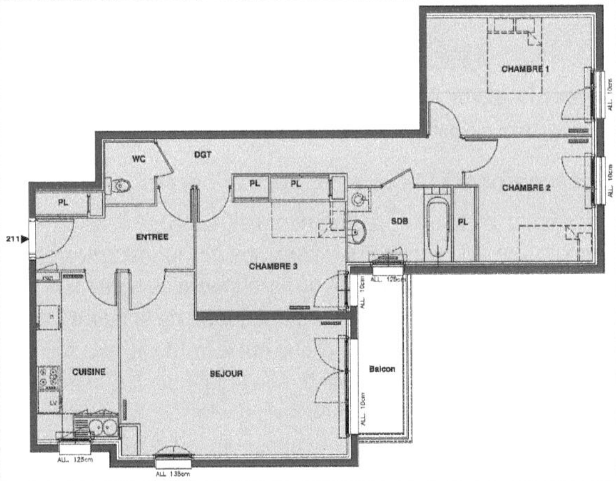

▲ **Fig. 1.6.** Plan d'un T4 du bâtiment B de la Villa Esmeralda (Ville-d'Avray, 2012)

Notes

1. Cour des comptes, « Notes thématiques – Assurer la cohérence de la politique du logement face à ses nouveaux défis – Contribution à la revue des dépenses publiques », juillet 2023.
2. Au 1er janvier 2024, selon l'Institut national de la statistique et des études économiques (Insee).
3. Fin 2021, le nombre était de 2,3 millions de demandeurs de logements sociaux pour la France entière, hors Mayotte (source : Agence nationale de contrôle du logement social).
4. Source : *ibid.*
5. Dans son enquête de 2008 intitulée « Conditions de vie et Aspirations des Français », le centre de recherches pour l'étude et l'observation des conditions de vie (Crédoc) soulignait que « 83 % des locataires qui désirent accéder à la propriété opteraient pour l'habitat individuel ».
6. Jean Bosvieux, « Le parc de logements français a augmenté de plus de 50 % en 38 ans », politiquesdulogement.com, décembre 2020.
7. Consulté en 2023.
8. Jane Jacobs, *The Death and Life of Great American Cities*, Random House, 1961.
9. Bernard Rudofsky, *Architecture Without Architects*, University of New Mexico Press New Book, 1964.
10. Article 544 du Code civil (1804) : « La propriété est le droit de jouir et disposer des choses de la manière la plus absolue, pourvu qu'on n'en fasse pas un usage prohibé par les lois ou par les règlements. »
11. Le décret du 4 janvier 1955 portant réforme de la publicité foncière précise que toutes les restrictions au droit de disposer doivent faire l'objet d'une publication.
12. Paul Delouvrier (1914-1995), premier préfet de la région parisienne nommé en 1966, met en œuvre une politique d'action foncière novatrice, comportant notamment un programme ambitieux de grands équipements : routes, transports, préfectures, universités. Il soutient la création de centres urbains nouveaux dans les banlieues existantes, grâce notamment à des moyens dont il a largement contribué à doter les instances régionales, et amorce l'aventure des cinq villes nouvelles de la région parisienne : Évry, Cergy-Pontoise, Marne-la-Vallée, Saint-Quentin-en-Yvelines, Melun-Sénart. Quatre autres villes nouvelles seront lancées en régions : Le Vaudreuil (Rouen), Étang-de-Berre (Marseille), L'Isle-d'Abeau (Lyon), Lille-Est.

2

Histoire du logement collectif

2.1 Des techniques maîtrisées depuis l'Antiquité

Selon l'approche retenue, celle des connaissances techniques ou celle du développement social, l'histoire du logement collectif est soit millénaire, soit centenaire. Depuis des millénaires, les techniques de la maçonnerie et du bois permettent de mettre en œuvre sans difficulté particulière des constructions multi-étages à usage d'habitation. L'art de la guerre, l'édification de fortifications et d'engins d'attaque, la construction des édifices religieux... toutes les techniques nécessaires à la construction d'immeubles étaient maîtrisées dès le début de notre ère. Les exemples d'habitation collectives et/ou à étages ne manquent pas. Les premières sources décrivant avec précision le développement de l'habitat collectif (fig. 2.1) sont les catalogues romains recensant les édifices composant les villes : les régionnaires romains.

En France, l'habitat collectif ne commença à exister qu'avec la croissance des villes à partir du XIIe siècle. L'essor du commerce, la transformation de l'artisanat et le développement des échanges permirent l'émergence rapide de la ville médiévale à partir du XIIe siècle. L'habitat se développa au-delà des enceintes des villes, tandis que les boutiques

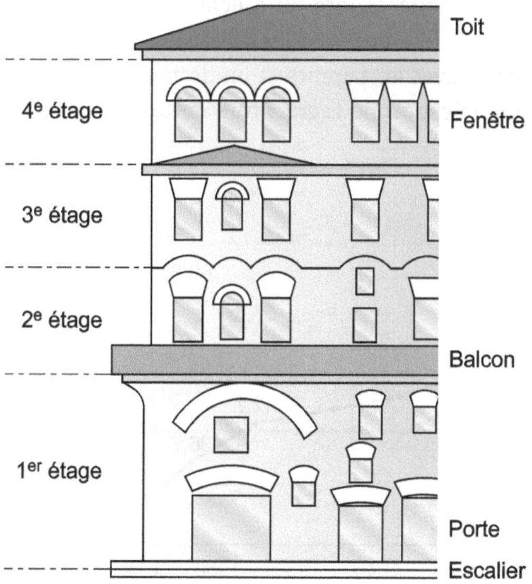

▲ **Fig. 2.1.** Vue de principe d'un habitat collectif romain

Le rez-de-chaussée était occupé par des boutiques (*tabernae*), le premier étage par des familles aisées et les étages supérieurs par les classes populaires. (source : insei.fr / INSEI)

ZOOM L'HABITAT COLLECTIF DANS L'ANTIQUITÉ ROMAINE

« On distingue deux types d'habitats principaux dans la Rome ancienne : la *domus* ou hôtel particulier et l'*insula*, l'immeuble d'habitation collectif (les régionnaires recensent 1 800 *domus* pour 45 000 *insulae*). Dans le monde romain, les *insulae* ne sont attestées de façon sûre qu'à Rome et à Ostie. Il semble y en avoir eu également à Alexandrie et à Constantinople. Les *insulae* sont apparues tôt dans l'urbanisme de Rome et s'y sont largement développées à cause de l'accroissement de la population. (...) Or sa population est estimée à 1 000 000 d'habitants à l'apogée. La densité était donc très importante pour une raison facile à comprendre : en l'absence de moyens de transports rapides, tous les habitants devaient être le plus près possible du centre. La ville s'est donc construite en hauteur. »

Descriptif de la vidéo de la conférence de Sophie Madeleine et Philippe Fleury sur « L'habitat populaire à Rome », Canal U, université de Caen Normandie, 2019 et les marchés prospéraient. Les rues et les quartiers commencèrent à se spécialiser par familles de métiers. Mais les maisons, désormais le plus souvent à étages, souvent à pans de bois, restèrent le plus souvent familiales. Les constructions s'apparentant à des « immeubles » en pierre étaient réservées aux plus riches (fig. 2.2).

▲ **Fig. 2.2.** Morlaix, les maisons à « pondalez »

Construites dès le XVe siècle pour des marchands et des négociants en toiles de lin, ces maisons à pans de bois sur trois à quatre niveaux avec cour intérieure marquent les compétences bien acquises dans la réalisation d'habitats multi-niveaux.

(source : « Les exceptionnelles maisons à pondalez de Morlaix », site de l'office de tourisme de la baie de Morlaix ; dessin © DR)

La Renaissance, qui s'engagea au XVe siècle, marqua un tournant dans l'histoire des arts, et notamment dans celle de l'architecture et de l'urbanisme. Les notions d'ordres architectural et urbain émergèrent, avec des conséquences sur l'habitat des villes : aux maisons à pans de bois succédèrent des constructions en pierre, plus ordonnées et inspirées des demeures et châteaux des nobles. Les palais urbains toscans et les places de Sienne, Florence et Pise marquèrent les villes italiennes, puis françaises. La place des Vosges à Paris en est un exemple emblématique. Il ne s'agissait toutefois pas, lors de la construction des immeubles qui la délimitent, d'habitats collectifs mais d'hôtels particuliers accolés, une sorte de prélude aux « maisons en bande » du XXe siècle.

2.2 Apparition de l'habitat collectif urbain au XIXe siècle

La naissance de l'habitat collectif comme phénomène social, architectural, immobilier et urbain se réalisa dans la seconde moitié du XIXe siècle, portée par la décroissance de la population rurale et la croissance de la population urbaine, avec en toile de fond l'essor industriel du pays (fig. 2.3).
Au milieu du XIXe siècle, qui marqua le début du phénomène d'« exode rural », la population française était aux trois quarts à la campagne : 26,4 millions de personnes vivaient dans des espaces ruraux et 8,5 millions dans des espaces urbains.
La diminution continue de la part de cette population rurale se poursuivit au cours du XXe siècle, renforcée notamment par les crises qui touchèrent le secteur agricole (aléas climatiques, épidémie de phylloxéra). Le déclin de l'artisanat rural, l'évolution des techniques agricoles et le développement de l'industrie accélérèrent cette mutation, ainsi qu'un moindre intérêt pour le travail agricole du fait de sa pénibilité, des conditions de vie moins confortables qu'en ville, une crainte du célibat suscitée par le départ des jeunes femmes vers les villes, le souhait de ne plus cohabiter avec les parents et un désir d'ascension sociale. La mécanisation de l'agriculture entraîna également une

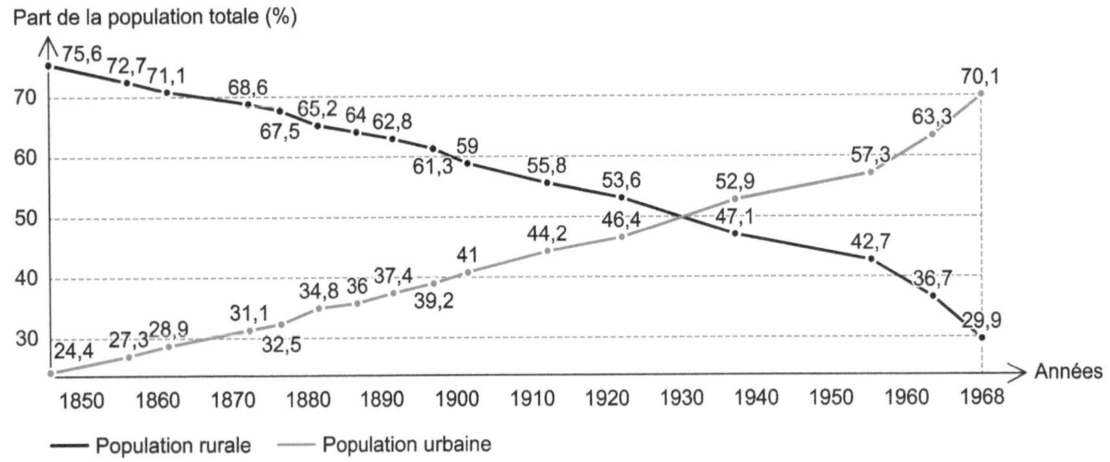

▲ **Fig. 2.3.** Évolution de la répartition entre populations rurale et urbaine des années 1850 à 1968

(sources : Statistique générale de la France (SGF), Inter-University Consortium for Political and Social Research (ICPSR), Insee, mouvement de la population (MVTPOP) 1855-1857, recensement de la population (RP) 1861-1921 et Insee, RP 1936-1968 ; Agence nationale de la cohésion des territoires (ANCT), pôle ADT, 2021) baisse de la main-d'œuvre nécessaire pour le travail agricole. Entre 1851 et 1891, la population active dans le secteur agricole diminua ainsi de plus de moitié, passant de 14,3 millions à 6,5 millions d'actifs (– 54,5 %). Ces chiffres sont toutefois à considérer avec précaution, car la population active agricole aurait largement été sous-estimée dans les recensements de la fin du XIXe siècle, probablement du fait d'une instabilité de la définition des actifs agricoles[1].

Conséquence du développement anarchique de l'habitat urbain : le mal-logement apparut, indissolublement lié au développement de l'habitat collectif. La croissance de la population urbaine induisit rapidement des conditions de logement déplorables pour les classes populaires, entraînant les premiers développements d'un habitat collectif organisé et réfléchi.

ZOOM LA CROISSANCE DE LA POPULATION PARISIENNE

Ce mouvement de la campagne à la ville impliqua une forte croissance de la population des villes, à l'image de celle de Paris (fig. 2.4).

« Paris est la ville qui a connu le gain de population le plus important au cours du XIXe siècle. Entre 1800 et 1901, sa population a été multipliée par plus de quatre, principalement du fait de la centralisation des activités économiques et des institutions politiques. En 1800, Paris comptait 559 000 habitants ; un demi-siècle plus tard, en 1851, sa population avait doublé avec 1,2 million d'habitants. À partir de cette date, la population parisienne connaît une hausse soutenue et continue jusqu'à atteindre 2,2 millions d'habitants en 1881. Les travaux haussmanniens, entrepris sous Napoléon III à partir de 1853, ont contribué à la croissance démographique parisienne en attirant de nouveaux habitants. De plus, en 1860, ces travaux ont repoussé les limites de la ville, faisant passer le nombre d'arrondissements à 20 au lieu de 12, et ont entraîné une augmentation soudaine de la population parisienne de l'ordre de 335 000 à 430 000 habitants, du fait de l'annexion des faubourgs. La croissance de la ville de Paris se poursuit jusqu'en 1921, année où elle atteint son pic démographique avec 2,9 millions d'habitants, avant d'entrer dans une période de décroissance. »

Observatoire des territoires, « L'évolution démographique de la ville de Paris », 2021

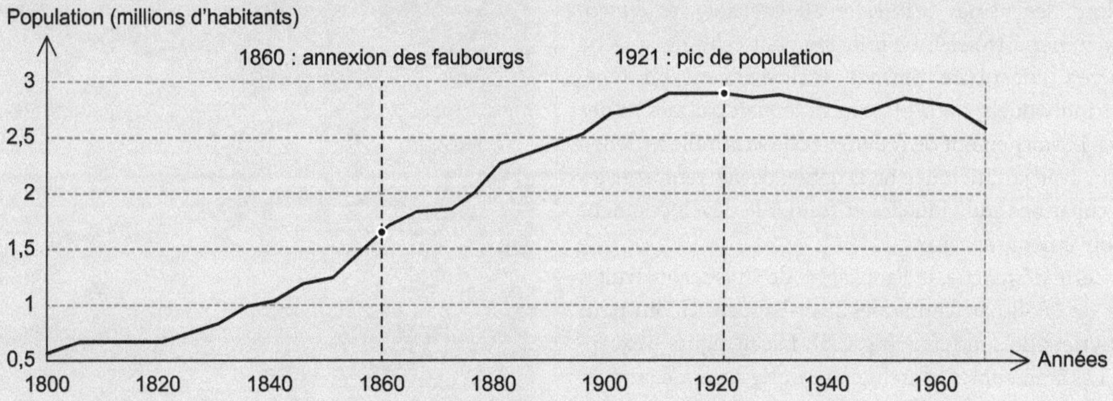

▲ **Fig. 2.4.** **Évolution de la population de Paris de 1800 à 1968**

(sources : base de données Cassini, Mattia Bunel, laboratoire de démographie et d'histoire sociale (LaDéHis), École des hautes études en sciences sociales (EHESS) ; ANCT, pôle ADT, 2021)

ZOOM INSALUBRITÉ ET SUROCCUPATION DES LOGEMENTS

« Liée à l'absence de confort et d'hygiène ou à l'exiguïté des lieux, l'insalubrité des logements influait sans doute sur la mortalité, sans en être pour autant le seul facteur ni même l'élément déterminant. L'insalubrité du logement était en effet liée à la position sociale. Selon une estimation de Bertillon, on comptait à Paris, au début du XXe siècle, 23 000 ménages qui, composés de trois à dix personnes, logeaient dans deux pièces : 14 % des ménages de trois personnes, 17 % de ceux qui comptaient quatre ou cinq personnes, 33 % de ceux qui en comptaient 6, et 40 % des ménages de plus de six personnes n'avaient qu'une pièce pour deux personnes ou plus et, toujours selon les calculs de Bertillon, la population appartenant à ces ménages mal logés et réunissant plus de six personnes atteignait l'effectif de 142 848 individus. Ces logements surpeuplés étaient presque tous occupés par des gens disposant de faibles ressources. La pauvreté était le premier facteur de l'insalubrité avec ses conséquences : taudis, alcoolisme, tuberculose et autres maladies de la misère. »

Daumard Adeline, « Quelques remarques sur le logement des Parisiens au XIXe siècle », *in* Société de démographie historique, *Annales de démographie historique, 1975. Démographie historique et environnement*, Éditions Mouton, 1975, p. 49-64.

Depuis l'émergence du besoin en logements collectifs, créé par la révolution industrielle et le développement des villes, l'« offre » de logements disponibles demeure en décalage par rapport au besoin d'habitat des populations. Décalage qui persiste aujourd'hui. Pourtant, entre 1850 et 1900, trois expériences majeures firent progresser de façon spectaculaire le logement collectif, privé comme social : les logements des industriels pour leurs ouvriers, les logements des fondations philanthropiques et les premiers logements des investisseurs privés.

2.3 Trois expériences fondatrices du logement collectif

2.3.1 Les logements ouvriers promus par les industriels

À partir du milieu du XIXe siècle, les industriels se préoccupèrent du logement de leurs ouvriers, pour des raisons de productivité – l'ouvrier en bonne santé produit plus et mieux –, mais aussi afin d'attirer la main-d'œuvre vers les territoires parfois isolés où se construisaient les grandes usines : Jean Dollfus et sa filature de Mulhouse, les mines du Nord, les usines Schneider au Creusot, les chocolats Meunier à Noisiel. Le principe était celui de la « cité ouvrière » constituée presque exclusivement de logements individuels, car la place ne manquait pas autour des usines. L'attachement de l'ouvrier et de sa famille à « leur » maison avec jardin, louée ou achetée, devait renforcer les préoccupations individuelles et freiner le développement de mouvements sociaux.

Dans cette démarche, le Familistère de Guise, construit à partir de 1858 par l'industriel Jean-Baptiste Godin pour les ouvriers de son usine (fig. 2.5), faisait figure d'exception. Les immeubles, d'architecture originale à coursives intérieures et atrium (fig. 2.6 et photo 2.1), furent une des premières tentatives significatives de réalisation d'habitat collectif locatif social, et sans doute une des plus remarquables.

Jean-Baptiste Godin, à l'époque leader mondial de la production d'appareils de chauffage, inspiré par l'architecte fouriériste Victor Calland, conçut et réalisa entre 1858 et 1883, à côté de son usine, ce « Palais social de l'avenir », comportant trois bâtiments de quatre niveaux habitables, avec sous-sol et combles, pour 465 logements locatifs. Godin préféra le logement collectif au logement individuel, car son ambition était de créer pour les ouvriers, grâce à la vie collective, des « équivalents de richesse » en remplaçant par des institutions communes les services que le riche retire de la domesticité.

Le Familistère comportait de nombreux services : écoles, pouponnière, magasins, bibliothèque, café, théâtre, etc. La grande cour couverte d'une verrière était propice aux loisirs collectifs. Si l'accent était mis sur le bien-être et la qualité de vie des locataires, le règlement intérieur était strict.

La conception des logements, desservis par les coursives intérieures, comprenait essentiellement des deux pièces

▲ **Photo 2.1.** Vue actuelle de l'intérieur du bâtiment principal
(© Collections du Familistère de Guise)

▲ **Fig. 2.5.** Vue d'ensemble du Familistère (à gauche) et de l'usine Godin (à droite)
Le Familistère est classé monument historique ; on peut aujourd'hui le visiter.
(source : Jean-Baptiste André Godin, *Solutions sociales*, Paris, Bruxelles, 1871 ; © Collections du Familistère de Guise)

Fig. 36.

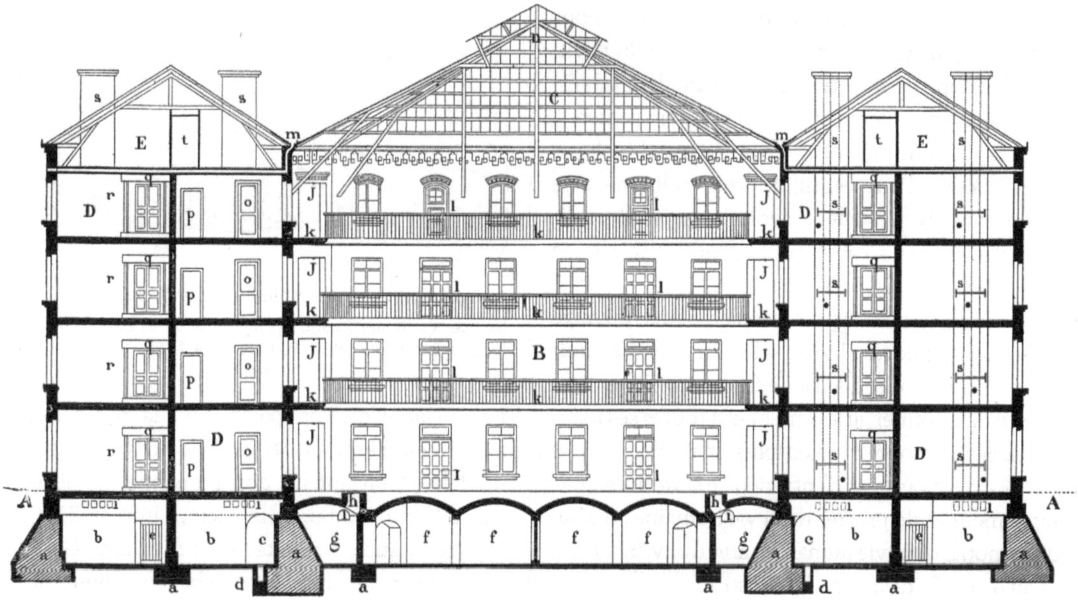

Coupe transversale de la partie centrale du Familistère.

Échelle de 5 millimètres par mètre.

Solutions Sociales, page 446.

▲ **Fig. 2.6.** Coupe transversale du bâtiment principal

(source : Jean-Baptiste André Godin, *Solutions sociales*, Paris, Bruxelles, 1871 ; © Collections du Familistère de Guise)

Fig. 37.

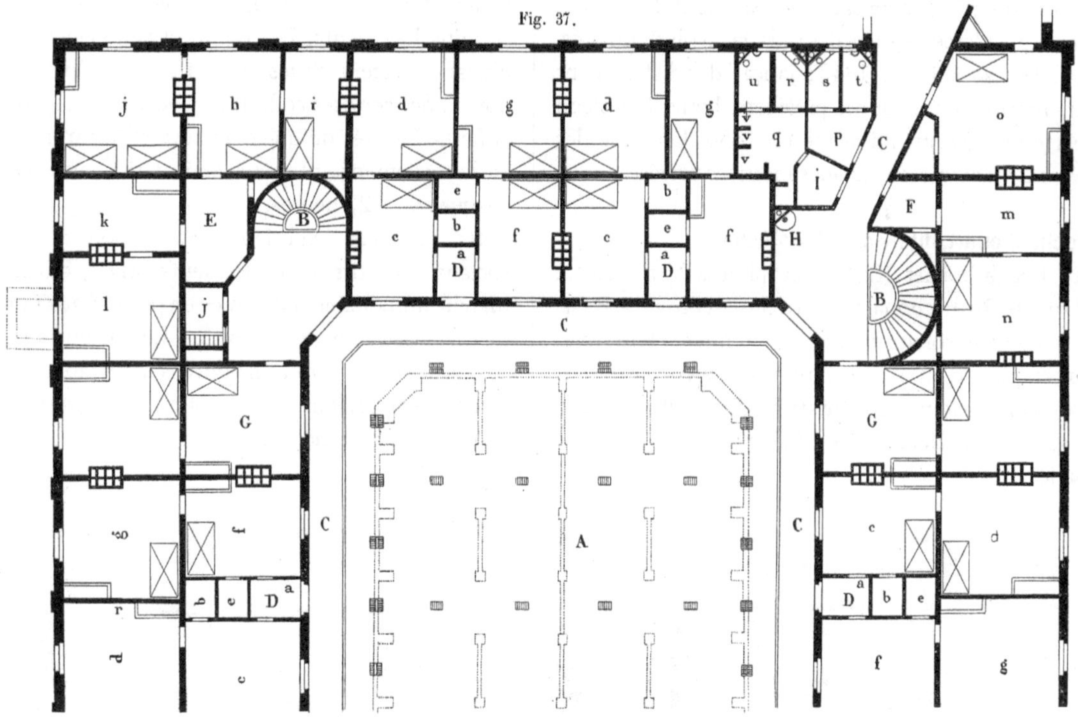

Plan des logements et des communs de la partie centrale du Familistère.

Échelle de 5 millimètres par mètre.

Solutions Sociales, page 448.

▲ **Fig. 2.7.** Déjà l'évolutivité : les logements de trois chambres (par exemple h, i et j) et de deux chambres (par exemple k et l) pouvaient être rassemblés en un logement de cinq chambres

(source : Jean-Baptiste André Godin, *Solutions sociales*, Paris, Bruxelles, 1871 ; © Collections du Familistère de Guise) et quelques trois pièces, mais des réservations dans les maçonneries permettaient de relier deux logements pour en constituer un plus grand (fig. 2.7). Les pièces du pavillon central développaient entre 19 et 22 m^2 habitables, au-delà des normes recommandées par les hygiénistes. Certaines chambres atteignaient 25 à 30 m^2. Les logements bénéficiaient d'une ventilation naturelle mais ne comportaient pas d'équipement sanitaire privatif ; l'alimentation en eau et les cabinets d'aisance avec chasse d'eau se trouvaient sur le palier.

Jean-Baptiste André Godin exposa ses idées dans l'ouvrage *Solutions Sociales* publié en 1871 : « Le Palais social doit créer, pour tous, les moyens de la vie facile, économique et progressive ; il doit donner au logement et à toutes ses institutions un caractère propre à l'accomplissement des lois primordiales : de conservation et d'entretien de la vie humaine ; de développement et de progrès de la vie humaine ; d'équilibre et d'harmonie de la vie humaine ; afin d'ouvrir, à tous, les voies : du droit, du devoir, et de la justice. »

2.3.2 Les « logements à loyers » des investisseurs privés

Au début du XIXe siècle, le logement ouvrier collectif n'avait pas bonne presse dans l'industrie et la bourgeoisie. Les « casernes » ouvrières favorisaient proximité et discussion, et étaient considérées comme des nids de révolutionnaires. La Révolution socialiste de 1848 relança l'idée du logement ouvrier, reprise par le prince-président Louis Napoléon Bonaparte qui investit lui-même en 1850 dans une des premières cités ouvrières urbaines locatives privées.

Cité Rochechouart, dite « cité Napoléon »

La cité Rochechouart (fig. 2.8 et photos 2.2), sise au 58-60 rue de Rochechouart et au 25 rue Pétrelle à Paris, toujours habitée, constitua une des premières tentatives de mise en place d'un modèle intégré de logement social : analyse d'un besoin, structuration d'un financement, montage d'une société *ad hoc*, recherche des locataires, gestion locative.

▲ **Fig. 2.8.** Vue d'ensemble de la cité Napoléon

(source : Catherine Bruant, *La Cité Napoléon. Une expérience controversée de logements ouvriers à Paris*, Éditions LéaV, 2011)

Louis Napoléon Bonaparte, élu à la présidence de la deuxième République en 1848, investit dans cette cité ouvrière modèle en faisant un don personnel de 500 000 francs, soit 8 % du capital de la société immobilière créée pour la circonstance. L'architecte en fut Marie-Gabriel Veugny, concepteur du premier marché métallique de Paris. On retrouve, comme à Guise, le principe d'une verrière éclairant les parties communes (photo du milieu 2.2).

Le programme comportait 200 logements locatifs d'une ou deux pièces avec cuisine (fig. 2.9), soit 27 m^2 pour le logement d'une famille, répartis en quatre bâtiments de quatre étages. Un chauffage par calorifère était prévu dans certains logements. Les points d'eau, éviers et cabinets d'aisance étaient situés sur les paliers. L'ensemble comportait des services collectifs : lavoir, bains, garderie pour enfants. L'entrée unique était surveillée par un concierge, et le règlement intérieur était strict, avec couvre-feu chaque soir à 22 heures.

Cette première expérience d'opération de logements sociaux collectifs à financements privés, ouverte sur le marché immobilier et destinée en priorité aux familles des ouvriers de l'usine à gaz voisine, ne rencontra pas le succès escompté. En effet, malgré ses indéniables qualités de confort, son règlement intérieur strict rappelait par trop l'armée et la caserne[2].

▲ **Photos 2.2.** Cité Napoléon, de gauche à droite : la façade sur rue, la verrière du dernier étage réhabilitée, les distributions par escalier

Le projet prévoyait deux escaliers, un seul fut finalement réalisé.

(architecte : Marie-Gabriel Veugny)

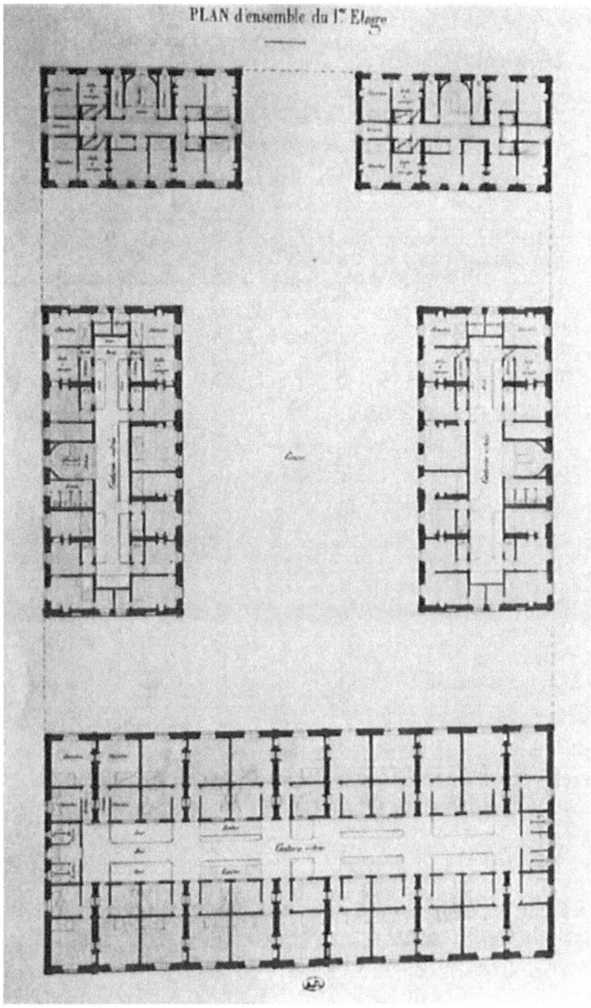

▲ **Fig. 2.9.** Cité Napoléon, plan d'un étage courant
(source : Catherine Bruant, *op. cit.*)

Après la cité Napoléon

La cité Napoléon vit à sa suite le bref développement d'un secteur locatif social privé. Le prince-président décida de multiplier ces expériences sociales-libérales : le secteur privé, aidé par l'État, fut appelé à construire des logements pour ouvriers en s'engageant à modérer les loyers en contrepartie d'avantages fiscaux ; 1 500 logements furent ainsi construits à Paris sous l'appellation de « cités ouvrières ». Contrairement aux expériences de Guise et de la rue Rochechouart, ces immeubles ne disposaient pas de services communs, mais intégraient un progrès considérable : l'eau courante dans le logement, à l'image de la cité d'Enfer réalisée aux environs de 1855 et toujours habitée (photos 2.3).

L'Exposition universelle de 1867 à Paris fut notamment l'occasion de découvrir de multiples modèles de ces habitations ouvrières locatives, individuelles et collectives (fig. 2.10 et fig. 2.11).

Ces expériences de logements ouvriers d'investisseurs privés, dont plusieurs exemples demeurent notamment à Paris[3], restèrent sans lendemain. L'idée de réaliser des logements collectifs ouvriers fut vite rejetée par la jeune troisième République, hantée par le spectre de la Commune de Paris et la crainte de nouveaux soulèvements populaires.

▲ **Photos 2.3.** Passage d'Enfer à Paris (n°s 1 à 20) : cité ouvrière d'Enfer, dite aussi cité Cazeaux
Les façades de plâtre et leur répétition linéaire confèrent à l'ensemble modestie et discrétion.
(architecte : Félix Pigeory)

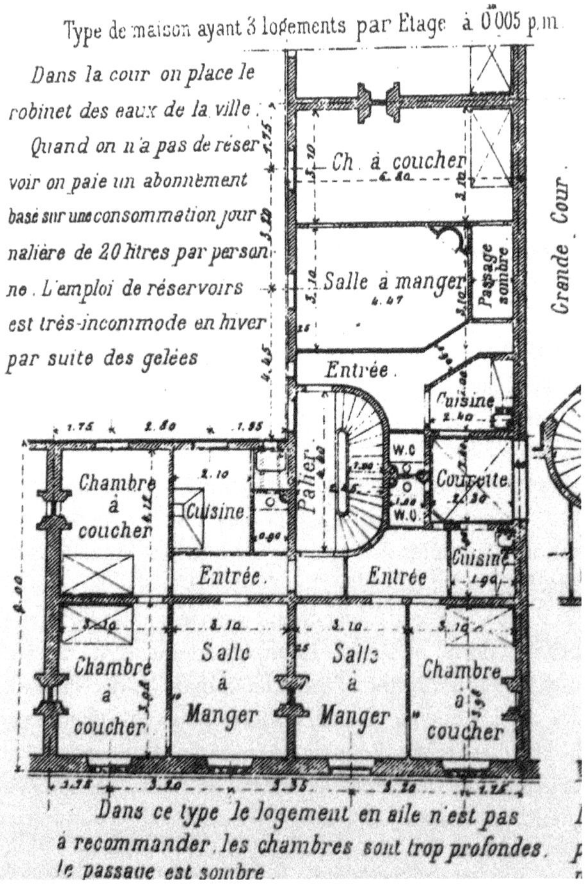

▲ **Fig. 2.10.** Ce plan à trois logements par palier comporte l'ensemble des composantes d'un logement actuel, hormis la salle de bains

(source : Émile Müller et Émile Cacheux, *Habitations ouvrières parisiennes*. Ouvrage cité par Marie-Jeanne Dumont *in Le Logement social à Paris, 1850-1930. Les habitations à bon marché*, Éditions Mardaga, 1991)

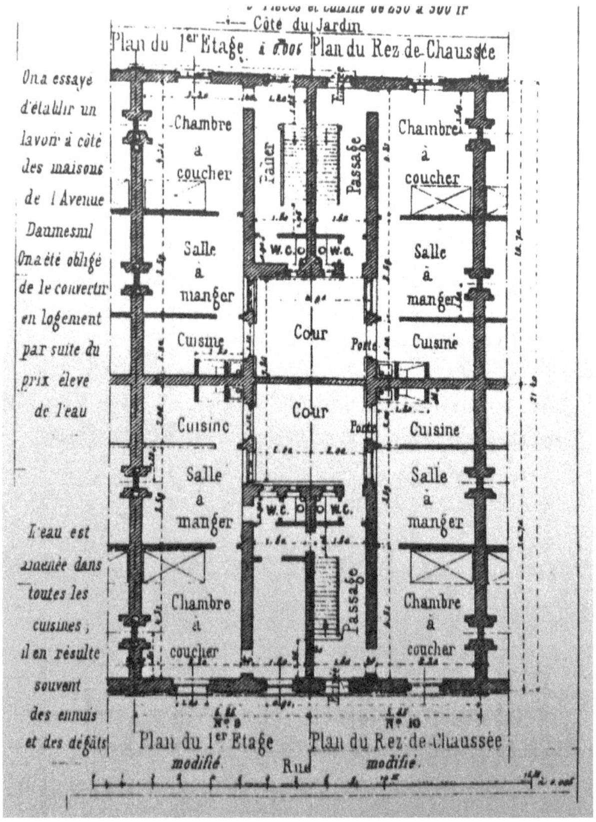

▲ **Fig. 2.11.** Plan de la cité ouvrière de l'avenue Daumesnil à Paris réalisée en 1867 pour l'Exposition universelle

(source : cité par Marie-Jeanne Dumont *in op. cit.*)

2.3.3 Les fondations, œuvres des philanthropes

Troisième famille de tentatives de développement de logements collectifs locatifs sociaux, les immeubles des philanthropes, construits au travers de leurs fondations, apportèrent une pierre essentielle à l'édification du logement social collectif en installant des valeurs qui restent d'actualité : qualités de l'architecture et de la construction, vision à long terme, attention portée à la gestion et au quotidien du locataire, programmation attentive aux besoins. Ils rassemblent cependant seulement quelques milliers de logements, car le modèle économique des fondations, à base d'apports financiers directs de riches donateurs, n'était pas généralisable…

Fondation Peabody

Les expériences britanniques du XIXe siècle inspirèrent les réflexions françaises sur l'habitat social, notamment l'expérience de la fondation Peabody. Vers 1870, George Peabody, homme d'affaires américain établi à Londres en 1837, fit don de sommes considérables pour améliorer la condition ouvrière par l'édification d'immeubles, à l'exemple de ceux de Peabody Square (fig. 2.12) et de Commercial Roaden (fig. 2.13). Les logements comprenaient en général deux ou trois pièces ; les W.-C. et l'eau se trouvaient sur le palier. Leurs plans restaient proches de ceux des logements de la cité Rochechouart.

Le logement de trois pièces (fig. 2.12) développait une surface de 36 m^2 ; le séjour distribuait directement les deux chambres dans une recherche de compacité maximale.

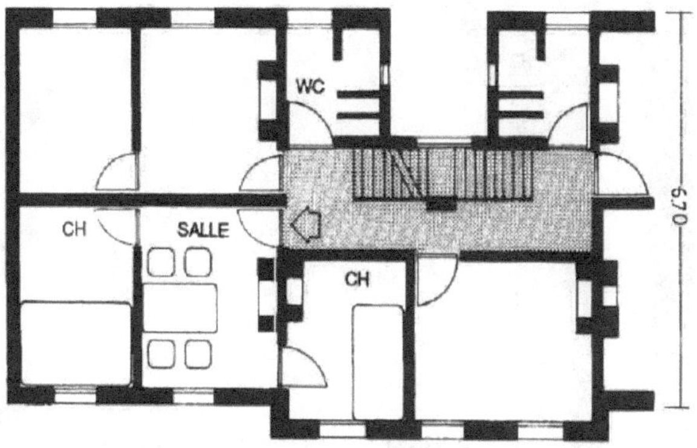

▲ **Fig. 2.12.** Plan de logements de Peabody Square, Londres
(source : C & H)[4]

▲ **Fig. 2.13.** La première construction à Commercial Roaden, Londres, 1864
(architecte : Henry Darbishire ; source : Yvette Marin, *Loger les Anglais. Le logement social en Angleterre de 1848 à 1939*, Éditions L'Harmattan, 2000)

Groupe des maisons ouvrières

Le Groupe des maisons ouvrières (GMO, photo 2.4), financé en secret par la veuve du spéculateur Jules Lebaudy, construisit à Paris entre 1899 et 1912 un peu plus de 1 100 logements locatifs destinés aux familles de condition modeste. Une grande partie de ces logements sont l'œuvre d'un seul architecte, Auguste Labussière. Il s'appuya sur un programme technique et architectural détaillé, amélioré d'une opération à l'autre ; ce furent les débuts de la programmation du logement locatif social.
L'immeuble de l'avenue Daumesnil[5], 177 logements pour 13 cages d'escalier, toujours en fonction, comportait à rez-de-chaussée une gamme complète de services dédiés aux locataires : salles de lecture, lavoirs, bains-douches, remises à bicyclettes et à voitures d'enfant, magasins, W.-C. communs. Le personnel d'exploitation comprenait un gardien-chef, un buandier-gardien et un veilleur de nuit.

▲ **Photo 2.4.** Le monogramme du Groupe des maisons ouvrières

Une grande partie de ces services communs se retrouvait dans l'immeuble de 131 logements de la rue de l'Amiral-Roussin (photo 2.5 et fig. 2.14).

▲ **Photo 2.5.** Immeuble de la rue de l'Amiral-Roussin, fondation Lebaudy, 1907
Le porche d'accès à l'immeuble présente un aspect monumental et des matériaux nobles ; on est loin du passage d'Enfer.
(architecte : Auguste Labussière)

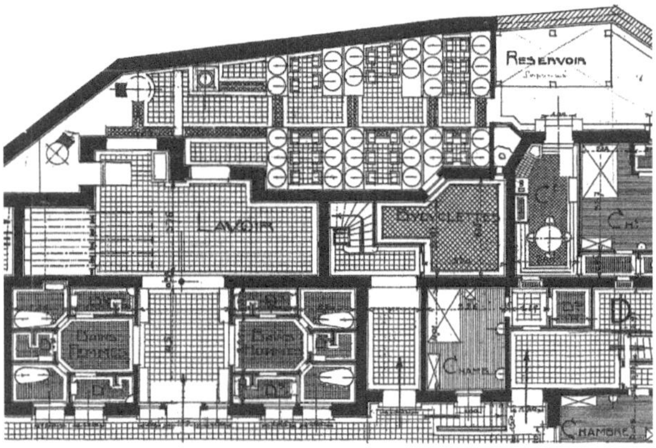

▲ **Fig. 2.14.** Plan des services du rez-de-chaussée de l'immeuble de la rue de l'Amiral-Roussin

On accède depuis la cour intérieure au lavoir, au local à « bycyclettes », aux bains, etc.

(architecte : Auguste Labussière ; source : fondation Lebaudy)

▲ **Photo 2.6.** Immeuble de la rue de Cronstadt, 151 logements, fondation Lebaudy, 1913

Vue extérieure du rez-de-chaussée : on note la qualité des choix initiaux de matériaux et de celle de l'entretien opéré depuis la construction.

(architecte : Auguste Labussière)

La volonté d'une maîtrise des conditions de vie des locataires pour favoriser leur ascension sociale (photo 2.6) se retrouve dans le plan du dernier étage de l'immeuble de la rue de Cronstadt (fig. 2.15), qui comprenait les chambres pour célibataires, une salle à manger et une cuisine communes, mais aussi une « chambre de la surveillante ». Le bâtiment était mince car toutes les pièces sauf les débarras devaient donner sur l'extérieur afin de permettre la ventilation naturelle de toutes les pièces (fig. 2.16).

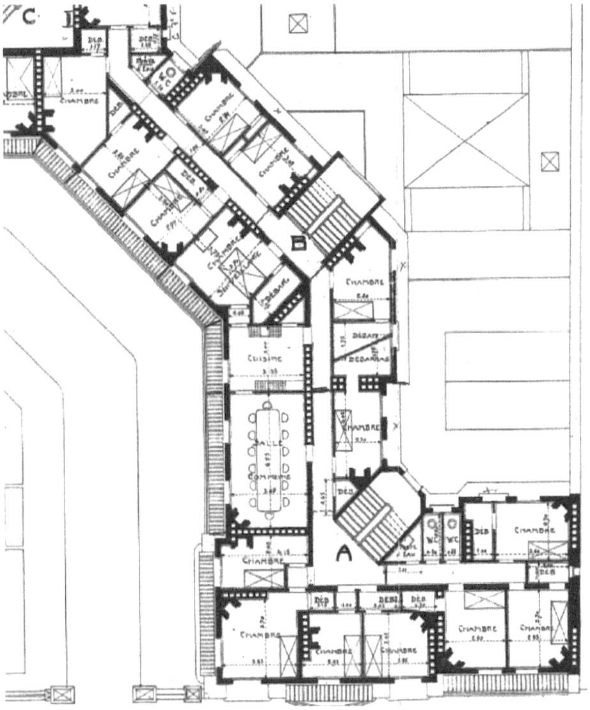

▲ **Fig. 2.15.** Plan du 7e étage de l'immeuble de la rue de Cronstadt

(architecte : Auguste Labussière ; source : fondation Lebaudy)

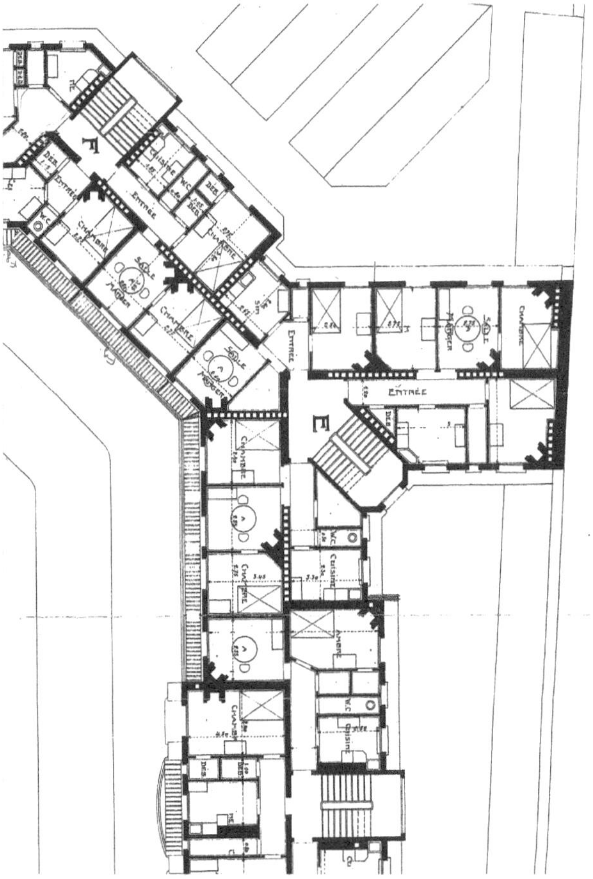

▲ **Fig. 2.16.** Plan d'étage courant de l'immeuble de la rue de Cronstadt

(architecte : Auguste Labussière ; source : fondation Lebaudy)

ZOOM UNE ÉTAPE DE PLUS VERS LE LOCATIF MODERNE

Dans les immeubles du Groupe des maisons ouvrières, certains principes de conception restaient proches de ceux du Familistère ou de la cité Rochechouart : des logements de deux ou trois pièces et des locaux destinés à des services communs au rez-de-chaussée. D'autres principes se rapprochaient singulièrement de ceux du logement locatif moderne :
– intégration au logement du point d'eau et du cabinet d'aisance ;
– recherche de la durabilité et de la prestance urbaine, marquées notamment par la qualité des revêtements extérieurs et du style de la façade.
Alors que les investisseurs privés au travers de leurs « logements à loyers » étaient guidés par la recherche de la rentabilité de court terme sans véritable souci de la qualité de la construction ou de la façade, le Groupe des maisons ouvrières et la fondation Rothschild inventaient l'investissement de long terme dédié au locatif social.

Programme technique du début du XXe siècle

Si la plupart des services communs ont disparu, remplacés progressivement par des éléments de confort intérieur, le programme technique des appartements de 1907 du Groupe des maisons ouvrières supporte aisément la comparaison avec la programmation du logement social contemporain :
« Les logements comprendront deux ou trois chambres groupées autour d'un vestibule. Autant que possible, ces pièces sont indépendantes les unes des autres ; toutefois, pour quelques logements à trois pièces, nous trouvons une chambre commandée par la salle à manger ou par la "cuisine – salle à manger".

Cuisine – salle à manger

Une grande pièce de 4,5 m par 2,75 m, largement éclairée sur la rue ou la grande cour, est plus spécialement affectée à la salle à manger ; sur un des côtés, une sorte d'alcôve de 3,25 m par 1,25 m, également avec éclairage direct, reçoit tout l'aménagement spécial à la cuisine. Le sol est carrelé en carreaux de grès fond clair ; les murs peints à l'huile avec gorge arrondie au plafond. L'aménagement comprend un fourneau de 0,6 m de largeur, une paillasse avec carreaux de grès pour le fourneau à gaz, un évier en comblanchien, robinet d'eau au-dessus, un placard sous évier, un grand placard pour ustensiles de cuisine, un garde-manger dont la paroi extérieure en briques comporte deux ventilations, fermées par un grillage métallique. La hotte au-dessus du fourneau est remplacée par un appareil de ventilation pour les buées. Sur le mur au droit du fourneau, de la paillasse et de l'évier, revêtement en carreaux de faïence, ton clair, bordure bleue.

Salle à manger

Cette pièce, parquetée chêne, est pourvue d'une cheminée en marbre rouge avec appareil en fonte. Le soubassement des murs est peint jusqu'à 1 m de hauteur, le surplus en papier de tenture, gorge arrondie au plafond.

Chambre

Les plus petites chambres ont une superficie de 11,7 m^2 (4,5 m par 2,6 m) et les plus grandes atteignent 18 m^2 de surface. La largeur des fenêtres est comprise entre 1,2 m et 1,3 m. Toutes les chambres sont pourvues d'une cheminée en marbre avec rétrécissement fonte et foyer grès, sauf dans le cas de trois chambres où la troisième n'a qu'un tuyau de ventilation. Le marbre est gris pour les grandes chambres, noir pour les petites. Le sol est parqueté de chêne. Les murs sont recouverts de papier de tenture avec soubassement en peinture et baguette bois arrêtant le papier à 0,10 m du plafond. Toutes les chambres à coucher sont indépendantes les unes des autres, la plupart peuvent recevoir deux lits d'enfant.

Vestibules

Les vestibules sont carrelés, les murs peints à l'huile sur 1 m de hauteur avec papier de tenture au-dessus. Ils sont éclairés par deux portes vitrées.

Débarras

Tous les débarras sont éclairés et ventilés naturellement. Sol carrelé, murs peints.

W.-C.

Chaque logement, quelle que soit son importance, a un W.-C. avec éclairage direct. »
Source : *Fondation de Madame Jules Lebaudy. 12 ans de construction sociale. 1899-1911*, préface de Roger Quilliot, compilation de François Lena, 1989

Concours d'architecture de la fondation Rothschild

La fondation Rothschild fut créée en 1904 par les barons Edmond, Alphonse et Gustave de Rothschild. Après concertations, la Ville de Paris lui céda trois terrains, dont un rue de Prague dans le 12e arrondissement, qui fit l'objet en 1905 d'un concours international d'architecture. Il s'agissait, sous l'influence du mouvement hygiéniste, de faire bénéficier aux locataires de l'air, de la lumière, de l'eau courante, d'évacuations efficaces des eaux usées et des déchets ménagers, d'espaces de lavage et de séchage du linge, et surtout de se démarquer des fameuses « casernes ouvrières ».
Le programme officiel du concours était limité à des recommandations générales, afin de laisser libre champ à l'innovation, mais plusieurs documents de référence de l'époque, dont une communication d'Émile Cheysson,

ingénieur des Ponts et Chaussées, à la Société française des habitations à bon marché (HBM)[6], définissaient avec beaucoup de précision ce que devaient être les standards du logement ouvrier en matière d'hygiène et de confort.

Plus de 100 projets furent exposés à l'hôtel de ville de Paris ; 25 furent sélectionnés au premier tour, 7 primés au second tour et le projet lauréat fut celui d'Augustin Rey.

Les 321 logements et 30 commerces, aux façades en brique, firent l'objet d'un entretien attentif, de travaux d'amélioration classiques (installation de salles de bains, isolation des menuiseries, mise en place d'ascenseurs), et fêtèrent leur siècle en 2009 (photos 2.7). Dès l'origine, ils comportaient plusieurs innovations, dont l'alimentation électrique et des équipements de base (cuisinière, coffre à charbon, vide-ordures sur le palier, etc.), comme l'indique le « descriptif locataire » de l'époque des premières locations (photo 2.8).

Par ailleurs, plusieurs services communs étaient proposés rue de Prague :

- des bains-douches, qui se transformèrent en bains publics avec la mise en place de salles de bains dans les logements. Ces bains publics furent exploités jusqu'en 1983 ;
- une garderie d'enfants ;
- un dispensaire ;
- un lavoir ;
- une école ménagère, qui vendait sa production aux ouvriers du faubourg Saint-Antoine voisin.

Si les surfaces des logements restaient modestes, avec un deux pièces à 46 m^2, la hauteur sous plafond, une référence hygiéniste, était proche de 3 m. Ces logements n'ont pas aujourd'hui le statut de logement social car ils ne sont pas conventionnés, mais leurs loyers demeurent accessibles : le loyer moyen des 321 logements de la rue de Prague se situe entre le tiers et la moitié d'un loyer de relocation parisien du secteur libre.

▲ **Photos 2.7.** Immeuble de la rue de Prague, fondation Rothschild, 1909. De gauche à droite : façade et porche sur la rue de Prague, façade sur cour, vue d'une cage d'escalier

(architecte : Augustin Rey)

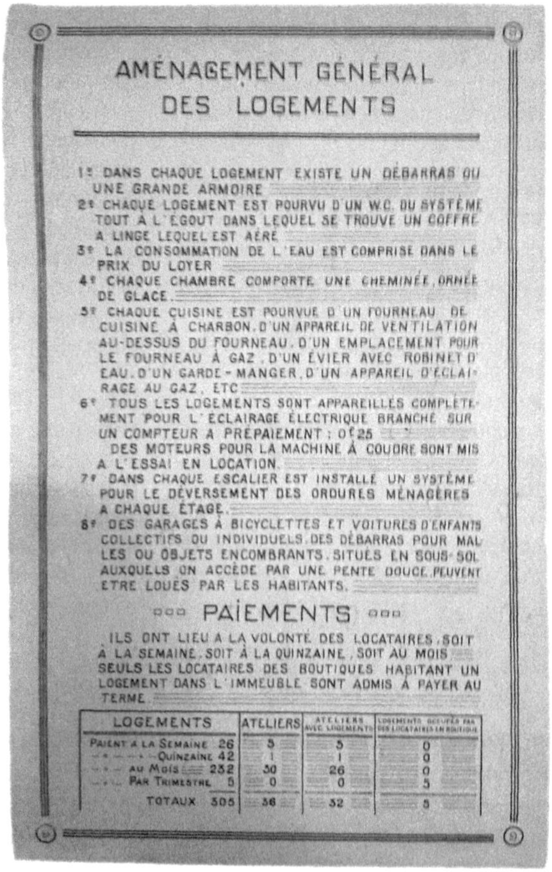

▲ **Photo 2.8.** Panneau d'information destiné aux locataires de la rue de Prague

Les logements étaient très bien équipés, avec entres autres cuisinière à charbon, garde-manger, gaz et électricité à prépaiement.

Autres opérations de la fondation Rothschild

Parmi les autres réalisations de la fondation Rothschild figurent les 105 logements de la rue de Belleville à Paris, dont certains bénéficient d'une triple orientation pour permettre un éclairage optimal (fig. 2.17). Leur découpage et leur plan présenteraient aujourd'hui des difficultés au regard de la réglementation thermique et de celle sur l'accessibilité.

Plusieurs autres projets furent développés, et notamment 76 logements rue du Marché-Popincourt, 206 logements rue de Bargue, 420 logements rue Marcadet, à Paris. La fondation Rothschild est actuellement propriétaire de 1 900 logements et commerces.

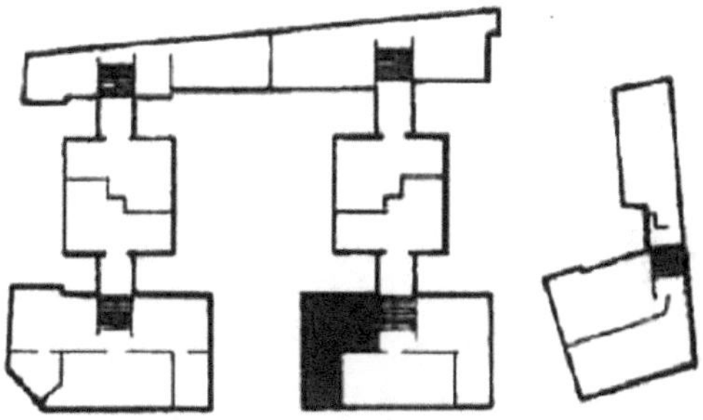

- Système d'îlots à cours intérieures et immeubles à redents (lumière naturelle recherchée)
- Cellule à 3 orientations
- Palier éclairé par la lumière naturelle
- Couloir autonome
- Surface minimale
- Salle-cuisine unique
- Distinction chambres parents/enfants
- Absence de salle d'eau

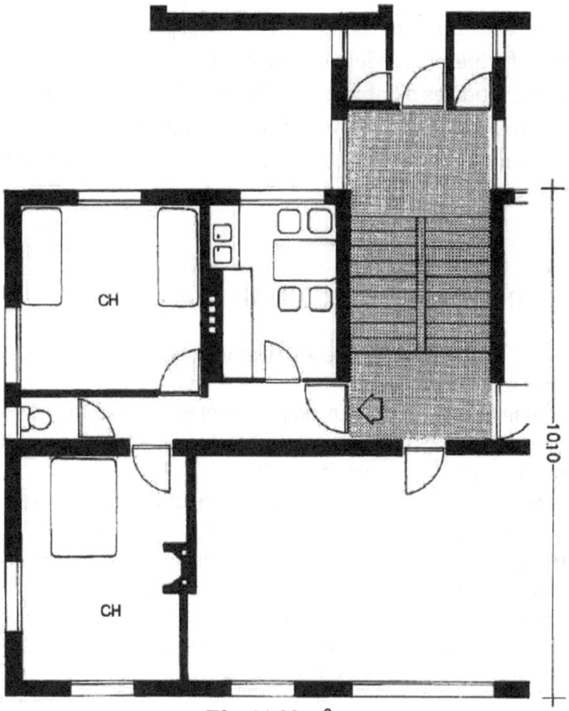

T3 : 44,20 m²

▲ **Fig. 2.17.** Logements au 117 rue de Belleville, fondation Rothschild, 1908
(source : C & H)

2.4 Le modèle haussmannien

Paris, première moitié du XIXe siècle : une population qui dépassait le million d'habitants, des rues étroites, sinueuses et mal éclairées, les épidémies, le choléra en 1832. Il était impossible de traverser en ligne droite la capitale du nord au sud ou d'ouest en est. Louis-Napoléon Bonaparte, rentré de son exil londonien en 1848 et élu président de la République française, avait été fortement impressionné par l'architecture aérée et moderne des quartiers ouest de la capitale anglaise, reconstruite à la suite de l'incendie qui l'avait ravagée au XVIIe siècle. Pour lui, il s'agissait du modèle à suivre. Il déclara en 1850 : « Paris est bien le cœur de la France ; mettons tous nos efforts à embellir cette grande cité, à améliorer le sort de ses habitants. Ouvrons de nouvelles rues, assainissons les quartiers populaires qui manquent d'air et de jour, et que la lumière bienfaisante du soleil pénètre partout dans nos murs. » Devenu empereur, Napoléon III, qui appréciait Haussmann, le nomma préfet de la Seine en 1853, avec comme première mission « d'embellir Paris »[7].

La grande idée d'Haussmann, adepte des théories hygiénistes, était d'instaurer une politique facilitant l'écoulement des flux, tant de la population que des marchandises, de l'air et de l'eau. Il fallait aérer Paris, faciliter l'accès aux gares alors en pleine expansion, améliorer la circulation entre les 80 quartiers administratifs de la capitale. Les travaux mobilisèrent 80 000 ouvriers, artisans, ferronniers, sculpteurs, etc. Le chantier fut encadré par l'État et financé par l'emprunt, mais sa mise en œuvre fut confiée à des entrepreneurs privés.

64 km de voiries furent percées dans Paris, détruisant presque tous les derniers vestiges de la ville médiévale de la capitale[8], à l'exception des églises, tandis que les 25 000 maisons détruites furent remplacées par des milliers d'immeubles de « style haussmannien ». Un réseau d'égouts fut créé, qui atteignait une longueur totale cumulée de 600 km en 1878.

L'immeuble haussmannien (fig. 2.18), décliné en plusieurs catégories, des plus luxueuses aux plus modestes, répondait à des règles strictes.

▲ **Fig. 2.18.** Le modèle d'immeuble haussmannien
(source : BnF Passerelle(s), Direction de la diffusion culturelle, Éditions multimédias, 2020)

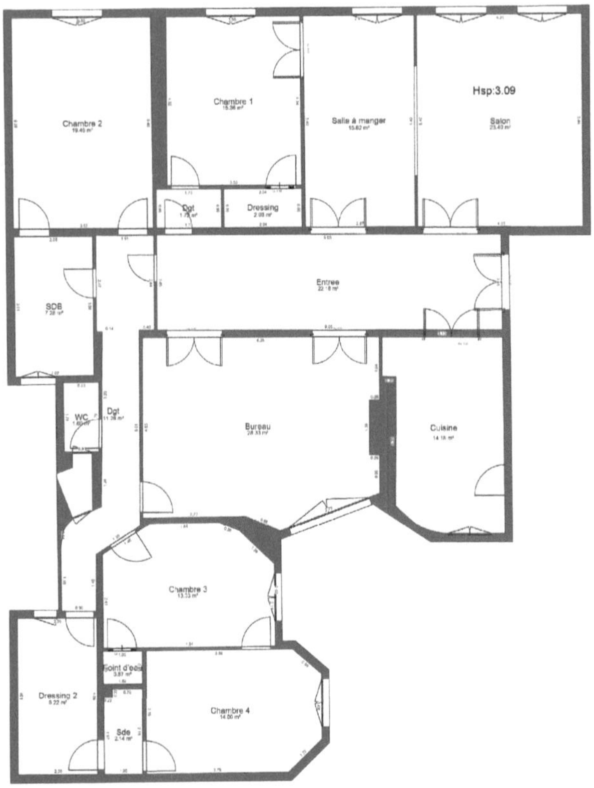

▲ **Fig. 2.19.** Exemple de plan d'appartement bourgeois haussmannien

L'immeuble de première classe comprenait, au-dessus du rez-de-chaussée et de l'entresol, quatre étages avec de grands appartements hauts de plafond (fig. 2.19). Des écuries et des remises étaient situées dans la cour. Un escalier de service menait au 5ᵉ étage, réservé aux domestiques, alors que les occupants des autres étages empruntaient un escalier beaucoup plus large et orné. Ces immeubles étaient souvent richement décorés : pilastres cannelés, frontons, médaillons sculptées, cariatides ou atlantes.
L'immeuble de deuxième classe, plus simple, comportait cinq étages et également un escalier de service.
L'immeuble de troisième classe, haut de cinq étages, proposait des appartements plus petits et ne possédait pas d'escalier de service. Sa façade ne présentait pas forcément de balcon, et il était généralement beaucoup moins décoré que les immeubles plus luxueux.
Construits sans espace entre eux, ces immeubles constituaient une « rue mur ». En parallèle aux premières expériences de logements destinés aux classes laborieuses, le programme haussmannien du logement bourgeois transforma profondément Paris en imposant un des premiers modèles d'habitation collective. Il représente encore aujourd'hui environ la moitié des logements parisiens, alors même que de nombreux immeubles ont été transformés en bureaux.

ZOOM DESCRIPTION PAR ÉTAGE D'UN IMMEUBLE HAUSSMANNIEN DE PREMIÈRE CLASSE

1. La porte cochère devait être assez haute pour permettre l'accès des voitures à cheval aux écuries situées dans la cour.
2. Le rez-de-chaussée accueillait souvent des boutiques, sauf pour les immeubles les plus bourgeois.
3. L'entresol était assez bas de plafond. Il pouvait servir d'entrepôt aux boutiques du rez-de-chaussée, ou encore pour loger le concierge de l'immeuble.
4. Le deuxième étage, traditionnellement réservé aux habitants les plus aisés, était appelé « l'étage noble ». Il comportait un ou plusieurs balcons en pierre ou fer forgé. Les pièces à vivre et pièces de réception étaient en enfilade sur la rue. Les cuisines, chambres et pièces secondaires donnaient sur la cour.
5. Les troisième et quatrième étages reprenaient le style du deuxième, mais les ornements et les encadrements de fenêtres étaient généralement plus sobres.
6. Le cinquième étage comportait le plus souvent un balcon filant, mais peu de décoration.
7. Le sixième étage était constitué des combles sous les toits. Les pièces étaient mansardées. Y logeaient les domestiques et les étudiants.

D'après le focus « À quoi reconnaît-on un immeuble haussmannien ? » du site BnF Passerelle(s)

2.5 Le logement collectif : un produit abouti dès le début du XXe siècle

À l'orée du XXe siècle, deux opérations exemplaires marquèrent l'aboutissement des expérimentations des décennies précédentes :

• celle de la Société de logements hygiéniques à bon marché (fig. 2.20), société privée créée en 1903, à travers la réalisation d'un immeuble de 48 logements au 165 boulevard de l'Hôpital, dans lequel chaque logement était équipé de l'eau chaude et d'une salle de bains. Les fondamentaux du logement collectif furent alors fixés et n'évoluèrent qu'à la marge jusqu'à aujourd'hui. Ces fondamentaux sont les suivants :

- des espaces communs de qualité, lumineux, revêtus de matériaux durables,
- des logements avec entrée, séjour, chambres, cuisine, salle de bains et W.-C.,
- des pièces principales de 9 m^2 au minimum,
- l'accès à l'eau, au gaz et à l'électricité ;

• celle des frères Perret, à travers la réalisation d'un immeuble en béton armé rue Franklin à Paris (fig. 2.21). Elle marqua le basculement du modèle haussmannien bourgeois vers le fonctionnalisme et l'adoption de nouvelles techniques de construction.

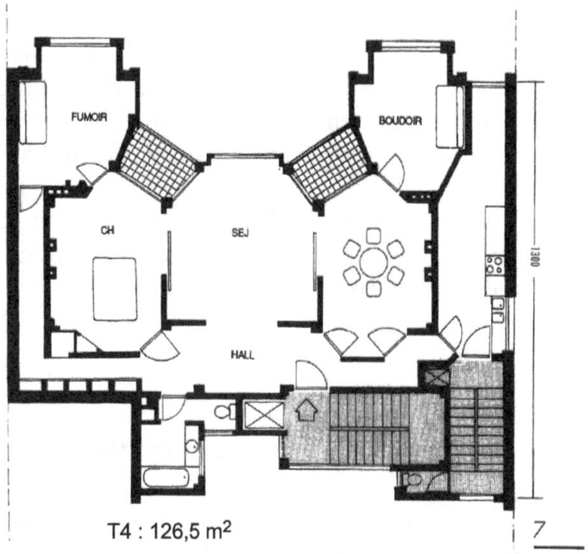

- Symétrie et mise en scène de la cellule par rapport à la façade
- Retournement de la cour arrière traditionnelle sur la rue (lumière naturelle et panorama)
- Prépondérance des espaces de représentation aux dépens des espaces servants (cuisine) et intimes (chambre)
- Distinction, héritée du XIXe siècle, entre circulations des domestiques et des habitants
- Structure en béton armé poteaux-poutres

▲ **Fig. 2.21.** Plan d'un logement de l'immeuble en béton armé conçu par les frères Perret rue Franklin, Paris, 1905
(architectes : Auguste et Gustave Perret ; source : C & H)

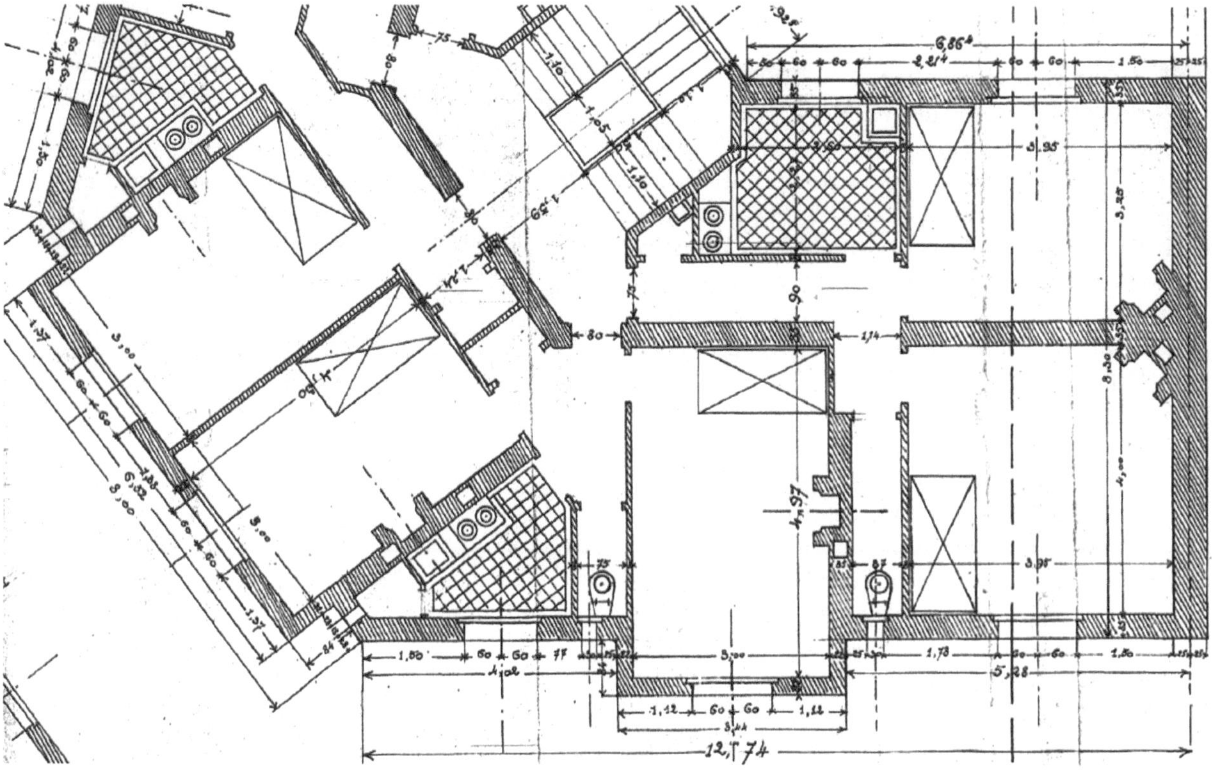

▲ **Fig. 2.20.** Plan d'un étage de l'immeuble du 1 rue de la Chine, Paris, 1907
Immeuble de 34 logements et 4 chambres, avec salles de bains communes au rez-de-chaussée, contemporain du boulevard de l'Hôpital et toujours en service (maître d'ouvrage : Société de logements hygiéniques à bon marché ; architectes : Henri Sauvage et Charles Sarazin ; source : archives de la Ville de Paris)

La nécessité de produire un logement collectif inséré dans son contexte urbain sans ségrégation d'apparence ou de qualités fut également partagée par les acteurs de l'époque. Elle fut délaissée durant les années de construction de masse.
Le produit était abouti, les techniques disponibles, il ne manquait plus au logement collectif moderne qu'un écosystème durable de développement, lequel fut rendu possible avec la création du mouvement des habitations à loyer modéré (HBM), puis HLM.

2.6 Les habitations à bon marché

Les premières tentatives d'organisation de la production de logements collectifs, qui permirent la mise au point du logement moderne, se limitèrent à la réalisation de prototypes développés à quelques milliers d'exemplaires :
– les initiatives patronales ne se généralisèrent qu'en maisons individuelles[9] ;
– les casernes ouvrières collectives privées furent abandonnées ;
– le modèle autarcique des fondations fut limité par les fonds des donateurs.
Une cinquième famille du logement, les habitations à bon marché (HBM), dotée de nouvelles ressources, engagea l'aventure du logement moderne.

2.6.1 Avant 1914, la création de l'écosystème des HBM

La Société française des habitations à bon marché, rassemblement de spécialistes et de défenseurs de l'amélioration du logement des ouvriers, se créa dès 1889 sans soutien public. Un premier concours fut lancé à Saint-Denis, au nord de Paris, mais la démarche ne put afficher d'ambition quantitative, car la très grande majorité des investisseurs privés ne vit aucun intérêt financier dans la construction de tels logements.
Comme les fondations, les HBM travaillèrent donc au départ à petite échelle, avec une production qui resta sans rapport avec le besoin de résorption des taudis. Cependant, elles bénéficièrent rapidement du cadre juridique et des moyens qui leur permirent de sortir de la marginalité, grâce à la mobilisation d'une ressource financière et à l'engagement des collectivités publiques. Ces moyens se structurèrent en seulement 18 ans, entre 1894 et 1912, par une série de lois dont les trois principales furent les lois Siegfried, Strauss et Bonnevay.
À l'aube de la Grande Guerre, grâce à ces lois fondatrices, l'écosystème des HBM (fig. 2.22) dans ses aspects financier (Caisse des dépôts), juridique (statut spécifique des sociétés et offices d'HBM) et politique (soutien de l'État et des collectivités locales), dota les maîtres d'ouvrage sociaux d'un potentiel de développement considérable, mais qui ne fut mobilisé à grande échelle que 40 ans plus tard.

ZOOM TROIS LOIS FONDATRICES

Avec la loi Siegfried de 1894, l'État prend pied dans le logement social. Les sociétés d'HBM privées bénéficient d'exemptions d'impôts et de l'accès à de nouveaux circuits financiers : la Caisse des dépôts et consignations est autorisée à placer une partie des fonds, collectés par le biais des Caisses d'épargne, en obligations des sociétés de construction et de crédit. La Caisse des dépôts accueille cette loi avec prudence ; les questions de la rentabilité des placements ainsi que des garanties proposées font l'objet de demandes spécifiques de sa commission de surveillance. Les sociétés d'HBM acceptent finalement de créer une Société de crédit des HBM, qui bénéficie du premier prêt de 150 000 francs accordé par la Caisse des dépôts en 1898, soit quatre ans après la promulgation de la loi. Il ne s'agit pas encore de prêts directs à la construction d'immeubles, mais la voie est tracée. Cette première intervention publique fait naître des sociétés anonymes et coopératives d'HBM.
Mais la loi Siegfried n'a qu'un impact quantitatif limité et, douze ans plus tard, la loi Strauss de 1906 la renforce en permettant l'intervention directe de la Caisse des dépôts comme prêteuse aux HBM, autorisant aussi communes et départements à leur consentir des prêts et à leur vendre des terrains à prix réduit.
En 1912, la loi Bonnevay, en autorisant la création par les collectivités locales de sociétés agréées et d'offices publics d'HBM, marque le véritable départ du logement social moderne : le 3 août 1913, le premier office public d'HBM est créé à La Rochelle ; l'Office public d'HBM de Paris est créé le 28 janvier 1914. Cette loi impose également une valeur maximale au loyer en fonction du nombre de pièces du logement, pièces dont la surface minimale doit être de 9 m^2, critère toujours en vigueur aujourd'hui.

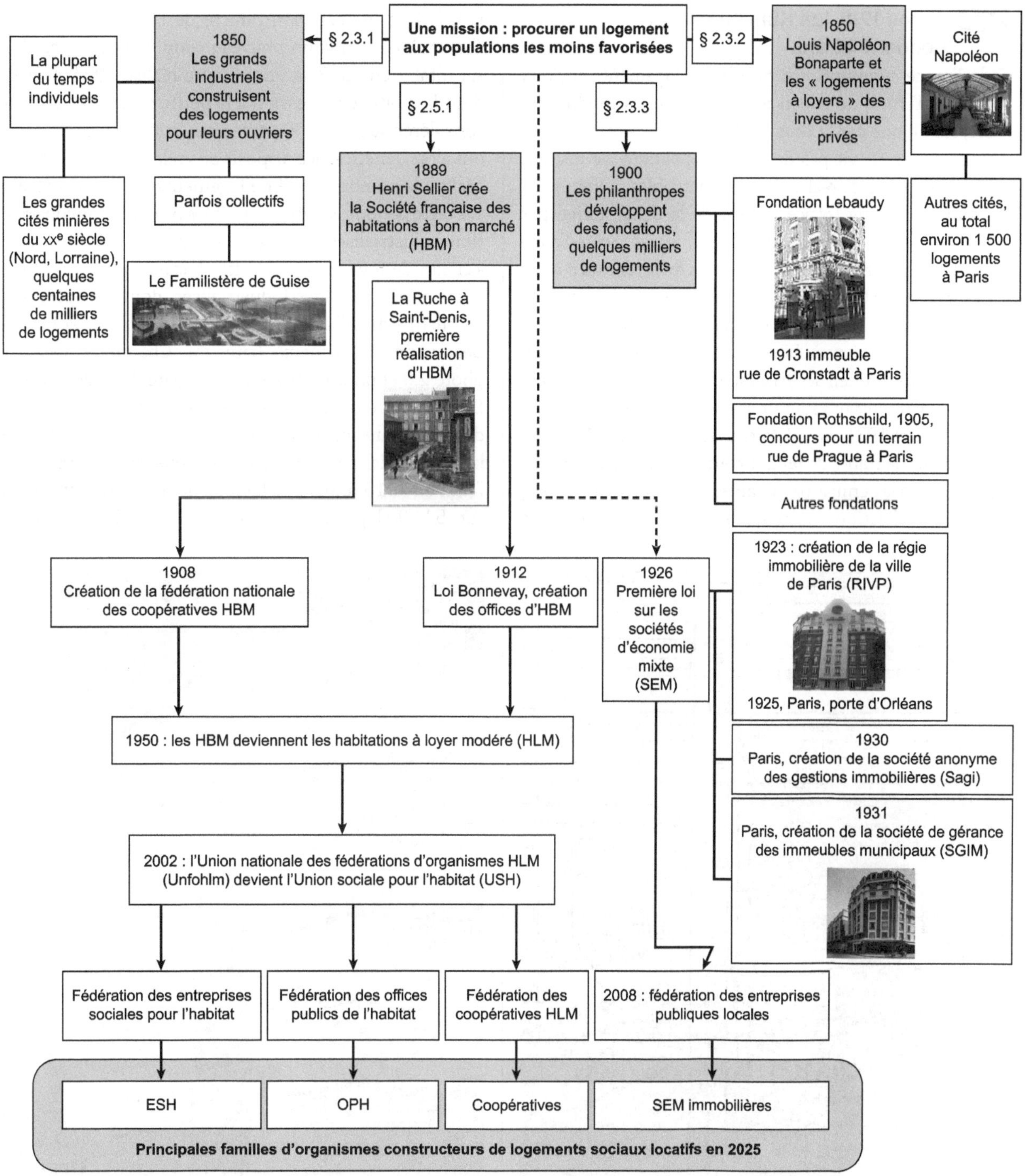

▲ **Fig. 2.22.** Les quatre filières de création de logements collectifs sociaux ; seule l'une d'entre elles a prospéré jusqu'à aujourd'hui

2.6.2 Après 1918, les HBM au ralenti pendant 40 ans

Si la France comptait environ 40 000 logements sociaux en 1914, l'effort de construction, désormais rendu possible, fut bloqué par la Grande Guerre.

L'après-guerre ne vit pas de véritable politique de relance, malgré de multiples réalisations remarquables, notamment les cités-jardins de l'office d'HBM de la Seine, dirigé par Henri Sellier, à Arcueil (Val-de-Marne), Stains (Seine-Saint-Denis) et Suresnes (Hauts-de-Seine). La forte tension sociale sur le marché du logement juste après-guerre (manifestation de plus de 100 000 locataires en 1919) découragea les investisseurs et l'activité immobilière stagna : pas de construction neuve, peu d'entretien de l'existant. Pour autant, l'écosystème inventé avant-guerre prouvait sa fiabilité et sa pertinence : entre 1922 et 1931, la Caisse des dépôts fournit 11,5 des 12 milliards de francs de prêts accordés au logement social.

En réaction à la pénurie persistante, la loi Loucheur de 1928 prévit la réalisation sur cinq ans de 200 000 logements HBM, avec intervention directe de l'État, mais la crise économique donna un nouveau coup de frein à cet élan. Au total, « en 1939, la France aura réalisé 300 000 HBM dont la moitié en accession à la petite propriété. On peut considérer que 900 000 personnes, soit 2 % des Français, ont alors bénéficié des dispositions relatives aux HBM. »[10]

Malgré le nombre limité de logements sociaux construits sur cette période, la réflexion sur les processus de construction industrialisés s'engagea, marquée par les premières « cités » de logements collectifs faisant appel à la filière sèche et aux procédés industrialisés, dont les opérations à structure métallique réalisées par Marcel Lods et Eugène Beaudouin à Bagneux (cité du Champ-des-Oiseaux, photo 2.9 et photo 2.10) et Drancy (cité de La Muette).

Dans le cadre de la mise en œuvre de la loi Loucheur se développèrent les opérations réalisées sur les terrains de la ceinture des anciennes fortifications de Paris, cédés par l'État en 1919. Dans une logique de mixité urbaine, environ 54 000 logements HBM, mais aussi des immeubles

▲ **Photo 2.9.** Chantier de la cité du Champ-des-Oiseaux, Bagneux
848 logements à structure métallique furent construits entre 1931 et 1935.
(source : Cité de l'architecture et du patrimoine)

▲ **Photo 2.10.** Vue actuelle d'un immeuble de la cité du Champ-des-Oiseaux
(architectes : Eugène Beaudoin et Marcel Lods)

à loyers modérés (ILM), qui pourraient être désignés aujourd'hui par l'expression « logement intermédiaire », furent construits entre les deux guerres par différentes sociétés, avec une moyenne de 2 700 logements par an (fig. 2.23), constituant ce qui fut appelé la « ceinture rose ». Ces sociétés étaient les suivantes :
- l'Office d'HBM de la ville ;
- la régie immobilière de la ville de Paris (RIVP) ;
- la société anonyme de gestion immobilière (SAGI) ;
- la société de gérance des immeubles municipaux (SGIM) ;
- la société immobilière économie mixte de la Ville de Paris (SIEMP).

À titre de comparaison, et dans les conditions actuelles de libération de foncier beaucoup plus difficiles, la Ville de Paris a financé en 2023 3 055 logements sociaux. Si la densité de ces opérations fit l'objet de nombreuses critiques, notamment de la part des architectes du Mouvement

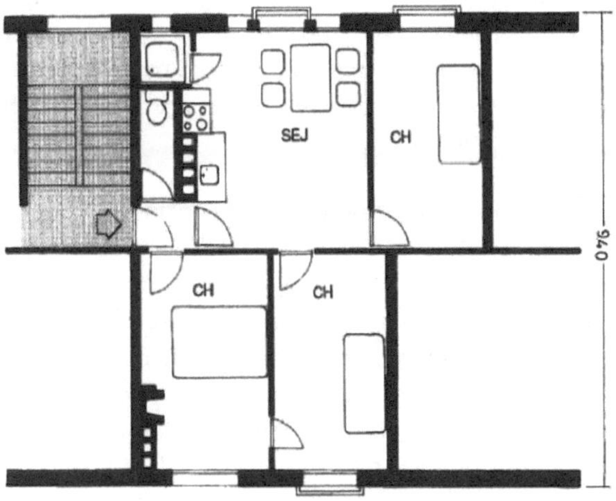

Vers 1930, T4 : 50,4 m²

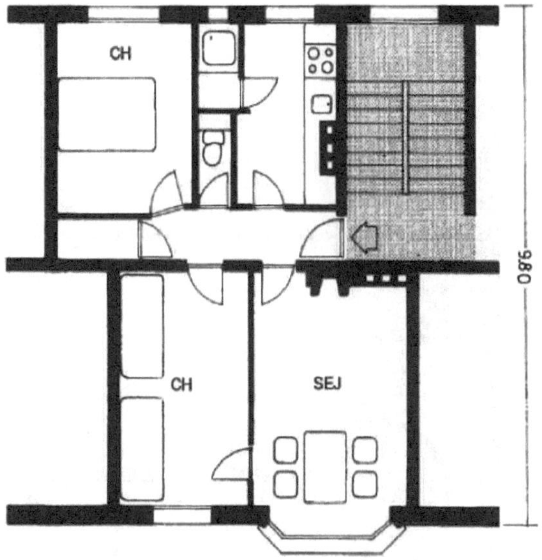

T3 : 49,5 m²

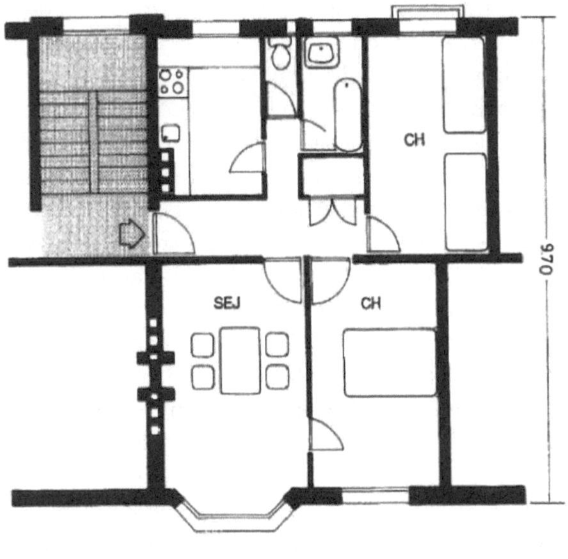

Vers 1930, T4 : 56,3 m²

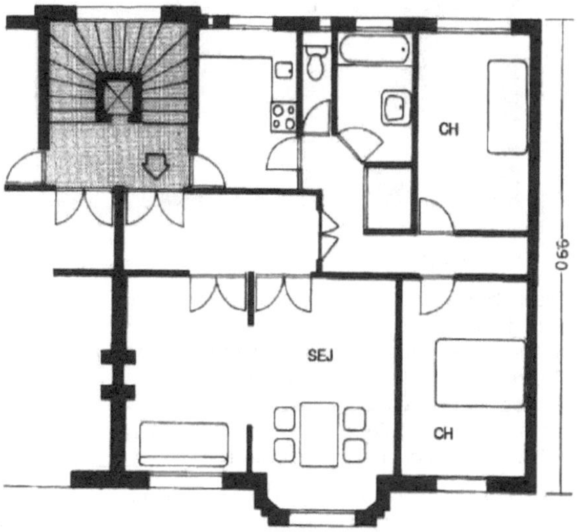

T3 : 71,9 m²

▲ **Fig. 2.23.** Exemples de plans de logements de la ceinture rose de Paris, vers 1930

Ces appartements, sociaux et intermédiaires, sont appréciés encore aujourd'hui pour leurs qualités d'usage et leur localisation. (source : C & H)

moderne, les plans des appartements, la plupart du temps à double orientation, marquèrent une indiscutable maîtrise du produit.
En parallèle à ces réponses à la crise du logement des classes moyennes et populaires, des immeubles modernes destinés aux classes aisées se construisirent dans l'entre-deux-guerres. Ils proposaient notamment des plans de logement réinventant l'appartement bourgeois, avec de nouvelles qualités d'espaces (fig. 2.24).
À l'aube de la Seconde Guerre mondiale, la France se trouvait en situation de complète pénurie de logements, la courte histoire du Front populaire ne lui ayant pas permis de traiter le sujet.

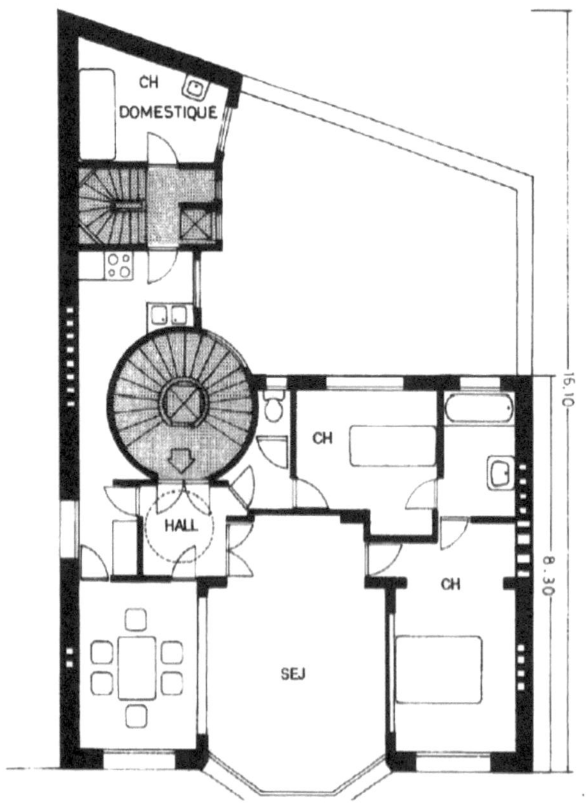

T5 : 79 m²
- Distinction entre bâtiment principal sur rue et aile de service (escaliers distincts)
- Immeuble d'insertion en « dent creuse » de promotion privée
- Espaces de circulation très réduits
- Pièces humides éclairées en façades
- Salle de bains « enfermée » entre chambres
- Difficultés d'ameublement de la cuisine

▲ **Fig. 2.24.** Immeuble « haut de gamme » du boulevard Montparnasse, Paris, 1931
(architecte : Michel Roux-Spitz ; source : C & H)

2.7 Les Trente Glorieuses : construction industrielle, logement social et logement aidé

Au lendemain de la Seconde Guerre mondiale, le million et demi de logements détruits ou endommagés aggrava la pénurie d'avant-guerre : le parc de logements était plus que jamais insuffisant, ancien et en mauvais état. Les mesures d'urgence de 1945, comprenant la réparation d'un million de logements sinistrés et la réquisition des locaux vacants, ne traitaient pas le cœur de la question. De 1950 à 1975, il s'agit de rattraper le temps perdu ; le nombre total de logements neufs (libres et sociaux, collectifs et individuels) construits chaque année atteignit puis dépassa la barre des 500 000 unités. Cet effort associa le secteur du logement social, financé par la Caisse des dépôts, au secteur privé « aidé » par les primes et les prêts du Crédit foncier.

2.7.1 Financement de la construction de logements

La création par décret du Crédit foncier de France en 1852 avait marqué la volonté de l'État de soutenir la construction et les crédits immobiliers. Le Crédit foncier a pour mission de prêter à long terme et d'émettre pour se financer des titres obligataires gagés sur hypothèque. Il bénéficie du monopole des prêts hypothécaires. Dès 1937, l'État mit en place le secteur aidé du logement par un ensemble d'aides indirectes, telles que des bonifications d'intérêts accordées à toute personne qui entreprend des travaux de construction ou de remise en état sur capitaux propres ou empruntés. À côté du logement social, l'État commença ainsi à organiser le crédit immobilier.
Cette nouvelle organisation du financement du logement ouvrit des perspectives pour les acteurs privés. Les banques, dont le Crédit foncier, s'engagèrent dans le financement de la construction des logements, notamment par le crédit aux promoteurs, le marché des crédits-acquéreurs restant l'apanage du Crédit foncier de France. Ces premières réalisations des groupes financiers spécialisés dans les crédits furent confortées par le désengagement progressif de l'État, amorcé à partir de 1958.
Patrick Kamoun, spécialiste du logement social, a détaillé le financement de la construction de logements pendant cette période dans un article intitulé « Financement du logement social et évolutions de ses missions de 1894 à nos jours » : « Entre 1947 et 1950, un peu plus de 30 000 logements seulement sont produits par les organismes d'HBM. Les orientations d'Eugène Claudius-Petit, ministre de la Reconstruction de 1948 à 1953, sont de trois ordres : la remise à niveau des loyers et l'amélioration

du patrimoine ancien (loi du 1er septembre 1948), la reprise de l'initiative privée dans le secteur du bâtiment (primes et prêts du Crédit foncier) et l'industrialisation du bâtiment. La loi du 21 juillet 1950 jette les bases d'un nouveau système de financement qui va subsister pendant près de vingt ans. L'État intervient par des primes et prêts à long terme du Crédit foncier pour accélérer la construction de logements, notamment en accession à la propriété.

Tout constructeur de logement à usage principal d'habitation (personne physique ou morale) peut bénéficier d'une prime de cinq francs par mètre carré de surface habitable (six francs en 1952), versée chaque année pendant vingt ans. Il bénéficie d'un prêt du Comptoir des entrepreneurs de cinq ans, relayé par un prêt à annuités constantes de quinze ans du Crédit foncier de France. Le taux d'intérêt ne peut dépasser 6,8 %. Aucun plafond de ressources, aucune condition réglementant le prix de revente ou les loyers ne sont imposés. Ce système favorise naturellement les classes moyennes et supérieures. Par la même loi, les HBM deviennent les habitations à loyer modéré (HLM) !. Le Plan Courant de 1953 prévoit enfin la construction de 240 000 logements par an. Le plan élargit le droit des pouvoirs publics (État, départements et communes) en matière d'expropriation (loi du 6 août 1953). Il instaure le 1 % logement, qui impose à toutes les entreprises de plus de cinquante salariés (dix salariés en 1963) le versement de 1 % de la masse salariale pour la participation des entreprises à l'effort de construction (décret du 6 août 1953, reprise d'une initiative du Nord en 1942). Ce décret marque la fin d'un système prôné par la droite sociale selon les idées de Frédéric Le Play, dite de "patronage", période où l'entreprise logeait directement ses ouvriers.

En 1954 l'État diminue le taux d'intérêt des prêts du Trésor à 1 %, mais il réduit la durée du prêt qui passe de soixante-cinq à quarante-cinq ans. À partir de 1953, on assiste à un développement très rapide de la construction pour faire face aux problèmes de surpeuplement et aux évolutions démographiques. On passe de 113 000 logements construits en 1953 à 336 000 dix ans plus tard. Cette construction est essentiellement le fait de l'accession aidée à la propriété (1,5 million de logements financés par les primes et prêts du Crédit foncier de France). Le logement locatif social, avec 609 000 logements construits en dix ans, représente 21 % de la production. »[11]

L'engagement des banques dans le financement du logement connut un nouveau développement en 1966 avec la création du marché hypothécaire, qui permit aux établissements de crédit de refinancer leurs prêts au logement assortis d'une hypothèque. Grâce à cette évolution, les grandes banques purent orienter les dépôts vers le crédit au logement et représentèrent ainsi, dès le début des années 1970, la moitié du marché des prêts hypothécaires, rôle qui ne cessa de s'amplifier. En moins de 30 ans, la construction de logements passa du contrôle direct de l'État (secteur social et secteur aidé) à celle du financement par les banques : la Caisse des dépôts pour le logement social et les banques privées pour le logement libre.

2.7.2 Apogée de la construction de logements

Tous les outils permettant de construire en masse étaient alors opérationnels : sociétés HBM, financements de la Caisse des dépôts, du Crédit foncier et des banques, compétences des architectes et des ingénieurs, tant sur les plans de cellules que sur les conceptions d'immeubles, avec derrière eux les premières expériences de constructions industrialisées. Cet arsenal juridique, technique, financier et architectural s'élança lentement, puis accéléra et acquit enfin une telle force d'inertie qu'il ne fut plus dévié, et devint même difficilement arrêtable.

La loi-cadre du 7 août 1957 lança la politique des zones à urbaniser en priorité (ZUP), qui prévoyait la construction simultanée de logements et d'équipements publics. La construction neuve passa ainsi de 70 000 logements achevés en 1948 à 320 000 en 1958. Les mises en chantier dépassèrent brièvement le seuil historique des 500 000 de 1972 à 1976, avec un pic à 550 000 en 1973, juste avant le premier choc pétrolier. La « politique des modèles » conduisit l'État à agréer des modèles de construction et de cellules, des tours et des barres, la qualité d'usage étant examinée par le Centre scientifique et technique du bâtiment (CSTB) par application de la méthode de la « consistance utile »[12], ancêtre du label Qualitel.

Cette période vit souvent la construction d'appartements de qualité, à double orientation, qui reprenaient les principes d'avant-guerre en intégrant les nouvelles techniques de ventilation permettant de placer des pièces humides en partie centrale. L'objectif poursuivi fut atteint : faire accéder rapidement au confort moderne les centaines de milliers de mal-logés. Des logiques de trames d'Auguste Perret au Havre, en 1947 (fig. 2.25), à l'emblématique opération des Buffets à Fontenay-aux-Roses, en 1964, de Lagneau-Weill-Dimitrijevic et Perrottet (fig. 2.26), se trouvait la même volonté de produire des appartements de qualité dans de très nombreux « grands ensembles sociaux ».

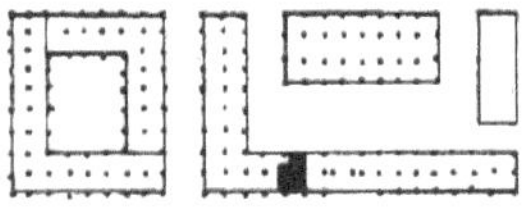

- Salle de bains en position centrale avec ventilation artificielle (innovation) permettant une épaisseur de bâti de 13 m
- Plan libre sans murs porteurs intérieurs
- Éléments de façades en béton préfabriqués et porteurs
- Disproportion entre les surfaces des chambres
- Séjour très profond
- Bonne relation cuisine/repos/séjour
- Rôle distributeur du séjour et manque d'intimité des chambres

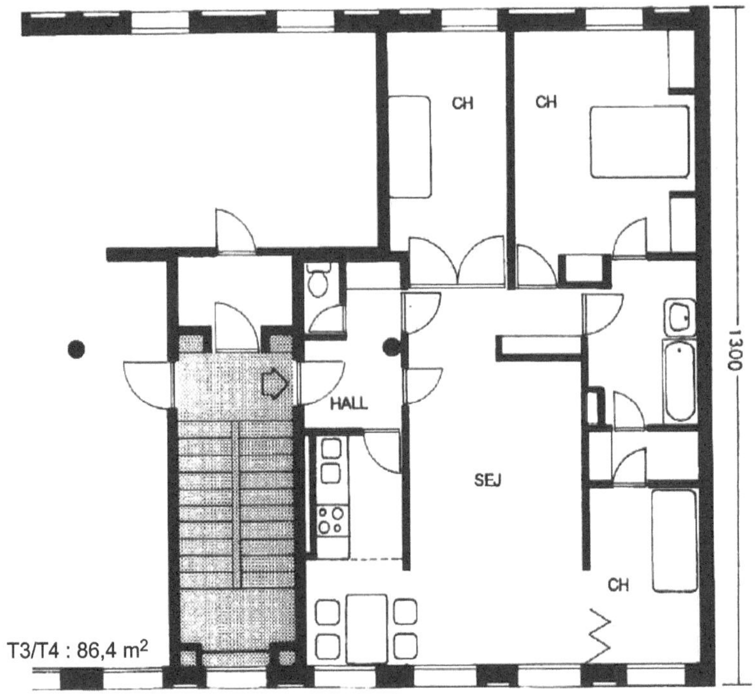

▲ **Fig. 2.25.** Plan d'un logement selon le principe de rationalisation de la cellule à l'aide des trames et des colonnes, reconstruction du Havre, 1947-1955
(architecte : Auguste Perret ; source : C & H)

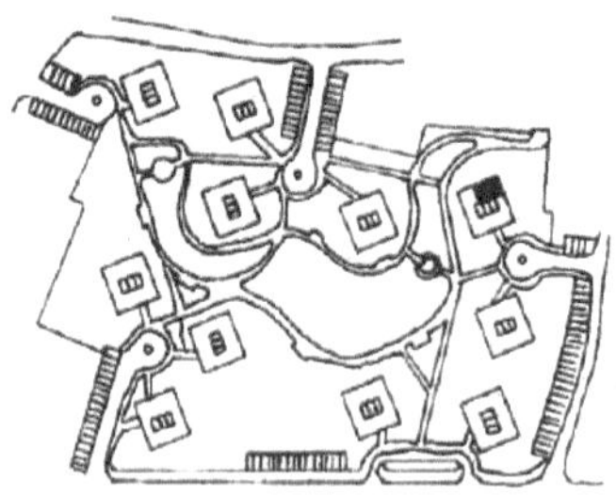

- Double orientation en angle
- Distribution de 4 logements par palier
- Cage d'escalier à lumière zénithale naturelle
- Surface minimale, faible emprise de circulation
- Différentes possibilités d'appropriation (chambres/séjour)
- Axe de vision en diagonale
- Circulation en boucle autour du rangement central
- La typologie de l'immeuble entraîne une mauvaise orientation par rapport à l'ensoleillement pour certaines cellules

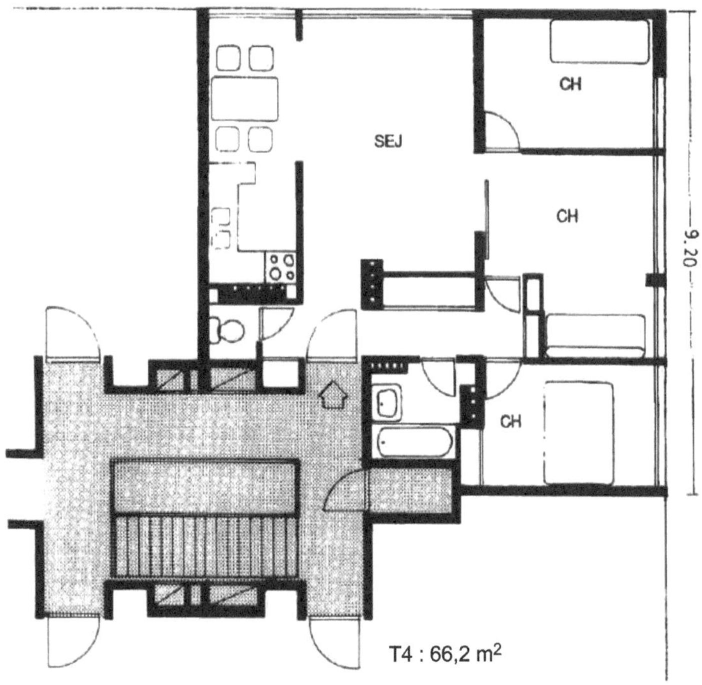

▲ **Fig. 2.26.** Plan d'un logement en angle d'un immeuble plot, Fontenay-aux-Roses, 1964
(architectes : Lagneau-Weill-Dimitrijevic-Perrottet ; source : C & H)

ZOOM DES FACTEURS ACCÉLÉRATEURS DE L'ESSOR DE LA CONSTRUCTION

Plusieurs facteurs vinrent dynamiser le mouvement :
- la modernisation des sociétés HBM, qui devinrent en 1950 les habitations à loyer modéré (HLM) ;
- le renforcement du financement du logement social en 1953 par la contribution obligatoire des entreprises à l'effort de construction à hauteur de 1 % de la masse des salaires pour les entreprises de plus de dix salariés ;
- la loi Courant, due au ministre de la Construction Pierre Courant, mise en place en 1953, qui facilita la construction de logements, notamment sur les plans foncier et financier ;
- l'hiver 1953-54 particulièrement rude et, le 1er février 1954, l'appel de l'abbé Pierre sur radio Luxembourg : « Mes amis, au secours... Une femme vient de mourir gelée, cette nuit à trois heures, sur le trottoir du boulevard Sébastopol, serrant sur elle le papier par lequel, avant-hier, on l'avait expulsée... » L'État lança la programmation de 12 000 logements d'urgence.

2.8 L'irruption de la question urbaine

2.8.1 Les grands ensembles

Pour construire ces logements de qualité aussi rapidement que possible, il fallait disposer de terrains de grandes dimensions, disponibles sans délais, et de préférence à des prix abordables. Pas question donc de négocier avec une trame urbaine existante, de prendre en compte des avoisinants, de ne pas pouvoir aligner les chemins de grues (photo 2.11). Les professionnels se tournèrent naturellement vers les terrains libres, souvent agricoles, de la périphérie des villes.

La suite de l'histoire est connue : un assemblage rationnellement organisé de grandes quantités de logements de qualité ne produit pas mécaniquement une ville apte à résister aux mouvements de l'histoire. Certains nouveaux quartiers, plébiscités à leur création, se transformèrent au bout de 30 ans en cités en difficultés, mais dans lesquelles les qualités du produit logement sont rarement en cause, hormis l'isolation phonique, qui reste la performance technique la plus délicate à améliorer après la construction.

POUR EN SAVOIR PLUS...

La création de Sarcelles

Voir notamment l'émission « Quarante mille voisins », du magazine télévisé « Cinq colonnes à la une », sur la création de Sarcelles.

Les systèmes formels développés par les architectes-urbanistes de ces grands ensembles, les liens entre bâtiments et voiries, furent notamment analysés par l'agence TGTFP[13] dans une étude réalisée en 1992 (fig. 2.27).

▲ **Photo 2.11.** La grue et son chemin, années 1950 (source : *Techniques et Architecture*, numéro spécial SCIC, 1959)

2.8.2 De la quantité à la qualité

Circulaire Guichard de 1973

La nécessité de donner un coup d'arrêt à la construction de masse fut affirmée par une circulaire du 21 mars 1973, dite « circulaire Guichard [14], relative aux formes d'urbanisation « grands ensembles » et à la lutte contre la ségrégation sociale par l'habitat.

Au regard de l'inertie du cycle immobilier de conception puis de construction, les derniers grands ensembles ne furent achevés qu'à la fin des années 1970. La nécessité d'un renouveau apparut alors comme une évidence. Un mouvement de réaction contre les grands ensembles impulsa de nouvelles formes architecturales. Ce mouvement rejeta le modèle précédent, allant jusqu'à l'ignorer, dans une forme de déni. La question urbaine historique induite par la production de masse fut passée sous silence au profit de l'expression d'une architecture du renouveau, comme l'illustraient les sigles des projets publics de cette époque : Plan construction et architecture, Programme architecture nouvelle. La nécessité de reconstruire une partie de la ville sur la ville ne s'imposa qu'ultérieurement.

Lancé en 1971, présidé par Paul Delouvrier, le Plan construction[15], aujourd'hui Plan urbanisme construction architecture (Puca), fut le symbole de ce renouveau et assuma pendant 40 ans le rôle de porteur de la qualité architecturale, notamment dans le logement social : « Rendre possible un habitat mieux adapté, dans le présent et pour l'avenir, aux exigences profondes de notre société.

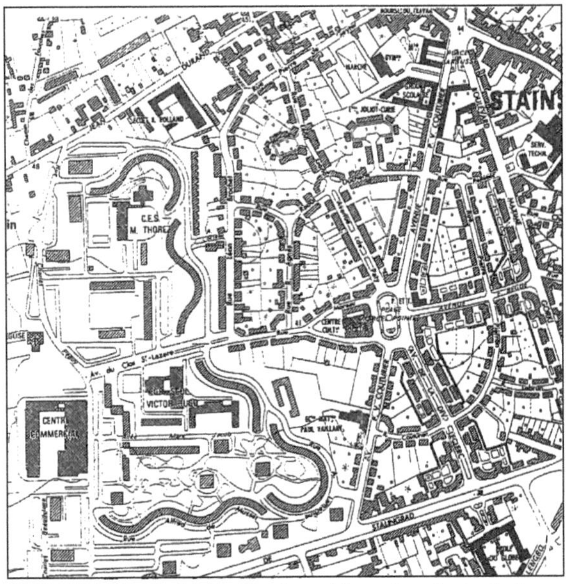

Stains, Le Clos Saint-Lazare. La voirie en boucle devient bâtiment en boucle.

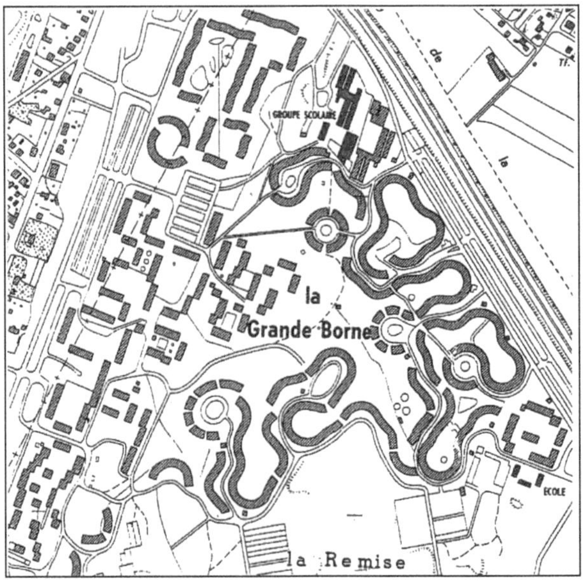

Grigny, La Grande-Borne. Souvent cité comme l'aboutissement ultime du système formel de la barre et de la boucle.

Tours, La Croix-Blanche. Dans les années 1970, les tours deviennent majoritaires et sont implantées pour éviter tout effet de perspective.

Grigny 2. Tours et plots accolés, plan masse au « tremblé » Cobra, voirie en boucle.

▲ **Fig. 2.27.** Plans masses de grands ensembles de logements sociaux (source : TGTFP)

Il s'agit de stimuler l'innovation ainsi qu'une recherche coordonnée, dans toutes les phases et tous les aspects de la construction des logements : conception, réalisation, coût, qualité, environnement et, plus généralement, cadre de vie. »[16] Le message anticipait l'émergence des préoccupations environnementales et sociétales, mais seuls les derniers mots de « cadre de vie » faisaient référence à la question urbaine. Le Puca intègre désormais pleinement la dimension urbaine dans ses actions et ses recherches.

ZOOM EXTRAIT DE LA CIRCULAIRE GUICHARD

« [...] Après les efforts considérables accomplis pour augmenter la production massive de logements neufs, il est aujourd'hui indispensable de répondre plus efficacement aux aspirations à une meilleure qualité de l'habitat et de l'urbanisme, et de lutter contre le développement de la ségrégation sociale par l'habitat.
La présente directive définit quelques règles simples en matière d'urbanisme et d'attribution des aides au logement ; ces règles doivent contribuer :
– à empêcher la réalisation des formes d'urbanisation désignées généralement sous le nom de "grands ensembles", peu conformes aux aspirations des habitants et sans justification économique sérieuse ;
– à lutter contre les tendances à la ségrégation qu'entraîne la répartition des diverses catégories de logements entre les communes des agglomérations urbaines.
L'homogénéité des types et des catégories de logements réalisés, la monotonie des formes et de l'architecture, la perte de la mesure humaine dans l'échelle des constructions ou des ensembles eux-mêmes, l'intervention d'un maître d'ouvrage, d'un architecte ou d'un organisme gestionnaire sur de trop grands ensembles ne favorisent pas une bonne intégration des quartiers nouveaux dans le site urbain, ni celle des habitants nouveaux au sein de la commune qui les accueille. [...]
Le renouvellement et la diversité de l'architecture doivent être assurés, spécialement dans les constructions aidées. Vous encouragerez les maîtres d'ouvrage à faire appel aux techniques et aux concepts qui permettent de rompre avec l'uniformité et la monotonie, et les maîtres d'œuvre à exprimer leur imagination et leur talent. Vous éviterez de financer des programmes de plus de 500 logements aidés qui feraient appel, sur un seul site, à un même architecte. Dans les ZAC, et plus généralement dans tout ensemble de logements, le rapprochement ou l'intégration d'autres fonctions urbaines que l'habitat seront recherchés : activités de diverses natures, équipements publics, services collectifs, commerces, équipements de loisirs ou de culture, etc. [...] »

Les « modèles-innovation », comme les sélections annuelles du Programme architecture nouvelle (PAN), donnèrent un nouveau souffle à la production de logements sociaux, dont le renouvellement fut bien illustré par les exemples de travaux de Jean Renaudie (1970), Ricardo Bofill (1978) et Jean Nouvel (1986) (fig. 2.28, fig. 2.29 et fig. 2.30).

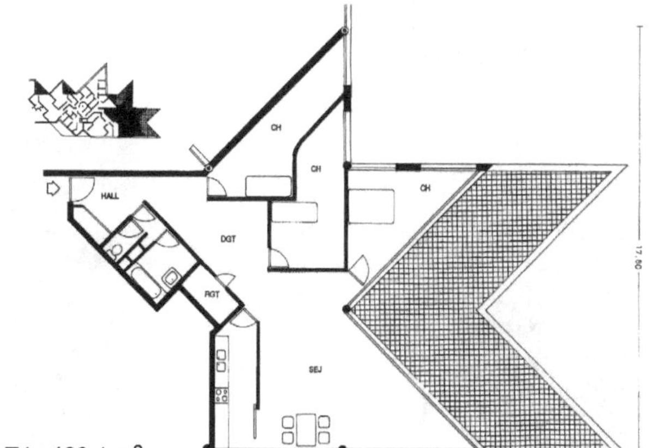

- Terrasse de surface exceptionnelle (problèmes d'entretien)
- Plan libre sans murs porteurs intérieurs
- Distribution « tourmentée »
- Surplus de surface impliqué par la forme architecturale (utilisation systématique du triangle)
- Disproportion entre les surfaces des chambres

▲ **Fig. 2.28.** Montagne magique ou prolifération ? Ivry-sur-Seine, 1970
(architecte : Jean Renaudie ; source : C & H)

Réforme « Barre », innovation et politiques techniques

Les fondamentaux de la définition du logement social contemporain furent fixés en 1977 par la réforme Barre, du nom du Premier ministre de l'époque. Dans une optique libérale, une réduction de l'intervention directe de l'État par subventions attribuées aux constructeurs fut décidée. Cette réduction impliqua mécaniquement une augmentation des loyers, car les subventions furent remplacées par des prêts qu'il fallait rembourser. L'augmentation des loyers fut corrigée par la distribution d'aides personnelles aux personnes disposant de faibles ressources.
Le taux de subvention publique pour la construction neuve, qui pouvait atteindre 60 % du coût de l'opération avant 1977, passa en moyenne de 20 % à 12 %. Les aides à la pierre financées par l'État passèrent de 43 milliards de francs en 1978 à 28 milliards en 1993 ce qui, compte tenu de l'inflation, constitua une division par trois de l'effort public de subvention au logement social.
La circulaire Guichard puis la création du Plan construction affirmaient la nécessité de construire autrement le logement – et, singulièrement, le logement social – en renouvelant l'architecture et le cadre de vie, dans une France, en 1970, toujours centralisée. Les directeurs de la construction de cette époque (Robert Lion[17], Georges Mercadal[18], etc.) pilotèrent depuis Paris une politique nationale du logement dont le maître mot était l'innovation. Les organismes de logements sociaux (OLS) furent en première ligne pour la mise en œuvre d'opérations « expérimentales ». Ils obtinrent de la commission des

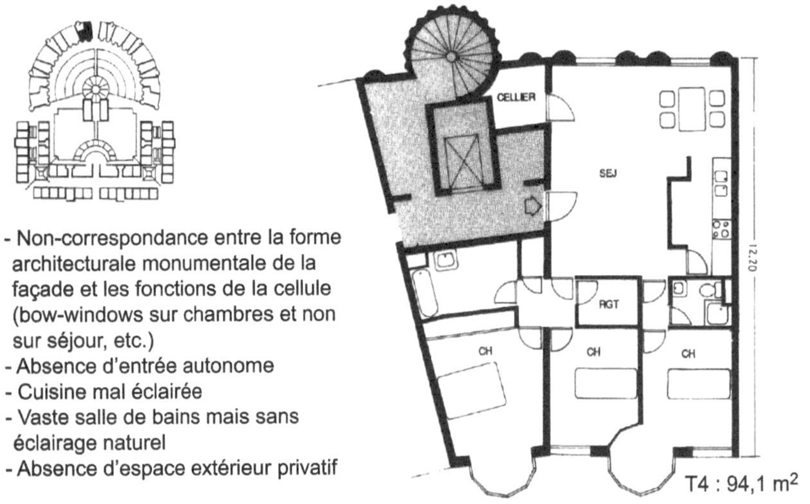

▲ **Fig. 2.29.** « La colonne pour le peuple », Marne-la-Vallée, 1978
(architecte : Ricardo Bofill ; source : C & H)

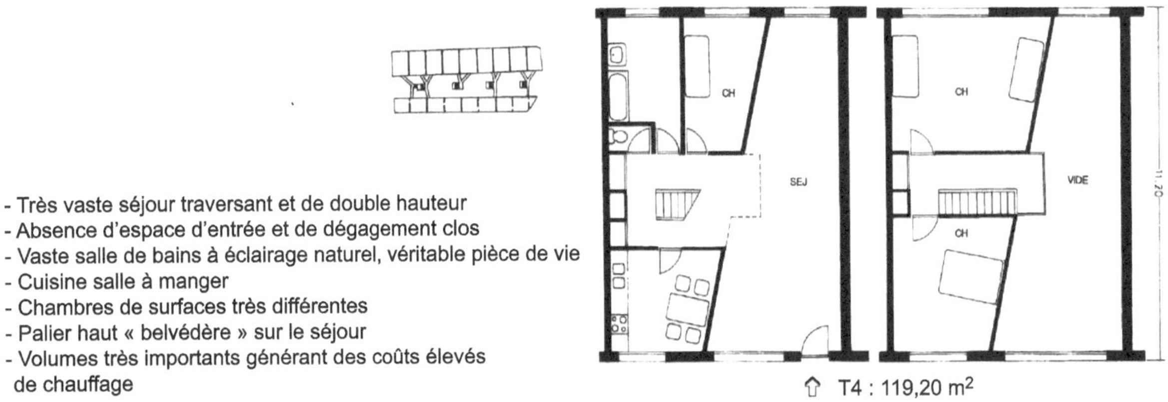

▲ **Fig. 2.30.** Le modèle du loft, le logement de « très grande surface » (TGS), Saint-Ouen, 1986
(architectes : Pierre Soria et Jean Nouvel ; source : C & H)

réalisations expérimentales (REX) du Plan construction des « crédits de catégorie 1 » pour développer leurs projets sur l'ensemble du territoire.

La nouvelle politique engagée en 1970, appuyée sur les opérations expérimentales du logement social collectif et individuel, permit un véritable renouveau du logement social, qui passa par les éléments suivants : politique des modèles-innovation, multiplication des systèmes constructifs, dont celui par composants (photo 2.12), développement de filières bois et métal, recherche de méthodes et d'organisations permettant d'abaisser les coûts, sociologie de l'habitat, prémices du développement des réglementations thermiques puis environnementales, etc.

▲ **Photo 2.12.** Résidence La Fosse-aux-Prêtres, Palaiseau (91), 1979

Opération expérimentale de 94 logements intermédiaires sociaux locatifs et en accession utilisant le plancher-dalle préfabriqué Nilcon de la société PPB-Saret.
(architecte : Lyonnet-Duval)

Le thème du développement durable est au cœur des débats depuis les années 2010, mais il ne faut pas oublier les dates suivantes :
- 1981, le Plan construction inaugura le « village solaire » de Nandy à Melun-Sénart ;
- 1984, le Plan construction développa la filière bois dans un village entier à Villabois, près de Bordeaux.

Au cours de ces années « magiques », le développement technique s'effectua en synergie avec les recherches de qualité architecturale, l'idée d'une architecture soumise aux contraintes d'une construction industrialisée étant définitivement abandonnée.

Force est malgré tout de constater que les grands axes des politiques publiques (construction par composants, systèmes constructifs, Habitat 88), qui induisirent sans doute indirectement de multiples formes de progrès, ne se généralisèrent pas. À l'inverse, des programmes tel le programme H2E85 centré sur les économies d'énergie, avec pour objectif « de parvenir à construire 400 000 logements neufs par an à partir de 1985 en réduisant de 50 % la consommation d'énergie dans le chauffage, de 30 % l'eau chaude sanitaire, et en stabilisant les autres usages, sans surcoût passées les premières expérimentations »[19], accompagnèrent bien l'évolution indispensable des réglementations.

La fin de l'histoire ?

La décentralisation et la délégation des autorisations de construire modifièrent cette approche centralisée vers la fin des années 1980 : du rôle « d'avant-garde opérationnelle de l'innovation », le Plan construction, devenu Puca, prit une posture de pilote, d'animateur d'études, de recherches et d'expérimentations destinées autant à la construction neuve qu'au parc existant, à la ville qu'au logement, à la prospective qu'à la qualité[20].

Dans cette logique, la construction des logements collectifs s'harmonisa et s'uniformisa de 1990 à 2025, les deux grandes familles de constructeurs, promoteurs et bailleurs sociaux, développant des politiques focalisées sur les recherches de fonciers attractifs plus que sur les différenciations ou les innovations liées aux produits logements ou aux immeubles. Côté technique, le béton banché et la maçonnerie d'éléments régnèrent sans partage. Parodiant Francis Fukuyama[21], assistons-nous à une « fin de l'histoire » du logement collectif avec un modèle dominant définitivement vainqueur ?

2.9 Nouveaux défis du logement collectif

Tout s'est amélioré en un siècle dans le logement collectif. Lorsqu'il travaillait en 1905 pour Madame Lebaudy, Auguste Labussière ne connaissait ni les menuiseries à coupure thermique, ni la chaudière à condensation, ni la VMC, ni les robinets thermostatiques, ni les chasses d'eau à double débit, ni la plaque de plâtre cartonnée[22]. L'idée, courante en 2025, de chauffer les immeubles collectifs par des systèmes de pompes à chaleur était inconnue des concepteurs : le réfrigérateur ne fut commercialisé aux États-Unis, et timidement, qu'autour de 1913...

Ces améliorations s'effectuèrent dans des organisations spatiales étonnamment stables : les appartements des fondations de 1905, de la ceinture rouge de Paris des années 1930, ou encore des grands ensembles des années 1960, sans être bien sûr strictement identiques, appartiennent à la même famille que les logements d'aujourd'hui, avec les mêmes types de pièces, les mêmes organisations, des surfaces voisines. Rien n'a fondamentalement changé depuis que Sauvage a fait entrer la salle de bains dans le logement, en 1909 : la conception du produit « logement collectif » est marquée par une grande stabilité.

Mais l'avenir du logement collectif aujourd'hui ne saurait ressembler à un long fleuve tranquille, tant les défis actuels sont nombreux et multiformes :
- construire un logement pour tous, alors que des dizaines de milliers de personnes en sont dépourvues ;
- construire le logement bas carbone, alors que la production de ciment génère trois fois plus de CO_2 que le transport aérien ;
- construire des logements sans augmenter l'artificialisation des sols ;
- construire en atteignant la neutralité énergétique ;
- ... avec bien entendu des opérations de petite taille, bien insérées dans un environnement urbain de qualité[23], proposant un habitat confortable où chacun se sent bien... l'histoire du logement collectif reste à écrire pour demain.

Notes

1. Observatoire des territoires.
2. La durée du service militaire était, avant 1870, de sept ans, et les conscrits étaient tirés au sort. Elle passa à cinq ans, pour tous, après la défaite. Au regard de l'espérance de vie de l'époque, cinq ans d'armée marquaient fortement les esprits.
3. Voir l'ouvrage de Marie-Jeanne Dumont, *Le Logement social à Paris, 1850-1930. Les habitations à bon marché*, Éditions Mardaga, 1991.
4. Dans l'ensemble de ce chapitre, « source : C & H » désigne un recueil de plans de cellules d'habitation réalisé par Jean-Bernard Cremnitzer et Arno Heinz dans le cadre du programme de recherche-action de la SCIC.
5. Voir à propos de cet immeuble l'ouvrage de Monique Eleb *L'Apprentissage du « chez-soi ». Le Groupe des maisons ouvrières, Paris, avenue Dausmesnil, 1908*, Éditions Parenthèses, 1994.
6. Reproduite en intégralité dans l'ouvrage de Marie-Jeanne Dumont, *Le Logement social à Paris, 1850-1930. Les habitations à bon marché*, Éditions Mardaga, 1991, p. 35-38.
7. https://www.paris.fr/pages/haussmann-l-homme-qui-a-transforme-paris
8. Quelques traces de la ville médiévale sont encore visibles, notamment dans le quartier Saint-Paul.
9. Un des groupes industriels les plus importants, les houillères du bassin du Nord et du Pas-de-Calais, construisit presque 100 000 logements, majoritairement individuels, dans la première moitié du XXe siècle.
10. « Il était une fois le logement social », article de Patrick Kamoun sur le site Internet de l'USH.
11. In ***Informations sociales***, n° 123, « Logement, habitat, cadre de vie », Caisse nationale d'allocations familiales, 2005, p. 20-33, disponible sur Cairn.info.
12. La qualité des équipements et des revêtements du logement était appréciée, selon le directeur du CSTB de l'époque Gérard Blachère, par le contrôle de « tout ce qui se voit, se touche ou se manipule » dans un logement.
13. L'atelier d'architecture et d'urbanisme TGTFP regroupait Jean-Jacques Treuttel, Jean-Claude Garcias, Jérôme Treuttel, Laurent Fichou et Stéphane Pourrier.
14. Olivier Guichard (1920-2004), ministre de l'Équipement, du Logement et de l'Aménagement du territoire de 1972 à 1974.
15. Voir le site Internet gouvernemental du Puca.
16. Lettre de mission du Premier ministre, Jacques Chaban-Delmas, à Paul Delouvrier, 19 mai 1971.
17. Parmi les activités de Robert Lion liées au logement social : directeur de la construction du ministère de l'Équipement de 1969 à 1974 ; délégué général de l'Union des HLM de 1974 à 1981 ; directeur général de la Caisse des dépôts entre 1982 et 1992.
18. Directeur de la construction au ministère de l'Urbanisme et du Logement de 1978 à 1984.
19. « H2E85. Habitat économe en énergie pour 1985 (1981-1985) », site du Puca, 2015, mis à jour en 2017.
20. Pour une vision complète des multiples activités du Plan construction, consulter l'ouvrage collectif *Rendre possible. Du Plan construction au Puca : 40 ans de réalisations expérimentales*, Éditions Puca, recherche n° 208, juillet 2012.
21. Francis Fukuyama, *La fin de l'Homme. Les conséquences de la révolution biotechnique*, Éditions La Table ronde, Paris, 2002.
22. Pourtant inventée aux États-Unis dès la fin du XIXe siècle.
23. Le soin apporté à la qualité de l'environnement proche du logement, qui ne dépend en général pas du maître d'ouvrage de l'opération, est une composante essentielle de la qualité de vie perçue par les habitants.

3

Quantification du besoin en logements neufs en France

Michel Vivinis

3.1 Construire plus ou construire moins ?

Les objectifs de réduction des émissions de CO_2 et de lutte pour la préservation des espaces naturels et agricoles conduisent à préconiser une réduction drastique de la construction de logements neufs, tandis que la fondation pour le logement des défavorisés rappelle chaque année la progression du « mal-logement » liée à l'insuffisance de l'offre. Des travaux récents[1] tendent à montrer que pourraient être à la fois réduit le rythme d'artificialisation des sols et satisfaite la demande de logements, d'une part en recourant à de nouvelles formes urbaines et architecturales, et d'autre part en mobilisant deux ressources pour produire des résidences principales : la construction de logements neufs et la conversion de bâtiments existants en résidences principales (logements vacants, résidences secondaires, bureaux inoccupés, etc.). L'objet du présent chapitre est de préciser la part que pourrait prendre chacune de ces deux ressources dans les années à venir.

3.2 Les quatre composantes du besoin en logements ordinaires neufs

Les « logements en résidence » mis à part, le besoin[2] en logements ordinaires neufs comporte quatre composantes, positives ou négatives :

• évolution du nombre de ménages :

– évolution démographique divisée par l'évolution de la taille moyenne des ménages,

– échanges entre la population « en ménage » et la population « hors ménage » ;

• évolution du parc de résidences secondaires et de logements occasionnels ;

• évolution du parc vacant ;

• sorties nettes du parc de logements ordinaires (solde des entrées et des sorties) :

– démolitions (sorties),

– échanges nets avec les autres parcs immobiliers, comprenant les affectations (entrées) et les désaffectations (sorties),

> **ZOOM VOCABULAIRE DU LOGEMENT SELON L'INSEE**
>
> On rappelle que pour l'Insee le concept de « résidence principale » est le même que celui de « ménage », quelle que soit la composition du ménage, y compris les ménages dits « complexes » : colocations, familles multigénérationnelles, etc.
> En plus des personnes « en ménage », une partie de la population est dite « hors ménage ». Elle comprend les personnes sans abri celles vivant dans des habitations mobiles et celles vivant en communauté dans des « logements en résidence ».
> Le recensement des mises en chantier distingue les « logements ordinaires » des « logements en résidence », ces deux catégories étant souvent confondues dans les publications.
> Les « logements ordinaires » peuvent être des résidences principales, ou des résidences secondaires et logements occasionnels, ou bien être vacants. Ils peuvent passer à tout moment d'un statut à l'autre.
> La « production » de logements peut résulter d'un chantier de construction neuve, y compris celui de l'extension ou de la surélévation d'un immeuble existant, ou de la reconversion d'autres catégories de bâtiments.

- fusions (sorties) et divisions (entrées) de logements existants.

La plupart des méthodes d'estimation des besoins en logements neufs[3], qu'elles soient appliquées à l'échelle nationale ou locale, consistent à anticiper l'évolution de ces quatre composantes au cours des années à venir. Certaines méthodes ajoutent une cinquième composante, qualifiée de « déficit à résorber » ; elle correspond à l'insuffisance de mises en chantier au cours des années passées ayant engendré un « mal-logement » auquel il faut remédier (cf. *infra*).

Nous proposons ici une approche nationale du besoin en logements neufs. Cependant, il est indispensable de mener en parallèle des approches nationales et locales des besoins, et d'en comparer les résultats, les premières risquant de sous-estimer les besoins en logements neufs liés aux migrations inter-régionales, et les secondes risquant au contraire de surestimer, ou éventuellement de sous-estimer, l'attractivité de certains territoires. S'agissant de l'approche locale, la démarche Otelo[4], développée par la Direction de l'habitat, de l'urbanisme et des paysages (DHUP), qui dépend du ministère en charge du logement, et par le Centre d'études et d'expertise sur les risques, l'environnement, la mobilité et l'aménagement (Cerema)[5], met à la disposition des parties prenantes un outil d'évaluation des besoins.

POUR EN SAVOIR PLUS...

Le site Otelo

https://otelo.developpement-durable.gouv.fr/

3.3 Évolution du nombre de ménages

3.3.1 En France, ralentissement de la croissance démographique, mais croissance encore supérieure à 200 000 personnes par an en moyenne pour la période 2020-2030

La croissance démographique de la France a connu un profond changement depuis le milieu des années 2010 : le solde naturel (naissances – décès) a entamé une baisse rapide à partir de 2015, tandis que le solde migratoire s'est brusquement accru à partir de 2017. Le solde naturel est ainsi passé de 268 000 en moyenne annuelle au cours de la période 2000-2014 à 73 000 au cours des années 2020 à 2024[6], tandis que le solde migratoire passait de 69 000 en moyenne annuelle au cours de la période 2000-2016 à 162 000 au cours des années 2017 à 2024. Si cette évolution se confirme, et sans entrer dans le détail des facteurs explicatifs de ces inflexions, la France ne se singularisera en rien parmi les grands pays d'Europe de l'Ouest, qui ne maintiennent leur croissance démographique que grâce à un solde migratoire positif.

Dans son scénario central des projections de population à l'horizon 2070 publié en 2021[7], le plus récent disponible à ce jour, l'Insee anticipe un solde naturel annuel en baisse constante et qui deviendrait négatif à partir de 2035, et un solde migratoire qui se maintiendrait à 70 000 par an en moyenne, de telle sorte que la population française commencerait à décroître à partir de 2045. Or, le constat des dernières années conduit à douter des hypothèses fondant ce scénario :

- le solde naturel moyen pour la période 2017-2024 qui a été constaté (+ 120 000 par an) diffère peu de celui anticipé par l'Insee dans son scénario central pour ces mêmes années (+ 105 000) ;
- en revanche, le solde migratoire moyen pour la période 2017-2024 (+ 162 000 par an) diffère fortement de celui anticipé par l'Insee pour ces mêmes années (+ 87 000).

Dans un contexte mondial de conflits territoriaux persistants et de migrations croissantes d'origine économique ou climatique, sans parler des besoins nationaux en main-d'œuvre dans certains métiers et pour le financement des retraites, rien ne permet d'anticiper une stabilité à bas niveau (70 000 par an) du solde migratoire de la France, du moins tant que la croissance démographique mondiale restera positive, soit jusqu'en 2080 selon l'Organisation des nations unies ; d'où le scénario alternatif proposé ci-dessous, conforme à celui de l'Insee pour le solde naturel, mais modifié à la hausse pour le solde migratoire (tab. 3.1).

▼ **Tab. 3.1.** Variations annuelles de la population en fonction du solde migratoire retenu

		1995-2020	**2020-2030**	**2030-2050**
Solde naturel dans le scénario central de l'Insee		+ 236 000	+ 60 000	– 40 000
Solde migratoire	dans le scénario central de l'Insee	+ 70 000	+ 70 000	+ 70 000
	dans le scénario alternatif proposé	–	**+ 150 000**	**+ 130 000**
Variation annuelle de la population	dans le scénario central de l'Insee	+ 306 000	+ 130 000	+ 30 000
	dans le scénario alternatif proposé	–	**+ 210 000**	**+ 90 000**

3.3.2 Une croissance du nombre de ménages deux fois plus forte que celle de la population

Bien qu'ayant diminué au cours de la dernière décennie, passant de 313 000 par an au cours de la période 1990-2010 à 249 000 au cours de la période 2010-2020, l'augmentation du nombre de ménages reste de loin la composante la plus importante du besoin en logements neufs.

La croissance du nombre de ménages est environ deux fois supérieure à celle de la population en raison de la diminution régulière de la taille moyenne des ménages, qui est passée de 3,08 personnes par ménage en 1968 à 2,17 en 2020. Cette baisse a de nombreux facteurs explicatifs liés à l'évolution des modes de vie et au vieillissement de la population : mises en couples plus tardives, moins d'enfants par ménage, ruptures d'union plus fréquentes, augmentation du nombre de familles monoparentales, allongement de l'espérance de vie, diminution du nombre et de la taille des ménages complexes[8]. Mais elle a des limites, économiques et démographiques, et tend maintenant à ralentir (tab. 3.2).

3.3.3 Prévision par l'Insee et le SDES d'une baisse de la création annuelle de ménages au cours de la période 2018-2030

L'Insee et le Service des données et études statistiques (SDES) ont publié en décembre 2023 trois scénarios de projection de croissance du nombre de ménages à l'horizon 2050 (tab. 3.3)[9], fondés sur le scénario démographique de l'Insee de 2021 (cf. *supra*).

Dans le scénario central, la croissance annuelle du nombre de ménages tomberait à 215 000 par an en moyenne entre 2018 et 2030, contre 248 000 entre 2008 et 2018. La taille moyenne des ménages s'établirait à 2,07 en 2030, contre 2,20 en 2018. Le nombre d'individus hors ménage résidant en structure collective demeurerait relativement stable.

▼ Tab. 3.3. Évolution annuelle du nombre de ménages (champ : France entière)

(sources : SDES et Insee, 2024, basée sur le scénario démographique central de l'Insee de 2021)

Scénario	Évolution annuelle du nombre de ménages	
	2018-2030	*2030-2050*
Bas	+ 184 000	+ 10 000
Central	+ 215 000	+ 84 000
Haut	+ 246 000	+ 156 000

Les contributions à l'accroissement du nombre de ménages entre 2018 et 2030 seraient les suivantes :
- effet de la croissance démographique (scénario central de l'Insee de 2021) : + 57 000 / an ;
- effet du vieillissement de la population (la proportion de ménages à un adulte est plus élevée parmi les personnes âgées) : + 73 000 / an ;
- poursuite de l'évolution des modes de cohabitation constatée entre 2008 et 2018 : + 85 000 / an.

Autour de ce scénario central, le SDES chiffre les conséquences potentielles de diverses variantes d'évolution des modes de cohabitation, ceux-ci étant sensibles à l'offre de logements disponibles et aux politiques de l'habitat.

3.3.4 Comment prendre en compte le besoin de résorption du mal-logement ?

La fondation pour le logement des défavorisés établit chaque année un état du mal-logement en France. Dans son rapport 2025[10], elle dénombre 1,118 million de personnes privées de logement personnel et 2,885 millions de personnes vivant dans des conditions de logement très difficiles. De ces chiffres découlent diverses évaluations

▼ Tab. 3.2. Évolution de la population, des ménages et du taux de croissance annuel moyen (TCAM) dans la France entière hors Mayotte entre 1990 et 2020

(sources : recensements Insee et comptes du logement du SDES)

	1990	TCAM (%) 1990-1999	1999	TCAM (%) 1999-2010	2010	TCAM (%) 2010-2020	2020
Population (milliers)	57 996	0,4	60 123	0,7	64 613	0,4	67 163
Population hors ménage (milliers)	1 171	0,5	1 223	1,8	1 490	0,7	1 605
Population en ménage (milliers)	56 825	0,4	58 900	0,6	63 123	0,4	65 558
Taille moyenne des ménages	2,59	– 0,8	2,42	– 0,6	2,27	– 0,5	2,17
Nombre de ménages (milliers)	21 940	1,2	24 339	1,2	27 786	0,9	30 276

d'un déficit accumulé de production de logements qu'il faudrait résorber, par exemple en 2023 1,36 million pour l'École supérieure de commerce de Paris (ESCP), et en 2021 0,80 à 1,45 million pour la commission pour la relance durable de la construction de logements, présidée par François Rebsamen[11].

La conversion d'un nombre de mal-logés en nombre de logements supplémentaire à produire est un exercice complexe, les différentes formes de mal-logement ne relevant pas du même traitement. Nous proposons dans le tableau 3.4 une segmentation du mal-logement appelant quatre types distincts de solutions qui n'exigent pas toujours des logements supplémentaires.

Plutôt que d'ajouter une cinquième composante de « déficit à résorber » au besoin de production de logements neufs, nous préférons, ce qui revient exactement au même, convertir ce déficit :

- d'une part en objectif d'augmentation du nombre de ménages, traduisant l'accès d'un plus grand nombre de personnes « hors ménage », sans abri ou en structure d'hébergement, au statut de « ménage » ;
- d'autre part en objectif de réduction de la taille moyenne des ménages, traduisant l'accélération des décohabitations et la réduction du surpeuplement.

3.3.5 Hypothèses pour la période 2020-2030

Comme vu précédemment, le scénario central « ménages » 2024 de l'Insee est fondé sur un scénario central « population » de 2021 dont l'hypothèse sur le solde naturel est plausible, mais dont celle sur le solde migratoire est probablement obsolète pour cause de sous-estimation. Puisque la poursuite plus ou moins rapide de la baisse de la taille moyenne des ménages (décohabitation des jeunes, multiplication des familles monoparentales, développement du maintien à domicile des personnes âgées) dépendra du dynamisme de l'offre de nouveaux logements, nous proposons deux scénarios d'évolution 2020-2030 du nombre de ménages :

- un scénario « Fil de l'eau » : maintien d'un solde migratoire élevé (+ 150 000 par an) et poursuite de la baisse tendancielle du nombre de personnes par ménage (2,07 en 2030) ;
- un scénario « Volontariste » : même solde migratoire élevé mais accélération de la baisse du nombre de personnes par ménage (2,05 en 2030) permettant de résorber une partie du mal-logement (environ 600 000 personnes sorties du mal-logement entre 2010 et 2030 : 30 000 par an × 10 ans × 2 personnes en moyenne par ménage).

Dans les deux scénarios (tab. 3.5), nous faisons l'hypothèse d'une poursuite de la croissance de la population « hors ménage » (+ 0,9 % par an après 0,7 % au cours de la décennie précédente), croissance due :

- à l'accélération de la hausse de la population en établissement d'hébergement pour personnes âgées dépendantes (Ehpad) ;
- à la stabilité de la population en hébergement, ce qui implique une maîtrise de l'immigration irrégulière et un flux continu d'intégration des personnes issues de l'immigration régulière dans des logements ordinaires ;
- à la baisse des autres populations vivant en communauté ;
- à la quasi-stabilisation du nombre de personnes sans abri ou en habitat mobile.

▼ **Tab. 3.4.** Définition des besoins en logements en fonction des situations de mal-logement

Situations de mal-logement	Besoins de logements supplémentaires
Personnes « sans-papiers »	Pas de besoin de logements ordinaires dans l'état actuel du droit, puisque ces personnes n'ont accès qu'à l'hébergement et pas au logement social
Personnes hors ménage en situation régulière, sans abri ou en structure d'hébergement, souhaitant obtenir un logement ordinaire	Pour accélérer les sorties des structures d'hébergement et améliorer ainsi leurs capacités d'accueil des personnes sans domicile
Personnes souhaitant décohabiter d'un ménage existant (jeunes quittant leurs parents, divorces, séparations, etc.)	– Pour résorber les situations de surpeuplement ou de cohabitation forcée – Pour réduire la file d'attente des demandeurs de logements sociaux
Ménages en situation de mal-logement (surpeuplement, loyer et charges trop élevés, habitat sans confort ou indigne, distance domicile-travail excessive, etc.) souhaitant changer de logement	Dans la mesure où les logements libérés ne sont pas réutilisables, même au prix d'une réhabilitation lourde (cas de l'obsolescence de localisation)

▼ **Tab. 3.5.** Hypothèses d'évolution 2020-2030 de la population et des ménages (champ : France entière, hors Mayotte)

Date et/ou scénario	Situation	Population (milliers)	Taille moyenne des ménages	Ménages (milliers)	Croissance annuelle moyenne du nombre de ménages 2020-2030 (1)
1er janvier 2020	En ménage	65 558	2,17	30 275	–
	Hors ménage	1 605	–		
1er janvier 2030 « Fil de l'eau »	En ménage	67 515	2,07	32 675	240
	Hors ménage	1 750	–		
1er janvier 2020 « Volontariste »	En ménage	67 515	2,05	32 975	270
	Hors ménage	1 750	–		

(1) Pour mémoire, les chiffres de l'Insee et du SDES publiés en 2024 sont de 215 pour le scénario central, 184 pour le scénario bas et 246 pour le scénario haut.

3.4 Évolution du parc de résidences secondaires, de logements occasionnels et de logements vacants

3.4.1 Augmentation des parcs de résidences secondaires et de logements occasionnels, mais stabilité relative de leur part dans le parc résidentiel

Après une croissance modérée au cours de la période 1990-2010, le nombre de résidences secondaires et de logements occasionnels est en forte augmentation depuis 2012 (fig. 3.1). Les facteurs de cette hausse sont nombreux et connus : retraite des « baby-boomers », essor des plateformes « Airbnb » et alter, qui permettent à un nombre croissant de ménages à ressources intermédiaires d'acquérir une résidence secondaire, les revenus de location de courte durée couvrant les charges, expansion du télétravail depuis l'épidémie de Covid, enfin, attrait des vacances en France pour les ménages étrangers aisés. De plus, les localisations évoluent : les résidences secondaires sont moins souvent héritées de longue date en milieu rural (marchés résidentiels détendus) et plus souvent acquises récemment en bord de mer ou en ville (marchés tendus). Toutefois, en raison de l'augmentation en parallèle du nombre de ménages, la part des résidences secondaires et de logements occasionnels dans l'ensemble du parc de logements ordinaires est aujourd'hui la même qu'en 1985 (fig. 3.2), 9,8 %, après un maximum de 10,6 % en 1990 et un minimum de 9,4 % en 2012. En termes relatifs, on ne peut donc pas parler jusqu'à présent d'une « explosion » à l'échelle nationale du stock de résidences secondaires et

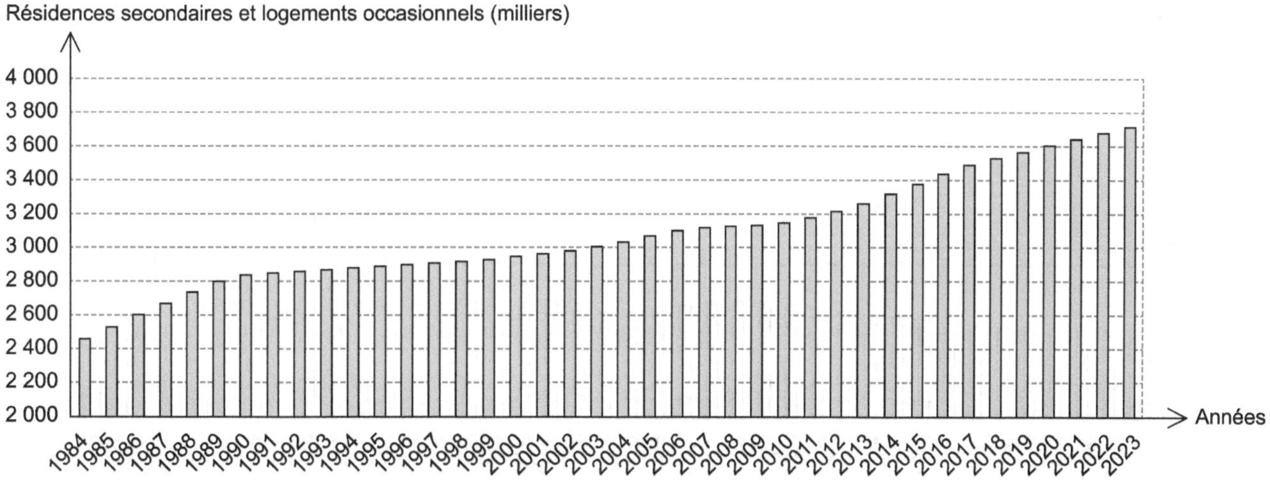

▲ **Fig. 3.1.** Évolution du nombre de résidences secondaires et de logements occasionnels (champ : France entière, y compris les DOM) (sources : Insee et SDES, estimations annuelles du parc de logements)

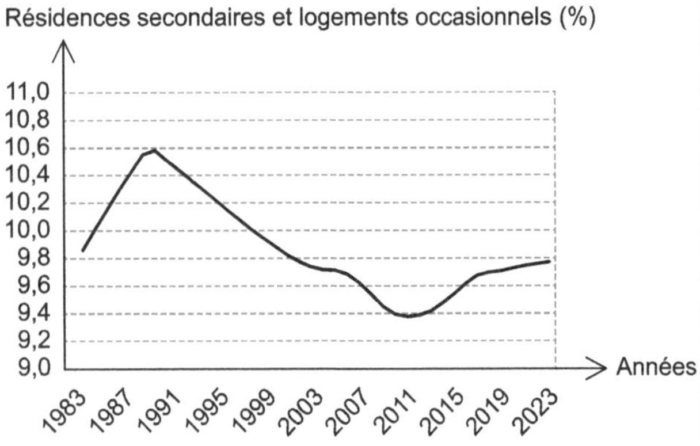

▲ **Fig. 3.2.** Taux de résidences secondaires et de logements occasionnels (champ : idem)
(sources : idem)

de logements occasionnels, même si son développement pose de réels problèmes dans certaines localisations touristiques sous l'effet « Airbnb » et alter.

3.4.2 Forte augmentation du nombre de logements vacants depuis 2005

On distingue habituellement trois types de vacance de l'immobilier :

• la vacance « structurelle », généralement durable, due à l'inadéquation de l'offre avec la demande, en matière de taille, de localisation et d'état ;

• la vacance « frictionnelle », nécessaire au bon fonctionnement du marché, qui comprend les logements :

– proposés à la vente ou à la location en attente d'occupation,

– en attente de règlement de succession,

– en cours de réhabilitation,

– ni mis en vente ni mis en location à la suite du départ en maison de retraite de leurs occupants ;

• la vacance « conjoncturelle », fluctuante, liée aux cycles de l'investissement immobilier, eux-mêmes régis par l'évolution des conditions de prêt et des incitations fiscales, et par la spéculation des promoteurs et des investisseurs sur la demande et sur les prix.

Les chiffres publiés dans les comptes du logement 2023 (SDES) montrent que le nombre de logements vacants a augmenté de plus d'un million entre 2005 et 2023 (fig. 3.3), faisant passer le taux de vacance de 6,4 % à 8,0 % (fig. 3.4), alors que le niveau moyen du taux de vacance sur une longue période (moyenne 1970-2020), hors fluctuations conjoncturelles, est de 7 %[12].

L'analyse présentée par la direction du Trésor en introduction aux débats du Conseil national de la refondation (CNR) logement[13] interprète cette hausse récente du taux de vacance comme résultant pour l'essentiel de la hausse de la vacance conjoncturelle par excès de production neuve sur des marchés détendus[14].

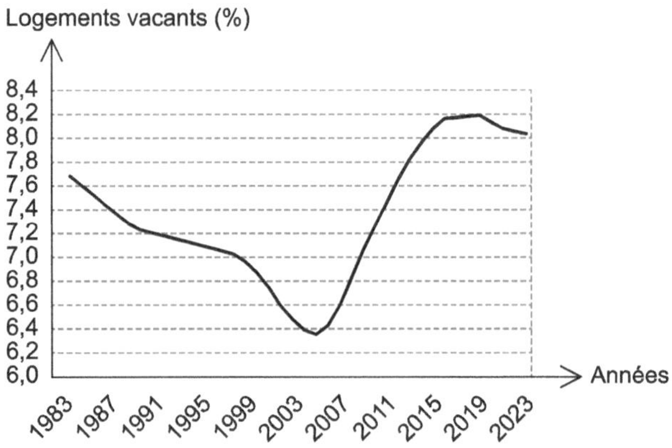

▲ **Fig. 3.4.** Taux de logements vacants (champ : idem)
(sources : idem)

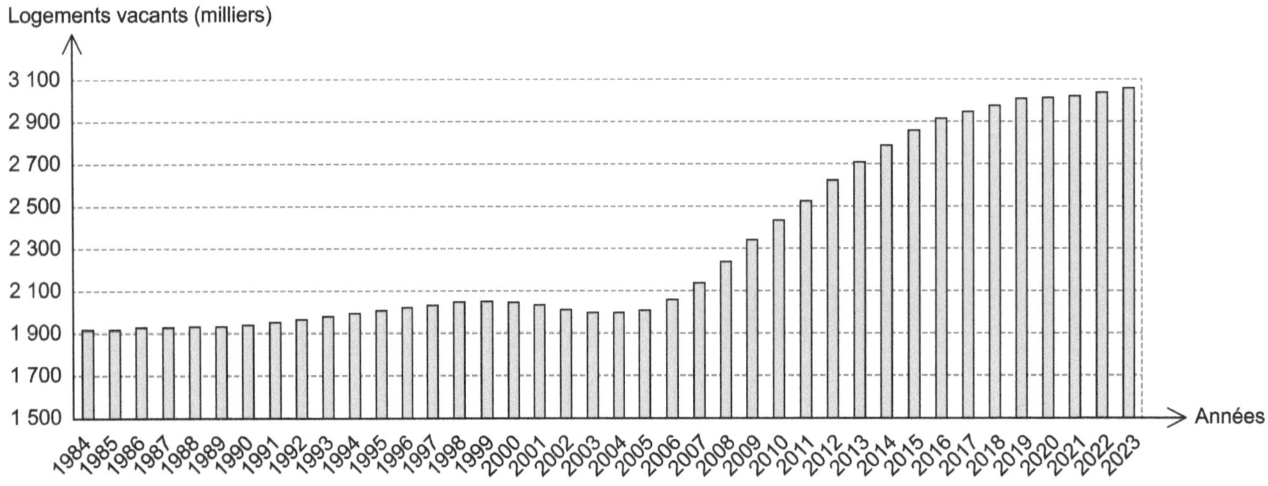

▲ **Fig. 3.3.** Évolution du nombre de logements vacants (champ : idem)
(sources : idem)

3.4.3 Forte probabilité pour beaucoup de logements vacants de le rester

Si cette interprétation, qui est aussi celle de la fédération nationale de l'immobilier (Fnaim)[15], explique bien la hausse du taux de vacance, d'autres analyses plus récentes, dont celle du SDES[16], montrent que beaucoup de logements vacants ont une forte probabilité de le rester, moins à cause de leur mauvais état qu'en raison de leur localisation.

Au niveau local, l'évolution du nombre de ménages, positive ou négative, dépend beaucoup plus du solde migratoire inter-régional que du solde naturel. Ainsi, le besoin national en logements excède la croissance nationale du nombre de ménages en raison de l'augmentation de la vacance structurelle dans les zones délaissées.

Succédant au mouvement historique du rural profond vers les métropoles et leur périphérie, un tropisme du Nord-Est vers le Sud-Ouest des migrations résidentielles au cours du cycle de vie des ménages est observé depuis plusieurs décennies, et il se prolonge avec l'arrivée à la retraite des « baby-boomers »[17]. Un éventuel renouveau de l'aménagement du territoire, qui serait lié à la réindustrialisation et à l'adaptation au changement climatique, pourrait réduire à moyen terme les migrations inter-régionales génératrices de déséquilibres entre offre et demande en logement, mais ce moyen terme se situe au-delà de 2030.

3.5 Sorties nettes du parc de logements ordinaires

3.5.1 Réduction possible du nombre de démolitions à moins de 50 000 par an ?

La notion de durée de vie, applicable à d'autres biens (automobile, etc.), n'est pas applicable au logement. Un logement peut-il / doit-il durer 50 ans ? 100 ans ? 200 ans ? 500 ans ? L'obsolescence des immeubles peut être technique, architecturale ou de localisation. L'obsolescence de localisation (zones rurales délaissées, régions industrielles en crise) est généralement irrémédiable, tandis que les autres types d'obsolescences sont remédiables au prix de travaux d'entretien et/ou de réhabilitation plus ou moins lourds. La démolition-reconstruction est parfois plus économique qu'une réhabilitation lourde, mais les contraintes écologiques changent la donne et incitent à la conservation de l'énergie « grise » contenue dans la structure des bâtiments.

Plus que la dégradation physique ou l'inadaptation à l'évolution des modes de vie, la rénovation urbaine, s'appuyant entre autres sur le nouveau programme national de rénovation urbaine (NPNRU), la densification des tissus pavillonnaires, ainsi que la construction d'équipements et d'infrastructures publiques sont aujourd'hui les moteurs principaux des démolitions, suivis peut-être aussi bientôt par le changement climatique, avec le recul du trait de côte, l'extension des zones inondables, etc.

Il existe un fichier national des permis de démolir, mais ses données sont inexploitables pour établir une évaluation du nombre total de démolitions de logements en France, car il n'indique pas la nature du bâtiment démoli : logement ou local d'activités. Cela constitue une lacune importante du système statistique. Les seules données disponibles concernent le logement social (17 % du parc de logements ordinaires), avec une moyenne annuelle de 2010 à 2022 de 13 600 logements démolis selon le répertoire des logements locatifs des bailleurs sociaux (RPLS). Ce chiffre relativement élevé résulte en partie du déroulement du PNRU, mais il conduit à douter de la validité de celui habituellement retenu pour l'ensemble du parc, de seulement 50 000 par an.

3.5.2 Potentiel des autres entrées et sorties du parc de logements ordinaires

Le solde « sorties – entrées » du parc de logements ordinaires, hors démolitions, contribue aux besoins en constructions neuves s'il est positif, et inversement.

Il existe deux types de sorties :

- les désaffectations, dont la transformation de logements ordinaires en résidences de tourisme de court séjour ou en locaux d'hébergement ;
- les fusions, dont le regroupement de « chambres de bonnes ».

De même qu'existent deux types d'entrées :

- les affectations, dont la transformation de bureaux ou d'hôtels en logements ;
- les éclatements, dont la division de grands appartements en T1 et T2, préconisée par certains pour le parc social[18].

Le phénomène est complexe, très peu documenté et difficile à quantifier. Ce solde est généralement considéré comme étant marginal ou nul[19]. Toutefois, le potentiel d'entrées semble plus important, notamment par la transformation de bureaux en logements – celui de la seule Île-de-France représenterait environ 50 000 logements[20] –, et par la division de grands logements sociaux.

3.6 Besoin en logements neufs : bilan des dernières années

3.6.1 Destruction probable de nombreux logements « vacants »

La confrontation des livraisons de logements neufs, estimée à partir des mises en chantier de l'année précédente[21], à la somme des composantes du besoin en logements neufs analysées dans les pages qui précèdent, qu'il faut plutôt qualifier ici d'« emplois » de la « ressource » que constituent les livraisons neuves[22], conduit au bilan présenté dans le tableau 3.6 pour les dix dernières années.

À la lecture de ce tableau, même si l'on fait l'hypothèse que la somme « désaffectations + fusions – affectations– éclatements » est négative de quelques milliers ou même dizaines de milliers en moyenne par an, le nombre de démolitions apparaît très faible. Il nous semble donc que l'augmentation entre 2010 et 2020 de la vacance mobilisable est surestimée par les comptes du logement, et qu'un nombre important de logements comptés comme « vacants » ont en fait déjà été détruits ou le seront inévitablement dans un proche avenir.

3.6.2 Fortes fluctuations conjoncturelles des sorties nettes du parc

L'analyse année par année présentée dans le graphique suivant (fig. 3.5), malgré les approximations qu'elle comporte, permet de constater, logiquement, que dans les phases hautes du cycle conjoncturel de la construction le parc vacant augmente fortement et les sorties nettes du parc (démolitions comprises) sont positives, notamment à cause des destructions engendrées par les opérations neuves, tandis que dans les phases basses le parc vacant augmente moins vite et les sorties nettes sont négatives.

3.7 Besoin en logements neufs : projections à moyen terme

3.7.1 Non-résolution de la crise du logement par les interventions sur le parc existant

Une conclusion importante découle du bilan des dernières années : pour répondre aux besoins en logements, la diminution de la vacance et la réduction des sorties nettes du parc (démolitions, désaffectations, etc.) compensent la réduction des mises en chantier dans les périodes de basse conjoncture, mais elles ne constituent en aucun cas les leviers majeurs d'une stratégie à moyen terme de satisfaction des besoins en logements résultant de la croissance démographique. Autrement dit, par analogie, le réservoir d'un château d'eau dont l'alimentation est réduite ne peut pas répondre longtemps aux besoins des consommateurs ; sa seule utilité est de faire face aux fluctuations quotidiennes de ces besoins.

La proposition n° 8 du CNR logement dans son document « 19 propositions pour réconcilier la France avec la production de logements nouveaux »[23] (*sic*) d'avril 2023 comporte l'argumentaire suivant : « S'il faut un chiffre, affiché comme un objectif porté par un État ambitieux sur le sujet, ce chiffre doit intégrer, en plus des constructions neuves, les transformations de bâtiments servant à d'autres fonctions, la remise sur le marché de logements vides ou en trop mauvais état. Il doit aussi être recalculé de manière précise, en tenant compte de la démographie, des décohabitations, de l'évolution de la structure de la société, en particulier du nombre croissant de familles monoparentales et de ménages d'une à deux personnes. »

Nous considérons pour notre part que « les transformations de bâtiments servant à d'autres fonctions » et « la

▼ Tab. 3.6. Évolution du parc de logements ordinaires entre 2010 et 2020

(sources : pour les parcs, comptes du logement du SDES/Insee ; pour les mises en chantier, hors logements en résidence, service de l'observation et des statistiques (SOeS) et Sit@del2)

		Nombre de logements (milliers) au 1er janvier		Moyenne annuelle (milliers)
		2010 (1)	***2020 (1)***	
Type de logement	Résidences principales	27 787	30 275	+ 248,8
	Résidences secondaires et logements occasionnels	3 141	3 584	+ 44,3
	Logements vacants	2 385	3 016	+ 63,1
Total parc résidentiel		33 313	36 875	+ 356,2
Mises en chantier annuelles moyennes du 1er janvier 2009 au 1er janvier 2019 (2)				355,1
Sorties nettes = démolitions + désaffectations + fusions – affectations – éclatements				– 1,1

(1) Interpolation linéaire des chiffres de juillet *N* et de juillet *N* + 1.
(2) Délai entre mise en chantier et mise en service estimé à 1 an.

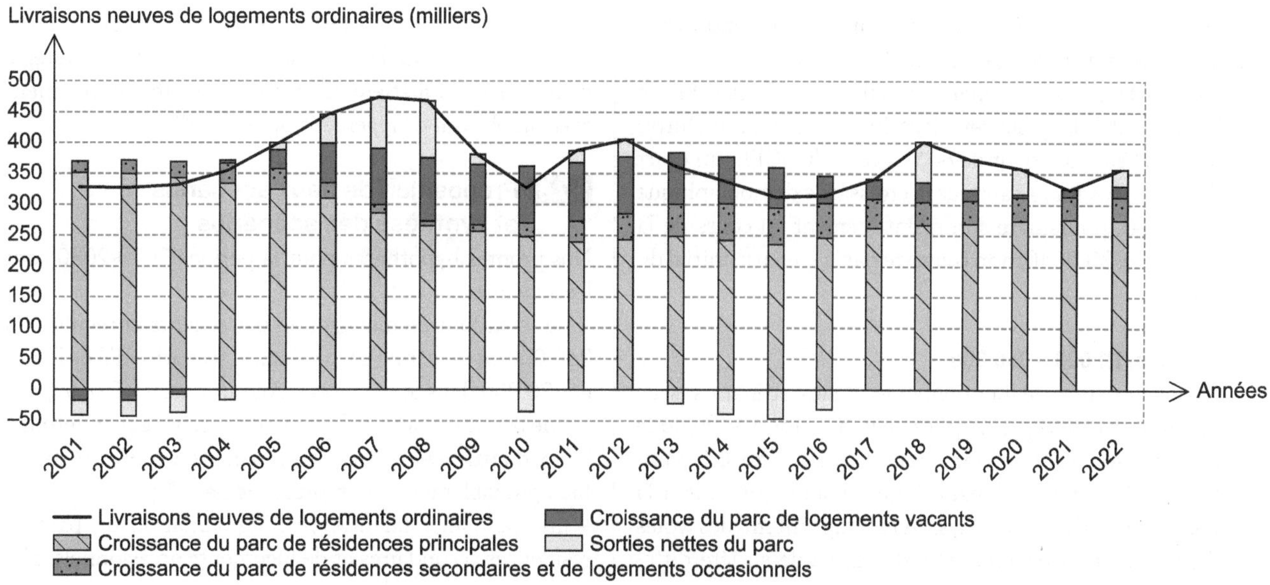

▲ **Fig. 3.5.** Les usages des livraisons neuves de logements ordinaires (champ : France entière, y compris les DOM) (sources : pour les parcs, comptes du logement du SDES/Insee ; pour les mises en chantier, SOeS/Sit@del2)

remise sur le marché de logements vides ou en trop mauvais état » constituent un potentiel non négligeable mais très restreint en matière de réponse au besoin en logements. En effet, d'une part il s'agit de gisements (stocks) qui une fois « épuisés » n'apporteront pas de solution durable, contrairement à la construction neuve (flux). D'autre part, si le parc vacant a fortement augmenté depuis 2005, ceci est dû au fait que ses caractéristiques, surtout sa localisation, le rendent pour une bonne part irrémédiablement incapable de répondre à la demande.

Il ne nous paraît pas non plus crédible de compter sur une inversion, plutôt qu'un ralentissement, de la tendance lourde de réduction de la taille moyenne des ménages pour réduire le besoin en logements.

Une importance excessive accordée à ces leviers secondaires de réponse aux besoins risque de masquer l'effort que doit maintenir la France pour produire des logements neufs, et particulièrement des logements locatifs à bas loyer. C'est de notre point de vue l'erreur que commettent les partisans de la « ville stationnaire », dont les propositions de formes d'urbanisation visant à réduire l'artificialisation des sols sont cependant intéressantes[24].

3.7.2 Scénarios

330 000 à 380 000

Parmi les scénarios des besoins en logements neufs, trois présentés au Conseil national de l'habitat (CNH) fin 2023[25], ceux d'Alain Jacquot (2012), de Gérard-François Dumont (2022) et de l'ESCP (2023) sont relativement proches les uns des autres. Ils affichent des besoins de 330 000 à 380 000 nouveaux logements par an entre 2020 et 2030. Mais deux scénarios récemment publiés, celui du Secrétariat général de la planification écologique (SGPE)[26] et celui de l'Union sociale pour l'habitat (USH) et d'Habitat territoire conseil (HTC), proposent des chiffres très différents.

Le SGPE, 288 000

Le scénario présenté par le SGPE[27] comme point de départ des travaux du CNR logement en juin 2023 est de 288 000 logements neufs par an sur la période 2020-2030[28]. Il se situe dans le cadre de la stratégie nationale bas-carbone et de l'objectif de zéro artificialisation nette des sols (ZAN) exigeant que le rythme de constructions neuves soit compatible avec les objectifs environnementaux. Il envisage une diminution des composantes du besoin en logements (création de ménages, parcs de logements vacants et de résidences secondaires, démolitions et sorties nettes du parc) par rapport à leur niveau constaté entre 2010 et 2020, à l'exception de celle de la résorption du mal-logement.

L'USH et HTC, 518 000

Le scénario présenté par l'USH et HTC au 83e congrès HLM en octobre 2023, qui évalue à 518 000 par an le besoin en logements neufs entre 2024 et 2040, se situe aux antipodes du scénario initial du SGPE. En effet, ce scénario, qui porte sur une période plus longue, anticipe une forte augmentation de toutes les composantes du

besoin en logements neufs, y compris une composante importante de réduction du mal-logement.
Les écarts entre le scénario initial du SGPE et celui de l'USH sont tels qu'ils semblent inconciliables : le chiffre de l'USH est supérieur de 80 % à celui du SGPE, un écart d'autant plus important que la croissance démographique est censée poursuivre son ralentissement au cours de la période 2030-2040, non couverte par le scénario initial du SGPE.

L'Ademe, 111 000 à 360 000

Il convient enfin de mentionner les quatre scénarios issus du rapport réalisé par l'Agence de la transition écologique (Ademe) en 2021, « Transition(s) 2050. Choisir maintenant. Agir sur le climat »[29], qui aboutissent tous à la neutralité carbone du pays, mais empruntent des voies distinctes et correspondent à des choix de société différents (tab. 3.7).
S'agissant des mises en chantier de logements, ces quatre scénarios se déclinent de la manière suivante (tab. 3.8).
Les besoins en logements neufs sont très sensibles aux hypothèses sur le nombre de personnes par ménage et sur les taux de résidences secondaires et occasionnelles et de logements vacants. Or l'Ademe fait l'hypothèse dans les scénarios S1 et S2 d'une remontée du nombre de personnes par ménage à 2,12 en 2050, due notamment à des solutions de cohabitation des personnes âgées. Elle fait également l'hypothèse d'une division par deux du taux de résidences secondaires et occasionnelles à l'horizon 2050 dans le scénario S2 et par quatre dans le scénario S1. Enfin, les deux scénarios ramènent le taux de vacance à 6 % en 2050.

Ces scénarios sont bien loin de celui de l'USH, et il convient de s'interroger sur la compatibilité d'une telle stratégie volontariste en matière de protection de l'environnement avec un objectif de logement pour tous[30].

3.7.3 Proposition de deux scénarios et synthèse des scénarios

Nos propres hypothèses pour la période 2020-2030 sont les suivantes :
- des créations de ménages en baisse lente et régulière, à 240 000 en moyenne par an dans le scénario « Fil de l'eau » et 270 000 dans le scénario « Volontariste » (cf. *supra*) ;
- une baisse du taux de logements vacants et son retour à 7,5 % du parc de logements ordinaires en 2030, proche du taux probablement incompressible de 7 % ;
- une poursuite ralentie de l'augmentation du parc de résidences secondaires et de logements occasionnels, plafonnant un peu en dessous de 10 % du parc de logements ordinaires en 2030 ;
- une hausse progressive des sorties nettes du parc (45 000 en moyenne par an), maintenues toutefois à un niveau bas grâce au développement des rénovations et des transformations de locaux non résidentiels en logements.

Les chiffres obtenus sont reproduits dans le tableau 3.9. Attention, ils ne comprennent pas les logements en résidence accueillant les personnes « hors ménage » (26 350 chantiers par an au cours de la période 2009-2018), alors que ceux habituellement publiés font la somme des logements ordinaires et des logements en résidence.
Aucun des scénarios de mises en chantier récemment publiés n'est « cheminé », c'est-à-dire décliné année par

▼ **Tab. 3.7.** La philosophie globale des scénarios Transition(s) 2050 de l'Ademe

Scénario S1 Génération frugale	Scénario S2 Coopérations territoriales	Scénario S3 Technologies vertes	Scénario S4 Pari réparateur
– Frugalité contrainte – Villes moyennes et zones rurales – Low-tech – Rénovation massive – Nouveaux indicateurs de prospérité – Localisme – Moins de viande	– Modes de vie soutenables – Économie du partage – Gouvernance ouverte – Mobilité maîtrisée – Fiscalité environnementale – Coopérations entre territoires – Réindustrialisation ciblée	– Technologies de décarbonation – Biomasse exploitée – Hydrogène – Consumérisme vert – Régulation minimale – Métropoles – Déconstruction/ reconstruction	– Consommation de masse – Étalement urbain – Technologies incertaines – Économie mondialisée – Intelligence artificielle – Captage du CO_2 dans l'air – Agriculture intensive

▼ **Tab. 3.8.** Nombre de logements qui seraient à construire en moyenne par an entre 2015 et 2050 selon les scénarios Transition(s) 2050 de l'Ademe

Situation en 2015	Tendanciel	Scénario S1	Scénario S2	Scénario S3	Scénario S4
360 000	282 000	111 000	150 000	348 000	282 000

▼ **Tab. 3.9.** Comparaison des scénarios (champ : France entière, hors Mayotte)

	Augmentation annuelle (milliers de logements)				
	***Constaté* 2010-2020**	***« Fil de l'eau »* 2020-2030**	***« Volontariste »* 2020-2030**	***SGPE* 2020-2030**	***USH/HTC* 2024-2040**
Ménages en résidences principales	+ 249	+ 240	+ 270	+ 219	+ 335
Parc de résidences secondaires et de logements occasionnels	+ 44	+ 30		+ 69	+ 100
Parc vacant	+ 63	– 5			+ 50
Sorties nettes du parc	– 1	+ 45			+ 33
Mises en chantier de logements ordinaires (1)	355	310 (2)	340 (2)	288	518

(1) Décalées d'un an pour tenir compte du délai entre mise en chantier et mise en service.
(2) Cette moyenne intègre les très mauvais chiffres de 2023 et 2024.

année : tous sont exprimés en moyenne annuelle sur une période donnée[31]. Or, au regard des chiffres de 2023 et 2024, il est douteux que l'industrie de la construction soit en mesure d'accélérer suffisamment sa production pour atteindre la moyenne de plus de 500 000 logements neufs par an préconisée par l'USH pour la période 2024-2040. Le cheminement d'un scénario nous paraît indispensable pour le rendre crédible.

Sur le graphique de synthèse ci-après (fig. 3.6), nous avons prolongé nos deux scénarios jusqu'à l'horizon 2050. Pour la période 2030-2050, outre la poursuite de la baisse de la création annuelle de ménages (toutefois plus élevée de 15 000 dans le scénario « Volontariste » que dans le scénario « Fil de l'eau »), le maintien du taux de résidences secondaires et de logements occasionnels en dessous de 10 % et le repli du taux de vacance à 7 %, nous avons retenu l'hypothèse d'une accélération du renouvellement du parc de logements construits pendant les « Trente Glorieuses ».

Après deux années 2023 et 2024 catastrophiques en matière de mises en chantier (respectivement 274 000 et 251 000 mises en chantier de logements ordinaires), une relance aussi rapide que possible de la production neuve au cours des cinq années à venir est indispensable.

L'écart cumulé pour la période 2024-2045 entre les deux scénarios est de près de 900 000 mises en chantier. Le scénario « Volontariste » permettrait ainsi de résorber une grande partie du mal-logement, avec la réduction du nombre de personnes sans domicile et de situations de cohabitations forcées, ainsi qu'avec la démolition-reconstruction des immeubles irrémédiablement obsolètes.

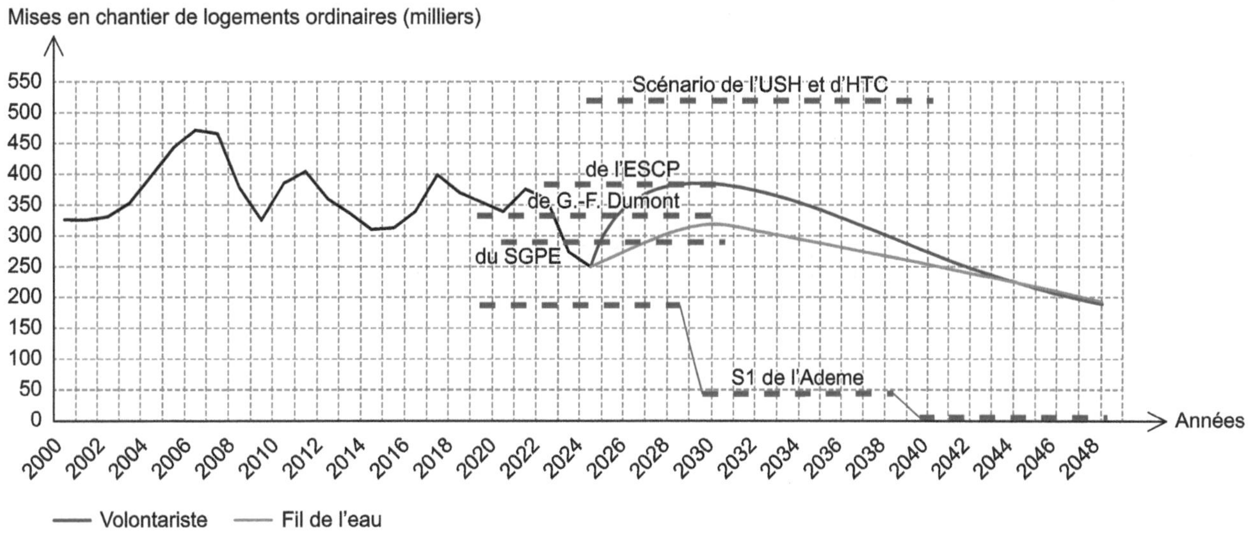

▲ **Fig. 3.6.** Scénarios de mises en chantier de logements ordinaires, hors logements en résidence (champ : France entière, hors Mayotte) (source des données rétrospectives : SOeS/Sit@del2)

Au-delà de 2030, la montée des activités de rénovation, déjà entamée, offrirait à tous les acteurs de la filière construction un substitut à la baisse progressive de la production neuve, et la possibilité d'accélérer la résorption d'autres formes de mal-logement que constituent les passoires thermiques et les copropriétés dégradées.

3.7.4 Les mises en chantier de logements en résidence : un chiffre à ne pas négliger

Nous supposons que tous les scénarios publiés concernent exclusivement, comme le nôtre, les logements ordinaires, indépendamment des logements en résidence hébergeant les personnes vivant en communauté, car ils ne sont jamais mentionnés. Ce point n'est pas à négliger, puisque les mises en chantier de logements en résidence (37 600 en 2024) représentent actuellement 13 % de l'ensemble des mises en chantier.

D'après le scénario démographique central de l'Insee, la population des personnes de 75 ans et plus va progresser très rapidement au cours des années 2020 à 2050. Si la part des 75-84 ans résidant en communauté (Ehpad et autres) tend à régresser avec le développement du maintien à domicile, celle des 85 ans et plus reste stable, autour de 20 %. Dans ces conditions, même si les autres populations vivant en communauté poursuivent leur repli, les besoins en construction de logements en résidence vont rester importants jusqu'en 2050, les différents parcs n'étant pas fongibles. En effet, un pensionnat est difficilement transformable en Ehpad et sa localisation ne correspond pas forcément à celle recherchée par les personnes âgées.

Après la forte croissance des deux précédentes décennies, une poursuite de la hausse des mises en chantier de logements en résidence au cours de la période 2019-2028 (35 000 en moyenne par an), et encore au cours des deux décennies suivantes (40 000 en moyenne par an de 2029 à 2048), sera nécessaire pour faire face à l'évolution de la demande et aux besoins de renouvellement du parc[32].

3.8 Synthèse

Si le chiffre symbolique de 500 000 mises en chantier par an (logements en résidence compris) ne semble désormais plus correspondre à la réalité des besoins en logements neufs en France, un retour à 400 000 pendant près d'une dizaine d'années (scénario « Volontariste ») permettrait de résorber une grande partie du mal-logement, faute de quoi (scénario « Fil de l'eau ») on en resterait au constat récurrent de la montée du mal-logement fait chaque année par la fondation pour le logement des défavorisés (fig. 3.7).

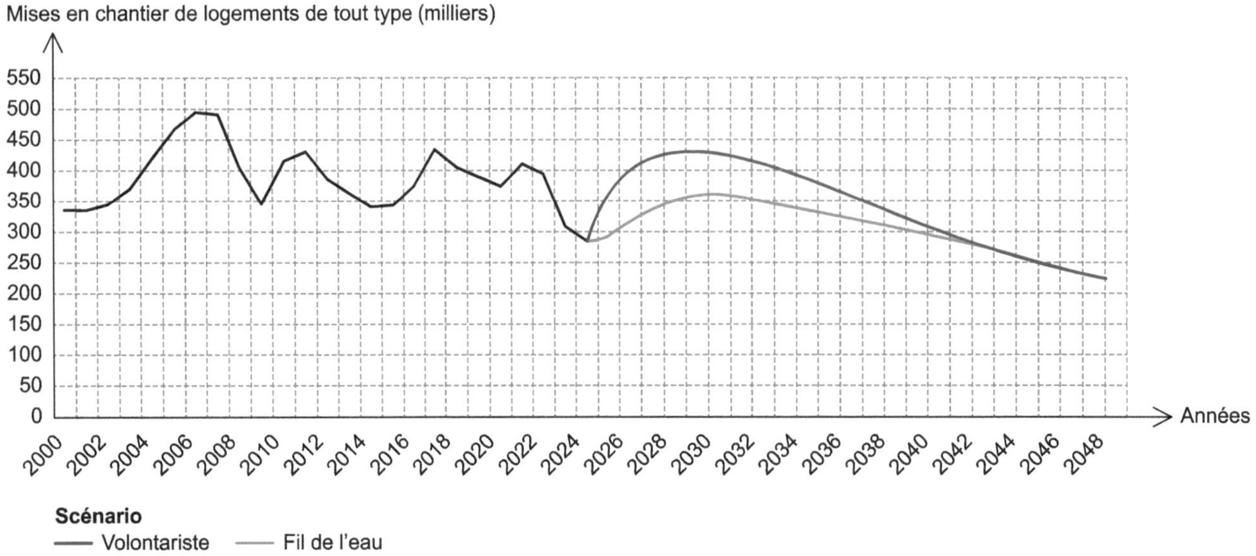

▲ **Fig. 3.7.** Scénarios de mises en chantier tous logements, y compris logements en résidence (champ : France entière, hors Mayotte) (source des données rétrospectives : SOeS/Sit@del2)

Notes

1. Dont, de la fondation Abbé Pierre (pour le logement des défavorisés) et de la fondation pour la Nature et l'Homme, le rapport « Artificialisation. Réussir le ZAN en réduisant le mal-logement, c'est possible ! », mars 2024.
2. L'Insee préfère parler de « demande potentielle » en logements, sans doute en référence aux contraintes économiques pouvant entraver la satisfaction des besoins, notamment celles découlant des décohabitations. Nous préférons parler de « besoin », car un excès de parc vacant peut réduire le besoin de construire pour satisfaire la demande, et inversement.
3. Pour une analyse détaillée des différentes méthodes, de leurs initiateurs et des enjeux politiques sous-jacents, voir le rapport d'Alexandre Coulondre et de Claire Julliard et co. « 70 ans de chiffrages des besoins en logements : trajectoire d'un indicateur controversé de la politique du logement en France », collection « Cahiers », ***Panorama. Recherche et innovation***, n° 16, Puca et USH, septembre 2024.
4. Olivier Dupré (Cerema) et Luc Bercegol (DHUP), « Faciliter l'évaluation des besoins en logement par les acteurs locaux : la démarche Otelo », publié en janvier 2024 sur le site politiquedulogement.com.
5. Le Cerema est un établissement public qui regroupe onze composantes du réseau scientifique et technique de l'État français.
6. « Bilan démographique 2024. En 2024, la fécondité continue de diminuer, l'espérance de vie se stabilise », ***Insee Première***, n° 2033, janvier 2025. Les chiffres pour les années 2022, 2023 et 2024 sont provisoires.
7. « 68,1 millions d'habitants en 2070 : une population un peu plus nombreuse qu'en 2021, mais plus âgée », ***Insee Première***, n° 1881, novembre 2021.
8. Pour plus de détails, voir « France, portrait social », édition 2023, ***Insee Références***, novembre 2023 et « Partager son logement au-delà du noyau familial : des disparités régionales qui persistent », ***Insee Première***, n° 1980, janvier 2024.
9. Béatrice Boutchenik et Guillaume Rateau, « Projections du nombre de ménages à horizon 2030 et 2050. Analyse des modes de cohabitation et de leurs évolutions », SDES, un service du Commissariat général au développement durable (CGDD), décembre 2023 et ***Insee Focus***, n° 317, janvier 2024.
Le CGDD est devenu l'Inspection générale de l'environnement et du développement durable (IGEDD).
10. « L'état du mal-logement en France, 2025 », rapport annuel #30, fondation Abbé Pierre (devenue fondation pour le Logement des défavorisés), janvier 2025.
11. Pour plus de détails sur les travaux de l'ESCP et de la commission Rebsamen, voir Jean-Claude Driant, « Le besoin de construction de logements neufs. Méthodes et controverses », publié en juin 2023 sur le site politiquedulogment.com et Bernard Coloos, « Logement : demande potentielle et besoins immédiats. Les implications méthodologiques et les nécessaires compléments », 83e Congrès HLM de l'USH, Nantes, octobre 2023.
12. Jacques Friggit, « Le prix de l'immobilier d'habitation sur le long terme », Inspection générale de l'environnement et du développement durable (IGEDD), janvier 2025, p. 266.
13. Structure de concertation lancée en septembre 2022 par le président de la République Emmanuel Macron et comportant plusieurs ateliers thématiques, dont l'un consacré au logement.
14. Thomas Tardiveau, « La construction et la rénovation des logements privés en France », direction générale du Trésor, *Trésor-éco*, n° 261, juin 2020.
15. « Le logement en France et en Europe. Année 2022 », Fnaim et Laboratoire économique du logement (Label), mars 2023.
16. DataLab logement/construction, « Les déterminants de la vacance longue durée des logements détenus par les personnes physiques », SDES, décembre 2023. Voir également l'article de Jean Bosvieux et de Bernard Coloos, « Contre l'obsolescence immobilière, la réhabilitation n'est pas la panacée », publié le 21 février 2024 sur le site politiquedulogement.com.
17. Rapport « Les mobilités résidentielles en France. Tendances et impacts territoriaux », collection « En détail », observatoire des territoires et commissariat général à l'égalité des territoires (CGET), 2018.
18. Jean Bosvieux et Bernard Coloos, « Logements sociaux : adapter l'offre à la demande actuelle », publié en novembre 2021 sur le site politiquedulogement.com.
19. Une estimation mieux documentée serait en préparation au SDES, pour une publication en 2025.
20. En partant de l'hypothèse de 5 millions de mètres carrés de bureaux hors marché. On estime que 1 000 m^2 de bureaux peuvent être transformés en dix logements de 50 m^2, dont un maximum de quatre logements sociaux, nombre au-dessus duquel l'équilibre financier de l'opération ne peut pas être assuré.
21. La durée moyenne de construction des logements a oscillé entre 13 et 17 mois en France métropolitaine entre 1990 et 2010 (source : Karine Boutier, « Durée de construction des logements : le rôle des tensions dans l'industrie du bâtiment entre 1990 et 2010 », « Le point sur », n° 122, CGDD/SOeS, avril 2012). Opter pour un décalage de 2 ans ou pour une formule plus complexe de passage des mises en chantier aux livraisons changerait marginalement le bilan sur dix années.
22. Étant entendu que la croissance du parc vacant ou du parc de résidences secondaires est le plus souvent une retombée indirecte de la production neuve. Par exemple, depuis que les promoteurs immobiliers n'engagent plus d'opérations « en blanc », les logements neufs sont rarement vacants, mais les logements libérés par ceux qui les occupent peuvent le rester, ou bien être occupés par d'autres ménages libérant d'autres logements, etc.
23. Catherine Sabbah et Mickaël Nogal, « 19 propositions pour réconcilier la France avec la production de logements nouveaux », CNR logement, avril 2023.
24. Philippe Bihouix, Sophie Jeantet et Clémence de Selva, ***La ville stationnaire. Comment mettre fin à l'étalement urbain ?***, collection « Domaine du possible », Actes Sud, Arles, 2022. Lire à ce sujet l'article de Julien Damon « Doit-on encore construire ? L'idée de ville "stationnaire" », in ***constructif***, n° 67, fédération française du bâtiment (FFB), mars 2024.
25. Jean-Claude Driant, « Analyse des besoins en logements », Synthèse des travaux du groupe de travail du Conseil National de l'Habitat (CNH), octobre 2023.
26. Placé sous l'autorité du Premier ministre.
27. « Mieux se loger. La planification écologique dans les bâtiments. Réunion de travail sur la rénovation énergétique », SGPE, 12 juin 2023.
28. Le chiffre de 302 000 affiché par le SGPE est hors DROM et comprend les logements en résidence. D'où la correction effectuée pour le rendre comparable aux autres.
29. Albane Gaspard, « Quelle méthodologie pour le calcul des logements neufs dans les scénarios Transition(s) 2050 de l'Ademe ? », publié en juillet 2023 sur le site politiquedulogement.com.
30. Jean-Claude Driant et Marie Defay, « Transition écologique et logement pour tous : face à une équation complexe », tribune publiée en août 2023 sur le site news tank cities.
31. Avec des paliers décennaux pour les scénarios de l'Ademe.
32. Compte tenu de la forte hétérogénéité des différents segments du parc de logements en résidence, et de l'horizon lointain retenu (2050), ce chiffrage doit être considéré comme une « esquisse ».

PARTIE 2

Réglementations

4

Le logement, un secteur très encadré

4.1 Une réglementation foisonnante

Que l'on considère le point de vue de l'occupant (qui l'habite), du bâtisseur (qui le construit), ou de la ville (qui l'accueille), le logement est un univers dans lequel les réglementations (au sens large) foisonnent :
- pour la « définition du produit », surfaces, volumes, dimensions des pièces, type de chauffage, typologie des ouvertures, équipements, tout ou presque est fixé à l'avance ;
- pour la conception et la construction, il convient non seulement de respecter les contraintes liées au produit, notamment en matière de performances liées à la consommation énergétique et à l'émission de gaz à effet de serre, mais aussi l'ensemble des règles d'urbanisme, souvent complexes et liées au lieu choisi – tout recommence différemment dans une autre commune –, de se préoccuper des risques d'incendie et de séismes, de l'accessibilité, des monuments historiques proches, des contraintes archéologiques, de la géologie, de l'hydrogéologie, de la pollution, etc. ;
- les professions des acteurs de la construction, promoteurs ou maîtres d'ouvrage sociaux, sont très encadrées par plusieurs familles de textes. Celles des acteurs de la gestion, bailleurs sociaux, bailleurs privés, syndics de copropriété, sont également réglementées ;
- dans la vie de l'immeuble, les réglementations interviennent pour la fixation des loyers, qu'il s'agisse de logements sociaux mais aussi, dans de nombreuses agglomérations, de logements libres. Les rapports entre propriétaires et locataires (types de baux, répartition du paiement des charges, etc.) sont précisés dans différents textes, ainsi que les rapports entre copropriétaires des immeubles collectifs ;
- toute vente de logement soumise au droit de préemption, en général de la collectivité locale, s'accompagne de l'établissement de multiples diagnostics ;
- de multiples réglementations financières interviennent enfin, qu'il s'agisse de celles liées aux logements sociaux (loyers, aides, seuils d'accès, etc.) ou aux logements libres (avantages fiscaux aux investisseurs etc.). L'absence d'impôts sur les plus-values de revente du domicile principal reste un facteur essentiel de la dynamique du marché.

Ce foisonnement de textes, souvent critiqué pour son ampleur et son caractère labyrinthique, voire kafkaïen, est issu d'objectifs et d'ambitions généreux :
- les premières lois du XIXe siècle sur la définition du logement avaient pour but (atteint) de lutter contre l'insalubrité ;
- les premières mesures d'encadrement des loyers, en 1915, visaient à protéger la population durement meurtrie par les conséquences de la guerre ;
- dans les années 1960, 80 % de la construction de logements s'effectuait avec l'aide de l'État, au travers de l'accession à la propriété et des logements locatifs sociaux. État qui, en bonne logique, s'est intéressé à la consistance des opérations construites avec son aide ;
- les crises de l'énergie ont imposé leur saga de réglementations thermiques ;
- dès les années 1950, la préoccupation de « l'impact » de la construction des logements sur la collectivité est apparue. Elle s'est traduite par la mise en place du permis de construire en 1946, par la fin des tours et des barres dans les années 1970, par une volonté de qualité architecturale, et plus récemment par la limitation de l'impact carbone des nouvelles constructions ;
- toutes ces réglementations à dominantes techniques et architecturales se sont développées avec en toile de fond

la question, non encore résolue, de l'impact sociétal du logement : file d'attente en 2025 de presque 3 millions de familles pour l'obtention d'un logement social, nécessaire rénovation des « quartiers », risques de ghettoïsation, etc. Ces éléments aboutissent à un paradoxe : le logement est à la fois un bien particulier et un bien commun. En tant que bien particulier, il est « protégé » par le droit de propriété, en référence par exemple à l'article 544 du Code civil, datant de 1804 : « La propriété est le droit de jouir et disposer des choses de la manière la plus absolue, pourvu qu'on n'en fasse pas un usage prohibé par les lois ou par les règlements. » Mais ce logement, dont le propriétaire peut « jouir de façon absolue », est aussi un bien commun, du fait de sa place dans la ville, de sa participation au bilan carbone du pays, de sa soumission au droit au logement, etc. Les multiples règlements n'ont ainsi eu de cesse de contraindre son usage dans l'optique de la recherche du bien commun, ce qui était, est et restera source de polémiques.

4.2 Une structure à plusieurs étages

Ce qu'il est commun de désigner par « réglementation » correspond à un ensemble de textes hiérarchisés.
Tout en haut se situe la loi, rédigée par le gouvernement, les sénateurs ou les députés, et soumise aux votes du Parlement, de l'Assemblée nationale et du Sénat. La phase de votes est suivie d'un examen de la loi par le Conseil constitutionnel, qui peut en déclarer tout ou partie non conforme à la Constitution. La loi est ensuite promulguée, signée par le président de la République, le Premier ministre et les ministres concernés, et publiée au Journal officiel de la République. Elle s'impose à tous, partout, le lendemain de sa publication.
À l'étage inférieur se trouve le décret, signé du président de la République, ou du Premier ministre, et contresigné par les ministres concernés. Le décret édicte les règles d'application de la loi. Après sa parution, il peut être contesté devant le Conseil d'État dans un délai de deux mois.
Au premier étage apparaît l'arrêté, acte administratif, qui donne des détails d'organisation ou de fonctionnement en application d'une loi. Il peut être interministériel, préfectoral, municipal, etc.
Au rez-de-chaussée enfin, la circulaire, rédigée par une autorité administrative, comme un ministère, diffuse recommandations et précisions sur la manière d'appliquer un décret ou un arrêté. Une circulaire peut être contestée devant le Conseil d'État ou un tribunal administratif.
Pratiquement, arrêtés et circulaires sont souvent les documents les plus utiles aux constructeurs, car ils définissent le « comment faire ». Dans le domaine de l'accessibilité des logements et de leurs abords par exemple, c'est bien la circulaire qui fixe les détails à respecter, alors que la loi se cantonne aux objectifs généraux.
Afin d'éviter aux constructeurs d'errer dans le maquis des textes, ceux-ci sont regroupés en codes. L'activité de construction est concernée au minimum par le Code de la construction et de l'habitation, le Code de l'urbanisme, le Code de la commande publique, le Code de l'énergie, le Code de la santé publique, le Code de l'environnement et le Code du travail en ce qui concerne les conditions de travail sur les chantiers.
La possibilité de consulter ces textes sur Internet (site legifrance.gouv.fr) et d'y effectuer des recherches a permis de faire un grand pas en avant dans leur accessibilité.
Le code le plus important demeure le Code de la construction et de l'habitation (CCH). Il comporte une partie législative, dont les articles commencent par « L », issue des lois, et une partie réglementaire, dont les articles commencent par « R », issue principalement des décrets et des arrêtés. Un important travail a conduit en 2021 à une refonte de son organisation, le rendant plus cohérent et lisible.
Moins important pour les constructeurs, mais essentiel pour les gestionnaires, notamment ceux des logements mis en location, le Code de la santé publique (CSP) fixe les règles de salubrité, et donc par différence d'insalubrité, des logements. Pour pallier le manque d'entretien des immeubles, qui peut engager la sécurité des personnes et des biens, la législation permet aux maires de prescrire aux propriétaires les mesures appropriées pour remédier aux situations dangereuses. Il s'agit de la procédure de péril, du contrôle de la sécurité des immeubles collectifs à usage principal d'habitation.
Les règles de salubrité publique des habitations sont régies par les articles L. 1331-22 et L. 1331-23 du CSP, dont il ressort que la notion d'insalubrité doit s'appliquer à « tout local, installation, bien immeuble ou groupe de locaux, d'installations ou de biens immeubles, vacant ou non, qui constitue, soit par lui-même, soit par les conditions dans lesquelles il est occupé, exploité ou utilisé, un danger ou risque pour la santé ou la sécurité physique des personnes » (CSP, art. L. 1331-22, al. 1er), charge au pouvoir réglementaire de préciser « la définition des situations d'insalubrité » (CSP, art. L.1331-22, al. 3).
L'article L. 1331-23 liste les locaux qui ne peuvent être « mis à disposition aux fins d'habitation, à titre gratuit ou onéreux », entre autres : caves, sous-sols, combles, pièces dont la hauteur sous plafond est insuffisante, dépourvues d'ouverture sur l'extérieur ou d'éclairement naturel suffisant. Le décret n° 2023-695 du 29 juillet 2023 portant règles sanitaires d'hygiène et de salubrité des locaux d'habitation et assimilés a introduit une nouvelle approche qui fait encore débat.

4.3 Structure générale du Code de la construction et de l'habitation (CCH)[1]

4.3.1 Partie législative (articles L. 111-1 à L. 863-5)

Livre Ier : construction, entretien et rénovation des bâtiments (articles L. 111-1 à L. 192-7)

Titre Ier : règles générales applicables à la construction et la rénovation de bâtiments (articles L. 111-1 à L. 113-20)
Titre II : encadrement de la conception, de la réalisation, de l'exploitation et des mutations des bâtiments (articles L. 121-1 à L. 126-38)
Titre III : règles générales de sécurité (articles L. 131-1 à L. 134-13)
Titre IV : sécurité des personnes contre les risques d'incendie (articles L. 141-1 à L. 146-1)
Titre V : qualité sanitaire (articles L. 151-1 à L. 157-2)
Titre VI : accessibilité (articles L. 161-1 à L. 165-7)
Titre VII : performance énergétique et environnementale (articles L. 171-1 à L. 175-2)
Titre VIII : contrôle et sanctions (articles L. 180-1 à L. 186-8)
Titre IX : dispositions particulières à l'outre-mer (articles L. 191-1 à L. 192-7)

Autres livres

Livre II : statut des constructeurs (articles L. 200-1 à L. 291-4)
Livre III : aides diverses à la construction d'habitations et à l'amélioration de l'habitat ; aide personnalisée au logement (articles L. 300-1 à L. 381-3)
Livre IV : habitations à loyer modéré (articles L. 411 à L. 482-4)
Livre V : lutte contre l'habitat indigne (articles L. 511-1 à L. 551-1)
Livre VI : mesures tendant à remédier à des difficultés exceptionnelles de logement (articles L. 611-1 à L. 662-2)
Livre VII : immeubles relevant du statut de la copropriété (articles L. 711-1 à L. 741-4)
Livre VIII : aides personnelles au logement (articles L. 811-1 à L. 863-5)

4.3.2 Partie réglementaire (articles R. 111-1 à R. 863-17)

Livre Ier : construction, entretien et rénovation des bâtiments (articles R. 111-1 à R. 192-4)

Titre Ier : règles générales applicables à la construction et rénovation de bâtiments (articles R. 111-1 à R. 113-24)
Titre II : encadrement de la conception, de la réalisation et de l'exploitation des bâtiments (articles R. 121-1 à R. 126-47)
Titre III : règles générales de sécurité (articles R. 131-1 à R. 134-62)
Titre IV sécurité des personnes contre les risques d'incendie (articles D. 141-1 à R. 146-35)
Titre V : qualité sanitaire (articles R. 151-1 à R. 157-6)
Titre VI : accessibilité et qualité d'usage (articles R. 161-1 à R. 165-21)
Titre VII : performance énergétique et environnementale (articles R. 171-1 à R. 175-9)
Titre VIII : contrôles et sanctions (articles R. 184-1 à R. 186-1)
Titre IX : règles particulières à l'outre-mer (articles R. 191-1 à R. 192-4)

Livre II : statut des constructeurs (articles R. 200-1 à R. 281-2)

Titre préliminaire : les sociétés d'habitat participatif (articles R. 200-1 à R. 202-8)
Titre Ier : statut des sociétés de construction (articles R. 210-1 à R. 215-4)
Titre II : promotion immobilière (articles R. 222-1 à R. 222-14)
Titre III : construction d'une maison individuelle (articles R. 231-1 à R. 232-7)
Titre IV : dispositions communes diverses
Titre V : bail à construction, bail à réhabilitation, bail dans le cadre d'une convention d'usufruit, bail réel immobilier, bail réel solidaire et bail réel solidaire d'activité (articles R. 251-1 à R. 256-11)
Titre VI : ventes d'immeubles à construire ou à rénover (articles R. 261-1 à R. 262-15)
Titre VII : protection de l'acquéreur immobilier (articles R. 271-1 à D. 271-7)
Titre VIII : dispositions particulières à Saint-Pierre-et-Miquelon et à Mayotte (articles R. 281-1 à R. 281-2)

Livre III : aides diverses à la construction d'habitations et à l'amélioration de l'habitat ; aide personnalisée au logement (articles R. 300-1 à D. 391-9)

Titre préliminaire : politique d'aide au logement (articles R. 300-1 à D. 304-1)
Titre Ier : mesures tendant à favoriser la construction d'habitations (articles R. 311-1 à D. 31-11-16)
Titre II : amélioration de l'habitat (articles R. 321-1 à R. 327-1)
Titre III : subventions et prêts pour la construction, l'acquisition et l'amélioration d'habitations donnant lieu

à l'aide personnalisée au logement (articles D. 331-1 à D. 331-114)
Titre IV : reversement de l'aide de l'État et sanctions (articles R. 342-1 à R. 342-48)
Titre V : conventions à l'aide personnalisée au logement (articles D. 353-1 à D. 353-214)
Titre VI : organismes consultatifs et organismes concourant aux objectifs de la politique d'aide au logement (articles D. 361-1 à R. 366-8)
Titre VII : dispositions diverses ou particulières à la Guadeloupe, à la Guyane, à la Martinique, à La Réunion et à Mayotte (articles R. 371-1 à R. 374-1)
Titre VIII : dispositions particulières à la région Île-de-France
Titre VIII bis : dispositions relatives au tiers-financement (articles D. 381-9 à D. 381-12)
Titre IX : dispositions relatives aux prêts locatifs intermédiaires (articles D. 391-1 à D. 391-9)

Livre IV : habitations à loyer modéré (articles R. 411-1 à R. 491-6)
Titre Ier : dispositions générales (articles R. 411-1 à R. 411-6)
Titre II : organismes d'habitations à loyer modéré (articles R. 421-1 à R. 423-89)
Titre III : dispositions financières (articles D. 431-1 à R. 435-9)
Titre IV : rapports des organismes d'habitations à loyer modéré et des bénéficiaires (articles R. 441-1 à R. 445-39)
Titre V : contrôle, redressement des organismes et garantie de l'accession sociale à la propriété (articles R. 451-10 à D. 453-8)
Titre VI : organismes consultatifs (articles R. 461-8 à R. 461-20)
Titre VII : dispositions particulières à certaines parties du territoire (articles R. 472-1 à R. 472-5)
Titre VIII : dispositions particulières aux sociétés d'économie mixte de construction et de gestion de logements sociaux (articles R. 481-1 à D. 481-16)
Titre IX : dispositions particulières relatives au maintien du caractère de logement social (articles R. 491-à R. 491-6)

Livre V : lutte contre l'habitat indigne (articles R. 511-1 à R. 541-5)
Titre I : sécurité et salubrité des immeubles, locaux et installations (articles R. 511-1 à R. 511-13)
Titre II : bâtiments insalubres (articles D. 522-1 à R. 523-3)
Titre III : dispositions spéciales aux départements d'outre-mer (articles D. 531-1 à R. 531-4)
Titre IV : dispositions relatives à l'exécution des mesures de police concernant des locaux d'habitation insalubres ou dangereux (articles R. 541-1 à R. 541-5)

Livre VI : dispositions permettant de faire face à des difficultés particulières de logement (articles R. 612-1 à R. 662-1)
Titre Ier : dispositions générales (articles R. 612-1 à R. 615-5)
Titre II : dispositions tendant à faciliter et à orienter la répartition des logements existants (articles R. 621-1 à R. 621-3)
Titre III : dispositions tendant à maintenir ou à augmenter le nombre des logements (articles R. 631-1 à R. 635-5)
Titre IV : mise en œuvre du droit au logement par la réquisition (articles R. 641-1 à D. 642-12)
Titre V : sanctions et dispositions diverses (articles R. 651-1 à R. 651-2)
Titre VI : dispositions relatives à l'outre-mer (article R. 662-1)

Autres livres
Livre VII : immeubles relevant du statut de la copropriété (articles R. 711-1 à D. 731-3)
Livre VIII : aides personnelles au logement (articles R. 811-1 à R. 863-17)

4.4 Trente ans de lois sur le logement

De multiples lois ont tenté depuis 30 ans de réguler les marchés du logement face à la difficulté de trouver un équilibre entre une demande d'habitat en mutation, un parc immobilier qui n'évolue que lentement, et une concurrence pour l'accès au foncier qui raréfie l'offre et réduit les possibilités d'accès de tous à un habitat de qualité.

4.4.1 Le 21 juillet 1994 : loi n° 94-624 relative à l'habitat

Cette loi, à finalité économique, vise à relancer le marché du logement en facilitant l'acquisition des logements à loyer modéré par leurs occupants, en encourageant la location, en améliorant le régime des copropriétés, et en permettant l'hébergement d'urgence des personnes sans abri.

4.4.2 Le 13 décembre 2000 : loi n° 2000-1208 relative à la solidarité et au renouvellement urbains, dite loi SRU

Les maîtres mots de cette loi sont mixité sociale urbaine et offre d'habitat diversifiée. La loi réaffirme le rôle du logement locatif social et des organismes HLM dans la mise en œuvre du droit au logement et de la mixité sociale urbaine. Le texte réforme les procédures de lutte contre l'insalubrité et le péril, instaure le droit à un logement décent, renforce les capacités d'intervention dans les copropriétés dégradées et unifie les modes d'interventions publiques en faveur de l'habitat privé. À compter du 1er janvier 2002, les communes soumises à la loi qui n'atteignent pas le seuil de 20 % (20 % ou 25 %)[2] de logements locatifs sociaux doivent à la fois payer une contribution et s'engager dans un plan de rattrapage pour tendre vers l'objectif de mixité sociale.

4.4.3 Le 1er août 2003 : loi n° 2003-710 d'orientation et de programmation pour la ville et la rénovation urbaine

La loi prévoit un programme de reconstruction urbaine sur cinq ans : construction de 200 000 logements locatifs sociaux, 200 000 réhabilitations ou reconstructions lourdes, 150 000 à 200 000 démolitions de logements vétustes.

4.4.4 Le 13 juillet 2006 : loi n° 2006-872 portant engagement national pour le logement, dite loi ENL

Cette loi présente trois volets : urbanisme, construction, logement.

Le volet urbanisme regroupe des dispositions visant à faciliter la réalisation de logements sur les terrains publics, ainsi qu'à assurer la sécurité juridique des autorisations d'urbanisme et des constructions existantes.

Le volet logement prévoit des dispositions pour favoriser l'accession sociale à la propriété, développer l'offre de logements locatifs privés à loyer modéré, lutter contre l'insalubrité et la vacance des logements, renforcer la mixité sociale de l'habitat, et aider les personnes les plus défavorisées à trouver un logement. Elle définit les conditions de vente aux locataires d'HLM de leur logement.

Enfin, le volet construction vise à simplifier la législation relative aux aides au logement, à réformer les procédures de conventionnement avec l'Agence nationale de l'habitat (Anah), à unifier les états et diagnostics techniques requis en cas de mutation immobilière, et à réformer la procédure d'autorisation de changement d'usage des locaux.

4.4.5 Le 5 mars 2007 : loi n° 2007-290 instituant le droit au logement opposable et portant diverses mesures en faveur de la cohésion sociale, dite loi Dalo

Cette loi constitue l'aboutissement d'une série de textes traitant du droit au logement. Elle ne concerne pas le « produit logement » proprement dit, mais reconnaît un droit au logement décent et indépendant aux personnes résidant en France de façon stable et régulière qui ne peuvent accéder par leurs propres moyens à un tel logement ou s'y maintenir. Ses difficultés de mise en œuvre (près de 100 000 familles en attente d'un logement, certaines depuis plus de cinq ans) ont mis en lumière l'écart entre « l'offre de logements » et « le besoin d'habitat ».

4.4.6 Le 25 mars 2009 : loi n° 2009-323 de mobilisation pour le logement et la lutte contre l'exclusion, dite loi Molle

La loi réforme le 1 % logement en lui attribuant deux nouvelles missions : la rénovation urbaine et l'amélioration de l'habitat. En outre, pour favoriser la mobilité dans les HLM, elle autorise les bailleurs sociaux à faire partir les locataires dont les revenus sont devenus pendant deux années consécutives une fois et demi fois plus élevés que le seuil fixé pour avoir droit à un logement social[3]. De même, elle prévoit que les ménages en sous-occupation doivent être relogés dans des logements plus petits. Cette loi répond notamment aux difficultés de mise en œuvre du Dalo.

4.4.7 Le 18 janvier 2013 : loi n° 2013-61 relative à la mobilisation du foncier public en faveur du logement et au renforcement des obligations de production de logement social

Ce texte vise à résorber en partie le déficit de logements neufs et à favoriser la construction de logements sociaux. Afin de faire baisser les coûts d'une opération de logement social, la loi prévoit que le prix de la cession du foncier aux collectivités locales de terrains de l'État sera affecté d'une décote pouvant allant jusqu'à la cession gratuite pour la construction de logements sociaux. Il renforce également les dispositions de la loi SRU en relevant l'objectif de logement social de 20 à 25 % pour les communes de plus de 3 500 habitants.

4.4.8 Le 24 mars 2014 : loi n° 2014-366 pour l'accès au logement et un urbanisme rénové, dite loi Alur

Cette loi poursuit trois objectifs : réguler les marchés immobiliers et encadrer les pratiques abusives, favoriser l'accès au logement en protégeant les populations les plus vulnérables, développer l'innovation et la transparence.

Ses principales mesures concernent les rapports entre locataires et propriétaires, l'encadrement des loyers, l'amélioration de la gestion des copropriétés, la lutte contre leur dégradation, la rénovation énergétique des logements, la simplification des demandes de logements sociaux, le développement de l'offre de logements abordables, les mesures à l'attention des personnes défavorisées, la lutte contre l'habitat indigne.

4.4.9 Le 27 janvier 2017 : loi n° 2017-86 relative à l'égalité et à la citoyenneté

Le texte contient des mesures dans le domaine du logement social, afin de favoriser la mixité sociale et de lutter contre les phénomènes de ségrégation territoriale. Au moins 25 % des logements sociaux disponibles hors des quartiers prioritaires de la politique de la ville doivent être attribués aux 25 % des ménages les plus modestes. Tous les réservataires du parc social (Action logement, collectivités territoriales, bailleurs sociaux), et pas seulement l'État, doivent contribuer au relogement des personnes reconnues prioritaires[4]. Cette loi oblige également les bailleurs sociaux à publier, notamment sur Internet, les annonces de logements sociaux vacants. Elle encourage la « location voulue » en permettant à un demandeur de logement social de se positionner sur le logement de son choix et à être classé en fonction de critères de priorité connus.

4.4.10 Le 23 novembre 2018 : loi n° 2018-1021 portant évolution du logement, de l'aménagement et du numérique, dite loi Élan

La loi vise à construire plus, mieux et moins cher, et à faire évoluer le logement social. À partir de 2021, les organismes HLM gérant moins de 12 000 logements ont dû faire partie d'un groupe d'organismes de logement social pour mutualiser leurs moyens. La loi institue un examen, tous les trois ans, par la commission d'attribution des logements, de la situation des locataires du parc social dans les zones tendues, notamment en cas de sous ou de suroccupation. Elle ouvre également de nouvelles opportunités en facilitant la colocation dans les HLM et en rendant possible la réservation de logements locatifs sociaux aux jeunes de moins de 30 ans, avec un bail d'un an au maximum renouvelable.

4.4.11 Le 22 août 2021 : loi n° 2021-1104 portant lutte contre le dérèglement climatique et renforcement de la résilience face à ses effets, dite loi climat et résilience

Les principales mesures contenues dans cette loi sont le gel du loyer des passoires énergétiques, l'obligation à partir de 2023 pour les propriétaires de passoires thermiques de réaliser des travaux de rénovation énergétique s'ils souhaitent augmenter le loyer de leur logement en location, et plus généralement le renforcement des actions visant à l'isolation des logements. Ces mesures constituent le premier signal important avant l'entrée en vigueur des interdictions de mise en location des logements les plus consommateurs d'énergie : ceux de classe G à compter de 2025, de classe F en 2028 et de classe E en 2034.
Par ailleurs, le rythme d'artificialisation des sols devra être divisé par deux d'ici à 2030, tandis que le « zéro artificialisation nette » (ZAN) devra être atteint d'ici à 2050. Le ZAN devra être appliqué par l'ensemble des collectivités territoriales.

4.4.12 Le 21 février 2022 : loi n° 2022-2017 relative à la différenciation, la décentralisation, la déconcentration et portant diverses mesures de simplification de l'action publique locale, dite loi 3DS

Ce texte pérennise les objectifs de construction de logements sociaux des communes soumises à la loi SRU au-delà de 2025. Celles-ci devront toujours disposer d'au moins 20 ou 25 % de logements sociaux à terme, mais les communes retardataires bénéficieront de davantage de temps pour y parvenir et les objectifs de logements sociaux pourront être définis localement, à travers un contrat de mixité sociale signé entre le préfet et le maire.

4.4.13 Le 20 juillet 2023 : loi n° 2023-630 visant à faciliter la mise en œuvre des objectifs de lutte contre l'artificialisation des sols et à renforcer l'accompagnement des élus locaux, dite loi ZAN

L'objectif est de redonner des marges de manœuvre aux territoires grâce à la garantie communale de développement, à un droit de préemption élargi, à un sursis à statuer spécifique, à la prise en compte de la renaturation dès 2021, à la comptabilisation à part des grands projets, ou encore à la possibilité offerte aux communes littorales d'anticiper le recul du trait de côte dans la recomposition urbaine qu'il induit.

4.5 Le logement collectif

4.5.1 Au niveau législatif

Selon la loi, un logement collectif est un logement situé dans un bâtiment d'habitation collectif, comme le précise l'article L. 111-1 du CCH :
- un bâtiment est « un bien immeuble couvert et destiné à accueillir une occupation, une activité ou tout autre usage humain » ;
- un bâtiment d'habitation collectif est « un bâtiment à usage principal d'habitation regroupant plus de deux logements partiellement ou totalement superposés ».

4.5.2 Au niveau réglementaire

L'article R. 111-1 du CCH apporte davantage de précisions :

« Constituent des bâtiments d'habitation [...] les bâtiments ou parties de bâtiment abritant un ou plusieurs logements, y compris les foyers, tels que les foyers de jeunes travailleurs et les foyers pour personnes âgées autonomes, à l'exclusion des locaux exclusivement à usage professionnel, des établissements recevant du public [...]

Un logement ou habitation comprend, d'une part, des pièces principales destinées au séjour ou au sommeil, éventuellement des chambres isolées et, d'autre part, des pièces de service, telles que cuisines, salles d'eau, cabinets d'aisance, buanderies, débarras, séchoirs, ainsi que, le cas échéant, des dégagements et des dépendances. »

4.5.3 Précisions apportées par une circulaire

L'annexe 6 à la circulaire interministérielle n° 2007-53 DGUHC du 30 novembre 2007 relative à l'accessibilité des établissements recevant du public, des installations ouvertes au public et des bâtiments d'habitation (fig. 4.1) précise qu'un bâtiment d'habitation est « considéré comme "collectif" uniquement s'il respecte les deux conditions suivantes :

- il comporte plus de deux logements distincts superposés ;
- il comporte des parties communes bâties desservant tout ou partie des logements.

Quand un logement est superposé à un autre, même partiellement, ceux-ci seront comptabilisés comme "deux logements superposés". Dans le cas d'une série de logements superposés en bande, c'est l'effectif total n des logements qui est comptabilisé comme "*n* logements superposés".

La notion de parties communes "desservant" les logements doit être comprise au sens large : il peut s'agir de circulations conduisant à tout ou partie de ces logements (circulations communes à plusieurs logements, horizontales ou verticales) mais aussi de locaux ou de constructions profitant à plusieurs logements, tels que local boîtes aux lettres, local à vélos, abri poubelles, etc.

Les parties communes "bâties" désignent tout aménagement résultant de travaux de construction ou de génie civil, par opposition à un simple aménagement de terrain. »

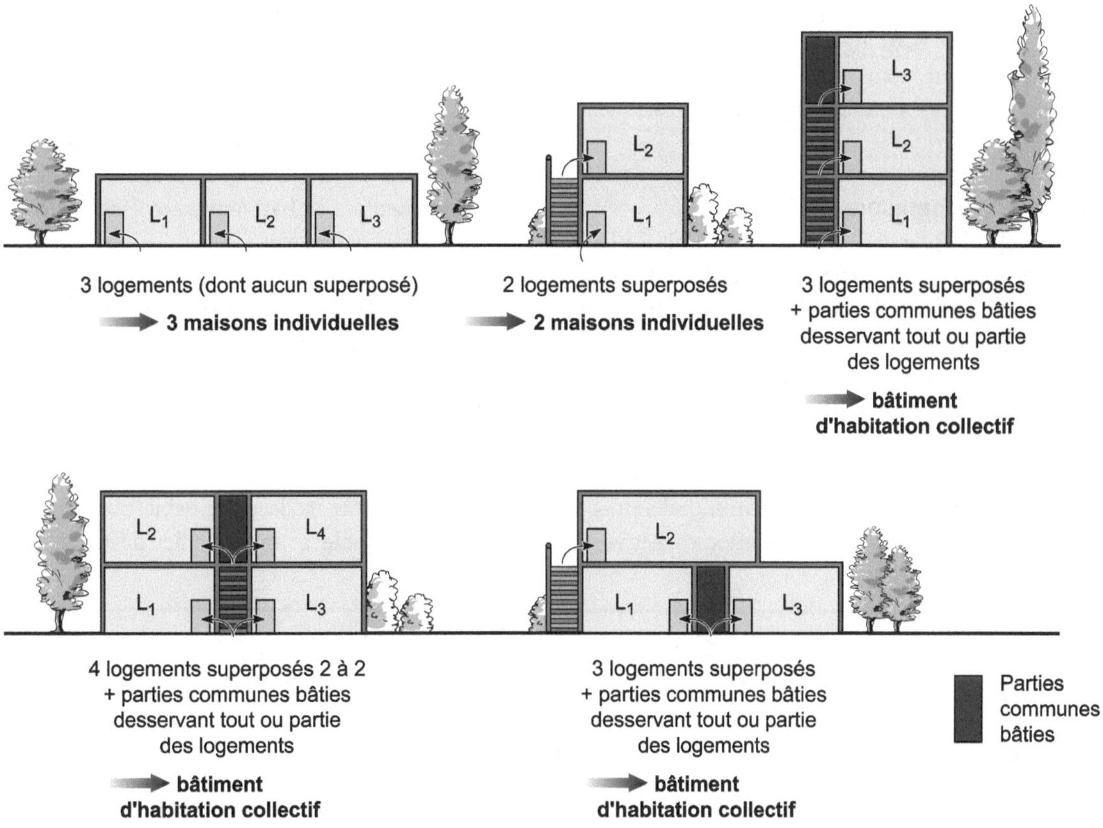

▲ **Fig. 4.1.** Distinction entre collectif et individuel
(source : annexe 6 à la circulaire n° 2007-53 DGUHC du 30 novembre 2007)

4.5.4 Collectif et individuel vus par l'Insee

Les limites entre collectif et individuel selon l'Insee sont différentes de celles du CCH :

« On distingue une construction selon son caractère individuel (maison) ou collectif.

La maison correspond à un bâtiment ne comportant qu'un seul logement et disposant d'une entrée particulière. On distingue deux types de maisons :

- individuel pur (maison individuelle résultant d'une opération de construction ne comportant qu'un seul logement) ;
- individuel groupé (maison individuelle résultant d'une opération de construction comportant plusieurs logements individuels ou un seul logement individuel avec des locaux).

Le terme "collectif" est défini par l'exclusion des deux premiers concepts. Il s'agit de logements faisant partie d'un bâtiment de deux logements ou plus. »

Ainsi, pour l'Insee, il convient de distinguer la maison « pure », un bâtiment qui ne comporte qu'un seul logement, de la maison « groupée », un bâtiment qui comporte plusieurs logements avec entrées particulières. L'Insee n'évoque pas une « superposition » mais postule comme le CCH qu'à partir de trois logements le bâtiment d'habitation est collectif. Ainsi, par exemple, la construction d'un bâtiment comportant trois logements à rez-de-chaussée est considérée comme étant collective pour l'Insee et, dans la mesure où il n'y a pas superposition, individuelle pour le CCH.

4.5.5 Droit de l'urbanisme

Il convient enfin de prendre en compte le droit de l'urbanisme, qui apporte des précisions sur la notion de « maison individuelle ». Si le nombre de logements que comporte une construction est un des critères permettant de la caractériser comme « maison individuelle », il n'est pas le seul. Ainsi, le Conseil d'État a jugé en 1992 qu'un ensemble de trois maisons à R+ 1 construites autour d'une cour commune et comportant cinq logements constituait bien « une construction à usage d'habitation individuelle et non une construction à usage d'habitation collective ».

4.5.6 Contrat de construction d'une maison individuelle

Ce débat complexe pourrait être tranché en s'appuyant sur l'article L. 231-1 du CCH, « contrat de construction d'une maison individuelle avec fourniture du plan » dans le chapitre 1er du titre III « construction d'une maison individuelle », qui indique que :

« Toute personne qui se charge de la construction d'un immeuble à usage d'habitation ou d'un immeuble à usage professionnel et d'habitation ne comportant pas plus de deux logements destinés au même maître de l'ouvrage d'après un plan qu'elle a proposé ou fait proposer doit conclure avec le maître de l'ouvrage un contrat soumis aux dispositions de l'article L. 231-2.

[....] »

4.5.7 Réglementation thermique

Enfin, la réglementation thermique doit être prise en compte, notamment depuis sa version de 2012 (RT 2012), qui au travers de l'arrêté du 26 octobre 2010 [NOR : DEVU1026270A] relatif aux caractéristiques thermiques et aux exigences de performance énergétique des bâtiments nouveaux et des parties nouvelles de bâtiments donne les définitions suivantes :

- une maison individuelle est un bâtiment à usage d'habitation comprenant au plus deux logements superposés ou disposant d'une seule porte d'entrée ;
- deux bâtiments sont dits accolés s'ils sont juxtaposés et liés par des parois mitoyennes, dont la surface de contact est d'au moins 15 m² pour les maisons et 50 m² pour les autres bâtiments. Les bâtiments accolés sont considérés comme un bâtiment unique.

La fiche d'application RT2012 « Maison individuelle ou bâtiment collectif ? » rédigée par le CSTB et l'Ademe introduit trois notions distinctes :

- logements superposés. Des logements sont superposés entre eux si la surface de leurs parois mitoyennes horizontales est supérieure à 15 m² ;
- le bâtiment collectif d'habitation (fig. 4.2). Pour constituer un bâtiment collectif d'habitation, le bâtiment dans son ensemble comporte plus de deux logements superposés ;

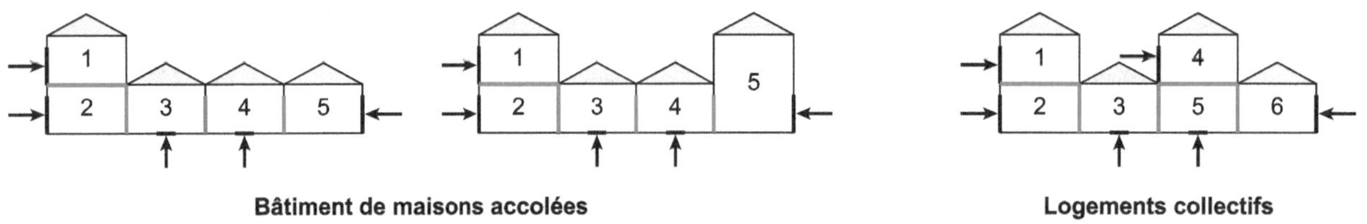

▲ **Fig. 4.2.** Bâtiment collectif d'habitation selon la réglementation thermique
(source : fiche d'application RT2012 « Maison individuelle ou bâtiment collectif ? », CSTB et Ademe)

– le bâtiment de maisons accolées. Pour constituer un « bâtiment de maisons accolées », le bâtiment dans son ensemble comporte au moins deux logements accolés et au maximum un logement superposé à d'autres logements. Constitue également un bâtiment de maisons accolées un bâtiment constitué de deux logements accolés sans entrée commune (cas des maisons jumelles).

4.5.8 En synthèse

L'Insee, le Code de l'urbanisme, le CCH et la réglementation thermique ne sont pas totalement cohérents sur la distinction entre individuel et collectif : construire trois maisons à rez-de-chaussée en un seul bâtiment n'autorise pas à recourir au contrat de construction d'une maison individuelle avec fourniture du plan, mais constitue bien un ensemble de trois maisons individuelles... ou plutôt de « non collectif » puisqu'il n'y a pas superposition. En matière de construction, le critère du CCH peut servir de guide : à partir de trois logements en partie superposés, un bâtiment est considéré comme étant collectif, et dans tous les autres cas, il relève du domaine de l'individuel.

4.6 Zonages de la politique du logement[5]

Pour être efficients, la plupart des dispositifs relevant de la politique nationale du logement doivent tenir compte de la diversité, parfois considérable, des situations locales. Pour cela, des marges de modulation des règles nationales peuvent être données à des autorités locales, ou la technique du zonage peut être mise en place, laquelle consiste à différencier ces règles selon un découpage géographique préétabli.

Chaque dispositif financier ou réglementaire pourrait posséder son propre zonage, afin d'ajuster au mieux les paramètres du dispositif qu'il régit. Ce zonage comporterait de nombreuses subdivisions géographiques et serait modifié fréquemment pour prendre en compte en temps réel les changements démographiques, sociaux et économiques qui affectent les territoires. Mais les dispositifs régis par les zonages se doivent d'être lisibles par les acteurs et d'éviter tout excès de complexité pour ceux qui ont à les gérer. Ceci implique que les zonages soient peu nombreux, comportent peu de zones et changent rarement.

Une mise en revue détaillée permettrait de distinguer une dizaine de zonages. Ne sont cités ici que ceux dont la portée pratique est la plus grande.

4.6.1 Aides pour la rénovation énergétique

Le zonage le plus simple est celui des aides de l'Anah pour la rénovation énergétique, qui distingue deux zones : Île-de-France et hors Île-de-France.

4.6.2 Droit à un logement social

Les plafonds de ressources ouvrant droit à un logement social dépendent d'un zonage guère plus sophistiqué : Paris et ses communes limitrophes, reste de l'Île-de-France et reste du territoire.

4.6.3 Construction de logements locatifs sociaux

Les obligations faites aux communes en matière de construction de logements locatifs sociaux relèvent d'un zonage qui distingue les agglomérations de plus de 50 000 habitants, au sein desquelles le marché est réputé particulièrement tendu, du reste du territoire.

4.6.4 Quartiers prioritaires relevant de la politique de la ville

Les quartiers prioritaires relevant de la politique de la ville (QPV) sont constitutifs d'un zonage infra-communal reposant sur une approche statistique des revenus des ménages. Établi pour des finalités plus larges, ce zonage concerne les points suivants relatifs au logement : allègement de taxe foncière pour les HLM, éligibilité des organismes HLM à des aides à la réhabilitation et à la démolition, ainsi que TVA à taux réduit pour les logements neufs en accession à la propriété.

4.6.5 Zonage « I, II, III »

En plus de ces cas, deux zonages dominent le paysage réglementaire, dont le zonage dit « I, II, III », issu de la réforme du logement de 1977. À l'origine zonage universel, il est aujourd'hui concentré sur le logement locatif social. Il y régit principalement les loyers et les loyers plafonds pris en compte dans le calcul des aides personnelles au logement, assurant ainsi une cohérence, certes approximative, entre ces deux systèmes d'aides. En 1977, la zone I couvrait l'agglomération parisienne et les villes nouvelles d'Île-de-France ; la zone II le reste de l'Île-de-France, le sud de l'Oise, les agglomérations de plus de 100 000 habitants, la Corse et les îles non reliées au continent, ainsi que les départements d'outre-mer (DOM) ; la zone III le reste du territoire. Ce zonage n'a depuis connu que des évolutions limitées. La principale a été celle de la création d'une zone I *bis* comprenant Paris et ses communes limitrophes. Les loyers des nouveaux programmes de logements y ont été revalorisés, les paramètres de l'APL restant inchangés. De ce relatif *statu quo*, principalement motivé par le souci de ne pas accroître le coût des aides à la personne, résultent des décalages grandissants avec la réalité des situations économiques et sociales différenciées dans le territoire national.

4.6.6 Zonage « A, B, C »

Le zonage dit « A, B, C » est de création plus récente. C'est en 2003, à l'occasion de la création du dispositif « Robien » de défiscalisation de l'investissement locatif privé, qu'a été mis en place un nouveau zonage distinguant, en fonction du niveau des loyers et des prix de l'immobilier, une zone A très tendue (agglomération parisienne, Côte d'Azur et Genevois français), une zone B tendue constituée du reste de l'Île-de-France, des principales agglomérations, de communes littorales et des DOM, et une zone non tendue C. Ce zonage a ensuite connu plusieurs modifications : création d'une zone A *bis* au sein de l'agglomération de Paris, partage en deux de la zone B (B1 et B2) et divers reclassements entre zones en 2014, 2019 et 2022. Il présente des différences sensibles avec le zonage du logement social. Par exemple de nombreuses communes de la Côte d'Azur sont classées à la fois en zone III et en zone A. Sans devenir universel, l'usage de ce zonage a progressivement été étendu à nombre de dispositifs précédemment régis par le zonage I, II, III ou non zonés, comme les plafonds de loyers et de ressources des divers régimes de logements dits intermédiaires, les plafonds de ressources ouvrant droit aux prêts d'accession sociale (PAS) et les paramètres du prêt à taux zéro (PTZ), ainsi bien sûr qu'à l'ensemble des dispositifs fiscaux qui ont succédé au « Robien », tel le « Pinel » en vigueur en 2025.

Notes
1. Version en vigueur fin février 2025.
2. Les communes de plus de 3 500 habitants, et de 1 500 habitants dans l'agglomération parisienne, appartenant à des agglomérations ou intercommunalités de plus de 50 000 habitants comprenant au moins une commune de plus de 15 000 habitants doivent disposer de 25 % de logements sociaux au sein de leur parc de résidences principales, ou de 20 % dans les territoires moins tendus, d'ici 2025.
3. Sauf dans les quartiers prioritaires de la politique de la ville, ou en cas de handicap d'un des occupants.
4. Voir l'article L. 441-1 du CCH.
5. D'après DELARUE François, ingénieur honoraire des ponts, des eaux et des forêts, article paru sur politiquedulogement.com, mis à jour par Jean-Claude Driant en février 2023.

5

Les espaces des logements collectifs

5.1 Évolution des surfaces réglementaires des logements collectifs

5.1.1 La surface du logement, un concept récent

L'émergence de la notion de surface du logement est relativement récente et correspond à la période de césure entre les notions d'habitat et de logement évoquée au 1.4 (logement et habitat) : lorsque je construisais « ma » maison avec la terre de mon terrain, le bois de la forêt voisine, les lauzes de la montagne proche, la notion de surface n'avait aucun intérêt. Je construisais cette maison au mieux des ressources disponibles, des caractéristiques du site, des attentes de ma collectivité familiale et de mes possibilités. Avec le développement des villes et l'invention de l'immeuble collectif, le logement est devenu un bien économique comme les autres, qui se loue, se vend, s'échange, etc. Et qui, évidemment, appelait régulation, car ses caractéristiques peuvent influencer les conditions de vie de la population, donc son état de santé, donc sa capacité à travailler et à faire tourner la nouvelle grande machine économique, moteur du « progrès », etc. En continuité de la révolution industrielle apparurent ainsi les « normes » sur le logement, portées simultanément par les philanthropes soucieux du bien public et par les industriels visionnaires, dont les actions sont décrites au 2.3 (trois expériences fondatrices du logement collectif), qui comprenaient que le développement des taudis pouvait nuire à la rentabilité de l'industrie nationale, et qu'un ouvrier bien logé est plus efficace.

La volonté de réglementer la consistance du logement collectif, et notamment ses caractéristiques spatiales (surface, volume), apparut dès le milieu du XIXe siècle. Ce fut cependant tout au long du XXe siècle que se succédèrent les règlements, notamment sur les surfaces. Mais il faut constater que les « progrès », en la matière sont restés timides, voire très limités entre les ambitions affichées dès 1903 avec 2,80 m de hauteur sous plafond recommandée dans le règlement sanitaire départemental type... et les 2,20 m de hauteur sous plafond du décret sur le logement décent de 2002[1]. 60 cm auraient ainsi été « perdus » en un siècle ! Si certaines caractéristiques relatives au confort du logement ont progressé, elles sont surtout liées à des améliorations techniques concernant l'isolation, le chauffage, la ventilation etc. La surface, élément essentiel du confort de vivre, n'a, elle, pas augmenté de façon significative : l'humain se déplace plus vite, vit plus longtemps, communique plus rapidement, mais ne bénéficie pas de plus d'espace de logement.

5.1.2 Notion de pièce d'habitation, loi du 13 avril 1850 sur le logement insalubre

La loi du 13 avril 1850 sur le logement insalubre fut votée par l'Assemblée législative à la suite d'un long combat des partisans de mesures d'assistance que les républicains s'étaient engagés à prendre en 1848. Pour faire admettre la loi, ses promoteurs en limitèrent volontairement la portée[2]. La définition de l'insalubrité restait peu précise et passait notamment par la définition d'une pièce d'habitation, qui devait être « chauffée et assez grande pour un lit ». Cette notion de pièce d'habitation est toujours en vigueur, comme le montre cet extrait de l'article R 111.1 du CCH actuel, qui définit le logement comme étant un ensemble de pièces :

« Un logement ou habitation comprend, d'une part, des pièces principales destinées au séjour ou au sommeil, éventuellement des chambres isolées et, d'autre part, des pièces de service, telles que cuisines, salles d'eau, cabinets d'aisance, buanderies, débarras, séchoirs, ainsi que, le cas échéant, des dégagements et des dépendances. »

5.1.3 La naissance des règlements sanitaires municipaux par la loi du 15 février 1902

La circulaire ministérielle du 30 mai 1903, issue de la loi du 15 février 1902, imposa la création de règlements communaux et comportait en annexes deux règlements municipaux types :

- un règlement sanitaire municipal applicable aux villes, bourgs ou agglomérations ;
- un règlement sanitaire municipal applicable aux communes ou parties de communes rurales.

L'annexe destinée aux villes incluait des éléments techniques ambitieux, notamment en matière de hauteur sous plafond. La circulaire ministérielle du 30 mai 1903 imposait ainsi que :

« Art. 2. Toute pièce pouvant servir à l'habitation soit de jour, soit de nuit, c'est-à-dire toute pièce dans laquelle le séjour peut être habituel de jour ou de nuit, aura une capacité d'au moins 25 mètres^3.

Elle sera aérée et éclairée directement sur rue ou sur cour par une ou plusieurs baies. L'ensemble de celles-ci présentera une surface d'au moins 2 m^2, et au moins 1 m^2 en plus pour chaque fois 30 mètres cubes. [...]

Art. 7. Dans les bâtiments, de quelque nature qu'ils soient, destinés à l'habitation de jour ou de nuit, la hauteur des pièces ne sera pas inférieure aux dimensions suivantes, mesurées sous plafond : 2,60 m pour le sous-sol ; 2,80 m pour le rez-de-chaussée et l'étage situé immédiatement au-dessus ; 2,60 m pour les autres étages. La profondeur des pièces habitées ne pourra dépasser le double de la hauteur de l'étage. »

Il est à noter au passage que les pièces d'habitation pouvaient se situer en sous-sol. Ce programme restait malgré tout ambitieux, avec une hauteur sous plafond minimale de 2,60 m, et le demeure même pour aujourd'hui. On ne dispose pas d'éléments sur les conséquences pratiques de la mise en application effective de cette loi.

5.1.4 Programme de construction pour les habitations à bon marché, loi Loucheur du 13 juillet 1928

Louis Loucheur, ministre du Travail, de l'Hygiène, de l'Assistance et de la Prévoyance sociales entre 1926 et 1930, donna son nom à cette première « grande » loi sur le logement. La loi Loucheur du 13 juillet 1928 établissant un programme de construction d'habitations à bon marché et de logements en vue de remédier à la crise de l'habitation visait à engager la construction de masse de plusieurs centaines de milliers de logements, à mobiliser directement les finances publiques, et à définir la consistance des logements à construire.

Son décret d'application indiquait : « La surface des pièces habitables ne devra jamais être inférieure à 9 m^2. La superficie totale du logement entre murs et cloisons devra être d'au moins : 46 m^2 pour les logements de 2 pièces avec cuisine et W.-C., 58 m^2 pour les logements de 3 pièces avec cuisine et W.-C., 70 m^2 pour les logements de 4 pièces avec cuisine et W.-C. Et ainsi de suite en augmentant de 12 m^2 par pièce supplémentaire. La surface des couloirs et des W.-C. ne pourra dépasser 15 % des surfaces ci-dessus indiquées ».

5.1.5 Arrêté du ministre de la Santé publique publié au journal officiel du 24 avril 1937

Devant l'absence d'homogénéité dans la réglementation sanitaire communale (voir 5.1.3), le règlement sanitaire départemental (RSD) fut institué par un décret-loi du 30 octobre 1935. L'arrêté du 1er avril 1937, publié au journal officiel du 24 avril 1937, fixa un RSD type et demanda à chaque préfet de l'adapter aux conditions particulières de son département. L'article 14 du RSD type prévoyait notamment ceci : « La hauteur des pièces d'habitation mesurée sous plafond ne sera pas inférieure à 2,70 m et leur profondeur ne pourra pas dépasser le double de leur hauteur. »

5.1.6 La célèbre « loi de 48 »

La loi n° 48-1360 du 1er septembre 1948 portant modification et codification de la législation relative aux rapports des bailleurs et locataires ou occupants de locaux d'habitation ou à usage professionnel et instituant des allocations de logement, connue sous le nom de « loi de 48 », est le premier exemple de codification générale des rapports entre bailleurs et locataires. Le décret n° 48-1766 du 22 novembre 1948 fixant les conditions de détermination de la surface corrigée des locaux d'habitation ou à usage professionnel en précise les éléments techniques :

« Art. 2. Sont classées comme "pièces habitables" du local les pièces ayant :

- une superficie d'au moins 9 m^2 ;
- une hauteur sous plafond d'au moins 2,50 m ;

[...]

Les cuisines sont assimilées aux pièces habitables aux mêmes conditions de hauteur de plafond et d'ouverture sur l'extérieur, lorsqu'elles ont une superficie d'au moins 4 m^2, qu'elles sont munies d'un conduit de fumée, à défaut d'une installation de gaz ou d'électricité, et qu'elles comprennent les équipements habituels selon l'usage des lieux.

Art. 3. Sont classées comme “pièces secondaires” du local les pièces qui ne satisfont pas à toutes les conditions fixées à l’article 2, mais qui ont toutefois :
- une superficie d’au moins 7 m^2 ;
- une hauteur sous plafond d’au moins 2,20 m ;

[...]

Art. 7. Chaque pièce du local est affectée d’un second correctif tenant compte de l’éclairement, de l’ensoleillement et des vues de la pièce [...] »

5.1.7 Le programme « Logéco » de 1954

La période de constructions de masse des années 1960 et 1970 s’appuya sur le secteur public social, mais aussi sur un important secteur « aidé » par les primes et les prêts du Crédit foncier. Apparut alors le programme de logements économiques et familiaux, dit « Logéco », qui encourageait notamment l’accession à la propriété des classes moyennes. L’arrêté du 11 mars 1954 sur les caractéristiques des logements économiques et familiaux (fig. 5.1) imposait pour ces logements les surfaces habitables suivantes :
- entre 34 et 45 m^2 pour un logement de deux pièces ;
- entre 45 et 57 m^2 pour un logement de trois pièces ;
- entre 57 et 68 m^2 pour un logement de quatre pièces.

D’après le rapport de la mission sur la qualité du logement « Référentiel du logement de qualité » de septembre 2021, remis par Laurent Girometti et François Leclercq (voir 5.1.15), « Les surfaces maximales ici indiquées sont encore une fois sensiblement identiques à celles préconisées par la loi Loucheur, et elles deviennent, de fait, dans le courant des années 1950, comme des références générales pour les logements modestes, qu’ils soient locatifs ou en accession à la propriété. »

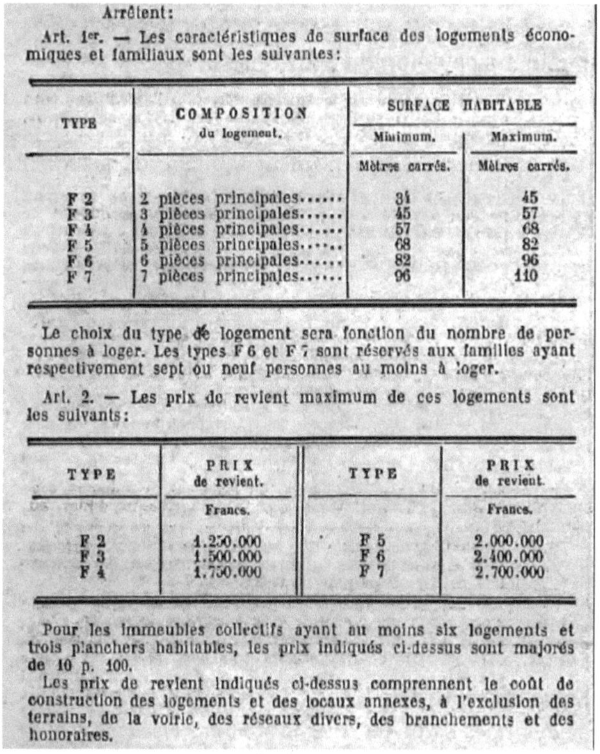

Arrêtent:

Art. 1er. — Les caractéristiques de surface des logements économiques et familiaux sont les suivantes:

TYPE	COMPOSITION du logement.	SURFACE HABITABLE Minimum.	SURFACE HABITABLE Maximum.
		Mètres carrés.	Mètres carrés.
F 2	2 pièces principales......	34	45
F 3	3 pièces principales......	45	57
F 4	4 pièces principales......	57	68
F 5	5 pièces principales......	68	82
F 6	6 pièces principales......	82	96
F 7	7 pièces principales......	96	110

Le choix du type de logement sera fonction du nombre de personnes à loger. Les types F 6 et F 7 sont réservés aux familles ayant respectivement sept ou neuf personnes au moins à loger.

Art. 2. — Les prix de revient maximum de ces logements sont les suivants:

TYPE	PRIX de revient.	TYPE	PRIX de revient.
	Francs.		Francs.
F 2	1.250.000	F 5	2.000.000
F 3	1.500.000	F 6	2.400.000
F 4	1.750.000	F 7	2.700.000

Pour les immeubles collectifs ayant au moins six logements et trois planchers habitables, les prix indiqués ci-dessus sont majorés de 10 p. 100.

Les prix de revient indiqués ci-dessus comprennent le coût de construction des logements et des locaux annexes, à l’exclusion des terrains, de la voirie, des réseaux divers, des branchements et des honoraires.

▲ **Fig. 5.1.** Extrait de l’arrêté du 11 mars 1954 sur les caractéristiques des logements économiques et familiaux

5.1.8 Le décret n° 69-596 du 14 juin 1969 fixant les règles générales de construction des bâtiments d’habitation

Ce décret constitue encore aujourd’hui la base de références des surfaces et des volumes des logements, sans évolution notable depuis plus d’un demi-siècle. Le texte de ce décret est repris dans l’article R. 156-1 du CCH (version en vigueur depuis le 1er juillet 2021, décret n° 2021-872 du 30 juin 2021). Il fixe des surfaces rapportées au nombre d’habitants, alors que la loi Loucheur fixait des surfaces par types de logements[4]. Si ces données restent la référence pour les programmes de nouvelles constructions, le parc français de logements comptait déjà plus de 20 millions de logements[5]... évidemment non concernés. Ces nouvelles normes auront petit à petit, compte tenu de l’inertie du parc (environ 1 % de renouvellement les années fastes de construction), un impact positif indiscutable : selon le Conseil général de l’environnement et du développement durable (CGEDD) cité par le journal *Le Monde* dans un article de 2018[6], chaque Français disposait en 2018 en moyenne de 40 m^2, contre 23 m^2 en 1970.

Le contenu de l’article R. 156-1 du CCH est le suivant :

« La surface et le volume habitables d’un logement doivent être de 14 m^2 et de 33 m^3 au moins par habitant prévu lors de l’établissement du programme de construction pour les quatre premiers habitants et de 10 m^2 et 23 m^3 au moins par habitant supplémentaire au-delà du quatrième.

La surface habitable d’un logement est la surface de plancher construite, après déduction des surfaces occupées par les murs, cloisons, marches et cages d’escaliers, gaines, embrasures de portes et de fenêtres. Le volume habitable correspond au total des surfaces habitables ainsi définies multipliées par les hauteurs sous plafond.

Il n’est pas tenu compte de la superficie des combles non aménagés, caves, sous-sols, remises, garages, terrasses, loggias, balcons, séchoirs extérieurs au logement, vérandas, volumes vitrés prévus à l’article R. 155-1 [du CCH], locaux communs et autres dépendances des logements, ni des parties de locaux d’une hauteur inférieure à 1,80 m. »

Ce décret fondateur ne fixe pas de hauteur sous plafond, contrairement à de nombreux textes antérieurs. Cependant, les chiffres de volume et de surface de 33 m^3 et 14 m^2 induisent une hauteur sous plafond moyenne de 2,36 m.

L'augmentation des surfaces des années 1970 fut donc le fait d'architectes et de maîtres d'ouvrage volontaires, comme le précisait en 2021 le rapport Girometti-Leclercq : « Entre les années 1950 et les années 1960, l'amélioration des logements consiste en une nouvelle étape de l'augmentation significative des surfaces, mesure souvent réclamée par les architectes dès la fin des années 1950, par exemple par Bernard Zehrfuss et Jean Dubuisson. Cette augmentation s'approchera de 10 m² pour les trois pièces et au-delà, soit :
- 63 m² pour un logement de trois pièces ;
- 75 m² pour un logement de quatre pièces.

Cette augmentation n'est pas la conséquence de nouvelles obligations réglementaires ; elle correspond à ce qui est ressenti comme une nécessité de confort [...] »[7]

5.1.9 Les « surfaces par type » des logements aidés

Dans la continuité de l'arrêté de 1954 sur les caractéristiques des logements économiques et familiaux, les logements sociaux comme les logements du secteur aidé furent définis notamment par des normes de surface (tab. 5.1), au travers des deux arrêtés suivants :
- arrêté du 22 février 1974 relatif aux caractéristiques techniques et aux prix des logements bénéficiant de primes à la construction convertibles en bonifications d'intérêt ;
- arrêté du 26 mars 1985 modifiant l'arrêté du 29 juillet 1977 relatif aux caractéristiques techniques et aux prix des logements neufs en accession à la propriété financés au moyen des prêts aidés par l'État.

▼ **Tab. 5.1.** Surface minimale d'un logement aidé en fonction de son type
(source : arrêté du 26 mars 1985)

Type du logement	Surface minimale (m²)
T1	18
T1 *bis*	30
T2	46
T3	60
T4	73
T5	88
T6	99
T7	114

ZOOM TYPE DU LOGEMENT

La notion de type T2, T3, etc., fait référence au nombre de pièces principales du logement, constituées du séjour et/ou de la ou des chambres. La notion de « *bis* » est utilisée quand une des pièces principales est assez grande pour que deux espaces distincts y soient identifiables. Dans le vocabulaire courant, un T1 est une « chambre » et un T1 *bis* un « studio ». En logement familial, les OLS ne réalisent pas de T1 ; leur programmation commence au T1 *bis*.

La définition des types de logements, sans intérêt direct dorénavant, découlait de la circulaire n° 80-09 du 28 janvier 1980, qui indiquait que pour les logements bénéficiant des prêts locatifs aidés : « Doit être considérée comme pièce principale toute pièce, autre que les aires de service ou de circulation, disposant d'un accès à partir des circulations ou de la salle de séjour, d'un éclairage naturel et d'une aération propre. »

La Direction générale de l'aménagement, du logement et de la nature (DGALN) donne cet exemple : « [...] une grande salle de séjour disposée en "double living" peut être décomptée pour deux pièces principales à condition que sa surface totale soit supérieure à 27 m² et qu'elle puisse à nouveau être séparée en deux pièces répondant chacune aux critères de pièce principale. »

5.1.10 La révision du RSD type

Face à la multiplicité des règlements sanitaires départementaux et communaux, la circulaire du 9 août 1978 relative à la révision du règlement sanitaire départemental type, émise par le ministère de la Santé et de la Famille, mit à jour ce règlement.

De façon un peu spécieuse, cette circulaire différencie la construction des logements et leur habitation. Elle rappelle que « le décret n° 69-596 du 14 juin 1969 fixant les règles générales de construction des bâtiments d'habitation [5.1.8] se substitue de plein droit aux dispositions contraires ou divergentes des règlements départementaux et communaux. Dans ces conditions, [...] l'aménagement et l'équipement des nouveaux locaux à usage d'habitation sont seuls régis par le décret précité ». Le décret est donc « de rang 1 ». Elle précise en revanche que « le règlement sanitaire définit les conditions d'occupation, d'utilisation et d'entretien des habitations, de leurs équipements et de leurs dépendances. De plus, les dispositions du règlement sanitaire s'appliquent à la construction et à l'équipement des bâtiments qui ne sont pas visés par le décret [n° 69-596] du 14 juin 1969. Enfin, les dispositions de ce texte s'appliquent également à l'aménagement et à

l'équipement des habitations existantes qui doivent être effectués en respectant des règles sanitaires minimales. »
Cette différence trouve son expression la plus sensible dans la question de la hauteur sous plafond. En effet, la circulaire du 9 août 1978 précise les éléments suivants pour cette dernière :
« Art. 40. Règles générales d'habitabilité [...]
40.3. Superficie des pièces
L'une au moins des pièces principales de logement doit avoir une surface au sens du décret n° 69-596 du 14 juin 1969 supérieure à 9 m^2.
Les autres pièces d'habitation ne peuvent avoir une surface inférieure à 7 m^2. Dans le cas d'un logement comportant une seule pièce principale ou constitué par une chambre isolée, la surface de ladite pièce doit être au moins égale à 9 m^2.
Pour l'évaluation de la surface de chaque pièce les parties formant dégagement ou cul-de-sac d'une largeur inférieure à 2 m ne sont pas prises en compte.
40.4. Hauteur sous plafond
La hauteur sous plafond ne doit pas être inférieure à 2,20 m. »
Les approches du décret n° 69-596 du 14 juin 1969 et de la circulaire du 9 août 1978 sont donc distinctes :
- le décret « construction » de 1969 évoque la surface habitable par occupant, comptabilisée à partir de 1,80 m et, sur ces bases, fixe des surfaces et volumes minimaux ;
- la circulaire « habitation » de 1978 fixe la surface minimale d'une des pièces et une hauteur sous plafond minimale de 2,20 m.
En un mot, il est possible de construire, pour 4 personnes, un logement de 1,80 m de hauteur sous plafond et de 19 m^2 de surface habitable par personne – il fait ainsi plus de 33 m^3 et est conforme au décret de 1969, donc le permis de construire sera accordé –, mais il ne sera pas conforme au RSD...
Enfin, le RSD type de 1978 exclut les surfaces « cul de sac ».

5.1.11 Le décret n° 87-149 du 6 mars 1987 fixant les conditions minimales de confort et d'habitabilité auxquelles doivent répondre les locaux mis en location

Les besoins en logements croissants des zones urbaines en développement induisirent, dans une logique de marché ouvert, des hausses des loyers privés incitant les propriétaires à louer tout type d'espace, même exigu. Cette tendance donna évidemment lieu à des excès, et il apparut nécessaire de réglementer au niveau national la construction (le flux), le parc existant (le stock) étant, lui, soumis aux RSD. Cette réglementation ne visait bien entendu que les propriétaires de logements destinés à la location, un propriétaire occupant demeurant libre de la configuration spatiale de son habitat. Le décret n° 87-149 du 6 mars 1987 indique ainsi :
« Art. 1. [...] a) Composition et dimensions
Un logement comprend au minimum une pièce d'habitation et les pièces de service attenantes suivantes : cuisine ou coin cuisine, salle d'eau et cabinet d'aisances, celui-ci pouvant être situé dans la salle d'eau ; cette pièce d'habitation doit avoir au moins neuf mètres carrés lorsque la cuisine est séparée ou au moins douze mètres carrés lorsqu'il existe un coin cuisine.
La hauteur sous plafond des pièces d'habitation et de la cuisine est égale au moins à deux mètres vingt. Toutefois, celle-ci peut être inférieure à deux mètres vingt, sans être inférieure à deux mètres, à condition que le logement n'ait pas subi de division en hauteur depuis le 1er septembre 1948. [....] »

5.1.12 En 1996, passage du logement social à la surface utile

La surface utile réglemente les opérations sociales réalisées depuis le 1er juillet 1996, et depuis cette date les surfaces minimales par type ne furent plus utilisées. La surface utile, surface habitable augmentée de la moitié de la surface des annexes, est une notion fondamentale pour le logement social locatif, car elle définit le lien entre conception des espaces et équilibre financier. Elle permet de déterminer les subventions et les prêts (le financement) mais aussi de calculer les loyers futurs (les recettes qui permettront d'honorer les échéances des prêts). Connaître ses modalités de calcul est nécessaire pour travailler sur l'optimisation de l'opération, et, dans certains cas, la rendre constructible. À partir d'une définition simple, les détails de son calcul sont présentés dans le guide « La surface utile. Réglementation », datant de février 2008.

POUR EN SAVOIR PLUS...

Le guide « La surface utile. Réglementation », de février 2008

https://www.ecologie.gouv.fr/sites/default/files/DHUP_guide_surface_utile.pdf

Concernant les normes dimensionnelles du logement social, dont la hauteur sous plafond, l'arrêté du 10 juin 1996 relatif à la majoration de l'assiette de la subvention et aux caractéristiques techniques des opérations de construction, d'amélioration ou d'acquisition-amélioration d'immeubles en vue d'y aménager avec l'aide de l'État des logements ou des logements-foyers à usage

locatif précisait en annexe II, sur les normes minimales d'habitabilité :
« 2.1. Normes dimensionnelles
Un logement comprend des pièces principales destinées au séjour et au sommeil et des pièces de service telles que cuisines, salles d'eau, cabinets d'aisance, buanderies, débarras, séchoirs ainsi que, le cas échéant, des dégagements et des dépendances.
Il comporte au moins une pièce principale et une pièce de service (soit salle d'eau, soit cabinet d'aisance), un coin cuisine pouvant éventuellement être aménagé dans la pièce principale.
Un local à usage d'habitation ne comportant pas d'équipement destiné à faire la cuisine est considéré comme une pièce isolée.
La surface habitable d'un logement est égale ou supérieure à 16 m^2, celle d'une pièce isolée à 9 m^2.
La moyenne des surfaces habitables des pièces principales est de 9 m^2 au moins, aucune de ces pièces n'ayant une surface inférieure à 7 m^2.
La surface habitable d'un logement ou d'une pièce isolée est la surface de plancher construit, après déduction des surfaces occupées par les murs, cloisons, marches et cages d'escalier, gaines, ébrasement de portes et de fenêtres.
La hauteur sous plafond des pièces principales, des pièces isolées et de la cuisine est égale au moins à 2,30 m. »
Cet arrêté fut remplacé par l'arrêté du 17 octobre 2011 abrogeant et remplaçant l'arrêté du 10 juin 1996 relatif à la majoration de l'assiette de la subvention et aux caractéristiques techniques des opérations de construction, d'amélioration ou d'acquisition-amélioration d'immeubles en vue d'y aménager avec l'aide de l'État des logements ou des logements-foyers à usage locatif. Le contenu du texte demeura identique pour ce qui concerne les normes d'habitabilité.

5.1.13 Le décret n° 2002-120 du 30 janvier 2002 relatif aux caractéristiques du logement décent[8]

Face à la croissance de la tension des marchés dans certaines zones urbaines, il fut décidé de renforcer la réglementation des logements mis en location :
« Art. 4. Le logement dispose au moins d'une pièce principale ayant soit une surface habitable au moins égale à 9 m^2 et une hauteur sous plafond au moins égale à 2,20 m, soit un volume habitable au moins égal à 20 m^3. »
Ce décret fut renforcé sur le plan thermique par le décret n° 2023-796 du 18 août 2023 pris pour l'application de l'article 6 et de l'article 20-1 de la loi n° 89-462 du 6 juillet 1989 et adaptant les dispositions des contrats types de location de logement à usage de résidence principale (voir 5.1.17).

5.1.14 En 2019, surfaces minimales ouvrant droit à l'aide au logement

Le conventionnement du logement, ouvrant droit pour un locataire aux aides au logement et classant ce logement dans la catégorie « logements sociaux » de la commune, concerne le logement social neuf, mais aussi le privé existant, dans la mesure où le propriétaire choisit d'en faire la démarche. Le décret n° 2019-772 du 24 juillet 2019 relatif à la partie réglementaire du livre VIII du Code de la construction et de l'habitation précise que, pour qu'un locataire occupant un tel logement bénéficie de l'aide personnelle au logement, une surface minimale est nécessaire :
« Art. R. 822-25 [du CCH]. Le logement au titre duquel le droit à l'aide personnelle au logement est ouvert doit présenter une surface habitable globale au moins égale à 9 m^2 pour une personne seule, 16 m^2 pour un ménage sans enfant ou deux personnes, augmentée de 9 m^2 par personne en plus, dans la limite de 70 m^2 pour huit personnes et plus. »

5.1.15 Rapport Girometti-Leclercq de 2021

Laurent Girometti, directeur général des établissements publics d'aménagement de Marne-la-Vallée (Épamarne) et François Leclercq, architecte-urbaniste, remirent en septembre 2021 à Emmanuelle Wargon, alors ministre en charge du logement, les résultats d'une mission d'élaboration d'un nouveau référentiel du « logement de qualité ». Ce référentiel servirait à améliorer la qualité d'usage des logements construits pour mieux répondre aux besoins de leurs occupants et retrouver le désir d'habiter en ville. Les recommandations de ce rapport concernant les surfaces sont décrites ci-après.
La surface minimale du couple formé par la cuisine et le séjour pourrait être comprise, selon le type du logement, entre 23 m^2 et 31 m^2, intervalle proche des valeurs minimales en vigueur en Suisse (25 m^2) et en Belgique (28 m^2), et selon la répartition précisée dans le tableau 5.2.

▾ **Tab.** 5.2. Recommandations pour la surface de la cuisine et du séjour
(source : rapport Girometti-Leclercq, septembre 2021)

Type du logement	Surface minimale de la cuisine et du séjour (m^2)
T1	23
T2	25
T3	27
T4	29
T5	31

POUR EN SAVOIR PLUS...

Le rapport de la mission sur la qualité du logement « Référentiel du logement de qualité », rapport Girometti-Leclercq de septembre 2021

https://www.ecologie.gouv.fr/sites/default/files/Rapport%20Mission%20Logement%20210904.pdf

Les chambres devraient pouvoir évoluer, afin que la plus petite puisse accueillir différentes possibilités d'aménagements, dont l'accueil d'un deuxième lit. Les rangements, souvent dévolus aux chambres et sous-évalués dans les programmes, devraient être pris en compte dans les calculs de surfaces, sachant que leur externalisation en sous-sol, par exemple, pourrait être envisagée, alors même qu'elle a tendance à disparaître. La surface minimale d'une chambre devrait être de 10,50 m^2 et chaque logement devrait disposer d'au moins une chambre de 12 m^2 au minimum.

Enfin, en calculant au plus juste les espaces de service, les auteurs du rapport parviennent pour les surfaces globales par type à la proposition reproduite dans le tableau 5.3.

▼ **Tab. 5.3. Recommandations pour la surface globale minimale d'un logement**

(source : rapport Girometti-Leclercq, septembre 2021)

Type du logement	Surface globale minimale (m^2)
T1	28
T2	45
T3	62
T4	79
T5	96

Pour ce qui concerne la hauteur sous plafond, le rapport précise :

« La hauteur sous plafond généralisée à 2,50 m (et souvent mesurée à moins selon les enquêtes Qualitel) doit être remise en cause pour plusieurs raisons :

- adaptation à l'évolution de la taille des personnes ;
- amélioration de la ventilation et du rafraîchissement nocturne des pièces en relation avec des ouvertures adaptées ;
- possibilité d'aménagement en trois dimensions (lits superposés, mezzanine, rangements plus grands, etc.).

Proposer une hauteur sous plafond à 2,70 m [au] minimum nous mettrait au niveau de la plupart des pays voisins dont les standards se situent entre 2,60 et 2,70 m. Cependant une telle mesure ne doit pas conduire à des pertes de constructibilité du fait des hauteurs maximales pouvant être imposées par le PLU : sa mise en œuvre ne peut donc intervenir qu'avec une mise en cohérence locale de celui-ci.

Des adaptations pourraient être prises en compte pour accompagner une telle mesure : des logements en duplex organisés autour de vides importants pourraient accepter des hauteurs sous plafond plus réduites par ailleurs ; de la même manière, la hauteur de 2,70 m pourrait n'être appliquée qu'aux pièces, laissant la possibilité de faux plafonds techniques par ailleurs. »

5.1.16 Le décret n° 2023-695 du 29 juillet 2023 portant règles sanitaires d'hygiène et de salubrité des locaux d'habitation et assimilés

Les règles générales d'hygiène et toutes autres mesures propres à préserver la santé humaine, telles que celles relatives à la salubrité des habitations, sont fixées par décrets en Conseil d'État après avis du Haut Conseil de la santé publique. Antérieurement au décret n° 2023-695 du 29 juillet 2023, ces règles étaient définies par les arrêtés préfectoraux portant RSD, pris sur le modèle de la circulaire du 9 août 1978 relative à la révision du RSD type[9]. Ces règlements prévoyaient également des dispositions relatives à l'entretien et à la bonne utilisation des foyers et appareils à combustible solides.

Deux décrets codifient et actualisent les dispositions du RSD type au sein du CSP :

- le décret n° 2023-641 du 20 juillet 2023 relatif à l'entretien des foyers et appareils de chauffage, de cuisine et de production d'eau chaude à combustion et au ramonage des conduits de fumée, qui intègre dans le CSP les dispositions relatives à l'entretien et à la bonne utilisation des foyers et appareils de chauffage. Il introduit également une obligation d'information sur l'entretien et la bonne utilisation des dispositifs à combustible solide ;
- le décret n° 2023-695 du 29 juillet 2023 portant règles sanitaires d'hygiène et de salubrité des locaux d'habitation et assimilés, qui poursuit les objectifs suivants :
  - harmoniser les règles d'hygiène jusqu'alors définies localement,
  - renforcer les sanctions applicables en cas d'infractions aux règles d'hygiène et de salubrité.

La sous-section 2 du décret n° 2023-695 du 29 juillet 2023, « caractéristiques des locaux propres à l'habitation », a été annulée par un arrêt du Conseil d'État rendu le 29 août 2024, ceci sans « limiter dans le temps les effets de cette annulation ». Les éléments ci-après, qui résument cette sous-section annulée, sont donnés à titre indicatif mais ne sont pas applicables. Ces atermoiements illustrent la difficulté induite par le fait que la surface des logements soit réglementée à la fois par le CCH et le CSP.

Pour ce qui concerne les surfaces, l'idée était de viser la cohérence avec le décret n° 2002-120 du 30 janvier 2002 fixant les caractéristiques d'un logement décent (voir 5.1.13) :

• les pièces de vie et de service du logement auraient dû avoir une hauteur sous plafond suffisante et continue permettant son occupation sans risque. Une hauteur sous plafond égale ou supérieure à 2,20 m aurait été suffisante. À défaut, le local aurait été impropre à l'habitation ;

• une exception aurait toutefois été prévue pour les locaux dont la hauteur sous plafond aurait été inférieure à 2,20 m lorsqu'ils auraient par ailleurs respecté les dispositions de l'article 4 du décret n° 2002-120 du 30 janvier 2002 relatif aux caractéristiques du logement décent. Il se serait agi des logements disposant d'au moins une pièce principale ayant :

– une surface habitable au moins égale à 9 m² et une hauteur sous plafond au moins égale à 2,20 m,

– ou un volume habitable au moins égal à 20 m³.

Ainsi, par un enchaînement complexe, ce décret du CSP proposait des normes dimensionnelles, notamment une hauteur sous plafond minimale de 2,20 m, mais renvoyait pour les exceptions (hors normes fixées) au CCH et à sa définition du logement décent, qui elle-même renvoie au volume minimal de 20 m³, volume qui se calcule en référence à une surface (habitable bien sûr) dont les caractéristiques sont fixées par l'article R. 156-1 du CCH, qui détermine une hauteur minimale sous plafond de 1,80 m. En un mot, tout local de 11,12 m² de surface et de hauteur sous plafond de 1,80 m, donc de 20 m³ de volume, aurait répondu aux règles d'hygiène et de salubrité et aurait pu être occupé (et loué), pour ce qui concerne les dimensions, comme un logement[10]. Ce dernier cas de figure, entre autres, a motivé l'action en justice de plusieurs associations et conduit à l'annulation de la sous-section 2 de ce décret. Bien entendu, s'il s'était agi d'un logement neuf, il aurait dû, pour bénéficier de l'autorisation de construire, répondre aux normes de construction du CCH, soit 14 m² et 33 m³ au moins par habitant pour les quatre premiers habitants et 10 m² et 23 m³ au moins par habitant supplémentaire au-delà du quatrième. Cette sous-section 2 du décret visait donc essentiellement les logements anciens.

5.1.17 Le décret n° 2023-796 du 18 août 2023 pris pour l'application de l'article 6 et de l'article 20-1 de la loi n° 89-462 du 6 juillet 1989 et adaptant les dispositions des contrats types de location de logement à usage de résidence principale

Depuis la loi n° 2015-992 du 17 août 2015 relative à la transition énergétique pour la croissance verte, il est prévu que tout logement décent présente une performance énergétique minimale. Le décret n° 2023-796 du 18 août 2023 précise les dates à laquelle les niveaux minimaux de performance sont attendus :

« Art. 2. [....] En France métropolitaine, le niveau de performance minimal prévu au premier alinéa de l'article 6 de la loi n° 89-462 du 6 juillet 1989 susvisée correspond, au sens de l'article L. 173-1-1 du Code de la construction et de l'habitation :

– à compter du 1er janvier 2025, à la classe F

– à compter du 1er janvier 2028, à la classe E ;

– à compter du 1er janvier 2034, à la classe D.

[...] »

Ce décret ne concerne pas directement la construction neuve, soumise à la réglementation environnementale 2020 (RE 2020), mais son influence sur l'ensemble du marché locatif pourrait, en réduisant l'offre locative de logements anciens, favoriser le développement de la construction neuve et de la réhabilitation lourde.

5.2 Les notions de logement surpeuplé ou suroccupé

5.2.1 Selon l'Insee

Selon l'Insee, l'indice de peuplement des logements caractérise le degré d'occupation d'un logement, par comparaison entre le nombre de pièces qu'il comporte et le nombre de pièces nécessaires au ménage qui l'occupe. L'Insee indique que « le nombre de pièces théoriquement nécessaire (norme) est calculé ainsi :

– une pièce de séjour pour le ménage ;

– une pièce pour chaque couple ;

– une pièce pour chaque personne de 19 ans ou plus ne vivant pas en couple dans le ménage ;

– pour les personnes de moins de 19 ans, une pièce pour deux personnes si elles ont le même sexe ou ont moins de 7 ans, sinon, une pièce par personne.

Un logement est suroccupé s'il comporte moins de pièces que la norme.

Un logement est surpeuplé s'il est suroccupé ou s'il comporte autant de pièces que la norme et qu'il y a moins de 18 m² par personne. »[11]

Dans sa définition du logement surpeuplé, l'Insee indique que « le surpeuplement peut être modéré (une pièce manquante par rapport à la norme) ou accentué (deux pièces ou plus) ».

Dans sa définition d'un logement sous-occupé ou sous-peuplé, l'Insee note qu'« un logement est sous-occupé s'il comporte plus de pièces que le nombre de pièces théoriquement nécessaire au ménage qui l'occupe (norme).

La sous-occupation peut être modérée (une pièce de plus que la norme), accentuée (deux pièces de plus) ou très accentuée (au moins trois pièces de plus). »

5.2.2 Au sens de la loi n° 2007-290 du 5 mars 2007 instituant le droit au logement opposable et portant diverses mesures en faveur de la cohésion sociale, dite loi Dalo

Le droit au logement est garanti par l'État, dans les conditions prévues par la loi, aux personnes qui ne peuvent obtenir un logement décent et indépendant par leurs propres moyens. Un des critères de reconnaissance du droit au logement opposable (Dalo) pour une personne en demande d'un logement concerne la suroccupation : « Personnes qui ont au moins un enfant mineur ou présentant un handicap ou ont au moins une personne handicapée à charge ET qui sont logées dans une habitation manifestement suroccupée ou dans un logement indécent. »[12]

Le référentiel de travail[13] des commissions de médiation (Comed) appelées à statuer sur la recevabilité de la demande conseille d'apprécier la suroccupation au regard des normes de surface définies par l'article R. 822-25 du CCH[14] (voir 5.1.14), qui fixe les caractéristiques minimales des logements ouvrant droit à l'aide personnelle au logement.

Un logement peut être suroccupé sans être surpeuplé… et vice-versa !

5.2.3 Au sens du CSP

Le décret n° 2023-695 du 29 juillet 2023 portant règles sanitaires d'hygiène et de salubrité des locaux d'habitation et assimilés a introduit dans le CSP un nouvel article R. 1131-37, qui inclut la suroccupation dans l'insalubrité et lui donne une double définition :

« Art. R. 1131-37. I. Un local d'habitation est utilisé dans des conditions qui conduisent manifestement à sa sur-occupation conformément à l'article L. 1331-23 [du CSP] et est en conséquence insalubre au sens de l'article L. 1331-22 [du CSP] :

- lorsqu'il est occupé par plus de deux personnes par pièce de vie[15] ;
- ou lorsqu'il ne respecte pas les conditions prévues par l'article R. 822-25 du Code de la construction et de l'habitation pour ouvrir droit à l'aide personnelle au logement [voir 5.1.14].

[…] »

Le CSP élargit ainsi la notion de suroccupation en introduisant l'indicateur du nombre de personnes par pièces de vie, avec une limite supérieure à deux.

5.3 Les différentes mesures de la surface du logement collectif

Sur les bases réglementaires, les opérateurs immobiliers proposent à la location ou à l'achat des logements collectifs, sociaux ou libres, suivant des « cahiers des charges » qui leur sont propres. Ces cahiers mentionnent les « surfaces » des logements, exprimées en mètres carrés (m^2), qui sont bien entendu l'une de leurs caractéristiques principales.

Il convient de distinguer à la fois les surfaces réelles des surfaces réglementaires, et les surfaces habitables (voir 5.1.8) des surfaces de référence. Les définitions de ces surfaces sont détaillées ci-après[16].

Parmi les surfaces réelles, il faut différencier celles qui sont considérées au moment de la construction de celles qui correspondent à l'usage du logement.

5.3.1 Surfaces de construction

Surfaces hors œuvres brute (Shob) et nette (Shon)

Pour la construction, les notions de surface hors œuvre brute (Shob) et de surface hors œuvre nette (Shon) ont longtemps été utilisées. La Shob était égale à la somme des surfaces de plancher de chaque niveau de construction calculées à partir du nu extérieur des murs de façades et au niveau supérieur du plancher, y compris celles des combles et sous-sols, aménageables ou non, des balcons, des loggias et des toitures-terrasses.

Pour calculer la Shon étaient déduits principalement de la Shob :

- les combles et sous-sols non aménageables ;
- les toitures-terrasses, balcons et parties non closes du rez-de-chaussée ;
- les bâtiments ou parties de bâtiments aménagés en garage ;
- les bâtiments affectés aux usages agricoles.

Surface de plancher

Depuis le 1er mars 2012, en application de l'ordonnance n° 2011-1539 du 16 novembre 2011 relative à la définition des surfaces de plancher prises en compte dans le droit de l'urbanisme, Shob et Shon ont été remplacées par la surface de plancher (SDP), qui est devenue l'unique référence pour l'application de l'ensemble des règles d'urbanisme (fig. 5.2).

La « surface de plancher » s'entend comme la somme des surfaces de plancher closes et couvertes sous une hauteur sous plafond supérieure à 1,80 m, calculée à partir du nu intérieur des murs. L'exclusion du calcul de l'épaisseur des murs extérieurs permet à l'isolation thermique des immeubles neufs de ne pas amputer sur la constructibilité, ce qui favorise l'amélioration de cette isolation.

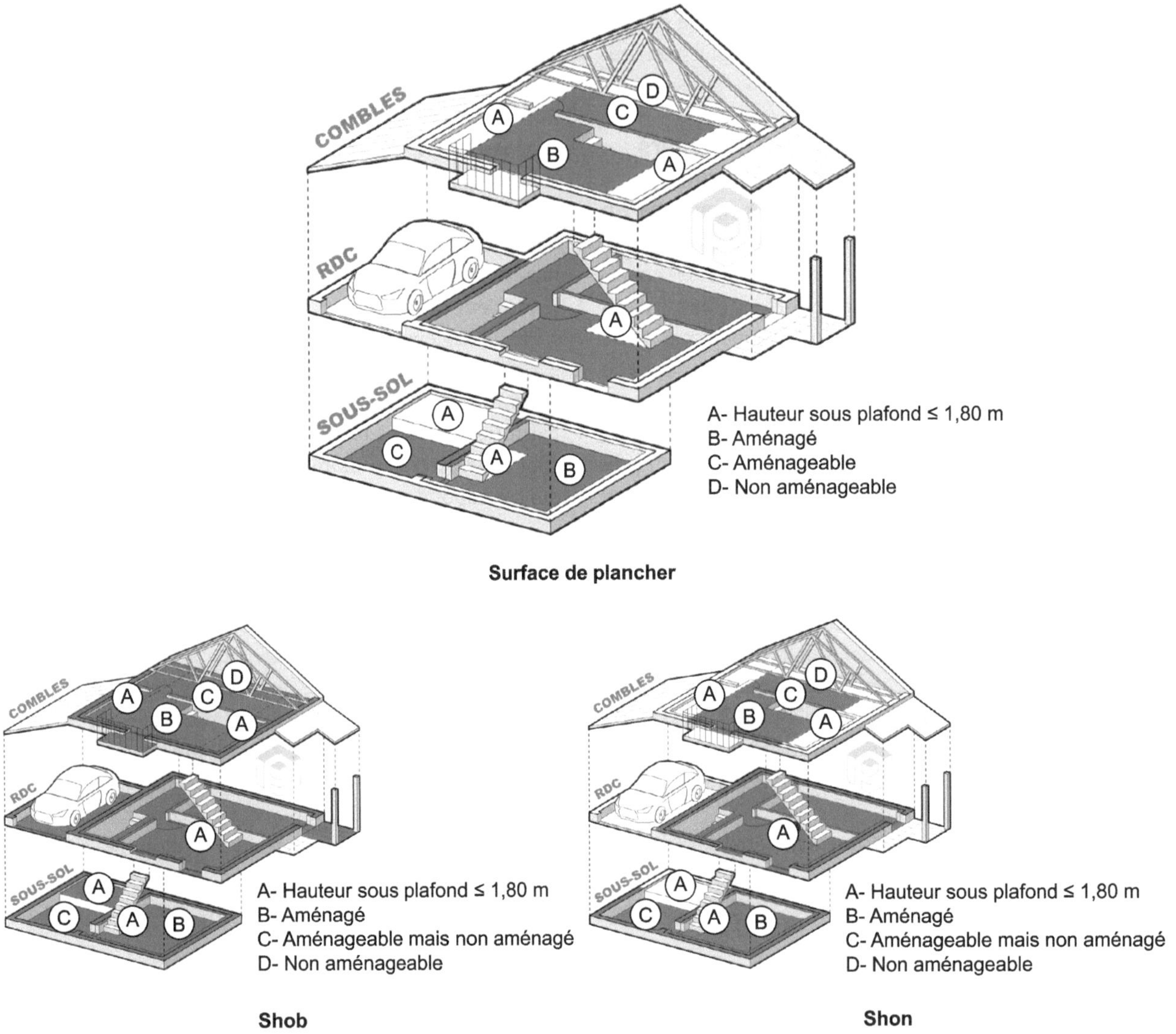

▲ **Fig. 5.2.** Surfaces de construction actuelle et passées
(source : Périé Architectes)

5.3.2 Surfaces d'usage

Surfaces habitable et privative

La référence des surfaces concernant l'usage du logement est la surface habitable (Shab). Elle est définie par l'article R. 156-1 du CCH :

« Art. R. 156-1. [...] La surface habitable d'un logement est la surface de plancher construite, après déduction des surfaces occupées par les murs, cloisons, marches et cages d'escaliers, gaines, embrasures de portes et de fenêtres. [...] Il n'est pas tenu compte de la superficie des combles non aménagés, caves, sous-sols, remises, garages, terrasses, loggias, balcons, séchoirs extérieurs au logement, vérandas, volumes vitrés prévus à l'article R. 155-1 [du CCH], locaux communs et autres dépendances des logements, ni des parties de locaux d'une hauteur inférieure à 1,80 m ».

La loi n° 96-1107 du 18 décembre 1996 améliorant la protection des acquéreurs de lots de copropriété, dite loi Carrez, rend obligatoire de faire figurer la surface privative – dont la définition est très proche de celle de la surface habitable (fig. 5.3) – des logements faisant partie d'une copropriété dans tous les documents relatifs à leur vente.

Surface corrigée

Afin d'appliquer certaines dispositions juridiques, il s'est avéré nécessaire d'introduire d'autres concepts de surfaces à vocation réglementaire. La surface la plus fréquemment utilisée a longtemps été la surface corrigée, instituée par la loi n° 48-1360 du 1er septembre 1948[17] comme unité

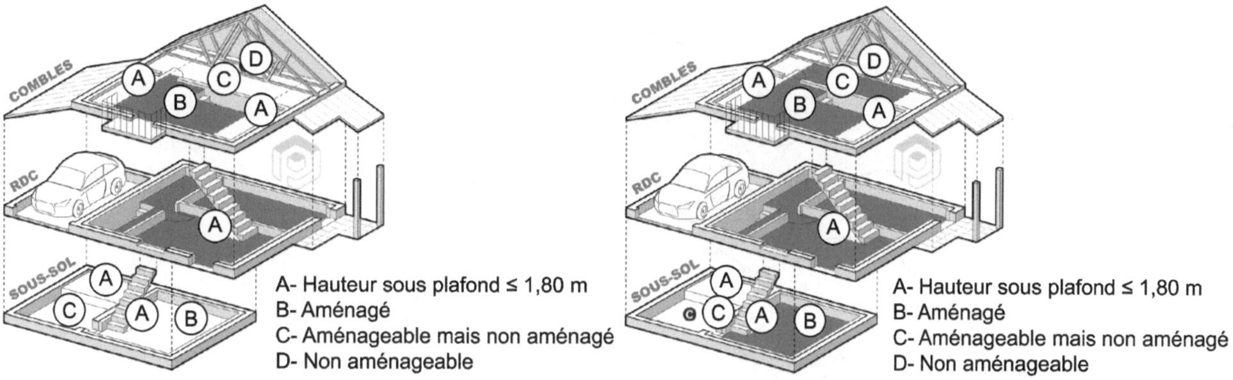

Surface habitable **Surface privative loi Carrez**

▲ **Fig. 5.3.** Surfaces habitable et privative
(source : Périé Architectes)

de calcul des loyers du secteur privé ancien (en francs par mètre carré de surface corrigée), afin de rendre compte de la qualité et de l'équipement des logements. Le calcul de la surface corrigée consistait à ajouter ou retrancher à la surface habitable des mètres carrés fictifs selon une grille de critères tenant compte notamment de l'ensoleillement, des moyens de chauffage, des hauteurs sous plafonds et de l'équipement sanitaire. En 1977, lors de la mise en place du conventionnement et en complément de la création du prix de référence, la notion de surface corrigée a été introduite dans le logement social afin d'en favoriser la qualité. C'est ainsi que tous les logements conventionnés entre 1977 et 1996 ont encore des loyers calculés en euros par mètre carré de surface corrigée. Ce calcul conduisait parfois les maîtres d'ouvrage à suréquiper leurs logements pour en tirer des loyers maximisés.

Surface utile

Afin d'éviter ces excès et de simplifier les procédures, la notion de surface corrigée a été remplacée dans le logement social par celle de surface utile (SU) pour tous les logements mis en service depuis 1996. La surface utile d'un logement est égale à sa surface habitable, à laquelle est ajoutée la moitié de la surface de ses annexes (caves, balcons, loggias, remises, etc.) prises en compte dans la limite de 8 m^2. C'est à l'occasion de cette réforme qu'ont été supprimées les surfaces minimales obligatoires qui s'appliquaient aux types de logements du parc social. Depuis les années 2000, la surface utile a servi également comme surface de référence pour le calcul des plafonds des loyers des logements neufs en investissement locatif donnant lieu à un mécanisme de défiscalisation (dispositif Pinel par exemple), ainsi que pour le prêt social location-accession (PSLA), tant durant sa phase locative que pour le calcul des prix de vente.

5.3.3 Surfaces des réglementations thermiques

La surface de référence de la réglementation thermique de 2012

La surface de référence utilisée pour fixer les exigences de performance énergétique devant être respectées par les bâtiments depuis la réglementation thermique de 2012 (RT2012) et pour exprimer les résultats des calculs était la S_{RT2012} (fig. 5.4).

L'annexe III à l'arrêté du 26 octobre 2010 relatif aux caractéristiques thermiques et aux exigences de performance énergétique des bâtiments nouveaux et des parties nouvelles de bâtiments, modifiée par l'article 2 de l'arrêté du 11 décembre 2014 relatif aux caractéristiques thermiques et aux exigences de performance énergétique applicables aux bâtiments nouveaux et aux parties nouvelles de bâtiment de petite surface et diverses simplifications, donne la définition de cette surface :

« Annexe III. Définitions

[...]

Surface thermique au sens de la RT d'une maison individuelle ou accolée, ou d'un bâtiment ou d'une partie de bâtiment collectif d'habitation, SRT

La surface thermique au sens de la RT d'un bâtiment ou d'une partie de bâtiment à usage d'habitation, SRT, est égale à la somme des surfaces de parois horizontales construites de chaque niveau de ce bâtiment ou de cette partie de bâtiment, mesurées au nu extérieur des murs de pourtour, après déduction :

a) des surfaces de parois horizontales construites des combles et des sous-sols non aménageables ou non aménagés pour l'habitation ou pour des activités à caractère professionnel, artisanal, industriel ou commercial.

Sont définis comme non aménageables pour l'habitation, les locaux ou parties de locaux qui correspondent à

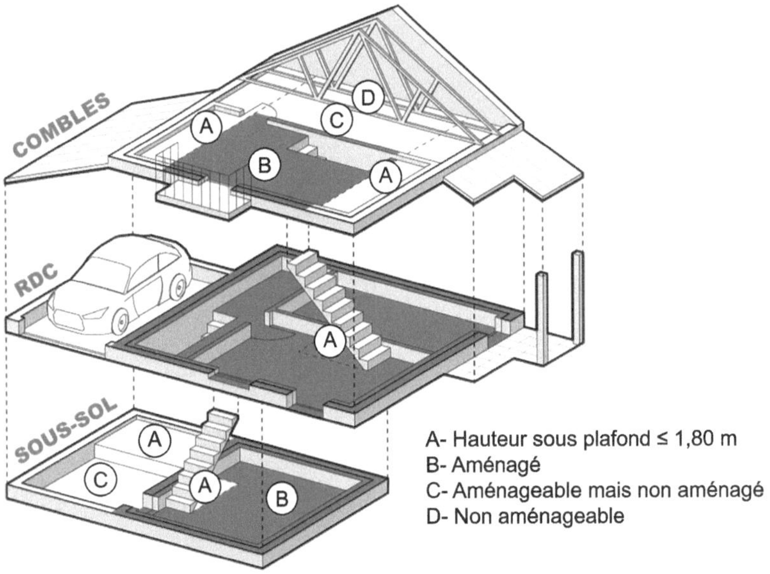

▲ **Fig. 5.4.** Surface au sens de la réglementation thermique de 2012 (source : Périé Architectes)

des hauteurs sous toiture ou sous plafond inférieures à 1,80 m, les locaux techniques affectés au fonctionnement général du bâtiment et à occupation passagère, les caves ;
b) des surfaces de parois horizontales construites des toitures-terrasses, des balcons, des loggias, des vérandas non chauffées, ainsi que des surfaces non closes situées au rez-de-chaussée ou à des niveaux supérieurs ;
c) des surfaces de parois horizontales construites des bâtiments ou des parties de bâtiment aménagés en vue du stationnement des véhicules. »

La surface de référence de la réglementation environnementale de 2020

Avec la réglementation environnementale de 2020 (RE 2020), la surface de référence S_{RT2012} disparaît, et la surface de référence devient la surface habitable (Shab) pour les bâtiments de logements (voir fig. 5.3) et la surface utile (SU) pour les autres bâtiments.
La surface habitable correspond à la somme des surfaces des pièces chauffées dont profite(nt) réellement le ou les occupant(s). Sa définition est donnée par l'article R. 156.1 du CCH (voir « Surface habitable » au 5.3.2). La surface habitable au sens de la RE 2020 inclut en plus la superficie des vérandas chauffées.

POUR EN SAVOIR PLUS...

Livre

Goujon Yves, *Calcul des surfaces réglementaires*, Éditions du Moniteur, 2022

5.4 Évolution des dimensions des logements collectifs

5.4.1 Hauteur sous plafond

Les évolutions des réglementations présentées ci-avant ne comprennent finalement que deux références à la hauteur sous plafond (HSP), qui sont les suivantes :
– la surface habitable est comptabilisée au-delà d'une HSP de 1,80 m. La HSP minimale de 2,20 m marquant la limite de salubrité des logements au titre du CSP reste la référence à la suite de l'annulation partielle du décret n° 2023-695 du 29 juillet 2023 portant règles sanitaires d'hygiène et de salubrité des locaux d'habitation et assimilés ;
– en logement aidé, la HSP minimale est de 2,20 m.
Les 2,50 m de HSP, qui caractérisent la très grande majorité des constructions de logements collectifs, correspondent donc à un consensus social et non à une obligation.

5.4.2 Surfaces habitables mesurée et perçue

Dans le débat sur « plus » ou « moins » de surface pour les logements collectifs, il importe de prendre en compte l'organisation spatiale du logement. La qualité d'usage des appartements, souvent appréciée au travers de leur surface, reste une des performances essentielles de toute opération de logement collectif, mais le nombre de mètres carrés ne fait pas toute la qualité :
« Pour savoir si l'agencement des espaces est bien pensé, faites visiter le logement à un professionnel de l'immobilier sans annoncer la surface habitable de l'appartement et demandez-lui à l'issue de la visite une estimation de cette

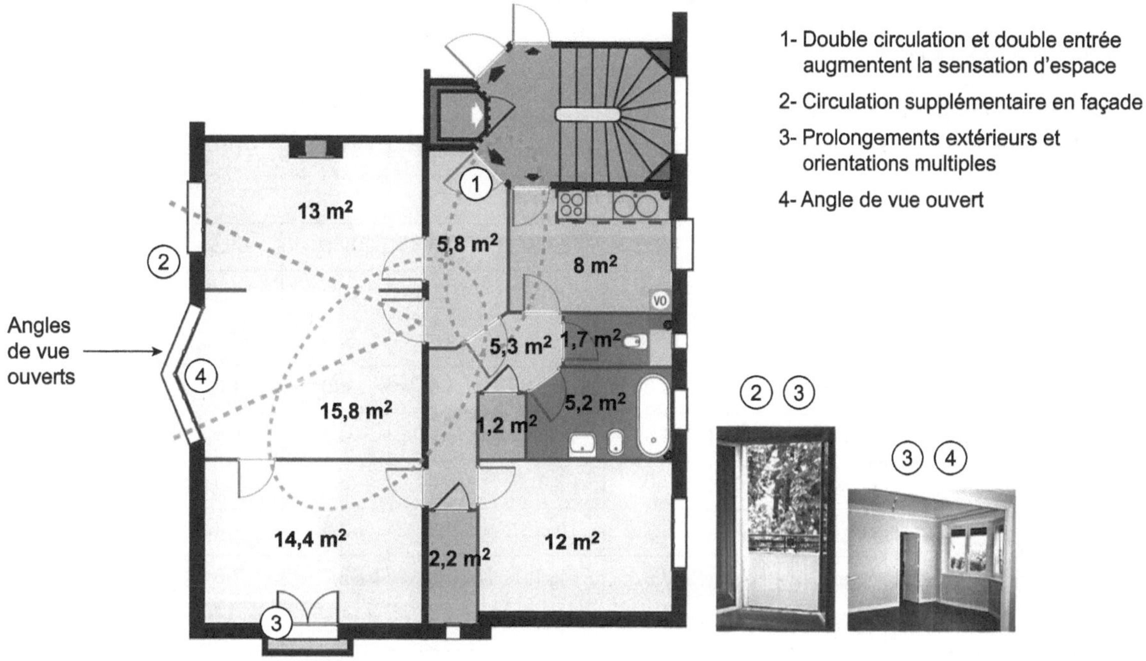

▲ **Fig. 5.5.** Logements de Louis Madeline, Paris 14e, 1934
(source : plaquette « Ligne de produits logements locatifs », Caisse des dépôts, 2010)

surface : si le chiffre annoncé est supérieur au réel, le logement est bien pensé. »[18]

À ce jeu de l'estimation, une opération de logements datant de 1934, réalisée par Louis Madeline (fig. 5.5) et actuellement propriété de Paris Habitat, gagne à chaque fois. Le logement de moins de 85 m² de surface habitable est en général estimé faire autour de 100 m². Les pièces ont des surfaces non différenciées ; elles peuvent s'adapter aux usages, comme dans les logements haussmanniens. Ce plan n'est en revanche pas compatible avec l'actuelle réglementation accessibilité.

5.4.3 Évolution des surfaces habitables

Évolutions de 1984 à 2013

De 1984 à 2013 (tab. 5.4) , année des dernières données détaillées publiées, soit pendant presque 30 ans, alors que la surface moyenne des logements individuels a augmenté de 16 %, la surface moyenne des logements collectifs est restée stable, voire a régressé légèrement. Dans le même temps, le nombre moyen de pièces est resté stable, très proche de trois pièces par logement. Si la taille du logement collectif a stagné, son occupation s'est améliorée : la surface moyenne par personne est passée de 27 m² en 1984 à 33 m² en 2006 (+ 22 %), dénotant une diminution du surpeuplement et donc une augmentation du confort moyen, qui semble avoir marqué le pas en 2013 avec un léger recul des surfaces moyennes (32 m²), comme le montrent les données du tableau 5.4.

Les moyennes nationales masquent des disparités importantes. En effet, les surfaces plus faibles se trouvent dans les grandes villes, et notamment à Paris. Le tableau 4.5 indique + 44 % de surface par personne entre Paris et une commune rurale en 2006, écart notamment expliqué par la part de la maison individuelle, importante en rural et rare à Paris (tab. 5.5).

Surfaces par nombre d'habitants

Les recommandations actuelles (tab. 5.6) sont en progrès au regard des minima déduits du CCH, surtout à compter du T4. Il en va de même pour les hauteurs sous plafond, recommandées à 2,50 m.

5.4.4 Causes de la stagnation des surfaces des logements collectifs

La stagnation, voire la diminution, des surfaces moyennes des logements collectifs en 30 ans signifie que la construction de logements neufs se situe dans une moyenne de surfaces égale à celle du parc existant ; autrement dit, l'apport de nouveaux logements ne modifie pas l'existant. Cette absence de progression en moyenne résulte de phénomènes variés, et notamment des évolutions

▼ **Tab. 5.4.** Indicateurs de taille et d'occupation des logements, selon le type d'habitat (champ : France métropolitaine, résidences principales)
(source : Insee, enquêtes logement)

Indicateurs de taille et d'occupation des logements, selon le type d'habitat		**Année**						
		1984	*1988*	*1992*	*1996*	*2001*	*2006*	*2013*
Par logement								
Surface moyenne (m²)	**en totalité**	**82,0**	**84,8**	**86,4**	**88,1**	**89,6**	**91,2**	**90,9**
	en individuel	96,4	100,0	102,5	105,4	108,1	111,1	112,2
	en collectif	65,1	66,0	66,1	65,8	65,2	65,6	63,0
Nombre moyen de pièces	**en totalité**	**3,8**	**3,9**	**4,0**	**4,0**	**4,0**	**4,0**	**4,0**
	en individuel	4,4	4,6	4,7	4,8	4,8	4,8	4,9
	en collectif	3,0	3,1	3,0	3,0	3,0	2,9	2,9
Nombre moyen de personnes	**en totalité**	**2,7**	**2,6**	**2,5**	**2,5**	**2,4**	**2,3**	**2,3**
	en individuel	2,9	2,9	2,8	2,7	2,6	2,5	2,5
	en collectif	2,4	2,3	2,2	2,2	2,1	2,0	1,9
Par personne								
Surface moyenne (m²)	**en totalité**	**30,7**	**32,4**	**34,1**	**35,5**	**37,5**	**40,2**	**40,3**
	en individuel	33,1	34,8	36,9	38,7	41,2	44,3	45,1
	en collectif	27,3	28,7	29,7	30,3	31,3	33,5	32,4
Nombre moyen de pièces	**en totalité**	**1,4**	**1,5**	**1,6**	**1,6**	**1,7**	**1,8**	**1,8**
	en individuel	1,5	1,6	1,7	1,8	1,8	1,9	2,0
	en collectif	1,3	1,3	1,4	1,4	1,4	1,5	1,5
Proportion de maisons individuelles (%)		54,0	55,4	55,8	56,2	56,7	56,3	56,6

▼ **Tab. 5.5.** Surface moyenne (m²) par personne selon le type d'agglomération (champ : France métropolitaine, résidences principales)
(source : Insee, enquête Logement 2013)

Taille de la commune (hab.)	**Année**		
	2002	*2006*	*2013*
Rurale ou moins de 5 000	42	46	47
5 000 à 50 000	39	43	– 42 m² pour moins de 100 000 habitants – 38 m² pour plus de 100 000 habitants hors unité urbaine de Paris – 31 m² pour l'unité urbaine de Paris
50 000 à 200 000	38	40	
Plus de 200 000 (hors ville de Paris)	36	38	
Paris	30	32	

▼ **Tab. 5.6.** Surfaces par habitant selon différentes sources

Critères	Nombre d'habitant(s)					
	1	*2*	*3*	*4*	*5*	*6*
Surface minimale imposée par le CCH (m^2)	14	28	42	56	66	76
Volume minimal imposé par le CCH (m^3)	33	66	99	132	155	178
Hauteur sous plafond minimale déduite (m)	2,36	2,36	2,36	2,36	2,35	2,34
Type de logement équivalent	T1	T1 *bis*	T2	T3	T4	T5
Surface minimale en logement social (abrogé) (m^2)	*18*	*30*	*46*	*60*	*73*	*88*
Recommandation Girometti-Leclercq (m^2)	–	28	45	62	79	96
Cahier des charges d'un grand opérateur social (m^2)		28	43	63	82	95

des typologies : en 2024 davantage de T2 et T3 sont construits, compte tenu de la demande, et moins de T4 et T5 qu'en 1984.

L'examen des surfaces « recommandées » du T3 offre un éclairage complémentaire : le Logéco de 1954 était limité à 57 m^2, le logement social de 1974 affichait un minimum de 60 m^2 et le rapport Girometti-Leclercq recommande 62 m^2. L'évolution de la surface du T3 en presque 70 ans marque un léger progrès puis une stagnation sur les cinquante dernières années. On peut donc considérer que la surface du logement collectif par type stagne depuis plusieurs dizaines d'années.

Les causes de cette stagnation sont diverses :

- en accession privée à la propriété, le promoteur doit s'adapter aux capacités financières de sa clientèle, qui arbitre traditionnellement entre surface et localisation : plus grand et plus loin, ou plus petit plus près du centre-ville. Et pour conserver une attractivité à leur produit, les promoteurs commercialisent en général des logements les plus compacts possible à nombre de pièces égal. La loi du marché ne conduit donc pas à rechercher des surfaces plus importantes. Par ailleurs, la concurrence, puisque les acquéreurs potentiels effectuent un tour d'horizon des promoteurs, induit un lissage des surfaces proposées ;
- en logement social, l'équation est plus complexe ; le calcul du loyer à la surface corrigée laisse l'opérateur social « libre » du choix de ses surfaces, mais la contrainte se trouve dans la solvabilisation des locataires. En effet, les aides personnalisées au logement (APL), qui réduisent le montant de la quittance, sont liées à la composition et aux ressources du ménage, et pas au type de logement qu'il loue. En un mot, un ménage avec deux enfants perçoit la même APL pour un T3 de 65 m^2 ou pour un T3 de 75 m^2… sauf que le second lui coûte beaucoup plus cher, et que son « taux d'effort » (rapport de la quittance aux revenus) trop élevé lui interdit dans la plupart des cas de candidater à la location. Agrandir la taille des logements neufs construits risque donc tout simplement de priver le bailleur social de locataires.

Au final, en accession à la propriété comme en locatif social, c'est bien la capacité à payer (un remboursement d'emprunt ou un loyer résiduel, aides déduites) qui impose une forme de stagnation des surfaces des logements collectifs neufs, qu'ils soient libres ou sociaux ; la loi du marché s'impose.

5.4.5 Une volonté des acteurs de ne pas renoncer au progrès, sous la contrainte des exigences de réduction de l'empreinte carbone

Pression des marchés immobiliers, réglementations, exigences de sobriété énergétique et d'économies de consommation de foncier, tout semble se conjuguer pour brider le développement d'un habitat de qualité. Les acteurs du logement n'y renoncent pas pour autant, comme le montre le programme national « Engagés pour la qualité du logement de demain », porté par le ministère chargé de la Ville et du Logement et le ministère de la Culture, lancé en 2022. Ce programme vise à expérimenter des solutions permettant de concilier une plus grande qualité d'usage dans le logement avec les impératifs de sobriété écologique et d'excellence architecturale, urbaine et patrimoniale. Il permet d'accompagner des porteurs de projets qui souhaitent tester de nouvelles modalités techniques, procédurales et contractuelles de production du logement. À l'issue d'un appel à manifestation d'intérêt (AMI) lancé fin 2021, un jury national s'est tenu le 3 mars 2022 et a désigné 97 projets lauréats, représentant un total de près de 9 000 logements sur les territoires métropolitain et ultramarins. Ils représentent un large panel d'acteurs, de territoires et de leviers d'innovation sur toute la chaîne de production du logement :

– innovations constructives (usage de matériaux biosourcés, structuration de filières locales, réemploi de matériaux, fortes ambitions de décarbonation, etc.) ;
– transformation des modes de faire (redéfinition de la place de la maîtrise d'œuvre, montages innovants, multiplication d'espaces communs et de modes de gestion dans la durée, transformation des contraintes foncières en opportunités, etc.).

La priorité donnée à la qualité d'usage dans le logement est partagée par l'ensemble des lauréats.
Il reste que l'exigence de sobriété carbone pèse politiquement tout autant sur le nombre de logements à construire chaque année (dont les estimations oscillent entre 500 000 et 150 000…) que sur leur compacité, notamment leur surface et leur volume habitables.

Notes
1. La question de la hauteur sous plafond minimale fait l'objet d'une polémique à la suite de la publication d'un décret de 2023, partiellement annulé par le Conseil d'État en août 2024 (voir 5.1.16), qui jugeait la décence au regard de la surface habitable, donc de sa limite de 1,80 m. Un logement entièrement à 1,80 m aurait ainsi été jugé décent…
2. Yankel Fijalkow, « Le logement indigne : une nouvelle norme de l'action publique ? », in *Informations sociales*, n° 184 consacré au mal-logement, Caisse nationale d'allocations familiales, 2018.
3. On supposera qu'il s'agit de mètres cubes, mais le texte de la circulaire ne le précise pas.
4. Cette dualité entre type de logement et occupants de ce dernier se retrouve dans le logement social aujourd'hui. En effet, le loyer y est calculé par rapport à la surface corrigée, tandis que l'aide personnalisée y est calculée en référence à la composition du foyer.
5. Et 36,5 millions en 2023.
6. Anne-Aël Durand, « 1968-2018 : logement, consommation, études… comment la France a changé en cinquante ans. Zoom sur cinquante ans d'évolution des conditions de vie des Français à l'heure où le pays célèbre le cinquantième anniversaire de Mai 68 », lemonde.fr, article publié le 21 mai 2018, modifié le 28 août 2023.
7. Rapport Girometti-Leclercq, « Référentiel du logement de qualité », septembre 2021.
8. Décret n° 2002-120 du 30 janvier 2002 relatif aux caractéristiques du logement décent pris pour l'application de l'article 187 de la loi n° 2000-1208 du 13 décembre 2000 relative à la solidarité et au renouvellement urbains.
9. En cas d'infraction aux règles d'hygiène et de salubrité, le maire dispose d'un pouvoir de contrôle et de prescription. Il peut dresser un procès-verbal d'infraction. Il conserve cette prérogative et pourra toujours sanctionner la méconnaissance de ces règles.
10. Sous réserve de satisfaire aux nombreuses autres caractéristiques fixées par le décret.
11. Insee, « Indice de peuplement des logements », insee.fr, décembre 2024.
12. Fondation pour le logement des défavorisés, « Qu'est-ce que le droit au logement opposable (Dalo) ? », fondationpourlelogement.fr.
13. Hélène Sainte Marie (DGALN/DHUP), Pôle national de lutte contre l'habitat indigne (PNLHI) et Agence nationale pour l'information sur le logement (Anil), « Droit au logement opposable. Guide pour les commissions de médiation », ministère de la Cohésion des territoires, septembre 2017.
14. Anciennement article D. 542-14 du Code de la sécurité sociale.
15. Salon, salle à manger, chambres.
16. Les textes (hors schémas) des parties 5.3.1 et 5.3.2 correspondent à un article de Jean-Claude Driant publié en février 2023 sur le site politiquesdulogement.com dans la rubrique « Dictionnaire de l'habitat ».
17. Loi n° 48-1360 du 1er septembre 1948 portant modification et codification de la législation relative aux rapports des bailleurs et locataires ou occupants de locaux d'habitation ou à usage professionnel et instituant des allocations de logement.
18. Propos d'un architecte spécialiste du logement.

6

Règles d'habitabilité des logements collectifs

Le confort du parc de logements français est en constante amélioration depuis 50 ans, comme le montre la figure 6.1. Alors que plus de 25 % des logements étaient privés du confort sanitaire de base en 1978, celui-ci est désormais effectif dans presque tous les logements.

Ce progrès est dû à la fois au renouvellement du parc et aux opérations de réhabilitation. Les règles d'habitabilité qui s'imposent aux logements collectifs neufs sont fixées par le CCH et sont présentées dans la première partie de ce chapitre. Pour l'habitat existant, le CCH fixe les normes du « logement décent », normes minimales d'habitabilité autorisant leur mise en location (voir 5.1.13 et 5.1.17). Par ailleurs, le CSP fixe des règles d'hygiène et de salubrité qui visent l'ensemble des locaux d'habitation, logements, foyers etc. (voir 5.1.16). Ces règles sont rappelées en deuxième partie.

6.1 Règles d'habitabilité des logements collectifs neufs

6.1.1 Terminologie[1]

Qu'est-ce qu'un bâtiment d'habitation collectif ?

Un bâtiment est un bien immeuble couvert et destiné à accueillir une occupation, une activité ou tout autre usage humain.

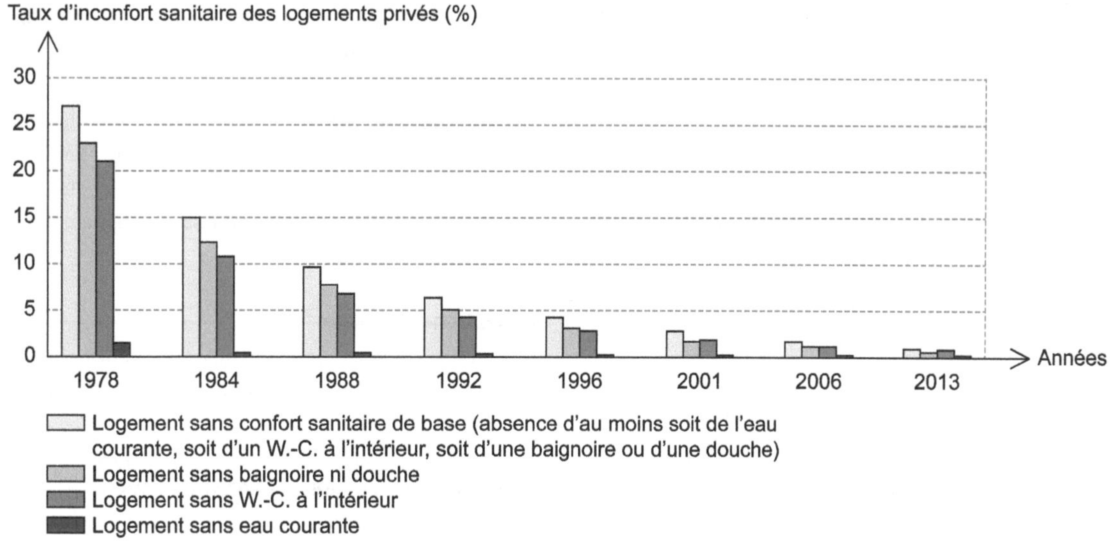

▲ **Fig. 6.1.** Évolution de la proportion de logements privés du confort sanitaire de base

(source : fiche 6.1 des « Fiches. Confort, qualité et défauts du logement » *in* « Les conditions de logement en France », Insee, collection « Insee Références », 2017)

Un bâtiment d'habitation collectif est un bâtiment à usage principal d'habitation regroupant plus de deux logements partiellement ou totalement superposés.
Qu'est-ce qu'un bâtiment accessible ?
Un bâtiment accessible à tous, dans des conditions normales de fonctionnement, permet à l'ensemble des personnes susceptibles d'y accéder avec la plus grande autonomie possible, de circuler, d'accéder aux locaux, d'utiliser les équipements, de se repérer, de s'orienter, de communiquer et de bénéficier des prestations en vue desquelles il a été conçu, quelles que soient les capacités ou les limitations fonctionnelles motrices, sensorielles, cognitives, intellectuelles ou psychiques de ces personnes.
Qu'est-ce qu'un logement évolutif ?
Un logement évolutif est un logement auquel une personne en situation de handicap peut accéder, où elle peut se rendre dans le séjour et le cabinet d'aisance et dont l'accessibilité des pièces composant l'unité de vie est réalisable ultérieurement par des travaux simples.

6.1.2 Aspect généraliste de la loi à propos de l'habitabilité et du confort des logements

Accessibilité limitée à 20 % des logements d'une opération[2]

Les dispositions architecturales, les aménagements et équipements intérieurs et extérieurs des locaux à usage d'habitation sont accessibles à tous au sens de l'article L. 111-1 du CCH. Les dispositions relatives à l'accessibilité précisent notamment les conditions dans lesquelles, lors de la construction de bâtiments d'habitation collectifs, en fonction de leurs caractéristiques, 20 % de leurs logements, et au moins un logement, sont accessibles tandis que les autres logements sont évolutifs.

Préservation de la santé[3]

Les bâtiments sont conçus, construits, équipés et aménagés ou rénovés de manière à ne pas porter atteinte à la santé des personnes qui y sont présentes dans des conditions normales d'occupation et d'usage de ces bâtiments et, le cas échéant, compte tenu de l'environnement dans lequel ils se situent.

Alimentation en eau potable, avec contrôle permettant la privatisation des consommations[4]

Tout logement est pourvu d'une alimentation en eau potable et d'une installation d'évacuation continue des eaux usées domestiques. Le réseau d'eau d'un bâtiment d'habitation n'altère pas la qualité de l'eau qu'il distribue. Toute nouvelle construction de bâtiment à usage principal d'habitation comporte une installation permettant de déterminer la quantité d'eau froide fournie à chaque local occupé à titre privatif ou à chaque partie privative d'un lot de copropriété ainsi qu'aux parties communes, le cas échéant.

Ambiance saine[5]

Les bâtiments sont conçus, construits et entretenus en préservant la qualité de l'air intérieur, qui fait l'objet d'exigences spécifiques par typologie de bâtiment. Les bâtiments bénéficient, dans des conditions normales d'occupation et d'usage et, le cas échéant, compte tenu de l'environnement dans lequel ils se situent, d'un renouvellement de l'air et d'une évacuation des émanations de sorte que la pollution de l'air intérieur du local ne mette pas en danger la santé et la sécurité des personnes et que puissent être évitées, sauf de façon passagère, les condensations.

Calme[6]

Les bâtiments sont conçus, construits, rénovés et équipés de façon à limiter les niveaux de bruits à l'intérieur des locaux et leur conférer une qualité acoustique propre à leur usage, dans un contexte d'utilisation normale des bâtiments et locaux compte tenu des nuisances sonores habituelles issues des lieux avoisinants.

Ouvertures sur l'extérieur[7]

Les bâtiments d'habitation sont conçus et construits de sorte que les pièces principales des logements permettent aux occupants de bénéficier d'un apport de lumière naturelle, d'une vue sur l'extérieur, d'un contact avec l'extérieur et d'un renouvellement d'air ponctuel permettant de traiter les pollutions de l'air intérieur occasionnelles et de contribuer à traiter l'inconfort thermique ponctuel.

Gestion des déchets[8]

Les bâtiments d'habitation sont construits avec des installations permettant le stockage des déchets ménagers avant leur évacuation, en garantissant l'hygiène et la salubrité des bâtiments.

Réception du courrier[9]

Pour leur desserte postale, les bâtiments d'habitation doivent être pourvus de boîtes aux lettres à raison d'une boîte aux lettres par logement.

Intégration à un réseau de communication[10]

Tous les bâtiments d'habitation doivent être pourvus des lignes téléphoniques nécessaires à la desserte de chacun des logements, à l'exception des bâtiments situés en « zone fibrée ». Les bâtiments groupant plusieurs logements doivent également être munis des dispositifs collectifs nécessaires à la distribution des services de radiodiffusion dans les logements par des gaines ou passages permettant l'installation des câbles correspondants.

Connexion à Internet[11]

Tous les bâtiments d'habitation doivent être équipés de lignes de communications électroniques à très haut débit en fibre optique desservant chacun des logements. Ces lignes relient chaque logement, avec au moins une fibre par logement, à un point de raccordement accessible et permettant l'accès à plusieurs réseaux de communications électroniques. Chacun des logements est équipé d'une installation intérieure raccordée aux lignes de communication électronique à très haut débit en fibre optique assurant la desserte des pièces principales.

Recharge d'un véhicule électrique[12]

Le pré-équipement d'un emplacement de stationnement tel que défini aux articles L. 113-11 à L. 113-15 du CCH rend possible la mise à disposition de l'énergie électrique au point de recharge et est dimensionné en fonction de la puissance électrique nécessaire au déploiement ultérieur des points de recharge.

Attache d'un vélo

La réglementation du stationnement vélo a été initiée par la loi n° 2000-1208 du 13 décembre 2000 relative à la solidarité et au renouvellement urbains (SRU), qui a introduit la possibilité de créer des normes de stationnements vélos dans les PLU. Après la loi n° 2014-366 du 24 mars 2014 pour l'accès au logement et un urbanisme rénové (Alur) et la loi n° 2015-992 du 17 août 2015 relative à la transition énergétique pour la croissance verte (LTECV), la loi n° 2019-1428 du 24 décembre 2019 d'orientation des mobilités (LOM) a poursuivi l'extension du domaine d'application règlementaire, en focalisant l'objectif sur la sécurisation du stationnement. La LOM sépare les thématiques vélos et véhicules électriques jusqu'ici mélangées. Le décret n° 2022-930 du 25 juin 2022 relatif à la sécurisation des infrastructures de stationnement des vélos dans les bâtiments et l'arrêté du 30 juin 2022 du même nom précisent les modalités d'application des articles de la LOM, dorénavant codifiés aux articles L. 113-18 à L. 113-20 du CCH.
Les infrastructures permettant le stationnement sécurisé des vélos mentionnées dans ces articles comportent des dispositifs fixes permettant de stabiliser et d'attacher les vélos par le cadre et au moins une roue. Ces infrastructures sont sécurisées dans les conditions fixées à l'article R. 113-16 du CCH. Elles sont situées ou réparties sur la même unité foncière, de préférence au rez-de-chaussée ou au premier sous-sol du parc de stationnement du bâtiment ou de l'ensemble d'habitations.

6.1.3 Précisions apportées par les règlements, notamment en matière de sécurité

Précisions réglementaires sur la définition du logement[13]

Constituent des bâtiments d'habitation au sens du livre Ier du CCH les bâtiments ou parties de bâtiment abritant un ou plusieurs logements, y compris les foyers, tels que les foyers de jeunes travailleurs et les foyers pour personnes âgées autonomes, à l'exclusion des locaux exclusivement à usage professionnel et des établissements recevant du public.
Un logement ou habitation comprend, d'une part, des pièces principales destinées au séjour ou au sommeil, éventuellement des chambres isolées et, d'autre part, des pièces de service, telles que cuisines, salles d'eau, cabinets d'aisance, buanderies, débarras, séchoirs, ainsi que, le cas échéant, des dégagements et des dépendances.

Précisions réglementaires sur l'accessibilité[14]

Les bâtiments d'habitation collectifs et leurs abords doivent être construits et aménagés de façon à être accessibles aux personnes handicapées, quel que soit leur handicap. L'obligation d'accessibilité porte notamment sur les circulations communes intérieures et extérieures, une partie des places de stationnement automobile, les logements, les ascenseurs, les locaux collectifs et leurs équipements.
On doit pouvoir porter dans un logement ou en faire sortir une personne couchée sur un brancard.
L'installation d'un ascenseur est obligatoire dans les parties de bâtiments d'habitation collectifs comportant plus de deux étages accueillant des logements au-dessus ou au-dessous du rez-de-chaussée. Si le bâtiment comporte plusieurs rez-de-chaussée, les étages sont comptés à partir du plus bas niveau d'accès pour les piétons. Lorsque l'installation d'un ascenseur est obligatoire, chaque niveau doit être desservi, qu'il soit situé en étage ou en sous-sol et qu'il comporte des locaux collectifs ou des parties privatives.
Des précisions sont apportées concernant les dispositions communes : les circulations et les portes des logements doivent, dès la construction du bâtiment, présenter des caractéristiques minimales permettant la circulation de personnes handicapées. Les dispositifs de commande doivent y être aisément repérables et utilisables par ces personnes.

Les dispositions spécifiques sont les suivantes : pour les logements situés au rez-de-chaussée ou en étages desservis par un ascenseur, 20 % de ces logements, et au moins un logement doivent offrir dès leur construction des caractéristiques permettant à une personne handicapée d'utiliser la cuisine ou une partie du studio aménagée en cuisine, le séjour, une chambre ou une partie du studio aménagée en chambre, un cabinet d'aisances et une salle d'eau. Une partie des espaces nécessaires à l'utilisation par une personne en fauteuil roulant peuvent être aménagés à d'autres fins sous réserve que des travaux simples permettent d'en rétablir la possibilité d'utilisation par une personne en fauteuil roulant.

Dans les bâtiments d'habitation, au moins une salle d'eau doit être conçue et équipée de manière à permettre, par des aménagements simples, l'installation ultérieure d'une douche accessible à une personne handicapée.

Les logements situés au rez-de-chaussée ou en étages desservis par un ascenseur doivent être évolutifs. Dès leur construction, ils doivent respecter les dispositions communes et permettre à une personne handicapée d'utiliser le séjour et un cabinet d'aisance. En outre, ils doivent pouvoir ultérieurement être rendus conformes à l'intégralité des dispositions spécifiques à l'issue de travaux simples, c'est-à-dire sans incidence sur les éléments de structure et certains réseaux encastrés en cloisons.

Pour une même typologie de logements, la surface moyenne des logements évolutifs ne peut être inférieure, lors de leur conception, à la surface moyenne des logements respectant les dispositions spécifiques (accessibles).

Ouvertures sur l'extérieur

Les règlements sanitaires départementaux prévoient systématiquement l'interdiction d'habiter dans des pièces dépourvues d'ouverture. Toutes les pièces principales d'un logement doivent donc être munies d'ouvertures donnant à l'air libre.

L'arrêté du 17 octobre 2011[15] est plus explicite pour ce qui concerne uniquement les logements sociaux : toutes les pièces principales des logements, les pièces isolées ou, dans le cas des foyers, les logements, chambres et locaux pour services collectifs ou à usage commun sont pourvues d'ouverture donnant à l'air libre.

Fenêtres et garde-corps[16]

Aux étages autres que le rez-de-chaussée des bâtiments d'habitation :

- les fenêtres autres que celles ouvrant sur des balcons, terrasses ou galeries et dont les parties basses se trouvent à moins de 0,90 m du plancher doivent, si elles sont au-dessus du rez-de-chaussée, être pourvues d'une barre d'appui et d'un élément de protection s'élevant au moins jusqu'à un mètre du plancher ;
- les garde-corps des balcons, terrasses, galeries, loggias, doivent avoir une hauteur d'au moins un mètre ; toutefois, cette hauteur peut être abaissée jusqu'à 0,80 m au cas où le garde-corps a plus de 50 cm d'épaisseur.

Sécurité incendie[17]

La disposition des locaux, les structures, les matériaux et l'équipement des bâtiments d'habitation doivent permettre la protection des habitants contre l'incendie. Les logements doivent être isolés des locaux qui, par leur nature ou leur destination, peuvent constituer un danger d'incendie ou d'asphyxie. La construction doit permettre aux occupants, en cas d'incendie, soit de quitter l'immeuble sans secours extérieur, soit de recevoir un tel secours. Les installations, aménagements et dispositifs mécaniques, automatiques ou non, mis en place pour permettre la protection des habitants des immeubles doivent être entretenus et vérifiés de telle manière que le maintien de leurs caractéristiques et leur parfait fonctionnement soient assurés jusqu'à destruction desdits immeubles.

Qualité sanitaire[18]

Tout logement doit :

- comporter au moins une pièce spéciale pour la toilette, avec une douche ou une baignoire et un lavabo, la douche ou la baignoire pouvant toutefois être commune à cinq logements au maximum, s'il s'agit de logements d'une personne groupés dans un même bâtiment ;
- être pourvu d'un cabinet d'aisances intérieur au logement, le cabinet d'aisances pouvant toutefois être commun à cinq logements au maximum s'il s'agit de logements d'une personne et de moins de 20 m^2 de surface habitable et à condition qu'il soit situé au même étage que ces logements. Le cabinet d'aisances peut ne former qu'une seule pièce avec la pièce spéciale pour la toilette mentionnée ci-avant ;
- comporter un évier muni d'un écoulement d'eau et un emplacement aménagé pour recevoir des appareils de cuisson.

L'installation permettant de déterminer la quantité d'eau froide dans les immeubles à usage principal d'habitation doit être compatible avec une relève de la consommation d'eau froide sans qu'il soit nécessaire de pénétrer dans les locaux occupés à titre privatif.

Qualité de l'air intérieur[19]

Les parties des locaux à usage d'habitation ou leurs dépendances, destinées à recevoir de façon fixe un appareil de chauffage ou de production d'eau chaude sanitaire d'une

puissance inférieure ou égale à 70 kW et utilisant les combustibles solides, liquides ou gazeux doivent être munies lors de leur construction :
- d'une entrée d'air permanente directe ou indirecte dans le cas où l'appareil utilise, pour la combustion, une partie de l'air de la pièce dans laquelle il est installé ;
- d'un système d'évacuation vers l'extérieur des produits de combustion satisfaisant aux conditions techniques et de sécurité et adapté à l'usage, au type d'appareil et au combustible auxquels il est destiné.
L'entrée d'air permanente et le système d'évacuation sont conçus et entretenus de manière à permettre le bon fonctionnement des appareils.
Ces dispositions ne s'appliquent pas aux locaux destinés à recevoir des appareils à circuit de combustion étanche qui, par leur conception, intègrent le circuit d'amenée d'air comburant et qui évacuent les produits de combustion vers l'extérieur sans risque de fuite vers l'intérieur des locaux d'habitation.
L'occupant ne doit pas entraver le bon fonctionnement de l'entrée d'air et du système d'évacuation vers l'extérieur prévus à l'article R. 153-2 du CCH.

Qualité acoustique[20]

Compte-tenu des modes d'occupation normalement admissibles, l'isolation des logements doit être telle que le niveau de pression du bruit transmis à l'intérieur de chaque logement ne dépasse pas les limites fixées par un arrêté conjoint du ministre chargé de la construction et de l'habitation et du ministre chargé de la santé. Le bruit engendré par un équipement quelconque du bâtiment ne doit pas dépasser les limites fixées dans les conditions prévues à la phrase précédente.
L'isolement acoustique des logements contre les bruits des transports terrestres doit être au moins égal aux valeurs déterminées par arrêté préfectoral dans le département concerné.

Ouvertures donnant sur des volumes vitrés[21]

Les ouvrants et surfaces transparentes permettant d'atteindre l'objectif général fixé par la loi (voir ci-avant) peuvent donner sur des volumes vitrés installés soit pour permettre l'utilisation des apports de chaleur dus au rayonnement solaire, soit pour accroître l'isolation acoustique des logements par rapport aux bruits de l'extérieur.
Pour bénéficier de cette possibilité, les volumes vitrés concernés doivent respecter les conditions suivantes :
- comporter eux-mêmes au moins un ouvrant donnant sur l'extérieur ;
- être conçus de telle sorte qu'ils permettent la ventilation des logements dans les conditions prévues à l'article R. 153-1 du CCH ;
- être dépourvus d'équipements propres de chauffage ;
- comporter des parois vitrées en contact avec l'extérieur à raison, non compris le plancher, d'au moins 60 % dans le cas des habitations collectives ;
- ne pas constituer une cour couverte.

Local à poubelles[22]

Les immeubles collectifs comportent un local clos et ventilé pour le dépôt des ordures ménagères avant leur enlèvement.

6.1.4 Caractéristiques de confort des logements neufs ou réhabilités bénéficiant de l'aide de l'État

Historiquement, l'attribution d'aides publiques s'accompagne d'exigences de confort renforcées. Même si, aujourd'hui, peu de différences persistent entre secteur social et secteur libre, des textes spécifiques traitent des caractéristiques de confort des logements aidés. Ceci s'explique notamment par le fait que tout propriétaire d'un logement existant dispose de la possibilité, par la signature d'une convention, de lui faire intégrer le secteur social et que ce logement accède à différentes aides. Il est logique que dans ces conditions ses caractéristiques de confort soient vérifiées.
L'annexe II à l'arrêté du 17 octobre 2011[23] fixe, en cohérence avec les textes généraux, les exigences concernant le confort des logements aidés.

Définition des pièces

Ces logements comprennent des pièces principales destinées au séjour et au sommeil et des pièces de service telles que cuisines, salles d'eau, cabinets d'aisance, buanderies, débarras, séchoirs ainsi que, le cas échéant, des dégagements et des dépendances.
Ils comportent au moins une pièce principale et une pièce de service, soit salle d'eau, soit cabinet d'aisance, un coin cuisine pouvant éventuellement être aménagé dans la pièce principale.
Un local à usage d'habitation ne comportant pas d'équipement destiné à faire la cuisine est considéré comme une pièce isolée.

Ouverture et ventilation

Toutes les pièces principales des logements sont pourvues d'ouverture donnant à l'air libre. La ventilation des logements est générale et permanente. Lorsqu'un local, tel que la cuisine, le cabinet d'aisances, la salle d'eau, ne dispose pas de fenêtre, il doit être pourvu d'un système d'évacuation de l'air vicié débouchant à l'extérieur du bâtiment, tel que gaine de ventilation à tirage naturel (verticale) ou mécanique (horizontale ou verticale), complétée éventuellement dans les pièces principales.

Installation de la cuisine ou du coin cuisine

La pièce à usage de cuisine ou le coin cuisine comporte un évier avec siphon, raccordé à une chute d'eaux usées, sur lequel est installée l'eau potable chaude et froide. La pièce à usage de cuisine ou le coin cuisine est aménagé de manière à pouvoir recevoir un appareil de cuisson à gaz ou électrique suivant les conditions réglementaires en vigueur ou possède un conduit d'évacuation de fumée en bon état.

Installation du gaz et de l'électricité

Les nouvelles canalisations de gaz et la ventilation des pièces où le gaz est utilisé sont conformes aux textes réglementaires en vigueur. Le logement est pourvu d'une alimentation électrique conforme aux besoins normaux de l'utilisateur d'un local d'habitation.

Équipement sanitaire

Tout logement comporte :
– un W.-C. intérieur, avec cuvette à l'anglaise et chasse d'eau ;
– une salle d'eau avec installation d'une baignoire ou d'une douche et un lavabo alimentés en eau courante chaude et froide.
Le décret n° 2014-1342 du 6 novembre 2014 modifiant les règles générales de construction applicables aux bâtiments d'habitation a supprimé l'interdiction de communication directe entre cabinet d'aisance et cuisine ou salle de séjour, interdiction qui imposait la création d'un sas. Il précise que le cabinet d'aisances peut ne former qu'une seule pièce avec la pièce spéciale pour la toilette ; ainsi les toilettes séparées ne sont plus la norme.

Chauffage

Les équipements de chauffage, à l'exclusion de certains appareils dont la conception l'interdit, comportent un dispositif de réglage automatique de température. Si le logement ou la pièce isolée n'est pas pourvu de chauffage central individuel ou collectif, il doit cependant comporter :
• dans les logements de moins de trois pièces principales, un dispositif, en sus des appareils nécessaires à la cuisine, choisi parmi les suivants :
– poêle à charbon, mazout ou bois raccordé à un conduit d'évacuation de fumée. Si l'installation existe, son bon état de fonctionnement doit être vérifié,
– radiateur à gaz fixe avec évacuation des gaz brûlés par ventouse ou raccordement à un conduit d'évacuation des gaz brûlés,
– appareil électrique fixe ;
• dans les logements de trois ou quatre pièces principales, deux dispositifs au moins, si possible du même type ;
• dans les logements de cinq pièces principales et plus, trois dispositifs au moins, si possible du même type.
La pièce isolée est pourvue de l'un des dispositifs énumérés ci-dessus. Ces dispositifs permettent d'assurer une température suffisante dans chacune des pièces.

6.2 Règles d'habitabilité du logement décent

La loi n° 2000-1208 du 13 décembre 2000 relative à la solidarité et au renouvellement urbains (SRU), mise en œuvre par le décret n° 2002-120 du 30 janvier 2002[24], a institué l'obligation pour tout bailleur social ou privé de mettre en location un logement « décent ». Ce décret, qui ne s'applique donc qu'aux logements faisant l'objet d'un contrat de location, a pour but d'éviter les abus induits dans le secteur privé par les situations de marché tendues, notamment dans les centres villes, avec une demande élevée et une offre faible. Le décret n° 2023-796 du 18 août 2023[25] (voir 5.1.17) fixe les exigences de consommations énergétiques et les classes du diagnostic de performance énergétique (DPE).

6.2.1 Caractéristiques générales

Un logement décent, au sens du décret n° 2002-120 du 30 janvier 2002, présente des caractéristiques techniques minimales lui permettant d'assurer la sécurité physique et la santé des locataires, et notamment les caractéristiques reproduites ci-après.
« Art. 2. [...]
1. Il assure le clos et le couvert. Le gros œuvre du logement et de ses accès est en bon état d'entretien et de solidité et protège les locaux contre les eaux de ruissellement et les remontées d'eau. Les menuiseries extérieures et la couverture avec ses raccords et accessoires assurent la protection contre les infiltrations d'eau dans l'habitation. Pour les logements situés dans les départements d'outre-mer, il peut être tenu compte, pour l'appréciation des conditions relatives à la protection contre les infiltrations d'eau, des conditions climatiques spécifiques à ces départements.

2. Il est protégé contre les infiltrations d'air parasites. Les portes et fenêtres du logement ainsi que les murs et parois de ce logement donnant sur l'extérieur ou des locaux non chauffés présentent une étanchéité à l'air suffisante. Les ouvertures des pièces donnant sur des locaux annexes non chauffés sont munies de portes ou de fenêtres. Les cheminées doivent être munies de trappes. Ces dispositions ne sont pas applicables dans les départements situés outre-mer.
3. Les dispositifs de retenue des personnes, dans le logement et ses accès, tels que garde-corps des fenêtres, escaliers, loggias et balcons, sont dans un état conforme à leur usage.
4. La nature et l'état de conservation et d'entretien des matériaux de construction, des canalisations et des revêtements du logement ne présentent pas de risques manifestes pour la santé et la sécurité physique des locataires.
5. Les réseaux et branchements d'électricité et de gaz et les équipements de chauffage et de production d'eau chaude sont conformes aux normes de sécurité définies par les lois et règlements et sont en bon état d'usage et de fonctionnement.
6. Le logement permet une aération suffisante. Les dispositifs d'ouverture et les éventuels dispositifs de ventilation des logements sont en bon état et permettent un renouvellement de l'air et une évacuation de l'humidité adaptés aux besoins d'une occupation normale du logement et au fonctionnement des équipements.
7. Les pièces principales, au sens du troisième alinéa de l'article R. 111-1 du Code de la construction et de l'habitation, bénéficient d'un éclairement naturel suffisant et d'un ouvrant donnant à l'air libre ou sur un volume vitré donnant à l'air libre. »

Il convient de rappeler ici que, si les taudis du XIXe siècle n'avaient pas de fenêtres, ce n'était pas par volonté des propriétaires de séquestrer leurs locataires ou de créer une atmosphère délétère, mais pour des raisons fiscales[26]. Ancêtre des lois actuelles d'aide à la réhabilitation du parc existant, la loi du 22 avril 1850 relative à l'assainissement des logements insalubres précisait que « les ouvertures pratiquées pour l'exécution des travaux d'assainissement seront exemptées, pendant trois ans, de la contribution des portes et fenêtres », ce afin d'inciter les propriétaires à augmenter le nombre de fenêtres des logements locatifs. Fiscalité et immobilier étaient déjà liés.

6.2.2 Équipements

Un logement décent, au sens du décret n° 2002-120 du 30 janvier 2002, comporte les éléments d'équipement et de confort reproduits ci-après.

« Art. 3. [...]
1. Une installation permettant un chauffage normal, munie des dispositifs d'alimentation en énergie et d'évacuation des produits de combustion et adaptée aux caractéristiques du logement. Pour les logements situés dans les départements d'outre-mer, il peut ne pas être fait application de ces dispositions lorsque les conditions climatiques le justifient.
2. Une installation d'alimentation en eau potable assurant à l'intérieur du logement la distribution avec une pression et un débit suffisants pour l'utilisation normale de ses locataires.
3. Des installations d'évacuation des eaux ménagères et des eaux-vannes empêchant le refoulement des odeurs et des effluents et munies de siphon.
4. Une cuisine ou un coin cuisine aménagé de manière à recevoir un appareil de cuisson et comprenant un évier raccordé à une installation d'alimentation en eau chaude et froide et à une installation d'évacuation des eaux usées.
5. Une installation sanitaire intérieure au logement comprenant un W.-C., séparé de la cuisine et de la pièce où sont pris les repas, et un équipement pour la toilette corporelle, comportant une baignoire ou une douche, aménagé de manière à garantir l'intimité personnelle, alimenté en eau chaude et froide et muni d'une évacuation des eaux usées. L'installation sanitaire d'un logement d'une seule pièce peut être limitée à un W.-C. extérieur au logement à condition que ce W.-C. soit situé dans le même bâtiment et facilement accessible.
6. Un réseau électrique permettant l'éclairage suffisant de toutes les pièces et des accès ainsi que le fonctionnement des appareils ménagers courants indispensables à la vie quotidienne.
Dans les logements situés dans les départements d'outre-mer, les dispositions relatives à l'alimentation en eau chaude prévues aux 4 et 5 ci-dessus ne sont pas applicables. »

6.2.3 Surface et volume habitables

Le décret n° 2002-120 du 30 janvier 2002 indique :
« Art. 4. Le logement dispose au moins d'une pièce principale ayant soit une surface habitable au moins égale à 9 m^2 et une hauteur sous plafond au moins égale à 2,20 m, soit un volume habitable au moins égal à 20 m^3.
La surface habitable et le volume habitable sont déterminés conformément aux dispositions des deuxième et troisième alinéas de l'article R. 156-1 du CCH. »

6.3 Règles sanitaires d'hygiène et de salubrité des locaux d'habitation et assimilés

Le décret n° 2023-695 du 29 juillet 2023 portant règles sanitaires d'hygiène et de salubrité des locaux d'habitation et assimilés vise en premier lieu à harmoniser les règles d'hygiène et de salubrité définies jusque-là localement par des arrêtés préfectoraux portant règlements sanitaires départementaux (RSD). En effet, les RSD pouvaient prévoir des règles plus contraignantes que celles prévues par la loi en matière de logement décent. En second lieu, le décret rappelle les caractéristiques des locaux propres à l'habitation, dont leur superficie et leur hauteur sous plafond, mais aussi leur ensoleillement et leur éclairement naturel, ainsi que leur configuration générale. Enfin, il renforce les sanctions applicables en cas d'infractions aux règles d'hygiène et de salubrité.

POUR EN SAVOIR PLUS...

« Logement décent : un décret technique qui fait polémique »

Article de Guillaume Ducable de JPGmedia pour Localtis, la Banque des territoires, paru en septembre 2023

Par suite d'une action de plusieurs associations auprès du Conseil d'État, ce dernier a, dans sa décision n° 488640 du 29 août 2024, annulé la nouvelle rédaction de la sous-section 2 « Caractéristiques des locaux propres à l'habitation » de la section 3 du chapitre Ier du titre III du livre III de la première partie de la partie réglementaire du CSP, dans sa version résultant du décret n° 2023-695 du 29 juillet 2023. Le Conseil d'État ne s'est pas prononcé sur le fond des dispositions de ce décret, et le débat sur les conditions de salubrité d'un logement reste ouvert. Dans l'attente, les RSD s'appliquent.

Voici le texte de la sous-section 2 du décret n° 2023-695 du 29 juillet 2023, sous-section annulée par le Conseil d'État :

« Sous-section 2

Caractéristiques des locaux propres à l'habitation

Art. R. 1331-17. Sont par nature impropres à l'habitation et ne peuvent en conséquence être mis à disposition aux fins d'habitation, à titre gratuit ou onéreux, par application de l'article L. 1331-23 [du CSP] :

1° les caves, quels que soient les aménagements et transformations qui leur sont apportés ;

2° les sous-sols, les combles, les pièces dont la hauteur sous plafond est insuffisante, les pièces de vie dépourvues d'ouverture sur l'extérieur, ou celles dépourvues d'éclairement naturel suffisant ou de configuration exiguë, sauf s'ils répondent aux exigences respectivement fixées par les articles R. 1331-18 à R. 1331-23 [du CSP].

Art. R. 1331-18. Un sous-sol peut être mis à disposition aux fins d'habitation si ses caractéristiques ne constituent pas un risque pour la santé de l'occupant et s'il répond aux conditions cumulatives suivantes :

- il satisfait aux exigences de hauteur sous-plafond, d'ouverture sur l'extérieur, d'éclairement et de configuration posées respectivement par les articles R. 1331-20 à R. 1331-23 [du CSP] ;
- les ouvertures sur l'extérieur n'exposent pas les occupants à des sources de pollution, notamment, à des émissions des gaz d'échappement de véhicules à moteurs thermiques ;
- il est aménagé à usage d'habitation.

Les rez-de-chaussée ou les rez-de-jardin de maisons implantées sur des terrains d'une pente égale ou supérieure à 10 degrés ne sont pas des sous-sols.

Art. R. 1331-19. Les combles peuvent être mis à disposition aux fins d'habitation s'ils répondent aux conditions cumulatives suivantes :

- la solidité du plancher garantit la sécurité de l'occupation ;
- ils satisfont aux exigences de hauteur sous-plafond, d'ouverture sur l'extérieur, d'éclairement et de configuration posées respectivement par les articles R. 1331-20 à R. 1331-23 [du CSP] ;
- ils sont aménagés à usage d'habitation.

Art. R. 1331-20. Les pièces de vie et de service du logement ont une hauteur sous plafond suffisante et continue pour la surface exigée permettant son occupation sans risque. Une hauteur sous plafond égale ou supérieure à 2,20 m est suffisante. Les locaux dont la hauteur sous plafond est inférieure à 2,20 m sont impropres à l'habitation sauf s'ils respectent les dispositions de l'article 4 du décret [n° 2002-120] du 30 janvier 2002 relatif aux caractéristiques du logement décent pris pour l'application de l'article 187 de la loi n° 2000-1208 du 13 décembre 2000 relative à la solidarité et au renouvellement urbains.

Art. R. 1331-21. Les pièces de vie d'un local sont pourvues d'une ouverture sur l'extérieur donnant à l'air libre, le cas échéant par l'intermédiaire d'un volume vitré donnant lui-même à l'air libre, et présentent une section ouvrante permettant une aération naturelle suffisante.

Au moins une de ces pièces est munie d'une fenêtre ou d'une baie offrant une vue sur l'extérieur correspondant au minimum à un prospect permettant un éclairement naturel suffisant tel qu'il est défini à l'article R. 1331-22 [du CSP].

Art. R. 1331-22. L'éclairement naturel dont sont pourvues les pièces de vie d'un local est suffisant lorsque l'éclairement au centre de celle-ci permet d'y lire par temps clair et en pleine journée sans recourir à un éclairage artificiel.
Art. R. 1331-23. La configuration des pièces de vie d'un local est regardée comme non exiguë lorsque sont satisfaites les conditions cumulatives suivantes :
1° l'une de ces pièces de vie a une surface au moins égale à neuf m carrés ou présente un volume habitable au moins égal à 20 m^3 ;
2° les autres ont une surface au moins égale à 7 m^2 ;
3° un occupant peut se mouvoir sans risque et circuler aisément dans le logement en tenant compte du mobilier, des équipements et des aménagements nécessaires à la vie courante. »
La sous-section suivante est, elle, en vigueur :
« Sous-section 3
Conditions de salubrité inhérentes aux locaux d'habitation
Art. R. 1331-24. Les locaux d'habitation ne présentent pas de revêtements dégradés contenant du plomb à des concentrations supérieures aux seuils et aux conditions mentionnés à l'article L. 1334-2 [du CSP].
Art. R. 1331-25. Le bâti (sol, toiture, murs, ouvertures), les gros ouvrages, au sens de l'article R. 111-2 du Code de la construction et de l'habitation, assurent la protection, prévue par l'article R. 151-2 du même code, des locaux d'habitation contre les remontées d'eau, les infiltrations et l'humidité, ainsi que contre les infiltrations d'air parasite.
En outre, pour éviter toute stagnation d'eau dans les bâtiments et leurs abords, les cours, courettes, terrasses, balcons, coursives, toits-terrasses, chapes, perrons, marches, espaces vides entre deux murs d'habitation, ruelles mitoyennes et sols des voies privées :
1° présentent une pente convenablement réglée et, s'il y a lieu, orientée à l'opposé des façades ;
2° comportent les aménagements nécessaires à l'évacuation des eaux, tant pluviales que de lavage, vers un dispositif capable de s'opposer au passage des rongeurs et de retenir les matières pouvant provoquer des engorgements ; ces aménagements comportent en nombre suffisant des regards facilitant les opérations de désengorgement.
Art. R. 1331-26. Tout logement est muni :
1° d'une installation intérieure d'alimentation en eau potable ;
2° d'une évacuation des eaux usées ;
3° d'un point d'eau chaude ;
4° d'une salle d'eau ;
5° d'un cabinet d'aisances ;
6° d'une installation électrique ;
7° d'une installation de chauffage ;
8° d'un système naturel ou mécanique de régulation de la chaleur ;
9° d'un dispositif de renouvellement de l'air ;
10° d'un dispositif d'occultation de la lumière.
Sans préjudice de la réglementation qui leur est applicable, ces installations, équipements et dispositifs répondent aux conditions fixées respectivement pour chacun d'eux par les articles R. 1331-27 à R. 1331-35 [du CSP].
[...]
Art. R. 1331-27. L'alimentation en eau potable provient d'un réseau de distribution publique, d'une source ou d'un puits privé dans les conditions prévues aux articles L. 1321-4 et L. 1321-7 [du CSP].
Art. R. 1331-28. L'évacuation des eaux usées est en bon état de fonctionnement, parfaitement étanche et ne présente aucun désordre ni risque pour la santé et l'environnement.
Art. R. 1331-29. Le point d'eau chaude est convenablement alimenté à toute heure du jour et de la nuit. Cette obligation ne s'impose pas aux logements situés dans les collectivités régies par l'article 73 de la Constitution.
Art. R. 1331-30. I. La salle d'eau comporte un lavabo ainsi qu'une baignoire ou une douche. Le cabinet d'aisances peut ne former qu'une seule pièce avec la salle d'eau.
Les matériaux des sols, murs et plafonds de la salle d'eau et du cabinet d'aisances ainsi que leurs équipements sanitaires sont d'un entretien aisé et les sols sont imperméables.
La salle d'eau et le cabinet d'aisances disposent d'eau en permanence, tant d'eau chaude que d'eau froide pour la salle d'eau. L'obligation de disposer d'eau chaude ne s'impose pas aux logements situés dans les collectivités régies par l'article 73 de la Constitution.
Les équipements du cabinet d'aisances raccordés à un système d'assainissement collectif ou individuel assurent une évacuation sans risque de pollution par retour d'eau et l'absence de remontée d'odeur. La cuvette du cabinet d'aisances est équipée d'un dispositif d'occlusion tel un abattant muni d'un couvercle.
Le cabinet d'aisances ne communique pas avec la cuisine, à moins que le logement ne comporte qu'une seule pièce de vie et à condition que la partie de cette pièce à usage de cuisine et le cabinet soient séparés par une porte et convenablement ventilés.
Les dispositifs de désagrégation et d'évacuation des matières fécales ne sont admis que dans les logements qui sont totalement démunis de cabinets d'aisances, faute de possibilité technique de raccordement pour leur aménagement tenant notamment à la nature de l'installation. Un arrêté des ministres chargés de la construction et de

la santé précise les conditions auxquelles ces dispositifs doivent satisfaire.
Des toilettes sèches peuvent être installées, à condition que les modalités de récupération et de traitement de leurs résidus soient à même de prévenir toutes nuisances et contaminations.
II. Lorsque des logements, des pièces isolées ou des pièces d'un logement louées isolément sont desservis par une ou plusieurs salles d'eau communes ou par un ou plusieurs cabinets d'aisances communs, le nombre de ces salles d'eau et cabinets d'aisances est déterminé en fonction du nombre de personnes appelées à en faire usage, à raison d'une salle d'eau ou d'un cabinet d'aisances commun à cinq personnes au maximum.
Les salles d'eau communes et cabinets d'aisance communs sont dotés de portes fermant de l'intérieur mais pouvant être ouvertes de l'extérieur en cas de nécessité.
La salle d'eau ou le cabinet ne peut être distant de plus d'un étage des locaux qu'il dessert, ni de plus de 30 m en distance horizontale.
Un poste ou point d'eau potable avec évacuation permettant le lavage des mains est placé à proximité immédiate de tout cabinet d'aisances à usage commun.
Art. R. 1331-31. L'installation électrique est sécurisée et comporte un dispositif de coupure générale de l'alimentation électrique dans le logement.
Art. R. 1331-32. L'installation de chauffage est fixe, adaptée aux caractéristiques du logement, notamment à son isolation et à ses aménagements, et elle assure le confort de ses occupants vis-à-vis du froid. Cette obligation ne s'impose pas aux logements situés dans les collectivités régies par l'article 73 de la Constitution.
Les équipements tels les barbecues, réchauds à gaz mobiles, braseros, ne peuvent être utilisés comme modes de chauffage d'appoint.
Art. R. 1331-33. Le logement est pourvu d'un système de régulation de la chaleur fonctionnel et suffisant, qui peut être assuré par différents moyens tels l'isolation thermique, la présence de volets, la possibilité de ventilation nocturne, l'existence d'un puits provençal, ainsi que par leur combinaison.
Art. R. 1331-34. Le renouvellement de l'air, qui comprend l'évacuation de l'air vicié et de l'humidité ainsi que l'apport d'air neuf, s'effectue au moyen de l'aération par les fenêtres et ouvrants ainsi que, le cas échéant, par des systèmes de ventilation naturelle ou mécanique ou tout autre dispositif.
Les courants d'air éventuellement créés par ces dispositifs et systèmes et le rejet de l'air vicié n'emportent pas d'effets négatifs sur la santé des personnes.
Les dispositifs de renouvellement de l'air sont maintenus en bon état d'usage. Les grilles et orifices de ventilation ne sont pas obturés, le détalonnage des portes intérieures est respecté.
Art. R. 1331-35. L'occultation de la lumière dans les pièces destinées au sommeil ou comportant un couchage habituel est assurée par les volets ou persiennes ou par un dispositif d'effet équivalent.
Art. R. 1331-36. Lorsque des installations, des équipements et des dispositifs du logement ou des parties communes sont modifiés, remplacés ou ajoutés, ils sont choisis et installés de façon à réduire à leur valeur minimale les bruits et les vibrations qu'ils sont susceptibles de causer. »

Notes

1. Extraits de l'article L. 111-1 du CCH.
2. Art. L. 161-1 et L. 162-1 du CCH.
3. Art. L. 151-1 du CCH.
4. Art. L. 152-1 à L. 152-3 du CCH.
5. Art. L. 153-1 et L. 153-2 du CCH.
6. Art. L. 154-1 du CCH.
7. Art. L. 155-1 du CCH.
8. Art. L. 157-1 du CCH.
9. Art. R. 113-2 du CCH.
10. Art. R. 113-4 du CCH.
11. Art. R. 113-4 du CCH.
12. La loi ne fixe pas d'obligation de réalisation de places de stationnement et renvoie au PLU en précisant certaines notions (Code de l'urbanisme, sous-section 2 : qualité urbaine, architecturale, environnementale et paysagère, articles L. 151-30 à L. 151-37).
13. Art. R. 111-1 du CCH.
14. Art. R. 162-1, R. 162-3 et R. 162-4 du CCH.
15. Arrêté du 17 octobre 2011 abrogeant et remplaçant l'arrêté du 10 juin 1996 relatif à la majoration de l'assiette de la subvention et aux caractéristiques techniques des opérations de construction, d'amélioration ou d'acquisition-amélioration d'immeubles en vue d'y aménager avec l'aide de l'État des logements ou des logements-foyers à usage locatif.
16. Art. R. 134-59 du CCH.
17. Art. R. 142-1 du CCH.
18. Art. R. 151-1 du CCH.
19. Art. R. 153-2, R. 153-3 et R. 153-6 du CCH.
20. Art. R. 154-6 et R. 154-7 du CCH.
21. Art. R. 155-1 du CCH.
22. Art. R. 157-6 du CCH.
23. Arrêté du 17 octobre 2011 abrogeant et remplaçant l'arrêté du 10 juin 1996 relatif à la majoration de l'assiette de la subvention et aux caractéristiques techniques des opérations de construction, d'amélioration ou d'acquisition-amélioration d'immeubles en vue d'y aménager avec l'aide de l'État des logements ou des logements-foyers à usage locatif.
24. Décret n° 2002-120 du 30 janvier 2002 relatif aux caractéristiques du logement décent pris pour l'application de l'article 187 de la loi n° 2000-1208 du 13 décembre 2000 relative à la solidarité et au renouvellement urbains.
25. Décret n° 2023-796 du 18 août 2023 pris pour l'application de l'article 6 et de l'article 20-1 de la loi n° 89-462 du 6 juillet 1989 et adaptant les dispositions des contrats types de location de logement à usage de résidence principale.
26. Sous l'Empire romain déjà, une taxe spécifique, l'*ostiarium*, était basée sur les portes des maisons. Avec les contributions foncière, mobilière, et liée aux patentes, la taxe sur les portes et fenêtres faisait en France partie des principales contributions directes ; elle a été supprimée en 1926.

7

Réglementation incendie applicable à la construction des bâtiments d'habitation

La réglementation incendie des bâtiments d'habitation relève de l'arrêté du 31 janvier 1986 relatif à la protection contre l'incendie des bâtiments d'habitation.

Les exigences réglementaires répondent à ces trois objectifs :

- éviter la transmission du feu :
  - soit vers d'autres locaux ou vers des tiers si le foyer initial est intérieur ;
  - soit vers l'intérieur du bâtiment si le foyer provient de l'extérieur ;
- évacuer les occupants ;
- permettre un accès aisé des services publics de secours et de lutte contre l'incendie au bâtiment et faciliter leur intervention.

Des paramètres spécifiques aux bâtiments d'habitation sont pris en compte dans l'atteinte de ces objectifs :

- les occupants connaissent les locaux, ce qui atténue le risque de panique généralisée. En revanche, l'évacuation peut être freinée par la désorganisation et ses délais dépendent notamment de la hauteur des bâtiments ;
- les nombreux cloisonnements existants dans le bâtiment limitent sensiblement l'extension d'un foyer initial ;
- le risque est accru pendant le sommeil des occupants à cause de leur découverte tardive de l'incendie ;
- contrairement aux établissements recevant du public (ERP) et aux immeubles de grande hauteur (IGH), les bâtiments d'habitation ne sont soumis ni à un contrôle périodique, ni à la présence d'un service de sécurité.

7.1 Classement des bâtiments d'habitation du point de vue de la sécurité incendie

L'arrêté du 31 janvier 1986 relatif à la protection contre l'incendie des bâtiments d'habitation ne vise pas les IGH, qui font l'objet d'une réglementation particulière. Il s'applique « aux bâtiments d'habitation y compris les logements-foyers dont le plancher bas du logement le plus haut est situé au plus à 50 mètres au-dessus du sol utilement accessible aux engins des services de secours et de lutte contre l'incendie » (article 1er).

ZOOM LIMITE DE L'IGH

La limite de l'IGH, qui est de 28 m pour tous les bâtiments autres que d'habitation, est repoussée à 50 m pour l'habitation.

Les bâtiments d'habitation hors IGH sont classés en quatre familles.

Pour le classement des bâtiments, seul le niveau bas des duplex ou des triplex des logements situés à l'étage le plus élevé est pris en compte si ces logements disposent d'une pièce principale et d'une porte palière en partie basse et que les planchers des différents niveaux constituant ces logements répondent aux exigences coupe-feu. Pour les permis de construire déposés après le 1er octobre 2015, les quadruplex et plus ne sont pas admis dans les bâtiments d'habitation collectifs.

7.1.1 Première famille

Selon le 1° de l'article 3 de l'arrêté du 31 janvier 1986, la première famille (fig. 7.1) rassemble les habitations individuelles isolées ou jumelées à un étage au plus sur rez-de-chaussée, ainsi que les habitations individuelles à rez-de-chaussée groupées en bande. Elle concerne également les habitations individuelles à un étage sur rez-de-chaussée groupées en bande, mais uniquement lorsque les structures de chaque habitation concourant à la stabilité du bâtiment sont indépendantes de celles de l'habitation contiguë.

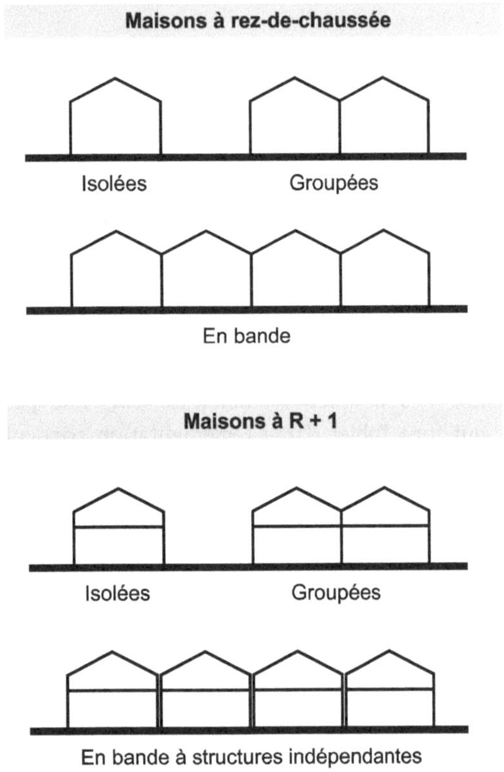

▲ **Fig. 7.1.** Bâtiments de la première famille
(source : arrêté du 31 janvier 1986)

7.1.2 Deuxième famille

Selon le 2° de l'article 3 de l'arrêté du 31 janvier 1986, la deuxième famille (fig. 7.2) comprend :

- les habitations individuelles isolées ou jumelées de plus d'un étage sur rez-de-chaussée ;
- les habitations individuelles à un étage sur rez-de-chaussée seulement, groupées en bande, lorsque les structures de chaque habitation concourant à la stabilité du bâtiment ne sont pas indépendantes des structures de l'habitation contiguë ;
- les habitations individuelles de plus d'un étage sur rez-de-chaussée groupées en bande ;
- les habitations collectives comportant au plus trois étages sur rez-de-chaussée.

L'expression « habitations individuelles » concerne les bâtiments d'habitation ne comportant pas de logements superposés.

Les escaliers des bâtiments d'habitation collectifs de trois étages sur rez-de-chaussée dont le plancher bas du logement le plus haut est à plus de 8 m du sol doivent être encloisonnés.

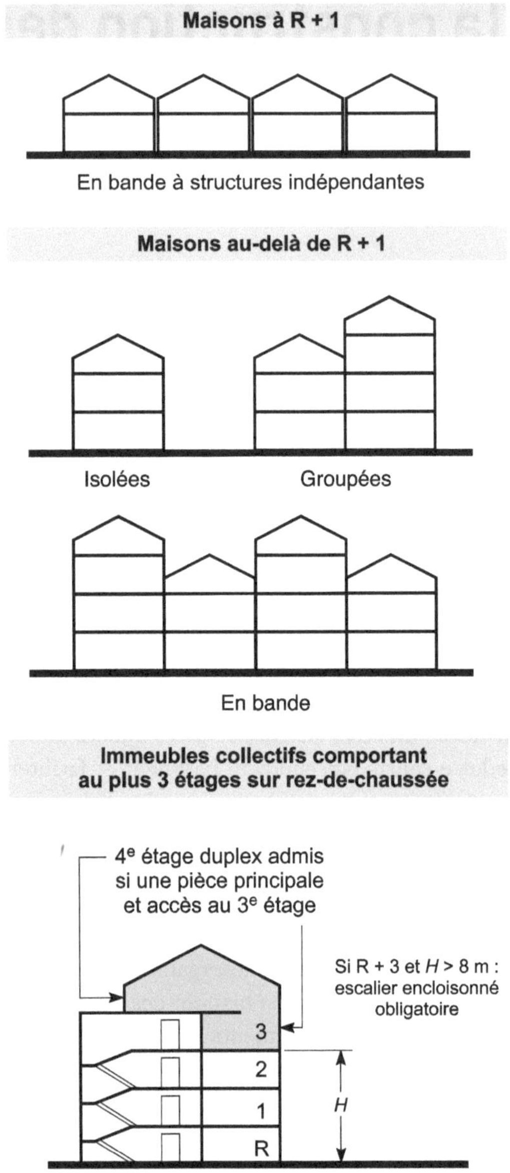

▲ **Fig. 7.2.** Bâtiments de la deuxième famille
(source : arrêté du 31 janvier 1986)

7.1.3 Troisième famille

Selon le 3° de l'article 3 de l'arrêté du 31 janvier 1986, la troisième famille (fig. 7.3) concerne les habitations dont le plancher bas du logement le plus haut est situé à 28 m au plus au-dessus du sol utilement accessible aux engins des services de secours et de lutte contre l'incendie.

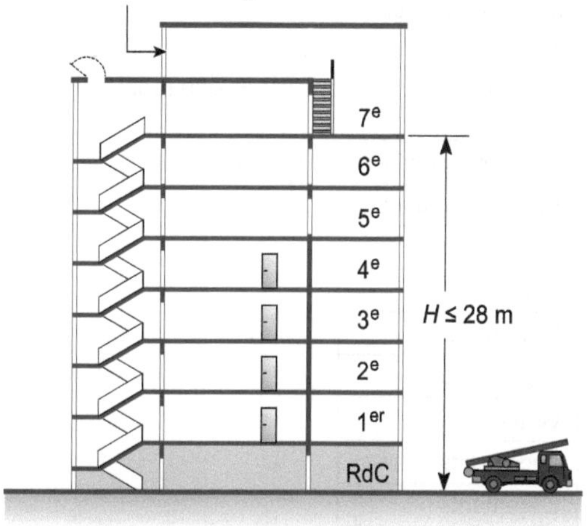

▲ **Fig. 7.3.** Bâtiments de la troisième famille
(source : arrêté du 31 janvier 1986)

La troisième famille est elle-même divisée en deux :

- la troisième famille A, dont les habitations répondent simultanément aux trois prescriptions suivantes :
  - comporter au plus sept étages sur rez-de-chaussée,
  - posséder des circulations horizontales telles que la distance entre la porte palière de logement la plus éloignée de l'accès à l'escalier soit au plus égale à 10 m, ou 7 m pour les bâtiments dont le permis de construire a été déposé avant le 1er octobre 2015,
  - au rez-de-chaussée, les accès aux escaliers doivent être atteignables par la voie échelles (voir 7.2.2) ;

ZOOM ACCÈS AUX ESCALIERS

Les habitations de la troisième famille B doivent être implantées de telle sorte que les accès aux escaliers pour les services publics de secours et de lutte contre l'incendie soient situés à moins de 50 m d'une voie ouverte à la circulation répondant aux caractéristiques des voies engins (voir 7.2.1).
Toutefois, dans les communes dont ces services sont dotés d'échelles aériennes de hauteur suffisante, le maire peut décider que ces bâtiments, situés dans le secteur d'intervention desdites échelles, peuvent être soumis aux seules prescriptions fixées pour les bâtiments classés dans la troisième famille A. Dans ce cas, la hauteur du plancher bas du logement le plus haut du bâtiment projeté doit correspondre à la hauteur susceptible d'être atteinte par les échelles, et chaque logement doit pouvoir être atteint soit directement, soit par un parcours sûr.

- la troisième famille B, dont les habitations ne satisfont pas à l'une des trois prescriptions énumérées précédemment.

De plus, les bâtiments comportant plus de sept étages sur rez-de-chaussée doivent être équipés de colonnes sèches, conformément aux dispositions de l'article 98 de l'arrêté du 31 janvier 1986.

7.1.4 Quatrième famille et au-delà

Selon le 4° de l'article 3 de l'arrêté du 31 janvier 1986, la quatrième famille (fig. 7.4) recouvre les bâtiments d'habitation dont le plancher bas du logement le plus haut est situé à plus de 28 m et à 50 m au plus au-dessus du niveau du sol, plancher utilement accessible aux engins des services publics de secours et de lutte contre l'incendie. Ces habitations doivent être implantées de telle sorte que les accès aux escaliers protégés soient situés à moins de 50 m d'une voie ouverte à la circulation répondant aux caractéristiques des voies engins. Lorsqu'un immeuble de la quatrième famille doit contenir des locaux à usage autre que d'habitation, c'est-à-dire

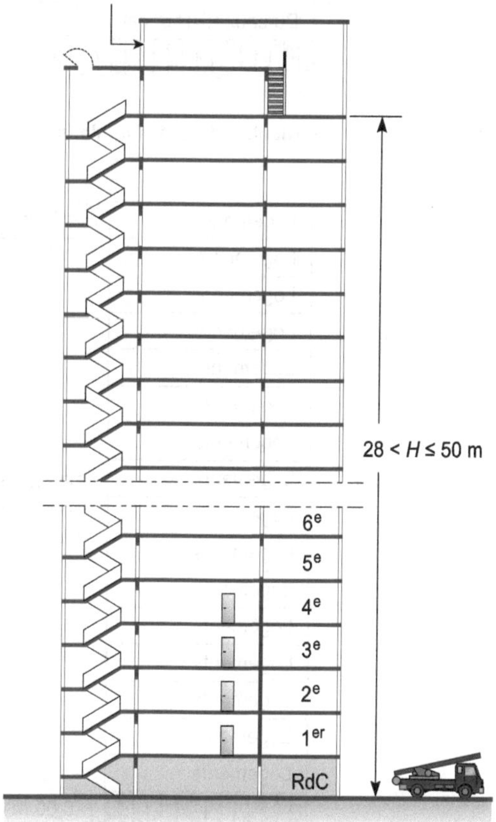

▲ **Fig. 7.4.** Bâtiments de la quatrième famille

dans des conditions non prévues par l'article R. 111-1 du CCH, cet immeuble doit être rangé dans la catégorie des IGH. Toutefois, le bâtiment demeure en quatrième famille (fig.7 5) lorsque les locaux répondent à l'une des conditions suivantes :

- les locaux affectés à une activité professionnelle font partie du même ensemble de pièces que celles où se déroule la vie familiale ;
- les locaux affectés à une activité professionnelle, de bureaux ou constituant un ERP et dépendant d'une même

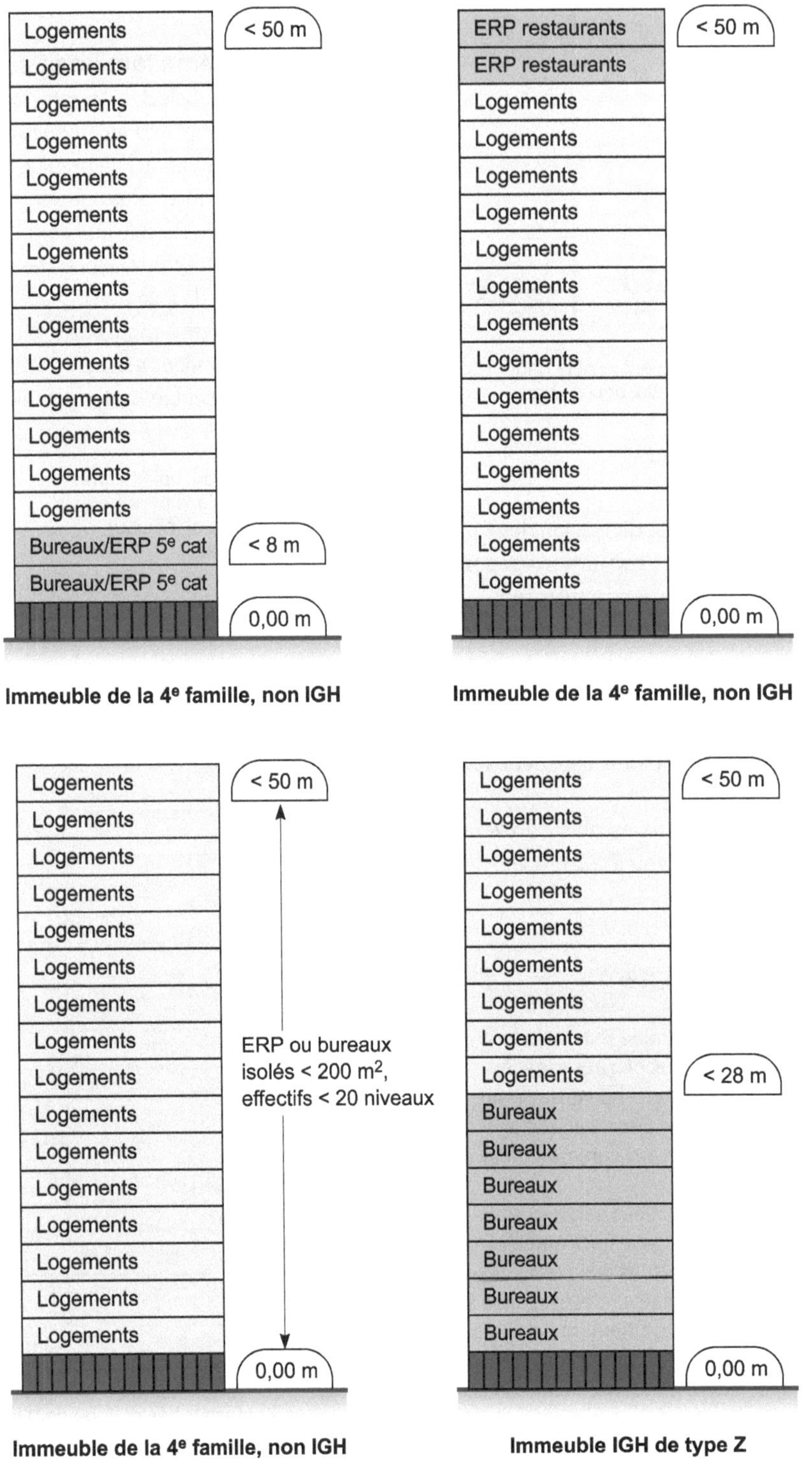

▲ **Fig. 7.5.** Versions d'immeubles mixtes et classements afférents
(source : 4° de l'article 3 de l'arrêté du 31 janvier 1986)

personne physique ou morale, forment un seul ensemble de locaux contigus d'une surface de 200 m^2 au plus, pouvant accueillir 20 personnes au plus à un même niveau et sont isolés des autres parties du bâtiment par des parois coupe-feu de degré 1 h et des blocs-portes pare-flammes de degré 1/2 h ;

- les locaux affectés à des activités professionnelles, de bureaux, ou constituant des ERP de 5e catégorie répondent à l'ensemble des conditions suivantes :
  - le plancher bas du niveau le plus haut occupé par ces locaux est toujours situé à 8 m au plus au-dessus du niveau du sol extérieur accessible aux piétons,
  - chaque niveau occupé par ces locaux a au moins une façade en bordure d'une voie répondant aux caractéristiques définies à l'article 4 de l'arrêté du 31 janvier 1986,
  - ces locaux et leurs dégagements sont isolés de la partie du bâtiment réservée à l'habitation par des parois coupe-feu de degré 2 h sans aucune intercommunication ;
- l'aménagement d'un établissement recevant du public du type N (restauration) sur les deux niveaux les plus élevés d'un immeuble à usage d'habitation de moins de 50 m de hauteur n'a pas pour effet de classer cet immeuble dans la classe GHZ :
  - si l'établissement considéré ne communique pas directement avec le reste de l'immeuble,
  - s'il est desservi par au moins deux escaliers protégés de deux unités de passage et ne peut recevoir plus de 500 personnes.

Au-delà de la quatrième famille, la réglementation des IGH s'applique aux bâtiments.

7.1.5 Synthèse

Pour les première et deuxième familles, les exigences de la réglementation sont faciles à atteindre avec des configurations courantes.

La troisième famille A reste à des niveaux d'exigences compatibles avec la conception de la plupart des immeubles urbains courants. En revanche, la troisième famille B et la quatrième famille imposent des configurations architecturales, techniques et urbaines qui peuvent avoir des incidences sur les caractéristiques générales du projet et sur son coût.

7.2 Caractéristiques des voies d'accès

7.2.1 Voie utilisable par les engins des services de secours et de lutte contre l'incendie, dite voie engins

La voie engins est une voie dont la chaussée répond aux caractéristiques indiquées dans la figure 7.6, quel que soit le sens de la circulation suivant lequel elle est abordée à partir de la voie publique.

7.2.2 Voie utilisable pour la mise en station des échelles, dite voie échelles

La voie échelles est une partie de la voie engins dont les caractéristiques sont complétées et modifiées selon la figure 7.7.

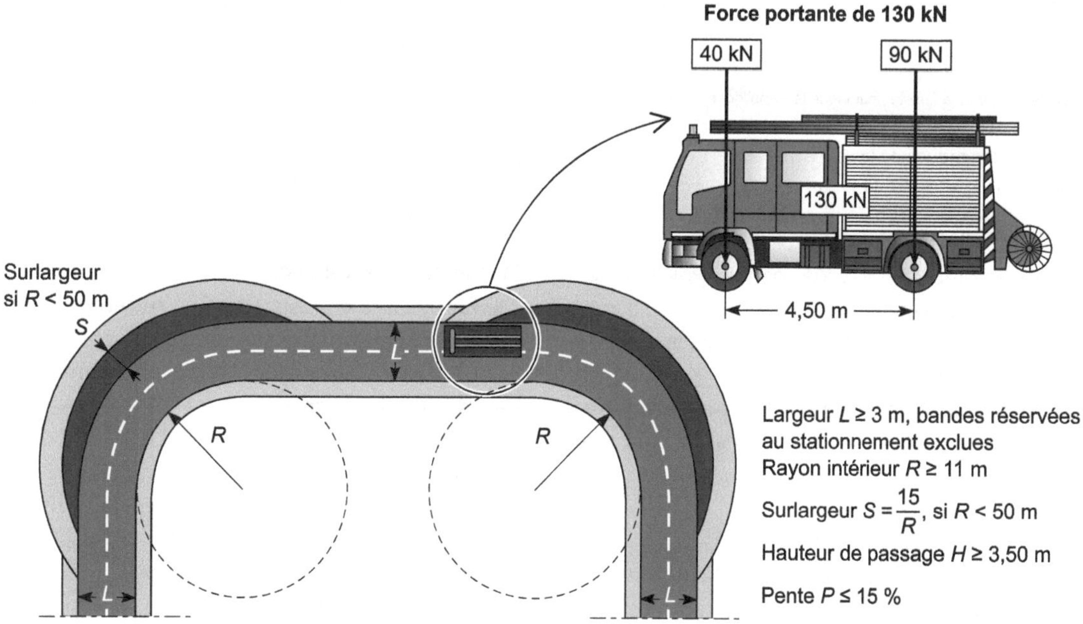

▲ **Fig. 7.6.** Caractéristiques d'une voie engins[1]
(source : A de l'article 4 de l'arrêté du 31 janvier 1986)

VOIE ÉCHELLES

Caractéristiques de la voie échelles	Indiv. 1	Collectifs 2	Collectifs 3 A	Collectifs 3 B	Collectifs 4
Pour la mise en station des échelles, la partie de la voie engins doit avoir les caractéristiques renforcées suivantes : Longueur $L \geq 10$ m Largeur $\ell < 4$ m, bandes réservées au stationnement exclues Pente $P \leq 10$ % Résistance au poinçonnement R = 100 kN sur une surface circulaire de 0,20 m de diamètre			●	●	

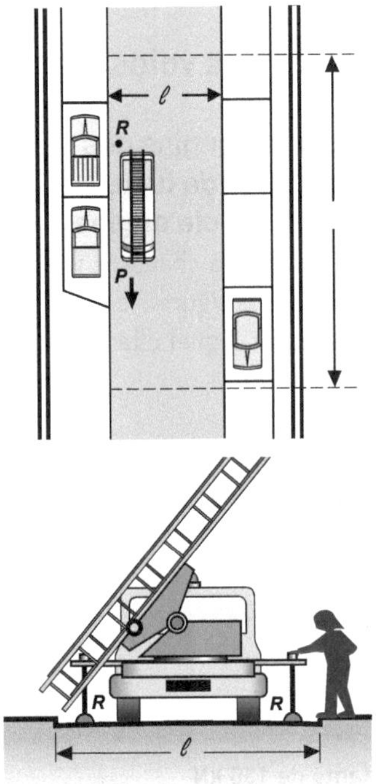

Les ronds noirs indiquent la famille pour laquelle s'appliquent les prescriptions énoncées dans l'article correspondant.

▲ **Fig. 7.7.** Caractéristiques de la voie échelles
(source : B de l'article 4 de l'arrêté du 31 janvier 1986)

Si cette section de voie ne se trouve pas sur la voie publique, elle doit lui être raccordée par une voie engins. Les voies échelles peuvent être :

• parallèles à la façade desservie. Dans ce cas, leur bord le plus proche doit se situer :
– à moins de 8 m et à plus de 1 m de la projection horizontale de la partie la plus saillante de la façade pour l'emploi des échelles de 30 m,
– à 6 m pour les échelles de 24 m,
– à 3 m pour les échelles de 18 m ;

• perpendiculaires à la façade desservie. Leur extrémité doit alors se situer à moins de 1 m de la façade et elles doivent avoir une longueur minimale de 10 m.

Dans le cas où le maire décide que les bâtiments classés dans la troisième famille B peuvent être soumis aux seules prescriptions fixées pour les bâtiments classés dans la troisième famille A, sont considérés comme accessibles :
– les logements dont un point d'accès (bord de la fenêtre ou châssis) est situé, en projection horizontale, à moins de 6 m du bord de la voie pour l'emploi des échelles de 30 m. Cette distance est réduite à 2 m pour les échelles de 24 m et s'annule pour les échelles de 18 m ;
– les logements dont le point d'accès, bien que situé au-delà des distances fixées ci-dessus, permet néanmoins de les atteindre par un parcours sûr (balcon filant, passerelle, terrasse).

7.3 Mesure des performances des ouvrages

Les performances des ouvrages en matière de sécurité incendie sont évaluées selon les caractéristiques listées dans les paragraphes suivants.

7.3.1 Performance des structures

Classification française

L'arrêté du 22 mars 2004 relatif à la résistance au feu des produits, éléments de construction et d'ouvrages répartit les éléments de construction en trois classes de résistance au feu :
– stable au feu (SF). L'élément de construction conserve, durant le temps indiqué, ses capacités de portance et d'auto-portance ;
– pare-flammes (PF). L'élément est stable au feu et évite, durant le temps indiqué, l'avancée des flammes ;
– coupe-feu (CF). L'élément est pare-flammes et évite du côté non sinistré, durant le temps indiqué, la propagation des gaz de combustion et des fumées ainsi que de la chaleur.
Les classes SF, PF et CF sont notées en fractions horaires : 1/4 h, 1/2 h, 3/4 h, 1 h, 1 h 1/2, 2 h, 3 h, 4 h, 6 h (fig. 7.8).

Classification européenne

Les Euroclasses de résistance au feu tentent d'harmoniser les systèmes nationaux de classement des éléments de construction au sein de l'Union européenne (UE). Elles sont au nombre de trois :
– résistance mécanique ou stabilité (R) ;
– étanchéité aux gaz et aux flammes (E) ;
– isolation thermique (I), nécessairement utilisée en complément d'une classification R ou E.
L'élément limite à 140 °C en moyenne et à 180 °C au maximum l'élévation de température de la surface non exposée au feu (isolation thermique) et évite, durant le temps indiqué, la propagation de la chaleur du côté non sinistré.

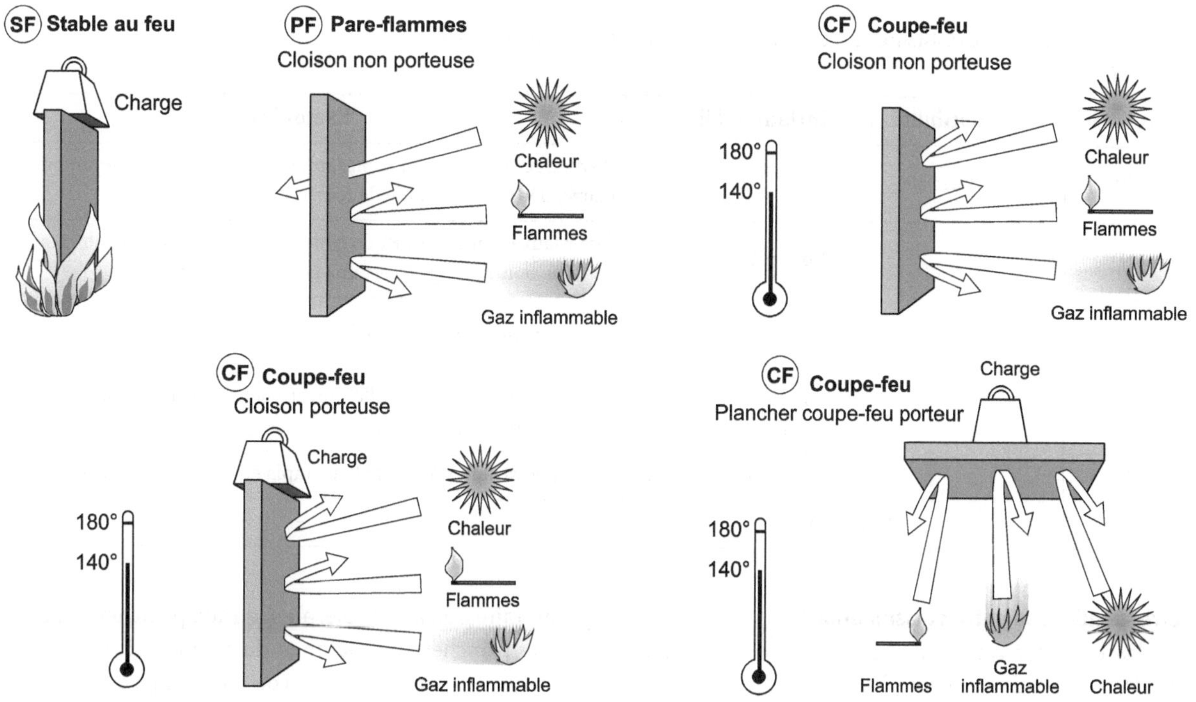

▲ **Fig. 7.8.** Stabilité au feu, pare-flammes et coupe-feu (source : Guide Veritas)

Les lettres R, E et I sont suivies de la durée de résistance, en minutes, par exemple REI 120 pour un élément coupe-feu pendant 120 minutes.

Correspondances entre classifications

Le tableau 7.1 précise les correspondances entre classifications européenne et française.

▼ **Tab. 7.1.** Correspondances entres classifications européenne et française

Classification européenne	Classification française
Mesure : en minutes	Mesure : en fractions horaires (1/4 h, 1/2 h, 1 h, etc.)
R = résistance mécanique ou stabilité au feu	SF = stabilité au feu
E = étanchéité au feu	PF = pare-flammes
RE = résistance mécanique + étanchéité au feu	SF + PF = stabilité au feu + pare-flammes
I = isolation thermique	–
EI = étanchéité au feu + isolation thermique	CF = coupe-feu
REI = résistance mécanique + étanchéité au feu + isolation thermique	SF + CF = stabilité au feu + coupe-feu

7.3.2 Performance des matériaux

Classification française

La norme NF P 92-507 de février 2004[1] définit la réaction au feu des matériaux, qui correspond à leur durée de résistance à une température donnée (tab. 7.2).

Classification européenne

L'arrêté du 21 novembre 2002 relatif à la réaction au feu des produits de construction et d'aménagement définit les « Euroclasses » de réaction au feu. Plus précise que la classification française, cette classification intègre :

• l'opacité des fumées (quantité/vitesse), notée :
- *s*1, pour faible,
- *s*2, pour moyenne,
- *s*3, pour haute ;

• la présence ou l'absence de gouttelettes et de débris enflammés, notée :
- *d*0, en cas d'absence,
- *d*1, si aucune gouttelette ou débris enflammé ne reste présent plus de 10 s,
- *d*2, à défaut.

Les produits de construction et d'aménagement y sont répartis en trois catégories :
- les revêtements de sol (fl, *flooring*) ;
- les produits d'isolation thermique pour conduite linéaire (L) ;
- les autres produits.

▼ **Tab. 7.2.** Catégories de résistance au feu des matériaux et caractéristiques associées
(source : NF P 92-507)

Catégorie	Combustibilité	Inflammabilité	Exemples
M0	Incombustible	–	Pierres, briques, ciment, tuiles, plomb, acier, ardoise, céramique, plâtre, béton, verre, laine de roche, staff
M1	Combustible	Non inflammable	Matériaux composites, PVC rigide, dalles minérales de faux plafond, certains bois ignifugés, certains polyesters ignifugés
M2		Difficilement inflammable	Moquette murale, panneau de particules
M3		Moyennement inflammable	Bois (y compris lamellé-collé), revêtement de sol en caoutchouc, moquette en polyamide, laine
M4		Facilement inflammable	Papier, polyester, polypropylène, tapis en fibres mélangées
NC	Non classé		–

Correspondances entre classifications

Les classes de correspondance sont définies par la norme NF EN 13501-1 de décembre 2018[2].

7.4 Exigences pour les structures

Le tableau 7.3 synthétise les critères de stabilité et de résistance au feu.

Les éléments porteurs verticaux situés en façade ou en pignon des bâtiments doivent présenter ces degrés de stabilité uniquement vis-à-vis d'un feu se développant depuis l'intérieur du bâtiment.

Les obligations de degré coupe-feu pour les planchers ne s'appliquent pas aux éléments situés au-dessus d'un vide sanitaire non accessible, ainsi qu'aux planchers hauts, aux faux planchers ou plafonds du dernier niveau habitable lorsque les parois verticales de l'enveloppe des logements, visées à l'article 8 de l'arrêté du 31 janvier 1986, sont prolongées jusqu'à la couverture du bâtiment.

7.5 Exigences pour les enveloppes des bâtiments

7.5.1 Recoupement vertical des bâtiments

Les groupements en bande de maisons individuelles et les bâtiments de grande longueur doivent être recoupés au moins tous les 45 m par un mur coupe-feu (CF) :

– de degré 1/2 h pour les habitations de la première famille ;

▼ **Tab. 7.3.** Critères de stabilité et de résistance au feu des structures
(sources : articles 5 et 6 de l'arrêté du 31 janvier 1986 relatif à la protection contre l'incendie des bâtiments)

		Première famille	Deuxième famille	Troisième famille	Quatrième famille
Stabilité au feu des éléments porteurs verticaux, hors éléments de charpente et de toiture	– Clos – Couvert	SF 1/4 h	SF 1/2 h	SF 1 h	SF 1 h 1/2
	– Balcons à structure indépendante – Coursives – Passerelles	– Identique à la structure principale – SF 1/4 h	SF 1/2 h		
Degré coupe-feu des planchers, à l'exclusion de ceux établis à l'intérieur d'un même logement	– Clos – Couvert	CF 1/4 h pour le plancher haut du sous-sol	CF 1/2 h	CF 1 h	CF 1 h 1/2
	– Balcons à structure indépendante – Coursives – Passerelles	PF 1/4 h	PF 1/2 h		

- de degré 1 h pour les habitations de la deuxième famille ;
- de degré 1 h 1/2 pour les habitations des troisième et quatrième familles.

Ce mur peut comporter des ouvertures munies d'un bloc-porte avec ferme-porte ou de tout autre dispositif de franchissement :
- coupe-feu de degré 1 h pour la quatrième famille ;
- coupe-feu de degré 1/2 h dans les autres cas.

7.5.2 Parois

Les exigences de degré coupe-feu des parois sont rassemblées dans le tableau 7.4.

▼ **Tab. 7.4. Degré coupe-feu des parois**
(source : article 8 de l'arrêté du 31 janvier 1986 relatif à la protection contre l'incendie des bâtiments)

Type de paroi	Degré (h)
Parois séparatives des habitations individuelles des première et deuxième familles jumelées ou réunies en bande	CF 1/4
Parois verticales de l'enveloppe du logement à l'exclusion des façades pour les habitations collectives de la deuxième famille et pour les habitations de la troisième famille	CF 1/2
Parois verticales de l'enveloppe du logement à l'exclusion des façades pour les habitations de la quatrième famille	CF 1

Les blocs-portes palières desservant :
- les logements des habitations collectives de la deuxième famille et des habitations de la troisième famille doivent être pare-flammes de degré 1/4 h ;
- les logements des habitations de la quatrième famille doivent être pare-flammes de degré 1/2 h (fig. 7.9).

7.5.3 Celliers et caves indépendants des logements

Selon l'article 10 de l'arrêté du 31 janvier 1986 relatif à la protection contre l'incendie des bâtiments, les ensembles regroupant des celliers ou caves indépendants des logements, aménagés en étage, rez-de-chaussée ou sous-sol, doivent être séparés des autres parties de l'immeuble par des parois coupe-feu de degré 1 h en troisième et quatrième familles.

Les blocs-portes de ces ensembles doivent :
- être coupe-feu de degré 1/2 h ;
- ouvrir dans le sens de la sortie en venant des celliers ou des caves ;
- être munis d'un ferme-porte ;
- être ouvrables sans clé de l'intérieur.

Ils doivent pouvoir s'ouvrir :
- sur l'extérieur ;
- en sous-sol ;
- sur des locaux reliés à l'extérieur ;
- sur les parcs de stationnement, seulement :
  - s'il existe un autre accès,
  - si cet accès s'effectue par l'intermédiaire d'un sas ;
- sur des circulations horizontales.

Les ensembles doivent être recoupés en autant de volumes qu'il existe de cages d'escalier les desservant par des parois coupe-feu de degré 1 h, dont les portes doivent être pare-flammes de degré 1/2 h, munies de ferme-porte, et ne pas comporter de dispositif de condamnation.

Dans toutes les habitations collectives, les portes d'accès aux sous-sols ne peuvent être munies de dispositifs de condamnation que si elles sont ouvrables sans clé depuis l'intérieur.

ZOOM CIRCULATION

Les ensembles ne peuvent pas s'ouvrir sur les escaliers encloisonnés desservant les logements des bâtiments collectifs. Le trajet à parcourir entre la porte du cellier ou de la cave la plus éloignée et la porte de sortie de l'ensemble doit être au plus égal à 20 m. Les celliers ou caves et leurs circulations ne doivent pas comporter d'aération donnant sur les autres circulations de l'immeuble.

7.5.4 Façades

L'objectif est de limiter la propagation du feu par les façades.

Revêtements

L'arrêté du 7 août 2019 relatif aux travaux de modification des immeubles de moyenne hauteur et précisant les solutions constructives acceptables pour les rénovations de façade a mis à jour les exigences de performance contre l'incendie des revêtements de façade des bâtiments d'habitation, ainsi que le guide d'isolation par l'intérieur, et a supprimé la possibilité de construire un duplex dont le plancher bas le plus haut est à plus de 50 m.

Les articles 12 et 13 de l'arrêté du 31 janvier 1986 relatif à la protection contre l'incendie des bâtiments définissent les caractéristiques des revêtements de façade concernant la réaction et la résistance au feu.

Pour les habitations de la première famille, les parements extérieurs des façades (menuiseries, coffrets de branchements, remplissage des garde-corps et fermetures exclus) doivent être, sauf dérogation, classés en catégorie D-s3, d0 (M3) au moins ou réalisés en bois. Toutefois, pour les

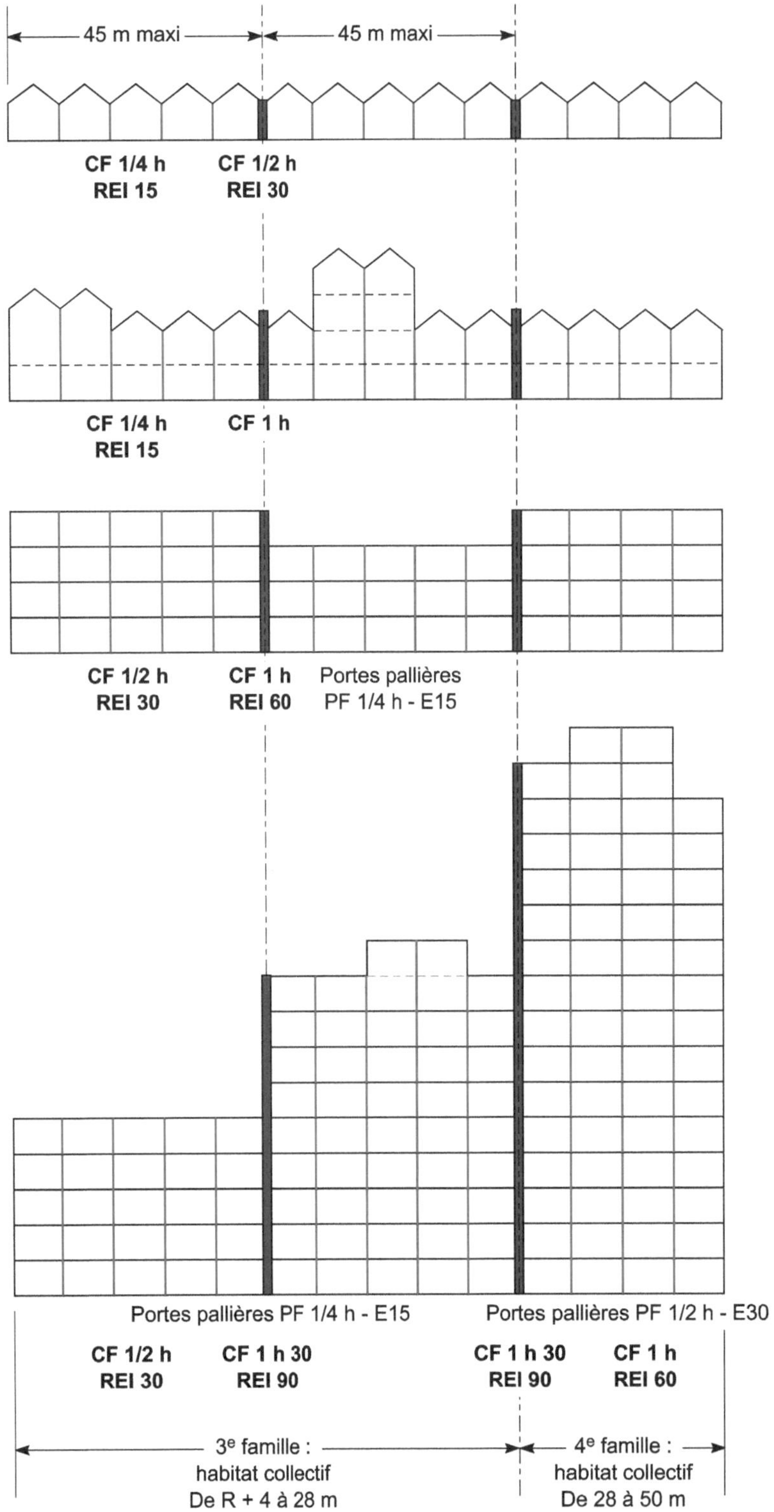

▲ **Fig. 7.9.** Caractéristiques des blocs-portes des différentes familles
(source : article 8 de l'arrêté du 31 janvier 1986 relatif à la protection contre l'incendie des bâtiments)

habitations individuelles isolées de la première famille, il est possible de déroger à cette règle lorsque la façade, dont les parties pleines sont revêtues de parements classés en catégorie E (M4), se trouve à plus de 4 m de la limite de propriété. Pour les habitations de la deuxième famille, les parements extérieurs doivent être classés au moins D.

Pour les habitations des troisième et quatrième familles, les systèmes de façade doivent être classés au moins A2-s3, d0 pour chacun de leurs éléments constitutifs et ne pas présenter de lame d'air. Lorsqu'ils comprennent des vides constructifs, les recoupements doivent être assurés notamment par la mise en place de matériaux intumescents, de bavettes ou de bandes de recoupement incombustibles. Une appréciation de laboratoire[3] permet de vérifier les solutions efficaces de recoupement selon les systèmes de façade ventilés. Cette appréciation peut également apporter la preuve de la performance d'une solution sans recoupements des lames d'air.

Une seconde solution existe pour chacune des familles :

- pour les habitations de la troisième famille, un système de façade peut posséder une efficacité globale vis-à-vis des objectifs généraux définis à l'article 11 de l'arrêté du 31 janvier 1986 démontrée *via* une appréciation de laboratoire, avec comme objectifs :
  - une limitation de la propagation du feu par les façades d'un niveau à un autre, que la source de l'incendie soit interne au bâtiment ou non, notamment lorsque la façade comporte une isolation extérieure,
  - une conception de la façade qui limite la propagation latérale d'un incendie, ainsi que sa propagation dans la façade ou par la jonction entre le mur et le plancher,
  - la prise en compte des chutes d'objets dans l'appréciation du risque, ainsi que celle des risques associés à l'environnement extérieur immédiat de la façade, qu'il soit bâti ou naturel, dans la limite de la zone d'influence caractéristique d'un incendie ;
- pour les habitations de la quatrième famille, un sous-ensemble du système de façade peut ne pas être classé au moins A2-s3, d0, à condition qu'il soit protégé par un écran thermique et de telle sorte qu'il n'y ait pas d'effets aggravants vis-à-vis de la performance d'un système de façade classé au moins A2-s3, d0. L'écran thermique doit avoir une performance de résistance au feu EI 30 ou sa performance au sein du système de façade doit être démontrée par essai. De plus l'efficacité du système de façade doit être démontrée par une appréciation de laboratoire.

ZOOM REZ-DE-CHAUSSÉE

Les parements extérieurs des façades du rez-de-chaussée doivent, dans tous les cas, être classés au moins en catégorie M2.

Façades comportant des ouvertures (règle du *C* + *D*)

L'indice *C* est défini par l'article 6 de l'arrêté du 10 septembre 1970 relatif à la classification des façades vitrées par rapport au danger d'incendie : « L'indice *C* représente la distance verticale [minimale] minimum entre les parties non détruites au cours de l'essai situées de part et d'autre du plancher, cette distance ne pouvant excéder la distance séparant le haut de l'ouverture située dans le panneau du premier niveau du bas de l'ouverture située dans le panneau du deuxième niveau. » Une avancée en façade est caractérisée par la valeur *D*, définie dans l'annexe A1 à l'instruction technique n° 249 relative aux façades, annexée à l'arrêté du 24 mai 2010[4] : « La valeur *D* est mesurée en supposant que la façade de l'étage inférieur est dans le même plan que celle du nez de plancher de l'étage supérieur. *D* n'est pris en compte que si sa valeur est supérieure ou égale à 0,15 m. »

La figure 7.10 les présente dans le cas le plus simple de baies superposées.

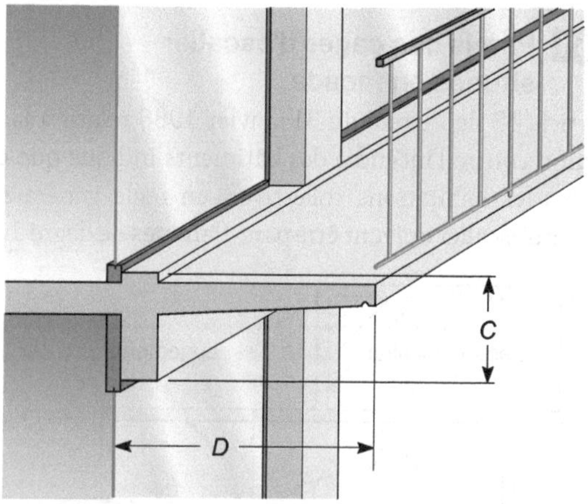

▲ **Fig. 7.10.** Définition de *C* et *D* pour l'application de la règle du *C* + *D*

Pour l'application de la règle du *C* + *D*, il n'est pas tenu compte des orifices de ventilation dont la section ne dépasse pas 200 cm^2.

L'article 14 de l'arrêté du 31 janvier 1986 relatif à la protection contre l'incendie des bâtiments donne les valeurs que doivent atteindre *C* + *D* en fonction de la masse combustible mobilisable *M*, qui est la masse combustible mobilisable de la façade à l'exclusion des menuiseries, fermetures et garde-corps, rapportée au mètre carré de façade, baies comprises. Dans le cas de maçonneries traditionnelles, cette masse est nulle. Ces valeurs sont reproduites dans le tableau 7.5.

Façades ne comportant pas d'ouvertures

Pour les façades ne comportant aucune ouverture, à l'exclusion des orifices de ventilation lorsque la section de

▼ **Tab. 7.5.** Valeurs minimales de *C + D* en fonction de *M*

(source : article 14 de l'arrêté du 31 janvier 1986 relatif à la protection contre l'incendie des bâtiments)

Grandeur	Habitations de la troisième famille A			Habitations de la troisième famille B et de la quatrième famille		
M (MJ/m^2)	$M \leq 80$	$80 < M \leq 130$	$M > 130$	$M \leq 80$	$80 < M \leq 130$	$M > 130$
$C + D$ (m)	≥ 0,60	≥ 0,80	≥ 1,10	≥ 0,80	≥ 1,00	≥ 1,30

chaque orifice ne dépasse pas 200 cm^2, la façade assure un degré coupe-feu réel sur les faces interne et externe de 30 minutes de l'intérieur vers l'extérieur, et de 30 minutes de l'extérieur vers l'intérieur. Ce niveau d'exigence ne s'applique pas lorsque l'angle du dièdre formé par la façade sans ouverture avec une façade contigüe avec ouvertures est inférieur ou égal à 135°, car la façade sans ouverture est alors traitée comme une façade avec ouverture.

7.6 Escaliers

7.6.1 Parois des cages d'escalier situées en façade

L'article 18 de l'arrêté du 31 janvier 1986 relatif à la protection contre l'incendie des bâtiments indique que dans toutes les habitations collectives, en règle générale, les parois d'escalier doivent être pare-flammes de degré 1/2 h.

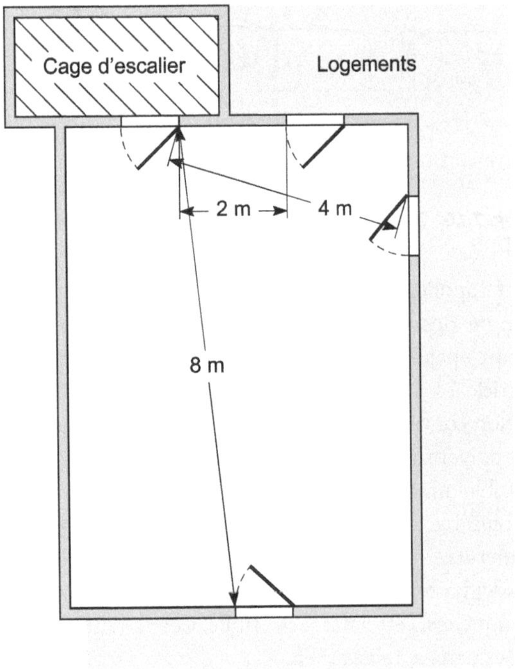

▲ **Fig. 7.11.** Éloignements minimaux entre une partie de paroi, baie ou fenêtre non pare-flamme de degré 1/2 h d'une cage d'escalier et les autres fenêtres

(source : article 18 de l'arrêté du 31 janvier 1986 relatif à la protection contre l'incendie des bâtiments)

Les parties de parois, baies ou fenêtres non pare-flammes de degré 1/2 h doivent être situées à (fig. 7.11) :
- 2 m au moins des fenêtres de la façade située dans un même plan ;
- 4 m au moins des fenêtres d'une façade en retour ;
- 8 m au moins des fenêtres d'une façade en vis-à-vis.

Pour l'application de cette disposition (fig. 7.12), sont considérées comme étant situées :
- latéralement, les façades se trouvant sur un même plan ou formant un dièdre d'angle supérieur à 135° ;
- en retour, les façades formant un dièdre d'angle compris entre 90° et 135°, bornes incluses ;
- en vis-à-vis, les façades formant un dièdre d'angle inférieur à 90°.

7.6.2 Parois des cages d'escalier non situées en façade

Deuxième famille

Selon l'article 19 de l'arrêté du 31 janvier 1986, les parois des cages d'escalier non situées en façade doivent être coupe-feu de degré 1/2 h pour les habitations collectives de la deuxième famille. Il n'est pas exigé l'existence de portes séparant l'escalier des circulations horizontales, sauf pour les habitations dont le plancher bas du logement le plus haut est à plus de 8 m du sol.

Troisième famille

Selon l'article 20 de l'arrêté du 31 janvier 1986, dans les habitations de troisième famille, les escaliers doivent être établis dans une cage dont toutes les parois non situées en façade sont coupe-feu de degré 1 h, à l'exception des impostes ou oculus, qui peuvent être pare-flammes de degré 1 h. Les blocs-portes aménagés dans ces parois doivent être pare-flammes de degré 1/2 h. Leur porte doit être munie d'un ferme-porte et s'ouvrir dans le sens de la sortie en venant des logements. Aucun local ne doit s'ouvrir sur ces escaliers.

Quatrième famille

Selon l'article 21 de l'arrêté du 31 janvier 1986, dans les habitations de la quatrième famille, les parois de l'escalier protégé partagées avec le bâtiment desservi doivent être

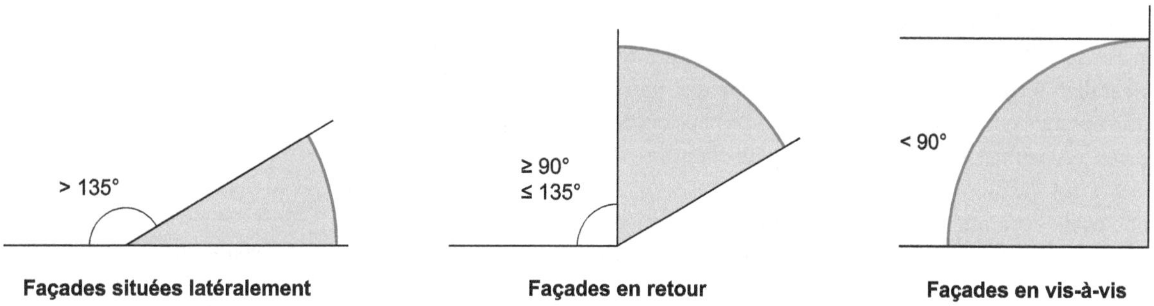

▲ **Fig. 7.12.** Positionnement des façades
(source : article 18 de l'arrêté du 31 janvier 1986 relatif à la protection contre l'incendie des bâtiments)

coupe-feu de degré 1 h au moins, à l'exception des impostes ou oculus, qui peuvent être pare-flammes de degré 1 h.

7.6.3 Marches, volées et paliers d'escaliers, revêtements des cages d'escalier

Deuxième famille

Selon l'article 23 de l'arrêté du 31 janvier 1986, dans les habitations collectives de la deuxième famille, les revêtements des parois verticales, du rampant et des plafonds de la cage d'escalier doivent être classés en catégorie M2. Toutefois, l'emploi du bois est autorisé dans les halls d'entrée lorsque l'escalier desservant les étages débouche directement à l'extérieur du bâtiment. Aucune exigence n'est prescrite pour les revêtements de sol, quel que soit leur mode de pose, ainsi que pour les revêtements collés ou tendus sur la face supérieure des marches.

Troisième et quatrième familles

Selon l'article 22 de l'arrêté du 31 janvier 1986, les escaliers doivent être réalisés en matériaux incombustibles. L'article 23 du même arrêté précise que les revêtements des parois verticales, du rampant et des plafonds de la cage d'escalier doivent être classés en catégorie M0, tandis que les revêtements éventuels des marches et contremarches doivent être classés en catégorie M3. Dans tous les cas, si l'escalier est à l'air libre, aucune prescription n'est imposée pour les revêtements collés à la face supérieure des marches.

7.6.4 Communication d'un escalier avec le sous-sol

Selon l'article 24 de l'arrêté du 31 janvier 1986, dans les habitations collectives des deuxième, troisième et quatrième familles, les escaliers mettant en communication les sous-sols et le reste du bâtiment doivent comporter au moins un bloc-porte coupe-feu de degré 1/2 h dont la porte est munie d'un ferme-porte et s'ouvre dans le sens de la sortie en venant du sous-sol. Ces escaliers doivent aboutir, au rez-de-chaussée, dans un hall ou une circulation horizontale et ne doivent pas aboutir dans les escaliers desservant les étages.

7.6.5 Cages d'escalier

Escalier « protégé »

Selon l'article 27 de l'arrêté du 31 janvier 1986, ce type d'escalier doit :
- être desservi à chaque niveau par une circulation horizontale protégée, avec laquelle il ne communique que par une seule issue ;
- ne comporter aucune gaine, trémie, canalisation, vide-ordures, accès à des locaux divers, ascenseurs, à l'exception de ses propres canalisations électriques d'éclairage, des colonnes sèches, des canalisations et chutes d'eau, métalliques, des canalisations de gaz ;
- comporter un éclairage électrique constitué :
  - soit par une dérivation issue directement du tableau principal (sans traverser les sous-sols) et sélectivement protégée,
  - soit par des blocs autonomes de type non permanent conformes aux normes françaises les concernant.

ZOOM BLOCS AUTONOMES

L'installation de blocs autonomes non permanents est obligatoire dans les escaliers des habitations de la quatrième famille.

Escalier « à l'air libre »

Selon l'article 28 de l'arrêté du 31 janvier 1986, la paroi d'un tel escalier donnant sur l'extérieur doit être ouverte sur au moins la moitié de sa surface sur toute la longueur. Cet escalier doit, en outre, répondre aux prescriptions de la partie 7.6.1 ci-avant. Enfin, s'il comporte des portes desservant des circulations protégées, ces portes doivent répondre aux dispositions prévues pour celles des escaliers « à l'abri des fumées ».

Escalier « à l'abri des fumées »

Selon l'article 29 de l'arrêté du 31 janvier 1986, il s'agit d'un escalier fermé sur toutes ses faces par des parois qui doivent être coupe-feu de degré 1 h, à l'exception des impostes et oculus, qui doivent être pare-flammes de degré 1 h (fig. 7.13).

Le bloc-porte séparant l'escalier « à l'abri des fumées » de la circulation protégée doit être pare-flammes de degré 1/2 h. La porte, d'une largeur de 0,80 m au moins, doit être munie d'un ferme-porte et s'ouvrir dans le sens de la sortie en venant des logements. En position d'ouverture, elle ne doit pas constituer un obstacle à la circulation des personnes dans l'escalier. Une inscription sur cette porte indiquera de façon très lisible la mention « Porte coupe-feu à maintenir fermée ».

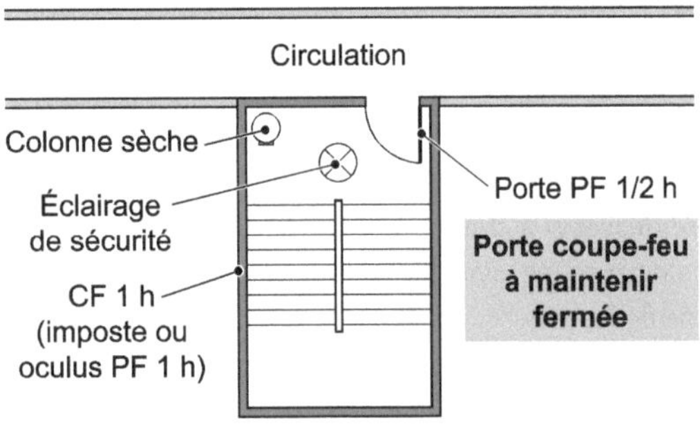

▲ **Fig. 7.13.** Escalier « à l'abri des fumées »
(source : article 29 de l'arrêté du 31 janvier 1986 relatif à la protection contre l'incendie des bâtiments)

7.6.6 Circulations

Circulations « protégées » de type horizontal à l'air libre

Selon l'article 30 de l'arrêté du 31 janvier 1986, ces circulations peuvent être constituées par des balcons, coursives ou terrasses praticables en permanence, dont la paroi donnant sur l'extérieur comporte, sur toute sa longueur, des vides au moins égaux à la moitié de la surface totale de cette paroi. Si des séparations la recoupent, celles-ci doivent être facilement amovibles ou destructibles (fig. 7.14).

Les baies vitrées donnant sur les circulations à l'air libre doivent comporter une allège d'au moins 1 m de hauteur présentant un degré coupe-feu :

- CF 1/2 h (EI 30) pour les habitations collectives des deuxième et troisième familles ;
- CF 1 h (EI 60) pour les habitations de la quatrième famille.

À défaut, ces baies vitrées doivent être pare-flammes de degré 1/2 h (E 30) et fixes.

Pour les circulations horizontales à l'air libre des bâtiments de troisième famille B et de quatrième famille, la

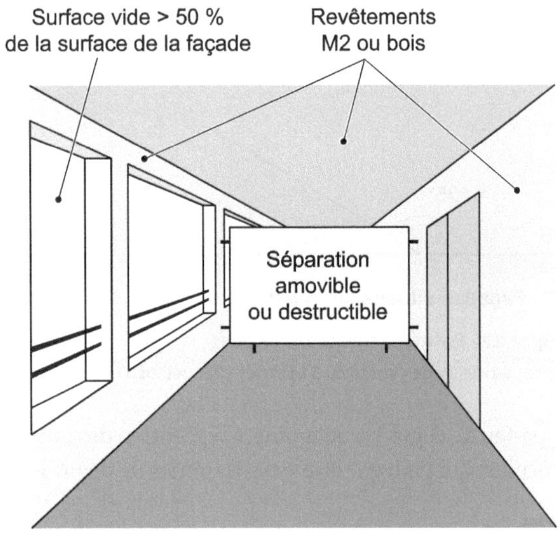

▲ **Fig. 7.14.** Séparation amovible ou destructible
(source : article 30 de l'arrêté du 31 janvier 1986 relatif à la protection contre l'incendie des bâtiments)

distance maximale à parcourir entre la porte de logement la plus éloignée et l'accès à l'escalier doit être de 25 m.

Il est admis de ne pas désenfumer les portions de circulation ne répondant pas à la définition du premier paragraphe ci-dessus lorsqu'elles mesurent moins de 10 m et qu'elles sont dans la continuité d'une circulation horizontale à l'air libre.

Les revêtements éventuels des parois verticales et des plafonds doivent être classés en catégorie M2 ou être réalisés en bois.

Aucune prescription n'est imposée pour les revêtements de sol, quel que soit leur mode de pose.

Circulations « protégées » de type horizontal à l'abri des fumées

Selon l'article 31 de l'arrêté du 31 janvier 1986, pour ces circulations, la distance à parcourir entre la porte palière de chaque logement et la porte de l'escalier ou l'accès à l'air libre ne doit pas dépasser 15 m.

Les revêtements des parois de cette circulation doivent être classés dans la catégorie (fig. 7.15) :

- M1, s'ils sont collés ou tendus en plafond ;
- M2, s'ils sont collés ou tendus sur les parois verticales ;
- M3, s'ils sont collés ou tendus sur le sol.

Selon l'article 32 du même arrêté, lorsque l'escalier protégé aboutit directement à l'extérieur, en dehors du hall d'entrée, l'emploi du bois est autorisé dans ce hall.

Selon l'article 33, le désenfumage, c'est-à-dire l'évacuation efficace de la fumée et de la chaleur, doit y être réalisé soit par tirage naturel, soit par extraction mécanique. Selon les articles 35 et 36, ces deux systèmes doivent répondre aux dispositions communes ci-après (fig. 7.16) :

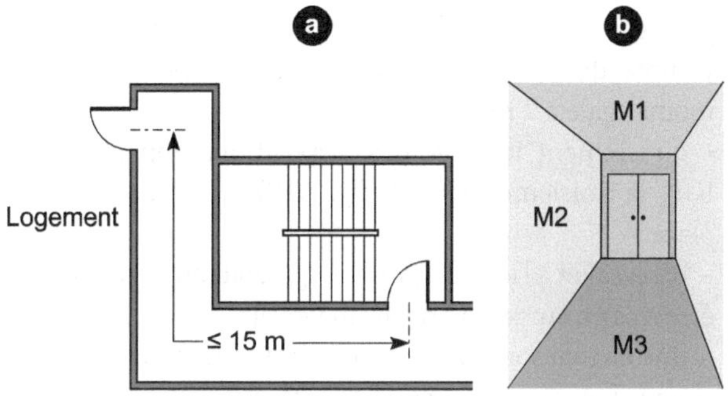

▲ **Fig. 7.15.** Classification des revêtements de paroi
(source : article 31 de l'arrêté du 31 janvier 1986 relatif à la protection contre l'incendie des bâtiments)

- les bouches d'amenée d'air et les bouches d'évacuation doivent avoir au moment de l'incendie et dans la circulation sinistrée une section libre minimale de 20 dm^2 ;
- les bouches d'amenée d'air et les bouches d'évacuation doivent être réparties de façon alternée dans la circulation horizontale, la distance horizontale entre deux bouches de nature différente ne devant pas excéder 10 m dans le cas d'un parcours rectiligne et 7 m dans le cas d'un parcours non rectiligne ;
- toute porte palière de logement non située entre une bouche d'amenée et une bouche d'évacuation doit être située à 5 m au plus d'une bouche ;
- la manœuvre assurant l'ouverture des bouches d'amenée d'air et des bouches d'évacuation à l'étage sinistré doit être commandée par l'action de détecteurs sensibles aux fumées et aux gaz de combustion.

Il convient de prévoir une ingénierie spécifique pour le dimensionnement des installations.

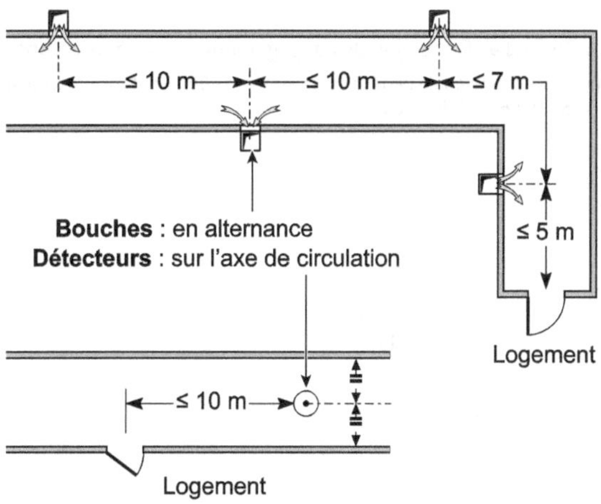

▲ **Fig. 7.16.** Répartition des bouches et détecteurs d'incendie
(sources : articles 35 et 36 de l'arrêté du 31 janvier 1986 relatif à la protection contre l'incendie des bâtiments)

7.6.7 Dispositions applicables aux escaliers et dégagements selon la famille

Deuxième famille et troisième famille A

Selon l'article 25 de l'arrêté du 31 janvier 1986, dans le cas d'un escalier à l'air libre, aucune disposition particulière n'est prévue. Dans les autres cas, les dispositions suivantes doivent être appliquées :
- en partie haute de l'étage le plus élevé, la cage d'escalier doit comporter un dispositif fermé en temps normal permettant, en cas d'incendie, une ouverture de 1 m^2 au moins assurant l'évacuation des fumées ;
- une commande située au rez-de-chaussée de l'immeuble, à proximité de l'escalier, doit permettre l'ouverture facile par un système électrique, pneumatique, hydraulique, électromagnétique ou électropneumatique. Pour les habitations collectives de la deuxième famille, cette commande peut également être réalisée par un système de tringlerie ;
- dans tous les cas, l'accès à ce dispositif de commande doit être réservé aux services d'incendie et de secours ainsi qu'aux personnes habilitées.

Pour les habitations de la troisième famille A, une exigence supplémentaire s'ajoute aux trois dispositions précédemment citées : l'ouverture du dispositif doit être asservie à un détecteur autonome déclencheur.

Troisième famille B

Selon l'article 39 de l'arrêté du 31 janvier 1986, dans les habitations de la troisième famille B, les dégagements protégés doivent comporter :
- un escalier protégé, qui peut être soit « à l'air libre » soit « à l'abri des fumées ». Si plusieurs escaliers sont réalisés, ils doivent tous être protégés ;
- une circulation horizontale reliant directement chaque logement à un escalier protégé ou à l'extérieur pour les logements du rez-de-chaussée. Cette circulation peut être :
  - soit désenfumée par deux ouvrants sur des façades opposées asservis à la détection des fumées et permettant un balayage efficace des fumées,
  - soit « protégée », conformément aux dispositions mentionnées dans la partie 7.6.6.

Quatrième famille

Selon l'article 40 de l'arrêté du 31 janvier 1986, les dégagements protégés des habitations de la quatrième famille doivent être tels que les fumées et les gaz de combustion produits dans la circulation sinistrée ne puissent pénétrer dans l'escalier desservant les logements concernés. Trois solutions, énumérées dans les articles 41 à 43 de l'arrêté, sont envisageables :

• la première solution (fig. 7.17) consiste à mettre en place :
– deux escaliers protégés distants de 10 m au moins,
– une circulation horizontale protégée qui relie directement chaque logement aux deux escaliers protégés ou à l'extérieur pour les logements du rez-de-chaussée. Si elle est à l'air libre, elle doit être conforme aux dispositions indiquées dans le paragraphe « Circulations protégées de type horizontal à l'air libre » de la partie 7.6.6. Si elle est à l'abri des fumées, le désenfumage est obligatoirement mécanique ;

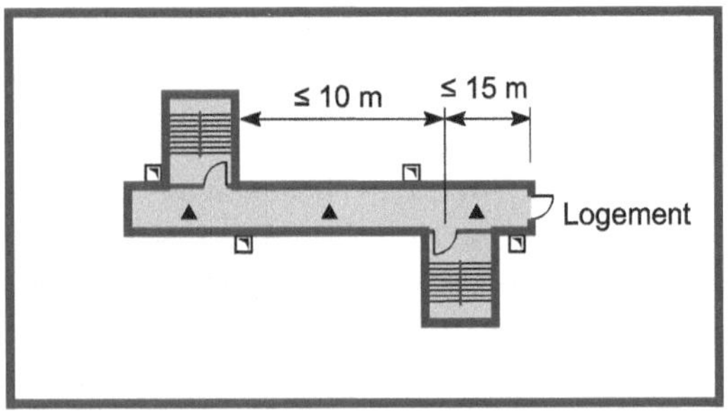

▲ **Fig. 7.17.** Protection des dégagements : première solution
(source : article 41 de l'arrêté du 31 janvier 1986 relatif à la protection contre l'incendie des bâtiments)

• la deuxième solution (fig. 7.18) consiste à mettre en place :
– un escalier protégé,
– une circulation horizontale protégée qui relie chaque logement à l'escalier protégé ou à l'extérieur pour les logements du rez-de-chaussée. Si elle est à l'air libre, elle doit être conforme aux dispositions indiquées dans le paragraphe « Circulations protégées de type horizontal à l'air libre » de la partie 7.6.6.Si elle est à l'abri des fumées, le désenfumage est obligatoirement mécanique,
– un volume séparant à chaque niveau la circulation horizontale protégée de l'escalier protégé si ni la circulation protégée ni l'escalier ne sont à l'air libre. Dans ce cas, le volume doit comporter une ouverture permanente au moins égale à 2 m^2 ;
• directement inspirée des dispositions applicables aux IGH, la troisième solution (fig. 7.19) consiste à mettre en place :
– un escalier à l'abri des fumées qui doit, en outre, pouvoir être mis en surpression par un ventilateur fixe,
– une circulation horizontale à l'abri des fumées qui relie chaque logement à un escalier à l'abri des fumées ou à l'extérieur pour les logements du rez-de-chaussée. Elle doit être désenfumée par extraction mécanique,
– un sas ventilé d'une surface d'environ 3 m^2 séparant à chaque niveau la circulation horizontale protégée de l'escalier à l'abri des fumées. Les blocs-portes de ce sas doivent être pare-flammes de degré 1/2 h. Leurs portes doivent être munies d'un ferme-porte et s'ouvrir toutes les deux dans le sens de la sortie en venant des logements.

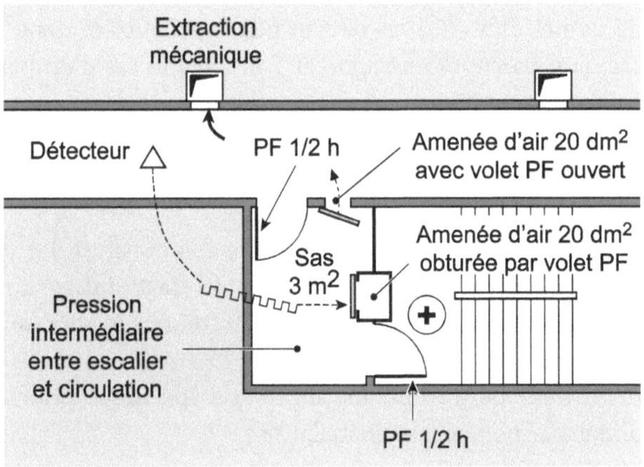

▲ **Fig. 7.19.** Protection des dégagements : troisième solution
(source : article 43 de l'arrêté du 31 janvier 1986 relatif à la protection contre l'incendie des bâtiments)

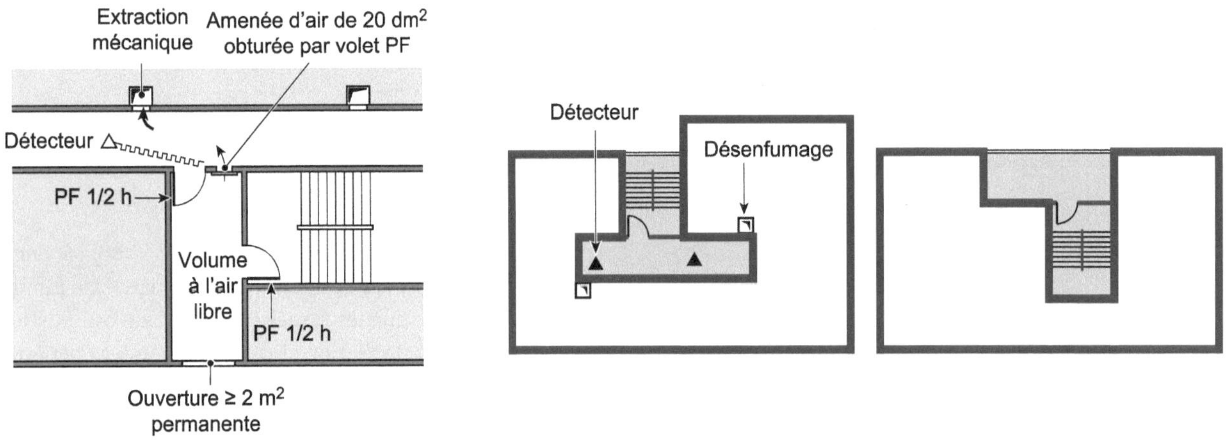

▲ **Fig. 7.18.** Protection des dégagements : deuxième solution
(source : article 42 de l'arrêté du 31 janvier 1986 relatif à la protection contre l'incendie des bâtiments)

Notes

1. NF P 92-507 (février 2004 – indice de classement : P 92-507) : Sécurité contre l'incendie – Bâtiment – Matériaux d'aménagement – Classement selon leur réaction au feu.
2. NF EN 13501-1 (décembre 2018 – indice de classement : P 92-801) : Classement au feu des produits et éléments de construction – Partie 1 : classement à partir des données d'essais de réaction au feu.
3. Les appréciations de laboratoire sont délivrées par un laboratoire ou par un groupe de laboratoires agréé en réaction au feu et en résistance au feu par le ministre de l'Intérieur. Le contenu et la forme de ces appréciations sont précisés en annexe 3 de l'arrêté du 31 janvier 1986 relatif à la protection contre l'incendie des bâtiments d'habitation.
4. Arrêté du 24 mai 2010 portant approbation de diverses dispositions complétant et modifiant le règlement de sécurité contre les risques d'incendie et de panique dans les établissements recevant du public.

8

Accessibilité des bâtiments d'habitation

8.1 Historique et principes de l'accessibilité des logements

Les textes concernant l'accessibilité des bâtiments d'habitation sont issus d'une approche globale concrétisée par la loi nº 2005-102 du 11 février 2005 pour l'égalité des droits et des chances, la participation et la citoyenneté des personnes handicapées.

Cette loi prévoit notamment la mise en accessibilité du cadre bâti, mais aussi de la voirie, des espaces publics et des transports en application du principe d'une accessibilité généralisée :

- intégrant tous les handicaps, qu'ils soient d'ordre physique, visuel, auditif ou mental ;
- concernant tous les domaines de la vie : citoyenneté, déplacements, logement, scolarisation, emploi, culture, loisirs, santé, etc.

8.1.1 Définition de l'accessibilité

Un bâtiment est considéré comme étant accessible lorsqu'il permet à des personnes en situation de handicap, avec la plus grande autonomie possible, de circuler, d'accéder à ses différents locaux, d'utiliser ses équipements, de se repérer, de communiquer et de bénéficier des prestations en vue desquelles le bâtiment et ses installations ont été conçus. Les conditions d'accès des personnes en situation de handicap doivent être les mêmes que celles des personnes valides ou, à défaut, présenter une qualité d'usage équivalente selon l'article R. 162-2 du CCH. À partir de ces principes, la réglementation sur l'accessibilité à tous les bâtiments d'habitation, parfois désignée par les expressions « réglementation handicapés » et « réglementation personnes à mobilité réduite (PMR) », influence directement les choix techniques et architecturaux pour tout nouveau bâtiment d'habitation.

Les bâtiments d'habitation neufs, ainsi que les bâtiments réhabilités sous certaines conditions (voir 8.9 ci-après), sont donc soumis à des obligations d'accessibilité. Dès la construction doivent être pensés et prévus les aménagements et les prescriptions techniques propres à l'accessibilité, dans les parties communes ainsi que dans les logements, tels que les largeurs des circulations et des portes, l'organisation des espaces, les équipements.

L'article R. 162-1 du CCH indique, pour les bâtiments neufs, que « les bâtiments d'habitation collectifs et leurs abords doivent être construits et aménagés de façon à être accessibles aux personnes handicapées, quel que soit leur handicap ».

Dans un bâtiment d'habitation collectif existant, les logements ne sont soumis à aucune obligation lorsqu'ils font l'objet de travaux, sauf, comme le précise l'article R. 163-2 du CCH, lorsque ces travaux concernent la modification, l'extension, ou la création d'un bâtiment ou d'une partie de bâtiment et que le montant de ces travaux est supérieur ou égal à 80 % de la valeur du bâtiment.

8.1.2 Évolutivité des logements

Si l'accessibilité des abords et des parties communes des immeubles d'habitation n'a jamais été contestée, l'accessibilité généralisée de tous les logements a été mise en cause par certains professionnels, soulignant les contraintes que la réglementation imposait à l'organisation du plan de tout logement neuf. Ainsi, à partir de 2018, seulement 20 % des logements en rez-de-chaussée ou desservis par un ascenseur doivent être accessibles, tandis que les autres logements doivent être « évolutifs ». Un logement évolutif doit répondre à ces deux critères (voir aussi 8.3.2) :

- une personne en fauteuil roulant doit pouvoir y accéder, circuler dans le séjour et utiliser le cabinet d'aisances ;
- des travaux simples, n'ayant pas d'incidence sur les éléments de structure et certains réseaux encastrés en cloisons, doivent pouvoir le rendre accessible réglementairement.

8.1.3 Présence d'un ascenseur

Cette modification « à la baisse » des exigences d'accessibilité s'est accompagnée d'une modification « à la hausse » des exigences sur les accès des logements collectifs, avec l'obligation d'installation d'un ascenseur portée de R + 4 à R + 3. En d'autres termes, dès que plus de deux étages comportent des logements au-dessus ou au-dessous du rez-de-chaussée, la présence d'un ascenseur est obligatoire. Lorsque le bâtiment est à R + 1 ou R + 2 et qu'il comporte plus de 15 logements situés en étage au-dessus ou au-dessous du rez-de-chaussée, la conception du bâtiment doit permettre l'installation ultérieure d'un ascenseur sans modifier la structure et les circulations existantes.

8.1.4 Synthèse de quelques exigences

Quelques exigences concernant l'accessibilité d'un logement et de ses équipements sont résumées dans le tableau 8.1.

8.1.5 Textes officiels

- Loi n° 2005-102 du 11 février 2005 pour l'égalité des droits et des chances, la participation et la citoyenneté des personnes handicapées, *JO* du 12 février 2005.
- Article 64 de la loi n° 2018-1021 du 23 novembre 2018 portant évolution du logement, de l'aménagement et du numérique, dite loi Élan, *JO* du 27 décembre 2015.
- Décret n° 2015-1770 du 24 décembre 2015 modifiant les dispositions du Code de la construction et de l'habitation relatives à l'accessibilité aux personnes handicapées des bâtiments d'habitation collectifs et des maisons individuelles neufs, *JO* du 24 novembre 2018.
- Décret n° 2019-305 du 11 avril 2019 modifiant les dispositions du Code de la construction et de l'habitation relatives à l'accessibilité des bâtiments d'habitation et au contrat de construction d'une maison individuelle avec fourniture du plan, *JO* du 12 avril 2019.
- Arrêté du 24 décembre 2015 relatif à l'accessibilité aux personnes handicapées des bâtiments d'habitation collectifs et des maisons individuelles lors de leur construction, *JO* du 27 décembre 2019.
- Arrêté du 20 avril 2017 relatif à l'accessibilité aux personnes handicapées des établissements recevant du public lors de leur construction et des installations ouvertes au public lors de leur aménagement, *JO* du 26 avril 2017.
- Arrêté du 11 octobre 2019 modifiant l'arrêté du 24 décembre 2015 relatif à l'accessibilité aux personnes handicapées des bâtiments d'habitation collectifs et des maisons individuelles lors de leur construction, *JO* du 18 octobre 2019.
- Arrêté du 11 septembre 2020 modifiant l'arrêté du 24 décembre 2015 relatif à l'accessibilité aux personnes handicapées des bâtiments d'habitation collectifs et des maisons individuelles lors de leur construction, *JO* du 17 septembre 2020.
- Circulaire interministérielle DGUHC n° 2007-53 du 30 novembre 2007 relative à l'accessibilité des établissements recevant du public, des installations ouvertes au public et des bâtiments d'habitation, annexe 6, « Bâtiments d'habitation collectifs neufs », non parue au *JO*.

▼ **Tab. 8.1.** Exigences concernant l'accessibilité d'un logement et de ses équipements

Types de logements	Exigences d'accessibilité des logements	Accessibilité des douches	
		Exigences	*Texte réglementaire*
Logements familiaux	Article R. 162-4 du CCH : – 20 % des logements à rez-de-chaussée ou en étages desservis par des ascenseurs accessibles – les autres adaptables par travaux simples	Possibilité d'aménager une douche sans ressaut	Arrêté du 11 septembre 2020 modifiant l'arrêté du 24 décembre 2015 relatif à l'accessibilité aux personnes handicapées des bâtiments d'habitation collectifs et des maisons individuelles lors de leur construction
Résidences gérées (logements à occupation temporaire)	– 5 % au minimum des logements – 20 % au minimum des logements pour les résidences de tourisme	– Douches « accessibles » – Ressaut « limité »	
– Résidences pour personnes âgées – Établissements d'hébergement pour personnes âgées dépendantes (Ehpad)	100 %	– Douches sans ressaut de plus de 2 cm – Barres de maintien	

- Circulaire interministérielle DGAS/SD3A/DHUP/DGALN n° 2009-193 du 20 avril 2009 relative à l'accessibilité des bâtiments d'habitation collectifs existants, et des établissements recevant du public et installations ouvertes au public existants, modifiant la circulaire interministérielle DGUHC n° 2007-53 du 30 novembre 2007, non parue au *JO*.

8.2 Notion de logement collectif au sens de la réglementation accessibilité

Comme vu dans la partie 4.5.3, la circulaire interministérielle DGUHC n° 2007-53 du 30 novembre 2007 relative à l'accessibilité des établissements recevant du public, des installations ouvertes au public et des bâtiments d'habitation définit les bâtiments d'habitation collectifs.
Précisons ici que l'expression « parties communes bâties » se réfère aux aménagements faisant suite à des travaux de construction et de génie civil, à la différence des simples aménagements de terrain. Pour rappel, l'expression « parties communes desservant les logements » doit être entendue au sens large. Ces parties communes sont constituées :
- des circulations conduisant à tout ou partie des logements, c'est-à-dire les circulations communes à plusieurs logements, horizontales ou verticales ;
- des locaux, parties de locaux ou constructions profitant à plusieurs logements, dont les boîtes aux lettres, un local à poussettes et/ou vélos, un abri poubelles et d'autres locaux de services.

8.3 Deux familles de dispositions

Selon l'article. R. 162-4 du CCH : « Les dispositions architecturales, les aménagements et les équipements propres à assurer l'accessibilité des logements situés dans les bâtiments d'habitation collectifs et autres que ceux visés au II du présent article doivent satisfaire aux obligations ci-après ».

8.3.1 Pour tous les logements

« 1° Les circulations et les portes des logements doivent, dès la construction du bâtiment, présenter des caractéristiques minimales, définies par arrêté du ministre chargé de la construction, permettant la circulation de personnes handicapées. Les dispositifs de commande doivent y être aisément repérables et utilisables par ces personnes. Cet arrêté prévoit la possibilité pour le maître d'ouvrage de satisfaire à ces obligations par des solutions d'accessibilité équivalentes aux dispositions techniques de l'arrêté dès lors que ces solutions répondent aux objectifs poursuivis. Dans le cas de logements réalisés sur plusieurs niveaux, les caractéristiques minimales définies au premier alinéa [ci-dessus] concernent tous les niveaux qui doivent, en outre, être reliés par un escalier adapté. »

8.3.2 Pour les logements situés au rez-de-chaussée ou en étages desservis par un ascenseur

20 % de ces logements, et au moins un logement, sont conformes aux dispositions ci-après

« 2° [....] Ils doivent respecter les dispositions prévues au 1° [8.3.1] et, en outre, offrir dès leur construction des caractéristiques minimales, définies par arrêté du ministre chargé de la construction, permettant à une personne handicapée d'utiliser la cuisine ou une partie du studio aménagée en cuisine, le séjour, une chambre ou une partie du studio aménagée en chambre, un cabinet d'aisances et une salle d'eau. Une partie des espaces nécessaires à l'utilisation par une personne en fauteuil roulant peuvent être aménagés à d'autres fins sous réserve que des travaux simples permettent d'en rétablir la possibilité d'utilisation par une personne en fauteuil roulant. Cet arrêté prévoit la possibilité pour le maître d'ouvrage de satisfaire à ces obligations par des solutions d'accessibilité équivalentes aux dispositions techniques de l'arrêté dès lors que ces solutions répondent aux objectifs poursuivis.
Dans le cas de logements réalisés sur plusieurs niveaux, le niveau d'accès au logement doit comporter au moins la cuisine, le séjour, une chambre ou partie du séjour aménageable en chambre, un cabinet d'aisances et une salle d'eau, ces pièces répondant aux exigences fixées à l'alinéa précédent [ci-dessus]. »

Pour les autres logements

« 3° [....] Ces logements sont évolutifs. Dès leur construction, ils doivent respecter les dispositions prévues au 1° [8.3.1] et permettre à une personne handicapée d'utiliser le séjour et un cabinet d'aisance dans les conditions prévues au 2 [conditions pour 20 % des logements]. En outre, ils doivent pouvoir ultérieurement être rendus conformes à l'intégralité des dispositions prévues au 2° [conditions pour 20 % des logements] à l'issue de travaux simples, c'est-à-dire sans incidence sur les éléments de structure et certains réseaux encastrés en cloisons. Un arrêté du ministre chargé de la construction précise la nature et les conditions de réalisation de ces travaux simples. »

8.4 Unité de vie, logement adaptable et logement adapté

8.4.1 Unité de vie

L'unité de vie (fig. 8.1) rassemble les différentes pièces qu'une personne en fauteuil roulant doit pouvoir utiliser sans difficulté : au moins une chambre, la salle de bains, les W.-C., le séjour et la cuisine. La circulation en fauteuil roulant impose notamment des caractéristiques dimensionnelles pour la largeur des circulations et des portes, ainsi que pour l'espace de retournement :

- une largeur minimale des circulations intérieures de 0,90 m ;
- une largeur minimale de la porte d'entrée de 0,90 m, avec 0,83 m de largeur de passage minimale lorsque le vantail est ouvert à 90° ;
- une largeur minimale des portes intérieures de 0,80 m, avec 0,77 m de largeur de passage minimale lorsque le vantail est ouvert à 90° ;
- un espace de retournement du fauteuil roulant correspondant à un cercle libre de diamètre 1,50 m.

Pour ce dimensionnement minimal des pièces de l'unité de vie, il n'est pas tenu compte des meubles choisis et installés par l'occupant.

8.4.2 Logement adaptable

Les exigences de la réglementation visent à produire des logements adaptables, c'est-à-dire n'opposant pas de contraintes dimensionnelles bloquant les déplacements en fauteuil roulant et souvent impossibles à corriger *a posteriori*. Dans cet esprit, des tolérances existent dès lors que des travaux simples permettent de rétablir la possibilité d'utilisation du logement par une personne en fauteuil roulant.

C'est notamment le cas pour les W.-C., pour lesquels une partie de l'espace d'usage du fauteuil roulant peut être aménagée en placard, à condition que cet aménagement soit aisément réversible. Le revêtement de sol entre les W.-C. et le placard doit ainsi être continu et ne pas présenter de seuil.

C'est également le cas des salles de bain, dans lesquelles, selon l'arrêté du 11 septembre 2020, une douche sans ressaut doit pouvoir être facilement mise en place :

« Dans les logements situés en rez-de-chaussée ou en étages desservis par ascenseur, au moins une salle d'eau, située au niveau d'accès du logement, est équipée d'une zone de douche accessible dont l'accès se fait sans ressaut ou d'une baignoire.

En cas d'installation d'une baignoire, l'aménagement ultérieur de cette zone de douche est possible sans interventions sur le gros œuvre. »

8.4.3 Logement adapté

Les collectivités locales, qui garantissent notamment les prêts aux organismes de logement social, peuvent exiger dès la construction un minimum de logements directement adaptés aux personnes en situation de handicap. À titre d'exemple, en Île-de-France, tout programme doit comprendre au moins 5 % de logements directement adaptés. Ces logements sont de préférence implantés au rez-de-chaussée. Sauf prescription particulière, ils sont de types 2 et 3 pièces.

Par ailleurs, les caractéristiques dimensionnelles réglementaires des espaces ne suffisent pas à offrir un espace de vie confortable pour une personne en fauteuil roulant.

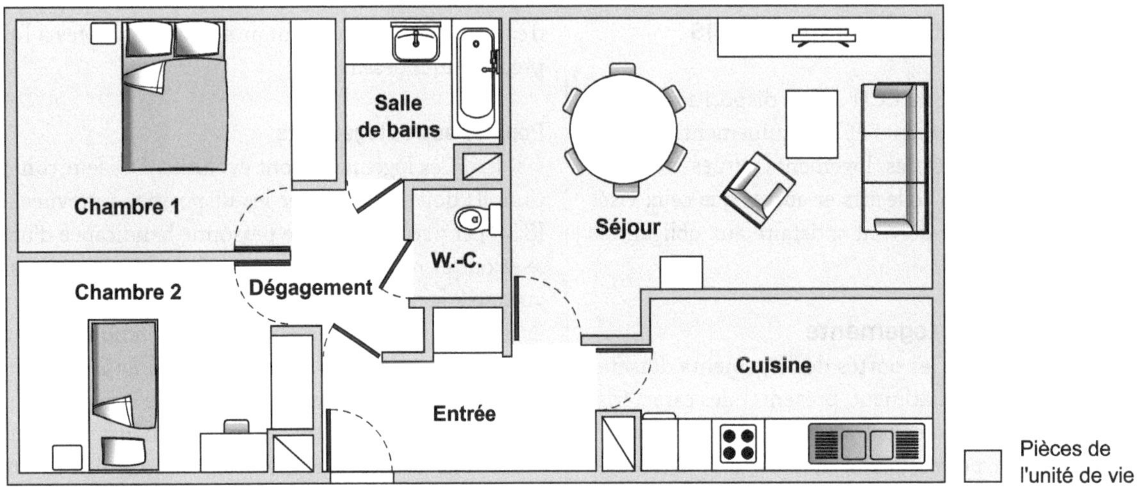

▲ **Fig. 8.1.** Définition de l'unité de vie au sens de la réglementation accessibilité

(source : annexe 6 à la circulaire interministérielle DGUHC n° 2007-53 du 30 novembre 2007 relative à l'accessibilité des établissements recevant du public, des installations ouvertes au public et des bâtiments d'habitation)

▼ **Tab. 8.2.** Exemple de spécificités techniques du logement adapté

Élément du logement	Spécificité(s) technique(s)
Porte palière	Deux judas optiques : l'un à 1,25 m et l'autre à 1,60 m
Porte intérieure	Poignée : – à une hauteur de 0,90 m – à bec-de-cane
Porte de placard	Coulissante
Revêtement de sol	Antidérapant dans la cuisine, les W.-C. et la salle de bains
Cuisine	Évier deux bacs avec égouttoir, comprenant un vide de 0,80 m sous cuves avec siphon reculé pour éviter les brûlures
Salle de bains	– Zone de douche accessible dont l'accès se fait sans ressaut, ou baignoire permettant l'aménagement ultérieur de cette zone de douche sans intervention sur le gros œuvre – Receveur de douche plat en angle équipé d'une barre en T pour réception d'un siège amovible, ou baignoire avec plage de transfert de 0,30 m ou de 0,50 m en extrémité et robinetterie située au milieu de la baignoire – Robinet thermostatique – W.-C. à 0,50 m de hauteur d'assise – Lavabo amovible de hauteur entre le sol et la sous-face de 0,70 m au minimum avec siphon reculé et placard sous égouttoir pour éviter les brûlures – Barre de transfert et de relevage pour douche ou baignoire et W.-C.
W.-C.	– Hauteur d'assise de 0,50 m – Barre de transfert et de relevage
Électricité	– Position des appareils : hauteur comprise entre 0,40 m et 1,30 m – Commande électrique de volet roulant

Il convient d'y adjoindre un certain nombre d'équipements pour passer du logement adaptable (pas de blocage) au logement adapté (confort de vie). Les principaux équipements spécifiques au logement adapté sont précisés dans le tableau 8.2.

8.5 Espace de manœuvre et espace d'usage

Les deux principales contraintes spatiales imposées par la réglementation dans l'usage du logement concernent l'espace de manœuvre et l'espace d'usage. Elles sont définies dans l'annexe 6 à la circulaire interministérielle DGUHC n° 2007-53 du 30 novembre 2007 relative à l'accessibilité des établissements recevant du public, des installations ouvertes au public et des bâtiments d'habitation.

8.5.1 Espace de manœuvre

L'espace de manœuvre doit permettre la manœuvre d'un fauteuil roulant, mais aussi le déplacement d'une personne avec une ou deux cannes. Il doit permettre de changer d'orientation ou de faire demi-tour. Il nécessite une largeur correspondant à un cercle de diamètre 1,50 m. Ce gabarit se mesure hors encombrement de tout obstacle.

Le passage des cale-pieds sous des tuyauteries ou des équipements suspendus au-delà de 23 cm de hauteur est toléré, sur une profondeur maximale de 20 cm. Cette tolérance ne peut s'appliquer qu'à des tuyauteries ou équipements positionnés du même côté de la salle d'eau, et à condition que le fauteuil roulant puisse effectuer une rotation continue dans un même sens sur 360°. La porte d'un éventuel pare-douche peut s'ouvrir sur l'espace de manœuvre.

ZOOM ROTATION SUR 360°

La rotation sur 360° doit s'effectuer sans gêne des poignées du fauteuil roulant sur un tour, y compris lors du passage des cale-pieds sous des tuyauteries ou des équipements suspendus.

8.5.2 Espace d'usage

L'espace d'usage doit permettre le positionnement du fauteuil roulant ou d'une personne avec une ou deux cannes pour utiliser un équipement ou un dispositif de commande ou de service. Situé à l'aplomb de cet équipement ou de ce dispositif, il correspond à un espace rectangulaire de 0,80 × 1,30 m. Ce gabarit se mesure hors encombrement de tout obstacle. Il peut se superposer à l'espace de manœuvre. Le sol de l'espace d'usage doit être horizontal au dévers près, sans obstacles ni ressauts.

8.6 Application à des pièces du logement

Le tableau 8.3 donne quelques exemples d'application de la réglementation accessibilité aux différentes pièces du logement.

POUR EN SAVOIR PLUS...

Ouvrage sur l'accessibilité

Carole le Bloas, *Accessibilité des bâtiments aux personnes handicapées*, Éditions du Moniteur, collection « mémento illustré », 8e édition, 2022

▼ **Tab. 8.3.** Exemples d'application de la réglementation accessibilité
(source : circulaire interministérielle DGUHC n° 2007-53 du 30 novembre 2007 relative à l'accessibilité des établissements recevant du public, des installations ouvertes au public et des bâtiments d'habitation)

Type de pièce	Exemples d'aménagement	Observations
Chambre	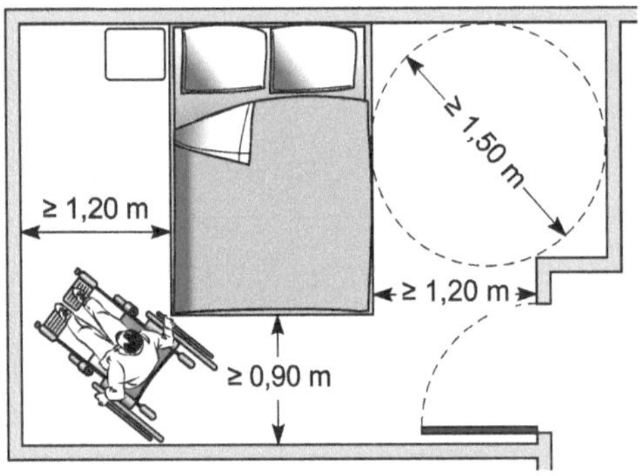	Le lit de dimensions 1,40 m par 1,90 m dans le cas d'un logement pour plus d'une personne doit permettre la circulation sur 3 côtés avec : – un passage d'au moins 0,90 m sur les deux grands côtés et d'au moins 1,20 m sur le petit côté ; – ou un passage d'au moins 1,20 m sur les deux grands côtés et d'au moins 0,90 m sur le petit côté. Le lit doit laisser une place suffisante à l'espace de manœuvre.
Cuisine	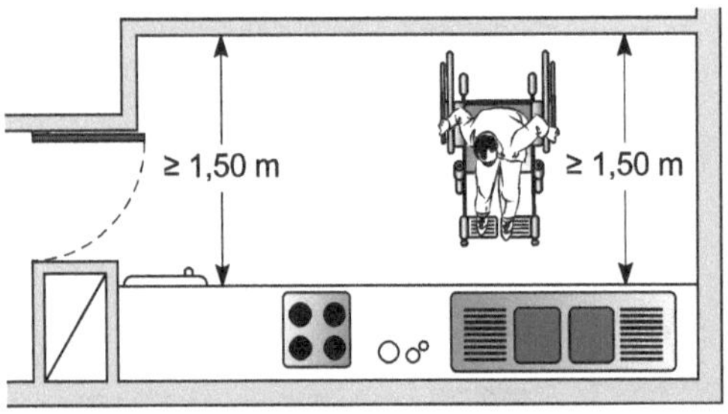	L'espace de manœuvre (cercle de 1,50 m de diamètre) constitue la contrainte la plus sensible. Une solution possible consiste à ouvrir la cuisine sur le séjour. En cas de cloison coulissante entre cuisine et séjour, la vérification de l'espace de manœuvre s'effectue en position ouverte de la cloison.
W.-C.	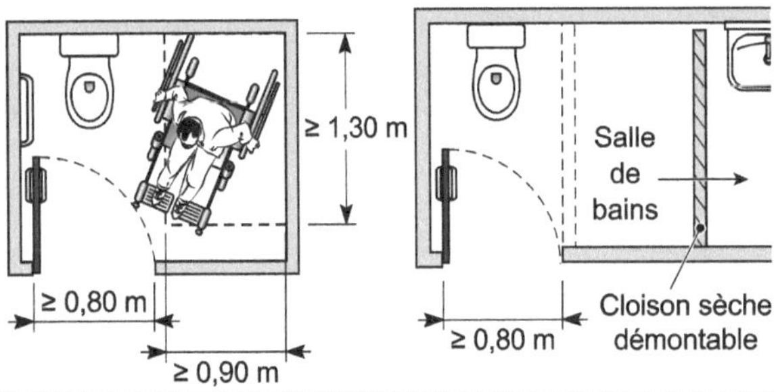	La principale contrainte est liée à l'espace d'usage, de 0,80 × 1,30 m. Cet espace n'est pas obligatoire en base (logement adaptable) à condition d'être facilement « récupérable » (logement adapté) par démontage de cloison.

8.7 Douches sans ressaut

Selon le II de l'article 15 de l'arrêté du 24 décembre 2015 relatif à l'accessibilité aux personnes handicapées des bâtiments d'habitation collectifs et des maisons individuelles lors de leur construction, modifié par l'arrêté du 11 septembre 2020 : « une zone de douche accessible correspond à un volume d'une surface rectangulaire de dimensions minimales 0,90 m × 1,20 m et d'une hauteur minimale de 1,80 m. Cette zone est accessible sans ressaut par un espace d'usage parallèle, situé au droit de son côté le plus grand.
Lorsque la zone de douche accessible n'est pas installée dès l'origine, son aménagement ultérieur est possible sans modification du volume de la salle d'eau à l'exception de l'éventuelle réintégration des cabinets d'aisance [...]. »
L'annexe 2 à l'arrêté précise : « En outre, lorsque la zone de douche accessible est aménagée dès la livraison du logement, l'espace de manœuvre avec possibilité de demi-tour peut se superposer à cette zone ».
La version V3 du « Guide pour la mise en œuvre d'une douche accessible "zéro ressaut" dans les salles d'eau à usage individuel en travaux neufs » du CSTB de janvier 2025 précise les conditions générales de réalisation des douches accessibles (fig. 8.2) :
« Une douche accessible "zéro ressaut" est une zone de dimensions minimales 120 × 90 cm comprenant un système d'évacuation de l'eau et éventuellement de parois de douche compatibles ou accessibles [...] :
– la notion de "zéro ressaut" signifie que cette zone de douche est accessible, *a minima* sur son grand côté, sans ressaut avec le sol de la salle d'eau ;

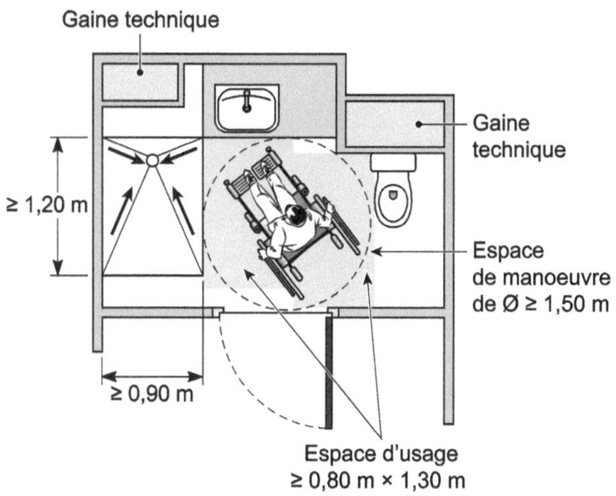

▲ **Fig. 8.2. Douche accessible « zéro ressaut »**
(source : d'après le « Guide pour la mise en œuvre d'une douche accessible "zéro ressaut" dans les salles d'eau à usage individuel en travaux neufs », V3, janvier 2025 © Laurent Stefano)

– la notion "accessible" signifie qu'un espace d'usage de dimensions minimales 130 × 80 cm, aligné sur le grand côté accessible de la douche est prévu, qui ne doit pas se superposer à la zone de douche.
Par ailleurs, la salle d'eau doit comporter un espace de manœuvre de diamètre Ø = 1,50 m. »

8.8 Cas particuliers des résidences à occupation temporaire

L'arrêté du 14 mars 2014 fixant les dispositions relatives à l'accessibilité des logements destinés à l'occupation temporaire ou saisonnière dont la gestion et l'entretien sont organisés et assurés de façon permanente concerne les logements des résidences de tourisme, des résidences pour étudiants, des résidences pour jeunes travailleurs, la partie habitation des logements-foyers et, d'une manière générale, l'ensemble des logements destinés à une occupation temporaire gérés en tant que résidence.
L'article 3 de l'arrêté indique que tous les logements peuvent être visités par une personne en situation de handicap et occupés par une personne sourde, malentendante, aveugle, malvoyante ou présentant une déficience mentale. Une personne en situation de handicap doit pouvoir entrer dans le logement, se rendre dans la pièce principale et y circuler.
D'après l'article 4 de l'arrêté, 5 % au moins des logements doivent être adaptés dès la livraison de l'ouvrage, et 10 % dans le cas des résidences de tourisme.

8.9 Cas particulier de la réhabilitation

Dans le cas de la réhabilitation d'un bâtiment, on distingue les situations suivantes, détaillées dans la circulaire interministérielle DGAS/SD3A/DHUP/DGALN n° 2009-193 du 20 avril 2009 relative à l'accessibilité[1] :
- si un changement de destination intervient, qui nécessite un permis de construire ou une déclaration de travaux, alors les locaux doivent respecter les exigences d'accessibilité ;
- si un bâtiment d'habitation existant fait l'objet d'une rénovation, alors les travaux doivent au minimum ne pas aggraver la situation d'origine ;
- si un bâtiment d'habitation existant fait l'objet d'un agrandissement, alors l'extension doit être mise en œuvre conformément aux règles d'accessibilité ;
- si le coût des travaux sur les deux dernières années excède 80 % de la valeur conventionnelle du bâtiment définie par arrêté :

- toutes les parties communes doivent être accessibles même si elles ne font pas l'objet de travaux,
- tous les logements rénovés doivent être accessibles,
- des dérogations mineures sont possibles en cas de contraintes avérées, notamment liées à la structure du bâtiment.

Par exemple, en 2022 et 2023, des travaux de rénovation ont été réalisés dans un immeuble pour un montant de 1 450 €/m^2. Ce montant excédait 80 % de la valeur conventionnelle du bâtiment en 2023, qui était de 1 787 €/m^2 :

1 450 € > 1 787 € × 80 %.

Des mains courantes et des garde-corps adaptés ont ainsi dû être installés dans les escaliers des parties communes. En revanche, dans la mesure où les voiles d'encloisonnement de l'escalier participent à la structure, l'élargissement de l'escalier a pu faire l'objet d'une dérogation. Il en a été de même pour les dispositions d'éloignement des portes et serrures par rapport à un angle rentrant.

8.10 Solutions d'effet équivalent

Depuis le 1er juillet 2017, la notion de « solution d'effet équivalent » est introduite pour :
- l'accès au bâtiment ;
- la signalisation à l'intérieur du bâtiment ;
- l'installation d'ascenseurs ;
- la largeur des escaliers et la hauteur des marches ;
- l'éclairage ;
- la largeur des portes et les dimensions des sas ;
- l'accès aux hôtels.

Cette notion permet aux maîtres d'ouvrage de proposer une adaptation des règles techniques sous réserve d'assurer la même qualité d'accessibilité pour les personnes en situation de handicap ; chaque solution doit faire l'objet d'un dossier soumis au représentant de l'État.

Textes officiels

- Arrêté du 20 avril 2017 relatif à l'accessibilité aux personnes handicapées des établissements recevant du public lors de leur construction et des installations ouvertes au public lors de leur aménagement, *JO* du 26 avril 2017.
- Arrêté du 28 avril 2017 modifiant diverses dispositions relatives à l'accessibilité aux personnes handicapées des logements destinés à l'occupation temporaire ou saisonnière dont la gestion et l'entretien sont organisés et assurés de façon permanente, des établissements recevant du public, situés dans un cadre bâti existant, des installations existantes ouvertes au public ainsi que des bâtiments d'habitation collectifs et des maisons individuelles lors de leur construction, *JO* du 4 mai 2017.

Note

1. Circulaire interministérielle DGAS/SD3A/DHUP/DGALN n° 2009-193 du 20 avril 2009 relative à l'accessibilité des bâtiments d'habitation collectifs existants, et des établissements recevant du public et installations ouvertes au public existants, modifiant la circulaire interministérielle DGUHC n° 2007-53 du 30 novembre 2007.

9 Le logement collectif bas carbone

9.1 Les réglementations thermiques de 1974 à 2019 : économies et confort

9.1.1 Les chocs pétroliers

Avec la réglementation énergétique et environnementale de 2020 (RE 2020), aboutissement d'un cheminement engagé avec le premier choc pétrolier voici un demi-siècle, l'environnement de la conception et la construction des logements s'est modifié de façon radicale. Au début des années 1970, les pays industrialisés étaient largement dépendants du pétrole. Les deux tiers de l'énergie consommée en Europe étaient importés, principalement du Moyen-Orient. Entre 1970 et 1973, le prix de ce qui devint l'« or noir » doubla, mais ce n'était qu'un début. Fin 1973, à la suite de la guerre du Kippour entre Israël et ses voisins arabes, les pays du Golfe décidèrent de réduire leur production. Le prix du baril fut alors multiplié par quatre en quelques semaines, passant de 4 à 16 dollars. La croissance des économies occidentales s'effondra et le chômage augmenta. Un « second choc pétrolier » eut lieu six ans plus tard, en 1979, avec la révolution islamique en Iran, et engendra un nouveau doublement du prix du baril, de 20 à 40 dollars.

Ces augmentations sans précédent des prix de l'énergie eurent des impacts considérables sur les coûts du chauffage. La plupart des logements étaient en effet peu ou mal isolés. En logement social, le coût des charges locatives dépassa souvent le prix des loyers, plaçant des millions de locataires en situation d'impayé potentiel et menaçant le modèle économique HLM. Ce fut l'heure du développement à marche forcée de l'isolation par l'extérieur, mais aussi de la naissance des réglementations thermiques, conçues pour « protéger » les habitants et s'assurer que le logement demeurerait économiquement accessible. Cette notion de la réglementation « protectrice » était alors dans la droite ligne d'autres réglementations, celle sur la sécurité incendie par exemple. Six réglementations thermiques (RT) se succédèrent entre 1974 et 2012, affinant toujours plus le modèle de référence, et prenant en compte de plus en plus de paramètres pour des niveaux d'exigences sans cesse croissants.

9.1.2 Les réglementations thermiques

La RT 1974, isolation des enveloppes

Toutes les parois des constructions neuves, et notamment celles des logements, devaient être isolées ; le double vitrage s'imposa partout, le contrôle de la ventilation se mit en place. Les contraintes de pertes thermiques furent plus fortes en chauffage électrique. Apparurent le coefficient *G*, exprimant les déperditions globales, en W/m².°C, les trois zones climatiques A, B et C, etc. Limitée aux bâtiments neufs d'habitation, cette première réglementation visait à réduire de 25 % la consommation énergétique des bâtiments. Mais ce n'était qu'un début.

La RT 1982, intégration des apports solaires pour le calcul des besoins

Le second choc pétrolier de 1979 aboutit à la rédaction et à la publication de la RT 1982. L'objectif de cette nouvelle réglementation thermique était une réduction de 20 % de la consommation d'énergie des bâtiments par rapport à la RT 1974. Les calculs se complexifièrent avec l'apparition du coefficient *B* lié aux besoins en chauffage et prenant en compte les apports solaires, afin d'éviter l'écueil de la « bouteille thermos » induite par la RT 1974, avec ses parois opaques sur-isolées et très peu de parois vitrées.

La RT 1988, calcul des consommations selon les types d'énergies

Au calcul des déperditions (*G*) et des besoins (*B*) s'ajouta le calcul des consommations (*C*) en intégrant le chauffage et l'eau chaude sanitaire (ECS). Le comportement global du logement était ainsi de plus en plus approché.

La RT 2000, intégration du confort d'été

Contrairement aux précédentes réglementations, qui imposaient uniquement des exigences de moyens, la RT 2000 vit l'apparition d'une exigence de performance globale du bâtiment, mais aussi d'une exigence de confort d'été. La RT 2000 visait une réduction de 20 % de la consommation maximale des logements par rapport à la RT 1988, et une baisse de 40 % de la consommation des bâtiments tertiaires. Les calculs se complexifièrent encore avec la création d'un coefficient *C* pour les consommations sur trois usages (chauffage, eau chaude sanitaire, auxiliaires), l'instauration d'un coefficient de transmission thermique $U_{bât}$, l'intégration des ponts thermiques, la définition d'une température intérieure conventionnelle T_{ic} pour le confort d'été, le calcul de la consommation énergétique de référence $C_{réf}$ en fonction du système de chauffage.

La RT 2005, prise en compte du bioclimatique et des énergies renouvelables

Cette réglementation reprit les bases de la RT 2000, avec une augmentation des exigences de consommations et l'instauration de gardes fous. La RT 2005 visait une nouvelle baisse de 15 % de la consommation énergétique des bâtiments neufs et introduisit des labels, dont le label bâtiment basse consommation (BBC), qui prépara la RT 2012.

La RT 2012, un nouveau pas en avant

Le coefficient *C* comprit désormais cinq usages : chauffage, ECS, auxiliaires, éclairage, rafraîchissement. Le paramètre $U_{bât}$, qui permettait d'apprécier la qualité du bâti, disparut au profit du *Bbio*, correspondant aux besoins bioclimatiques d'un logement, qui doit demeurer inférieur à un $Bbio_{max}$. La surface de vitrage des logements, limitée à 1/6e de la Shab en RT 2005, fut désormais impérativement supérieure à 1/6e de la Shab. Ce revirement s'explique notamment par la découverte d'un effet thermos et d'une surconsommation d'électricité pour l'éclairage du fait d'un faible apport en lumière du jour lorsque les surfaces vitrées d'un logement occupent moins d'1/6e de la Shab. Globalement, l'exigence réglementaire imposa une division par trois des consommations entre 1974 et 2012.

9.1.3 1974/2019, synthèse de 45 années d'évolutions

Alors que la RT 1974 se focalisait sur la réduction des déperditions d'énergie en insistant sur l'isolation du bâti, la RT 1982 s'appuya sur les besoins en chauffage, ajoutant les notions d'apport et d'architecture bioclimatiques. Les quatre réglementations suivantes (RT 1988, 2000, 2005 et 2012) s'adossèrent aux notions de consommations globales, incluant les équipements (fig. 9.1 et tab. 9.1).

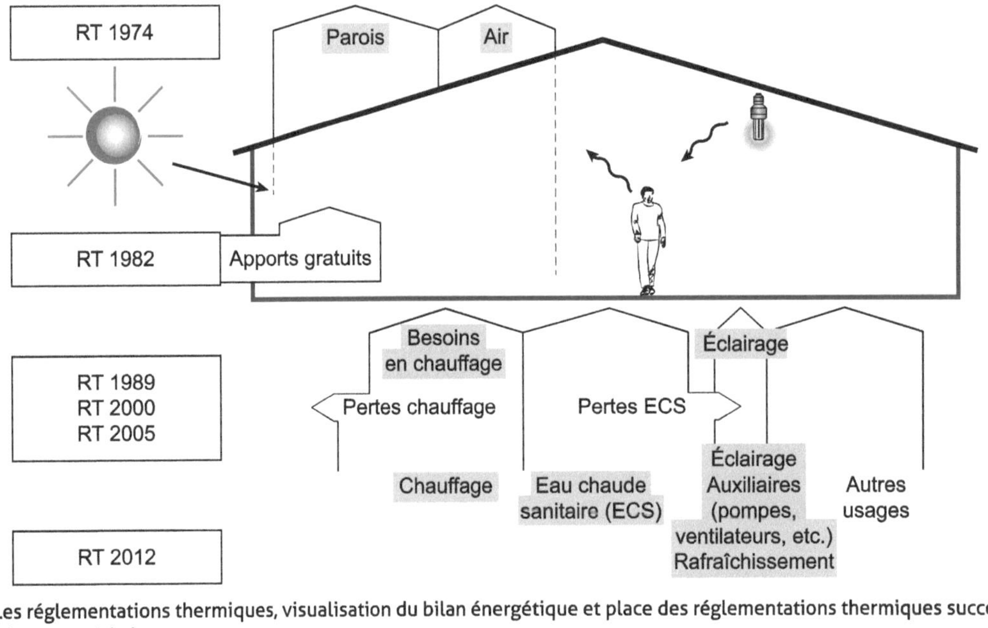

▲ **Fig. 9.1.** Les réglementations thermiques, visualisation du bilan énergétique et place des réglementations thermiques successives et leurs principales caractéristiques

(source : André Pouget, « La mobilisation des réglementations thermiques au service de la transition énergétique », *in* série *Responsabilité & Environnement* n° 90, avril 2018 © annales des Mines)

▼ **Tab. 9.1.** **De la limitation des déperditions énergétiques à la réponse aux besoins, pour aboutir à la maîtrise des consommations (source : d'après André Pouget, « La mobilisation des réglementations thermiques au service de la transition énergétique », *ibid.*)**

	Déperditions	**Besoins**	**Consommations**			
	RT 1974	***RT 1982***	***RT 1988***	***RT 2000***	***RT 2005***	***RT 2012***
Usages pris en compte	Chauffage		3 usages		5 usages	
Nouvel indicateur de la performance énergétique du bâti	*G*		$GV_{\text{réf}}$	$U_{\text{bât réf}}$		*Bbio*
Confort d'été pris en compte	–			T_{ic}		
Zones climatiques	A, B, C	H1, H2, H3	3 zones		8 zones	

9.2 La RE 2020, un changement de paradigme

9.2.1 Vers un secteur du bâtiment décarboné

Cinquante années de réglementations thermiques furent ainsi consacrées à « adapter » l'immobilier aux nouvelles donnes énergétiques, avec comme objectifs un coût d'exploitation maîtrisé et un confort de vie dans les bâtiments. Avec la RE 2020, tout change. Il ne s'agit plus seulement de protéger les habitants contre des coûts d'énergie prohibitifs, mais également de protéger la vie sur Terre, menacée de destruction par les activités humaines. L'immobilier passe ainsi, au tribunal de l'environnement, du banc des victimes agressées par les crises de l'énergie au banc des accusés agresseurs de la planète. La problématique de la réglementation n'est plus celle de la recherche d'un confort maximal des habitants mais celle d'un impact environnemental minimal. Impact énergétique et impact carbone sont ainsi désormais associés au profit d'une approche radicalement nouvelle, tant sur le fond que dans la forme. Les objectifs sont extrêmement ambitieux, avec une neutralité carbone visée en 2050 (fig. 9.2). L'objectif intermédiaire de 2030 de diviser par deux l'impact carbone par rapport à 2015 concerne majoritairement le parc existant. En effet, plus de 85 % des logements de 2030 étaient déjà construits en 2015... mais il reste que la question environnementale constitue un sujet de long terme, et, même si la construction neuve ne pèse que modérément dans l'objectif de 2030, il était essentiel de lui fixer des objectifs à la hauteur des enjeux. La construction neuve est ainsi devenue ainsi le fer de lance d'un secteur du bâtiment décarboné.

Le document du ministère de la Transition écologique et solidaire « Stratégie nationale bas carbone. La transition écologique et solidaire vers la neutralité carbone », cité comme source de la figure 9.2, donne entre autres les objectifs suivants liés à l'impact carbone du secteur du bâtiment :
- orienter le secteur vers un usage d'énergies 100 % décarbonées en 2050 ;
- privilégier le recours aux solutions les mieux adaptées à chaque type de bâtiment, en prenant en compte le potentiel local d'énergies décarbonées ;
- à court terme, prioriser l'abandon du chauffage au fioul et au charbon ;
- inciter à une forte accélération du rythme et de la qualité des rénovations des logements en visant un objectif minimal de 370 000 rénovations complètes par an dès 2022, puis 700 000 par an à plus long terme ;
- accroître les niveaux de performances énergétique et carbone des bâtiments neufs *via* les futures réglementations environnementales en privilégiant des approches intégrées en analyse du cycle de vie ;
- viser une meilleure efficacité énergétique des équipements et une sobriété des usages en encourageant les ménages à moins et/ou mieux utiliser les équipements pour permettre notamment une température de chauffage abaissée de 1 °C en moyenne à l'horizon 2050.

9.2.2 Principes

La RE 2020 est ainsi la première réglementation énergétique et environnementale. Elle doit poursuivre l'amélioration de la performance énergétique des bâtiments neufs, la réduction de leur impact sur le climat avec la prise en compte des émissions de gaz à effet de serre sur l'ensemble du cycle de vie du bâtiment, et l'adaptation aux conditions climatiques futures par le renforcement du confort d'été. Elle doit également conduire à améliorer la conception bioclimatique des bâtiments, à renforcer la performance de l'enveloppement du bâti, à favoriser le recours aux énergies renouvelables et peu carbonées et aux matériaux ayant une faible empreinte carbone, notamment ceux qui stockent du carbone.

La RE 2020 s'appuie sur six indicateurs (tab. 9.2) : trois pour les besoins et consommations en énergie – à l'image de ceux qui étaient utilisés dans la RT 2012 –, deux pour l'impact carbone lors de la construction et de l'exploitation, et un pour le confort en saison chaude.

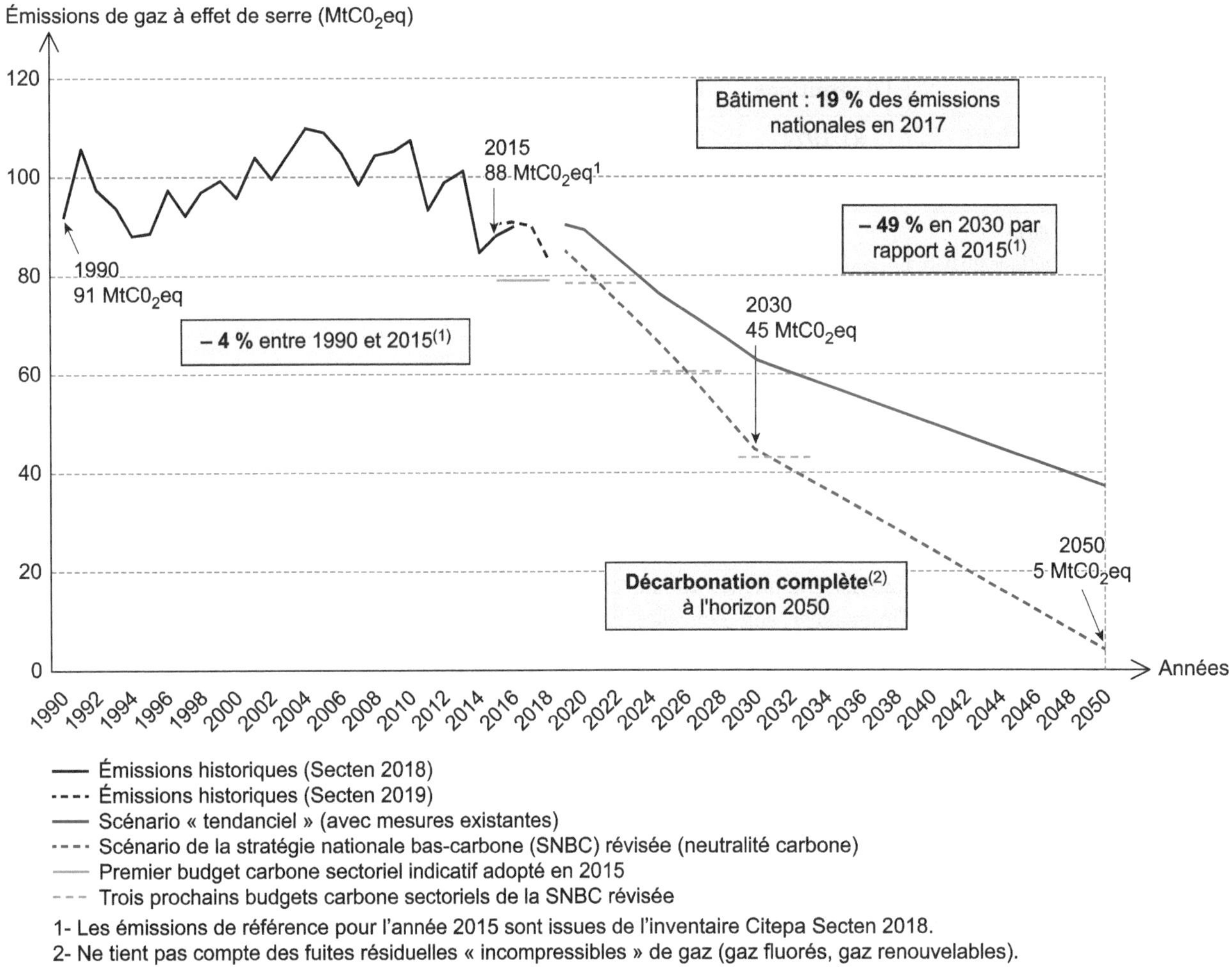

▲ **Fig. 9.2.** Historique et projection des émissions du secteur du bâtiment entre 1990 et 2050

(sources : inventaire Citepa d'avril 2018 au format Secten et au périmètre Plan Climat ; scénarios avec mesures existantes et supplémentaires 2018 ; graphique tiré du document « Stratégie nationale bas carbone. La transition écologique et solidaire vers la neutralité carbone », ministère de la Transition écologique et solidaire, mars 2020)

9.2.3 Toujours des améliorations énergétiques

La RE 2020 poursuit les objectifs d'amélioration de la performance énergétique et de la baisse des consommations des bâtiments neufs. Comme indiqué dans le tableau 9.2, les cinq usages réglementaires de la RT 2012 (chauffage, refroidissement, éclairage, production d'eau chaude sanitaire et fonctionnement des auxiliaires) sont toujours présents ; la RE 2020 y ajoute ceux liés à la mobilité des occupants dans le bâtiment (ascenseurs, escaliers roulants) et au fonctionnement d'autres auxiliaires (parkings et équipements des parties communes des collectifs).

La méthode de calcul de la performance énergétique utilise donc des algorithmes de calcul identiques ou similaires à ceux de la RT 2012, avec quelques adaptations et compléments et des fichiers météorologiques recalés. Du fait de ces ajustements, de nouvelles exigences réglementaires ont été introduites pour la RE 2020 et les niveaux de performances qui sont calculés en RE 2020 ne sont pas directement comparables à ceux de la RT 2012. Ainsi, pour avoir un ordre de grandeur, les besoins énergétiques d'un bâtiment conforme à la RE 2020, modélisé à l'identique avec la méthode de calcul de la RT 2012, diminuent de 30 % par rapport au seuil réglementaire de la RT 2012. Globalement, l'écart entre la RT 2012 et la RE 2020 est de – 30 % pour le *Bbio* et de – 20 % pour le *Cep*.

9.2.4 Prise en compte des effets du changement climatique

La RE 2020 présente une évolution importante sur le thème du confort en saison chaude. La température intérieure conventionnelle (T_{ic}) de la RT 2012 est supprimée, tandis que la RE 2020 introduit une nouvelle exigence sur les degrés-heures d'inconfort, avec une nouvelle méthode de calcul qui prend en compte les effets du changement climatique sur les bâtiments, c'est-à-dire des températures à

▼ Tab. 9.2. Les six indicateurs de la RE 2020

Domaine	Indicateur et son unité	Signification	Évaluation
Énergie	*Bbio* (points)	Besoins bioclimatiques	Des besoins de chaud, de froid, que le bâtiment soit climatisé ou pas, et d'éclairage
	Cep [KWhep/(m².an)]	Consommations en énergie primaire totales	• Des consommations des énergies renouvelables et non renouvelables des cinq usages de la RT 2012 : chauffage, refroidissement, production d'eau chaude sanitaire, éclairage, ventilation et fonctionnement des auxiliaires (pompes et ventilateurs) • Des consommations liées : – à l'éclairage et à la ventilation des parkings – à l'éclairage des circulations en collectif – au fonctionnement des ascenseurs et des escaliers roulants
	Cep, nr [KWhep/(m².an)]	Consommations en énergie primaire non renouvelable	
Carbone	$Ic_{énergie}$ [kg eq.CO_2/m²]	Impact sur le changement climatique associé aux consommations en énergie primaire	Des émissions de gaz à effet de serre des énergies consommées pendant le fonctionnement du bâtiment, soit 50 ans, ***via*** la méthode de l'analyse du cycle de vie (ACV)
	$Ic_{construction}$ [kg eq.CO_2/m²]	Impact sur le changement climatique associé à la période de la construction	Des émissions de gaz à effet de serre des produits de construction (« composants »), des équipements et de leur mise en œuvre (« chantier »), ***via*** la méthode de l'ACV
Confort d'été	*DH* [°C.h]	Degré-heure d'inconfort	Du niveau d'inconfort perçu par les occupants sur l'ensemble de la saison chaude. Il s'agit de la somme des écarts entre la température de l'habitation et la température de confort, qui est la température adaptée en fonction des températures des jours précédents. La température de confort varie entre 26 et 28 °C

la hausse, ainsi que des vagues de chaleur plus fréquentes, plus intenses et plus longues. L'indicateur qui permet d'évaluer l'inconfort est le degré-heure d'inconfort *DH*, qui s'exprime en °C.h. Il représente le niveau d'inconfort perçu par les occupants. Cet indicateur s'apparente à un compteur qui cumule, sur la période estivale, chaque degré inconfortable de chaque heure de la journée et de la nuit. Les degrés inconfortables sont conventionnellement ceux qui dépassent une température de confort qui varie généralement entre 26 et 28 °C suivant les températures extérieures, et qui est adaptée en fonction des températures des jours précédents.

9.2.5 Le calcul de la performance environnementale, l'innovation majeure

Le calcul de la performance environnementale est l'évolution réglementaire majeure de la RE 2020. Cette évaluation se base sur le principe de l'analyse du cycle de vie (ACV), qui permet d'objectiver les impacts du bâtiment à travers une série d'indicateurs environnementaux calculés sur l'ensemble de son cycle de vie (fig. 9.3), depuis l'extraction des matières nécessaires à la production des produits de construction et des équipements (1), jusqu'à la destruction en fin de vie du bâtiment (4) et le traitement des déchets qui en découle (5). Le transport entre chacune des étapes y est inclus.

> **ZOOM ACV STATIQUE ET DYNAMIQUE**
>
> Il faut distinguer l'ACV statique, simple somme algébrique des émissions dans le temps, de l'ACV dynamique, dans laquelle un coefficient réducteur impacte chaque émission en fonction de sa date plus ou moins lointaine de survenance. La RE 2020 applique l'ACV dynamique.

9.2.6 Moyens d'atteindre l'objectif énergétique

Besoins bioclimatiques *Bbio*

Comme vu précédemment, il s'agit, avec la RE 2020, d'améliorer la sobriété énergétique d'un bâtiment de 30 % par rapport à un bâtiment qui respecte la RT 2012[1]. Pour ce qui concerne les besoins bioclimatiques (indicateur *Bbio*), les bureaux d'études estiment que, dans la plupart des cas, l'atteinte du *Bbio* en RE 2020 en logement collectif neuf peut s'effectuer sans modifications techniques majeures, car l'objectif reste accessible avec une isolation thermique

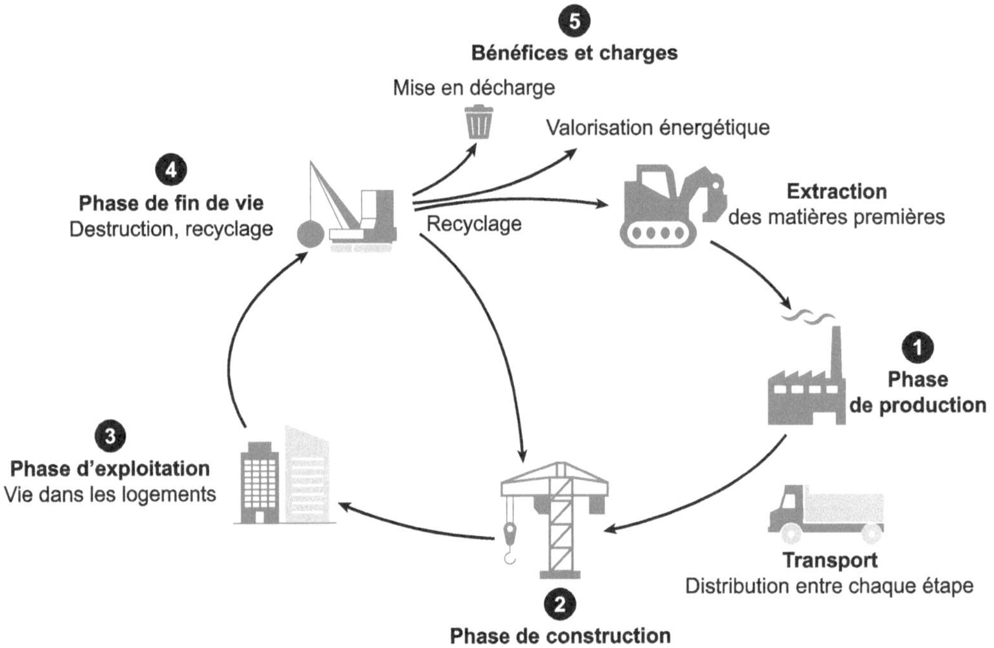

▲ **Fig. 9.3.** Le cycle de vie d'un bâtiment
(source : Cerema, « Guide RE 2020. Réglementation environnementale. Éco-construire pour le confort de tous », ministère de la Transition écologique, janvier 2024)

par l'intérieur. Le tableau 9.3 présente une solution classique d'une telle isolation pour un surcoût moyen estimé à 20 € par mètre carré de surface habitable par rapport au coût de construction d'un bâtiment en RT 2012.
Un fort développement de l'isolation thermique par l'extérieur est par ailleurs prévisible.

▼ **Tab. 9.3.** Configuration de principe en résidentiel collectif d'une isolation thermique par l'intérieur acceptable en RE 2020
(source : Pouget Consultants)

Élément du bâtiment	Caractéristiques de l'isolation
Mode constructif	Blocs de béton ou béton banché
Murs	12 cm de polystyrène expansé
Plancher bas	• 16 cm de laine de roche en sous-face • 8 cm de polyuréthanne sous chape
Plancher haut	40 cm de laine de verre
Menuiseries	Coefficient de transmission thermique *Uw* = 1,3 $W/m^2.K$
Coffre de volet roulant	Coefficient de transmission thermique *Uc* = 1,5 $W/m^2.K$
Perméabilité à l'air	0,9 $m^3/(h.m^2)$, soit 0,7 par échantillonnage
Classe d'étanchéité à l'air du réseau de ventilation	A
Occultations	Volets roulants à gestion manuelle

Consommations en énergie primaire totales *Cep*
L'objectif fixé par la RE 2020 induit une baisse d'environ 20 % des consommations en énergie primaire. Pour l'atteindre, il est nécessaire d'agir essentiellement sur les postes de chauffage et de production d'eau chaude sanitaire. La RE 2020 entérine (presque) sans appel la fin du chauffage électrique, appelé désormais « chauffage à effet Joule ». Seul un *Bbio* amélioré de 60 % par rapport à celui de la RT 2012 permettrait de « passer » en *Cep* de la RE 2020, ce qui semble techniquement non rentable.
L'installation d'un chauffage au gaz ou d'un réseau de production de chaleur permet d'atteindre le *Cep* de la RE 2020 au prix d'un *Bbio* amélioré de 40 % par rapport à la RT 2012 ou du recours à un système d'eau chaude sanitaire thermodynamique. L'utilisation de pompes à chaleur pour le chauffage et la production d'eau chaude sanitaire devrait donc se généraliser.

9.2.7 Moyens d'atteindre l'objectif environnemental

L'objectif environnemental concerne à la fois la phase de « construction » et la phase d'« exploitation » du bâtiment (fig. 9.4). Contrairement aux aspects « énergétiques » (*Bbio*, *Cep*), pour lesquels la RE 2020 fixe un objectif immédiat et constant, les aspects « carbone » de la RE 2020 comportent trois périodes, qui vont induire des évolutions techniques. Les experts s'accordent sur des évolutions en deux temps :
– la période 2025/2027 correspondra au développement, voire à la généralisation, de l'installation de pompes à

chaleur et de solutions hybrides en matière de chauffage et de consommation d'énergie. Sur cette période, l'évolution des systèmes constructifs pourrait demeurer limitée ;
- la période 2028/2031 verra le développement de systèmes constructifs décarbonés. L'équilibre entre l'utilisation du béton, de la terre cuite et du bois devrait évoluer.

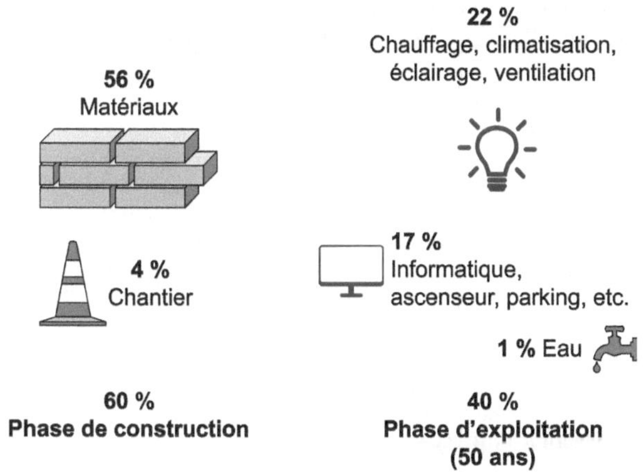

▲ **Fig. 9.4.** Poids de la construction et de l'exploitation dans l'impact carbone d'un bâtiment
(source : Artelia)

Réduire la valeur de l'indicateur « construction »

Pour être réglementaire, la valeur de l'indicateur de la contribution de la construction à l'impact sur le changement climatique $Ic_{construction}$ (pour rappel, addition de $Ic_{chantier}$ et $Ic_{composants}$) d'un bâtiment ne doit pas dépasser $Ic_{construction\_max}$. Les exigences sont progressives (tab. 9.4). Les indications sur les maisons individuelles sont données à titre de comparaison.

▼ **Tab. 9.4.** Évolution de la valeur maximale d'$Ic_{construction}$ pour un bâtiment

Type de bâtiment	$Ic_{construction\_maxmoyen}$ (kg éq.CO_2/m²)			
	2022 à 2024	*2024 à 2027*	*2027 à 2030*	*À partir de 2031*
Logements collectifs	740	650	580	490
Maisons individuelles ou accolées	640	530	475	415

Le principe du calcul de la valeur de l'indicateur $Ic_{construction}$ est le suivant. La construction est décomposée en 14 lots, eux-mêmes décomposés en sous-lots. Pour chaque lot ou sous-lot, sont pris en compte entre autres :
- les métrés ;
- les types de matériaux à partir des fiches de déclaration environnementale et sanitaire (FDES) ;
- les travaux de construction, de maintenance et de remplacement à effectuer sur 50 ans ;
- l'année de mise en service du bâtiment[2].

Certains des sous-lots sont forfaitisés.

Le tableau 9.5 donne un exemple de médianes de l'indicateur $Ic_{composants}$ par lot issues des expérimentations menées entre 2016 et 2020 par l'observatoire Bâtiment à énergie positive et réduction carbone (E+C–), destinées à préparer la RE 2020.

▼ **Tab. 9.5.** Médianes par lot de l'indicateur $Ic_{composants}$ observées en logements collectifs dans la zone H1a
(sources : observatoire E+C– des ministères de la Transition écologique et solidaire et de la Cohésion des territoires et de l'Agence de la transition écologiques (Ademe) ; données synthétisées par Artelia)

Numéro du lot	Lot	Médiane (kg éq.CO_2/m²)
1	Voirie et réseaux divers (VRD)	110
2	Fondations (infrastructure)	
3	Maçonnerie (superstructure)	160
4	Charpente, couverture et étanchéité	45
5	Cloisons, doublages et menuiseries intérieures	50
6	Façades et menuiseries extérieures	70
7	Revêtements des sols et des murs	85
8	Chauffage, ventilation et climatisation (CVC)	76
9	Plomberie et sanitaire	32
10	Courants forts	46
11	Courants faibles	6
12	Appareils élévateurs	44
13	Production locale d'électricité	4
14	Fluides frigorigènes	0
Total $Ic_{composants}$		728

Les pistes permettant de respecter la réglementation sont simples dans leur principe :
- réduire la quantité de matériaux nécessaires à la construction de l'immeuble ;
- faire appel autant que possible à des matériaux à l'impact carbone limité, comme le bois, le ciment décarboné et les matériaux de réemploi.

En caricaturant, on peut dire qu'à une structure en béton en voiles porteurs et façades lourdes peut être préférée une structure en bois poteaux/poutres et façades légères insérées ; cette structure nécessite moins de matière et le choix du bois plutôt que celui du béton peut faire gagner[3] :
- 50 kg éq.CO_2/m² pour une façade en bois ;
- 150 kg éq.CO_2/m² pour une ossature en bois lamellé-croisé (CLT).

Les limites d'emploi de ces solutions sont principalement liées aux réglementations incendie et sismique et aux quantités de matériaux disponibles issus de la filière bois en France.

En parallèle, la simple amélioration des données environnementales utilisées dans les projets, par le développement des FDES, permet de passer de valeurs forfaitaires à des valeurs réelles pour les différents composants et d'améliorer les scores sans rien modifier par ailleurs, avec un gain estimé de 90 kg éq.CO_2/m². Enfin, des progrès sur le second œuvre permettraient de passer l'échéance 2027, pour un gain estimé de 100 kg éq.CO_2/m². Les techniques pour 2031 et au-delà restent à optimiser.

Les pistes sont résumées dans la figure 9.5.

Réduire la valeur de l'indicateur « énergie »

Les besoins une fois maîtrisés (*Bbio*), et les consommations limitées (*Cep*), l'impact carbone lié à l'« énergie » dépend essentiellement du type d'énergie retenu pour faire fonctionner les équipements du bâtiment.

Pour être réglementaire, la valeur de l'indicateur de l'impact sur le changement climatique associé aux consommations en énergie primaire $Ic_{énergie}$ ne doit pas dépasser $Ic_{énergie\_max}$. Cet indicateur correspond aux émissions de gaz à effet de serre liées à la production de l'énergie nécessaire pour chauffer un bâtiment, l'éclairer, le ventiler, etc., durant ses 50 années de vie. Les exigences sont progressives et prennent en compte la présence ou l'absence d'un raccordement à un réseau de chaleur urbain (tab. 9.6). Les indications sur les maisons individuelles sont données à titre de comparaison.

▼ **Tab. 9.6.** Évolution de la valeur maximale d'$Ic_{énergie}$ pour un bâtiment

<table>
<tr><th rowspan="2" colspan="2">Type de bâtiment</th><th colspan="3">$Ic_{énergie\_maxmoyen}$ sur 50 ans (kg éq.CO_2/m²)</th></tr>
<tr><th>2022 à 2024</th><th>2025 à 2027</th><th>À partir de 2028</th></tr>
<tr><td rowspan="2">Logements collectifs</td><td>raccordés à un réseau de chaleur urbain</td><td rowspan="2">560</td><td>320</td><td rowspan="2">260</td></tr>
<tr><td>autres cas</td><td>260</td></tr>
<tr><td rowspan="2">Maisons individuelles ou accolées</td><td>raccordées à un réseau de chaleur urbain</td><td colspan="2">200</td><td>160</td></tr>
<tr><td>autres cas</td><td colspan="3">160</td></tr>
</table>

La valeur de l'indicateur $Ic_{énergie}$ est calculée avec la méthode dynamique à partir des consommations d'énergies finales

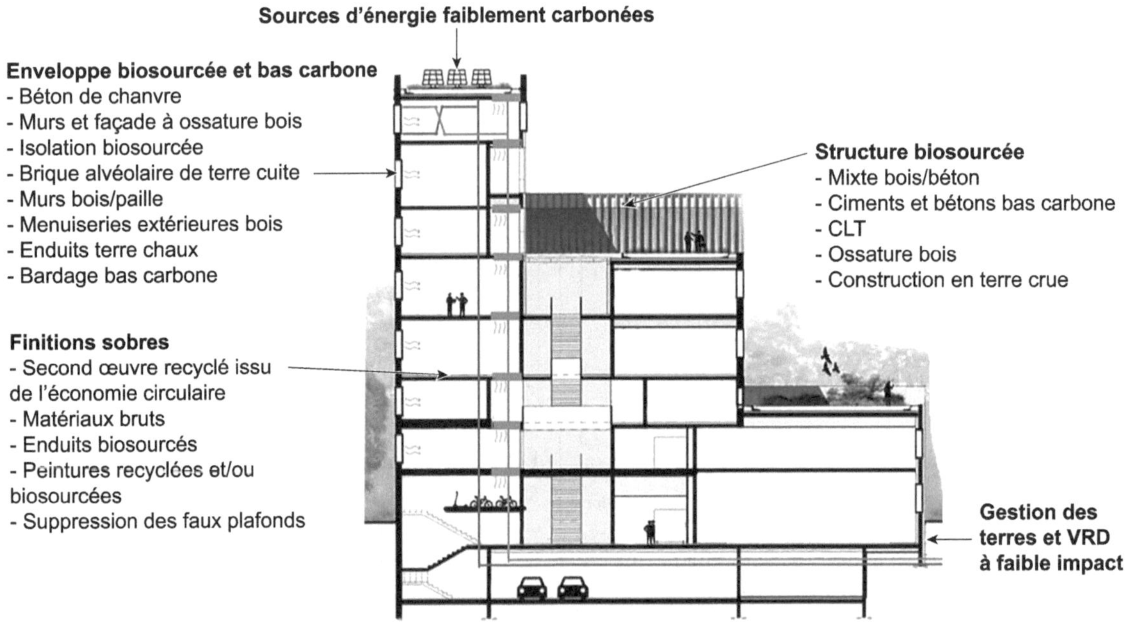

▲ **Fig. 9.5.** Les leviers concernant les matériaux pour concevoir des projets bas carbone (source : Icade Promotion)

de chaque vecteur énergétique sur 50 ans, qu'il faut multiplier par le facteur d'émission associé, le tout multiplié par le coefficient moyen de pondération de l'impact sur le changement climatique, l'ACV dynamique, égal à 0,79. Pour obtenir les impacts carbone annuels équivalents (fig. 9.6), les chiffres du tableau 9.6 sont divisés par 50 et par 0,79.

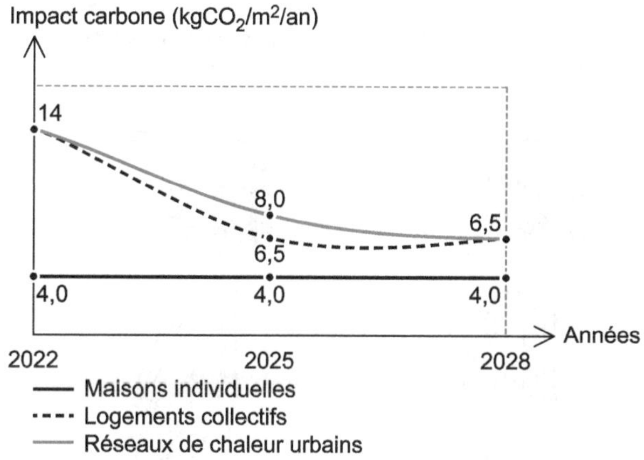

▲ **Fig. 9.6. Seuils réglementaires annuels de l'impact carbone « énergie »**
(source : Cegibat)

Ces consommations dépendent bien entendu du type d'énergie importée par le bâtiment, chaque énergie disposant d'un kilogramme équivalent CO_2 par kilowattheure d'énergie finale PCI (pouvoir calorifique inférieur) spécifique, qui peut varier d'un facteur de 1 à 10, et qui est par exemple[4] :
- de 0,024 à 0,030 pour le bois, la biomasse et les plaquettes forestières ;
- de 0,079 pour l'électricité destinée au chauffage ;
- de 0,227 pour le gaz naturel issu des réseaux.

En habitat collectif, l'atteinte de l'objectif RE 2020 du premier niveau (2022 à 2024) ne posait pas de problème, car tous les types d'énergies demeuraient compatibles avec la réglementation. À partir de 2025, les solutions qui ne feront pas appel aux énergies renouvelables ou celles à base de gaz collectif seront pratiquement proscrites. Globalement, le respect de ces nouvelles contraintes imposera pour les opérations de taille courante, soit de 20 à 80 logements, les mesures et solutions suivantes :
- abandonner le gaz comme source principale, à l'exception de celui utilisé dans les chaudières d'appoint pour la pointe hivernale sur des installations importantes ;
- raccorder chaque fois que possible le bâtiment aux réseaux de chaleur urbains, dont la décarbonation est attendue, ce qui explique les exigences moins restrictives pour les projets en chauffage urbain ;
- utiliser des pompes à chaleur (PAC) air/air ou air/eau collectives, chaque PAC pouvant couvrir les besoins de plusieurs logements.

Sur les opérations importantes, supérieures à 80 logements, pourront être étudiées comme alternatives au gaz les solutions suivantes :
- utiliser des pompes à chaleur sur géothermie, dont l'installation nécessite un investissement plus important que pour celle d'une PAC air/air, mais qui peut se rentabiliser ;
- utiliser des chaudières biomasse.

Enfin, l'excès de production énergétique des panneaux photovoltaïques étant comptabilisé dans les consommations énergétiques du bâtiment, il faut :
- soit limiter la surface des panneaux à la production autoconsommée ;
- soit extraire la surface excédentaire du périmètre de l'opération et la faire prendre en charge par un investisseur dédié aux projets de production d'électricité.

Synthèse
La synthèse des évolutions techniques attendues de la mise en œuvre de la RE 2020 est présentée sur la figure 9.7.

9.3 Impacts de la RE 2020 sur l'organisation des projets et des chantiers

Au-delà du choix des matériaux, des modes de chauffage et des sources d'énergie, la RE 2020 a deux grandes familles d'impacts sur les opérations de logements :
- une modification des conditions de déroulement des projets ;
- l'ouverture vers de nouveaux modes de gestion des chantiers.

9.3.1 Déroulement des projets

Dépôt du permis de construire
Selon l'article R. 122-22 du CCH, « Le maître d'ouvrage de toute construction ou extension de bâtiment [...] établit, pour chaque bâtiment concerné, un document attestant qu'il a respecté, ou fait respecter par le maître d'œuvre lorsque ce dernier est chargé d'une mission de conception de l'opération, la réglementation thermique [...]. Cette attestation est établie sur un formulaire conforme à des prescriptions fixées par arrêté. Elle est jointe à la demande de permis de construire. »

Il convient également d'effectuer l'étude de faisabilité énergétique, conformément à l'arrêté du 9 décembre 2021

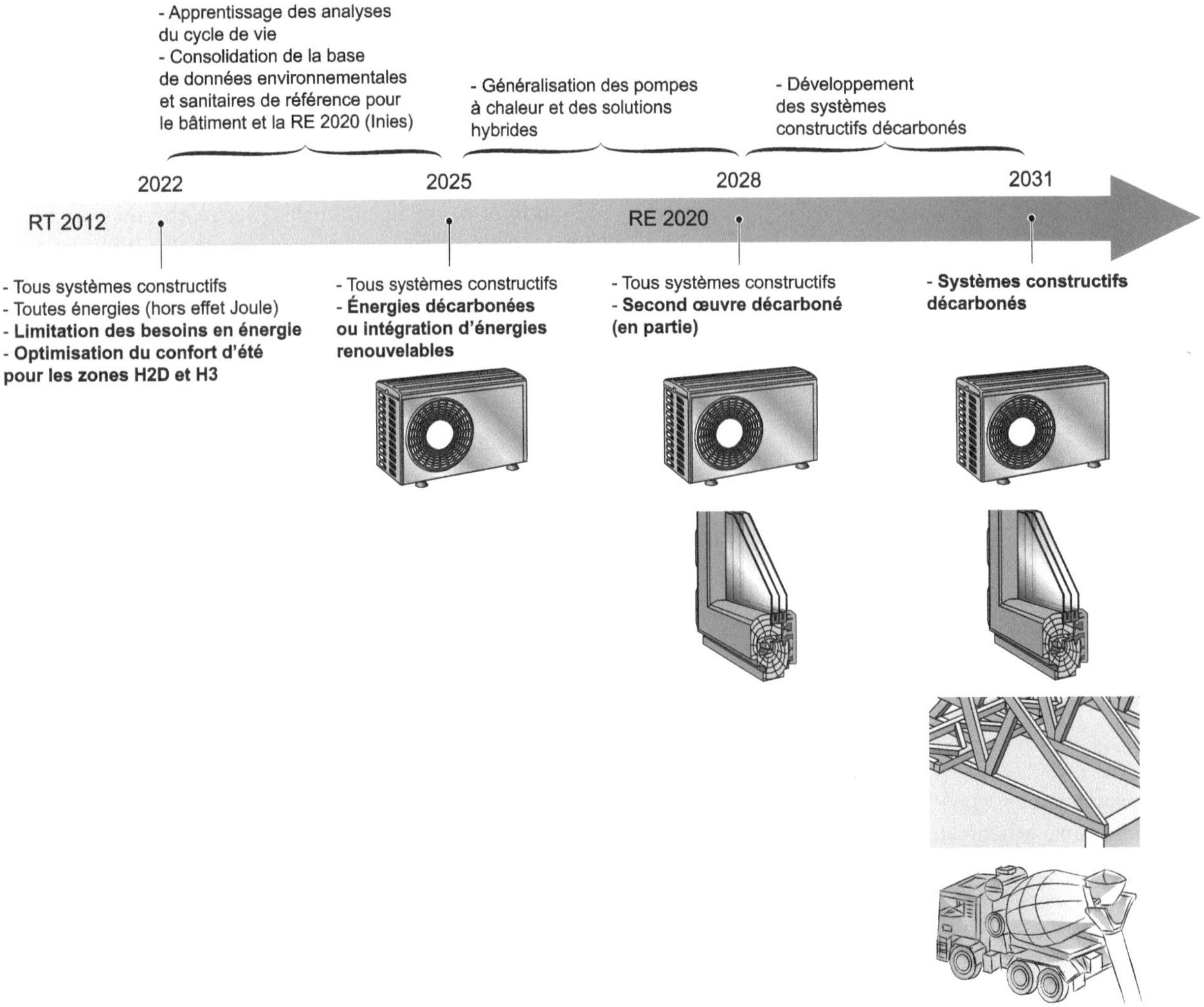

▲ **Fig. 9.7.** Synthèse des impacts de la RE 2020 : développement des énergies renouvelables, puis second œuvre décarboné, puis structure décarbonée bois ou béton à faible impact carbone
(source : Pouget Consultants)

relatif à la réalisation d'une étude de faisabilité relative aux diverses solutions d'approvisionnement en énergie pour les constructions de bâtiments en France métropolitaine. Le permis de construire n'est donc plus simplement une image architecturale, il doit s'accompagner de premiers calculs permettant de s'assurer de la conformité à la réglementation. Dit autrement, il est exclu d'attendre la phase projet pour effectuer les choix techniques principaux, comme ceux du type de structure, de façade ou d'énergie.

En phase DCE-PRO

En phase de constitution du dossier de consultation des entreprises (DCE) et d'études de projet (PRO), il convient d'effectuer une étude énergie qui inclut :
- le récapitulatif standardisé d'étude thermique (RSET) ;
- le récapitulatif standardisé énergie et environnement (RSEE), comprenant les valeurs des indicateurs $Ic_{construction}$ et $Ic_{énergie}$;
- l'étude ACV.

Ceci impose notamment :
- d'importer le RSET ;
- de fournir les données sur les matériaux de construction, manuellement ou à partir de la modélisation des informations relatives au bâtiment (*building information modeling*, BIM), d'Excel, ou d'autres logiciels ;
- de calculer les consommations d'énergie, d'eau et de fluides frigorigènes ;
- de prévoir la production locale d'énergie (optionnel) ;
- de détailler les informations descriptives du bâtiment pour générer les seuils des valeurs des indicateurs $Ic_{construction}$ et $Ic_{énergie}$;
- d'exporter le fichier RSET au format xml.

Pendant le chantier

Après la déclaration d'ouverture du chantier, le maître d'ouvrage doit s'engager à justifier à l'achèvement des travaux du respect de la RE 2020 (art. L. 122-9 du CCH).

Le maître d'ouvrage devant respecter ou faire respecter la réglementation thermique, le projet doit être beaucoup plus figé que dans les approches traditionnelles « pré-RE 2020 », dans lesquelles de multiples adaptations étaient fréquentes jusqu'en cours de chantier. Les variantes et options ne peuvent être aussi souples qu'avant. On soulignera dans ces conditions l'intérêt d'utiliser une maquette numérique et toutes les technologies du BIM.

9.3.2 Gestion des chantiers dans le cas d'une « construction hors site »

L'expression « construction hors site » correspond exactement à l'ancien vocable « préfabrication », mais ce dernier est chargé de l'histoire des systèmes constructifs à base de panneaux lourds préfabriqués, eux-mêmes associés aux grands ensembles des années 1970, si souvent décriés. Il était donc nécessaire de trouver une nouvelle appellation.

La préfabrication s'était développée pour répondre au besoin de construire vite, en se libérant en partie des contraintes du béton coulé en place, notamment de celle du temps de prise nécessaire avant de couler l'étage supérieur. Les tours préfabriquées des années 1970 pouvaient ainsi « monter » d'un étage par jour à condition d'être approvisionnées correctement en panneaux. Des systèmes de préfabrication légère étaient apparus simultanément, en métal ou en bois. Les procédés de la Compagnie française d'entreprises métalliques (CFEM) permettaient de poser d'un seul coup de grue un logement de 100 m², les structures verticales et horizontales ayant été préassemblées. Les « modèles innovation » promus par le Plan construction des années 1970 fourmillaient de tels dispositifs, progressivement abandonnés au profit d'une industrie du béton coulé en place, qui a accompli des progrès remarquables, à l'aide des banches notamment. Au début des années 1980, une politique des « systèmes constructifs » a vu également le développement de nombreux procédés lourds et légers.

La réponse apportée par ces principes aux exigences de la RE 2020 est d'un autre ordre :

– le calcul de l'indicateur $Ic_{construction}$ est simplifié et fiable puisque chaque élément préfabriqué peut être intégralement réalisé en amont et est simplement assemblé sur site ;

– la durée du chantier est réduite, ce qui peut diminuer la valeur de l'indicateur $Ic_{chantier}$, et donc celle de l'indicateur $Ic_{construction}$.

Notes

1. Exemple pris pour la zone H2b, qui comprend les départements de Charente, Charente-Maritime, Cher, Indre, Indre-et-Loire, Loir-et-Cher, Loire-Atlantique, Maine-et-Loire, Mayenne, Sarthe, Deux-Sèvres, Vendée, Vienne.
2. À l'image des calculs de valeur économique des biens immobiliers, qui actualisent produits (loyers) et charges (construction et exploitation) sur 30 ou 50 ans.
3. Les estimations de gains correspondent à des estimations du bureau Pouget Consultants.
4. Cerema, présentation de la réglementation environnementale RE 2020, webinaire du jeudi 16 septembre 2021.

PARTIE 3

Programmation du logement collectif neuf

10

Expression des ambitions du maître d'ouvrage

10.1 Programmer, une nécessité

La programmation est l'acte fondamental du maître d'ouvrage de l'opération de logement collectif. Suivant l'adage mathématique qui veut « qu'un problème bien posé est déjà à moitié résolu », une expression claire et directe des besoins, des choix et des attentes du maître d'ouvrage est indispensable, car elle seule permet à l'équipe de maîtrise d'œuvre de travailler de façon optimale. Pourtant, la tentation de céder aux sirènes d'une programmation floue ou absente reste toujours en embuscade : ne pas programmer est une économie de temps, évite d'aborder les questions qui peuvent fâcher et laisse au maître d'ouvrage toute latitude pour critiquer le projet qui lui sera présenté... en ne disant pas ce que l'on veut, on reste libre de tout refuser. Et de faire perdre du temps et de l'argent à la maîtrise d'œuvre.

Ne pas programmer, ou se contenter de directives floues, est une erreur, voire un signe d'incompétence alors qu'aujourd'hui l'exigence carbone impose des évaluations techniques précises avant même le dépôt du permis de construire.

On précisera enfin que le programme est un outil dont l'usage doit être conçu en dynamique de projet : les réunions régulières entre maîtrise d'ouvrage et maîtrise d'œuvre, traditionnellement désignées par « revues de projet », permettent de confronter en continu les propositions de la maîtrise d'œuvre aux ambitions et contraintes du maître d'ouvrage.

Toute programmation est par nature contextuelle, liée d'une part au terrain et à son environnement et d'autre part à la destination de l'immeuble : conservé par son maître d'ouvrage, comme c'est majoritairement le cas en logement social, vendu « à la découpe » à des acquéreurs particuliers par un promoteur, ou « vendu en bloc » par le promoteur à un investisseur, qui peut être, en cas de vente en état futur d'achèvement (Véfa) sociale (voir chapitre 16), un bailleur social.

Le bailleur social a comme ligne directrice la gestion de son immeuble sur une longue durée, au minimum 50 ans ; l'immeuble devra s'adapter à plusieurs générations de locataires. Le promoteur, en revanche, se fixe un horizon plus court : la vente aussi rapide que possible de la totalité des appartements, le transfert de la gestion à la copropriété et la clôture de son opération. Les approches de moyen terme le concernent également, car les acquéreurs des appartements, qui souvent s'endettent sur une longue durée, 25 ans par exemple, se soucient évidemment de la qualité et de la durabilité de l'immeuble dans lequel ils investissent, ainsi que de l'évolution du quartier dans une perspective de plus-value en cas de revente. Et le promoteur se doit de les convaincre que ses choix techniques et spatiaux seront porteurs de qualités durables.

La programmation se traduit par un document, le programme, qui détaille les attentes, recommandations et exemples de prescriptions pour les différents espaces qui composent l'immeuble d'habitat collectif. Elle traite des espaces privatifs (les appartements), des espaces communs de l'immeuble (notamment le hall, lieu stratégique), des espaces extérieurs, des abords et des principaux équipements.

La maîtrise d'œuvre, dans son travail de conception, doit ainsi respecter la réglementation (CCH), prendre en compte les règles d'urbanisme (PLU, etc.) et apporter une réponse satisfaisante au programme.

La complexité de l'établissement du programme réside dans le fait qu'il rassemble des ambitions à caractère général (insertion urbaine par exemple) et des prescriptions

précises telles les surfaces ou les typologies d'équipements des appartements. Le programme peut ainsi rassembler dans un même document des exigences générales qualitatives, par exemple « bonne insertion dans le site », des exigences fonctionnelles comme « les T3 sont majoritairement traversants », et des prescriptions précises sur les revêtements ou les appareils. Les maîtres d'ouvrage, bailleurs sociaux ou promoteurs privés, disposent souvent d'un « programme type » qu'ils adaptent à chaque opération.
Traditionnellement, le programme suit le chemin de l'occupant de l'immeuble qui en traverse les abords, accède au hall et aux parties communes pour enfin entrer dans le logement.
Il peut être utile de fixer en préambule les ambitions générales du maître d'ouvrage, reflets de ses choix stratégiques.

10.2 L'expression des ambitions générales du maître d'ouvrage

Avant d'entrer dans le détail des besoins et des attentes, des exigences concernant les parties communes puis les parties privatives, des niveaux de prestations et des choix d'équipements, il est essentiel que le maître d'ouvrage transmette de façon explicite au maître d'œuvre ses ambitions générales pour l'immeuble, qui serviront de « toile de fond » au déroulement de la conception.
Ces ambitions peuvent bien entendu évoluer d'un immeuble à l'autre ; on présentera ci-après un exemple en cinq points.

10.2.1 Prendre place dans le quartier et la ville

Tout quartier d'une ville se situe dans une dynamique historique, sociale et urbaine. Le nouvel immeuble doit prendre place dans ce mouvement, pour le renforcer mais aussi pour l'infléchir. Le mimétisme n'est pas, de loin, la seule solution : il ne s'agit pas toujours de « se fondre » dans l'environnement mais de s'affirmer, de traduire une ambition, qui est celle plus globale du territoire. Les volumes, les alignements, les choix des matières et des couleurs doivent trouver leur cohérence en évitant le syndrome de l'ovni. Le rôle central des villes dans les attributions de permis de construire, l'appétence plus ou moins grande des édiles pour l'architecture et leurs préférences ne sont pas sans influence sur les choix architecturaux des constructeurs, et la désignation des architectes.

10.2.2 Décliner la performance environnementale au quotidien

La performance environnementale consiste en premier lieu à respecter la réglementation environnementale et énergétique. Il s'agit aussi, et surtout, de placer les futurs occupants de l'immeuble dans une dynamique qui leur permettra de vivre la qualité environnementale au quotidien de façon positive et non contraignante : biodiversité dans les espaces extérieurs, matériaux sains, faibles consommations énergétiques, gestion facile des déchets, éclairage naturel des circulations, etc. La bonne gestion environnementale est affaire de management : il faut en tout état de cause placer les occupants en situation de confort, au risque de voir le réel piétiner les ambitions de « gestion verte ».

10.2.3 Maîtriser l'économie du projet dès l'amont

Avec la RE 2020, il est désormais exclu d'aller à l'appel d'offres avec « une image » que l'on modifiera afin de « passer dans le prix ». Tout ou presque doit être fixé avant le dépôt du permis de construire, et la réflexion sur l'économie du projet doit se faire dès les premières esquisses.

10.2.4 Viser une qualité de vie

La base d'un projet immobilier de logements est d'offrir aux occupants, propriétaires et locataires, une qualité de vie au quotidien. Cette qualité de vie concerne bien entendu les espaces communs, qui doivent être généreux et d'entretien facile. Elle concerne également les logements eux-mêmes : vues extérieures, ventilation naturelle, éclairage naturel, organisation spatiale des logements (circulations, espaces de jour et de nuit, etc.), surfaces, périmètre meublable des pièces, rangements, etc.

10.2.5 Offrir des prestations de qualité et du détail

Ainsi que l'écrivait en 1960 le Centre scientifique et technique du bâtiment (CSTB) dans les premières approches pour définir la qualité des logements après-guerre – les opérations de logements étaient évaluées selon la méthode de la « consistance utile », ancêtre du label Qualitel –, il faut prêter une attention particulière à tout ce qui « se voit, se touche et se manipule » : la finition des matériaux, les joints, les raccords, les poignées, les robinets, les seuils, etc. Les prestations doivent être fonctionnelles, agréables et de mise en œuvre soignée pour conduire à une esthétique d'ensemble favorable à un habitat accueillant. La qualité perçue d'une résidence tient en grande partie au choix des matériaux et des produits, ainsi qu'à la qualité de leur mise en œuvre.

11 Programmation des parties communes

11.1 Parties communes intérieures

En habitat collectif, la plus grande attention doit être portée à la conception des parties communes. Halls, escaliers, ascenseurs, couloirs, coursives, boîtes aux lettres, locaux à ordures ménagères, locaux à vélos et poussettes ne sont pas résiduels ou secondaires mais jouent un rôle capital dans la qualité des conditions de vie des occupants de la résidence.

Ces espaces communs doivent en premier lieu assurer, dans le respect des contraintes budgétaires, les fonctions essentielles à la vie de l'immeuble :

- la distribution des logements. Il s'agit d'assurer la liaison des logements avec l'extérieur, sauf pour les logements intermédiaires distribués par des accès individualisés ;
- la distribution et l'évacuation des fluides ;
- les services communs, qu'il s'agisse de l'accès au courrier, du rangement des vélos ou des poussettes, ou de l'organisation du flux des ordures ménagères, passant par leur stockage et leur mise à disposition des concessionnaires pour le ramassage[1].

Ces espaces jouent également un rôle de représentation pour les habitants : chaque occupant de l'immeuble est valorisé ou dévalorisé par leur qualité ou leur médiocrité d'aspect, notamment vis-à-vis de ses visiteurs. Les espaces communs sont des espaces sensibles, dont les usages peuvent être détournés et devenir générateurs de nuisances diverses : occupation plus ou moins permanente des halls, inscription de tags et de graffitis, etc.

11.1.1 En locatif social : équilibrer économie et qualité de vie

Comme souvent en logement locatif social, l'approche simultanée de toutes les fonctions conduit à la formulation d'exigences contradictoires : par exemple, l'approche fonctionnelle pure et la recherche d'un coût d'entretien minimal conduiraient à prévoir des halls de petite surface et à distribuer un maximum de logements par cage d'escalier, caractéristiques jugées plus que néfastes par les gestionnaires. Il faut trouver une cohérence entre économie et qualité de vie.

11.1.2 En promotion privée : équilibrer statut de la résidence et charges d'entretien

Une bonne commercialisation de la résidence auprès des acquéreurs particuliers peut être facilitée par une recherche de luxe, non ostentatoire, dans les parties communes, notamment le hall, mais il faut garder à l'esprit que ce sont les copropriétaires qui assumeront les charges d'entretien ultérieures. Et il ne faut pas confondre qualité et clinquant.

11.1.3 Signalétique

La qualité de la signalétique fait partie des exigences générales à intégrer dès l'amont des études. Un repérage facile des logements et des parties communes par l'ensemble des utilisateurs (concepteurs, constructeurs, assureurs, occupants, visiteurs, concessionnaires, entreprises, gestionnaires et syndics) est un premier gage de qualité. Le plus simple consiste, dès le lancement des études, à mettre en place la numérotation des logements de chaque niveau de chaque cage, de 1 à *n*, en tournant par exemple de gauche à droite à partir de la porte du hall ou de l'escalier. Ces numéros seront précédés de la lettre de la cage et du chiffre représentant le niveau pour faciliter leur repérage en phases d'étude et de chantier.

La fluidité et le confort des circulations sont importants : dès l'amont du projet, un schéma de circulation général permet de valider la cohérence des cheminements des occupants depuis leur logement jusqu'à l'espace public, en passant par l'ensemble des espaces communs : hall, local à poubelles, local à vélos et poussettes, parc de stationnement, etc.

11.1.4 Hall et séquence d'entrée

L'adresse de l'opération, le hall et la séquence d'entrée jouent un rôle important dans l'appropriation de l'immeuble par ses habitants ; ils constituent en quelque sorte leur carte de visite. Il faut donc soigner particulièrement le traitement du hall et de la séquence d'entrée, qui concentrent les fonctions suivantes :
- transition entre l'espace public et l'espace commun aux occupants de la cage d'escalier ;
- lieu de réception du courrier, avec une corbeille à papier pour y jeter les prospectus ;
- accès au local de rangement des vélos et des poussettes et, en fonction du projet, au local d'ordures ménagères ou au parking (uniquement dans le cas d'un sas, voir précisions plus bas) ;
- accès à l'escalier desservant les étages et le cas échéant à l'ascenseur ;
- accès au couloir desservant les logements du rez-de-chaussée ;
- lieu accueillant les panneaux d'information.

Hall d'entrée

Le détail du hall et de sa décoration est présenté en phase d'avant-projet.

Le hall d'entrée dessert une seule cage d'escalier. Celle-ci doit idéalement comporter un maximum de six logements par palier, ce qui favorise notamment la double exposition

▲ **Photo 11.1.** Traitement efficace d'une entrée de hall sur rue : l'entrée est en retrait de la limite de l'immeuble ; l'espace en trapèze éclairé par les deux bornes lumineuses en assure la lisibilité, la facilité d'entretien et la sécurité

des logements. D'autres configurations existent, notamment les coursives desservant des logements traversants.

Le hall est identifié visuellement et facilement repérable depuis les espaces extérieurs (photo 11.1) ; il est positionné en général sur la façade principale, et secondaire si la configuration le justifie. Les exemples des photos 11.2 sont à ne pas reproduire car propices à l'accumulation de salissures et à l'insécurité (à droite, il ne s'agit pas de logements mais de l'entrée d'un hôpital de jour).

Les halls traversants, avec des portes à l'avant et à l'arrière, ne sont pas recommandés, notamment pour des raisons de sécurité, sauf configuration spécifique.

Sauf exception due à la topographie, les portes de halls ne sont jamais implantées en contrebas du terrain.

Le hall doit bénéficier d'un éclairage naturel important ; il convient d'optimiser les surfaces vitrées et d'éviter les

▲ **Photos 11.2.** Exemples à éviter

auvents et les portes en renfoncement excessif pour faciliter à la fois nettoyage et contrôle.
Si l'opération comporte plusieurs bâtiments, il faut distinguer les halls et les entrées par des traitements signalétiques ou architecturaux, afin d'assurer à chaque bâtiment une identité propre.
L'accès aux ascenseurs doit être le plus direct possible.

Si le parc de stationnement est situé en sous-sol, il convient de prévoir une sortie directe sur l'extérieur ou dans le hall, mais avec un contrôle d'accès avant la zone des logements. Les tiers non-résidents – par exemple les locataires de parkings qui n'habitent pas l'immeuble – qui accèdent à la zone de stationnement ne doivent pas pouvoir accéder aux parties communes des logements.

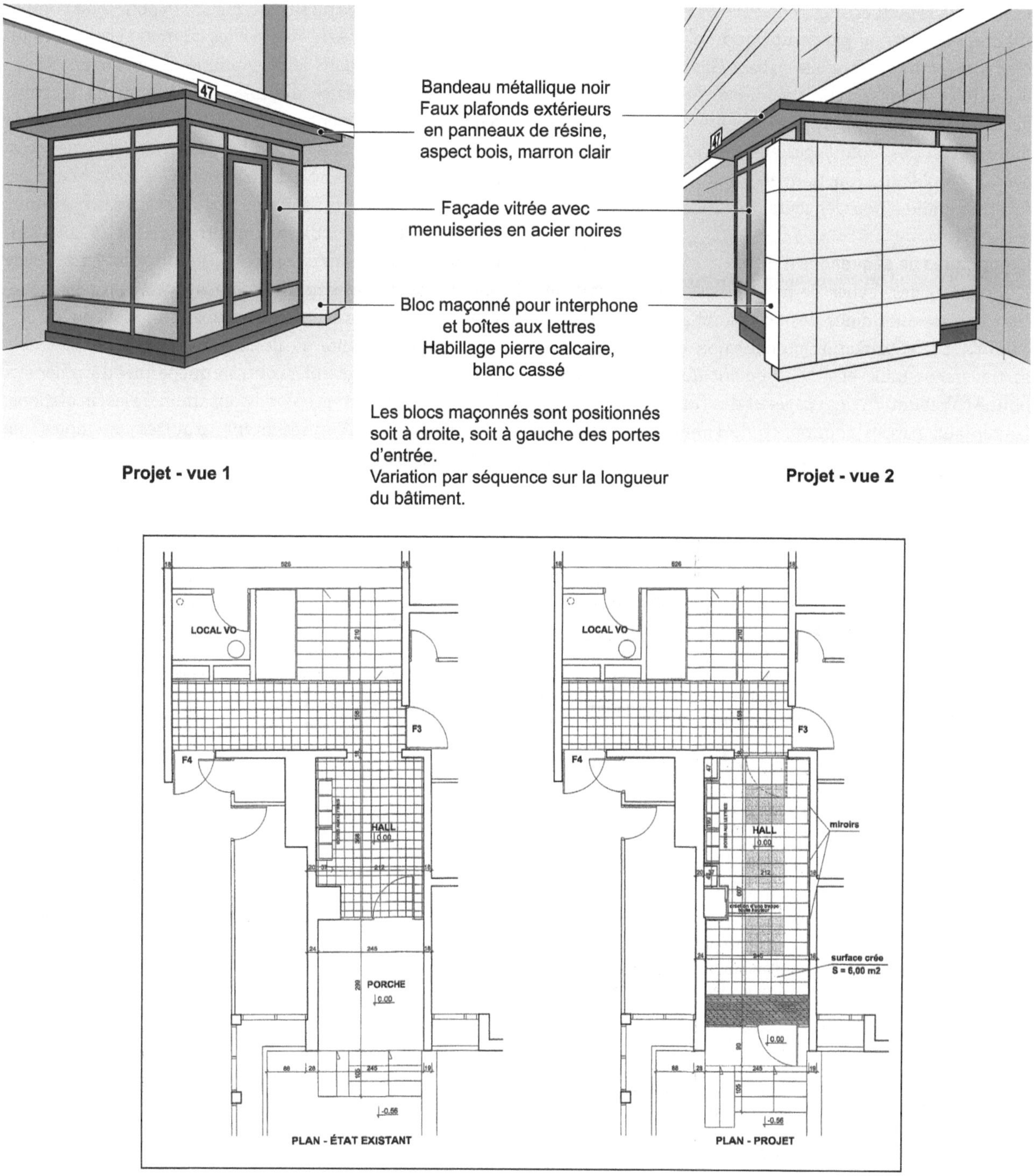

▲ **Fig. 11.1.** Réhabilitation de halls existants pour en augmenter la surface

Surface à prévoir pour le hall d'entrée

Il n'y a pas de « bonne » surface pour un hall. Elle doit augmenter en fonction du nombre de logements desservis, sans en être déduite mathématiquement. Elle ne doit pas favoriser les regroupements de personnes et les détournements d'utilisation.

L'observation du fonctionnement de halls existants est riche d'enseignements. La figure 11.1 présente deux réhabilitations de halls pour en augmenter la surface : par extension (figures en haut) ou par récupération d'un renfoncement inadapté (plans avant/après en bas). Globalement, les halls des années de construction de masse, résultant d'un calcul de la surface du hall proportionnel au nombre de logements desservis, sont jugés aujourd'hui soit trop petits avec des problèmes fonctionnels (pour les barres) soit parfois trop grands (pour les tours).

Synoptiques de séquences d'entrée

À l'occasion des revues de projet, il convient de simuler les parcours quotidiens des occupants afin de vérifier le confort et la sécurisation du hall, ainsi que la fluidité de sa traversée : taille et aménagement doivent garantir la bonne cohabitation des usages et des flux.

L'accès aux parties communes de l'immeuble s'effectue après un à trois contrôles d'accès : un contrôle quand une seule porte permet d'accéder au hall et à l'ascenseur, et jusqu'à trois contrôles successifs jusqu'à l'ascenseur. En général cependant, il s'effectue après deux contrôles :

– si la façade ne donne pas directement sur la rue, un premier contrôle est effectué à l'accès sur rue, un second à la porte du hall ;

– si la façade donne directement sur la rue, un sas est généralement prévu avec deux contrôles successifs. La longueur minimale du sas est de 3,20 m pour tenir compte du débattement des portes si elles ouvrent vers l'intérieur.

Il est important dans le programme d'élaborer un synoptique de la séquence d'entrée, qui constituera le guide d'un « franchissement sécurisé ». Les synoptiques de la figure 11.2 présentent de nombreuses caractéristiques communes, et notamment le double contrôle d'accès, mais dans des ordres différents : soit on entre dans un sas qui donne dans le hall (plus grand), soit on entre dans le hall, qui distribue lui-même les autres espaces. Une autre différence réside dans la possibilité ou non d'accéder au local à ordures ménagères depuis l'intérieur de l'immeuble, par le hall ou le sas.

La pratique courante en Île-de-France est celle du double contrôle, avec un premier contrôle qui permet d'accéder aux boîtes aux lettres et un second pour atteindre les circulations. Les photos 11.3 présentent d'autres exemples de séquences d'entrée :

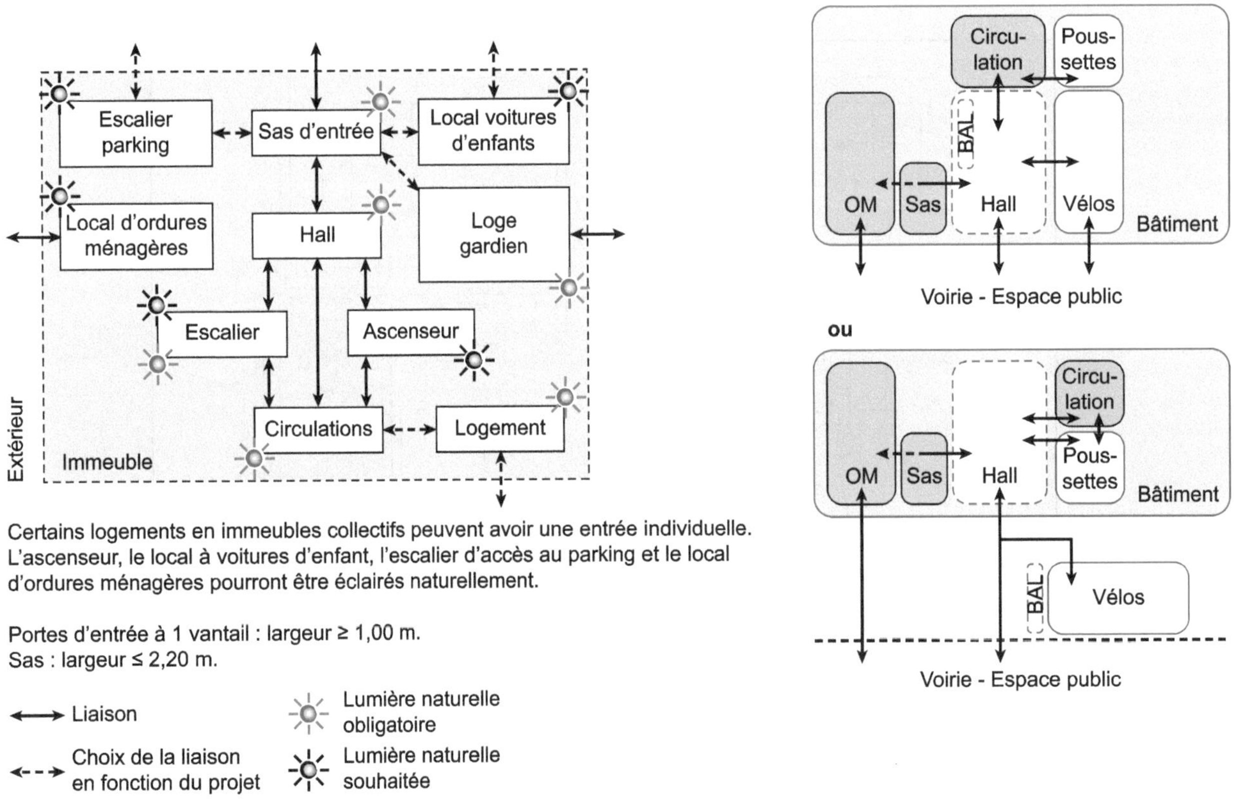

▲ **Fig. 11.2.** Exemples de synoptiques de séquences d'entrée

- (1), une seule porte avec badge donnant accès aux boîtes aux lettres et à l'ascenseur, avec transparence sur le parking couvert à rez-de-chaussée ;
- (2), une porte avec badge donnant accès aux boîtes aux lettres, puis une seconde porte avec badge permettant l'accès à l'ascenseur ;
- (3), une grille avec badge donnant accès aux boîtes aux lettres, puis une porte avec badge donnant accès à l'ascenseur. Transparence entre l'accès piétonnier et l'accès au parking ;
- (4), une grille avec badge, puis une porte avec badge donnant accès à un sas avec boîte aux lettres, et enfin une seconde porte avec badge donnant accès à l'ascenseur.

▲ **Photos 11.3.** Quatre exemples de séquences d'entrée

11.1.5 Équipement du hall d'entrée

Pour les boîtes aux lettres, l'encastrement, idéal pour l'esthétique, le nettoyage et la sécurité, est préférable à la pose en saillie (annexe 6 à la circulaire interministérielle nº 2007-53 DGUHC du 30 novembre 2007 relative à l'accessibilité des établissements recevant du public, des installations ouvertes au public et des bâtiments d'habitation ; voir chapitre 8). Elles se situent en règle générale à l'intérieur du hall, dans tous les cas après la première porte d'accès en cas de sas. Elles sont établies sur trois niveaux au maximum et 30 % au moins des boîtes sont situées entre 0,90 et 1,30 m (fig. 11.3). Les serrures sont situées à plus de 40 cm des angles rentrants à gauche et à droite. Les clés sont ergonomiques.

Les tapis-brosses du hall et du sas mesurent 1,20 m au minimum dans le sens de la circulation ; ils sont encastrés dans le carrelage. Si l'accès au hall est précédé de la traversée d'espaces extérieurs non minéraux, il faut prévoir un gratte-pieds extérieur. Attention également à la compatibilité de ces équipements avec un accès PMR.

La poignée de la porte du hall est adaptée aux personnes en situation de handicap.

Les surfaces vitrées en fond de hall sur jardin intérieur constituent un atout, à rechercher dans la mesure du possible.

Le hall et les circulations sont équipés d'un éclairage permanent pour des raisons de sécurité, qui doit être direct et à basse consommation.

Les luminaires sont aisément accessibles pour l'entretien (hauteur limitée à 2,50 m).

11.1.6 Exemples de prescriptions pour le hall et la séquence d'entrée

Le tableau 11.1 donne un exemple de prescriptions liées au contrôle d'accès ; le tableau 11.2 un exemple de prescriptions pour la porte d'entrée d'immeuble ; le tableau 11.3 un exemple de prescriptions pour le hall ; le tableau 11.4 un exemple de prescriptions pour l'équipement du hall.

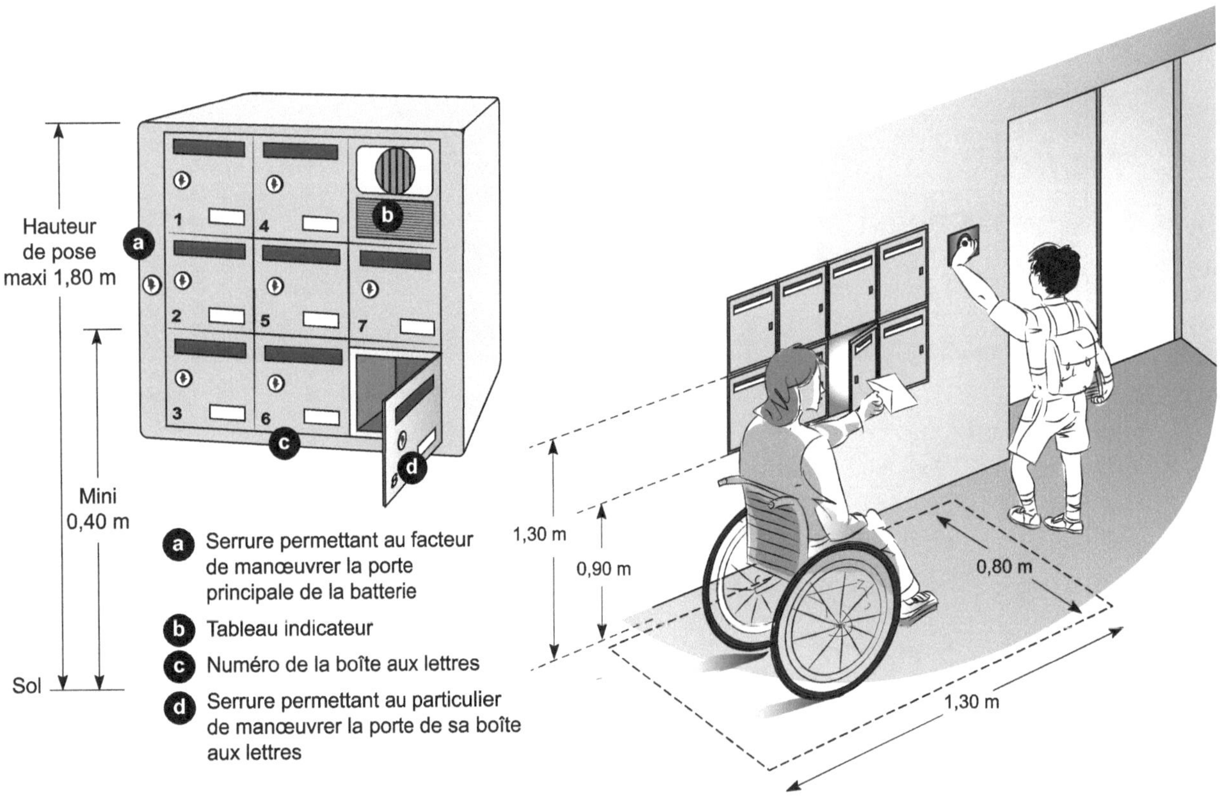

▲ **Fig. 11.3.** Positionnement des boîtes aux lettres

▼ **Tab. 11.1.** Exemple de prescriptions pour le contrôle d'accès

Élément(s)	Prescriptions
Système de contrôle	– Si des sorties de parking se font dans le hall, contrôle d'accès obligatoire aux circulations menant aux logements – Matériel certifié conforme au label Vigik (clé électronique), avec attestation de référencement Vigik de la Poste et mention du numéro de référencement – Vidéophonie sans fil avec carte GSM
Clés de proximité et leur lecteur	– Un lecteur conforme au label Vigik intégré dans la platine ou à proximité des portes, pour chaque porte d'accès et pour les portes des parties communes – Une sécurité positive en cas de panne – Pour chaque logement, un nombre de clés de proximité égal au type du logement + 1
Clavier à code	– Clavier éclairé – Boîtier en inox encastré dans la maçonnerie et fixé par des vis antivandalisme à tête triangulaire – Tournevis confié au gardien ou au concierge si le programme en prévoit
Vidéophonie	– Micro haut-parleur protégé par une double grille en inox – Boîtier en inox encastré dans la maçonnerie et fixé par des vis antivandalisme à tête triangulaire – Si nombre de logements < 12 : plaque avec boutons d'appel gravés et éclairés, et un tableau avec le répertoire des noms – Si nombre de logements > 12 : tableau avec le répertoire des noms qui apparaît à l'aide d'un bouton éclairé à défilement digital, qui sert aussi pour l'appel
Boutons de sortie	Boutons poussoirs de sortie NO/NF éclairés (*normaly open*)
Centrale de gestion et d'alimentation	Dans un coffret métallique étanche, fermant à clé et hors de portée du public

▼ **Tab. 11.2.** Exemple de prescriptions pour la porte d'entrée d'immeuble

Élément(s)	Prescriptions
Système de porte	– Équipement robuste et de qualité – De préférence pas de vantail semi-fixe – Poignée ergonomique soudée, anti-arrachement – Si présence d'un bâton de maréchal, fixation en trois points – Résistance à l'ouverture et à la fermeture classe 8 suivant la norme NF EN 12400 (grand trafic), avec une force d'ouverture limitée à 5 daN – Ferme-porte hydraulique à glissière encastrée ou pivot à frein encastré – Dispositif anti-pince-doigts – Vitrage feuilleté de sécurité, avec visualisation par adhésifs, en contraste et surface suffisants pour respecter les normes d'accessibilité
Conception	– Vantail unique articulé, d'une largeur de passage libre de 0,90 à 1,00 m et d'une hauteur de passage libre de 2,05 m au minimum – Sens d'ouverture vers l'extérieur – Hauteur maximale du seuil : 13 mm – Vantail équipé d'une ou deux traverses intermédiaires – Soubassement en panneau plein, à âme en contreplaqué tout okoumé extérieur (CTBX), habillé de deux faces en tôle d'acier, de hauteur 40 cm – Organes de rotation sur paumelles soudées, à roulement à billes en acier, avec quatre paumelles par ouvrant
Menuiserie	– En acier – Épaisseur minimale des profils de 15 à 10 mm, avec profilés laminés à froid de 5 cm et soudés en continu – Assemblée par soudure des profilés formant cadre ou par poinçonnage et pliage de tôle, puis découpe au laser – Fixée sur silentbloc – Sablage primaire par poudre riche en zinc d'une épaisseur de 60 microns, sur profilés en acier noir – Thermolaquage suivant un nuancier conforme à la norme NF P 24-351 – Joints en éthylène-propylène-diène monomère (EPDM) entre dormant et ouvrant
Vitrage	– Verre feuilleté incolore, d'une épaisseur minimale de 8,8 mm (vitrage 44.2) – Joint d'étanchéité périphérique en silicone avec fond de joint souple à cellules fermées pour les deux faces du vitrage (intérieur et extérieur) ou joint EPDM en U – Parclose intérieure, clipsée sur des vis antivandalisme, en aluminium ou acier galvanisé, posée en usine
Poignées de tirage intérieure et extérieure	– Préhensibles – Soudées sur montant de battement – Hauteur maximale de 40 cm – Centrées sur la traverse intermédiaire
Condamnation	– 2 ou 3 ventouses électromagnétiques et contreplaques de résistance 300 kg, avec une alimentation en 12 V – Fixation sur silentbloc, antivandalisme
Butée de porte	– Fixée au sol ou au mur suivant la configuration – Limite l'ouverture du vantail à 90° – Dimensionnée en fonction du poids de la porte
Ferme-porte	– Conforme à la norme NF EN 1154 – Avec bras à glissière encastré en traverse haute – Contrôle de la force de fermeture : force 4 ou plus et frein à l'ouverture – Équipé d'un cache avec fixation antivandalisme

▼ **Tab. 11.3.** Exemple de prescriptions pour le hall

Élément(s)	Prescriptions
Conception	Chape acoustique flottante
Revêtements	– Teintes claires – Revêtements ininflammables • Sol : – revêtement dur, facilement nettoyable et limitant la glissance, de classement UPEC au minimum U4-P3-E2-C2 – plinthe périphérique de 10 cm – exemple : sol en carrelage en grès de 30 × 30 cm au minimum, de classement U4-P4-E2-C1 et de coefficient de glissance R9 • Plafond : – si faux-plafond, prévoir des plaques de plâtre renforcé et proscrire les faux-plafond à lames métalliques – si peinture, la prévoir brillante et lessivable • Parois verticales : – revêtement résistant et non friable – habillage des angles saillants
Éclairage	– Par LED – Allumage par détecteur de mouvement encastré, avec temporisation de sortie du champ de détection très courte (10 s au maximum) – Interrupteur crépusculaire dans le détecteur – Allumage du hall indépendant de celui des autres locaux – Douilles au démontage aisé

▼ **Tab. 11.4.** Exemple de prescriptions pour l'équipement du hall

Élément(s)	Prescriptions
Essuie-pieds	– Dimensions 0,80 × 1,20 m au maximum, avec une épaisseur de 2 cm au maximum – À positionner devant les portes en communication avec l'extérieur – Encastré suivant le calepinage du sol – Préférer un tapis en caoutchouc avec des fibres en nylon
Boîtes aux lettres	– Ensemble encastré dans la maçonnerie – Module avec portillons en tôle d'acier de forte épaisseur – Verrouillage de résistance au vandalisme de grade 3 au minimum et 5 au maximum – Numéro des logements et noms à l'intérieur et à l'extérieur de la boîte aux lettres – Une boîte par logement – Boîte aux lettres supplémentaire pour le gardien
Miroir	– Fixations non démontables en inox – Si le miroir est toute hauteur, éviter les panneaux supérieurs à 60 cm de largeur et prévoir une pose à 30 cm du sol
Tableaux d'affichage	– Un tableau « consignes de sécurité » en verre feuilleté, avec portillon incorporé fermant à clé, cadre aluminium, fond bleu et collage magnétique – Un ou deux tableaux d'affichage pour le gestionnaire (bailleur social, syndic, conseil syndical, amicale de locataires, etc.) afin de permettre l'information des occupants, de dimensions environ 0,70 × 0,50 m
Corbeilles	– En tôle d'acier de forte épaisseur – Munies de système antivol – Positionnées à proximité des boîtes aux lettres – De volume proportionnel au nombre d'occupants

11.1.7 Autres circulations

Toute circulation est équipée d'un dispositif limitant les nuisances acoustiques, du type chape flottante. L'éclairage naturel des circulations et paliers d'étage est privilégié.

Escaliers

Les escaliers sont de préférence avec contremarches, à volée droite et éclairés naturellement. Les volées d'escalier sont désolidarisées de la structure principale de l'ouvrage pour éviter les transmissions phoniques. Une liaison souple entre les murs et les escaliers permet d'éviter les coulures sur les murs de cages d'escaliers lors du nettoyage. La présence d'une plinthe est indispensable pour assurer un nettoyage de qualité. L'espace sous la première volée doit être condamné.
L'escalier présente une largeur minimale de 1,20 m, même au droit des gaines palières, car il doit permettre le passage d'un lit double de dimensions 1,60 × 2,00 × 0,40 m. Il doit permettre le passage d'un brancard au débouché sur les paliers. Pour cela, prévoir 1,50 m au minimum devant la porte d'accès à l'escalier, laquelle ne doit pas présenter deux vantaux (porte tiercée).
La dimension minimale d'un escalier hélicoïdal est de 2,85 × 2,85 m.
Les premières et dernières contremarches sont visuellement contrastées.
En haut de chaque volée d'escalier, une bande d'avertissement doit permettre l'éveil de la vigilance à une distance de 50 cm de la première marche, grâce à un contraste visuel et tactile. La rugosité du matériau ne doit pas être excessive au point d'entraîner des risques de chute.
La main courante d'aspect contrasté, préhensible, présente de chaque côté de l'escalier, est prolongée horizontalement au-delà de l'aplomb des marches, au départ et à l'arrivée, sur la longueur d'une marche. Les mains courantes avec éclairage intégré constituent un plus pour la qualité d'usage. Les mains courantes au contact froid, de type métallique, sont déconseillées, notamment dans des zones non chauffées ou à l'extérieur.
Un exemple de prescriptions pour un escalier est détaillé dans le tableau 11.5. L'organigramme des clés est un système permettant de hiérarchiser les clés ouvrant l'ensemble des portes d'un bâtiment. Il détermine quelle clé ouvre quelle(s) serrure(s).

Ascenseur

La plupart des ascenseurs des opérations de logements neufs sont à traction électrique : un motoréducteur actionne une poulie, qui entraîne par adhérence une nappe de câbles auxquels sont suspendus la cabine et son contrepoids. Il faut signaler pour mémoire les ascenseurs dits « hydrauliques », sans contrepoids, dont la cabine est propulsée par le piston d'un vérin alimenté par de l'huile sous pression, qui sont parfois utiles dans les espaces réduits en cas de fortes charges.
Conformément à la réglementation, pour les immeubles sans obligation d'ascenseur[2] (donc maximum R + 2) dont les cages comprennent plus de 15 logements au-dessus et au-dessous du rez-de-chaussée (par exemple dans le cas d'un immeuble avec rez-de-rue plus haut que rez-de-jardin), doit être prévu l'ajout ultérieur d'une trémie, sans modification majeure de la structure. En cas d'IGH d'habitation[3], un cahier des charges « ascenseurs » *ad hoc* doit être élaboré par un bureau d'études spécialisé.
Les prescriptions liées aux ascenseurs sont les suivantes :
- intégration en amont des exigences de la réglementation accessibilité ;
- une installation (cabine et porte) facilement démontable ;
- une cabine de dimensions suffisantes pour accueillir une personne en fauteuil roulant ;
- un matériel économe en énergie ;
- pour chaque cage équipée, desserte de tous les niveaux ;
- une cabine à deux portes, sur deux faces opposées, n'est pas recommandée pour des raisons d'entretien ;
- des gaines d'ascenseur non contiguës aux pièces principales.

Voici quelques indications de capacité :
- à partir de R + 5, ascenseur d'une charge comprise entre 630 et 1 000 kg, admettant 8 à 13 personnes ;
- à partir de R + 7, prévoir 1 000 kg et fournir une étude de trafic pour justifier le nombre d'ascenseurs.

Un exemple de prescriptions pour les ascenseurs est présenté dans le tableau 11.6.

Circulation horizontale fermée

Les couloirs (tab. 11.7) sont sans espace résiduel. Leur éclairage naturel est privilégié. Un palier distribue entre trois et six logements.
Il convient de veiller au bon dimensionnement des gaines palières, qui en principe ne doivent pas être dévoyées.
La largeur libre des couloirs est de 1,20 m au minimum, même au droit des gaines palières, et de 1,50 m au minimum au droit des ascenseurs.

Coursives

Le principe de la coursive, fréquent en logement social dans les années 1960, est peu utilisé aujourd'hui en logement social, et presque jamais en accession à la propriété. Les coursives constituent des espaces de desserte qui peuvent faciliter l'organisation de logements traversants mais nécessitent des précautions de conception.

▼ **Tab. 11.5.** Exemple de prescriptions pour un escalier

Élément(s)	Prescriptions
Configuration	– Contremarches pleines – Désolidarisation structurelle et rebouchage souple du vide périphérique entre mur et escalier – Relevé ou cornière en rive de plancher du palier – Traitement anticorrosion des mains courantes métalliques
Revêtements	• Sol : – sol plastique ou linoléum en lès, avec plinthes en bois de 8 cm de haut pour tous les niveaux, y compris lorsqu'un ascenseur est présent – ou caoutchouc et plinthes assorties – ou carrelage avec nez de marche antidérapant ou granito, avec plinthes en carrelage de 10 cm de haut – ou, dans les cages d'escaliers encloisonnées et de service quand ils sont associés à une desserte par ascenseur : sol et marches en béton de finition soignée, revêtus d'une peinture de sol en polyuréthane monocomposant, en phase aqueuse, avec écolabel européen, avec des plinthes lessivables de 10 cm de haut (attention dans ce cas à la matérialisation des nez de marche) – dans tous les cas, les nez de marche sont visuellement contrastés et non glissants • Autres parois, y compris les sous-faces des volées : finition lisse et lessivable des parois verticales
Porte	– Oculus carré – Peinture satinée lessivable – Ferme-porte et arrêt de porte – Différence de couleur entre les portes d'accès aux escaliers et d'accès aux locaux techniques
Menuiserie	– Parties vitrées nettoyables depuis l'intérieur – Fermeture avec un carré ou une clé sur les ouvrants
Éclairage	– Par LED – Détecteurs de présence infrarouges, crépusculaires et acoustiques pilotant trois niveaux, avec préavis d'extinction
Si désenfumage	– Commande de tirez-lâchez à gaz depuis le rez-de-chaussée – PV du tirez-lâchez au plus tard à la livraison – Au dernier niveau, boîtier de fermeture avec manivelle, sans bouton d'ouverture
Accès aux combles	– Trappe d'accès pour passage d'humain et de matériel, avec fermeture à clé sur organigramme, et un vérin pour une ouverture aisée – Échelle métallique avec barres d'accroche et cadenas avec clé

Mal conçues, elles sont à l'origine de pathologies : fissures des bétons, infiltrations dans les gaines techniques et d'ascenseurs, salissures des sols en béton brut, bruits d'impact et ponts thermiques.

Elles doivent répondre aux caractéristiques suivantes :

– ne pas desservir, de préférence, plus de quatre logements ;

– ne communiquer qu'avec une seule cage d'escalier et d'ascenseur ;

– être abritées des intempéries, c'est-à-dire du vent et de la pluie dominants ;

– permettre l'évacuation des eaux pluviales sans coulures sur la façade ;

– être conçues de manière à préserver l'intimité et la sécurité des occupants ;

– aucune pièce principale ne pourra prendre ses vues sur une coursive collective ;

– les canalisations d'alimentation en eau froide ne sont pas encastrées dans les coursives.

Éclairage des circulations

L'éclairage naturel des parties communes est une marque de qualité de la résidence. Dans un souci d'économie d'énergie et dans le cas d'un éclairage artificiel, les circulations peuvent présenter un mode d'éclairage plus modéré que la normale. Il est possible de choisir un niveau d'éclairement global faible (au minimum 60 lux) et de mettre en valeur par des éclairages directs certaines zones, comme les portes palières. Chaque niveau est indépendant, ou au maximum trois paliers sont repris sur le même circuit, et la commande de l'éclairage est assurée par un détecteur de présence, de préférence intégré aux luminaires.

▼ **Tab. 11.6.** Exemple de prescriptions pour les ascenseurs

Élément(s)	Prescriptions
Gaine	Peinture de propreté ou durcisseur
Installation	– Moteur à vitesse variable avec régulation par variation de fréquence – Transmission directe – Absence de réducteur mécanique de vitesse – Gestion du trafic de type « collective descente »
Porte	– Ascenseur à ouverture centrale plutôt que latérale – Vitesse d'ouverture ajustable, avec une cellule toute hauteur – Sur les paliers : porte en inox structuré ou peinte pour tous les niveaux de superstructure – Intérieur de la cabine : panneaux en inox
Commande extérieure	– Au rez-de-chaussée, un indicateur du sens de la marche – Au sous-sol, un lecteur de clé de proximité pour appeler l'ascenseur (à la charge du lot « contrôle d'accès ») et son câblage en gaine et en cabine
Revêtements de la cabine	• Sol : – revêtement identique à celui du rez-de-chaussée, avec décaissé et seuil en inox – revêtement de sol de protection pour les déménagements • Parois : – panneaux en inox ou en stratifié – plinthe de 12 cm • Plafond : – s'il s'agit d'un plafond translucide, système démontable, pour le nettoyage – les plafonds perforés masquant la source lumineuse ne sont pas souhaitables
Équipement de la cabine	– Barre d'appui cylindrique avec fixation antivandalisme et points de fixation d'une bâche pour la protection lors des déménagements – Miroir d'épaisseur 8 mm sur le panneau au-dessus de la barre d'appui – Bâche de protection pour les déménagements
Commande intérieure	– Panneau de commande toute hauteur antivandalisme, y compris pour les boutons de commande – Indicateur du sens de marche – Lecteur de clé de proximité pour les parcours entre le rez-de-chaussée et les sous-sols – Système de blocage à clé : contact à clé de priorité cabine – Dispositif d'appel prioritaire pour les pompiers
Éclairage cabine	- Par LED – Extinction de l'éclairage intérieur de la cabine libre
Télégestion et télésurveillance	Fourniture et mise en place du matériel permettant l'acquisition, la réception, l'analyse et le traitement d'informations sécurisées en temps réel, et le raccordement au système de gestion choisi

11.1.8 Locaux communs

Les locaux communs en relation avec l'espace public, tels que les locaux à ordures ménagères, vélos et poussettes, prennent une place croissante dans l'aménagement des rez-de-chaussée. Il est préférable, chaque fois que possible, de ne pas les implanter en sous-sol. Ils peuvent être traités avec générosité, en optant par exemple pour des ouvertures larges, des hauteurs sous plafond importantes, une mise en couleur, etc.

Local à ordures ménagères (OM)

Le local OM est intégré au bâti à rez-de-chaussée et est accessible depuis l'extérieur. La relation directe entre le local et le hall est proscrite. Il existe des systèmes à « pelles » accessibles depuis le hall pour l'usager, la pelle donnant dans un local non accessible. Le parcours des containers jusqu'à l'espace public doit être le plus direct possible et éviter tout ressaut ou pente. Les ruptures de niveaux sont proscrites.

Dès la phase d'esquisse, il est indispensable de se rapprocher des services de la ville afin de prendre connaissance

▼ **Tab. 11.7.** Exemple de prescriptions pour les paliers et les couloirs

Élément(s)	Prescriptions
Configuration	Chape acoustique flottante
Portes	– Différence de couleur entre portes palières et autres portes – Butée pour toutes les portes différentes de celles des parties privatives
Revêtements de palier	• Sol : – carrelage non poli avec plinthe de même matériau, de 10 cm de haut – ou linoléum – ou caoutchouc • Plafond : – faux-plafond acoustique suivant la réglementation – peinture brillante, claire et lessivable • Parois verticales : peinture brillante, claire et lessivable
Éclairage et électricité	• Par LED • Matériel accessible pour la maintenance • Allumage : – indépendant des autres niveaux – par détecteur de présence avec temporisation de sortie du champ de détection très courte (10 s au maximum) – de préférence un matériel en saillie • Si les paliers sont éclairés naturellement, interrupteur crépusculaire dans le détecteur • Au rez-de-chaussée : – allumage par détecteur de présence avec temporisation de sortie du champ de détection très courte (10 s au maximum) – de préférence un détecteur intégré au luminaire
Gaine	• Étiquetage des colonnes en gaine • Gaine des compteurs d'eau individuels : – façade avec fermeture – peinture brillante claire lessivable – seuil de gaine en parpaing avec retour en carrelage • Gaine technique usuelle : – prise de courant 16 A + T, condamnable, avec coupe-circuit en pied de colonne – à rez-de-chaussée, s'il n'y a pas de local d'entretien à proximité, gaine avec poste d'eau équipé d'un robinet à clé

des modalités de collecte et de dimensionner le local en fonction du nombre idoine de containers.

Toutes les précautions sont prises pour éviter les nuisances olfactives et sonores aux occupants et aux riverains.

Un schéma de circulation présentant ces deux parcours est nécessaire au stade d'avant-projet.

Le local doit présenter :

- une largeur de 2,70 m pour deux rangées de containers, avec accès centré, et de 1,80 m pour une rangée de containers, avec accès centré ;
- une porte d'accès de 1 m de passage libre ;
- une largeur libre de 1,20 m pour le parcours des containers.

Il peut présenter une pente jusqu'à 4 %.

Les prescriptions techniques sont précisées dans le tableau 11.8.

Local à encombrants

Contrairement au local à ordures ménagères, le local à encombrants n'est pas obligatoire. Les bailleurs sociaux le prévoient la plupart du temps dans leurs nouveaux immeubles, tandis que les promoteurs l'intègrent plus rarement dans les copropriétés privées. Il permet le débarras par les locataires de leurs encombrants, avant collecte. En logement social, il est accessible sur demande du locataire auprès du gardien.

Ce local, situé à rez-de-chaussée est accessible de l'extérieur, mais sa localisation et sa conception doivent permettre d'éviter le squat, le vandalisme et le risque d'incendie.

Il faut prévoir 0,20 m^2 par logement, avec un minimum de 8 m^2.

Un circuit de circulation et de stockage des encombrants jusqu'à l'espace public, pour la collecte, est présenté en phase d'avant-projet.

▼ **Tab. 11.8.** Exemple de prescriptions pour le local OM

Élément(s)	Prescriptions
Configuration	– Chape acoustique flottante – Hauteur d'allège supérieure à 1,20 m – Protection des arêtes verticales par des cornières en aluminium – Pente d'écoulement de 2 % – Siphon de sol en fonte
Rampe, si le local est en sous-sol	– Pas de rampes supérieures à 4 % – Chasse-roue de 30 cm de hauteur – Revêtement de sol antidérapant
Contrôle d'accès	– Lecteur de clé de proximité, sur une porte avec serrure électrique – Béquillage intérieur sans clé, avec bouton moleté côté intérieur
Porte	• Ouvrant à la française vers l'extérieur, de largeur libre 1 m au minimum • Porte métallique coupe-feu selon la réglementation • Ferme-porte et arrêt de porte • Poignée profilée large extérieure • Entrée d'air basse • Vérification de l'accès aux containers par les personnes en situation de handicap : – ergonomie de la poignée – force d'ouverture limitée à 5 daN – espace d'usage de 0,80 × 1,30 m – aire de retournement d'un diamètre de 1,50 m
Revêtements	• Sol : – carrelage en grès cérame de 20 × 20 cm – classement UPEC U4-P4-E3-C2 – coefficient de glissance R9 – plinthe à gorge en grès cérame • Plafond : – s'il est isolé, finition en plaques de plâtre ou durcisseur – sinon peinture blanche sur béton • Parois verticales : – carrelage sur 1,80 m de haut, résistant aux chocs – peinture blanche
Éclairage et électricité	– Par LED – Allumage sur minuterie électronique ou rotative réglée sur une durée de 2 minutes – Localisation des commandes en dehors de la zone des containers – Prise électrique 16 A + T, encastrée et étanche, hors du champ des containers, avec coupe-circuit en gaine
Ventilation	– VMC coupe-feu, sur conduit indépendant – Ou ventilation naturelle
Équipement	– Point d'eau avec robinet de puisage fermant à clé et fixé à une hauteur supérieure à 1,20 m – Signalétique avec les consignes de tri
Sécurité incendie (optionnel)	Système de protection incendie de type extinction automatique (pas de sprinkler)

Local d'entretien

L'immeuble collectif peut disposer d'un local d'entretien, équipé de sanitaires et situé à rez-de-chaussée. Sa configuration relève du Code du travail.

Il comprend une partie faisant office de local de stockage et d'entretien, avec un poste d'eau chaude et une grille porte-seau, ainsi que des sanitaires, une douche et un vestiaire.

En dessous de 10 logements, sa surface est de 1 à 3 m^2 avec point d'eau et rayonnage ; à partir de 10 logements, il faut prévoir 5 m^2 incluant W.-C., point d'eau et rayonnage. Un point d'eau et un branchement électrique sont prévus à chaque cage d'escalier, soit dans le local d'entretien ou le local OM (pour l'eau) s'ils existent, soit dans un lieu protégé, tel qu'une gaine ou un coffret.

ZOOM RISQUE INCENDIE

La présence de produits inflammables peut conduire à devoir installer une alarme, en application de l'article R. 4227-34 du Code du travail. Il convient donc de s'assurer de la nature des produits stockés. Par ailleurs, en cas de présence confirmée de produits inflammables, le local est doté d'un extincteur adapté au risque et il est isolé par des parois CF 1 heure, avec porte CF ½ heure munie d'un ferme-porte.

Local à vélos

Le décret n° 2022-930 du 25 juin 2022 relatif à la sécurisation des infrastructures de stationnement des vélos dans les bâtiments et l'arrêté du 30 juin 2022 du même nom précisent les modalités d'application des articles de la loi n° 2019-1428 du 24 décembre 2019 d'orientation des mobilités codifiés aux articles L. 113-18 à L. 113-20 du CCH.

Pour un ensemble d'habitations, un ou plusieurs bâtiment(s) à usage principal d'habitation groupant au moins deux logements, le seuil minimal d'emplacements destinés au stationnement sécurisé des vélos est d'un emplacement par logement jusqu'à deux pièces principales et de deux emplacements par logement à partir de trois pièces principales.

Les infrastructures destinées au stationnement sécurisé des vélos se situent sur la même unité foncière, de préférence au rez-de-chaussée ou au premier sous-sol du parc de stationnement ou du bâtiment (art. R. 113-12 du CCH).

L'espace destiné au stationnement sécurisé des vélos prévu pour toute catégorie de bâtiment doit être sécurisé et comporter des dispositifs fixes permettant de stabiliser et d'attacher les vélos par le cadre et au moins une roue (art. R. 113-12 du CCH).

Il est recommandé que chaque porte possède une largeur minimale de 0,90 m, avec une largeur de passage minimale de 0,83 m lorsque le ventail est ouvert à 90°. Dans le cas de portes à plusieurs ventaux, il faut prendre en compte le ventail couramment utilisé.

L'espace de stationnement des vélos peut être réalisé à l'extérieur du bâtiment à condition qu'il soit couvert, éclairé et clos. L'accès est limité aux seuls cyclistes autorisés et est assuré par une porte dotée d'un système de fermeture sécurisée (art. R. 113-6 du CCH).

Pour l'accès privé aux bâtiments d'habitation collectifs, lieux de travail et services publics, l'espace de stationnement vélo est limité aux seuls cyclistes autorisés (occupants et travailleurs) par une porte dotée d'un système de fermeture sécurisée (art. R. 113-16 du CCH).

Chaque place de vélo induit une surface de stationnement minimale de 1,50 m^2, hors espace de dégagement. Les infrastructures de stationnement se composent d'un minimum de deux places (art. 1er de l'arrêté du 30 juin 2022 relatif à la sécurisation des infrastructures de stationnement des vélos dans les bâtiments). La figure 11.4 donne des exemples d'organisation des espaces de stationnement de vélos.

Espace d'accueil

Ce type de local, historiquement désigné par l'expression « loge de la gardienne », est courant dans les immeubles de logement social, beaucoup moins fréquent dans les copropriétés privées récentes. On estime que la présence d'un gardien en copropriété se justifie économiquement au-delà de 60 à 70 lots, ce qui est rare en promotion neuve. 60 % des copropriétés françaises ont moins de 20 lots. Son dimensionnement est décrit par la figure 11.5 et les prescriptions techniques sont précisées dans le tableau 11.9.

Cet espace, qui relève du Code du travail, est consacré au service et à l'information des locataires de l'immeuble. Dans le cas d'un immeuble de logement social, il peut concerner plusieurs programmes diffus sur la ville, dont le bailleur social est propriétaire. Il constitue également

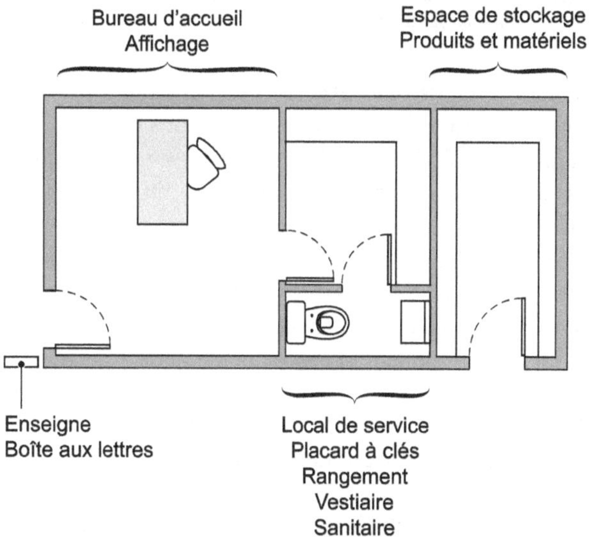

▲ **Fig. 11.5.** Exemple d'espace d'accueil (source : Batigère)

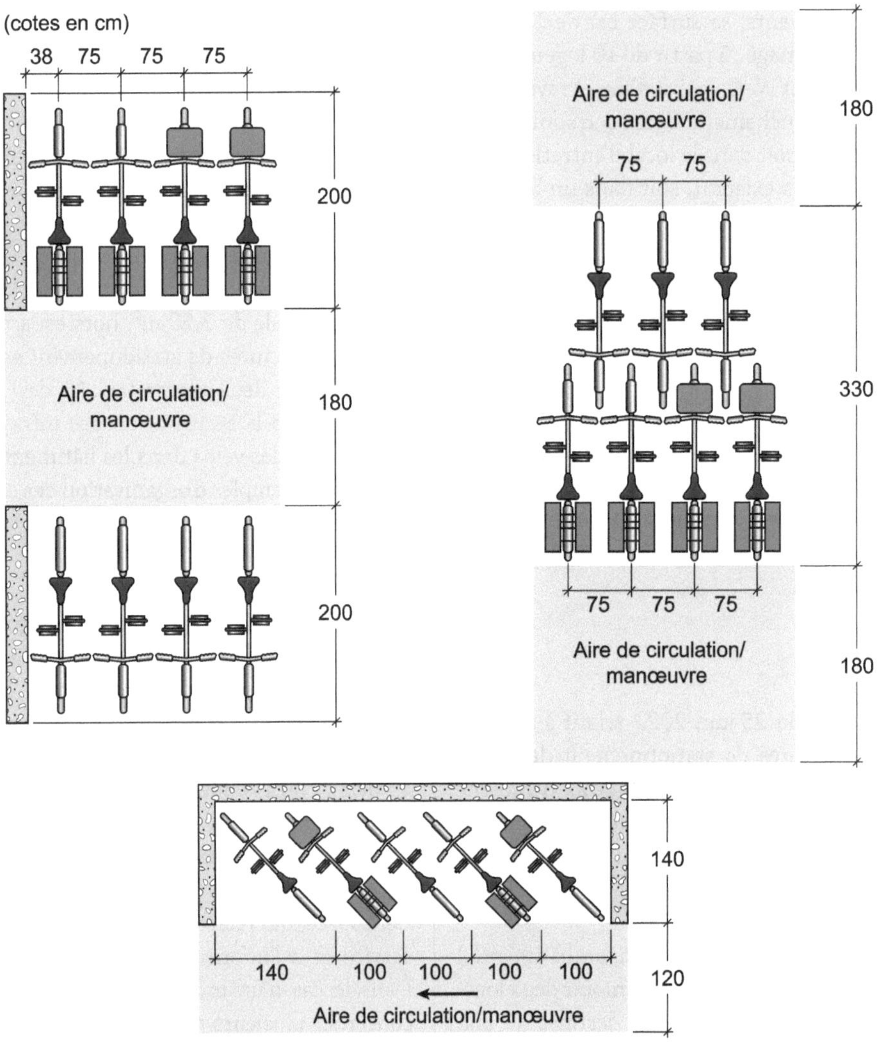

▲ **Fig. 11.4.** Exemples de stationnements pour vélos
(source : « Stationnement des vélos dans les constructions. Dimensions et caractéristiques. Aide à la conception 2022 », ministère de la Transition écologique et de la Cohésion des territoires)

alors le point de rencontre et de travail entre les équipes de gestion du bailleur social et les entreprises.
À proximité de l'accès de l'immeuble, avec un accès direct et une vue sur l'extérieur, il comporte un bureau positionné face à la porte et une armoire. Il est éclairé naturellement avec un ouvrant et équipé d'un sanitaire attenant, comprenant W.-C. et lavabo. Dans le cas d'une opération abritant un espace d'accueil et un logement de gardien, il est possible de juxtaposer les deux éléments.

En habitat social, local collectif résidentiel

En 1960, une circulaire imposa aux organismes de logements sociaux bénéficiant de l'aide de l'État de réaliser des locaux collectifs résidentiels (LCR) pour tout ensemble dépassant 100 logements. Ces locaux collectifs devaient constituer des lieux privilégiés pour le développement des activités socio-éducatives, voire du bricolage individuel ou collectif. Ils sont encore utilisés, notamment pour les réunions d'amicales de locataires.
Aujourd'hui, l'obligation a disparu, comme le précise le guide intitulé « La surface utile. Réglementation », édité par la Direction générale de l'urbanisme, de l'habitat et de la construction (DGUHC), dont la dernière mise à jour date de février 2008 :
« Il n'existe plus d'obligation nationale de création de locaux collectifs résidentiels [...] (abrogation des arrêtés du 29 juillet 1977 et du 26 mars 1985 de la réglementation du prix de référence).
Cependant la suppression de l'obligation ne signifie pas que la réalisation de LCR soit interdite. Lorsque le programme de l'opération prévoit des LCR à l'usage des locataires, ceux-ci sont normalement financés, au même titre

▼ **Tab. 11.9.** Exemple de prescriptions pour l'espace d'accueil

Élément(s)	Prescriptions
Signalétique	– Enseigne lumineuse discrète depuis l'espace public – Fléchage jusqu'au local
Contrôle d'accès	– Serrure de sûreté à larder 3 points – Serrure électrique avec clés sur organigramme – Combiné relié au contrôle d'accès avec 2 boutons d'ouverture de la porte d'entrée, à proximité du bureau
Porte	– Pleine en bois de 40 mm ou en métal – Oculus en verre feuilleté – Habillage intérieur avec store – Béquille intérieure
Occultation	– Volets roulants métalliques avec motorisation sur fenêtre et porte – Mécanisme d'ouverture de secours
Revêtements	• Sol : – matériau de teinte claire – si carrelage, grès émaillé gris U3-P3, 30 × 30 cm – plinthe de 10 cm de matériau identique à celui du sol • Plafond : – peinture blanche brillante – plaques de plâtre si faux plafond • Parois verticales : peinture blanche brillante
Éclairage et électricité	– 1 prise 10/16 A + T sur chaque mur + 1 côté bureau + 2 prises téléphone – Attentes pour enseigne lumineuse « accueil » – Armoire avec portillon
Mobilier	– Boîte aux lettres à double accès sur la façade du local et non sur la porte – Essuie-pieds en caoutchouc et fibres de nylon – Portemanteau mural
Équipement	– Équipement de mise à jour de la programmation des clés de proximité – Alimentations pour téléphone et fibre optique
Sanitaires	– W.-C. et lavabo (EU-EF-EC) – Miroir – Réglette lumineuse – Faïence
Fluides	– Raccordement des fluides aux services généraux – Si le chauffage est indépendant, corps de chauffe électrique performant et à haut rendement – Ballon d'eau chaude sanitaire de 35 l – Ventilation sur VMC si possible

que les surfaces privatives, tant en investissement (du fait des majorations réglementaires de l'assiette de subvention et du bénéfice de la TVA à taux réduit) qu'en gestion (du fait des majorations de loyer maximal au mètre carré recommandées au niveau national en cas de LCR).
Rien ne devrait retenir un maître d'ouvrage de réaliser des LCR chaque fois qu'il estime qu'ils apportent un service nécessaire aux futurs locataires. En outre, il convient de garder à l'esprit que la réalisation de LCR peut localement rester obligatoire au regard de certaines prescriptions d'urbanisme. »

11.1.9 Vidéoprotection des parties communes

La vidéoprotection, en copropriété comme dans les immeubles locatifs sociaux, s'est développée afin de remédier aux difficultés de gestion de certains halls d'immeubles et de parkings. Son installation en immeuble existant peut être complexe si rien n'a été prévu lors de la construction. Il est donc important que la conception des immeubles neufs intègre les configurations adaptées à sa mise en place, immédiate ou ultérieure. La vidéoprotection ne se limite pas à l'installation de caméras.

Les éléments ci-après sont extraits en partie du « Guide pratique et déontologique de la vidéoprotection à l'usage des bailleurs sociaux », réalisé en 2011 par Icade Surétis et Cronos Conseil pour le compte de l'Union sociale pour l'habitat (USH).

Stratégie territoriale

La réflexion du bailleur social ou de la copropriété concernant la vidéoprotection est à inscrire dans une stratégie territoriale et partenariale de prévention de la délinquance. Ainsi, la politique de tranquillité résidentielle des bailleurs sociaux, dont la vidéoprotection peut constituer l'une des dimensions, s'inscrit dans le dispositif partenarial suivant.

Au niveau national :

- plan national de prévention de la délinquance 2020-2024, pris en application de la loi n° 2007-297 du 5 mars 2007 relative à la prévention de la délinquance, piloté par le Comité interministériel de prévention de la délinquance (CIPD) et financé par le Fonds interministériel de prévention de la délinquance (FIPD) ;
- loi n° 95-73 du 21 janvier 1995 d'orientation et de programmation relative à la sécurité (LOPS) et loi n° 2011-267 du 14 mars 2011 d'orientation et de programmation pour la performance de la sécurité intérieure (LOPPSI 2), qui donnent le cadre juridique de la mise en œuvre des dispositifs de vidéoprotection.

Au niveau local :

- conseils locaux de sécurité et de prévention de la délinquance (CLSPD) dans les communes de plus de 10 000 habitants et conseils intercommunaux de sécurité et de prévention de la délinquance (CISPD) à l'échelle des établissements publics de coopération intercommunale (EPIC) ;
- stratégies territoriales de sécurité et de prévention de la délinquance ;
- dispositifs de type groupe local de traitement de la délinquance (GLTD) ou cellules de veille.

La réflexion relative à l'opportunité éventuelle d'installer un système de vidéoprotection doit donc être envisagée par rapport à deux cadres de référence :

- le partenariat de prévention de la délinquance dans le cadre du CLSPD. En tant que gestionnaire d'un patrimoine social sur une parcelle (parfois très significative en taille) du territoire de la commune, le bailleur peut être sollicité pour surveiller et protéger des espaces accessibles au public ou des espaces communs, par exemple dans le cadre d'un dispositif mutualisé au plan local ;
- l'ensemble des obligations légales, réglementaires et contractuelles en matière de tranquillité résidentielle, qui se sont multipliées depuis la LOPS du 21 janvier 1995.

Gestion d'un flux d'informations

La vidéosurveillance, rebaptisée « vidéoprotection », désigne un système de caméras conçu pour prévenir les atteintes aux personnes et aux biens, effectuer des levées de doute, assister des personnels d'intervention ou encore aider à l'identification d'auteurs présumés d'actes de délinquance. Ce système permet de visualiser à distance, en temps réel ou en différé, les images capturées par les caméras. Pour être efficace, un tel système doit s'inscrire dans une organisation plus large, comprenant notamment des salariés dédiés à son fonctionnement. Les images sont d'abord acquises par les caméras de vidéoprotection, puis transmises pour être traitées et stockées jusqu'à leur destruction (tab. 11.10).

▼ **Tab. 11.10.** Circuit des images de vidéoprotection

Action sur les images	Modalités
Acquisition	Par caméras fixes, caméras dômes, etc.
Transmission	Par fibre optique, Wi-max, Wi-fi, etc.
Traitement	Par traitement logiciel et analyse, visualisation, pilotage, etc.
Stockage	Enregistrement pour une durée limitée, recherche, extractions éventuelles, destruction

11.2 Espaces extérieurs

Les espaces extérieurs sont des espaces de vie à part entière, importants à trois titres :

- leur qualité donne l'image première de la résidence et conditionne chez les occupants un comportement de préservation et de respect des lieux ;
- leur conception doit être économe en entretien ;
- ils participent à la biodiversité urbaine.

Ils peuvent comprendre les éléments suivants :

- une clôture ;
- un ou des accès pour les piétons, véhicules et secours ;
- des cheminements piétonniers ;
- un stationnement extérieur ;
- des espaces végétalisés ;
- des aires de jeu ;
- un éclairage ;
- une signalétique.

Leur conception doit :

• permettre une appropriation satisfaisante par les différentes catégories d'utilisateurs, qui sont les occupants des logements, le personnel de gardiennage éventuel, les sociétés en charge de l'entretien, les personnels

concessionnaires notamment pour la gestion des déchets et des containers ;
• ne pas induire de charges d'entretien importantes, ce qui passe par :
– la limitation des surfaces de voirie et du linéaire des réseaux,
– la simplicité et la fonctionnalité des tracés impliquant une économie d'entretien. Les revêtements pour les cheminements automobiles et les parkings doivent être durs et imperméables et ceux pour les cheminements piétonniers être perméables et non glissants,
– des espaces verts de formes simples, sans recoins, non segmentés et accessibles aux engins d'entretien mécanisés ;
• participer au développement de la biodiversité urbaine à l'aide d'une végétalisation endémique et mellifère ;
• assurer une bonne perméabilité de la parcelle pour favoriser la percolation des sols et limiter le débit de fuite (quantité d'eau non absorbée par les sols).
Par ailleurs, il importe de prendre en compte l'accessibilité aux personnes en situation de handicap, qui comporte des prescriptions en matière d'espaces extérieurs.
Afin de faciliter les échanges entre maîtrise d'œuvre et maîtrise d'ouvrage, les revêtements de sols, les plantations, le mobilier urbain et l'éclairage doivent être définis dès la phase d'avant-projet.

11.2.1 Limites de parcelle et rétrocession

Une délimitation précise des espaces publics et privés favorise l'identification par les usagers des règles et statuts s'y rapportant.
Cette délimitation ne suit pas obligatoirement les limites cadastrales. L'espace privé de la résidence peut être plus restreint que l'espace de la parcelle sur laquelle sont implantés les bâtiments. Le projet peut prévoir des espaces libres de type placette, square ou voirie attenants à l'espace public. Cette distinction entre public et privé permet, à terme, la rétrocession à la commune des espaces à caractère public, qui garantit leur intégration dans le fonctionnement du quartier.
De plus, cette délimitation évite la création de zones résiduelles. En effet, si l'implantation choisie pour les bâtiments ne se fait pas en limite de parcelle, il faut éviter de créer un espace privé résiduel sans utilité et source de coût d'entretien, de dégradations, d'insécurité et de stockage de déchets et autres encombrants. Photo 11.4, un triangle de quelques mètres carrés reste inaccessible aux engins, coincé entre la façade de l'immeuble et les grilles séparatives entre espaces public et privé. Sans aucune valeur ajoutée d'usage, il ne peut que causer des désagréments pour le propriétaire de l'immeuble.

▲ **Photo 11.4.** Délaissé d'espace extérieur ; cas d'un immeuble tertiaire

11.2.2 Clôture

Il est bon de privilégier des clôtures rigides et de prévoir les passages nécessaires aux engins d'entretien des espaces verts. Un portillon d'accès depuis la rue, d'une largeur utile minimale de 83 cm, dissocié de la clôture, permet le passage des piétons et des vélos. Il est équipé d'une poignée ergonomique et d'un ferme-porte respectant la règle des 5 daN. Les espaces de manœuvre pour les fauteuils roulants sont marqués au sol.
Lorsque le projet le permet, il est préférable de privilégier l'implantation du bâti à l'alignement afin de limiter le linéaire de clôture et surtout d'éviter les espaces délaissés inutiles (photo 11.4). Dans le cas contraire, il sera apporté un soin attentif au traitement de l'espace situé entre la clôture sur l'espace public et la façade avant de l'immeuble.
Le traitement des clôtures est adapté à leur fonction, en distinguant les différents types de séparations : public-privé, public-collectif, collectif-privé, privé-privé. Il convient de privilégier des délimitations maçonnées pour les interfaces avec l'espace public, telles que des murets surmontés d'une serrurerie (fig. 11.6).
En application des dispositions d'urbanisme, les clôtures hautes ou basses, les murs bahuts, les dispositifs d'écran végétal, les ruptures de niveaux sont autant de pistes à étudier.
Pour l'interface collectif-privé, les délimitations faisant masque, telles que les claustras en bois ou en métal avec traitement végétal sont des solutions efficaces. Les délimitations plus légères, telles les grilles métalliques, sont réservées à l'interface entre jardins privatifs de rez-de-chaussée. La végétalisation des clôtures est encouragée, en privilégiant leur implantation sur l'espace collectif. En limite de propriété, les plantations à feuilles persistantes sont recommandées (fig. 11.7).

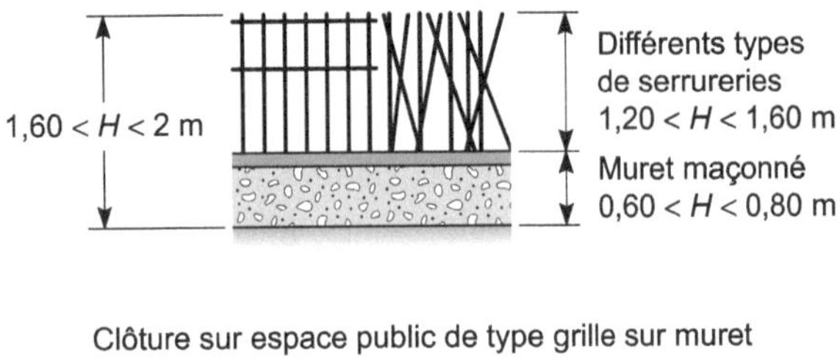

▲ **Fig. 11.6.** Traitement de la limite
(source : Batigère)

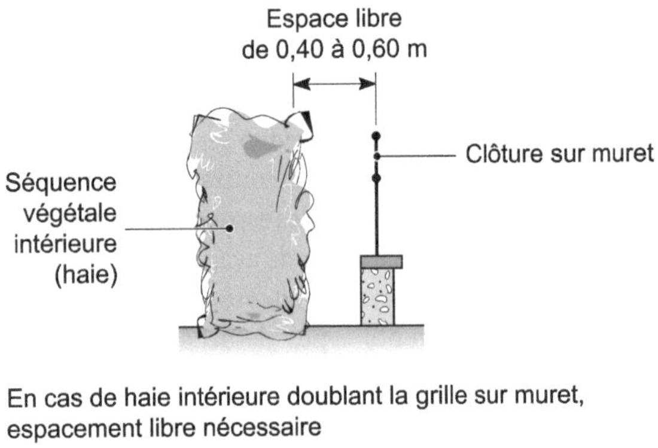

▲ **Fig. 11.7.** Haie intérieure doublant la grille

11.2.3 Circulations

L'impact des dessertes dédiées aux véhicules et du stationnement doit être aussi limité que possible, au profit des espaces piétonniers et d'agrément.

Lorsque la configuration du projet implique des cheminements extérieurs, ceux-ci doivent faire l'objet d'une étude précise, avec notamment dès le stade esquisse du projet la représentation sur le plan-masse des tracés, des pentes et des altimétries, ainsi que des points singuliers.

Les cheminements piétonniers assurent la sécurité des utilisateurs au moyen de trottoirs ou d'allées éclairés et démarqués des voies circulables ininterrompues, notamment en cas de traversée de parking.

Leur tracé prend en compte les trajets les plus courts et les sens de circulation afin d'éviter la création de cheminements spontanés empiétant entre autres sur les pelouses et les espaces plantés (photos 11.5).

Dans les immeubles existants, les allées ne seront conçues qu'après étude des cheminements pratiqués et en fonction des modifications générées par des constructions nouvelles.

Accessibilité

Les principales exigences de base pour la conception des cheminements piétonniers sont issues de la réglementation accessibilité (fig. 11.8), qui précise notamment que le revêtement du cheminement accessible doit présenter un contraste visuel et tactile par rapport à son environnement. Ces exigences ne doivent pas être considérées comme un seuil à atteindre, mais comme un minimum à partir duquel la conception peut se développer. Si l'installation d'une rampe s'impose, cette rampe doit s'intégrer architecturalement au projet ou être traitée par un aménagement paysager et ne pas apparaître comme rajoutée.

La largeur minimale du cheminement accessible – 1,20 m libre de tout obstacle afin de faciliter les croisements – est imposée par cette même réglementation, ainsi que la limite du dévers à 2 %. En cas de changement de direction, il faut prévoir un virage arrondi et un profil transversal en V.

▲ **Photos 11.5.** Exemples de cheminements spontanés à éviter, anticiper ou traiter
(source : Batigère)

- L'exigence de **plan incliné** n'interdit pas d'aménager en complément un cheminement plus direct avec des marches.
- À partir de 5 % sur plusieurs mètres, un nombre important de personnes en fauteuil roulant manuel va devoir demander de l'aide. De nombreuses autres personnes à mobilité réduite subiront une gêne comparable.

Ⓡ En cas de cheminement en pente, une **bordure chasse-roues** permet à une personne en fauteuil roulant d'éviter de sortir du cheminement. Cette bordure constitue également un repère tactile utile pour le guidage des personnes aveugles ou malvoyantes avec canne.

Ⓡ Le long des rampes de pente supérieure à 4 %, une **main courante** disposée au moins sur un côté, voire de part et d'autre du cheminement, constitue une aide précieuse à la locomotion. De plus, l'installation d'une seconde main courante à une hauteur intermédiaire permettra son utilisation par des enfants et des personnes de petite taille.

Ⓡ Il est recommandé de prévoir un **palier de repos** tous les 10 m dès qu'une pente supérieure à 2 % est aménagée sur une longue distance, sans attendre le seuil réglementaire de 4 %.

Ⓡ En cas de cheminement en pente présentant des **changements de direction** supérieurs à 45°, il est important qu'un palier de repos existe à chaque changement de direction.

Ⓡ Sur les longs trajets, il est recommandé de prévoir des **appuis ischiatiques** (appuis de repos assis-debout) à une hauteur de 0,70 m environ. Cette fonction d'appui peut aussi être apportée par un mobilier urbain judicieusement choisi.
Le long des cheminements extérieurs, des abris accessibles permettant de se protéger des intempéries sont également utiles.

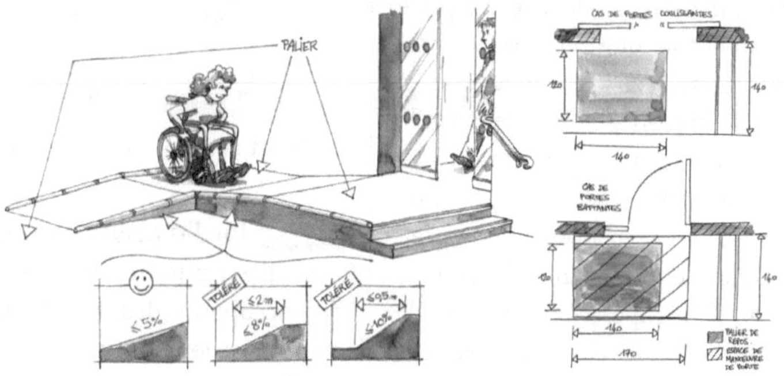

▲ **Fig. 11.8.** Intégration des exigences et recommandations (R) de la réglementation accessibilité concernant les cheminements
(source : annexe 6 à la circulaire interministérielle n° 2007-53 DGUHC du 30 novembre 2007 relative à l'accessibilité des établissements recevant du public, des installations ouvertes au public et des bâtiments d'habitation)

L'espace de manœuvre doit alors être intégré (diamètre 1,50 m). La pente maximale du plan incliné du cheminement piétonnier est de 5 % ; la réglementation impose des paliers de repos tous les 10 m en cas de pente supérieure à 4 % (fig. 11.9).

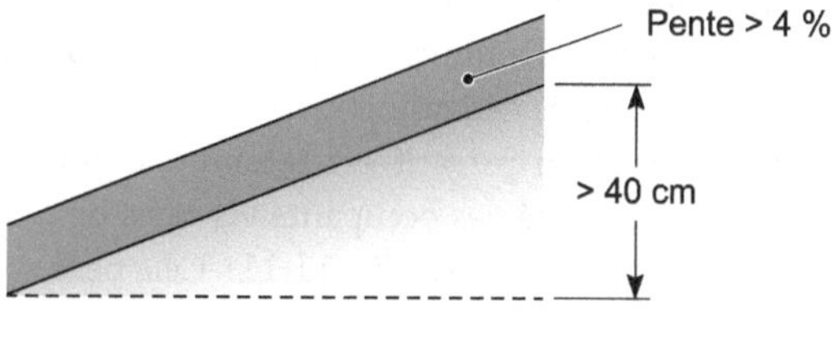

Si cheminement piéton de pente > 4 % et de dénivelé > 40 cm : prévoir une main courante

▲ **Fig. 11.9.** Pentes et dénivelés avec main courante

Pratiquement, chaque fois que possible, pour les cheminements en pente il faut prévoir :
- des pentes inférieures à 4 %, avec des paliers de repos (1,20 × 1,40 m) en haut et en bas de chaque pente supérieure à 2 % ;
- une main courante en cas de dénivelé supérieur à 40 cm et de pente supérieure à 4 %.

Enfin, il convient de prévoir l'espace de manœuvre de porte à chaque porte, le long du cheminement, de 1,20 × 1,70 m ou 1,20 × 2,20 m, suivant le sens d'ouverture de la porte.

Éclairage

L'éclairage général de 20 lux et de 50 lux sur les cheminements doit faire l'objet d'une étude spécifique.

Voirie

Lorsque les espaces extérieurs comportent des voiries, vérifier, avec les services locaux, les exigences relatives aux engins de secours et de collecte des ordures ménagères pour le dimensionnement des voiries.
Dans une voirie en impasse, prévoir une aire de retournement aménagée.
Favoriser les conditions de ralentissement des véhicules par l'emploi de dispositifs idoines, du type ralentisseurs sur les voies principales ou aménagements spécifiques.
Éviter les espaces résiduels pour empêcher le stationnement non autorisé.

L'enrobé peut être, chaque fois que possible, remplacé par d'autres types de matériaux, plus qualitatifs, comme les pavés ou le béton désactivé.
Proscrire les tampons ou émergences sur les chaussées.
Privilégier les chaussées à un seul trottoir.
Pour les zones limitables à 15 km/h, envisager un traitement non différencié piétons-voitures.
Prévoir une largeur de 3,50 m en sens unique et de 5,00 m en double sens, une pente transversale inférieure à 2 % et un rayon de braquage intérieur de 4,00 m. En cas de collecte d'ordures ménagères, prévoir une largeur de 9,00 m.

11.2.4 Espaces verts collectifs

Le choix des espèces végétales est adapté au climat et à la nature du sol. Privilégier les espèces locales non allergènes et ne nécessitant pas d'arrosage au-delà de la reprise de la première année. Chaque fois que possible, le projet exploite le patrimoine végétal existant sur le site et apporte des essences dont la présence ancienne dans le voisinage atteste de la bonne adaptation au contexte local.
La proportion de pelouse peut rester limitée, au profit de plantes tapissantes résistantes à la sécheresse (essentiellement à disposer en pied d'immeuble), afin de limiter les surfaces à tondre et arroser. La récupération des eaux de pluie pour l'arrosage et le nettoyage des espaces extérieurs peut être envisagée.
Les espaces verts font de préférence l'objet d'un contrat de travaux accompagné d'une prestation complète d'entretien, y compris d'un arrosage pendant une année après réception des ouvrages. Pour assurer l'efficacité de leur entretien :
– tous les espaces verts doivent être accessibles depuis les parties communes ;
– leur surface ne doit pas présenter de morcellement exagéré.
Les recommandations suivantes sont à respecter pour les implantations :
– arbre à grand développement (> 30 m de haut) à 9 m de la façade, entraxe de 12 m ;
– arbre à moyen développement (15 à 25 m de haut) à 6 m de la façade, entraxe de 8 m ;
– arbre à petit développement (6 à 10 m de haut) à 4 m de la façade, entraxe de 5 m ;
– si une haie est plantée en pied de serrurerie (de préférence sur l'espace collectif), prévoir un espace libre de 60 cm ;
– en limite séparative, prévoir 2 m de recul pour les arbres et 50 cm pour les haies ;
– créer une protection physique des éléments de façade accessibles depuis la végétation (soubassement, fenêtres, etc.).

Une bande minérale de 40 cm de large, constituée de graviers par exemple, doit séparer la pelouse du pied de la façade pour éviter les salissures par rejaillissement en cas de pluie (fig. 11.10).

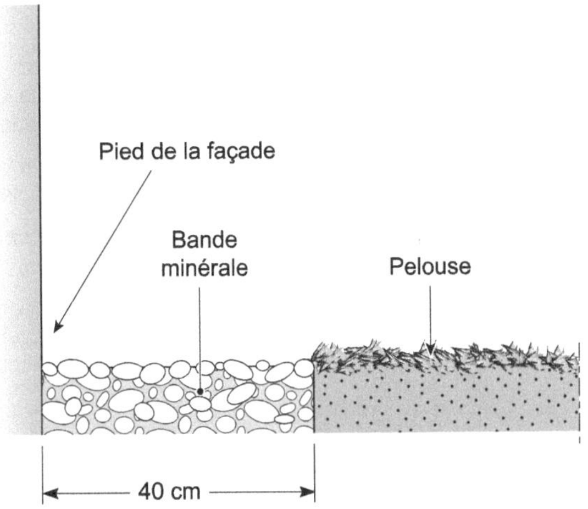

▲ **Fig. 11.10.** Protection du pied de la façade

11.2.5 Jardin privatif de rez-de-chaussée

Les crises sanitaires ont mis en évidence de fortes attentes des occupants des immeubles collectifs à disposer d'espaces extérieurs privatifs et communs. Le choix d'implanter des jardins privatifs de rez-de-chaussée se fait au cas par cas en fonction :
– de la configuration du projet. Ainsi, l'existence d'un cœur d'îlot est propice à l'installation de jardins privatifs, tandis que celle de jardins privatifs à rez-de-chaussée donnant sur une voirie publique est déconseillée ;
– de l'ambiance urbaine plus ou moins dense ;
– des pratiques du voisinage ;
– de la taille des logements ;
– de leur intérêt en comparaison d'autres approches de type terrasse privative minéralisée ou en platelage bois, éventuellement dotée de jardinières.
Si le choix du jardin privatif est retenu, sa conception doit garantir l'intimité des occupants vis-à-vis de l'espace public ou de l'espace collectif (fig. 11.11). Cela peut passer par :
– des protections du type clôture haute, claustras en bois, végétalisation de la limite, etc. ;
– des jardins accessibles de préférence depuis le séjour ou la cuisine.
Voici quelques prescriptions supplémentaires concernant chaque jardin privatif :
– comporter un abri extérieur ou un local servant, accessible depuis le jardin ;

- présenter une forme simple, d'une surface de 20 à 50 m^2, avec une terrasse dallée de 10 m^2 et de 2,50 m de profondeur ;
- être équipé d'un point d'éclairage et d'un robinet de puisage ;
- si la profondeur du jardin est inférieure à 4,00 m, éviter la plantation d'arbres ;
- si le jardin dispose d'un arbre de haute tige, aménager un accès depuis les parties communes pour permettre au gestionnaire d'en assurer l'entretien.

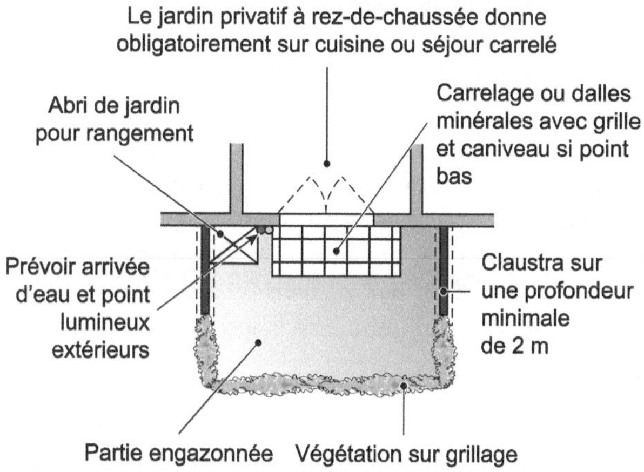

▲ **Fig. 11.11.** Éléments de conception du jardin privatif à rez-de-chaussée

11.2.6 Éclairage et mise en lumière

L'éclairage des circulations extérieures et des espaces extérieurs est une composante importante du projet, à présenter dès la phase esquisse selon l'importance des espaces extérieurs. Le matériel est choisi robuste et confortable. Il sécurise les circulations donnant accès à tous les points d'entrée dans le bâtiment. Il est économe en énergie grâce aux mesures suivantes :
- les cheminements sont éclairés à raison de 20 lux, et 50 lux en cas de proximité de véhicules ;
- les éclairages sont choisis et implantés de façon à garantir leur pérennité ;
- le réseau d'éclairage fonctionne sur un interrupteur crépusculaire et une horloge, chaque fois que possible avec des détecteurs de présence afin d'éviter que l'ensemble de l'éclairage extérieur ne fonctionne toute la nuit ;
- il peut être envisagé d'éclairer faiblement l'espace global et de mettre en lumière des parcours et des séquences choisis ;
- les appareils sont équipés de matériel à basse consommation ;
- l'éclairage par balisages ou cheminements de lumière intégrés au sol est possible si le niveau d'éclairement général est satisfaisant.

Enfin, les hauteurs d'éclairage tiennent compte des masques végétaux, et les appareils n'éclairent pas vers le haut afin de préserver les besoins de la vie animale nocturne.

11.2.7 Stationnement des véhicules

La disposition des espaces de stationnement et leur nombre dépendent le plus souvent des réglementations locales d'urbanisme. Leurs qualités d'usage, qu'il s'agisse de la luminosité, de la colorimétrie, de la signalétique, des espaces de transition (sas), des cheminements, etc., sont aussi importantes que leur efficacité fonctionnelle. Leurs voiries de desserte doivent être les plus courtes et les moins nuisibles possible.
En fonction de la localisation de l'opération, il est possible d'intégrer au programme des stationnements dédiés aux visiteurs ; prévoir alors une place pour 5 à 10 logements.
En référence à la réglementation accessibilité, tout parc de stationnement automobile intérieur ou extérieur dépendant d'un bâtiment d'habitation, qu'il soit à l'usage des occupants ou des visiteurs, doit comporter une ou plusieurs places adaptées, localisées à proximité de l'entrée du bâtiment ou de l'ascenseur et reliées à celle-ci par un cheminement accessible. Ces places doivent notamment répondre aux dispositions suivantes :
- représenter au minimum 5 % du nombre total de places prévues pour les occupants ;
- être situées sur un espace horizontal, de dévers inférieur ou égal à 2 % ;
- présenter une largeur minimale de 3,30 m ;
- se raccorder sans ressaut de plus de 2 cm au cheminement d'accès à l'entrée du bâtiment ou à l'ascenseur.

Recommandations pour le stationnement aérien

Le stationnement aérien ne doit pas conduire à la création de vastes zones enrobées minérales (éviter d'une façon générale le « zoning » dans les espaces extérieurs). Il doit être une zone de verdure grâce à la présence d'arbres, de haies, etc.
Veiller à ne pas disposer de stationnement immédiatement en pied de façade, mais créer des espaces tampons, du type écrans végétaux, qui protègent l'intimité des logements et éloignent des fenêtres les émanations des véhicules.

Principales caractéristiques des parkings en sous-sol

Les rampes sont de préférence intégrées au bâti (fig. 11.12), au droit de la façade, mais implantées de façon à minimiser les bruits perçus par les logements situés à proximité.

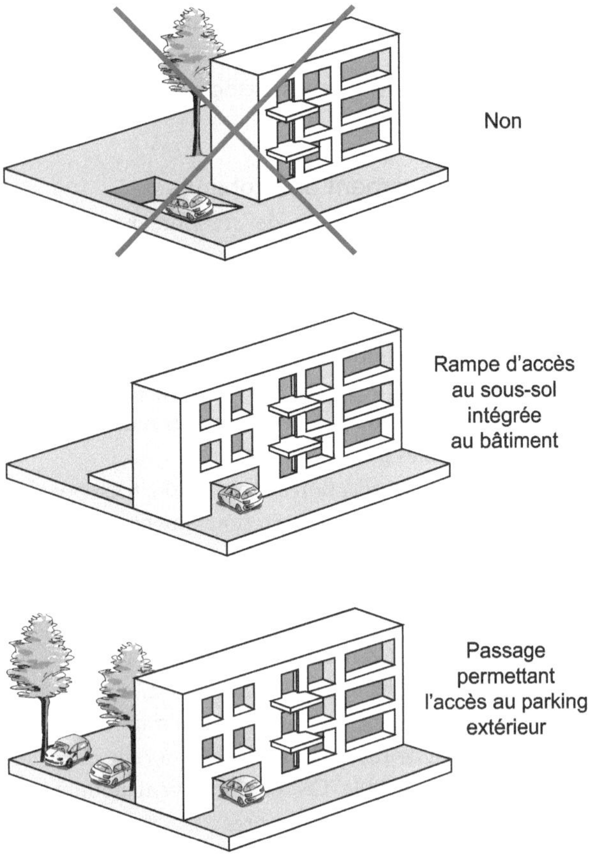

▲ **Fig. 11.12.** Privilégier les accès intégrés au bâti (source : 3F)

L'accès des rampes est interdit aux piétons ; si la rampe ne peut être intégrée au bâti, sa fermeture est assurée en limite de domaine public par un portail coulissant et la porte basse reste visible depuis l'extérieur.

Il est nécessaire de prévoir un palier à pente de 5 % au maximum sur 4,00 m au raccordement avec la voie publique, afin que le véhicule sortant soit suffisamment horizontal pour permettre à son conducteur de voir les véhicules arrivant sur sa droite et sa gauche.

En cas de parking de grande taille (de l'ordre de 50 à 100 places par niveau ou plus), différencier par niveau les accès destinés aux voitures de ceux destinés aux piétons, à l'aide de portes pour les véhicules, et de badges pour les piétons.

Prévoir impérativement une protection mécanique en partie basse des descentes d'évacuation des eaux.

Les dimensions des circulations répondent à la norme NF P 91-120[4], qui prévoit une largeur variable des circulations en fonction de l'angle de rangement des places. Le positionnement en bataille (places perpendiculaires à la circulation) de la norme, avec places de stationnement de type A, est en général imposé. Les dimensions sont alors :

- de 5,00 m de largeur de voie selon la norme, mais on peut prévoir 5,50 m voire 6,00 m ;
- de 2,30 m de largeur de place selon la norme, mais on peut prévoir entre 2,40 et 2,80 m ;
- une hauteur libre supérieure à 2,00 m, ou 2,20 m avec tolérance à 2,00 m sous poutre ;
- un rayon de courbure intérieure minimal de 4,00 m ;
- une pente limitée à 16 % pour les rampes droites ou courbes avec largeur minimale de 3,00 m.

Accès piétonnier des parkings en sous-sol

Un cheminement piétonnier sécurisé, éclairé, balisé, identifiable visuellement et podotactilement, continu et réalisé en dehors des voies circulables, relie les places de parking aux accès des escaliers et des ascenseurs.

Tous les accès au parc de stationnement sont sécurisés.

Les portes d'accès piétonnier sont intégrées au volume bâti et ouvrent directement sur l'extérieur (porte en haut et non en pied d'escalier) ou dans un sas en avant du hall de l'immeuble, pour permettre la location des parkings à des non-résidents.

Box

En logement social, certains OLS ne boxent aucune place lors de la construction, d'autres les boxent toutes. En copropriété, boxer sa place relève des travaux modificatifs acquéreur (TMA).

Dans une optique de sécurité et de gestion de long terme, toutes les places devront pouvoir être boxées avec séparatifs en maçonnerie.

En cas de boxage partiel, boxes et emplacements non boxés sont répartis afin d'assurer la meilleure visibilité possible aux piétons, par exemple en situant les boxes en périphérie et les places ouvertes en zone centrale.

Les places adaptées (réglementation accessibilité) boxées sont équipées de portes motorisées, avec alimentation sur les services généraux, la mise en place d'un comptage privatif pour une porte motorisée étant économiquement sans fondement.

Véhicules électriques

Tous les emplacements doivent être pré-équipés, selon l'article L. 113-12 du CCH :

« Dans les parcs de stationnement comportant plus de dix emplacements de stationnement, situés dans des bâtiments résidentiels neufs ou jouxtant de tels bâtiments, la totalité des emplacements sont prééquipés. Leur équipement pour la recharge des véhicules électriques et hybrides rechargeables permet un décompte individualisé des consommations d'électricité. »

Par ailleurs, 5 % des places (arrondi à l'unité supérieure) doivent être adaptées (réglementation accessibilité).

Emplacements motos

Des emplacements pour les deux-roues motorisés (« emplacements motos ») sont prévus, à raison d'un emplacement par tranche de 6 logements. Ils sont si possible regroupés dans un local clos, mais dont le contenu reste visible de l'extérieur grâce à un grillage ou à un barreaudage. Ils disposent de systèmes d'attache et d'une porte sécurisée. Il faut prévoir 1,20 m à 1,50 m par moto × 2,50 m, et une porte de largeur libre de 1,20 m au minimum.

Éclairage

Le parking et les circulations sont équipés d'un éclairage permanent 1/3-2/3, c'est-à-dire un tiers allumé en permanence pour la sécurité des personnes et des biens, et deux tiers allumés sur commande de l'utilisateur ou à l'aide de détecteurs de présence. En tout point, l'éclairement doit être de 100 lux ; les blocs d'éclairage de sécurité (BAES) sont de préférence à LED ; les murs et plafond sont peints de couleur claire.

Vidéoprotection

Certains organismes de logement social peuvent choisir de mettre en place une vidéoprotection à la construction (fig. 11.13). Quelle que soit l'option choisie, le projet prévoit les réservations nécessaires au passage des câbles d'alimentation. Un local de 3 m^2 doté d'une alimentation électrique et d'une porte sécurisée est dédié à l'installation des matériels.

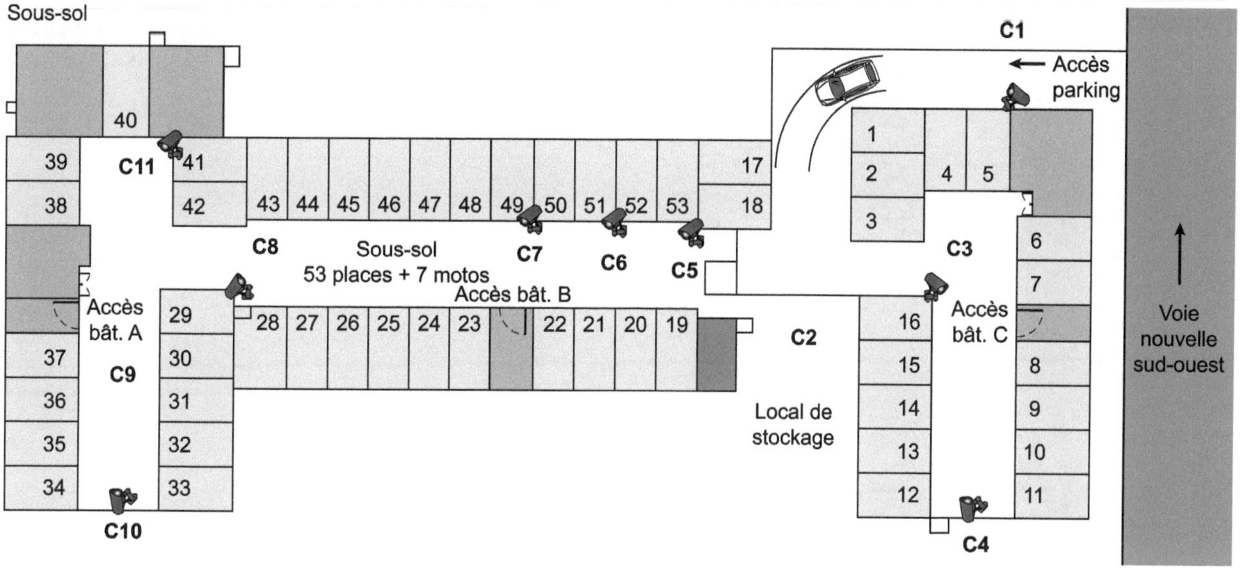

▲ **Fig. 11.13.** Exemple d'implantation de caméras sur un niveau de parking en sous-sol (source : Surétis)

Notes

1. La collectivité locale peut décider de mettre en place des bornes d'apport volontaire, enterrées ou en surface, à proximité des bâtiments. Chaque habitant y dépose alors directement ses sacs d'ordures ménagères et l'immeuble n'a plus à assurer la fonction de stockage intermédiaire.
2. Le décret nº 2019-305 du 11 avril 2019 modifiant les dispositions du Code de la construction et de l'habitation relatives à l'accessibilité des bâtiments d'habitation et au contrat de construction d'une maison individuelle avec fourniture du plan a abaissé l'obligation d'ascenseur de R + 4 à R + 3.
3. Immeuble d'habitation dont le plancher bas du dernier niveau est situé, par rapport au niveau du sol le plus haut utilisable pour les engins des services publics de secours et de lutte contre l'incendie, à plus de 50 m.
4. NF P 91-120 (avril 1996 – indice de classement : P 91-120) : Dimensions des constructions – Parcs de stationnement à usage privatif – Dimensions minimales des emplacements et des voies.

12

Programmation des logements

12.1 Exigences générales pour les appartements

12.1.1 Possibilités d'évolutivité

En lien avec l'usage et l'occupation des logements

Les parties privatives d'un logement répondent à des fonctionnalités qui varient selon la composition, les modes de vie et la culture des ménages. L'usage d'un logement par un même ménage évolue aussi, nécessitant des adaptabilités du fait de la présence d'enfants en bas âge, puis d'enfants, d'adolescents, des parents « seniors » sans enfant, enfin de ces derniers devenus des personnes âgées. L'adaptation au vieillissement concerne les douches, les lavabos, les sièges de W.-C., l'éclairage, la pose de barres d'appui, etc. Les logements neufs permettent en général de réaliser ces adaptations.

L'évolutivité intérieure à un logement consiste à pouvoir varier les configurations et les surfaces de certaines pièces sans modifier les limites de l'appartement. Elle reste liée à la structure porteuse du bâtiment. Si celle-ci est de type « voiles porteurs en béton », les possibilités de recomposition du plan restent limitées pour des raisons techniques (percement de voiles porteurs) et juridiques, car, en copropriété, le voile porteur est partie commune et intervenir sur cet ouvrage impose l'accord de la copropriété.

L'évolutivité complète entre logements, dans laquelle un appartement s'agrandit alors que celui d'à côté rétrécit, n'est possible que dans le cas d'un propriétaire unique de type bailleur social qui maîtrise un « plateau libre à recomposer ». Des centaines de tels logements à plateau libre et cloisons légères ont été réalisés dans les années 1970/80 sous l'impulsion du Plan construction (modèle Solfège à poteaux-poutres, modèle Pléiade à coffrage tunnel de grande portée, etc.), sans que le potentiel d'évolutivité soit valorisé. En pratique, l'accord simultané de plusieurs locataires pour recomposer leurs logements, ainsi que la réglementation du logement social qui fige chaque logement et son loyer compte tenu des financements, compliquent voire bloquent la mise en œuvre juridique de ces possibilités techniques d'évolution.

Souvent difficile à mettre en place dans les systèmes de contraintes croisées, la possibilité d'évolutivité doit être recherchée chaque fois que possible, sans ignorer que la mise en pratique ultérieure est rare.

Les deux paramètres techniques intervenant dans les réflexions sur l'évolutivité de la cellule sont la position des gaines techniques et la nature des parois séparatives intérieures, qui peuvent être lourdes ou légères. Sans imaginer des évolutions possibles pour tous les logements – ce qui serait économiquement non rentable –, des possibilités de surfaces modulables à l'aide de cloisons mobiles ou de surfaces en extension ultérieure peuvent être envisagées.

POUR EN SAVOIR PLUS...

Travaux de synthèse du sociologue Manuel Perianez

Manuel Perianez, « L'habitat évolutif, du mythe aux réalités », Plan construction et architecture, programme cités-projets, 1993

En lien avec le handicap

La loi précise la notion d'évolutivité dans le cadre de l'adaptation au handicap. Tous les logements non directement accessibles aux personnes en situation de handicap doivent être évolutifs (voir chapitre 8). Un logement

évolutif est un logement auquel une personne en situation de handicap peut accéder, où elle peut se rendre dans le séjour et le cabinet d'aisance, et dont l'accessibilité des pièces composant l'unité de vie (voir fig. 8.1) est réalisable ultérieurement par des travaux simples.
La notion de travaux simples est détaillée dans l'arrêté du 11 octobre 2019 modifiant l'arrêté du 24 décembre 2015 relatif à l'accessibilité aux personnes handicapées des bâtiments d'habitation collectifs et des maisons individuelles lors de leur construction.
Pour être considérés comme simples, ces travaux doivent remplir cinq conditions :
- être sans incidence sur les éléments de structure ;
- ne pas nécessiter une intervention sur les chutes d'eau, sur les alimentations en fluide et sur les réseaux aérauliques situés à l'intérieur des gaines techniques appartenant aux parties communes du bâtiment ;
- ne pas intégrer de modifications sur les canalisations d'alimentation en eau, d'évacuation d'eau et d'alimentation de gaz nécessitant une intervention sur les éléments de structure ;
- ne pas porter sur les entrées d'air ;
- ne pas conduire au déplacement du tableau électrique du logement.

12.1.2 Orientation

Tout immeuble comporte en général des logements à simple orientation et d'autres à double voire triple orientation. La double orientation, et notamment le logement traversant, est un élément favorable au bon confort d'été. La possibilité de réaliser des logements à orientation multiple dépend bien entendu de la taille et de l'orientation de la parcelle. À partir du T3, il est important qu'un logement soit traversant ou, au minimum, à double orientation. Les pièces de jour bénéficient préférentiellement des expositions ouest ou sud. Dans la mesure du possible, aucun logement ne doit être mono-orienté nord, nord-ouest ou nord-est.
La recherche d'économies peut inciter à construire des volumes compacts, afin de minimiser les linéaires de façade et/ou à minimiser les linéaires de circulations communes.

12.1.3 Éclairage naturel

Après la double orientation, l'accès de toutes les pièces à la lumière naturelle constitue un atout pour la qualité d'habiter du logement. Les pièces principales doivent bénéficier d'un apport de lumière naturelle (voir partie 6.1), d'une vue sur l'extérieur et d'un contact avec l'extérieur. Il est recommandé que les salles de bains puissent également bénéficier de la lumière naturelle.

12.1.4 Plan d'aménagement

Un plan d'aménagement de chaque pièce, à l'échelle 1/100 avec implantation du mobilier, est établi à la phase d'avant-projet. Il traite des questions suivantes, qui seront détaillées pièce par pièce dans la suite de ce chapitre :
- ameublement. Les surfaces et dimensions des pièces permettent un, voire, dans l'idéal, plusieurs ameublements satisfaisants, avec des pièces dimensionnées pour garantir leur équipement complet ;
- optimisation. Les logements sont organisés de façon à réduire les surfaces de circulation monofonctionnelle (couloir qui ne sert qu'à relier les pièces) et de dégagement afin d'optimiser le rapport entre les surfaces des pièces et la surface totale du logement ;
- communication. La communication visuelle ou par circulation entre les espaces, notamment entre la cuisine et les pièces de vie, constitue un avantage.

12.1.5 Rangements

Tout logement doit comporter des rangements, sous forme de placards ou de dressing, pour chaque pièce de nuit, et d'un cagibi. L'intégration d'un espace de rangement par pièce constitue la meilleure solution de principe. Leur surface totale doit être supérieure à 4 % de la surface habitable du type de logement considéré, non compris les volumes de rangement de la cuisine. Certaines surfaces de rangements peuvent être reprises en vue de l'adaptation du logement, par exemple un rangement à côté d'un W.-C. Il est en général opportun de prévoir une cave ou un cellier. Le cellier peut être intégré au logement, sur un prolongement extérieur ou en palier. Chaque fois que possible, il faut également prévoir des surfaces consacrées à la pratique des « gestes verts » (tri sélectif) et au séchage naturel du linge.

12.1.6 Ouvertures

L'article 20 de l'arrêté du 26 octobre 2010 relatif aux caractéristiques thermiques et aux exigences de performance énergétique des bâtiments nouveaux et des parties nouvelles de bâtiments indique que la surface totale des baies, mesurée en tableau, est supérieure ou égale à 1/6 de la surface de référence (égale à la surface habitable pour les logements). Toutefois, si la surface de façade disponible du bâtiment est inférieure à la moitié de la surface habitable du bâtiment, ou si la surface habitable moyenne des logements du bâtiment est inférieure à 25 m², le bâtiment peut comporter une surface totale des baies, mesurée en tableau, supérieure ou égale au tiers de la surface de façade disponible.
L'article R. 134-59 du CCH indique qu'aux étages autres que le rez-de-chaussée des bâtiments d'habitation :
- les fenêtres autres que celles ouvrant sur des balcons, terrasses ou galeries et dont les parties basses se trouvent

à moins de 0,90 mètre du plancher doivent, si elles sont au-dessus du rez-de-chaussée, être pourvues d'une barre d'appui et d'un élément de protection s'élevant au moins jusqu'à un mètre du plancher ;
– les garde-corps des balcons, terrasses, galeries, loggias, doivent avoir une hauteur d'au moins 1,00 m ; toutefois, cette hauteur peut être abaissée jusqu'à 0,80 m au cas où le garde-corps a plus de 50 cm d'épaisseur.

Les ouvertures favorisent les apports solaires passifs et doivent être munies selon leur position dans le bâtiment des protections ou occultations adaptées aux orientations.

En site urbain ou passant, il est opportun de privilégier l'ouverture des chambres sur les façades les plus calmes.

En complément à l'exigence de l'arrêté du 26 octobre 2010 rappelée ci-dessus, une surface des ouvertures égale au minimum à 10 % de la surface de la pièce dans laquelle elles se situent constitue un bon indicateur de référence de qualité.

La dimension des éventuels vitrages fixes est limitée par la nécessité de leur conserver un entretien facile. Ainsi, aucune zone du vitrage fixe ne doit se trouver à plus de 70 cm (compte tenu d'une longueur de bras « standard » !) d'une partie ouvrante directement accessible.

Sauf situation spécifique, les allèges vitrées ne sont pas recommandées, et en tout état de cause proscrites à rez-de-chaussée.

12.1.7 Trois pièges à éviter

Les superpositions entre des « pièces de jour » et des « pièces de nuit ». Les guillemets indiquent que cette distinction est faite *a priori*, car on ne peut pas toujours présumer de l'usage des pièces qui sera fait par l'occupant.

L'accolement des chambres aux ascenseurs, gaines techniques ou escaliers (en cas d'impossibilité, renforcer l'isolation phonique).

Les vis-à-vis entre des logements distincts.

12.1.8 Configuration générale du logement

Trois questions se posent fréquemment à propos des plans des logements collectifs : séparer ou non espaces de jour et espaces de nuit, commander ou non une des chambres par le séjour, associer ou non la cuisine et le séjour.

Séparation jour-nuit

Le principe de la séparation jour-nuit, souvent imposé en logement social, reste la règle dans la plupart des plans de logements (fig. 12.1, à gauche). Toutefois, il reste possible d'envisager des plans de logements alternatifs, sans séparation jour-nuit (fig. 12.1, à droite). Il ne s'agit pas d'une novation radicale. Eugène Beaudoin concevait dès 1955 de tels logements à Sceaux, et en Suisse notamment il existe de nombreux exemples de séjours semi-distribuants, dont l'opération de Stürm & Wolf à Zurich de 2007 (fig. 12.2).

On signalera pour l'anecdote que cette logique de compacité avec un séjour distribuant directement trois chambres était proposée en 1946 par l'architecte suisse Jacques Favarger dans une maison à structure bois de la cité expérimentale de Noisy-le-Sec (fig. 12.3).

Chambre commandée

Une façon courante de ne pas mettre en place une séparation jour-nuit complète consiste à isoler une des chambres, commandée par le séjour, disposition couramment admise à partir du trois pièces (voir fig. 12.1 et 12.2).

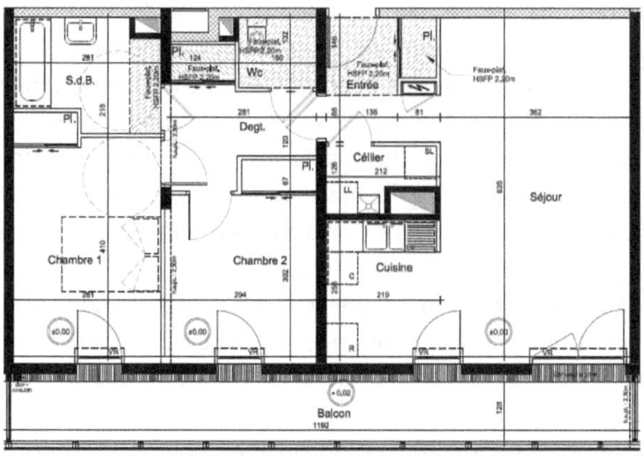

Séparation complète jour-nuit
(doc. Icade Promotion)

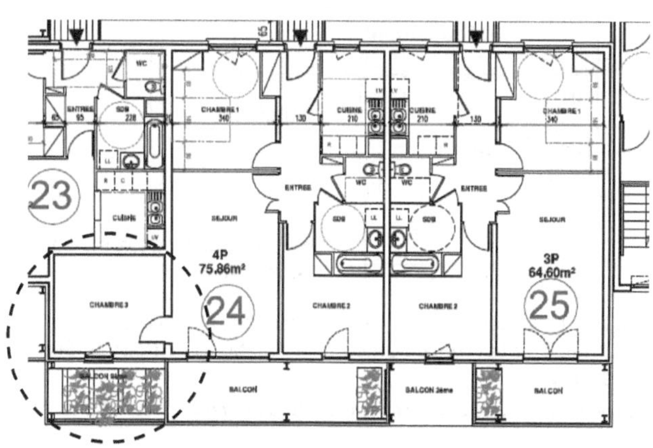

Chambre commandée par le séjour
(doc. Valophis)

▲ **Fig. 12.1.** Séparation jour-nuit et chambres commandées par le séjour

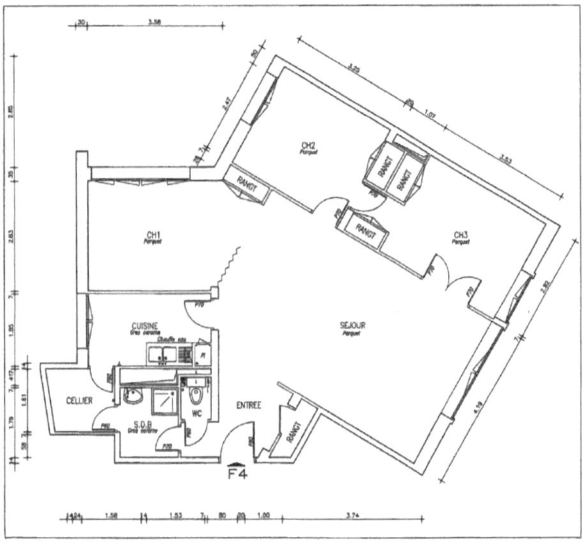

Sceaux, les Bas-Coudrais, 1955, Eugène Beaudoin
(doc. Icade)

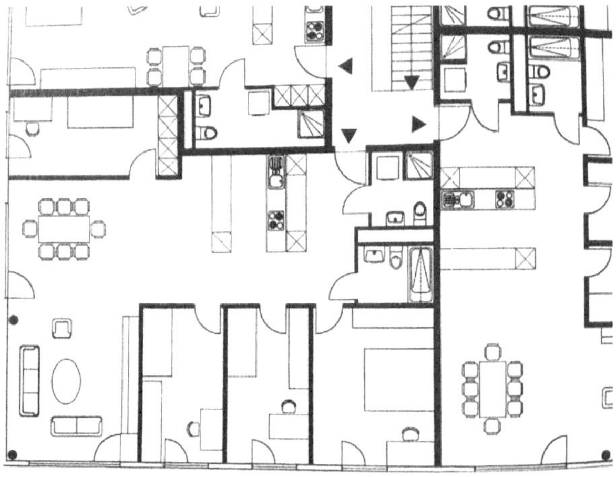

Zurich, 1999, Isa Stürm & Urs Wolf
(*Recueil de plans d'habitation,* éd. Birkhaüser, 2007)

▲ **Fig. 12.2.** Espace séjour distribuant directement les chambres

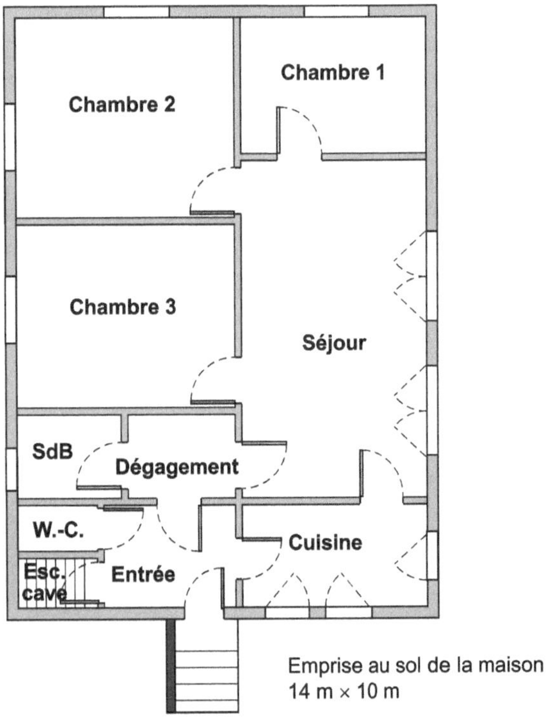

▲ **Fig. 12.3.** Séjour distribuant le logement ; plan d'une maison réalisée dans le cadre du concours international de Noisy-le-Sec (93) en 1946

(modèle bois Constreco ; architecte : Jacques Favarger)

Séparation cuisine-séjour

Les tendances se clarifient peu à peu sur ce sujet, comme l'indique Jean-Michel Léger dans le numéro 57 (mars 2010) de la revue *Habitat et Société* (p. 38) :

« Quant à la préparation des repas, la tendance à la simplification se poursuivra (avec, en contrepoint, un investissement festif occasionnel) concourant à un rapprochement entre les deux séquences de préparation et de consommation. Les deux modèles gagnants en seront la cuisine ouverte et la grande cuisine-salle à manger, contre celui de la cuisine-laboratoire condamnée après un demi-siècle de demi-succès. En exigeant l'équipement coûteux d'une "pièce à vivre", la grande cuisine-salle à manger ne peut être en effet la seule référence si bien que, en permettant toute la gamme des ouvertures (donc des fermetures) sur le séjour, la cuisine ouverte est le compromis que les habitants eux-mêmes considèrent comme tel, pris eux aussi dans les mêmes arbitrages pratiques et spatiaux que les architectes : agrandir la perception de la cuisine sans trop l'exhiber vis-à-vis du séjour, présenter une image moderne de soi sans renoncer aux traditions de la maîtresse de maison et de l'art culinaire, etc. ».

La séparation entre cuisine et séjour comporte donc trois possibilités : cuisine ouverte sur séjour, cuisine semi-ouverte (dite dans les années 1970 « à l'américaine ») et cuisine fermée.

La question de la séparation cuisine-séjour doit être traitée de façon rationnelle, en prenant en compte le type de logement, donc le nombre d'habitants, ainsi que les trois questions suivantes :

– l'espace cuisine est-il correctement éclairé par la lumière naturelle ?
– l'espace séjour garde-t-il son autonomie et sa qualité de fonctionnement malgré la cuisine ouverte ?
– la cuisine fermée permet-elle de prendre des repas ?

12.1.9 Logements à rez-de-chaussée

Les logements réalisés à rez-de-chaussée doivent préserver l'intimité des habitants – en aménageant des reculs ou des tampons par rapport à l'espace public ou collectif – ainsi que leur sécurité, par le choix de dispositifs anti-intrusions et anti-effractions.
Ces dispositifs doivent être compatibles avec les exigences de confort d'été (ventilation naturelle nocturne, brise-soleil, occultation). Toutefois, il convient d'offrir aux personnes assises ou alitées des vues directes sur l'extérieur au moyen de portes-fenêtres ou de fenêtres avec allèges basses (fig. 12.4 et photo 12.1).

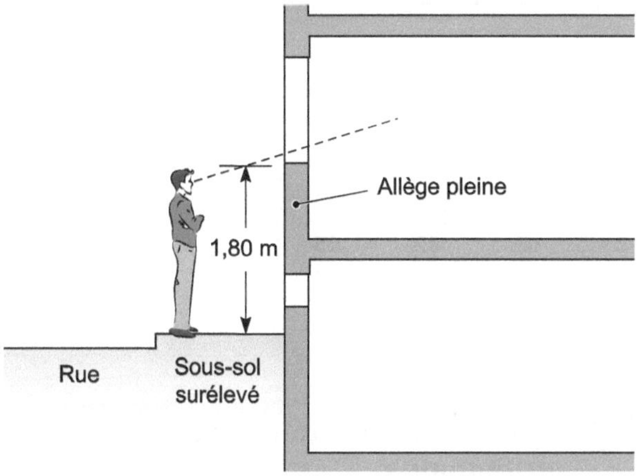

▲ **Fig. 12.4.** Principe de rez-de-chaussée surélevé de bonne conception
(source : Batigère)

▲ **Photo 12.1.** Exemple de rez-de-chaussée offrant peu d'intimité
Ce défaut est confirmé par l'installation, pour l'appartement de droite, de panneaux d'occultation peu esthétiques. En outre, la terrasse de plain-pied est trop petite.

12.1.10 Logements en duplex

Le duplex est possible en habitat collectif, notamment en rez-de-chaussée avec entrée et jardin privatif. L'accès du logement doit se faire depuis la partie jour. Dans ce type de logement, la double hauteur n'est pas exclue. Les duplex sont à éviter en dessous du T4.
L'escalier, désolidarisé de la structure du bâtiment, doit permettre une circulation facile, liée au rapport entre hauteur et largeur, et autoriser le passage d'un lit double. Il convient de favoriser l'escalier droit ; en cas d'escalier tournant, prévoir des marches balancées.

ZOOM LE BALANCEMENT

Le balancement est une technique de tracé des marches dans les virages qui permet de faire tourner une volée d'escalier en gardant le giron constant. Cette technique permet d'éviter des collets (parties les plus étroites des marches) trop étroits.

Un exemple de prescriptions pour un escalier est proposé dans le tableau 12.1.

▼ **Tab. 12.1.** Exemple de prescriptions pour un escalier intérieur de duplex

Élément	Prescriptions
Barreaudage	Droit chanfreiné
Structure	• En béton : désolidarisation de l'escalier par rapport aux parois • En bois : – sapin proscrit – balustrade démontable
Revêtement	• Pour une structure en béton : – sol plastique avec nez de marche incorporés – sous-face en peinture satinée • Pour une structure en bois : – protection acoustique – vitrification 3 couches en surface et 1 couche en sous-face

12.2 Typologies et surfaces habitables recommandées

L'absence d'évolution significative des surfaces des logements collectifs neufs depuis 30 ans a été expliquée au chapitre 5. L'écosystème financier actuel du logement permet de supposer que cette situation durera. Sur les bases des surfaces par type détaillées au 5.4.3, les éléments proposés ci-dessous constituent des références à adapter à chaque opération et à chaque contexte.

▼ **Tab. 12.2.** Propositions de répartition de surfaces habitables par type de logement

<table>
<tr><th rowspan="2">Type de pièce</th><th colspan="5">Surface par type de logement (m²)</th><th rowspan="2">Largeur de pièce recommandée (m)</th></tr>
<tr><th>T1</th><th>T2</th><th>T3</th><th>T4</th><th>T5</th></tr>
<tr><td>– Entrée
– Dégagement</td><td colspan="2">2</td><td>4,5</td><td>6</td><td>7</td><td>1,2 à 0,9</td></tr>
<tr><td>Séjour</td><td>15</td><td>17</td><td>20</td><td>22</td><td>23</td><td>3,6</td></tr>
<tr><td>Cuisine</td><td>5</td><td>6</td><td>8</td><td colspan="2">10</td><td>2,1 à 2,4</td></tr>
<tr><td>Chambre 1 (1)</td><td>–</td><td colspan="4">12</td><td>2,9</td></tr>
<tr><td>Chambre 2</td><td colspan="2">–</td><td>10</td><td colspan="2">12</td><td rowspan="3">2,6 à 2,7</td></tr>
<tr><td>Chambre 3</td><td colspan="3">–</td><td colspan="2">10</td></tr>
<tr><td>Chambre 4</td><td colspan="4">–</td><td>10</td></tr>
<tr><td>– W.-C.
– W.-C. + lave-mains</td><td colspan="2">–</td><td>2</td><td colspan="2">1</td><td>0,9</td></tr>
<tr><td>Salle de bain : baignoire + vasque + W.-C.</td><td colspan="3">–</td><td colspan="2">5</td><td rowspan="3">1,7</td></tr>
<tr><td>Salle d'eau : douche (2) + lavabo + W.-C.</td><td colspan="2">5</td><td colspan="3">–</td></tr>
<tr><td>Salle d'eau : douche + lavabo (2)</td><td colspan="2">–</td><td>5</td><td colspan="2">3</td></tr>
<tr><td>– Placard
– Rangement
– Cellier intérieur</td><td colspan="2">1</td><td>1,5</td><td>2</td><td>3</td><td>0,6 utile</td></tr>
<tr><td>Surface habitable par logement</td><td>28</td><td>43</td><td>63</td><td>82</td><td>95</td><td>–</td></tr>
<tr><td colspan="7">(1) La surface d'une chambre est toujours donnée hors placard.
(2) La douche doit pouvoir être remplacée par une baignoire de 1,60 × 0,70 m sans modification de cloison.</td></tr>
</table>

La répartition typologique (nombre de T1 *bis*, de T2, de T3, etc.) est fixée en fonction de la demande :
- en logement social, par l'OLS en fonction de la demande active, des attentes des collecteurs d'Action Logement et des souhaits de la collectivité locale ;
- en promotion privée, par l'étude de marché du promoteur.

Le tableau 12.2 reproduit des propositions de répartition des surfaces habitables par type de logement. En centre urbain dense, les surfaces des logements peuvent être inférieures à celles proposées en secteur plus isolé. Il est fréquent que les collectivités locales associent à leur financement du logement social des exigences sur les typologies ou les surfaces, alors même qu'aucune contrainte n'existe dans la réglementation.

12.3 Préconisations pour les pièces principales

Les pièces principales, dites aussi « sèches », sont principalement le séjour et les chambres. Y sont associés l'entrée et le dégagement.

12.2.1 Entrée et dégagement

Le logement doit disposer d'une entrée, identifiée au minimum par un cloisonnement ou des parois partielles, afin d'éviter l'accès direct par le séjour. La pièce d'entrée n'est donc pas obligatoire, en particulier pour les petits logements, mais le « sas d'entrée », espace tampon entre extérieur et intérieur, est indispensable car il permet de réaliser les actions suivantes :
- s'entretenir avec un visiteur sans qu'il n'entre dans le logement ni ne perçoive l'intérieur de celui-ci. La porte doit être disposée de manière à former un écran, en position ouverte, lorsque l'espace n'est pas cloisonné ;
- faire entrer un visiteur ;
- déposer un manteau ou un parapluie dans un placard ;

▼ **Tab. 12.3.** Exemple de prescriptions pour l'entrée-dégagement

Élément(s)	Prescriptions
Porte d'entrée	– Bloc porte à poignée ergonomique de largeur utile 90 cm ou 1,00 m – Résistance à l'effraction supérieure ou égale à 10 min (porte certifiée A2P-BP1) – Serrure avec clé sur organigramme, protecteur ou cache-canon, à 3 points, certifiée A2P* ou A2P**, si possible deux clés opposées dans le cylindre – Classement AEV : minimum A2-E2-V2 – Affaiblissement acoustique de 34 à 40 dB suivant l'exposition au bruit – Microviseur optique à hauteur de 1,30 m – Butée et barre de seuil en inox vissées ou seuil à la suisse – Entrebâilleur – Sonnette – Si la porte donne sur l'extérieur, forte isolation ($U \leq 1{,}0$ W/m².°C) et dispositif pour éviter la pénétration des eaux pluviales et assurer la protection face aux intempéries – Finition laquée d'usine ou placage – Si la porte est métallique, thermolaquage – Nombre de clés à prévoir par logement : nombre de pièces + 1
Revêtements	• Sol : – en locatif social : parquet massif collé avec vitrification 3 couches, ou carrelage en grès émaillé de 30 × 30 cm, ou revêtements de sol plastique ou linoléum en dalles ou en lès – en accession : parquet contrecollé finition chêne collé sur la chape acoustique • Autres parois : – peinture lessivable, de préférence à base de résines acryliques en phase aqueuse, résistante aux moisissures sur murs et plafond, avec label NF Environnement – finition soignée de type satinée
Équipement	– Placard recommandé, avec sol identique à celui de l'entrée – Combiné de vidéophonie (visiophonie) avec secret de conversation et d'ouverture, à sonnerie réglable, de marque identique à celle de la platine sur rue – Gaine technique électrique du logement – Tableau d'abonné bien éclairé et accessible aux personnes en situation de handicap
Tableau d'abonné GTL (gaine technique de logement)	– Module encastré – Couleur blanche – Porte – Ligne téléport (Internet, fibre, téléphone) – Compteur d'électricité pas en fond de placard – Protection des circuits avec disjoncteur magnétothermique

– distribuer le séjour (lieu d'accueil) et la cuisine ou le cellier (pour déposer facilement les courses).

Cet espace tampon accueille les équipements de l'entrée, dont au minimum une gaine électrique et le combiné d'interphone. La présence d'un placard d'une profondeur utile intérieure de 60 cm est conseillée.

Les dimensions minimales de ce sas sont 1,20 × 2,20 m, y compris le débattement de la porte palière, qui doit être libre de tout obstacle (placard, interphone). Il doit être facile d'usage et d'entretien, car il sert d'interface entre les parties communes et le logement. Des prescriptions concernant l'entrée sont données dans le tableau 12.3.

12.2.2 Séjour

L'habitabilité des séjours impose de :

- limiter les zones dédiées à la circulation ;
- dégager des espaces protégés des circulations ;
- disposer de pans de murs pleins, libres et de taille suffisante pour l'aménagement du salon ;
- vérifier que les débattements de fenêtre ne sont pas trop importants.

Le séjour doit permettre d'identifier :

- un coin repas pouvant être meublé à l'aide d'une table et de chaises ;
- un coin séjour-salon :

– destiné à l'accueil des invités, la détente (musique, médias, jeux), et éventuellement le télétravail (coin informatique),

▼ **Tab. 12.4.** Exemple de prescriptions pour le séjour

Élément(s)	Prescriptions
Revêtements	• Sol : – en locatif social : parquet massif collé de 1 cm d'épaisseur au minimum avec vitrification 3 couches, ou carrelage en grès émaillé de 30 × 30 cm, ou revêtements de sol plastique ou parquet stratifié avec plinthes bois, carrelage pour les pièces au RDC avec accès direct à l'extérieur – en accession : parquet contrecollé finition chêne collé sur la chape acoustique • Autres parois : – peinture lessivable, de préférence à base de résines acryliques en phase aqueuse, résistante aux moisissures sur murs et plafond, avec label NF Environnement – finition soignée de type satinée – peintures glycérophtaliques à dégagement de solvants proscrites
Électricité	– Prise de courant située près de l'entrée fibre optique commandée par un interrupteur situé près de la porte du séjour – Interrupteur au minimum de 10 A

– pouvant être meublé à l'aide d'un meuble TV, d'un canapé, de fauteuils, d'un grand écran et éventuellement d'équipement informatique,
– pouvant distribuer une chambre ou le coin nuit à condition de ne pas empêcher son ameublement et son fonctionnement comme salon.
L'équipement minimal du séjour à inclure dans l'illustration meublée, établie en phase d'avant-projet, est le suivant : 1 canapé, 2 fauteuils, 1 table basse, 1 meuble TV, un coin repas avec 1 table et 4 chaises.
Des prescriptions concernant le séjour sont données dans le tableau 12.4.

12.2.3 Chambre

Les chambres disposent d'accès indépendants. Dans les grands logements (T4 et T5), une chambre peut être commandée par le séjour (voir fig. 12.1) à condition d'être fermée et conçue comme chambre principale.
L'habitabilité des chambres doit répondre aux points suivants :
– les percements permettent d'aménager correctement chaque chambre ;
– les débattements de fenêtre ne sont pas trop importants ;
– l'usage d'allèges vitrées dans une chambre reste exceptionnel, afin de préserver l'intimité des occupants ;
– sauf exception, chaque chambre ne comporte qu'une fenêtre ou porte-fenêtre pour ne pas nuire à ses possibilités d'ameublement ;
– chaque chambre dispose d'un placard aménagé d'au minimum 60 cm de profondeur intérieure et de largeur, et de 1,90 m de hauteur utile ;
– l'accessibilité aux personnes en situation de handicap s'applique au minimum à la chambre de l'unité de vie de l'appartement (voir fig. 8.1 et tab. 8.3).

L'équipement minimal à illustrer en phase d'avant-projet est :
– pour la chambre principale, un lit de 1,40 × 1,90 m (voire 2,00 m) avec circulation sur 3 côtés, si possible passage de 90 cm sur les deux grands côtés du lit et passage de 1,20 m sur le petit côté du lit. La configuration doit également permettre l'installation de 2 lits de 80 cm et d'un coin travail informatique sans empêcher l'utilisation du placard ;
– pour les autres chambres, 2 lits de 0,80 × 1,90 m (voire 2,00 m) avec circulation sur 3 côtés. La configuration doit également permettre l'installation d'un coin jeu et d'un coin travail.
Des prescriptions techniques concernant les chambres et leurs placards sont données dans les tableaux 12.5 et 12.6.

12.3 Préconisations pour les pièces de service

Les pièces de service dites « humides » sont les cuisines, les salles de bains et les W.-C.

12.3.1 Cuisine

Recommandations générales

L'espace cuisine accueille des appareils ménagers (réfrigérateur, cuisinière, lave-vaisselle) et des placards.
Il bénéficie d'un éclairage naturel, éventuellement en second jour pour les T1 et T2.
Un recul de 80 cm par rapport aux appareils ménagers permet une préparation des repas confortable.
Au regard de la profondeur standard des appareils (60 cm) et de la largeur de passage de 1,50 m, la largeur minimale d'une cuisine fermée doit être de 2,10 m (voir tab. 8.3).

▼ **Tab. 12.5.** Exemple de prescriptions pour les chambres

Élément(s)	Prescriptions
Revêtements	• Sol : – sol plastique, linoléum, parquet stratifié, parquet contrecollé collé sur la chape acoustique – à rez-de-chaussée, si le séjour est en relation avec un jardin privatif, carrelage en grès émaillé de 30 × 30 cm • Autres parois : – peinture lessivable, de préférence à base de résines acryliques en phase aqueuse, résistante aux moisissures sur murs et plafond, avec label NF Environnement – finition soignée de type satinée
Équipement	Un placard dans chaque chambre

▼ **Tab. 12.6.** Exemple de prescriptions pour les placards

Élément(s)	Prescriptions
Porte(s)	– Coulissante(s), rigide(s), sur rail – Épaisseur de 1 cm au minimum – Si le placard a une largeur inférieure à 80 cm, porte battante
Revêtement	Sol identique à celui de la pièce attenante
Aménagement	– Une étagère chapelière – Une tringle sur la moitié de la longueur du placard – 3 étagères espacées de 40 cm

ZOOM LARGEUR DE PASSAGE

La largeur de passage de 1,50 m peut éventuellement être obtenue moyennant l'ouverture d'un élément de cloison coulissante entre la cuisine et le séjour.

À partir du T4, la cuisine permet l'installation d'un coin repas.

Prévoir une largeur supérieure pour le plan de travail en cas de canalisations apparentes (EU, EC, EF) placées en fond d'emplacements des appareils ménagers.

La cuisine est proche du séjour ; on y accède par l'entrée ou par le séjour.

Si la cuisine est de dimensions réduites, il est possible de positionner le battant de sa porte d'accès vers l'extérieur.

Une porte-fenêtre donnant sur la cuisine réduit sa capacité d'ameublement et appelle une vérification précise.

Les espaces prévus pour les appareils doivent permettre le libre débattement des portes, fenêtres et porte-fenêtres, et tiennent compte de l'emplacement du radiateur.

Implantation des appareils ménagers

Le choix de l'implantation des appareils ménagers et du module dédié au tri sélectif est effectué au stade d'avant-projet sommaire (fig. 12.5).

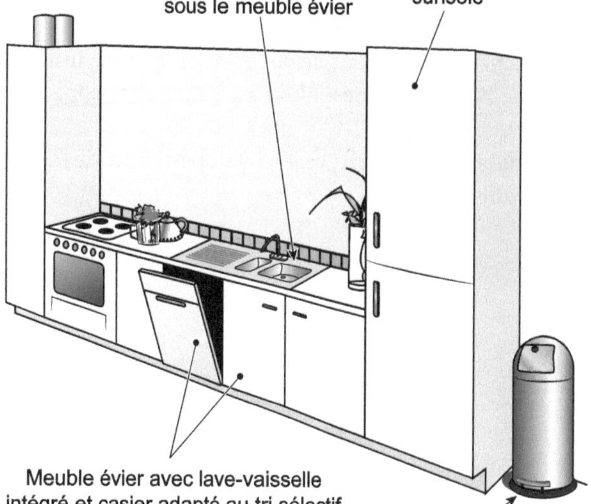

▲ **Fig. 12.5.** Implantation des appareils ménagers dans la cuisine (source : 3F)

L'équipement minimal à illustrer à partir du T2 est le suivant :

• un meuble évier double bac avec égouttoir (un bac avec égouttoir pour les T1 *bis*) de 1,40 m, avec lave-vaisselle intégré ;

• un linéaire de réservation de quatre ou cinq modules de 61 cm et d'un module de 66 cm pour installer un réfrigérateur surisolé, hors plinthes, pour :
- un réfrigérateur,
- une cuisinière ou un plan de cuisson plus four,
- lorsque l'alimentation et l'évacuation sont prévues et en attente, un lave-linge et/ou un lave-vaisselle,
- un meuble ou un espace de rangement dédié par exemple au tri sélectif,
- une chaudière murale le cas échéant.

Au moins quatre de ces modules sont contigus.
Aucun élément n'est, sauf configuration spécifique, implanté sous une fenêtre.
Le plan de cuisson ne doit pas être situé au-dessous d'un générateur de chauffage ou d'eau chaude sanitaire.
La juxtaposition d'éléments froids et chauds est à proscrire.
L'emplacement des prises électriques est étudié avec précision.

ZOOM LAVE-LINGE

Dans le cas où l'installation du lave-linge est également possible dans la salle d'eau, son encombrement peut n'être compté que dans l'une des deux pièces.

Cuisine ouverte ou fermée

Les cuisines ouvertes sur séjour sont en général utiles à la bonne habitabilité des T1 *bis* et T2, et elles sont très fréquentes dans les T3.
En cas de cuisine ouverte, celle-ci doit bénéficier de l'éclairage naturel (fig. 12.6).

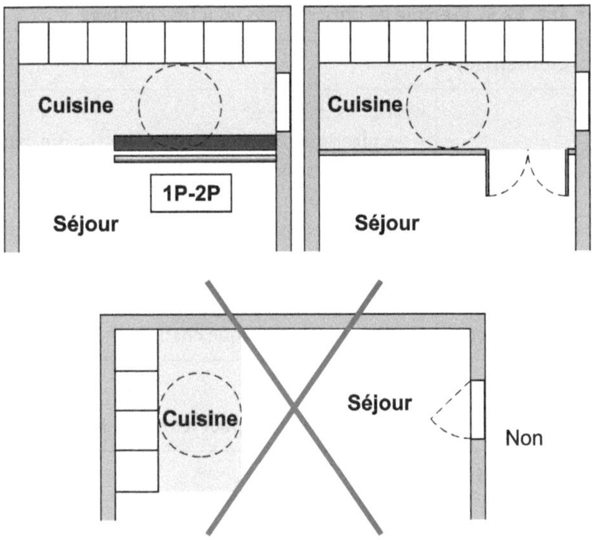

▲ **Fig. 12.6.** Trois exemples de cuisines : en haut à gauche avec bar, en haut à droite fermée, en bas ouverte mais la configuration est à éviter, car la cuisine est dos à la lumière
(source : 3F)

Un élément de séparation de type bar ou comptoir, avec imposte pour contenir les fumées, constitue une bonne solution pour dissimuler aux regards les éléments d'équipement (électroménager, évier).
Les figures 12.7 et les photos 12.2 donnent des exemples de configurations.

Prescriptions

Des prescriptions concernant la cuisine sont données dans le tableau 12.7.

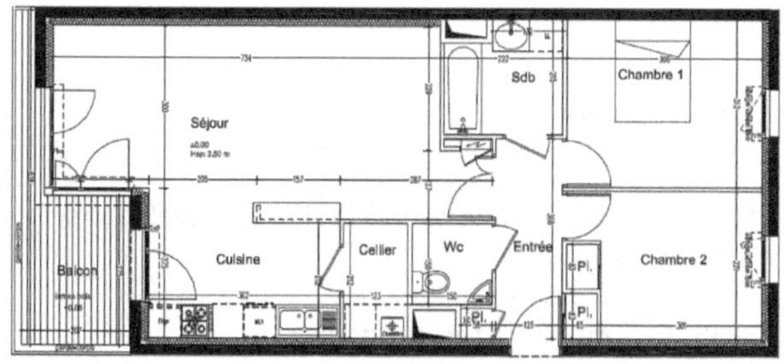

1- Cessons-Sévigné (35), Shab 69,4 m². Cuisine ouverte donnant sur le cellier et le balcon et séparation par banque. La relation cuisine/séjour est de bonne qualité, mais les ouvertures de la porte du cellier à droite et de la fenêtre sur balcon à gauche peuvent perturber le bon usage des appareils ménagers.

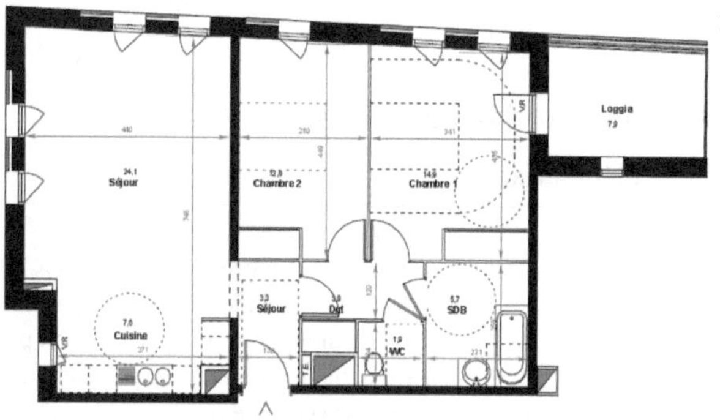

2- Floirac (33), Shab 73,6 m². Disposition simple de cuisine en fond de séjour, marquée visuellement par le léger retrait en largeur. La petite taille de la fenêtre éclairant la cuisine est bien adaptée à l'usage des appareils ménagers mais ne donne sans doute qu'un éclairement et une vue limités.

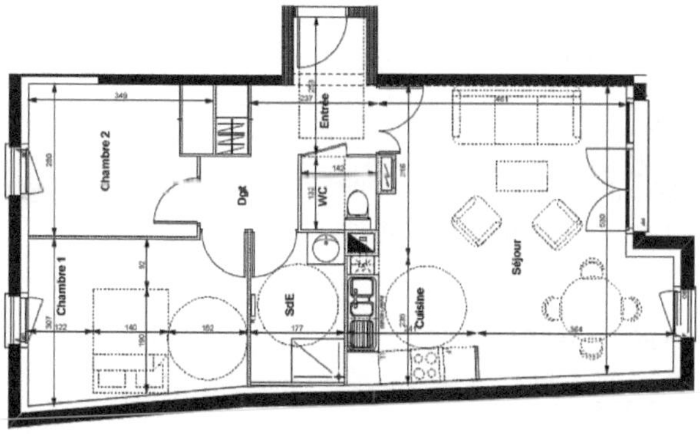

3- Mondeville (14), Shab 64,1 m². Cuisine intégrée au séjour, bien organisé entre partie cuisine-repas et partie accueil-salon, mais la mise en scène des appareils sur deux plans en angle les rend sans doute trop visibles du séjour.

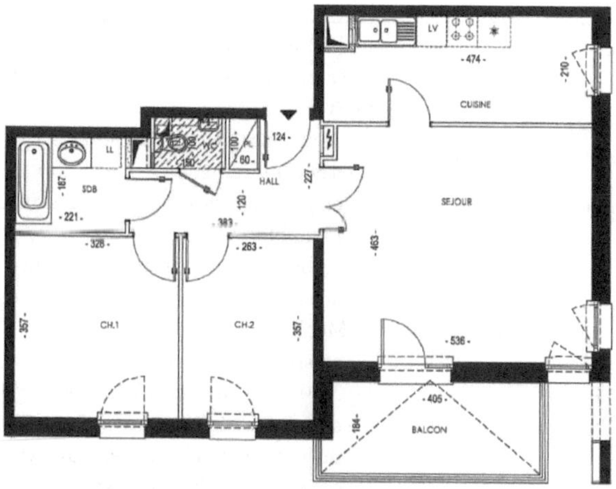

4- Sélestat (67), Shab 68,9 m².
Cuisine séparée du séjour, de largeur 2,10 m.
Éclairage naturel latéral de qualité.

▲ **Fig. 12.7.** Exemples de configurations de cuisines
(source : opérations Icade Promotion)

▲ **Photos 12.2.** Exemples de cuisines semi-ouvertes, ouverte sur séjour et fermée
(sources : en haut à gauche, Chartier-Dalix, Arcueil, source : Valophis ; en bas à gauche, Les Places, Sainte-Eulalie, source : Domofrance ; à droite, Chanteloup-en-Brie, source : 3F, photo : Antoine Mercusot)

▼ **Tab. 12.7.** Exemple de prescriptions pour la cuisine

Élément(s)	Prescriptions
Revêtements	• Sol : – carrelage en grès émaillé de 20 × 20 cm ou 30 × 30 cm avec plinthe de 0,10 m ; joints en prolongement de ceux du sol ; jonction à coupe d'onglet dans les angles – si cuisine ouverte, même niveau pour les sols de la cuisine et du séjour – plastique, linoléum ou parquet stratifié U2SP3E2/3C2 ou U3P3 si accès extérieur • Parois verticales : – faïence blanche brillante de 15 × 20 cm ou 20 × 20 cm ; hauteur de 0,60 m au-dessus de l'évier et sur ses retours, et au-dessus de l'appareil ou du plan de cuisson, avec couvre-chant (baguette PVC, etc.) – peinture blanche lessivable, de préférence à base de résines acryliques en phase aqueuse, résistante aux moisissures sur murs et plafond, finition soignée de type satinée, avec label NF Environnement • Plafond : peinture identique à celle des parois verticales
Meuble évier	• À côté de la gaine technique • Pas sous une fenêtre si fermeture par volets ou persiennes • Évier : – double bac avec égouttoir (1 bac et 1 égouttoir pour les T1 *bis*) – d'encombrement 1,40 ou 1,20 × 0,60 m – en grès émaillé ou résine ; si inox, inox 18/10 – monobloc – embouti avec habillage de la sous-face du débord – adapté aux personnes en situation de handicap si le logement leur est adapté • Meuble : – en stratifié hydrofuge blanc – 1,40 m de large et 0,78 m de long avec deux portes et un jambage – ou 1,20 × 1,20 m avec trois portes – de préférence 1,40 m avec lave-vaisselle intégrable – ouverture coulissante exclue – équipement intégré pour le tri sélectif – découpe latérale pour le passage des tuyauteries, du lave-vaisselle par exemple, en partie basse – platine de renfort sous robinetterie – joint silicone entre faïence et évier
Robinets	– Mitigeur col de cygne avec point dur de limitation à 50 % – Limiteur de débattement angulaire faisant office de limiteur de température – Limiteur de débit autorégulé et calibré, démontable, de classement E1 C1 ou 2 A2 U3 – Débit de 4,5 l/min – Robinet d'alimentation double pour lave-linge et lave-vaisselle, avec vidange double, de préférence sous le meuble évier – Robinet à obturation automatique intégré (ROAI) pour l'alimentation en gaz, pas au-dessus des plaques de cuisson, avec flexible gaz sans limite de durée de vie et systèmes antivol et antidémontage
Bloc cuisine (pour les T1 *bis*)	– Meuble en stratifié hydrofuge blanc – Évier 1 bac et 1 égouttoir avec platine de renfort sous robinetterie – Joint silicone entre faïence et évier – 2 plaques de cuisson avec minuteur, démontables – 1 prise de courant pour hotte d'évacuation
Banque (pour les T2 et T3 avec cuisine ouverte sur séjour)	– Plateau de 0,40 m de profondeur, 2 cm d'épaisseur et 1,15 m de hauteur finie – Si bois, bois massif ou médium vernis de 3 cm d'épaisseur, posé sur plaque de plâtre ou revêtement résistant aux chocs et aux brûlures – Parement solide sur face séjour sur une hauteur de 0,40 m au-dessus du sol – Rangements possibles sur face cuisine – Retour de cloison à 90° en about de la banque – Imposte au-dessus de la banque

12.3.2 Salle de bains et salle d'eau

Recommandations générales

Pour tous les logements accessibles (voir chapitre 8), la présence ou la possibilité de mise en place d'une douche zéro ressaut impose des contraintes dimensionnelles (voir tab. 8.3 et fig. 8.3). La version V3 du « Guide pour la mise en œuvre d'une douche accessible "zéro ressaut" dans les salles d'eau à usage individuel en travaux neufs » du CSTB de janvier 2025 précise les conditions générales de réalisation des douches accessibles.

Une fenêtre permettant l'éclairage et la ventilation naturelle constitue une marque de qualité (photos 12.3).

La salle de bains comporte un espace libre de tout équipement (radiateur, conduite d'arrivée ou d'évacuation) et en dehors du débattement de la porte, permettant d'installer un meuble de rangement ou un lave-linge.

Elle peut être commandée par la pièce principale (T1 *bis*) ou la chambre (T2).

Elle comporte un lavabo et une baignoire ou une douche.

La réversibilité douche-baignoire ou baignoire-douche est nécessaire en T1 *bis*, T2 et T3.

La douche est installée en base pour les T1 *bis* et T2, mais avec possibilité de la remplacer par une baignoire sans modification de cloison.

La baignoire est installée en base en T3, mais son évacuation et ses robinetteries doivent être conçues afin de garantir la facilité de la réversibilité vers une douche sans modification des parois.

À partir du T4, la salle de bains avec baignoire est de préférence accessible depuis un dégagement ; son éclairage naturel est fortement recommandé.

Une salle d'eau complémentaire équipée d'un bac de douche et d'un lavabo sur colonne est indispensable à partir du T5, et recommandée chaque fois que possible pour les T4. Cette salle d'eau peut être commandée par la chambre principale.

Prescriptions

Un exemple de prescriptions pour les salles de bains et salles d'eau est présenté dans le tableau 12.8.

▲ **Photos 12.3.** Exemples de salles de bains : en haut à gauche, avec éclairage artificiel dans une configuration adaptée aux personnes à mobilité réduite ; en bas à gauche, avec éclairage naturel au-dessus de la baignoire ; à doite, avec éclairage naturel généreux par oscillo-battant de type porte-fenêtre, mais qui peut contrarier la meublabilité de la pièce

(source : Batigère)

▼ **Tab. 12.8.** Exemple de prescriptions pour les salles de bains et salles d'eau

Élément(s)	Prescriptions
Revêtements	• Sol : – système de protection à l'eau sous carrelage (SPEC) – carrelage émaillé 20 × 20 cm ou 30 × 30 cm avec plinthe de 10 cm ; joints en prolongement de ceux du sol ; jonction à coupe d'onglet dans les angles – sol plastique ou linoléum, avec étanchéité et sol antiglisse sur les zones d'eau • Parois verticales : – cloison support de faïence en plaques Hydro H1 – SPEC – faïence murale blanche brillante de 15 × 20 cm ou 20 × 20 cm ; toute hauteur ou au minimum à hauteur d'huisserie au-dessus des bacs de douche et baignoires ; hauteur de préférence 60 cm et au minimum 30 cm au-dessus du lavabo ou de la vasque et de ses retours, et avec deux carreaux en retombée de chaque côté • Autres parois : – peinture blanche brillante lessivable, de préférence à base de résines acryliques en phase aqueuse, résistante aux moisissures sur murs et plafond, avec label NF Environnement – finition soignée de type laquée
Baignoire	• Longueur minimale : 1,60 m • En acrylique, acier embouti à froid (15/10, émail vitrifié, classe A) ou résine acrylique sanitaire • Si baignoire en acrylique, bonne tenue mécanique du joint périphérique, car risque accru de fuite • Tablier en carreaux de plâtre, avec habillage en faïence et trappe carrelée de 40 × 40 cm disposée côté siphon • Robinet : – sur le grand côté de la baignoire, avec l'extrémité de la manette du mitigeur à 40 cm au minimum de l'angle rentrant le plus proche – mitigeur avec point dur de limitation de débit à 50 % – limiteur de débattement angulaire faisant office de limiteur de température • Douchette : – anticalcaire à économie d'eau, type douchette à turbulence ou à effet Venturi – débit sous 3 bars inférieur à 7,5 l/min – flexible de 1,75 m en laiton chromé double agrafe avec écrou tournant anti-torsion • Bonde
Lavabo ou vasque	• À privilégier pour les salles de bains : – plan support de vasque en stratifié post-formé de 70 × 55 cm sans espace à carreler ; deux vasques sur plan de 1,40 × 0,55 m à partir du T4 – panneaux en bois mélaminés à faible teneur en composés organiques volatiles (classement E1 au minimum) – miroir – bandeau lumineux en stratifié dito – meuble à 2 ou 3 portes réglables à charnières invisibles – une ou des étagères • À privilégier pour les salles d'eau : – lavabo de 60 × 48 cm, en console sur cloison renforcée – miroir de 60 × 60 cm • Robinet : – mitigeur avec point dur de limitation de débit à 50 % – limiteur de débattement angulaire faisant office de limiteur de température – limiteur de débit autorégulé et calibré, démontable

Élément(s)	Prescriptions
Douche	• Bac de 80 × 80 cm ou 90 × 90 cm, avec bonde siphoïde • Fermée sur trois côtés • Maçonnée de préférence • Portes coulissantes en profilé aluminium chromé avec panneaux en résine ou en verre d'épaisseur 3 mm et de hauteur 2,00 m • Barre de douche tout en laiton • Cabine de douche autorisée • Robinet : – mitigeur avec point dur de limitation de débit à 50 % – limiteur de débattement angulaire faisant office de limiteur de température • Douchette : – anticalcaire – à économie d'eau, type douchette à turbulence ou à effet Venturi – débit sous 3 bars inférieur à 7,5 l/min – flexible de 1,60 m en laiton chromé double agrafe avec écrou tournant anti-torsion • En cas de bac de douche en saillie : – siphon implanté du côté du tablier du bac – grille de ventilation amovible au droit du siphon
Équipement	– Attentes d'alimentation et d'évacuation pour un lave-linge dans les salles d'eau et salles de bains des logements avec cuisine ouverte sur séjour, sauf si le logement est équipé d'une buanderie. Évacuation près de la gaine technique pour autoriser l'adaptation future d'un receveur de douche. Cheminement du réseau d'eau chaude sanitaire de façon à limiter la longueur de la distribution – Radiateur sèche-serviettes
Éclairage	Points lumineux en plafond et au-dessus des lavabos ou des plans vasques

12.3.3 W.-C.

La principale contrainte des W.-C. est liée à l'espace d'usage de 0,80 × 1,30 m pour les personnes en fauteuil roulant (voir tab. 8.3).

W.-C. et salle d'eau peuvent être regroupés jusqu'au T2 ; à compter du T3 inclus, le W.-C. fait l'objet d'une pièce distincte.

Une gaine unique desservant la salle de bains, la cuisine et le W.-C. est souhaitable sur les plans économique et énergétique.

En cas de salle de bains et salle d'eau (T4, T5, etc.), un second W.-C. peut être intégré à la salle d'eau ; le rendre accessible aux personnes en situation de handicap permet que le W.-C. isolé ne soit plus obligatoirement accessible.

Il faut prévoir un W.-C. à chaque niveau des duplex, éventuellement placé dans la salle de bains à l'étage.

La présence d'une fenêtre est souhaitée dans les W.-C., pour des raisons d'éclairage et de ventilation naturelle.

Des prescriptions pour les W.-C. sont données dans le tableau 12.9.

12.3.4 Rangement intégré, cellier et buanderie

La fonction de rangement est assurée par des placards installés dans l'entrée et les chambres, selon les dimensions données dans le tableau 12.10.

L'adjonction d'un espace de rangement du type buanderie ou cellier est souhaitable. Cet espace doit être de préférence en lien direct avec la cuisine. Il doit pouvoir accueillir un lave-linge, le séchage du linge et éventuellement la chaudière. Sa surface est de 2 à 4 m^2 par logement, selon le type.

L'espace de séchage du linge peut aussi être aménagé sur un prolongement extérieur ou intégré dans un retrait de façade. Il est obligatoirement protégé des regards.

▼ **Tab. 12.9.** Exemple de prescriptions pour les W.-C.

Élément(s)	Prescriptions
Équipement	• W.-C. : – réservoir double chasse (3 l-6 l) – pas de réservoir encastré – classe acoustique 1 – abattant double en résine de synthèse, rigide, blanc, avec charnières en inox • Lave-mains pour les T3, T4 et T5, alimenté uniquement en eau froide • Attentes d'alimentation et d'évacuation pour un lave-linge dans un W.-C. indépendant, si ce dernier est assez spacieux
Revêtements	• Sol : – carrelage émaillé 20 × 20 cm avec plinthe de 10 cm – sol plastique ou linoléum U2SP3E2/3C2 • Autres parois : peinture blanche brillante lessivable

▼ **Tab. 12.10.** Profondeur et linéaires des placards

Élément	Type du logement			
	T1	*T2*	*T3*	*T4 et au-delà*
Profondeur minimale (cm)	60			
Linéaire de rangement minimal hors entrée (ml)	1,20	1,80	3,00	3,60
Linéaire de rangement minimal dans l'entrée (ml)	0,80			
Total du linéaire minimal (ml)	**2,00**	**2,60**	**3,80**	**4,40**

13

Façades et enveloppe

13.1 Principes constructifs

13.1.1 Préfabrication et ossature bois

La façade doit répondre aux évolutions induites par la RE 2020, avec les deux tendances assemblées de la construction hors site (préfabrication) et du logement bas carbone (façades à ossature bois). Les photos 13.1, 13.2 et 13.3 ainsi que les figures 13.1 et 13.2 présentent des opérations y correspondant.

La façade doit avant tout présenter une bonne durabilité potentielle (résistance aux agressions chimiques et aux intempéries), de manière à minimiser les frais d'entretien. En cas d'isolation par l'extérieur, les vêtures, vêtages et bardages doivent être fixés mécaniquement sur leur support. Il convient par ailleurs de prendre en compte dans le rendu architectural le caractère principal ou secondaire de chaque façade.

> **ZOOM DÉNOMINATION DES FAÇADES**
>
> Les dispositions d'urbanisme, notamment les PLU, établissent souvent une distinction entre la façade principale (vue de la voie publique), la façade postérieure (l'arrière du bâtiment) et les façades latérales.

13.1.2 Points de vigilance

Il existe six points de vigilance principaux pour la conception des façades :

- le traitement des ponts thermiques, notamment au niveau des abouts de dalles et de refends, de la périphérie des ouvrants, des acrotères, des dalles de balcons, des poutres et des refends en sous-sol, et enfin des balcons sur structure autoportée ;
- l'étanchéité à l'air. L'article 19 de l'arrêté du 4 août 2021 relatif aux exigences de performance énergétique et environnementale des constructions de bâtiments en France métropolitaine et portant approbation de la méthode de calcul prévue à l'article R. 172-6 du Code de la construction et de l'habitation, faisant partie de la RE 2020, impose un test d'étanchéité à l'air en fin de chantier. Il est en général précédé de tests réalisés à l'achèvement du clos-couvert. Toute mesure réglementaire doit être effectuée par un opérateur autorisé par le ministère en charge de la construction. La vigilance porte sur les équipements nuisibles à une bonne étanchéité à l'air, tels que les volets roulants ou les fenêtres coulissantes ;
- la sécurité. Les reliefs et autres éléments de façade, notamment les barreaudages, ne doivent pas permettre l'escalade de la façade (photo 13.4) ;
- la protection contre les chutes pour les personnes et les objets ;
- le traitement du socle de l'immeuble :
  - les façades à rez-de-chaussée et notamment celles situées en limite d'espace public sont revêtues de matériaux nobles, tels que la pierre et la brique,
  - des finitions rigides et pérennes pour l'ensemble des pieds de façade et pour les zones accessibles de type fond de loggia ou balcon sont prévues, afin d'éviter les risques de dégradation ;
- l'intimité des logements à rez-de-chaussée donnant sur les voies publiques doit être est préservée (photos 13.2) à l'aide de jardinières en retrait de la façade, ou de la surélévation du rez-de-chaussée, d'allèges pleines importantes, de jardins d'hiver, etc.

▲ **Photos 13.1.** Panneaux de façade bois de grandes dimensions sur structure béton pour 30 logements sociaux et une crèche à Limeil-Brévannes (94), avec pour maître d'œuvre GERA architecture

(source : Valophis)

▲ **Photos 13.2.** Opération à structure bois sur socle et rez-de-chaussée béton de12 logements (10 PLUS et 2 PLAI) et 12 places de stationnement dont 8 boxes, avec pour maître d'œuvre Hilsum et Sclafer

(source : Valophis)

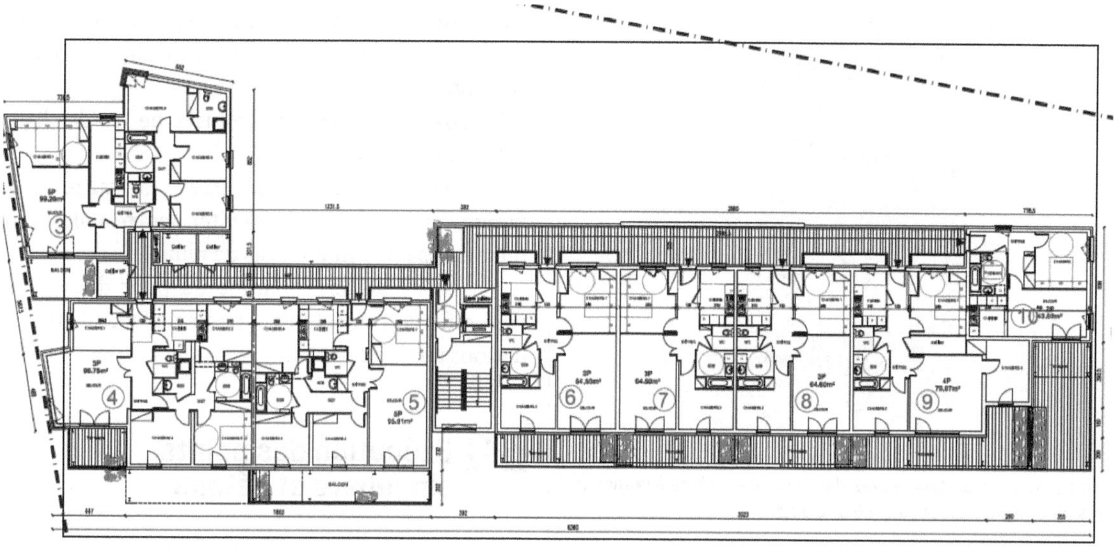

▲ **Fig. 13.1.** Plan d'étage courant, Limeil-Brévannes

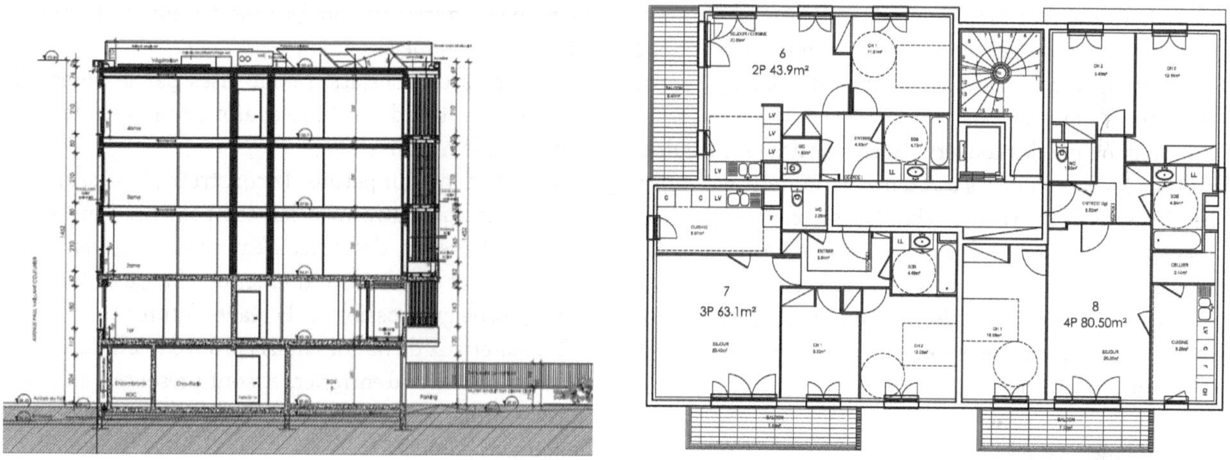

▲ **Fig. 13.2.** Vue en coupe et plan du 3e étage, Arcueil
(source : Valophis)

▲ **Photo 13.3.** Parements en bois sur façades intérieures d'îlot, logements 3F à Vincennes
(source : 3F)

▲ **Photo 13.4.** Barreaudage de rez-de-chaussée intégré à la façade pour des logements Toit et Joie à Montrouge

13.1.3 Protection de la façade

Le vieillissement et l'apparition de salissures dus au cheminement de l'eau associé à la texture du revêtement et à l'exposition de la façade doivent être évités. Cela passe par les actions suivantes :
- protection par des couvertines en zinc des reliefs vulnérables à l'eau, comme les acrotères, les murets maçonnés, les éléments de charpente débordants, etc. ;
- création de gouttes d'eau en sous-face des encorbellements, des balcons, des appuis saillants, etc. ;
- en cas d'appuis de menuiseries sans oreilles, choix d'une forme métallique de relevé et jet d'eau pour éviter l'apparition de moustaches.

▲ **Photo 13.5.** Trois erreurs à éviter en pied de façade (source : « Erreurs à éviter » du cahier des charges Batigère)

La photo 13.5 montre une façade présentant trois erreurs de conception à éviter en pied de façade, qui sont les suivantes :
- la séparation entre espace privé de rez-de-chaussée et extérieur est insuffisante ;
- il manque une bande de gravier ou autre en pied de façade, qui permettrait d'éviter les rejaillissements de terre salissant le mur en cas de pluie ;
- le triangle de terre marque un petit délaissé d'espace vert, difficile à entretenir et potentiellement sujet à dégradations au fil du temps.

13.2 Exécution des points singuliers et détails

Une mauvaise exécution des points singuliers et des détails de façade est source de déboires esthétiques et techniques, aussi met-on l'accent ici sur huit conseils utiles à une bonne exécution :
- les détails de réalisation sont visés par le bureau de contrôle en phase d'avant-projet afin de s'assurer de la faisabilité de leur réalisation ;
- avant le dépôt du permis de construire, le dessin de la façade fait apparaître tous les équipements nécessaires tels que chéneaux, descentes d'eaux pluviales, ventouses éventuelles et autres, pour donner une image de la façade aussi proche que possible de la réalité future ;
- les matériaux de façade choisis prouvent leur facilité de mise en œuvre et d'entretien et sont présentés, en phase d'avant-projet, sous forme d'échantillons ou de planche de matériaux (tab. 13.1) ;
- les grilles de ventilation des vides sanitaires et des gaines techniques résistent au vandalisme ;
- les éléments de serrurerie sont de préférence métallisés et thermolaqués. Les détails et produits de fixation sont précisés afin d'éviter tout risque d'apparition de rouille ;
- l'assemblage des menuiseries avec les murs extérieurs est explicité dans un carnet de détails ;
- les descentes d'eau pluviale ne sont pas implantées en partie privative ;
- les saillies d'occultation ne dépassent pas de plus de 15 cm du plan de la façade.

▼ **Tab. 13.1.** Exemple de prescriptions pour les revêtements de façade

Élément	Prescription(s)	Actions à mener
Isolation par l'extérieur	– Vêture, vêtage ou bardage suivant l'économie du projet – Traitement des ponts thermiques issus du mode de fixation des bardages – Impact des ponts thermiques évalué dans le calcul thermique	– Fournir une planche des matériaux en phase esquisse – Fournir des échantillons en phase d'avant-projet – En phase chantier, un témoin de façade permet de valider les choix et la mise en œuvre
Brique	Si possible brique pleine avec pose traditionnelle	
Enduit	– Finition finement talochée – À rez-de-chaussée et sur toutes les parties accessibles, l'enduit, même blindé, est proscrit sur isolation extérieure	
Pierre	– Si possible pierre scellée en soubassement – Joints horizontaux et verticaux fermés en partie courante – La pierre agrafée est proscrite par certains OLS	
Bardage bois (voir photo 13.3)	– Proscrit en rez-de-chaussée – Essences naturellement durables, provenant de forêts européennes et gérées durablement (certificat à produire), résistant aux intempéries, aux insectes et aux champignons – Si possible bardage vertical – Bonne exposition pour garantir un vieillissement homogène. Le bardage bois en façade nord et sous saillie est à éviter – Bonne ventilation du bardage, avec entrées et sorties régulières, y compris en appui et linteau de fenêtre – Le tasseautage simple en bardage vertical est proscrit par certains OLS	– Fournir à l'esquisse une note méthodologique de l'entretien et du remplacement du bardage, ainsi que du mode de fixation du bardage – À l'avant-projet, fournir obligatoirement un carnet de détails pour vérifier la ventilation, le traitement des encadrements de menuiseries, la conformité de la mise en œuvre vis-à-vis de la réglementation incendie, ainsi que le traitement des angles – Au début du chantier, prévoir un échantillon de 4 m^2 installé sur bungalow pour constater le vieillissement du bois avant de pouvoir l'observer sur le témoin de façade

13.3 Menuiseries extérieures et occultations

13.3.1 Menuiseries extérieures

Sept points de vigilance sont mis en avant concernant les menuiseries extérieures :

- limiter les types de menuiseries dans un souci d'économie de projet ;
- vérifier la cohérence des ouvertures en façade avec le plan d'aménagement intérieur du logement, en limitant notamment le nombre de fenêtres dans les chambres et en veillant au débattement des fenêtres dans les pièces ;
- privilégier les ouvrants à la française dans les pièces sèches et l'oscillo-battant dans les pièces humides, notamment pour la facilité d'aération ;
- après des années de domination du marché, le PVC reste le matériau le plus courant, mais les autres techniques sont également présentes, notamment l'aluminium à rupture de pont thermique, les solutions mixtes alu-PVC et bois-alu, ainsi que le bois, favorisé par la RE 2020 pour son faible impact carbone ;
- le recours aux allèges vitrées, proscrit à rez-de-chaussée, reste exceptionnel (photo 13.6) ;
- la largeur du vantail recommandée est inférieure ou égale à 90 cm ;
- tous les vitrages, en parties privatives comme en parties communes, sont nettoyables depuis l'intérieur du bâtiment en toute sécurité sans nécessiter le recours à des engins particuliers ou à des entreprises spécialisées.

Des prescriptions techniques sont données dans le tableau 13.2.

▲ **Photo 13.6.** Les allèges basses vitrées transparentes sur un espace public sont à éviter

(source : « Erreurs à éviter » du cahier des charges Batigère)

▼ **Tab. 13.2.** Exemple de prescriptions pour les menuiseries extérieures

Élément	Prescription(s)
Ouvrant	– Si possible ouvrants à la française – En pièce humide, oscillo-battants sur allège – L'oscillo-battant toute hauteur est proscrit – Les ouvrants ne doivent pas fragiliser les ouvrages, comme ce serait le cas avec une poignée butant sur un retour de cloison, un battant butant sur le robinet d'un radiateur ou sur la tige latérale d'un volet roulant, etc. – Compas d'ouverture, le cas échéant
Vitrage	– Choisi en fonction du résultat de l'étude thermique – Au minimum double vitrage 4/16/4 à isolation renforcée (VIR), à faible émissivité et à lame d'argon – Triple vitrage peu émissif, à lame d'argon, recommandé en façade nord – Certifié Cekal ou équivalent européen agréé. Fournir la certification européenne du fabricant – Au rez-de-chaussée vitrage anti-effraction
Menuiserie	– Pour les ouvertures à deux vantaux : crémones, gâches et tiges en métal, verrou à onglet sur le vantail semi-fixe – En partie commune, prévoir ouvrant avec fermeture sur carré ou clé
Porte-fenêtre	Fermeture à 3 points

13.3.2 Occultations

Les occultations sont nécessaires au minimum pour toutes les chambres et les séjours. Ce sont en général des volets roulants PVC, éventuellement motorisés.

Elles sont situées à l'extérieur et le plus loin possible de la paroi qu'elles protègent, afin de participer au confort d'été.

Une attention particulière est portée à la sécurité. Pour cela :

– les volets roulants PVC intègrent un mécanisme de blocage lorsqu'ils occultent les pièces des logements du rez-de-chaussée, ainsi que les baies donnant sur les balcons et loggias, quel que soit l'étage ;

– les persiennes métalliques constituent une solution efficace pour répondre à l'exigence de sécurité en rez-de-chaussée.

Des prescriptions techniques sont données dans le tableau 13.3.

13.4 Prolongements extérieurs à l'enveloppe

Les balcons, terrasses et loggias apportent une part sensible de confort au logement. En logement social, ils sont comptabilisés à 50 % dans la surface utile du logement. Les crises sanitaires ont renforcé leur apport à la qualité de vie en logement collectif et ces espaces sont désormais presque indispensables. Les huit points de vigilance suivants peuvent être mis en avant :

• les prolongements extérieurs (tab. 13.4) du logement permettent l'installation d'une table et de quatre chaises, voire plus selon la taille du logement :

– pour les balcons et loggias, une largeur de 1,40 m et une longueur de 2,00 m au minimum sont recommandées. Les incidences des balcons sur l'éclairage naturel et les masques solaires des logements des étages inférieurs doivent être étudiées,

– pour les terrasses, des surfaces de 10 à 12 m^2, voire au-delà, peuvent être envisagées, sans oublier que, pour les logements sociaux, seuls les premiers 9 m^2 produisent du loyer.

Ils sont accessibles principalement depuis le séjour, éventuellement la cuisine ; la communication unique avec une chambre n'est pas recommandée. Afin de faciliter l'entretien, ils ne comportent pas d'espace résiduel difficile à balayer ;

• l'évacuation des eaux de pluie est assurée de préférence par raccordement aux descentes d'eaux pluviales plutôt qu'au moyen de barbacanes ou « pissettes », qui ne constituent qu'un trop-plein de sécurité (photo 13.7). Ces barbacanes ne sont pas disposées au droit des cheminements et des jardins privatifs ;

• les prolongements extérieurs ne doivent pas permettre l'accès aux toitures-terrasses ou terrassons ;

• des garde-corps opaques ainsi que des parois séparatives entre logements en cas de balcons filants garantissent l'intimité du logement ;

• la transparence complète est à proscrire, tout comme le sont les balcons à rez-de-chaussée ;

• pour les balcons au dernier niveau, prévoir des protections par casquettes, stores, etc. ;

• les carnets de détails et le plan de localisation des garde-corps sont fournis à la phase d'avant-projet.

▼ **Tab. 13.3.** Exemple de prescriptions pour les occultations et les protections solaires

Élément(s)	Prescription(s)
Matériel	– Certifié NF Fermetures – Classification vent, endurance mécanique, manœuvre, résistance au choc, comportement à l'ensoleillement, occultation, corrosion (VEMCROS)
Baies accessibles	– Système de blocage – Occultations en aluminium extrudé, persiennes métalliques ou volet bois – Pour les locaux communs et les pièces secondaires, barreaudage vertical ou vitrage anti-effraction
Occultation en saillie	Les saillies d'occultation supérieures à 15 cm par rapport au plan de façade sont proscrites
Volet roulant	– Coffre intégré au linteau, avec traitement du pont thermique – Tablier double paroi et coffre isolé et facilement démontable depuis l'intérieur du logement – Espace libre entre le coffre et la sous-face du plafond habillé si l'espacement est inférieur à 20 cm – Manœuvre par commande électrique – Si manœuvre par tige latérale en about de coffre : fixation de la tige par aimant et implantation de la tige du côté de la poignée d'ouverture ou du battant dormant, suffisamment déportée pour ne pas nuire à l'ouverture de la fenêtre
Volet battant	– Pas de volets battants de largeur supérieure à 60 cm – Crémones métalliques et système d'accrochage – La fixation du volet ne doit pas fragiliser les arêtes du tableau de fenêtre – Déverrouillage du volet facilement accessible
Volet coulissant	– Largeur maximale de 1,00 m – Rail pérenne et facilement nettoyable. Maximum d'ouvertures en sous-face du rail pour éviter l'eau stagnante – Les rails en PVC sont proscrits – Guidage pérenne et intégré à la façade (pas de rail en saillie)
Store	– Malgré les risques d'usure, le recours au store est possible mais doit être justifié – Pas supérieur à 1,00 m de largeur et 1,20 m de longueur – Le store sur simple rail de guidage est proscrit – Dispositif pérenne et résistant au vent

▲ **Photo 13.7.** Exemple d'une barbacane de toiture-terrasse mal conçue

(source : « Erreurs à éviter » du cahier des charges Batigère)

Des prescriptions techniques sont données dans le tableau 13.4 pour les balcons, loggias et terrasses et dans le tableau 13.5 pour les garde-corps.

13.5 Toiture

13.5.1 Recommandations pour les toitures à pans

Il convient de rechercher la simplification maximale du dessin des lignes de faîtage.

Pour une toiture à faible pente, prévoir dans la mesure du possible une galerie technique extérieure au centre de la toiture.

13.5.2 Recommandations pour les toitures-terrasses

La toiture-terrasse est la cinquième façade, intégrant les équipements.

▼ **Tab. 13.4.** Exemples de prescriptions pour les balcons, loggias et terrasses

Élément(s)	Prescription(s)
Configuration	– Les balcons en simple porte-à-faux ne doivent pas avoir une profondeur de plus de 1,50 m – Pas de consoles si possible, plutôt un appui des ouvrages sur 3 points – Pente de 1 % au minimum vers le siphon et protection du nez de dalle le cas échéant
Revêtements	• Sol : – finition soignée, de type ragréage avec béton de propreté – peinture résine étanche – joint acrylique résistant aux UV et à la pluie entre le prolongement et la façade • Sous-face : – peinture – rainurage pour goutte d'eau
Mobilier	– Séparatif entre logements de 2 m de haut – Garde au sol de 3 cm – Dispositif intégré pour le rangement ou le séchage du linge
Électricité (uniquement en terrasse et loggia)	– Prise extérieure étanche et commandée – Point lumineux par applique étanche avec interrupteur intérieur à diode lumineuse
Descente d'eaux pluviales	– Raccordement aux eaux pluviales – Trop-plein d'évacuation de 15 cm de longueur au minimum

▼ **Tab. 13.5.** Exemples de prescriptions pour les garde-corps

Élément(s)	Prescription(s)
Géométrie	– 1,05 m en terrasse accessible et 1,10 m en terrasse inaccessible – En vertical si barreaudage – Le barreaudage horizontal est proscrit. En cas de recherche d'effets d'horizontalités, un élément de protection vitrée doit doubler le barreaudage du côté intérieur
Garde-corps en béton	– Finition en peinture de couleur claire côté intérieur – Protection contre les coulures, de type couvertine
Garde-corps métallique	• Pas de contacts entre les matériaux de nature et de traitement différents • Fixations et pièces d'assemblage compatibles avec les éléments de serrurerie. Veiller au couple électrolytique des assemblages • La tôle perforée est proscrite • Si acier thermolaqué : – pas d'acier brut thermolaqué – traitement anticorrosion du métal obligatoire • Si aluminium : – anodisé : produit de label Qualanod – thermolaqué : produit de label Qualicoat – thermolaqué en littoral : produit de label Qualimarine
Canisse	Dans le cas de garde-corps transparents, la maîtrise d'œuvre doit déterminer un type de canisse pour l'ensemble du projet

Le traitement des chéneaux et la gestion des eaux pluviales sont prévus en amont de la conception dans le dessin des toitures et de la façade.

Lorsque le contexte le permet, la végétalisation des toitures est privilégiée, à condition qu'elle puisse se faire à coûts d'investissement et surtout d'entretien maîtrisés.

L'accès pour l'entretien des toitures et la maintenance des dispositifs situés en superstructures (par exemple des panneaux solaires photovoltaïques) est aménagé depuis les parties communes, tout en garantissant la protection contre l'intrusion dans les logements.

La sécurisation des toitures pour les opérations d'entretien est réalisée en priorité par la mise en place de systèmes fixes de type garde-corps avec :

- chaque fois que possible rehausse de l'acrotère maçonné ;
- dans le cas contraire, un garde-corps en serrurerie, de préférence invisible depuis l'espace public, intégré à l'architecture de la façade.

13.6 Entretien et maintenance

L'entretien et la maintenance des ouvrages et équipements et leur accessibilité technique sont des éléments à intégrer dans la réflexion sur le coût global du bâtiment.

Pour faciliter l'exécution des opérations d'entretien, les éléments suivants – dont certains ont été évoqués aux paragraphes correspondants – sont à prendre en compte sans que cette liste soit exhaustive.

L'accès aux équipements ou parties d'équipement des logements soumis à entretien et maintenance périodique par des prestataires extérieurs doit pouvoir s'effectuer, quand les solutions techniques existent, sans entrer dans les logements, notamment l'entretien des filtres des VMC double flux, des chauffe-eau thermodynamiques et des chaudières. Le principe de placard technique de logement accessible depuis les parties communes est une solution à envisager.

Les luminaires des parties communes sont accessibles par un simple escabeau normalisé, notamment dans les escaliers.

Les groupes de VMC collective sont facilement accessibles, soit directement depuis les accès aux combles ou terrasses soit par des cheminements techniques sécurisés.

Le positionnement des appareils de chauffage ou de production d'eau chaude sanitaire permet une maintenance aisée.

Les vitrages des parties communes et des logements sont nettoyables depuis l'intérieur des bâtiments.

Les occultations, fermetures, coffres de volets roulants ou de stores doivent pouvoir être entretenus soit depuis les logements soit depuis les balcons.

14

Certifications et labels environnementaux

14.1 Aller plus loin que la réglementation

La conception et la construction des logements collectifs doit en premier lieu satisfaire à la réglementation en vigueur, correspondant aux différents codes (voir chapitre 4). Un second ensemble de textes, les normes et les avis techniques, constitue le référentiel de « l'état de l'art » : il décrit le consensus des professions sur la manière de bien bâtir. Il est fréquent d'associer normes et règlements, alors que les natures même de ces textes sont différentes : au-delà des obligations réglementaires, si les normes techniques sont appliquées partout, c'est notamment parce qu'elles sont en référence dans les marchés de travaux et permettent aussi de bénéficier des tarifs d'assurance du marché. Mais il est tout à fait possible de construire en dehors des normes, seule la réglementation est obligatoire, et celle-ci énonce des exigences. Cette tendance a été réaffirmée en 2014 avec la notion de « solution d'effet équivalent » dans le domaine du handicap, où la réglementation est plus prescriptive qu'exigencielle. La Délégation interministérielle à l'accessibilité en donne la définition dans un document d'avril 2018 : « une solution d'effet équivalent est une alternative technique, technologique ou architecturale qui rend le service ou l'usage prévu par la réglementation, avec la plus grande autonomie possible. Elle doit servir au plus grand nombre au sein de la famille de handicap visé et ne doit pas créer de gêne pour des personnes atteintes d'un autre type de handicap ou, plus largement, pour quiconque. La réglementation n'aura ainsi pas à être modifiée pour s'adapter aux évolutions et innovations techniques et technologiques. Elle doit répondre aux "usages attendus", c'est-à-dire aux objectifs réglementaires qui fixent la qualité d'usage, sans pour autant respecter les "caractéristiques minimales", c'est-à-dire la ou les modalités proposées par la réglementation pour y parvenir. Elle est ainsi soumise à une obligation de résultat, mais pas à une obligation de moyens. D'où son intitulé "solution d'effet équivalent". »

Réglementation et normes constituent ensemble le socle technique du référentiel global de la construction, mais d'une part présentent le « minimum syndical » et d'autre part ne permettent pas d'appréhender la qualité globale d'un bâtiment, composante essentielle de l'usage. Certifications et labels répondent à ces deux objectifs : prouver que l'on fait mieux que la réglementation dans un domaine donné et attester la qualité du point de vue de l'usage. Le label, qui correspond à une performance calculée ou mesurée dans un domaine particulier, répond à la première question. La certification, attribuée sur la base de la conformité à un référentiel, répond à la seconde.

ZOOM CERTIFICATION DE BÂTIMENTS ET CERTIFICATION TECHNIQUE

Il s'agit ici de la certification de bâtiments. Le terme de certification est également employé dans le domaine technique : lorsqu'une famille de produits nouveaux émerge, par exemple les fenêtres PVC dans les années 1980, chaque fabricant peut obtenir un avis technique pour attester de la performance de sa technique spécifique. La certification technique vient confirmer, par des contrôles, la conformité des fabrications.

14.2 Impact stratégique de la recherche de performance environnementale

Performances techniques et aptitude à l'emploi ont guidé pendant des décennies le choix des matériaux et des composants de construction. Le bloc de béton, la brique, la tuile, la plaque de plâtre devaient ainsi :
– présenter des performances pérennes en ce qui concerne le fluage des matériaux et composants résistants, la durabilité des isolants fibreux, la résistance au gel des produits de couverture, etc. ;
– demeurer aptes à la mise en œuvre au regard des conditions de travail spécifiques du chantier.
C'est dans ce cadre qu'ont été élaborées les « règles de l'art », ensemble des textes qui encadrent l'activité de construction : normes, avis techniques, documents techniques unifiés, règles professionnelles, règles de calcul et de dimensionnement des ouvrages, ainsi que des pratiques d'usage commun non obligatoirement écrites. Ces textes expliquent comment bâtir un mur ou une charpente, réaliser un enduit ou poser des ardoises. Le constructeur se doit de les connaître et de les appliquer. Ils servent souvent de références en cas de contentieux.
Avec l'exigence de qualité environnementale impulsée par le Grenelle de l'environnement et généralisée par la RE 2020 (voir chapitre 9), un autre mode d'appréciation des bâtiments, ouvrages, produits et matériaux est désormais entré dans les usages. La question n'est plus seulement de savoir si le produit ou le matériau est solide, durable, gélif ou résistant au feu, il s'agit en plus de déterminer l'énergie nécessaire pour sa fabrication, son éventuelle contribution au changement climatique, à la modification de la biodiversité ou encore son impact sur la santé des occupants, et ce tout au long de son cycle de vie, c'est-à-dire de sa production à sa mise en œuvre, pendant sa « vie en œuvre » et jusqu'à sa démolition et à sa gestion en tant que déchet, aussi appelée « fin de vie ».
Cette analyse du cycle de vie (ACV) devient progressivement un élément décisionnel dans le choix des solutions constructives et des systèmes mis en œuvre.
Les produits, et surtout les bâtiments, sont ainsi passés au crible d'une analyse complexe faisant intervenir de nombreux critères. Les approches environnementales ne se limitent pas à la technique de construction. Elles s'intéressent aussi à l'ensemble de l'acte de bâtir et aux comportements des acteurs. Ainsi, la qualité des processus, à chaque étape de développement du programme de conception puis de construction, doit offrir une garantie quant à la qualité globale du bâtiment livré. La phase de déconstruction, assortie d'une analyse sur le recyclage des matériaux et leur valorisation ou réemploi dans le cadre de l'économie circulaire, est également intégrée aux critères. Enfin, l'approche environnementale est désormais étendue à l'exploitation avec une réflexion sur le maintien et l'amélioration de la performance.
Les labels les plus connus sont les différents labels de performance énergétique, qui anticipaient sur les évolutions des réglementations. Peut être également cité le label « biosourcé » dans le domaine du bois. La certification est plus complexe que le label ; elle comprend un auteur de référentiel, régulièrement mis à jour, et un organisme certificateur :
– l'auteur, le plus souvent dans le cadre d'une commission *ad hoc*, conçoit, édite et met à disposition des constructeurs la « bible » de la certification, comprenant les critères, les modes de mesure, etc. La certification peut comprendre plusieurs niveaux selon les performances constatées sur les différents indicateurs ;
– l'organisme certificateur délivre la certification. Il valide la conformité du projet au référentiel.
Si l'auteur travaille « en chambre », l'organisme certificateur est au contact de la réalité des projets et des chantiers. L'organisme certificateur et l'auteur du référentiel ne se confondent pas nécessairement.

14.3 Certifications liées au logement

Le tableau 14.1 présente les certifications françaises et internationales liées au logement.

14.4 Principes de fonctionnement des référentiels de certification

On retrouve dans les différents référentiels, tant français qu'internationaux, les grandes thématiques suivantes :
– organisation de l'opération intégrant la préoccupation environnementale (choix des acteurs, organisation, état des lieux avant, pendant et après, limitation des nuisances de chantier) ;
– préservation des ressources naturelles (énergies fossiles, eau, biodiversité) ;
– prise en compte des impacts sur l'effet de serre (énergies renouvelables, transports propres, économie circulaire, charges de fonctionnement) ;
– confort et santé (acoustique, qualité de l'air, environnement, fonctionnalités).
Ces préoccupations couvrent toute la durée de vie des bâtiments : il existe des référentiels pour la construction et d'autres pour l'exploitation.

▼ **Tab. 14.1.** Les certifications liées au logement

<table>
<tr><th>Certification</th><th>Auteur</th><th>Certificateur</th><th>Neuf</th><th>Rénovation</th><th>Exploitation</th></tr>
<tr><td>NF Habitat</td><td colspan="2" rowspan="2">CERQUAL Qualitel Certification</td><td colspan="3" rowspan="2">×</td></tr>
<tr><td>NF Habitat HQE</td></tr>
<tr><td>Promotelec</td><td>Association Promotelec</td><td>Promotelec Services</td><td colspan="2">×</td><td>–</td></tr>
<tr><td>LEED
(Leadership in Energy and Environmental Design)</td><td colspan="2">LEED (États-Unis)</td><td colspan="3" rowspan="2">×</td></tr>
<tr><td>BREEAM
(Building Research Establishment Environmental Assessment Method)</td><td colspan="2">BRE (Grande-Bretagne)</td></tr>
<tr><td>Passivhaus</td><td rowspan="3">Passivhaus Institut (Allemagne)</td><td rowspan="2">La Maison passive</td><td>×</td><td colspan="2">–</td></tr>
<tr><td>EnerPHit</td><td>–</td><td>×</td><td>–</td></tr>
<tr><td>Low-Energy Building</td><td>Label non délivré en France</td><td>×</td><td colspan="2">–</td></tr>
<tr><td>Minergie</td><td>Minergie (Suisse)</td><td>Prioriterre</td><td colspan="2" rowspan="2">×</td><td rowspan="2">–</td></tr>
<tr><td>BEE
(Bâtiment Énergie Environnement)</td><td colspan="2">Prestaterre</td></tr>
</table>

14.5 Certification NF Habitat HQE

En vigueur depuis septembre 2015, la certification NF Habitat HQE regroupe, en un unique référentiel, les certifications résidentielles les plus courantes en France : NF, NF HQE et Qualitel Habitat & Environnement.

La certification NF Habitat HQE était délivrée initialement par Cerqual pour les immeubles collectifs et Céquami pour les maisons individuelles. Une seule structure, Cerqual Qualitel Certification, filiale de l'association Qualitel, délivre désormais l'ensemble des certifications liées à l'habitat.

La certification NF Habitat HQE repose sur cinq grands principes :

- un unique référentiel à deux niveaux : NF ou NF HQE ;
- une organisation de projet variable selon que :
  - le maître d'ouvrage souhaite une certification ponctuelle sur un projet,
  - le maître d'ouvrage demande un droit d'usage de la marque (pour plusieurs opérations) ;
- trois domaines d'application : construction, rénovation et exploitation ;
- chaque domaine d'application se voit appliquer les mêmes rubriques, déclinées selon l'usage du bâtiment :
  - logements (habitation),
  - résidences-services,
  - établissements médico-sociaux ;
- des engagements techniques déclinés en exigences puis en rubriques (fig. 14.1).

Le niveau NF Habitat est atteint lorsque les exigences applicables dans chaque rubrique sont remplies. Le niveau NF Habitat HQE se traduit par un profil HQE qui, pour chacun des trois engagements – qualité de vie, respect de l'environnement et performance économique –, s'exprime en nombre d'étoiles (de 1 à 4) :

- l'entrée en certification NF HQE correspond à deux étoiles pour chaque engagement. Le projet respecte toutes les exigences NF Habitat et toutes les exigences HQE de base ;
- la troisième étoile correspond à l'obtention de 40 % de la somme des points des exigences à 2 ou 3 points applicables à l'opération ;
- la quatrième étoile correspond à l'obtention de 80 % de la somme des points des exigences à 2 ou 3 points applicables à l'opération.

Le nombre d'étoiles obtenues pour l'ensemble des engagements permet de qualifier le profil de l'opération selon trois niveaux :

- très performant pour 6 étoiles, ce qui correspond au niveau d'entrée NF Habitat HQE ;

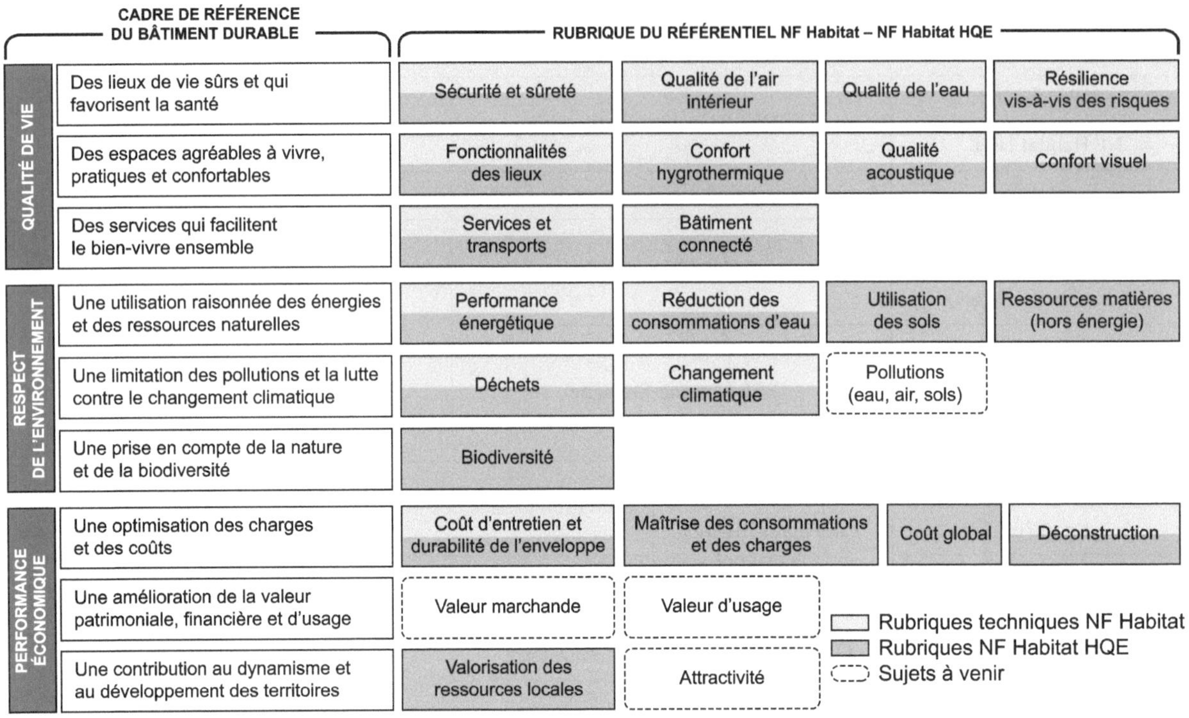

▲ **Fig. 14.1.** Référentiels du bâtiment durable et NF Habitat – NF Habitat HQE V4.2
(source : Cerqual)

- excellent de 7 à 9 étoiles ;
- exceptionnel de 10 à 12 étoiles.

14.6 Certification Promotelec

Promotelec, tout à la fois auteur et certificateur, est une association créée en 1962 ayant pour mission de promouvoir les usages durables de l'électricité dans les bâtiments résidentiel et petit tertiaire. Promotelec a été habilité à délivrer :
- en 1980, le label haute isolation lancé par l'État ;
- en 1983, le label haute performance énergétique (HPE) pour promouvoir la construction de logements neufs de plus en plus performants chauffés par l'électricité.

À partir de 1990, l'organisme est intervenu sur la sécurisation des installations électriques existantes.

Depuis les années 2000, trois nouveaux labels ont émergé :
- en 2007, Promotelec Performance, pour les logements neufs ;
- en 2012, Promotelec Rénovation Énergétique, pour les logements existants ;
- en 2014, Promotelec Habitat Neuf, pour les logements neufs.

Le label Promotelec consiste en une certification (conformité au référentiel édité par l'association) qui se décline en « mentions » selon les critères pris en compte dans le neuf (tab. 14.2) et en rénovation. L'association Promotelec délivre également les attestations de respect des labels énergétiques et du label biosourcé.

Le référentiel Promotelec « RE 2020 » comporte des prescriptions obligatoires (exigences) et des points de vérification pour chacun des postes clés du bâtiment de l'opération. Ces postes sont :
- la performance du bâtiment ;
- la perméabilité à l'air ;
- l'isolation ;
- les menuiseries ;
- l'installation électrique et la production locale d'électricité ;
- la ventilation ;
- le chauffage et le rafraîchissement, incluant les émetteurs, les générateurs, la régulation et la programmation ;
- la production d'eau chaude sanitaire.

Il comporte également des prescriptions facultatives, avec des points de vérification concernant :
- l'intégration dans l'environnement local ;
- la maîtrise de la demande en énergie ;
- l'autoconsommation et/ou l'autoproduction d'électricité ;
- la réduction de l'empreinte environnementale et des émissions de CO_2 ;

▼ **Tab. 14.2.** Référentiel Promotelec Habitat Neuf

Mention(s)	Critères
Absence de mention	– Enveloppe – Consommations – Performance énergétique – Solutions techniques – Perméabilité
Habitat respectueux de l'environnement	– Critères de base – Confort – Insertion dans le site – Effet de serre (matériaux, énergies renouvelables) – Chantier propre – Gestion de l'eau
Habitat adapté à chacun	– Critères de base – Sécurité – Adaptabilité – Ergonomie – Services – Transports
Habitat respectueux de l'environnement et Habitat adapté à chacun	Tous critères

– la gestion de chantier ;
– la maîtrise des consommations d'eau ;
– la santé et la qualité d'usage ;
– le management et l'utilisation ;
– la sécurité des personnes et des biens ;
– l'ergonomie et l'évolutivité des logements ;
– la connectivité et le pilotage des logements ;
– le cadre de vie et l'accessibilité aux services.

Les options et profils du label Promotelec sont classés par thématiques (fig. 14.2).

14.7 Certification BEE et label BEE+

Ces référentiels sont émis par l'association Prestaterre, créée en 2008. Cette société développe un centre d'information et de conseil dans les domaines de l'énergie, de l'eau et de l'environnement. Prestaterre a le statut d'organisme certificateur, délivré par le Comité français d'accréditation (Cofrac). Le référentiel « BEE Logement Neuf » vise à répondre aux principaux enjeux environnementaux et sociétaux du XXIe siècle :

– réduire l'impact des bâtiments sur les émissions de gaz à effet de serre (GES) et la production de déchets. En effet, 80 % des impacts carbone liés aux produits de construction en 2019 sont dus à la construction neuve et 20 % à la rénovation (Cerema, « Réduire l'impact carbone des bâtiments », 2024) et le secteur du bâtiment est responsable de 35 % de la production totale de déchets (Commission et Union européennes, « Nouveau plan d'action pour une économie circulaire. Pour une Europe plus propre et plus compétitive », mars 2020) ;

– participer à l'atténuation du changement climatique et s'y adapter. Un bâtiment éco-conçu participe à la fois aux objectifs des politiques publiques de limitation du réchauffement de la planète à 2 °C à l'horizon 2050, et aux objectifs d'adaptation aux conséquences de ce réchauffement en préservant le confort des occupants ;

– anticiper et limiter les effets de la hausse des coûts d'accès aux énergies. Depuis plus de 50 ans, les prix de l'énergie n'ont cessé d'augmenter et le secteur du bâtiment

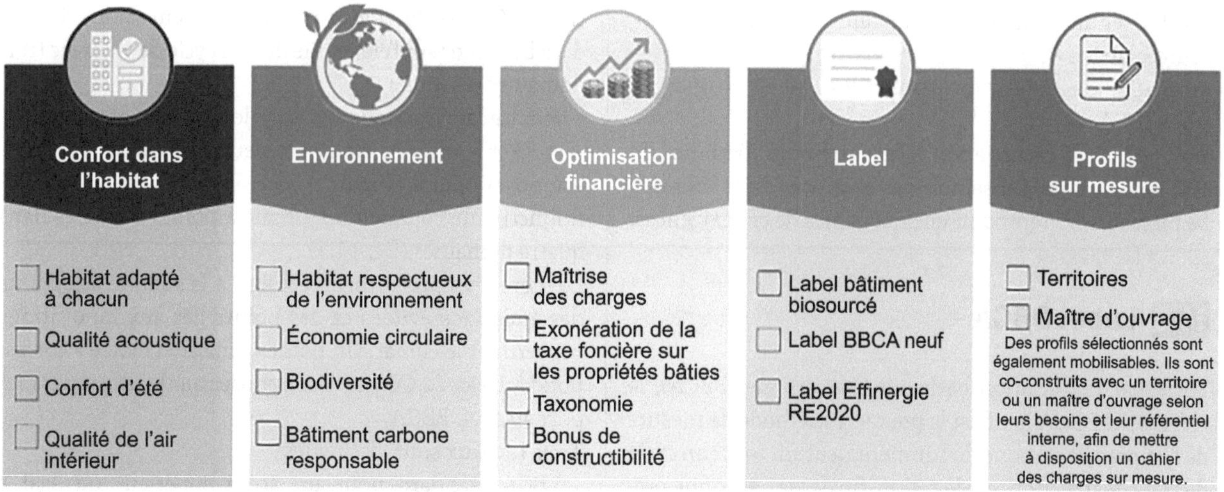

▲ **Fig. 14.2.** Options et profils du label Promotelec

représente 44 % de l'énergie consommée en France. Les ménages peuvent se retrouver en situation de précarité énergétique ;

– permettre l'accès à un logement de qualité. Le bâtiment est à la fois un objet social, fonctionnel et technique. Au-delà de ses performances énergétique et environnementale, il doit répondre aux besoins, aux attentes et aux contraintes de ses occupants. Ainsi, il doit intégrer dès sa conception des objectifs de préservation de la santé, de confort et plus généralement de bien-être ;

– faciliter les pratiques vertueuses. La population est consciente des problématiques environnementales et de nouvelles attentes émergent concernant les économies d'eau, les mobilités douces, l'accès à la biodiversité, la consommation collaborative, la valorisation des déchets, etc. Faciliter les comportements éco-citoyens dans l'habitat participe aux objectifs de sobriété.

Pour répondre à ces enjeux, Prestaterre propose un référentiel multicritère, qui certifie la performance globale d'un bâtiment. Ce référentiel est conçu pour être accessible à tout type de maître d'ouvrage. La performance globale du bâtiment est traitée ici en quatre cibles s'appuyant sur les principaux piliers de l'économie circulaire :

– la cible 1 est celle de l'écoconception du bâtiment et du management du projet ;
– la cible 2 vise le bâtiment dans son environnement ;
– la cible 3 traite de la sobriété énergétique, du carbone et des matériaux ;
– la cible 4 concerne les usages et la qualité de vie.

Des mentions associées à ce référentiel permettent de :

– bénéficier des dispositifs d'aide des pouvoirs publics : BEE+, BEE+ option taxe foncière sur les propriétés bâties (TFPB), Habitat Qualité, Qualité de l'air, Acoustique renforcée ;
– certifier un niveau de performance : BPE, BPEC ;
– valoriser une démarche exemplaire : label Bâtiment biosourcé, label E+C- ;
– certifier des labels de partenaires : labels Effinergie, label BBCA.

Pour obtenir la certification, il faut atteindre au minimum 145 points parmi l'ensemble des exigences du référentiel. Le tableau 14.3 reproduit quelques-unes de ces exigences.

▼ **Tab. 14.3.** Certification BEE, points et critères, barème de points de la cible 1 « Écoconception et management de projet »

Thème	Exigence	Points
1.1 Études préalables	1.1.1 Analyse de site	20
	1.1.2 Diagnostic produits, équipements, matériaux et déchets	20
	1.1.3 Évaluation de l'énergie grise des matériaux	20
	1.1.4 Simulation thermique dynamique	20
	1.1.5 Potentiel d'écomobilité	5
1.2 Management de projet	1.2.1 Désignation d'un référent environnemental	15
	1.2.2 Cahier des charges environnementales	15
	1.2.3 Suivi du volet environnemental du projet	15

14.8 Label BBCA

Porté par l'association bâtiment bas carbone (BBCA), le référentiel BBCA neuf est la première méthode de mesure de l'empreinte carbone du bâtiment neuf sur tout son cycle de vie (construction, exploitation, fin de vie), avec une première publication en 2016. Le référentiel met en lumière les bâtiments neufs à l'empreinte carbone exemplaire et la mise en œuvre de bonnes pratiques bas carbone. Le référentiel couvre le résidentiel collectif, les bureaux et autres bâtiment tertiaires, publics ou privés, quelle que soit la taille du projet. Il s'applique aux bâtiments neufs relevant de la réglementation thermique 2012 (RT 2012) ou de la réglementation environnementale (RE 2020).

Le référentiel V4.1 a été publié en 2023. Il tient compte de la RE 2020. Il est applicable au résidentiel collectif, aux bureaux et aux bâtiments dédiés à l'enseignement primaire ou secondaire. Aujourd'hui, construire 1 m^2 de bâtiment émet 1,5 tonne de CO_2. L'objectif de l'association BBCA est de diviser par deux les émissions de CO_2 d'un bâtiment sur l'ensemble de son cycle de vie, avec trois domaines d'action :

– réduire les émissions sur le cycle de vie du bâtiment ;
– stocker le carbone et viser la neutralité carbone ;
– innover pour le climat.

Il fonctionne comme un système à points attribués dans quatre domaines (fig. 14.3).

Le score d'un projet BBCA est égal à la somme des points des émissions évitées et des points liés aux innovations concernant le climat. Un point « émission évitée » correspond à 10 kg éq.CO_2/m^2 économisés sur le projet par rapport au seuil BBCA.

Trois niveaux sont distingués :

– BBCA standard pour un score supérieur ou égal à 0 point ;

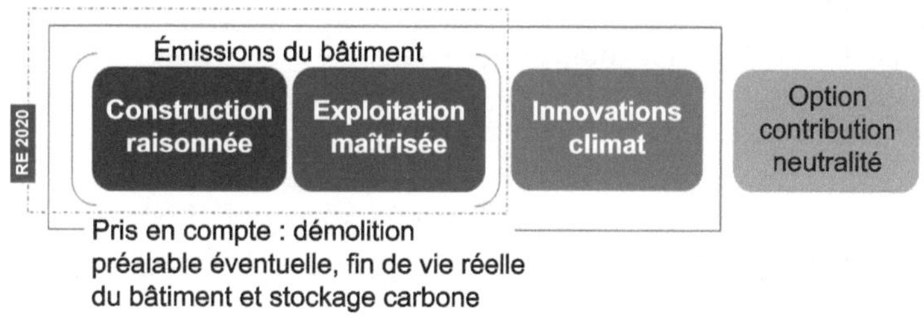

▲ **Fig. 14.3.** Fonctionnement du label BBCA
(source : association bâtiment bas carbone, « Label BBCA. Référentiel de labellisation des bâtiments neufs V4.1 », mars 2023)

- BBCA performance pour un score supérieur ou égal à 15 points ;
- BBCA excellence pour un score supérieur ou égal à 30 points.

14.9 Labels Passivhaus et Minergie

Ces deux labels européens sont essentiellement basés sur l'atteinte d'une performance énergétique, avec obligation de moyens pour certains matériaux et équipements. Ils mettent en œuvre des méthodes de calcul spécifiques, qui diffèrent de la réglementation thermique française.

14.9.1 Label Passivhaus (La Maison passive)

Créé en 1990 en Allemagne, ce label demeure relativement confidentiel, avec quelques centaines de projets certifiés.
Ce système repose sur les prérequis suivants (tab. 14.4) :
- une façade fortement isolée ($U < 0,15$ W/m^2.°C), correspondant à une isolation de 22 à 30 cm ou à une façade en bois à isolation intégrée ;
- des menuiseries extérieures très performantes ($U_w < 0,80$ W/m^2.°C), correspondant à du triple vitrage ;
- une exigence de récupération sur l'air extrait qui conduit à la mise en œuvre d'un double flux.

Les critères appliqués concernent :
- la consommation de chauffage annuelle ;
- la consommation énergétique liée à tous les usages, y compris domestique, ce qui peut conduire à une compensation par le photovoltaïque ;
- le nombre annuel d'heures de surchauffe.

14.9.2 Label Minergie

Créé en Suisse en 1998, ce label concernait 262 opérations en France en 2023.
Ce système repose sur les prérequis suivants :
- une façade fortement isolée ($U < 0,20$ W/m^2.°C), correspondant à une isolation de 20 à 30 cm ou à une façade en bois à isolation intégrée ;
- des menuiseries extérieures performantes ($U_w < 1,3$ W/m^2.°C) atteignables en double vitrage avec des châssis en PVC ou en bois à haute performance.

Les critères appliqués sont :
- la consommation annuelle de chauffage ;
- les consommations de chauffage, d'eau chaude sanitaire et de ventilation ;
- la perméabilité à l'air ;

▼ **Tab. 14.4.** Modulation du label Passivhaus

Critère	Exigences pour le label			
	Passif classique	*Passif plus*	*Passif premium*	*Base*
Chauffage (kWhep/m^2 utile/an)	15 (neuf)			30
	25 (rénovation)			
Consommation énergétique pour tous les usages (kWhep/m^2/an)	120			
Perméabilité à l'air n50 (1) (vol./h)	0,60			1
Surchauffe intérieure (h/an ou Q > 25 °C)	10 % max.			
Production électrique (kWh/m^2 d'emprise)	–	60	120	–
(1) Indicateur n50 : débit de fuite sous une pression différentielle de 50 Pa, rapporté au volume chauffé.				

- la consommation énergétique liée à tous les usages, y compris domestique, ce qui peut conduire à une compensation par l'énergie photovoltaïque ;
- l'énergie grise.

14.10 Certifications BREEAM et LEED

Ces certifications internationales sont peu utilisées en France dans le secteur résidentiel. En ce qui concerne le tertiaire en revanche, les opérations disposent de plus en plus souvent d'une double ou triple certification : HQE, BREEAM et LEED.

LEED et BREEAM sont des systèmes à points basés sur un référentiel multicritère dans lequel chaque cible :
- participe à la note selon un pourcentage déterminé à l'avance ;
- comprend des sous-cibles dotées de crédits (points potentiels) variant en fonction des prestations.

La notation est établie comme suit :
- détermination des points ou crédits applicables par sous-cibles selon la nature du projet ;
- détermination des points atteints dans chaque sous-cible applicable en fonction des prestations et de l'organisation du projet ;
- pondération des points de chaque cible.

14.10.1 Certification BREEAM

Créée en 1990 en Grande-Bretagne par le British Research Establishement (BRE), la certification BREEAM (*Building Research Establishment Environmental Assessment Method*) a été utilisée pour quelques milliers de bâtiments en France, notamment pour des opérations résidentielles haut de gamme destinées à une clientèle internationale.

Les critères retenus sont :
- la qualité du management ;
- les conditions sanitaires et le confort ;
- l'énergie consommée ;
- le transport (accessibilité du bâtiment) ; ;
- la gestion écologique de l'eau ;
- les matériaux biosourcés ou à empreinte carbone la plus faible possible ;
- la gestion raisonnée des déchets ;
- la qualité de l'insertion dans l'environnement et la préservation de la biodiversité ;
- les mesures visant à limiter la pollution.

Les niveaux s'organisent de la manière suivante :
- passable au-delà de 30 points ;
- bon au-delà de 45 points ;
- très bon au-delà de 55 points ;
- excellent au-delà de 70 points ;
- exceptionnel au-delà de 85 points.

14.10.2 Certification LEED

Cette certification nord-américaine délivrée par l'organisme Leadership in Energy and Environmental Design (LEED), créée en 1998, concerne quelques centaines de projets en France.

Les critères retenus sont :
- un aménagement durable du site ;
- une gestion raisonnée et durable de l'eau ;
- l'énergie consommée et l'effet de serre ;
- les matériaux et les ressources ;
- la qualité environnementale des équipements intérieurs ;
- les processus d'innovation et de conception ;
- la priorité régionale.

Les niveaux s'organisent de la manière suivante :
- certifié de 40 à 49 points ;
- *silver* de 50 à 59 points ;
- *gold* de 60 à 79 points ;
- *platinum* de 80 à 110 points.

PARTIE 4

Acteurs et processus

15

Acteurs de l'opération de logements collectifs

15.1 Une pléiade d'acteurs au chevet de projets de long terme

À l'image de toute opération immobilière, la programmation, la conception et la réalisation d'un projet de construction de logements impliquent de multiples familles d'acteurs : maîtrise d'ouvrage, architectes, maîtrise d'œuvre, responsables de l'urbanisme des collectivités, architectes voyers (Paris), architectes des bâtiments de France, bureaux de contrôle, établissements financiers, notaires, assureurs, élus, Caisse des dépôts, Action Logement, coordonnateurs sécurité et protection de la santé (CSPS), pilotes de chantier, assistance à maîtrise d'ouvrage HQE, réseaux de commercialisation, services instructeurs du permis de construire, etc.

Outre qu'il s'agit à chaque fois d'un prototype, l'originalité du projet de construction consiste dans la formation, pour chaque opération, d'une « équipe » spécifique... pas toujours unie ni vraiment coordonnée. Au-delà de l'écosystème politico-juridique, et en se limitant aux aspects opérationnels de la conception et de la réalisation, et même si certains promoteurs ou maîtres d'ouvrage sociaux peuvent avoir tendance à faire appel régulièrement à un nombre restreint d'équipes de maîtrise d'œuvre, même si certaines entreprises de construction ont des équipes ou des filiales « spécialisées » logement collectif, le simple fait de la localisation variable du chantier impose ses lois : telle entreprise sera compétente et efficace à Rouen, mais ne saura travailler à Montargis, etc.

Une autre originalité du projet de construction de logements collectifs réside dans la force de ses impacts sur le long terme dans les trois domaines de l'urbain, de la vie quotidienne des habitants et du monde de la finance publique et privée, ce qui explique et justifie en grande partie un dispositif réglementaire foisonnant qui aborde tous les sujets techniques, juridiques, financiers et organisationnels du projet. Les impacts d'un projet de construction de logements sont les suivants :

- pour l'acquéreur d'un logement dans le cadre d'un immeuble neuf organisé en copropriété, il s'agit souvent de l'achat « d'une vie », l'investissement correspondant en général à plusieurs années de revenus cumulés. Cela implique une forte responsabilité du promoteur ;
- pour le bailleur social qui va gérer l'immeuble pendant des dizaines d'années, le calage d'un cahier des charges adapté aux locataires d'aujourd'hui mais aussi de demain est essentiel ;
- pour la collectivité publique, la construction de logements est un des outils de mise en œuvre d'un droit fondamental, le droit au logement ;
- l'immeuble nouveau s'insère dans un morceau de ville, participe à la qualité de vie en ville pour tous les habitants du quartier et va également, selon sa taille, induire la réalisation d'équipements et de services de proximité, ou l'augmentation de leur capacité ;
- enfin, et bien évidemment, la construction de logements est une activité économique créatrice d'emplois, et génératrice de recettes publiques, puisque les recettes fiscales induites par le logement, y compris les transactions dans l'ancien, représentent entre 80 et 90 Md€ chaque année.

Il convient de distinguer cinq familles d'acteurs qui participent à des projets de construction de logements :

- les porteurs du projet, maîtres d'ouvrage, qui sont les promoteurs immobiliers ou les bailleurs sociaux. Ils décident de l'opération, en assument les risques et en perçoivent les profits et ressources induits, directs ou

indirects, immédiats (marges de la promotion immobilière) ou différés (loyers des bailleurs, notamment sociaux) ;
- les collectivités locales, villes, intercommunalités etc., qui disposent de droit et de fait d'une sorte de droit de « veto » sur la réalisation de l'opération, et en dictent souvent bien des aspects ;
- les structures qui organisent, pilotent, supervisent la mise à disposition des fonciers constructibles ;
- les constructeurs au sens large, architectes, entreprises, bureaux d'étude, contrôleurs techniques, etc., qui conçoivent et réalisent, concrétisant ainsi le programme décidé par les maîtres d'ouvrage ;
- les banques, privées ou publique, qui assurent le financement de l'opération et « portent » les logements pendant des dizaines d'années, que ce soit directement (logement social) ou *via* les prêts consentis aux acquéreurs (promotion privée).

De multiples structures, comités et organisations interviennent par ailleurs dans l'environnement des opérations de construction de logements, que ce soit pour l'évolution des réglementations, l'attribution et le versement des aides, l'offre foncière ou la simple rédaction d'avis. On citera notamment :
- la Direction générale de l'urbanisme, de l'habitation et de la construction ;
- la Direction générale des affaires sociales ;
- l'Agence nationale pour la rénovation urbaine (Anru) ;
- l'Agence nationale de l'habitat (Anah) ;
- la Caisse nationale des allocations familiales (Cnaf) ;
- la Direction régionale et interdépartementale de l'hébergement et du logement (Drihl) ;
- les établissements publics fonciers ;
- l'Agence nationale pour l'information sur le logement (Anil) ;
- le Conseil national de l'habitat ;
- le Haut comité pour le droit au logement.

15.2 Les porteurs de projets

15.2.1 Les promoteurs immobiliers

Naissance de la profession et encadrement réglementaire

Le promoteur immobilier apparaît en France avant la Seconde Guerre mondiale. À l'époque de la reconstruction, puis de la croissance des Trente Glorieuses, l'État fait appel à l'initiative privée pour réponde aux immenses besoins en logements. Construire beaucoup, vite et bien impose un métier de « coordonnateur » de la conception et de la réalisation des opérations immobilières : le promoteur immobilier. La profession de promoteur-constructeur prend une place croissante dans l'économie, encadrée par les décrets des 10 novembre 1954, 9 juillet et 24 décembre 1963, ainsi que par les lois des 3 janvier 1967 et 16 juillet 1971.

Le premier décret, décret n° 54-1123 du 10 novembre 1954 (fig. 15.1) tendant à protéger l'épargne contre certaines activités répréhensibles du domaine de la construction, visait à donner un cadre permettant aux épargnants de voir leurs économies protégées dans le « *far west* » de l'immobilier privé, qui s'était développé grâce au régime des primes et prêts du Crédit foncier.

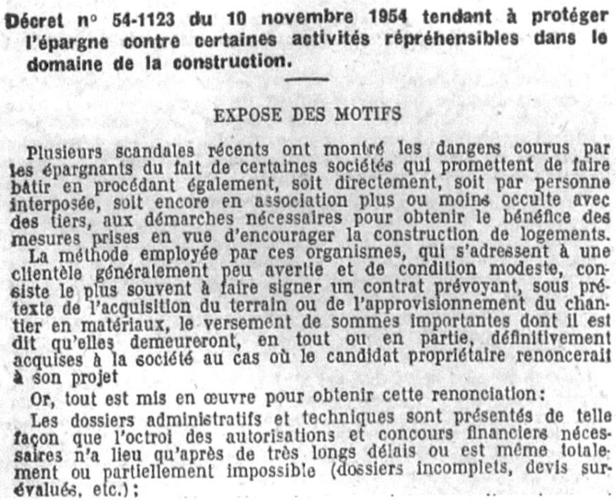
Décret n° 54-1123 du 10 novembre 1954 tendant à protéger l'épargne contre certaines activités répréhensibles dans le domaine de la construction.

EXPOSE DES MOTIFS

Plusieurs scandales récents ont montré les dangers courus par les épargnants du fait de certaines sociétés qui promettent de faire bâtir en procédant également, soit directement, soit par personne interposée, soit encore en association plus ou moins occulte avec des tiers, aux démarches nécessaires pour obtenir le bénéfice des mesures prises en vue d'encourager la construction de logements.

La méthode employée par ces organismes, qui s'adressent à une clientèle généralement peu avertie et de condition modeste, consiste le plus souvent à faire signer un contrat prévoyant, sous prétexte de l'acquisition du terrain ou de l'approvisionnement du chantier en matériaux, le versement de sommes importantes dont il est dit qu'elles demeureront, en tout ou en partie, définitivement acquises à la société au cas où le candidat propriétaire renoncerait à son projet

Or, tout est mis en œuvre pour obtenir cette renonciation :

Les dossiers administratifs et techniques sont présentés de telle façon que l'octroi des autorisations et concours financiers nécessaires n'a lieu qu'après de très longs délais ou est même totalement ou partiellement impossible (dossiers incomplets, devis surévalués, etc.) ;

▲ **Fig. 15.1.** Extrait de l'exposé des motifs du décret n° 54-1123 du 10 novembre 1954

Un arsenal législatif et réglementaire a suivi, qui place la promotion immobilière privée dans un référentiel certes moins contraignant que celui des opérateurs de logement social, mais toutefois très précis. On citera notamment :
- le décret n° 63-684 du 13 juillet 1963 relatif aux conditions d'agrément des programmes de construction entrepris par les sociétés immobilières d'investissement et les sociétés immobilières de gestion et aux conditions dans lesquelles ces sociétés pourront recevoir des apports en nature ou acquérir des immeubles déjà construits ;
- la loi n° 67-3 du 3 janvier 1967 relative aux ventes d'immeubles à construire et à l'obligation de garantie à raison des vices de construction ;
- la loi n° 71-579 du 16 juillet 1971 relative à diverses opérations de construction.

La promotion immobilière d'aujourd'hui n'a plus rien de commun avec l'image initiale de *western* décrite par l'exposé des motifs du décret de 1954. Elle constitue un secteur économique et une profession organisée à travers des métiers reconnus et structurés, et bénéficie d'une implication sociétale indiscutable, car le promoteur rend accessible l'objectif de la plupart des ménages : devenir propriétaire de son logement.

Organisation de la profession

Les promoteurs immobiliers sont regroupés depuis 1971 dans la Fédération nationale des promoteurs constructeurs (FNPC) devenue en 2005 Fédération des promoteurs constructeurs de France (FPC), puis en 2010 Fédération des promoteurs immobiliers (FPI). La profession a connu une croissance rapide : dès 1970, sur les 480 000 logements mis en chantier, 130 000 l'étaient par des sociétés de promotion immobilière. Cette place s'est maintenue globalement avec les aléas des crises immobilières, notamment de 1990 et de 2008, et plus récemment en 2022.

On distingue les promoteurs nationaux, disposant d'agences dans la plupart des métropoles, des promoteurs régionaux, focalisés sur un territoire. Les promoteurs nationaux peuvent être cotés en bourse (Nexity, Icade, Cogedim), être filiales de grands groupes du BTP (Bouygues Immobilier, Vinci Immobilier, Eiffage Immobilier), filiales de banques (Sogeprom, Crédit agricole Immobilier, BNP Paribas Immobilier), etc.

Caractéristiques de l'activité

L'activité de promotion immobilière, qui regroupe 2 800 entreprises et environ 30 000 salariés, a généré en 2022 un volume d'activités de 38,2 Md€ hors taxes. Elle est par nature cyclique, les phases d'activité intense étant suivies de phases de récession. Depuis les années 1980 et la mondialisation du système financier, les niveaux des taux d'intérêt bancaires ont acquis une influence prépondérante sur le marché de l'immobilier de logement en accession à la propriété. La hausse des taux des années 2021-2023 a ainsi provoqué un arrêt brutal du fonctionnement du marché.

Le promoteur immobilier est l'archétype de l'acteur global et local, « glocal » : il doit prêter attention à l'association de riverains dont les immeubles jouxtent son futur projet, et qui peuvent le bloquer, mais surveiller simultanément les facteurs macroéconomiques qui pourraient influencer l'évolution des taux d'intérêt de la réserve fédérale des États-Unis, donc de la Banque centrale européenne, donc de son banquier...

Le métier de promoteur est par essence généraliste. Gérant de la société créée pour chaque opération aux fins de construire l'immeuble et de vendre les appartements (voir ci-après), il maîtrise l'ensemble des aspects du logement : commerciaux (quels logements vendre ? selon quelle typologie ? à quels prix ?), techniques, juridiques, organisationnels (respect des délais), politiques (relations avec les élus), etc., mais possède aussi la capacité de gestion de l'ensemble des aspects de l'opération de conception et construction, de la recherche du terrain à la livraison du bâtiment achevé.

Contrat de promotion immobilière et vente en l'état futur d'achèvement

Les activités de promotion immobilière comprennent deux composantes principales : le contrat de promotion immobilière (CPI) et la vente en l'état futur d'achèvement (Véfa).

Le CPI vise la réalisation pour le compte d'un client d'un immeuble sur un terrain déterminé, immeuble qui demeure propriété du client. Il est défini par l'article 1831-1 du Code civil : « Le contrat de promotion immobilière est un mandat d'intérêt commun par lequel une personne dite "promoteur immobilier" s'oblige envers le maître d'un ouvrage à faire procéder, pour un prix convenu, au moyen de contrats de louage d'ouvrage, à la réalisation d'un programme de construction d'un ou de plusieurs édifices ainsi qu'à procéder elle-même ou à faire procéder, moyennant une rémunération convenue, à tout ou partie des opérations juridiques, administratives et financières concourant au même objet. Ce promoteur est garant de l'exécution des obligations mises à la charge des personnes avec lesquelles il a traité au nom du maître de l'ouvrage [...] », ainsi que par les articles R. 222-1 à R. 222-14 du CCH. Le CPI est l'outil traditionnel de la promotion en construction d'immeubles de bureaux pour le compte de tiers.

Dans la Véfa, le promoteur réalise l'ensemble de l'opération, acquisition du terrain compris, pour la revendre, dans le cas de l'immeuble de logements, aux acquéreurs des logements. Afin d'éviter au promoteur d'avancer l'ensemble de la valeur de l'immeuble et du terrain avant de le revendre, la vente se fait « en l'état futur d'achèvement », c'est-à-dire que l'acquéreur achète un logement qui n'est pas encore construit. La Véfa est définie par les articles R. 261-1 à R. 261-7 du CCH. L'acheteur devient propriétaire du sol à la signature du contrat de vente, puis propriétaire du bien au fur et à mesure de sa construction. Le vendeur s'engage à lui livrer le logement dès que les travaux de construction sont achevés. Ce bien immobilier peut être une maison individuelle ou un appartement. Dès que toutes les conditions sont réunies, le contrat de vente est signé devant un notaire. Il peut être précédé par la signature d'un contrat de réservation (articles R. 261-25 à R. 261-33 du CCH).

Dans le cas des Véfa, cadre privilégié pour la construction de logements vendus à l'unité, le promoteur crée pour l'opération une société civile immobilière de construction-vente, appellation abrégée en SCI de construction-vente ou SCCV. Chaque SCCV est dissoute lorsque tous les appartements sont vendus, au moment de la mise en copropriété de l'immeuble.

Contraintes

La clé de la promotion immobilière demeure bien entendu la recherche de fonciers constructibles, de plus en plus complexe dans les zones immobilières tendues et notamment dans la Métropole du Grand Paris.

Le terrain une fois identifié, le promoteur doit gérer trois principaux dialogues (fig. 15.2) : avec la collectivité locale pour l'autorisation de construire, avec les acquéreurs pour répondre à leurs demandes, avec les maîtres d'œuvre et les entreprises pour créer l'immeuble.

Toute la force du promoteur est de trouver le bon compromis entre ces trois dialogues pour aboutir à un immeuble bien construit qui intéresse les acquéreurs potentiels et qui plaise à la collectivité.

Dernière contrainte, les opérations doivent être conduites en parallèle alors qu'elles se trouvent à des stades divers : études préalables, projet, permis de construire, engagement, chantier, livraison, parfait achèvement. Chacune se développe sur une durée de 2 à 3 ans, voire beaucoup plus dans les grandes métropoles (3 à 5 ou 7 ans), et est soumise aux aléas de la politique locale – les périodes électorales induisent souvent un gel tacite de l'avancement des projets –, aux fluctuations de la finance et aux évolutions des réglementations.

Le promoteur immobilier crée une société spécifique pour chaque opération. La société de promotion immobilière, société « mère », consolide donc les activités de ses différentes sociétés « filles » (une par opération), qui peuvent au cas par cas accueillir des associés minoritaires.

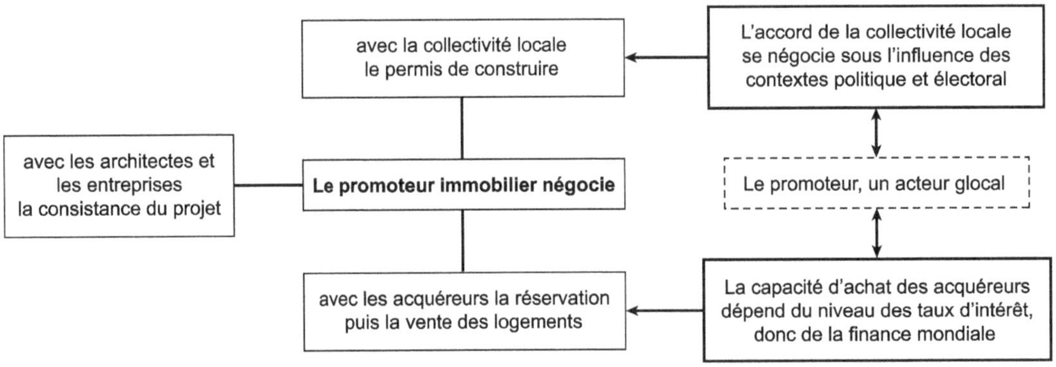

▲ **Fig. 15.2.** Les trois négociations du promoteur

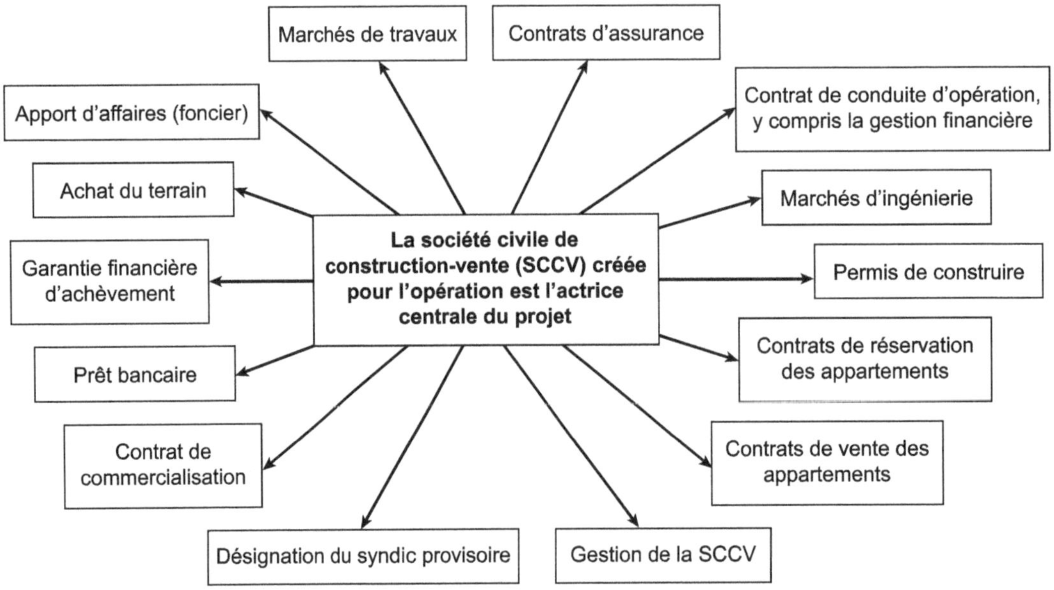

▲ **Fig. 15.3.** Le métier d'« ensemblier » du promoteur

La société civile immobilière de construction-vente (SCCV) a pour objet social la construction puis la vente d'un bien immobilier dans le but de réaliser une marge, distribuée aux associés à proportion de leur quote-part dans le capital social de la société. Elle est notamment régie par les articles L. 211-1 à L. 211-4 du CCH. C'est cette société qui exprime le métier d'« ensemblier » du promoteur, comme l'illustre la figure 15.3.

Indicateurs d'activité du promoteur

Les cinq indicateurs-clés d'un promoteur sont :
- un indicateur « avancé ». Il s'agit de l'estimation du chiffre d'affaires à partir des permis obtenus et des acquisitions de terrains, puisqu'ils induiront des ventes dans les mois ou les années à venir ;
- un indicateur commercial. Le nombre de réservations par mois sur un immeuble des appartements à construire mis sur le marché donne une idée du dynamisme des ventes, donc de la rapidité de la commercialisation et du chiffre d'affaires espéré ;
- un indicateur opérationnel. Il correspond au chiffre d'affaires futur véritablement acquis au travers des réservations ;
- les régularisations notariées, qui actent les ventes effectives (concrétisation de la Véfa) ;
- le chiffre d'affaires à l'avancement, qui marque le niveau d'activité. Chaque étape de l'opération correspond à

Permis de construire et acquisitions terrains

En nombre de lots	2022	2021	Var.
Dépôts de permis	17 086	17 981	- 5 %
Obtention de permis	14 052	12 057	+ 17 %
Acquisitions de terrains	12 487	11 523	+ 8 %

Lancements commerciaux (ventes au détail)

Lancements	2022	2021	Var.
Nombre de lots	7 864	7 241	+ 9 %
Nombre d'opérations	182	166	+ 10 %

Livraisons et chantiers en cours

En 2022, plus de 9 170 lots répartis sur 152 programmes ont été livrés (contre 12 175 en 2021 pour 155 programmes).

Fin 2022, 344 opérations étaient en cours de construction en France, pour près de 32 000 lots.

Réservations[2]

Réservations	2022	%	2021	%	Var.
Particuliers – Accession	707	27 %	667	22 %	+ 6 %
Particuliers – Investissement	1 015	38 %	1 031	34 %	- 2 %
Ventes en bloc	945	35 %	1 340	44 %	- 29 %
TOTAL EN VALEUR (EN M€ TTC)	**2 666**		**3 038**		**- 12 %**
Particuliers – Accession	2 000	20 %	1 945	16 %	+ 3 %
Particuliers – Investissement	3 590	36 %	3 866	34 %	- 7 %
Ventes en bloc	4 428	44 %	5 710	50 %	- 22 %
TOTAL EN VOLUME (LOTS)	**10 017**		**11 521**		**- 13 %**

Régularisations notariées

(en millions d'euros TTC)	2022	%	2021	%	Var.
Particuliers	1 943	62 %	1 609	55 %	+21 %
Ventes en bloc	1 182	38 %	1 298	45 %	- 9 %
TOTAL	**3 125**		**2 907**		**+ 7 %**

Les ventes notariées ont connu une forte progression auprès des Particuliers (+ 21 %), notamment auprès de ceux qui disposaient de leur financement et qui souhaitaient bénéficier de la dernière année du Pinel dans son format actuel.

Stabilité du chiffre d'affaires à l'avancement[1]

(en millions d'euros HT)	2022	%	2021	%	Var.
Entrée/Moyenne gammes	1 578	64 %	1 595	64 %	- 1 %
Haut de gamme	649	26 %	667	27 %	- 3 %
Résidences Services	88	4 %	95	4 %	- 7 %
Rénovation	143	6 %	128	5 %	+12 %
TOTAL	**2 459**		**2 485**		**- 1 %**

▲ **Fig. 15.4.** Les indicateurs du promoteur (source : rapport annuel Altarea, 2022)

une phase de la Véfa et à un appel de fonds auprès des acquéreurs.
Un exemple de présentation de ces indicateurs est donné dans la figure 15.4.

Rôle déterminant de l'acquéreur en Véfa

Dans une opération de logements en Véfa, le client joue un rôle déterminant : par la réservation, il consolide le projet et permet au promoteur d'engager l'acquisition du terrain et la réalisation de l'opération ; par les paiements successifs, il participe aux flux de trésorerie de l'opération ; et enfin par l'acquisition finale et le passage de l'immeuble en copropriété, il dénoue l'opération et pose le point final (hors année de parfait achèvement, garantie décennale, etc.) de l'opération de promotion immobilière.
Le promoteur a face à lui trois types de clients : l'acquéreur de résidence principale, l'investisseur locatif individuel et le bailleur social.
L'acquéreur individuel qui achète un appartement pour sa résidence principale ou secondaire, dans le but d'occuper lui-même l'appartement, sera sensible au prix, bien entendu mais aussi au niveau de prestations des parties communes, aux espaces extérieurs privés et partagés, à la proximité des services, au potentiel de hausse de valeur à terme, etc.
L'acquéreur individuel qui achète pour réaliser un placement, qui vise la location et donc calcule une rentabilité dans laquelle les charges futures (emprunt, taxes, charges de copropriété non transférables au locataire) seront équilibrées par les loyers perçus, sera sensible au niveau du loyer futur, aux dispositifs d'incitation fiscale à l'achat, à la frugalité des parties communes, etc.
L'acquéreur professionnel qui achète en bloc une partie de l'immeuble est souvent un opérateur social. Les exigences de la loi SRU imposant un taux minimal de logements sociaux, toute opération non sociale fait mécaniquement baisser le taux de logements sociaux de la ville. Le plus simple pour une ville tenue au minimum de 25 % sur son parc de logements est donc d'imposer à tout promoteur de réserver 25 % des logements de son projet à un opérateur social. Cette contrainte a souvent des impacts forts sur l'architecture, car le bailleur social va préférer être propriétaire d'un volume global comprenant logements et parties communes, plutôt que d'intégrer une copropriété. L'expérience montre en effet qu'associer dans une même copropriété un acteur institutionnel (bailleur social) et des personnes physiques est source de difficultés de gestion. Ce type de commercialisation, désignée par l'expression de vente en bloc, qui concerne très majoritairement les bailleurs sociaux (fig. 15.5), est stratégique pour les promoteurs : au troisième trimestre 2023, les ventes en bloc représentaient 45,9 % du total des réservations de

logements neufs en promotion. On estime qu'en moyenne les Véfa représentent plus de la moitié de la construction neuve des logements sociaux.

Une activité cyclique

Dans son principe même, l'activité de promotion immobilière est cyclique, des phases de tension progressive étant suivies de chutes plus ou moins brutales des ventes. Les chutes des ventes aux particuliers sont amorties par les ventes en bloc, principalement auprès des bailleurs sociaux, dont la demande est continue et ne fluctue que peu en fonction des crises immobilières (voir fig. 15.5).

Comme le montre la figure 15.6, les réservations d'appartements se situaient depuis plusieurs années autour de 30 000 par trimestre, quand elles chutèrent de près de 40 % en 2023, essentiellement à cause de la hausse des taux d'intérêt bancaires, qui désolvabilise les ménages acquéreurs potentiels d'appartements. En conséquence, l'encours d'appartements neufs proposés à la vente était supérieur à 129 000 logements (appartements et maisons) au premier trimestre 2024.

Au quatrième trimestre 2024, 17 122 logements neufs ont été réservés par des particuliers. L'encours de logements disponibles à fin 2024 était de 117 500 logements, après avoir atteint un niveau historiquement haut de plus de 130 000 logements en 2023.

15.2.2 Les organismes de logement social (OLS)

Le logement social peut se définir en cinq chiffres[1] :
- un Français sur deux est passé par la case « HLM » ;
- 17 % des ménages occupent un logement social ;
- 25 % des logements construits sont des logements sociaux ;
- le parc locatif social français est le plus important d'Europe ;
- l'âge moyen du parc social est de 39 ans.

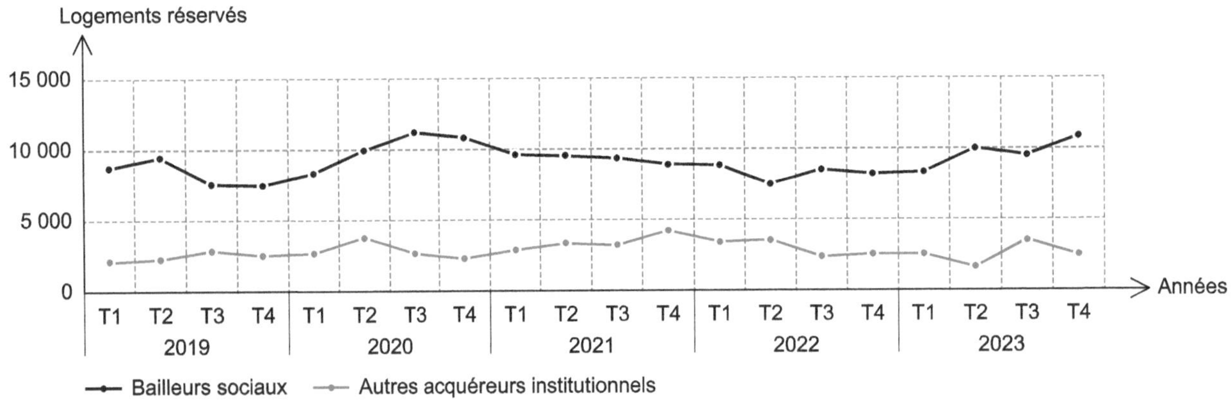

▲ **Fig. 15.5.** Réservations de logements neufs par les bailleurs sociaux
(sources : Stat Info Logement, SDES / Enquête sur la commercialisation des logements neufs (ECLN), « Commercialisation des logements neufs. Vente aux institutionnels au quatrième trimestre 2023 », ministère de la Transition écologique et de la Cohésion des territoires, n° 616, février 2024)

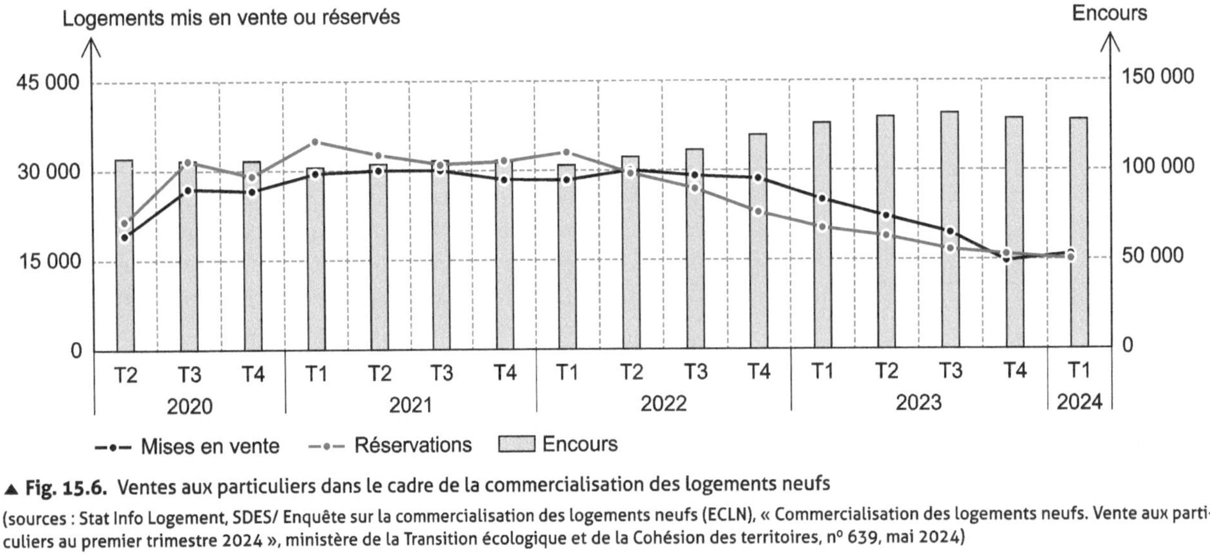

▲ **Fig. 15.6.** Ventes aux particuliers dans le cadre de la commercialisation des logements neufs
(sources : Stat Info Logement, SDES/ Enquête sur la commercialisation des logements neufs (ECLN), « Commercialisation des logements neufs. Vente aux particuliers au premier trimestre 2024 », ministère de la Transition écologique et de la Cohésion des territoires, n° 639, mai 2024)

Acteurs

Si, depuis 1977, rien ne s'oppose au plan juridique à ce que toute personne morale, ou même physique, décide de construire et gérer des logements sociaux, dans la pratique la très grande majorité des constructeurs et propriétaires de logements sociaux reste constituée des organismes de logement social (OLS) présentés ci-après.

Ces organismes sont regroupés d'une part au sein de la Fédération des entreprises publiques locales (114 sociétés d'économie mixte à activité immobilière dominante, chiffres 2019) et d'autre part au sein de l'Union sociale pour l'habitat. Cette dernière représente environ 566 OLS à travers cinq fédérations : les offices publics de l'habitat, les entreprises sociales pour l'habitat, les coopératives HLM et deux autres, l'Union d'économie sociale pour l'accession à la propriété et la Fédération nationale des associations régionales d'organismes d'habitat social.

Les OLS possèdent 4,8 millions de logements ordinaires et 370 000 logements-foyers. 84 % environ de ces logements sociaux sont collectifs. Ils sont répartis sur l'ensemble du territoire mais présents plus particulièrement dans les régions industrielles historiques. La moitié du parc se trouve ainsi en Auvergne-Rhône-Alpes, Hauts-de-France et en Île-de-France, contre 38 % de l'ensemble des résidences principales en France[2]. Aux côtés des OLS, on peut citer l'État et les collectivités locales, qui possèdent environ 300 000 logements sociaux, et les fondations et associations, pour environ 15 000.

Les offices publics de l'habitat

Le principe de l'intervention directe d'une collectivité locale dans la construction et la gestion du logement social a été acté dès 1912 et a donné naissance aux Offices publics d'habitations à bon marché (HBM), puis aux Offices d'habitations à loyer modéré (OPHLM), et enfin aux Offices publics d'aménagement et de construction (OPAC). Ces deux dernières structures sont désormais regroupées[3] dans une nouvelle catégorie d'établissements publics d'HLM dénommés Offices publics de l'habitat (OPH). On dénombrait, en 2023, 184 OPH, établissements publics locaux créés par décret en Conseil d'État sur l'initiative d'une commune, d'un regroupement de communes ou d'un département.

ZOOM Epic

Un établissement public à caractère industriel et commercial (Epic) est une personne morale de droit public ayant pour but la gestion d'une activité de service public.

Chaque OPH possède son conseil d'administration, qui règle par délibération les affaires de l'Office. L'activité est dirigée par le directeur général, titulaire d'un contrat d'agent public. Les OPH construisent, gèrent et réhabilitent plus de deux millions de logements destinés aux foyers modestes et sont regroupés dans la Fédération nationale des OPH.

Les entreprises sociales pour l'habitat

Comme les OPHLM, les 174 (chiffre 2023) entreprises sociales pour l'habitat (ESH) sont les héritières des HBM du début du XXe siècle, dont elles représentaient le volet privé. Les ESH sont des sociétés de droit privé, dont un actionnaire de référence possède la majorité du capital. L'actionnaire de référence d'une ESH peut être une société privée, une fondation, un acteur public (EDF, La Poste, la SNCF, etc.), ou une autre ESH, un OPH, une SEM, etc. Des réseaux et des groupes de sociétés se sont ainsi constitués. Le principe de fonctionnement des ESH est similaire à celui des OPH : un conseil d'administration et un directeur général en charge du pilotage de l'entreprise. Une ESH qui réalise des bénéfices ne peut les distribuer à ses actionnaires – contrairement à une société anonyme courante, qui dispose de la capacité de distribuer des dividendes –, mais les conserve afin de construire de nouvelles opérations ou de réhabiliter son patrimoine. Les collectivités territoriales et les locataires sont représentés dans leur conseil d'administration. Depuis la loi n° 2003-710 du 1er août 2003 d'orientation et de programmation pour la ville et la rénovation urbaine, dite loi Borloo, la composition des conseils d'administration des ESH est en relation directe avec leur actionnariat, se rapprochant ainsi d'un modèle de société privée. Les ESH gèrent un patrimoine équivalent à celui des Offices, soit environ deux millions de logements, et sont regroupées dans la Fédération des ESH.

Les sociétés anonymes coopératives d'HLM

Initiées en 1906, les Sociétés anonymes coopératives d'HLM, au nombre de 162 en 2023, sont des sociétés à capital variable fondées sur des principes de démocratie et de transparence. Elles ont développé et modernisé l'accession sociale à la propriété. Les sociétés coopératives proposent une sécurisation complète des parcours d'accession et développent aussi une activité de construction et de gestion locative. Elles sont regroupées dans la Fédération des sociétés coopératives d'HLM. Les Sociétés coopératives gèrent un patrimoine de 20 000 logements sociaux.

Les sociétés d'économie mixte

Les sociétés d'économie mixxte (SEM) sont des sociétés de droit privé, dont les collectivités locales doivent détenir plus de 50 % du capital. Un de leurs actionnaires est obligatoirement une personne de droit privé. Les SEM sont compétentes pour réaliser des opérations d'aménagement et de construction, pour exploiter des services publics à caractère industriel ou commercial, ainsi que pour toute autre activité d'intérêt général entrant dans le champ de compétences des collectivités locales. Les premières SEM immobilières ont été imaginées en réponse à la crise du logement à Paris dans l'entre-deux-guerres. Elles se sont ensuite développées durant les Trente Glorieuses en contribuant à la croissance de l'urbanisation.
Depuis 1977, elles ont structuré un parc de logements locatifs sociaux. Les 114 SEM à activité immobilière dominante gèrent aujourd'hui plus de 584 000 logements, sociaux à plus de 75 %. La Caisse des dépôts est fréquemment présente au capital de ces SEM. En 2008, la Fédération des SEM est devenue la Fédération des entreprises publiques locales (FedEpl).

Le regroupement des organismes HLM

Certains OLS se sont beaucoup développés. La loi n° 2018-1021 du 23 novembre 2018 portant évolution du logement, de l'aménagement et du numérique, dite loi Élan, a imposé des regroupements en fixant une taille minimale de 12 000 logements sociaux par OLS au 1er janvier 2021. Ces regroupements visent à accroître les marges financières des organismes et à accélérer la professionnalisation du secteur du logement social. Ils s'effectuent par fusion ou par création d'une société de coordination. Les concentrations ont bien eu lieu, mais moins vite que prévu. Dans son « Rapport thématique de contrôle, 2021. Regroupement des organismes de logement social », l'Agence nationale de contrôle du logement social (Ancols) soulignait ainsi que « hors sociétés de coordination, le nombre d'organismes actifs s'est réduit de 9,5 % entre le 31 décembre 2018 et le 31 décembre 2021, en passant de 730 à 661 ».

Le métier de constructeur d'un organisme de logement social

L'acquisition ou la construction en maîtrise d'ouvrage propre de logements sociaux a pour objectif d'accroître le patrimoine mis en location par l'OLS. Les localisations des opérations, les typologies des logements, leurs caractéristiques, restent liées d'une part à la stratégie de l'organisme (zones à prioriser) et d'autre part au retour d'expérience locative du parc existant (impact en retour de l'expérience de gestion sur le cahier des charges du logement neuf).

La stratégie patrimoniale de l'organisme

Elle répond à deux exigences contradictoires :
- regrouper les immeubles pour faciliter la gestion du gardiennage, des réparations, etc. ;
- éviter les effets négatifs de la trop grande densité de logements sociaux.

En résumé, un nouvel immeuble devra rester proche d'une unité de gestion existante – les OLS disposent tous d'un réseau d'agences de proximité –, sans toutefois surdensifier le quartier en logements sociaux.

Le retour d'expérience du parc existant

Il correspond aux analyses par les équipes de gestion de « ce qui fonctionne » et « ce qui ne fonctionne pas » dans les immeubles existants. Ce qui ne fonctionne pas peut être par exemple :
- les halls traversants à double accès, qui sont souvent plébiscités par les trafiquants de substances illicites ;
- les recoins dans les halls, difficiles à nettoyer ;
- des locaux « encombrants » et des containers sous-dimensionnés ;
- des matériaux fragiles dans les cages d'escalier.

Le terrain une fois identifié et le principe de construction ou d'acquisition de l'immeuble défini, la direction de la maîtrise d'ouvrage de l'OLS doit en premier lieu obtenir l'agrément de son opération, qui va l'autoriser à mobiliser les financements permettant la construction en maîtrise d'ouvrage directe ou l'acquisition en Véfa auprès d'un promoteur. Véfa et maîtrise d'ouvrage directe correspondent chacune à environ la moitié de la production de logements sociaux.

Véfa et maîtrise d'ouvrage directe

La différence entre Véfa et maîtrise d'ouvrage directe porte sur la maîtrise du produit : en Véfa, l'OLS achète un immeuble ou une partie d'immeuble clés en mains. L'OLS n'est alors pas le constructeur mais le client. Il mobilise moins de ressources humaines, car il ne gère pas l'opération, les acteurs, les architectes, les entreprises, etc., mais il demeure relativement passif. Cependant, pour jouer de façon efficace et pertinente ce rôle de client, il doit rester « du métier » c'est-à-dire se trouver lui aussi, sur d'autres projets, en situation de construction directe. Les deux modes de production sont donc complémentaires : la maîtrise d'ouvrage directe est indispensable pour garantir à l'OLS la maîtrise de l'art de construire, tandis que la Véfa lui est utile pour gérer les à-coups de production sans modifier ses effectifs.
Véfa et maîtrise d'ouvrage directe s'équilibrent dans la production des logements sociaux au fil des années (tab. 15.1). En nombre d'opérations comptabilisées dans la base SISAL, la répartition est voisine en nombre de logements (hors DROM).

▼ **Tab. 15.1.** Répartition annuelle de la production de logements sociaux entre maîtrise d'ouvrage directe et acquisition en Véfa (source : Ancols, « Étude relative aux coûts de production des logements sociaux. Comparaison des modes constructifs MOD/Véfa », © 1630 Conseil, juillet 2023)

Mode constructif	**Répartition selon les années (%)**				
	2017	***2018***	***2019***	***2020***	***2021***
Maîtrise d'ouvrage directe	54	46	48	43	43
Véfa	43	49	51	55	56
Autres	3	5	1	2	1

L'« Étude relative aux coûts de production des logements sociaux. Comparaison des modes constructifs MOD/Véfa » indique également ceci : « Parmi les vecteurs d'accroissement du parc HLM français, outre la construction neuve en MOD et en Véfa, la progression de l'acquisition-amélioration, celle de la transformation de bureaux en logements conventionnés, la montée en puissance du logement intermédiaire institutionnel, ou encore les dispositifs de démembrement terrain/bâti (BRS), de dissociation propriété/usage (ULS) viennent troubler la lecture des chiffres de la construction. De même, l'hybridation des rôles et des responsabilités entretiennent des confusions peu propices à l'analyse comparative objective : les possibilités de "Véfa inversée", les maîtrises d'ouvrage en "co-promotion" entre un promoteur et un bailleur, ou encore l'arrivée de promoteurs spécialisés en "Véfa 100 % social". »

L'opération de construction en maîtrise d'ouvrage directe

Lorsqu'il intervient en maîtrise d'ouvrage directe, l'OLS travaille comme le promoteur (voir 15.2.1 ci-avant) : recherche de foncier, négociation avec la collectivité et étude du projet le plus performant (fig. 15.7), mais avec trois différences majeures, financière, commerciale et patrimoniale :

- le montage financier d'une opération sociale est plus complexe et s'effectue avec de multiples intervenants, dont la Caisse des dépôts et consignations, Action Logement, la préfecture pour l'agrément de l'opération, ainsi que les collectivités ;
- à l'inverse, le rapport à la clientèle est plus simple, car les futurs locataires sont sélectionnés par la ville, Action Logement et la préfecture. L'OLS n'a pas, au sens strict du terme, à « commercialiser » son opération, même si la recherche du meilleur service à apporter au futur locataire est au cœur de sa démarche ;
- enfin, l'OLS est un propriétaire immobilier de long terme, et le bon comportement futur des logements et des

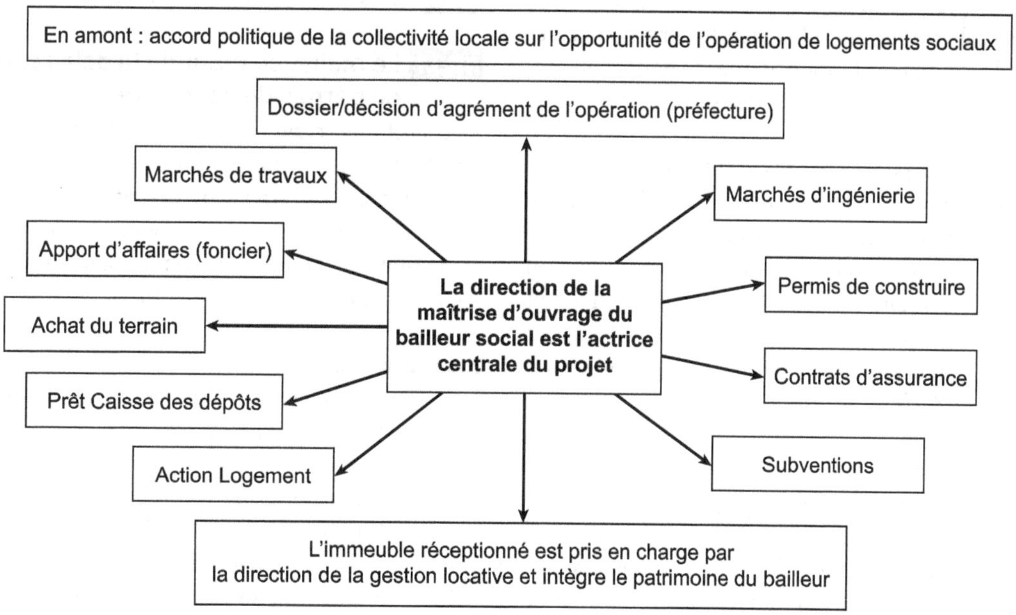

▲ **Fig. 15.7.** Opération de construction de logements sociaux par un OLS en maîtrise d'ouvrage directe

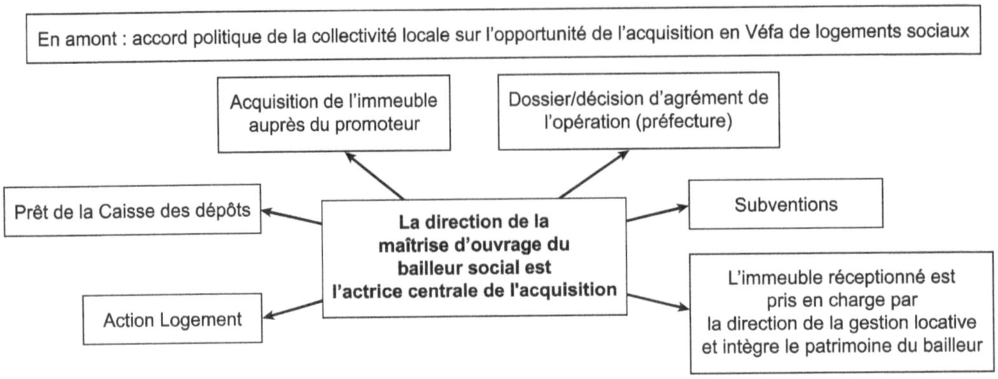

▲ **Fig. 15.8.** Opération d'acquisition en Véfa par un OLS

espaces communs, ainsi que de faibles coûts d'entretien, constituent des priorités dans son approche des projets. Ainsi, la bonne opération de locatif social est un immeuble qui satisfait le locataire et se comporte bien dans le temps.

L'opération d'acquisition en Véfa

Les motivations pour engager une opération en Véfa sont, pour l'OLS, à la fois internes et externes :

• comme motivation interne, la Véfa permet de faire face à des pics de production sans accroître les effectifs des équipes de maîtrise d'ouvrage, ce qui pourrait entraîner des difficultés de recrutement et des sureffectifs ultérieurs notamment ;

• comme motivations externes, l'OLS peut être sollicité :

– par une collectivité locale qui souhaite insérer une « part sociale » dans une opération proposée par un promoteur,

– par un promoteur, en anticipation des attentes d'une ville (OLS et promoteur vont « vendre » ensemble l'opération à la collectivité), ou plus simplement pour aider à boucler la commercialisation d'une opération en difficulté, ce qui se produit régulièrement lors des crises immobilières.

Si, dans son principe, la Véfa place l'OLS en positon de « client » du promoteur qui achète un ensemble de logements sur plans (fig. 15.8), l'OLS ne peut se contenter comme tout acquéreur individuel de faire des chèques en attendant d'entrer dans les lieux. Au contraire, l'OLS doit anticiper au maximum, par la définition le plus en amont possible des conditions d'acquisition et la planification des futures conditions de gestion des logements acquis ; pour cela :

– les OLS ont mis en place des documents types qu'ils proposent aux promoteurs, élaborés pour cette sorte de projet dès les premiers contacts[4] :

– un cahier des charges décrit les fonctionnalités attendues, les performances à atteindre et les prestations à mettre en œuvre ;

– un contrat de réservation est élaboré, le plus souvent en collaboration avec un notaire ou un avocat ;

– afin de préserver de bonnes conditions ultérieures de gestion, il est recherché de façon privilégiée la vente en volume, certains organismes refusant même tout autre mode d'acquisition. En cas de copropriétés, l'objectif poursuivi est de restreindre au maximum les espaces communs ;

– l'association des services futurs gestionnaires des logements acquis en Véfa à la démarche dès son commencement et jusqu'à son issue est indispensable, autant voire plus qu'en production directe. Ainsi, tant les annexes techniques des contrats de réservation et de vente que le règlement de copropriété doivent être relus, vérifiés et validés par les futurs gestionnaires.

15.3 Les collectivités locales

15.3.1 Le maire, au cœur de la délivrance du permis de construire

La collectivité territoriale est l'autorité qui décide et autorise toute construction de logements sur son territoire. Elle dispose à cet effet d'un arsenal de compétences, de droits et d'obligations, qui dépend de sa taille et de sa structuration (commune, communauté de communes, communauté d'agglomération, métropole, etc.).

Plans d'urbanisme

Dans le cas de collectivités relativement importantes, des documents majeurs, rendus obligatoires par le CCH ou le CGCT, planifient les programmes d'habitat et de construction, leurs contraintes et leurs règles. Ainsi, depuis la loi n° 2000-1208 du 13 décembre 2000 relative à la solidarité et au renouvellement urbains (loi SRU), le schéma de cohérence territorial (Scot) propose une planification du développement territorial, de son aménagement spatial, de l'habitat, des transports et des services. Le plan local d'habitat (PLH) définit, plus précisément, les grands objectifs à atteindre en matière de besoins en logements privés ou publics, en hébergement, en rénovation, réhabilitation ou requalification, mais également en matière de peuplement et de mixité sociale. Enfin, le plan local d'urbanisme (PLU ou PLUI en cas d'intercommunalité), remplaçant les anciens plans d'occupation des sols (POS), fixe plus précisément encore les règles générales et les servitudes d'utilisation du sol permettant d'atteindre les objectifs territoriaux du Scot et du PLH. Le règlement du PLU est alors opposable à toute personne publique ou privée pour l'exécution de tous travaux ou constructions.

Pouvoirs du maire

Outre ces documents de planification, la commune ou l'établissement public de coopération intercommunale (EPCI) compétent dispose des autorisations de construction et d'utilisation des sols. Depuis la réforme de 2005 par l'ordonnance n° 2005-1516 du 8 décembre 2005 relative aux échanges électroniques entre les usagers et les autorités administratives et entre les autorités administratives (entrée en vigueur le 1er octobre 2007), le maire, au nom de la commune, dispose ainsi du droit d'autoriser ou de rejeter les trois catégories de travaux que sont le permis de construire, le permis d'aménager et le permis de démolir.

Si l'on omet les cas particuliers d'exemptions (intervention de l'État, sites classés Défense ou monuments historiques), le régime général du permis de construire avec projet réalisé par un architecte s'impose à toute construction neuve de plus de 150 m^2 de surface de plancher, donc notamment toutes les opérations de logements collectifs. Le délai d'instruction de droit commun est de 3 mois pour les permis de construire de bâtiments collectifs. Une autorisation tacite intervient, à l'issue du délai d'instruction, en cas de silence de l'administration[5].

> **ZOOM OBLIGATION DE RECOURS À UN ARCHITECTE**
>
> L'obligation de permis de construire commence à partir de 20 m^2 de surface de plancher, mais le recours à l'architecte n'est obligatoire qu'à partir de 150 m^2.

Depuis les années 1990, les communes se sont regroupées dans le but de renforcer les moyens et la coordination nécessaires au développement des projets. Ainsi, sur les 34 965 communes existant au 1er janvier 2021, seules celles de quatre îles n'appartenaient pas à un EPCI : les îles d'Yeu, de Bréhat, de Sein et d'Ouessant.

La France compte plusieurs types de structures intercommunales : les syndicats de communes, les communautés de communes, les communautés d'agglomération, les communautés urbaines, les métropoles, les pôles métropolitains, les pôles d'équilibre territorial et rural et les syndicats mixtes. Cette dynamique de regroupements communaux n'a toutefois que marginalement pris en compte la délivrance des permis de construire, élément essentiel de la mise en place d'une opération de logements. La réforme des permis de construire par l'ordonnance susnommée a simplifié les mécanismes de contrôle des constructions et des aménagements : les onze régimes d'autorisation et les quatre régimes de déclaration qui existaient ont été regroupés en trois autorisations, qui sont le permis de construire, le permis d'aménager et le permis de démolir, ainsi qu'en une déclaration préalable.

Le permis de démolir est obligatoire pour les constructions relevant d'une protection particulière (bâtiments inscrits au titre des monuments historiques) ou situées dans des secteurs à enjeux (secteurs sauvegardés, sites).

Le maire de la commune demeure, malgré ces dynamiques de regroupements, l'autorité compétente pour délivrer les permis de construire, comme le précise l'article L. 422-1 du Code de l'urbanisme :

« L'autorité compétente pour délivrer le permis de construire, d'aménager ou de démolir et pour se prononcer sur un projet faisant l'objet d'une déclaration préalable est :

a) Le maire, au nom de la commune, dans les communes qui se sont dotées d'un plan local d'urbanisme ou d'un document d'urbanisme en tenant lieu, ainsi que dans les communes qui se sont dotées d'une carte communale après la date de publication de la loi n° 2014-366 du 24 mars 2014 pour l'accès au logement et un urbanisme rénové. Dans les communes qui se sont dotées d'une carte communale avant cette date, le maire est compétent, au nom de la commune, après délibération du conseil municipal. En l'absence de décision du conseil municipal, le maire est compétent, au nom de la commune, à compter du 1er janvier 2017. Lorsque le transfert de compétence à la commune est intervenu, il est définitif ;

b) Le préfet ou le maire au nom de l'État dans les autres communes.

[...] »

Le projet de construction de logements reste donc encore soumis à l'accord des édiles de 34 816 communes. En 2022, 482 000 logements ont été autorisés, ce qui porte la moyenne à... 14 logements par maire.

La volonté des maires de conserver le « pouvoir » du permis de construire répond à plusieurs motivations :
- volonté de maîtriser l'évolution de l'environnement urbain. En effet, la qualité de vie en ville, dont le maire est tenu pour directement responsable, est un argument électoral puissant ;
- plus ou moins grande appétence pour la construction de logements sociaux, parfois liée aux couleurs politiques ;
- contraintes de la loi SRU ;
- impacts de la construction de logements sur la fréquentation des équipements publics, notamment sur les écoles maternelles et primaires ;
- tendances malthusiennes ou *a contrario* ouvertes à la croissance de la population ;
- situation patrimoniale de la ville, et notamment historique de la construction de logements sociaux ;
- nuisances induites par les chantiers, qui impliquent souvent un ralentissement des autorisations en période électorale…

ZOOM DÉLÉGATION

Le maire peut toutefois déléguer la compétence de délivrance des permis de construire, notamment au président de l'EPCI.

Cet écheveau complexe justifie l'adage « maire bâtisseur, maire battu », qui s'est souvent vérifié. Et tout porteur de projet, promoteurs ou bailleur social, ne peut envisager concrètement de développer une nouvelle opération sans l'accord préalable, explicite ou implicite, du maire… même si, en théorie, la délivrance du permis de construire s'appuie sur le critère objectif de conformité au PLU.

15.3.2 La conformité au PLU

Le plan local d'urbanisme (PLU), document de planification d'urbanisme sur le long terme au niveau communal ou intercommunal est un document à la fois opérationnel et stratégique. Il a remplacé le plan d'occupation des sols (POS) en 2000.

Le PLU comprend un rapport de présentation, un projet de développement durable, des orientations d'aménagement, un règlement ainsi que des annexes. Le respect du règlement, dans ses parties écrite et graphique, est indispensable pour obtenir le permis de construire. Les documents graphiques (fig. 15.9) délimitent les zones urbaines, les zones à urbaniser, les zones naturelles et forestières, les zones agricoles, etc. La partie écrite fixe les normes et directives applicables à chaque zone : occupation du sol,

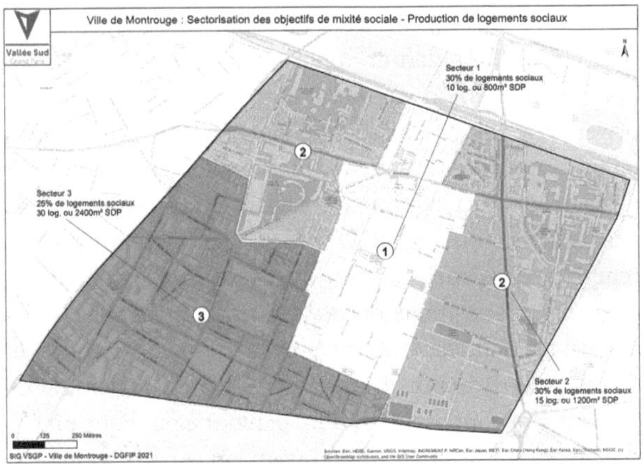

▲ **Fig. 15.9.** **Sectorisation des objectifs de mixité sociale du PLU de Montrouge, dans le département des Hauts-de-Seine La ville fait partie de l'établissement public territorial « Vallée Sud Grand Paris »**

hauteur des constructions, etc. Le PLU doit être cohérent avec le Scot s'il existe.

Deux familles de paramètres orientent l'accord ou le refus du permis de construire :
- des paramètres objectifs de conformité factuelle aux exigences posées par le PLU, comme celles concernant les dimensions du bâtiment, son aspect architectural, la présence de logements sociaux, les typologies ;
- des paramètres plus stratégiques, comme le nombre trop important d'opérations similaires projetées simultanément au regard du rythme de croissance urbaine programmé.

En cas de refus, il est bien entendu possible de contester ce dernier voire d'engager un recours contentieux, option rarement choisie tant par les promoteurs, qui ne souhaitent pas injurier l'avenir de leurs relations avec la ville, que par les bailleurs sociaux, qui sont souvent déjà présents sur le territoire au travers d'un patrimoine plus ou moins important et visent la qualité des relations sur le long terme.

15.3.3 Le programme local de l'habitat (PLH)

Un programme local de l'habitat (PLH) est élaboré dans les communautés de communes compétentes en matière d'habitat de plus de 30 000 habitants comprenant au moins une commune de plus de 10 000 habitants, dans les communautés d'agglomération, les métropoles et les communautés urbaines. Le PLH est un document stratégique d'orientation, de programmation, de mise en œuvre et de suivi de la politique de l'habitat à l'échelle intercommunale. Il cadre les objectifs de construction de logements. Il est porté par l'EPCI depuis son élaboration jusqu'au suivi de sa mise en œuvre. L'article L. 302-1 du CCH définit ses objectifs :

« IV. Le programme local de l'habitat indique les moyens à mettre en œuvre pour satisfaire les besoins en logements

et en places d'hébergement, dans le respect du droit au logement et de la mixité sociale et en assurant une répartition équilibrée et diversifiée de l'offre de logements, en précisant :
– les objectifs d'offre nouvelle ;
[...]
– les actions à mener en matière de politique foncière permettant la réalisation du programme ;
– la typologie des logements à réaliser ou à mobiliser au regard d'une évaluation de la situation économique et sociale des habitants et futurs habitants et de son évolution prévisible. [...]
Le programme local de l'habitat comprend un programme d'actions détaillé par commune et, le cas échéant, par secteur géographique. Le programme d'actions détaillé indique pour chaque commune ou secteur le nombre et les types de logements à réaliser, l'échéancier prévisionnel de réalisation de logements et du lancement d'opérations d'aménagement de compétence communautaire. »

15.3.4 La question des « chartes promoteurs »

De nombreuses communes, notamment en Île-de-France, ont souhaité compléter PLU, PLUi (PLU intercommunal) et PLH par la définition de « chartes promoteurs », qui peuvent notamment imposer des plafonds sur les prix de vente des logements, des typologies, des surfaces habitables, des matériaux, voire des ventes à prix réduit réservées aux habitants de la commune.
Ces chartes prennent la forme de recommandations ou de contraintes supplémentaires. La justice a confirmé en 2022 que la commune n'était pas fondée à les imposer aux opérateurs immobiliers. Toutefois, comme pour la contestation du refus de permis de construire, les opérateurs immobiliers sont la plupart du temps plus enclins à négocier avec les communes qu'à les attaquer devant les tribunaux.

ZOOM ANNULATION DE LA DÉLIBÉRATION D'UN CONSEIL MUNICIPAL

Le tribunal administratif de Rouen a annulé le 26 janvier 2023 la délibération prise en février 2022 par le conseil municipal de Bois-Guillaume concernant sa charte d'urbanisme élaborée en concertation avec les habitants.

La plupart des chartes se présentent comme des outils de dialogue plus que comme des règlements supplémentaires. Ainsi, la charte de la ville de Bagneux (Val-de-Marne), intitulée « Charte de la construction et de la promotion », signée en janvier 2021 par plus de 40 promoteurs, précise : « Pour élaborer leur projet, les opérateurs s'appuient sur la loi, puis sur le PLU et enfin sur la charte, qui vient en complément. La charte ne constitue pas une couche additionnelle réglementaire mais le moyen d'améliorer la qualité des projets et leur acceptabilité par les habitants.
La charte est centrée sur des objectifs à atteindre, sur de grandes intentions. Elle vise à orienter et non à imposer.
En signant la présente charte, les promoteurs prennent des engagements de bonne conduite et de bonne pratique. »

15.3.5 La question des recours associatifs

La loi impose l'affichage des permis de construire, ainsi que la possibilité de les consulter en mairie. Toute personne ou association qui estime que la construction autorisée a des conséquences directes sur les conditions d'occupation, d'utilisation ou de jouissance de son bien ou de ceux de ses membres peut engager un recours contre le permis : recours gracieux adressé par lettre recommandée au maire. Un recours contentieux en vue de demander l'annulation du permis peut ensuite être porté devant le tribunal administratif localement compétent. Ces contestations doivent être fondées en fait et en droit sur des moyens opérants, relatifs à l'illégalité du permis de construire au regard des règles d'urbanisme opposables au projet : PLU et Code de l'urbanisme.
La loi n° 2018-1021 du 23 novembre 2018 portant évolution du logement, de l'aménagement et du numérique (Elan) a restreint la capacité à agir des associations. L'article L. 600-1-1 du Code de l'urbanisme précise désormais : « Une association n'est recevable à agir contre une décision relative à l'occupation ou l'utilisation des sols que si le dépôt des statuts de l'association en préfecture est intervenu au moins un an avant l'affichage en mairie de la demande du pétitionnaire. » La création d'associations dédiées à un projet n'est donc plus possible.
Il reste que, tout comme pour les refus de permis ou les chartes promoteurs, les contestations des associations de riverains sont la plupart du temps gérées dans un esprit de recherche de compromis, tant pour ce qui concerne les bonnes relations avec l'environnement local que pour éviter de subir les délais d'une action en justice, source de retards dans la mise en œuvre du projet.

15.4 Les acteurs du financement du logement

15.4.1 La Caisse des dépôts

Création

La Caisse des dépôts fut créée par une loi du 28 avril 1816. Au sortir du Premier Empire, la France était fortement

endettée. Il fut alors envisagé d'utiliser les consignations et les dépôts des notaires pour acheter une partie de la dette publique. La Banque de France étant trop marquée par le souvenir de Napoléon 1er, Louis XVIII choisit de créer une nouvelle institution, la Caisse des dépôts et consignations, protégée du pouvoir exécutif car placée sous la surveillance et la garantie de l'autorité législative.
Selon l'article 110 de la loi du 28 avril 1816 : « Les dépôts, les consignations, les services relatifs à la Légion d'honneur, à la compagnie des canaux, aux fonds de retraite [...] seront administrés par un établissement spécial sous le nom de Caisse des dépôts et consignations. »
Les trois ordonnances du 3 juillet 1816 définirent les grands secteurs d'activité de la nouvelle Caisse :
- les consignations ;
- les dépôts volontaires issus de particuliers ou d'entités publiques. Ils attirèrent dès l'origine de la Caisse les fonds des professions juridiques ;
- les fonds de retraite. Dès 1853, la Caisse eut en gestion les fonds de retraite des fonctionnaires ;
- d'autres activités, dont notamment l'indemnisation des colons de Saint-Domingue (1825), la gestion de la Compagnie des quatre canaux, la gestion des comptes de la Légion d'honneur et des services financiers pour l'Armée.
La Caisse des dépôts emploie règlementairement ses fonds, principalement dans l'achat de « rentes » publiques et contribue ainsi au financement de l'État.

Le banquier du logement social

La Caisse des dépôts assure, depuis 1837, la centralisation et la gestion financière d'une part substantielle de l'épargne réglementée collectée sur les livrets A, et, depuis les années 1980, sur les livrets de développement durable et solidaire (LDDS) et les livrets d'épargne populaire (LEP). Depuis le début du XXe siècle, elle utilise cette ressource pour mettre en place des prêts aux organismes constructeurs de logements sociaux.
Au sein de la Caisse des dépôts, cette activité de prêteur est pilotée par la direction des fonds d'épargne (DFE), qui a pour missions d'assurer :
- la sécurité et la liquidité de l'épargne réglementée collectée par les réseaux bancaires et centralisée à la Caisse des dépôts ;
- la transformation de cette épargne à vue en prêts à long terme pour des investissements d'intérêt général fixés par les pouvoirs publics, en priorité ceux destinés au logement social.
Principal banquier des OLS, la Caisse des dépôts voit son encours de prêts, somme des parties non encore remboursées de l'ensemble des prêts attribués, croître régulièrement (fig. 15.10).

En plus de son rôle de financeur du logement social, la Caisse des dépôts est actionnaire de nombreuses SEM, et actionnaire unique d'un des premiers groupes nationaux d'ESH, le groupe Société nationale immobilière (SNI).

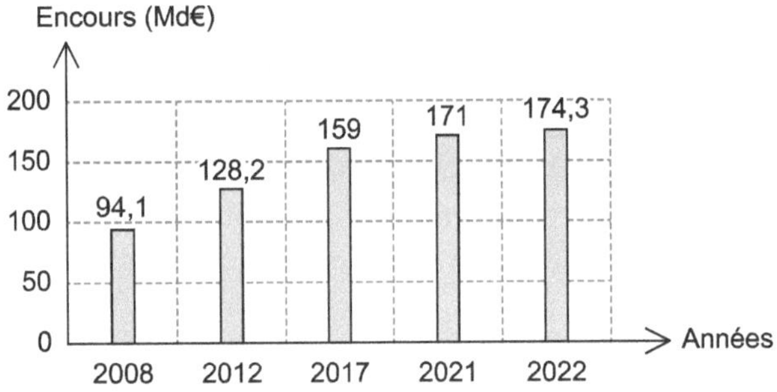

▲ **Fig. 15.10.** Encours des prêts de la Caisse des dépôts au logement social
(source : rapports annuels de la CDC)

Principe du financement par la Caisse des dépôts

Le financement du logement social repose sur un aller-retour entre le court terme et le long terme :
- les Français déposent leur épargne sur les livrets A, LDDS et LEP. Disponible à tout moment, elle constitue une épargne de court terme ;
- la Caisse des dépôts utilise une partie de cette épargne pour prêter à long terme aux OLS ;
- les loyers versés chaque mois par les locataires permettent aux OLS d'assurer les échéances de remboursement de la dette, par ailleurs garantie par les collectivités locales (villes, communautés de communes, etc.).

15.4.2 Action Logement

Création et objectifs

La Participation des employeurs à l'effort de construction (PEEC), longtemps appelée « 1 % logement », devenue Action Logement en 2009, constitue une ressource affectée au financement du logement en général, et au logement locatif social en particulier, au travers de subventions, de prêts à faibles taux et de titres de participation.
La spécificité d'Action Logement est d'être gérée de manière paritaire par les syndicats de salariés (CFDT, CFTC, CFE-CGC, CGT, FO) et les organisations patronales (Medef, CPME). Le groupe connaît régulièrement des turbulences et se trouve parfois déstabilisé, la PEEC constituant souvent une variable d'ajustement budgétaire pour les politiques publiques.
La création de la PEEC date de 1953. Les entreprises du secteur privé non agricole de dix salariés et plus commencèrent à verser une contribution fixée à 1 % de la totalité du montant des salaires bruts, en quasi-totalité à

des organismes collecteurs, les Comités interprofessionnels du logement (CIL). En réalité, l'idée naquit en 1943 quand Albert Prouvost, représentant des grandes familles textiles du Nord, commença à s'intéresser aux problèmes de logements. Le premier CIL vit ainsi le jour sous l'impulsion du Syndicat patronal textile de Roubaix-Tourcoing.

Les fonds reçus, utilisés au profit des seuls salariés des entreprises cotisantes, étaient alloués à deux types d'emplois, qualifiés par la suite de traditionnels :

- prêts ou subventions pour la construction ou l'acquisition et l'amélioration de logements locatifs sociaux, avec en contrepartie des droits de réservation pour loger les salariés des entreprises cotisantes ;
- prêts complémentaires pour aider les salariés de ces mêmes entreprises à accéder à la propriété.

Les pouvoirs publics réduisirent à plusieurs reprises le taux de collecte : 0,90 % en 1978, 0,77 % en 1986, 0,72 % en 1988, 0,65 % en 1990 et 0,45 % en 1992. Les réductions du taux furent sans effet ou presque – l'allègement de la charge globale ne fut que de 0,05 % – pour les entreprises, puisqu'elles furent, à une exception près, compensées par une contribution équivalente supplémentaire au Fonds national d'aide au logement (Fnal), pour le financement des aides personnelles au logement.

Jusqu'en 2016, les CIL étaient regroupés au sein d'un organisme fédérateur : l'Union d'économie sociale du logement (UESL), créée en 1996 et dont la mission principale était de conclure avec l'État des conventions définissant l'emploi des fonds du 1 %. Des mouvements de regroupement des CIL eurent lieu pendant cette période, le plus important datant de 2009 avec le passage de près de 110 CIL à une vingtaine.

En 2017, à l'initiative des partenaires sociaux, une réforme de leur gouvernance fut mise en place. Elle fut axée sur la création de trois structures :

- Action Logement Groupe pour le pilotage global et les axes stratégiques ;
- Action Logement Services, le collecteur unique ;
- Action Logement Immobilier, regroupant toutes les participations immobilières.

La présence d'Action Logement au plan local est assurée par les comités régionaux d'Action Logement (CRAL) en métropole ou Comités territoriaux (CTAL) en outre-mer[6].

Interventions

Action Logement intervient dans cinq principaux domaines :

- les interventions en faveur de salariés connaissant des difficultés particulières, par exemple au travers d'un service d'accompagnement social ou d'une aide à l'adaptation du logement ;
- les aides à l'accession à la propriété des personnes physiques salariées du secteur privé, et les prêts destinés à financer la réalisation de travaux lors de l'emménagement ;
- les aides aux personnes physiques salariées ou non d'entreprises cotisantes, ainsi qu'aux jeunes en situation ou en recherche d'un premier emploi, qui souhaitent accéder à un logement locatif dans le parc privé ou social (avance pour financer le dépôt de garantie, garantie de paiement des loyers, aide à la mobilité, etc.) ;
- le soutien au développement de l'offre HLM sur tous les territoires ;
- la contribution au financement des politiques publiques, comme l'effort en faveur de la rénovation urbaine menée par l'Anru, dont Action Logement est un financeur important.

Les interventions d'Action Logement peuvent participer au financement de tous types de développements : constructions, acquisitions en Véfa, acquisitions de terrains, d'immeubles, réhabilitations, etc. Les prêts peuvent être de long terme (50 ans) ou de court terme, à taux fixe ou à taux variable.

En 2022, Action Logement Services a mobilisé 3 200 M€ en prêts, subventions et dotations en fonds propres des OLS, en faveur du logement abordable (PLAI, PLUS, PLS et LLI – logement locatif intermédiaire).

Acteur de l'immobilier social et intermédiaire

Action Logement n'est pas seulement un financeur du logement social ; c'est aussi un des acteurs directs les plus importants du secteur. Action Logement Immobilier, société par actions simplifiée unipersonnelle (Sasu), met en œuvre la stratégie immobilière du Groupe, détient les titres des participations de l'ensemble des filiales immobilières, dont 45 entreprises sociales pour l'habitat (ESH), et s'assure des équilibres financiers et de gestion permettant la mise en œuvre des objectifs attendus par le Groupe en matière de production et de réhabilitation. Action Logement détient un patrimoine de plus d'un million de logements sociaux et intermédiaires et a mis en chantier 44 000 logements en 2024.

15.4.3 L'État

Les financements sont multiples et les chiffres cités ici sont partiels et indicatifs. Les données chiffrées sur le logement en France sont riches, précises et publiques ; on pourra consulter notamment les « Comptes du logement », publiés annuellement par le Service des données et études statistiques (SDES) du ministère en charge du territoire.

▼ **Tab. 15.2.** Dépenses annuelles d'aide au logement et montant moyen par foyer allocataire
(source : Direction de la recherche, des études, de l'évaluation et des statistiques (Dress), « Minima sociaux et prestations sociales », 2024)

	2010	2016	2022
Montant annuel (M€)	15 933	18 058	15 411
Dont aide personnalisée au logement (APL)	6 868	8 364	6 843
Dont allocation de logement sociale (ALS)	4 914	5 292	5 195
Dont allocation de logement familiale (ALF)	4 151	4 402	3 373
Montant mensuel moyen par foyer allocataire (€ courants)	219	241	219

Il convient de distinguer deux grandes catégories : le financement de la construction neuve locative sociale par l'aide à la pierre (destiné en majorité aux OLS) et le financement de l'aide au logement (destiné aux locataires).

Les aides au logement

Les aides au logement permettent de couvrir une partie de la dépense de logement des ménages, qu'il s'agisse du loyer et des charges pour les locataires ou des mensualités de remboursement et des charges pour les accédants à la propriété ayant signé un prêt immobilier avant le 1er janvier 2018. Ces prestations sont constituées de l'aide personnalisée au logement (APL), de l'allocation de logement familiale (ALF) et de l'allocation de logement sociale (ALS). Fin 2021, 6,1 millions de foyers allocataires bénéficiaient d'une aide au logement pour un montant mensuel moyen de 215 € (tab 15.2).

Depuis 2016, les trois aides sont financées par le Fonds national d'aide au logement (Fnal). Ce fonds compense aux administrations de sécurité sociale (caisses d'allocation familiale et mutualité sociale agricole) le versement des aides au logement. Le financement du Fnal est assuré par une contribution des employeurs, une contribution des régimes de prestations familiales et une dotation budgétaire de l'État qui assure l'équilibre du fonds. En 2022, l'État avait financé 82 % du montant total des aides personnelles au logement *via* le Fnal.

Les aides aux opérations de construction

Les aides aux opérations de construction, aussi appelées aides à la pierre, recouvrent les subventions versées aux OLS pour alléger la facture initiale des nouveaux immeubles. Le Fonds national d'aide à la pierre (Fnap) est une instance de discussion, de réflexion et de décision sur la définition et la programmation des crédits consacrés à ces aides à la pierre. L'aide à la pierre est, depuis la réforme de 1977[7], d'un poids budgétaire incomparablement plus faible que l'aide à la personne : au total, 337 M€ d'aides à la pierre ont été répartis en 2024 entre les différentes régions, soit quarante fois moins que l'aide à la personne. Les participations d'Action Logement au Fnap, qui ont varié selon les années, devraient cesser en 2025.

Par ailleurs, régions, départements, communes et intercommunalités ont créé des aides destinées aux OLS pour faciliter l'équilibre des montages d'opérations, et notamment en Île-de-France des subventions permettant de compenser les prix élevés des terrains.

En plus des aides directes, les OLS bénéficient d'aides indirectes au travers des « non-recettes » de l'État : taux de TVA à 10 % pour la construction de logements et exonération de la taxe foncière sur les propriétés bâties (TFPB) de 15 à 25 ans. La TFPB acquittée par les OLS représente près de 2,5 Md€, soit l'équivalent de plus de 10 % des loyers. Elle constitue, pour la majorité d'entre eux, le troisième poste de dépense après l'annuité de la dette et les charges de personnel. Sans les mécanismes d'allègements, la charge serait presque 50 % plus élevée. L'exonération de long terme de la TFPB est une aide déterminante pour les équilibres d'opération et pour la fixation de loyers accessibles aux ménages aux revenus modestes. Elle équivaut à une subvention de près de 20 000 euros par logement, très largement supérieure aux subventions directes accordées.

15.4.4 Les banques et l'immobilier

Au lendemain de la Seconde Guerre mondiale, les groupes financiers investirent progressivement le secteur du logement, à l'époque dominé par le financement public. Les crédits aux promoteurs pour l'acquisition des terrains et les prêts complémentaires aux candidats à l'accession étaient autant de créneaux devenus disponibles. C'est dans ce contexte que l'Union de crédit pour le bâtiment (UCB) vit le jour en 1951, volonté commune des professionnels du bâtiment et de plusieurs banques, dont le Crédit foncier de France, de développer le financement du logement et d'introduire des techniques financières nouvelles.

Dans les années 1950, le marché des crédits-acquéreurs était encore monopolisé par le Crédit foncier de France, mais de nouvelles formules de crédit furent imaginées, dont le crédit différé, ancêtre des actuels plans d'épargne logement. Ces premières expériences de groupes financiers spécialisés dans les crédits furent confortées par le désengagement progressif de l'État dans ce domaine amorcé à partir de 1958. Le crédit au logement devint ainsi progressivement l'apanage des banques.

En 1963, l'État mit en œuvre un plan de normalisation des conditions de financement du logement en France. Ce plan comportait notamment une mesure importante, la réforme des prêts spéciaux du Crédit foncier de France (voir partie 2.7), avec pour principales caractéristiques le plafonnement de leur montant, l'augmentation de leur taux et l'éligibilité de leur octroi sur critères sociaux, ce qui dégagea un vaste champ d'action pour les groupes financiers. Le plein effet de la réforme fut atteint en 1966 avec la création du marché hypothécaire, qui permit aux établissements de crédit de refinancer leurs prêts au logement assortis d'une hypothèque. Ce marché met en relation des établissements souhaitant se refinancer, apporteurs de créances hypothécaires correspondant aux prêts accordés, avec des institutions bancaires ou collectrices d'épargne apporteuses de capitaux.

Les organismes de crédits spécialisés ne furent pas les seuls bénéficiaires de cette évolution, puisqu'elle permit également aux banques nationalisées d'orienter massivement les dépôts vers le crédit au logement. Dès le début des années 1970, les banques représentaient la moitié du marché des prêts hypothécaires.

Ce transfert du financement du logement vers les banques s'amplifia avec l'instauration de deux nouvelles formules de crédit bonifié par l'État : le compte épargne-logement (CEL) en 1965 et le plan épargne logement (PEL) en 1969 :

- le CEL couple une phase d'épargne d'au moins 18 mois à l'obtention de prêts avantageux pour l'achat d'une résidence ;
- le PEL allonge la période d'épargne à 4 ans et augmente les possibilités de prêt par rapport au CEL.

En 1972, la mise au point de la formule des prêts immobiliers conventionnés (PIC), distribuables par les banques dans le cadre d'une convention passée avec l'État, confirma le rôle croissant des banques dans le financement du logement.

La réorganisation du marché de l'immobilier se poursuivit avec la réforme du logement de 1977, qui réorienta les aides publiques de la pierre vers la personne, et créa notamment l'APL. Une solution unique, le prêt d'accession à la propriété, remplaça toutes les formules antérieures de prêts bonifiés.

Depuis les années 1980, le logement occupe ainsi une part importante des financements des banques, mais si toutes les banques ont aujourd'hui un pied dans l'immobilier, elles avancent en ordre dispersé. Produit typique de la banque de détail, le crédit immobilier fait l'objet d'une forte compétition, avec des marges resserrées. En juillet 2023, l'encours total des prêts à l'habitat des particuliers représentait environ 1 300 Md€, portés à plus de 80 % par les groupes bancaires coopératifs et mutualistes dotés du maillage territorial le plus conséquent (Caisses d'épargne, Crédit agricole, etc.).

Le marché français des crédits à l'habitat reste sain :

- crédits presque exclusivement octroyés à taux fixe (99,2 % de la production en 2022 et 97,7 % de l'encours en fin d'année), limitant les risques liés à la remontée des taux sur la solvabilité des emprunteurs ;
- la quasi-totalité de l'encours (96,8 %) bénéficie d'une garantie, notamment de type caution ou hypothèque, permettant de limiter les pertes pour les banques en cas de défaut de paiement de la part d'un emprunteur ;
- la politique d'octroi des crédits repose sur l'appréciation de la solvabilité de l'emprunteur, mesurée notamment par le taux d'effort, ce qui limite le risque de défaut de paiement. Des méthodes basées sur la valeur de marché du bien financé ne permettraient pas cette limitation du risque.

En un peu plus de 70 ans, les banques sont ainsi devenues des actrices incontournables de l'immobilier.

15.5 Structures diverses associées au logement

L'omniprésence historique de l'État et des collectivités locales a induit une multiplication de structures aux échelons régionaux, départementaux et locaux, réparties en quatre grandes familles :

- régalienne, qui constitue l'expression du pouvoir de l'État ;
- locales, au sein desquelles est organisée la concertation ;
- consultatives, au travers de structures opérationnelles chargées de missions spécifiques, comme des agences et des établissements publics ;
- déléguées. S'y déroulent les actions spécifiques des régions, départements, communes ou EPCI.

Pour une opération de logement social peuvent être ainsi identifiées, sans rechercher l'exhaustivité, les interventions de trente directions, établissements, comités, agences, etc., pour certaines démultipliées aux niveaux régional, départemental, intercommunal ou communal.

Au total, des centaines de directions, d'établissements, de comités, de missions, de caisses, de services, de délégations, de conférences, d'agences, de centres, de plans, de fonds, etc., participent au pilotage du logement social en France. Sans porter d'appréciation sur la pertinence et l'efficacité de ce dispositif, force est de constater sa complexité.

15.5.1 Structures étatiques

Direction générale de l'aménagement, du logement et de la nature (DGALN)

Elle rassemble notamment le secrétariat permanent du plan urbanisme construction architecture, la direction de l'habitat de l'urbanisme et des paysages, ainsi que la direction de l'eau et de la biodiversité.

Délégation interministérielle à l'hébergement et à l'accès au logement (Dihal)

Elle est chargée d'assurer la coordination et le suivi de la mise en œuvre des priorités définies par le gouvernement en matière d'hébergement et d'accès au logement des personnes sans abri ou mal logées.

Direction générale de la cohésion sociale (DGCS)

Direction d'administration centrale des ministères sociaux chargée de la conception, du pilotage et de l'évaluation des politiques publiques de solidarité, de développement social et de promotion de l'égalité favorisant la cohésion sociale. Elle veille à la cohérence nationale et territoriale de ces politiques.

Réseau des caisses d'allocations familiales (Cnaf et Caf)

Il prend en charge les prestations légales et développe une action sociale familiale sur ses territoires.

Directions régionales de l'environnement, de l'aménagement et du logement (Dreal)

Service déconcentré de l'État chargé en région des politiques de l'écologie, du développement durable, des transports, de l'énergie et du logement.

Direction régionale et interdépartementale de l'environnement, de l'aménagement et des transports (Drieat) et direction régionale et interdépartementale de l'hébergement et du logement (Drihl)

Équivalentes aux Dreal mais en Île-de-France.

Directions départementales des territoires (DDT) et directions départementales des territoires et de la mer (DDTM)

Placées sous l'autorité des préfets de département, ces directions sont chargées de la mise en œuvre des politiques des ministères chargés de l'écologie, des territoires et de l'agriculture.

Directions départementales de l'emploi, du travail, des solidarités et de la protection des populations (DDETSPP)

Services déconcentrés de l'État officiant auprès du préfet de département dans les domaines de l'emploi, de la qualité de l'emploi et des relations du travail, de l'insertion sociale et professionnelle, de l'accès au logement et au travail, de la cohésion sociale, de la prévention des risques d'exclusion, de l'égalité entre les femmes et les hommes, etc.

15.5.2 Instances de réflexion et de conseil

Conseil national de l'habitat (CNH)

Instance consultative sur toute question relative au logement.

Commission nationale de concertation (CNC)

Composée d'organisations de locataires, propriétaires bailleurs et gestionnaires, elle émet des avis sur toute question relative aux rapports locatifs.

Haut comité pour le droit au logement (HCDL)

Il formule des avis, notamment sur le suivi du droit au logement opposable (Dalo).

Conseil économique social et environnemental (Cese)

Assemblée constitutionnelle consultative, par la représentation des principales activités économiques, sociales et environnementales, le Cese favorise la collaboration entre les catégories socioprofessionnelles et assure leur participation à la définition et à l'évaluation des politiques publiques.

Conseil économique, social et environnemental régional (Ceser)

Assemblée consultative placée auprès du Conseil régional et de son président.

Conférence intercommunale du logement (CIL)

Intervient sur les règles de fonctionnement des OLS et sur la définition de l'offre de logements à créer ainsi que dans l'élaboration d'une charte intercommunale définissant la répartition des objectifs quantifiés d'accueil des personnes défavorisées dans le parc locatif social.

15.5.3 Agences et établissements publics

Agence nationale de contrôle du logement social (Ancols)

Établissement public administratif de l'État placé sous la double tutelle des ministres chargés du logement et de l'économie. Elle a pour missions principales le contrôle et l'évaluation des organismes intervenant dans le secteur du logement social et des bénéficiaires de la PEEC (1 % logement), ainsi que l'évaluation transversale du secteur du logement social par la réalisation d'études et la production de statistiques.

Agence nationale pour la rénovation urbaine (Anru)

Elle met en œuvre le programme national de rénovation urbaine (PNRU), qui vise la transformation des quartiers les plus fragiles classés en quartiers prioritaires de la politique de la ville (QPV).

Agence nationale de l'habitat (Anah)

Établissement public d'État qui a pour mission de mettre en œuvre la politique nationale de développement et d'amélioration du parc de logements privés existants.

Établissements publics fonciers d'État (EPF)

Établissements publics à caractère industriel et commercial (Epic), créés par décret en Conseil d'État, et dotés de la personnalité morale et de l'autonomie financière. La création de ce type d'établissement est inscrite à l'origine dans le cadre de la politique foncière conduite par les pouvoirs publics.

Agences nationales et départementales pour l'information sur le logement (Anil et Adil)

Réseau d'information sur l'habitat et le logement.

Centres intercommunaux d'action sociale (CIAS)

Établissements publics communaux intervenant principalement dans l'aide sociale légale, l'aide sociale facultative et l'action sociale, ainsi que dans l'animation des activités sociales.

Centres communaux d'action sociale (CCAS)

Établissements publics gérés par un conseil d'administration et présidés par le maire de la commune. Les CCAS instruisent les demandes d'aides pour le compte de l'État, du département (aides légales) et de la commune (aides facultatives). Ils reçoivent, informent et orientent le public dans le cadre de la prévention sociale, et notamment dans différentes démarches qu'il rencontre : handicap, logement inadapté, expulsion, difficultés financières. Ils reçoivent et instruisent les demandes de logement social pour le compte des villes et des préfecture. Enfin, ils gèrent et organisent des services à destination des personnes âgées et en situation de handicap.

15.5.4 Régions

Les régions ne possèdent pas de compétence obligatoire sur le logement. Toutefois, certaines régions interviennent directement dans le domaine du logement des étudiants et des jeunes, mais également dans d'autres champs, notamment celui de la politique foncière au travers du soutien des collectivités au moyen d'aides financières ou par la mise en place d'un établissement public d'intervention foncière (EPF).

15.5.5 Départements

Les départements sont en charge de la solidarité. Leur action concerne l'enfance, les personnes en situation de handicap, les personnes âgées et les prestations légales d'aide sociale, dont la gestion du revenu de solidarité active (RSA). Les départements peuvent être délégataires des aides à la pierre.

Plan départemental d'action pour le logement des personnes défavorisées (PDALPD)

Chaque département a obligation de se doter d'un tel plan et de créer un Fonds de solidarité pour le logement (FSL). Ces dispositifs sont copilotés par l'État et le département.

Fonds de solidarité pour le logement (FSL)

Un FSL est institué dans chaque département. Ce fonds accorde des aides financières aux personnes qui rencontrent des difficultés pour s'acquitter des obligations locatives et des charges relatives à leur logement.

Établissements publics de coopération intercommunale (EPCI) et Établissements publics territoriaux (EPT) pour la Métropole du Grand Paris

Ce sont des regroupements de communes ayant pour objet l'élaboration de projets communs de développement au sein de périmètres de solidarité. Les communautés urbaines, communautés d'agglomération, communautés de communes, syndicats d'agglomération nouvelle, syndicats de communes et syndicats mixtes sont des EPCI. L'EPCI met en œuvre une politique communautaire de l'habitat au niveau intercommunal à partir de son programme local de l'habitat (PLH). Il peut être délégataire des aides à la pierre et peut subventionner les opérations selon ses compétences.

15.5.6 Communes

Les communes interviennent dans l'ensemble des aspects de l'habitat : PLU, droit des sols, permis de construire, aide à la réalisation des programmes (garantie d'emprunt, subvention d'équilibre ou foncière). Elles participent aux attributions de logements sociaux.

Notes

1. Banque des territoires et groupe Caisse des dépôts, « L'atlas des logements et des territoires », édition 2021.
2. USH, chiffres clés du logement social, édition 2023.
3. Ordonnance n° 2007-137 du 1er février 2007 relative aux Offices publics de l'habitat, complétée par la loi Dalo n° 2007-290 du 5 mars 2007.
4. USH, « Acheter en Véfa », octobre 2010.
5. Ancols, « Étude relative aux coûts de production des logements sociaux [...] », © 1630 Conseil, *op. cit.*
6. Bernard Coloos et Claire Guidi, « Action Logement (ou 1 % logement) », politiquesdulogement.com, mars 2023.
7. Loi n° 77-1 du 3 janvier 1977 maintien des aides publiques à l'investissement malgré l'institution de l'aide personnalisée au logement, *JO* du 4 janvier 1977.

16

Étapes de l'opération de logements collectifs en maîtrise d'ouvrage

16.1 Promotion privée et construction sociale : deux modèles

Ce chapitre concerne les opérations de logements collectifs dans leur montage traditionnel : un maître d'ouvrage acquiert un terrain et fait concevoir puis construire un immeuble de logements. Deux grandes familles de projets correspondent à deux écosystèmes distincts : la maîtrise d'ouvrage sociale, représentée majoritairement par les organismes de logements sociaux (OLS), et la maîtrise d'ouvrage privée, représentée par les promoteurs. Ces deux familles d'acteurs sont complémentaires dans la fabrique de la ville ; leurs projets sont au cœur du développement de la mixité sociale urbaine. Tout en étant soumis à des exigences différentes, ils développent leurs projets sur des modes voisins, caractérisés par les étapes et intentions suivantes :

• rechercher en permanence des terrains, des « droits à construire » ;

• convaincre les élus locaux de la pertinence de leurs projets ;

• loger des ménages, de classes moyennes et supérieures pour les promoteurs, aux revenus plus modestes ou sans ressources pour les OLS ;

• passer commande à des équipes de maîtrise d'œuvre, puis à des entreprises de travaux ;

• voir leur projet soumis à des contraintes de financement. Dans un cas comme dans l'autre, le système bancaire supervise le projet, avec ces différences :

– l'agrément de la puissance publique pour les OLS déclenche les financements, notamment les prêts de la Caisse des dépôts,

– la commercialisation des appartements pour les promoteurs, qui dépend des prêts des établissements bancaires auprès des candidats à l'accession.

Promoteurs privés et OLS évoluent dans le même monde de l'immobilier, en concurrence sur les acquisitions foncières, mais également en association sur de nombreuses opérations dans le cadre des ventes en l'état futur d'achèvement (Véfa) aux OLS par les promoteurs d'une partie de leurs opérations. Il est très fréquent que les collectivités locales imposent un pourcentage de logements sociaux dans les opérations de promoteurs privés.

16.1.1 Missions, rémunération et modes d'intervention du promoteur immobilier

Le métier de promoteur immobilier recouvre l'ensemble des compétences permettant la programmation, la conception, la réalisation et la vente d'immeubles. Une façon simple de définir ce métier consiste à lister « ce que le promoteur ne fait pas » : il fait tout, sauf le métier de propriétaire final du bâtiment. Le cœur de son savoir-faire consiste dans la maîtrise du risque : par essence, tout projet immobilier est un prototype... dont on ne connaît le prix final qu'à la fin de la construction. Le promoteur sait anticiper, prévoir et guider la conception et la réalisation au plus près des prévisions.

Le promoteur se rémunère de deux façons :

– par les honoraires de maîtrise d'ouvrage déléguée, qui rétribuent sa prestation de services sur l'opération. Il est à ce titre collègue des équipes de maîtrise d'œuvre, de contrôle technique, du bureau d'étude de sol, du coordonnateur SPS, etc. ;

– par la marge de l'opération, différence entre l'ensemble des coûts engagés et le montant des ventes de logements effectuées.

Les pratiques du promoteur sont encadrées par la loi, qui définit deux modes d'intervention principaux :
– le contrat de promotion immobilière (CPI), mandat d'intérêt commun entre le promoteur immobilier et un maître d'ouvrage qui décide de ne pas construire lui-même. Ce contrat fige les éléments de la promotion : qualité, prix, délais, et bien entendu la description de l'immeuble à construire. Le promoteur est dans ce cas simplement bâtisseur, car il construit pour le compte d'autrui avec un objectif de marge technique ;
– la vente en l'état futur d'achèvement (Véfa), définie par l'article 1601-3 du Code civil. En Véfa, le promoteur est opérateur global, car il achète un terrain, construit le bâtiment et revend le bien immobilier. Une société spécifique est créée pour chaque nouvelle opération (voir partie 15.2.1).

ZOOM CODE CIVIL

Art. 1601-3. La vente en l'état futur d'achèvement est le contrat par lequel le vendeur transfère immédiatement à l'acquéreur ses droits sur le sol ainsi que la propriété des constructions existantes. Les ouvrages à venir deviennent la propriété de l'acquéreur au fur et à mesure de leur exécution ; l'acquéreur est tenu d'en payer le prix à mesure de l'avancement des travaux.
Le vendeur conserve les pouvoirs de maître de l'ouvrage jusqu'à la réception des travaux.

Dans les opérations de logements collectifs, la Véfa, qui permet une vente « à la découpe » des logements, est l'instrument privilégié des promoteurs. Le CPI est, lui, utilisé dans les opérations de bureaux, un seul client se portant en général acquéreur de l'immeuble entier.

16.1.2 Principes d'une vente en l'état futur d'achèvement (Véfa) pour une opération de logements

Cadre général de la Véfa

L'usage du cadre juridique de la Véfa est courant en promotion immobilière. La Véfa est définie par une loi de janvier 1967[1], complétée par une seconde loi de juillet 1967[2] et par un décret de décembre 1967, et transcrite notamment dans les articles 1601-1 à 1601-3 du Code civil, retranscrits dans les articles L. 261.1 à L. 261.3 du CCH.
Dans le cadre d'une Véfa :
– le vendeur s'engage à édifier un immeuble pour un prix, un délai et une consistance déterminés (niveaux de prestations notamment) ;
– l'acheteur devient propriétaire des ouvrages au fur et à mesure de leur construction au travers de règlements échelonnés, mais sans jamais assumer le rôle de maître d'ouvrage ;
– le vendeur doit fournir à l'acquéreur une garantie financière d'achèvement (GFA), qui garantit à l'acquéreur l'achèvement de l'immeuble en cas de défaillance du promoteur ;
– le contrat de vente peut être précédé d'un contrat de réservation.

ZOOM CODE DE LA CONSTRUCTION ET DE L'HABITATION

Art. L. 261-15. I. La vente prévue [...] peut être précédée d'un contrat préliminaire par lequel, en contrepartie d'un dépôt de garantie effectué à un compte spécial, le vendeur s'engage à réserver à un acheteur un immeuble ou une partie d'immeuble.
Ce contrat doit comporter les indications essentielles relatives à la consistance de l'immeuble, à la qualité de la construction et aux délais d'exécution des travaux ainsi qu'à la consistance, à la situation et au prix du local réservé. [...]

Ces contrats de réservation permettent au promoteur, dans les immeubles en vente par lots à des particuliers, d'engranger des réservations sans prendre immédiatement le risque de la construction. Selon les tendances du marché, un promoteur peut lancer les travaux à partir du moment où les réservations couvrent entre 25 et 50 % du chiffre d'affaires total de l'opération.

Véfa appliquée au logement

La Véfa appliquée au logement est encadrée par le Code civil et le Code de la construction et de l'habitation, contrairement à la Véfa pour les immeubles hors logements.

Modalités de paiement

La loi de juillet 1967, transcrite dans le CCH, fixe également les modalités d'échelonnement du paiement du prix.

ZOOM CODE DE LA CONSTRUCTION ET DE L'HABITATION

Art. R. 261-14. Les paiements ou dépôts ne peuvent excéder au total :
– 35 % du prix à l'achèvement des fondations ;
– 70 % à la mise hors d'eau ;
– 95 % à l'achèvement de l'immeuble.
Le solde est payable lors de la mise du local à la disposition de l'acquéreur ; toutefois il peut être consigné en cas de contestation sur la conformité avec les prévisions du contrat.
[...]

ZOOM CODE DE LA CONSTRUCTION ET DE L'HABITATION

Art. L. 261-10. Tout contrat ayant pour objet le transfert de propriété d'un immeuble ou d'une partie d'immeuble à usage d'habitation ou à usage professionnel et d'habitation et comportant l'obligation pour l'acheteur d'effectuer des versements ou des dépôts de fonds avant l'achèvement de la construction doit, à peine de nullité, revêtir la forme de l'un des contrats prévus aux articles 1601-2 et 1601-3 du Code civil, reproduits aux articles L. 261-2 et L. 261-3 du présent code. Il doit, en outre, être conforme aux dispositions des articles L. 261-11 à L. 261-14 ci-dessous.

Celui qui s'oblige à édifier ou à faire édifier un immeuble ou une partie d'immeuble à usage d'habitation ou à usage professionnel et d'habitation, lorsqu'il procure directement ou indirectement le terrain ou le droit de construire sur le terrain à celui qui contracte l'obligation d'effectuer les versements ou les dépôts ci-dessus définis, doit conclure un contrat conforme aux dispositions de l'alinéa précédent, sauf si le terrain ou le droit est procuré à une société régie par les chapitres Ier, II (sections I et II) et III du titre Ier du présent livre, ou si celui qui les procure est un organisme d'habitations à loyer modéré agissant comme prestataire de service.

[...]

Art. L. 261-11. Le contrat doit être conclu par acte authentique et préciser :

a) la description de l'immeuble ou de la partie d'immeuble vendu ;

b) son prix et les modalités de paiement de celui-ci ;

c) le délai de livraison ;

d) lorsqu'il revêt la forme prévue à l'article 1601-3 du Code civil, reproduit à l'article L. 261-3 du présent code, la justification de la garantie financière prescrite à l'article L. 261-10-1, l'attestation de la garantie étant établie par le garant et annexée au contrat ;

e) La description des travaux dont l'acquéreur se réserve l'exécution lorsque la vente est précédée d'un contrat préliminaire comportant la clause prévue au II de l'article L. 261-15 et dès lors que l'acquéreur n'a pas demandé au vendeur d'exécuter ou de faire exécuter les travaux dont il s'est réservé l'exécution.

Toutefois, lorsque la vente concerne une partie d'immeuble, le contrat peut ne comporter que les indications prévues aux a à d du présent article propres à cette partie, les précisions relatives aux parties d'immeuble non concernées par la vente doivent alors figurer, soit dans un document annexé à l'acte, soit dans un document déposé au rang des minutes d'un notaire et auquel l'acte fait référence.

Il doit également mentionner si le prix est ou non révisable et, dans l'affirmative, les modalités de sa révision.

Il doit, en outre, comporter en annexes, ou par référence à des documents déposés chez un notaire, les indications utiles relatives à la consistance et aux caractéristiques techniques de l'immeuble.

Le règlement de copropriété est remis à chaque acquéreur lors de la signature du contrat ; il doit lui être communiqué préalablement.

Lorsqu'avant la conclusion de la vente, le vendeur a obtenu le bénéfice d'un prêt spécial du Crédit foncier de France ou du Comptoir des entrepreneurs, le contrat doit mentionner que l'acheteur a été mis en état de prendre connaissance, dans des conditions fixées par décret, des documents relatifs à l'équilibre financier de l'opération, au vu desquels a été prise la décision de prêt. L'inobservation des dispositions du présent article entraîne la nullité du contrat. Cette nullité ne peut être invoquée que par l'acquéreur et avant l'achèvement des travaux.

16.1.3 Déroulement d'une opération de Véfa appliquée au logement

Le déroulement d'une opération immobilière en Véfa logement (fig. 16.1) ressemble à celui de l'opération de locatif social. Les grandes étapes sont les suivantes : le promoteur achète un terrain, puis passe commande de la conception d'un projet à un architecte et en confie la réalisation à un entrepreneur de travaux qui lui livre l'immeuble achevé.

Dans leur détail, les étapes de la Véfa sont différentes de celles du locatif social, avec moins de contraintes juridiques et plus d'incertitudes économiques. Contrairement au maître d'ouvrage social, le promoteur est en effet totalement libre dans les modalités de choix de l'ensemble des prestataires de l'opération, en études comme en travaux, mais il évolue en univers économiquement incertain. En effet, alors que le bailleur social maîtrise dès l'origine de l'opération l'ensemble de ses hypothèses économiques (recettes locatives notamment), avec comme principale incertitude le coût des travaux, le promoteur ne peut savoir avec précision à quel prix il vendra les appartements. Il gère donc une double incertitude sur les dépenses (le coût des travaux) et les recettes (la vente des appartements).

Le volet foncier comprend la recherche foncière, l'identification du terrain, de ses capacités constructives de principe (notamment à partir du PLU), puis la vérification de la viabilité d'une opération d'accession à la propriété à cet endroit et notamment l'approche du marché local et de la concurrence. Cette analyse est désignée par l'expression « étude de faisabilité ».

Lorsque l'étude de faisabilité est encourageante, le promoteur décide d'engager des crédits d'étude pour une esquisse architecturale, une étude de marché et de la concurrence plus précise. Cette seconde étude, si elle

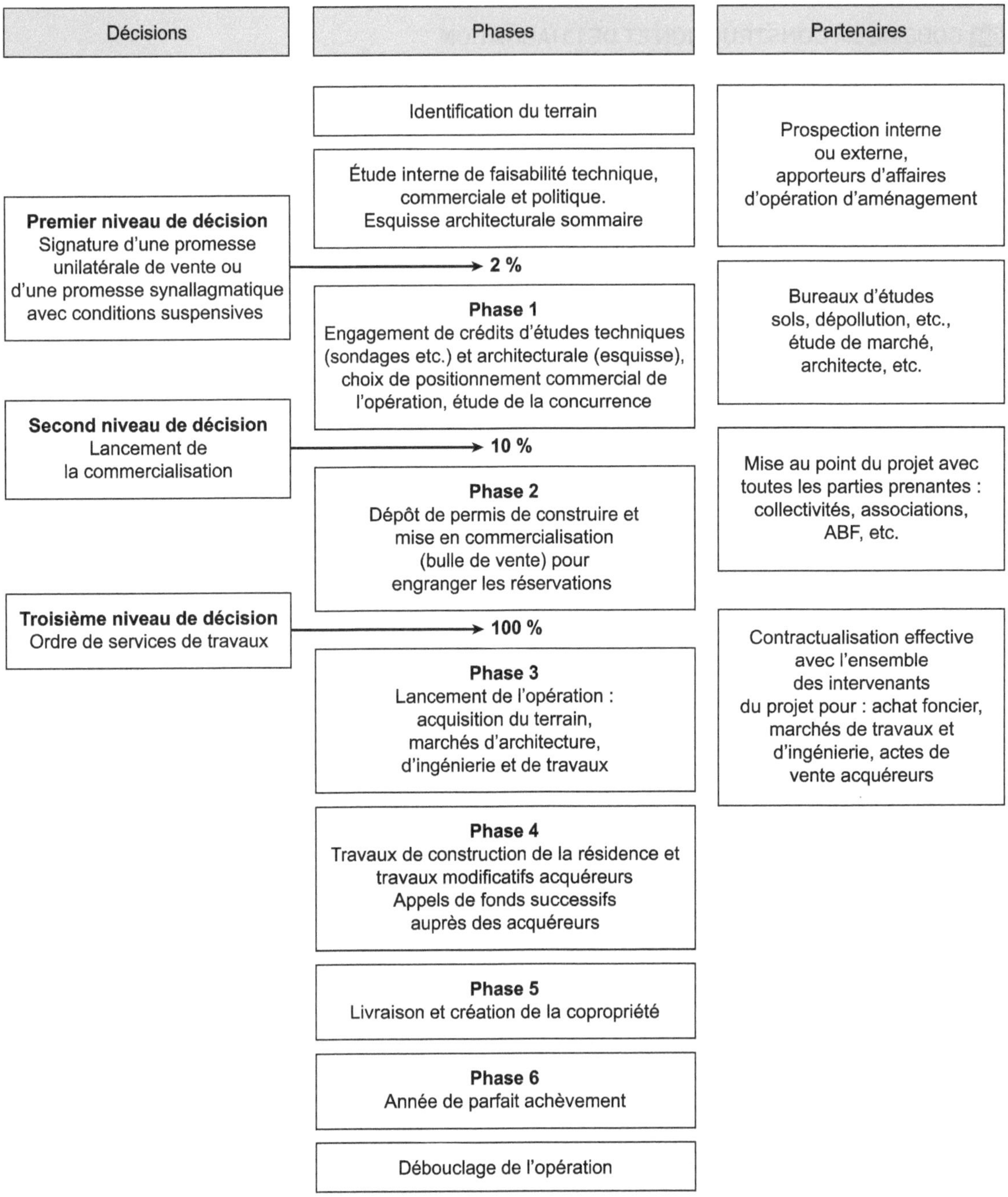

▲ **Fig. 16.1.** Les étapes de l'opération de promotion immobilière ; les pourcentages correspondent au niveau de risque pris par rapport au coût total de l'opération

s'avère concluante, conduit à engager la phase opérationnelle du projet. L'équipe de maîtrise d'œuvre met alors au point le dossier de permis de construire et les équipes commerciales engagent la mise en commercialisation des appartements du futur immeuble.

Lorsque le permis est purgé et que la commercialisation des appartements atteint un niveau minimal, par exemple 30 %, les travaux sont lancés.

Le promoteur immobilier distingue trois échéanciers dans l'opération, sur une durée de 3 à 4 ans en moyenne :

- l'échéancier du montage, qui commence à l'identification du terrain et s'achève à l'ordre de service des travaux ;
- l'échéancier des travaux ;
- l'échéancier de la commercialisation, qui commence en phase de montage, dès l'obtention du permis de construire purgé des recours, car l'opération est alors « sécurisée ».

▼ **Tab. 16.1. Étapes d'une opération de construction de logements, avec durées constatées sur une opération de 70 logements en périphérie d'une métropole, sans valeurs autres qu'indicatives**

Échéancier	Étape	Mois M +
du montage	Promesse de vente du terrain	0
	Dépôt du permis	8
	Obtention du permis	13
	Acte terrain	16
	Ordre de service	**17**
des travaux pour un chantier de 24 mois	Terrassements	24
	Fin des fondations	25
	Plancher bas du rez-de-chaussée	30
	Hors d'eau	36
	Hors d'air	38
	Démarrage du montage des cloisons	40
	Achèvement de l'immeuble	50
	Déclaration d'achèvement de travaux	**51**
de la commercialisation	Mise en commercialisation	13
	Première réservation	13
	Première vente	17
	Dernière vente	**51**

Chacun de ces trois échéanciers comporte plusieurs étapes, qui se déroulent selon l'ordre indiqué dans le tableau 16.1 et qui sont comptabilisées en mois à partir du mois « M » de démarrage.

16.1.4 Principe de l'opération de maîtrise d'ouvrage sociale

OLS et promoteurs sont des acteurs de l'immobilier. Si les métiers sont différents, les savoir-faire de base sont proches : capacité à anticiper sur l'avenir des sites, relationnel politique, conduite des négociations avec les parties prenantes locales, sens de l'équilibre et de la recherche de consensus.

En amont, au stade de la recherche foncière, les approches sont identiques : validation interne du choix du terrain, mise en place d'un consensus avec la collectivité locale sur l'opportunité de l'opération liée à sa pertinence globale et à sa synchronisation avec l'agenda politique de la ville.

Lorsque le stade du foncier est dépassé, les processus de l'OLS (fig. 16.2) s'éloignent de ceux du promoteur privé. En effet, s'il s'agit bien, dans les deux cas, de concevoir un projet puis de construire un immeuble, l'OLS est :

- encadré par une réglementation spécifique (loi n° 85-704 du 12 juillet 1985 relative à la maîtrise d'ouvrage publique et à ses rapports avec la maîtrise d'œuvre privée, dite loi MOP) pour ce qui concerne le choix de la maîtrise d'œuvre, les appels d'offres concernant les travaux, etc. ;
- dépendant des accords de financement de l'État, des collectivités locales, etc., pour son bouclage financier et la mobilisation des fonds permettant de construire. La participation de l'OLS au financement sur ses fonds propres se situe autour de 10 % au maximum du total. Alors que le promoteur valide seul son opération, en fonction de sa commercialisation, le bailleur social est lié aux accords de l'ensemble des tierces parties financières. Le promoteur bénéficie aussi du concours des banques, mais seulement sous la forme de prêts de financement liés à la trésorerie de l'opération. Il arrive que le banquier du promoteur prenne une participation dans la SCCV (voir partie 15.2.1) qui porte l'opération.

Pour le reste, OLS comme promoteur perçoivent des honoraires de conduite d'opération et de pilotage de l'investissement, suivent les travaux de la maîtrise d'œuvre

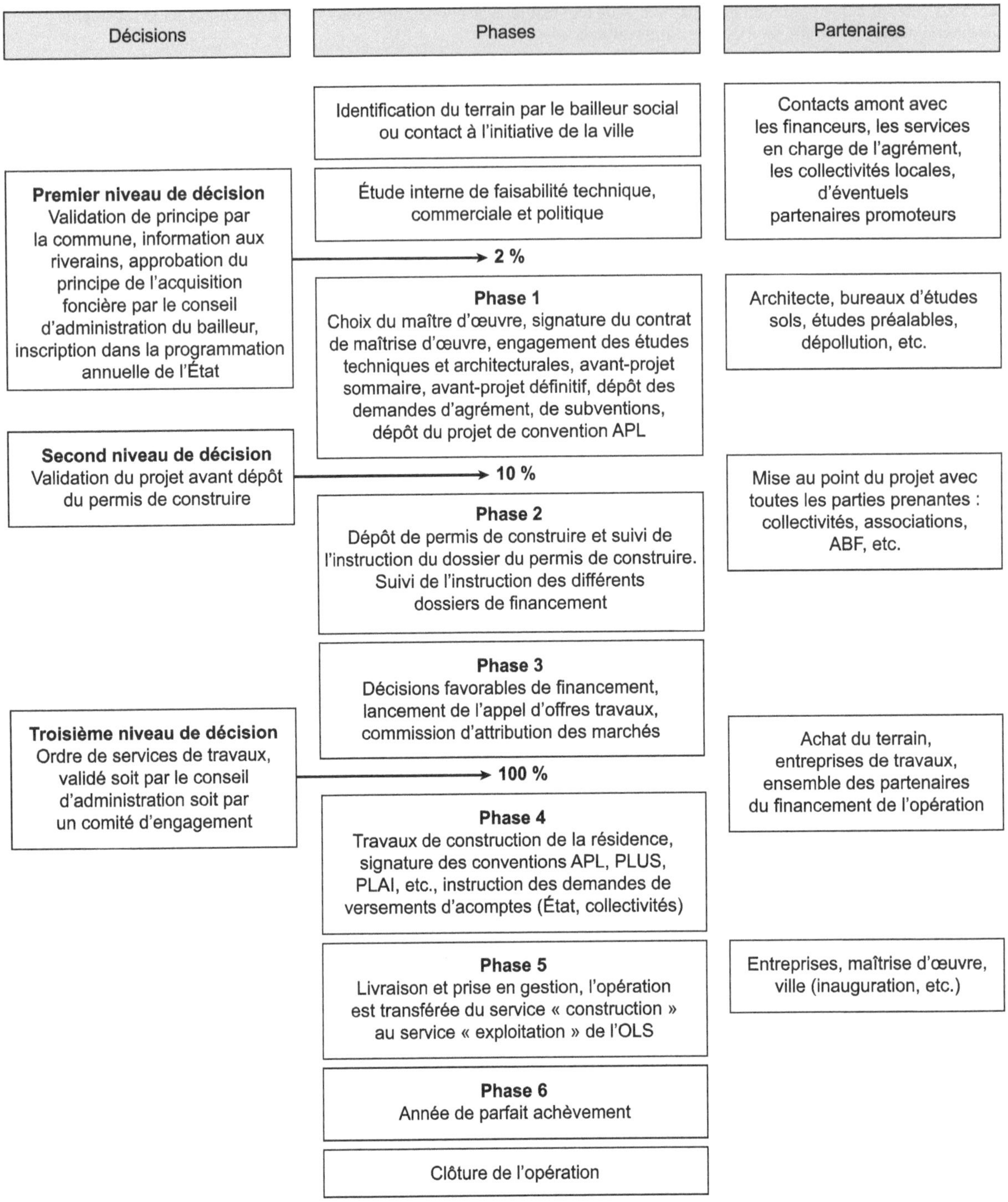

▲ **Fig. 16.2.** Les étapes de l'opération de maîtrise d'ouvrage sociale

et l'avancement du chantier de la même façon. À la différence près que le promoteur « transfère » son immeuble à la copropriété constituée, alors que le bailleur social « conserve » le bâtiment, pris en charge par son service de gestion.

16.2 En amont de l'opération de logements, la question foncière

16.2.1 Acquisition du terrain

Trois modes d'acquisition de terrains peuvent être identifiés.

Acquisition d'un terrain auprès d'un tiers, en concurrence avec d'autres opérateurs

Cette méthode est la plus directe et la plus simple. Le promoteur comme l'OLS s'y trouvent en compétition économique. Il est courant d'affirmer que les promoteurs, qui vendent leurs logements au prix du marché, disposent d'une capacité d'achat plus forte que les OLS. Dans les zones tendues, le promoteur peut en général surenchérir sur le terrain, car ses logements seront vendus à un prix élevé. Ces valeurs foncières « de promoteur » ne sont la plupart du temps pas accessibles directement aux OLS. Seules les collectivités locales, que ce soit au coup par coup au travers des déclarations d'intention d'aliéner (DIA), explicitement au travers du PLU ou implicitement dans les négociations globales sur l'urbanisation d'une zone et les attributions de permis de construire, sont en mesure d'infléchir cette logique économique dont la conséquence directe est la ségrégation spatiale : en l'absence de correction des effets naturels du marché, le logement social ne se construit que sur les terrains dont les promoteurs ne veulent pas. Comme on le verra plus loin, la Véfa permet de traiter au moins de façon partielle cette difficulté.

ZOOM LA DÉCLARATION D'INTENTION D'ALIÉNER

Une ville peut se porter acquéreuse d'un terrain ou d'un immeuble au moment de sa mise en vente, notamment au profit d'un OLS, mais la remise en cause du prix de cession projeté implique des procédures parfois complexes.

Acquisition de charges foncières auprès d'un aménageur public ou privé

Une opération d'aménagement, inscrite au 1er alinéa de l'article L. 300-1 du Code de l'urbanisme, a notamment pour objet de mettre en œuvre un projet urbain ou une politique locale de l'habitat. L'initiative est jugée nécessaire par une collectivité publique, éventuellement déléguée à un partenaire privé, et traduit sa volonté d'ordonnancer le développement ou la réorganisation de l'urbanisation, notamment par la réalisation de travaux d'équipements publics. En pratique, une opération d'aménagement consiste à rassembler des emprises foncières existantes et à les redéployer selon un schéma pensé en cohérence avec le devenir de la ville ou du quartier concerné. Une telle opération conjugue en général logement social et promotion privée, dans une optique de mixité sociale.
Un exemple de bilan d'aménagement est présenté en figure 16.3. Les charges sont principalement les suivantes :
- frais d'acquisitions foncières ;
- dépenses techniques de remise en état des sols (démolition, dépollution), de restructuration et de création de voiries ;
- frais d'études pré-opérationnelles ou opérationnelles ;
- dépenses de gestion (assurances, impôts, gardiennage, entretien, etc.) ;
- frais financiers correspondant à des emprunts spécifiques éventuels adossés au projet.

Face à ces charges, l'opération d'aménagement perçoit des recettes en cédant les charges foncières des parcelles recomposées à des opérateurs immobiliers, promoteurs et OLS.

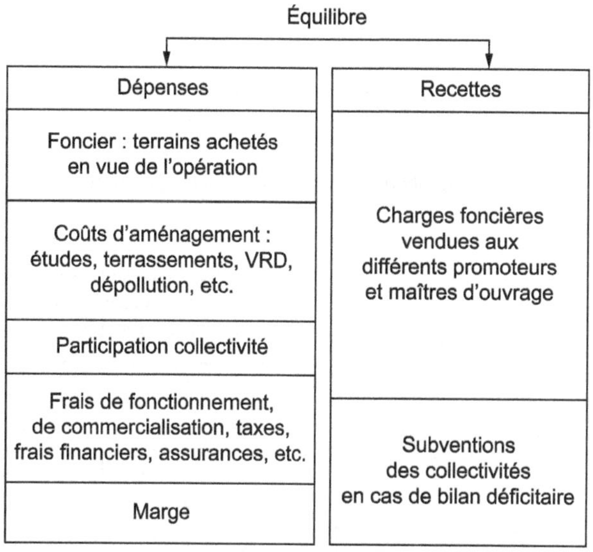

▲ **Fig. 16.3.** Exemple de bilan d'aménagement simplifié

Face à l'offre de l'aménageur, chaque acteur constructeur, promoteur ou OLS, doit équilibrer son propre bilan, c'est-à-dire vérifier que l'achat du terrain à l'aménageur est cohérent avec l'équilibre de son opération. La figure 16.4 présente un bilan de promoteur simplifié : plus le prix de vente potentiel des logements à construire (estimé à partir du marché) est élevé, plus le foncier peut être acquis à prix élevé auprès de l'aménageur.
L'opération d'aménagement permet une péréquation des valeurs de charges foncières cédées aux promoteurs et aux OLS, des charges foncières plus élevées appliquées aux opérations de promotion privée compensant des charges foncières plus faibles accessibles aux OLS (fig. 16.5), mais ces possibilités de péréquation varient avec la conjoncture du marché immobilier. Les opérateurs privés restent en capacité d'absorber une péréquation avec les autres produits tant que le marché privé se porte bien ; en bas de cycle, lorsque les prix du privé baissent ou stagnent, le dispositif peut se trouver figé.

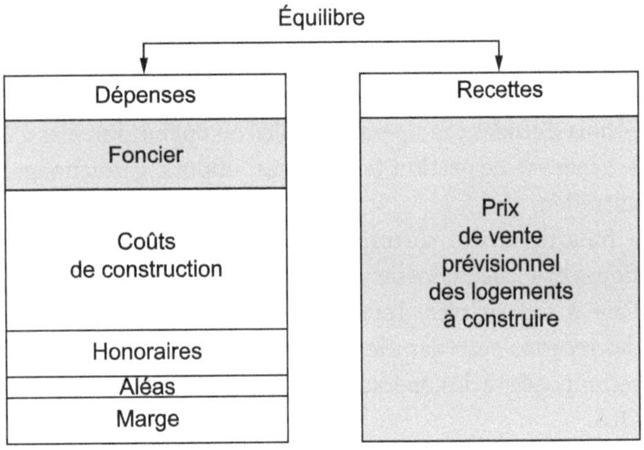

▲ **Fig. 16.4.** Exemple de bilan promoteur simplifié

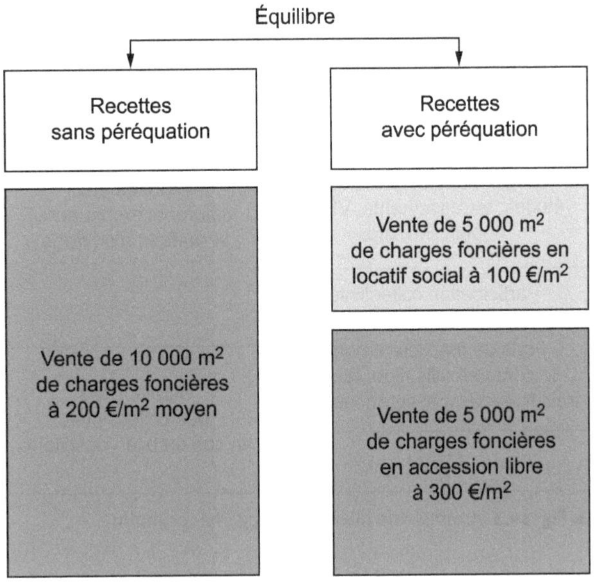

▲ **Fig. 16.5.** Péréquation des charges foncières dans une opération d'aménagement associant locatif social et promotion privée

POUR EN SAVOIR PLUS...

Document

DS avocats, « Aménagement, partenariats, montages. Guide de l'aménagement opérationnel », cahier n° 132 d'Actualités habitat, Union sociale pour l'habitat (USH), 2010

Au-delà de cette faisabilité économique fluctuante, l'opération d'aménagement présente, pour les promoteurs comme pour les OLS, les inconvénients de la durée – elle peut se développer sur plusieurs années voire plusieurs décennies – et de la moindre maîtrise des choix stratégiques de ses opérations : attribution des parcelles, parfois choix des architectes, etc., sont effectués officiellement ou non par l'aménageur et éventuellement la collectivité locale.

L'aménageur « transforme » l'utilisation de l'espace par acquisitions de terrains, recomposition des voiries et des parcelles et choix stratégiques de leur utilisation future : équipements, logements, bureaux, etc. Une opération d'aménagement se déroule sur plusieurs années et doit au final équilibrer ses dépenses et ses recettes. Selon les cas, les collectivités seront conduites à subventionner l'opération ou bénéficieront d'une participation. Dans les zones tendues, notamment l'Île-de-France, l'équilibre des opérations est notablement lié à l'évolution de la conjoncture immobilière.

Le métier des établissements publics fonciers (EPF) consiste à acquérir des terrains, en vue de leur aménagement par un tiers chargé de la construction de logements, de nouveaux quartiers ou encore d'équipements publics... Dix EPF d'État, vingt-trois EPF locaux et deux établissements publics fonciers et d'aménagement (EPFA) d'État interviennent en France. Les EPF revendent ensuite les terrains aux collectivités. Ils accompagnent les collectivités dans la définition de leur projet et ont pour rôles :

- l'optimisation du foncier au travers du regroupement de parcelles et de la définition de la densité urbaine ;
- la revitalisation des centres anciens ;
- le recyclage urbain, en particulier par la requalification de friches.

Leurs compétences en ingénierie foncière permettent de conseiller et d'assister les collectivités, notamment celles qui ont peu de moyens, et de les encourager à développer leur projet de territoire, ainsi qu'à définir une stratégie foncière d'anticipation.

Acquisition directe d'un foncier public

Chaque année, 70 à 80 terrains publics sont vendus pour la construction de 6 000 à 10 000 logements, avec une très forte proportion de logements sociaux. Pour les programmes comportant des logements sociaux, l'État a choisi de baisser le prix de ses terrains par application d'une décote sur la valeur vénale initiale. L'État favorise ainsi la construction de logement pour les personnes à faibles revenus.

Ces efforts sont concentrés dans les zones tendues, où le foncier disponible est rare et coûteux, ne permettant pas d'équilibrer financièrement les opérations comportant du logement social. De plus, afin de réserver les terrains les plus intéressants pour du logement notamment social et d'en accélérer les ventes, les préfets de région fixent régulièrement, dans des arrêtés préfectoraux, les listes de terrains susceptibles de recevoir de telles opérations.

Pour la réalisation de logements sociaux, l'État peut tenir compte de l'aspect social de ces programmes pour fixer le prix de ce foncier. Cette possibilité a été offerte par la loi n° 2013-61 du 18 janvier 2013 relative à la mobilisation du foncier public en faveur du logement et au renforcement

des obligations de production de logement social et consolidé par la loi n° 2018-1021 du 23 novembre 2018 portant évolution du logement, de l'aménagement et du numérique. Cette décote peut également s'appliquer sur les ventes de terrains appartenant à certains établissements publics de l'État :
- établissements publics de transport, tels que la SNCF et la RATP ;
- établissements publics hospitaliers indiqués dans les articles R. 3211-32-1 et suivants du Code général de la propriété des personnes publiques (CG3P).

En échange de cette décote sur le prix du terrain, une convention fixant le programme de logements envisagé est signée entre l'acheteur et l'État, avec l'engagement de le réaliser dans un délai de 5 ans (dérogation possible dans certains cas). Cette convention est reprise dans l'acte de vente avec des contreparties en cas de non-respect. Un bilan annuel sur la mise en œuvre du dispositif est établi sur la base des bilans transmis par les préfets de région.

Sous réserve que les règles concernant la décote soient respectées, la baisse consentie sur le prix s'applique pour la partie du foncier accueillant du logement social. Cette baisse est limitée suivant :
- le type de logement social (PLAI, PLUS, PLS, BRS, etc.). Plus le logement est aidé par l'État, comme le PLAI, plus la décote peut être importante, voire atteindre 100 % dans certains cas ;
- la zone de tension du logement.

Elle prend aussi en compte le contexte local, dont l'état du marché de l'immobilier (articles R. 3211-13 à R. 3211-17 du CG3P).

En 2023, 645 biens immobiliers de l'État ont été cédés pour des gains s'élevant à 279 M€, en hausse de 37 % par rapport à 2022, et une réduction de surface de 203 000 m². En 2019, l'État et ses établissements publics avaient cédé 71 terrains en vue de la réalisation de 8 046 logements. Parmi les 44 cessions effectuées alors par l'État, les dispositions de la loi n° 2013-61 du 18 janvier 2013 avaient été appliquées à 13 terrains, qui ont fait l'objet d'une décote sur la valeur vénale en contrepartie d'une obligation à réaliser du logement social. Cette participation au développement du logement social reste modeste mais peut ponctuellement s'avérer stratégique. Ainsi, les terrains cédés en 2019 étaient fortement concentrés dans les zones les plus tendues, avec 86 % des logements programmés sur ces fonciers situés en zones A, A *bis* ou B1, soit 6 947 logements, dont 2 583 sociaux. Ces ventes permettent d'aider les communes à respecter leurs obligations découlant de l'article 55 de la loi SRU, puisque, parmi les logements sociaux programmés sur les cessions de 2019, 52 % l'étaient dans des communes déficitaires en logements sociaux.

POUR EN SAVOIR PLUS...

Rapport

« La mise en œuvre du dispositif de mobilisation du foncier public en faveur du logement », ministère de l'Action publique et des Comptes publics et ministère de la Cohésion des territoires et des Relations avec les collectivités territoriales, 5e rapport, 2018

Avec le bail emphytéotique présenté ci-après, cette procédure est destinée à libérer rapidement le foncier public dans des conditions économiques acceptables, notamment au profit du logement social, en réaction à la flambée des prix en zones tendues et à l'obligatoire lenteur des procédures d'aménagement.

16.2.2 Location du terrain plutôt qu'acquisition

Cette solution est destinée prioritairement aux OLS. Avec la prise à bail, l'OLS se contente de louer le terrain sur une période déterminée (de 18 à 99 ans), qui doit bien entendu être supérieure à la durée des prêts consentis pour la construction. Le poids financier de cette location est inférieur à l'impact de la valeur du terrain s'il était acheté, et l'opération devient économiquement soutenable. Il faut distinguer le bail emphytéotique de droit privé du bail emphytéotique administratif et du bail à construction. Seuls les deux derniers sont utilisés pour la réalisation de logements sociaux.

Bail emphytéotique administratif

ZOOM LOI N° 2009-179 DU 17 FÉVRIER 2009 POUR L'ACCÉLÉRATION DES PROGRAMMES DE CONSTRUCTION ET D'INVESTISSEMENT PUBLICS ET PRIVÉS

Art. 7. I. Un bien immobilier appartenant à l'État ou à ses établissements publics peut faire l'objet du bail emphytéotique prévu à l'article L. 451-1 du Code rural en vue de la réalisation de logements sociaux. Ce bail emphytéotique est dénommé bail emphytéotique administratif.
Un tel bail peut être conclu même si le bien sur lequel il porte, en raison notamment de l'affectation du bien résultant soit du bail ou d'une convention non détachable de ce bail, soit des conditions de la gestion du bien ou du contrôle par la personne publique de cette gestion, constitue une dépendance du domaine public, sous réserve que cette dépendance demeure hors du champ d'application de la contravention de voirie. [...]

Hypothèses de calcul

- Opération de 20 logements sur 1 400 m^2 de surface de plancher.
- Prix du terrain 1 000 €/m^2, soit 1,4 M€, inaccessible à un OLS.
- Le terrain est acheté par la ville, qui le loue à l'opérateur social.
- Prix de revient du bâtiment, construction et honoraires : 3 000 €/m^2, soit 4,2 M€.
- Durée du bail : 99 ans.

Principes économiques

- La ville qui achète le terrain « apporte » la valeur du terrain, soit 1,4 M€.
- L'OLS qui construit l'immeuble social « apporte » la valeur du bâtiment, soit 4,2 M€.
- Au bout de 99 ans, fin du bail, la ville devient propriétaire du terrain et du bâtiment.
- Toutes les valeurs sont calculées à la date initiale de lancement de l'opération.

Mode de calcul

1. Calcul de la valeur de l'immeuble « récupéré » par la ville au bout de 99 ans :
   a. On tient compte de l'inflation et de la vétusté pour calculer la valeur de l'immeuble au bout des 99 ans. On suppose une baisse de valeur annuelle de 0,5 %, et sa valeur au bout de 99 ans est de 2 557 k€.
   b. Comme toutes les valeurs sont calculées à la date de lancement de l'opération, il faut rapporter cette valeur finale perçue par la ville au bout de 99 ans en € de sa date de lancement. Ce calcul fait appel à un taux d'actualisation*, faible en logement social. Avec un taux légèrement supérieur à 1 %, les 2 257 k€ de fin de bail valent 820 k€ au début du bail.
2. À la livraison de l'opération, la collectivité propriétaire du terrain prête 1 400 € au bailleur social, mais « reçoit » fictivement la valeur actualisée du bâtiment, soit 820 k€. Elle « prête » donc fictivement au bailleur la différence, soit 580 k€ pendant 99 ans. Le coût de ce prêt calculé avec un taux de rendement proche de 1 % conduit à un loyer annuel de 6,7 k€.
3. Le bailleur règle immédiatement l'ensemble des 99 annuités de ce prêt dont les valeurs sur 99 ans sont actualisées : 6,7 k€ par an sur 99 ans au taux d'actualisation* de 4 % valent 165 k€, c'est la « valeur » du terrain pour une utilisation de 99 ans. Ces 165 k€ sont, pour le bailleur, la « charge foncière équivalente » de l'opération.

* Le taux d'actualisation est utilisé pour déterminer la valeur actuelle d'une recette (ou d'une dépense) future. Il est toujours positif, la valeur actuelle d'une somme perçue dans 99 ans est inférieure à cette somme, et la valeur actuelle totale de loyers perçus pendant 99 ans est inférieure à la somme algébrique de ces loyers.

Conclusion

- Le terrain acquis 1 400 k€ par la ville ne pèse que 165 k€ dans le bilan de l'opération, soit une différence de 88 %.
- La charge foncière de 1 000 €/m^2 passe à 120 €/m^2.
- La mixité sociale reste possible en centre-ville.

Remarques

- Le bailleur rétrocède l'ensemble à l'issue des 99 ans et n'est donc pas pleinement propriétaire de l'opération.
- Le calcul du loyer dépend d'hypothèses de taux d'actualisation et de vétusté : avec un coefficient de vétusté de 3 % et un taux de capitalisation de loyer de 2 %, la charge foncière passe à 546 k€, soit 390 €/m^2.
- Ce dispositif suppose que la ville dispose de la capacité financière lui permettant d'acquérir le terrain au prix du marché.
- On suppose une opération de centre-ville à Paris, relativement chère (3 000 €/m^2 TTC), ce qui favorise le calcul car l'apport de l'OLS est alors élevé.

▲ **Fig. 16.6.** Exemple de calcul de loyer de bail emphytéotique sur un terrain de centre-ville conduisant à diviser par 8 la charge foncière

Ce type de montage présente l'intérêt de la rapidité, et est notamment utilisé à Paris pour la construction de logements sociaux ; la Ville de Paris se porte acquéreuse de terrains puis les loue à ses opérateurs sociaux dans des conditions soutenables. Il présente en revanche pour l'OLS l'inconvénient d'une absence de détention sur le long terme : à l'issue du bail consenti à l'OLS (50 ans, 99 ans...), l'opération revient au propriétaire du terrain (la ville en général). L'OLS ne peut donc pas en tirer de bénéfice patrimonial : perception de loyers sur logements amortis, cessions aux locataires, etc. Mais ce type de montage permet de réduire de façon spectaculaire la charge foncière (fig. 16.6).

Bail à construction

C'est un bail par lequel le preneur (l'OLS) s'engage à édifier des constructions sur le terrain du bailleur et à les conserver en bon état d'entretien pendant toute la durée du bail, c'est-à-dire de 18 à 99 ans. Le bail à construction confère au preneur un droit réel immobilier. Ce droit réel peut être hypothéqué, de même que les constructions édifiées sur le terrain loué.

Calcul de la charge foncière équivalente en cas de prise à bail

Si l'OLS loue le terrain, il doit malgré tout intégrer une « valeur foncière équivalente » ou « loyer capitalisé » dans son bilan d'opération. Différentes méthodes permettent de calculer la charge foncière correspondant à l'ensemble des annuités de loyers qui seront versées sur la durée du bail.
Le calcul du loyer capitalisé tient compte de la valeur de marché du terrain apporté par le bailleur (par exemple la ville), de la valeur initiale des constructions effectuées par le preneur (l'OLS) et de la valeur de « sortie » pour le bailleur, qui à l'issue du bail récupère à la fois le terrain et les constructions qui y sont édifiées.
Comme dans l'exemple de la figure 16.6, pour un bail de 99 ans, le loyer capitalisé payé par l'OLS atteint environ 12 % de la valeur du terrain, l'opération impossible devient alors possible. Une valeur de 1 000 €/m^2 de surface de plancher ne pèse dans ce cas que 120 €/m^2 dans le montage financier de l'opération. Bien entendu, en fin de bail, l'OLS restitue terrain et bâtiment et ne bénéficie pas sur le long terme de la rentabilité locative d'une opération amortie.

Les organismes de foncier solidaire et le bail réel solidaire (BRS)

Inspirés du modèle des Community Land Trust anglo-saxons, les organismes de foncier solidaire (OFS) visent notamment à offrir une alternative à la propriété privée du sol et à réguler l'inflation des prix de l'immobilier à travers une dissociation entre le foncier, propriété de l'OFS, et le bâti, détenu par le preneur à bail.
Les OFS sont des organismes à but non lucratif ou, depuis la loi n° 2018-1021 du 23 novembre 2018 portant évolution du logement, de l'aménagement et du numérique, dite loi Elan, à lucrativité limitée (OHLM ou SEM agréées habitat), agréés par le préfet de région et ayant pour objet de détenir la propriété de terrains sur lesquels des logements sont bâtis, afin que ces derniers restent perpétuellement abordables et nettement inférieurs au prix du marché.
Les ménages preneurs d'un bail réel solidaire (BRS) acquièrent ainsi les droits réels attachés au bâti pour une durée de 18 à 99 ans et versent à l'OFS une redevance foncière mensuelle au titre de la location du sol. Le BRS, qui est un contrat rechargeable à chaque cession, est effectué pour une offre de logements essentiellement en accession sociale à la propriété sous plafond de ressource (PSLA), dont la cession est encadrée en vue de lutter contre la spéculation foncière grâce à l'absence de plus-value.
Le BRS vise à créer un parc de logements en accession sociale à la propriété pérenne, maintenu abordable financièrement sur le long terme pour les ménages aux revenus modestes éligibles successifs, en préservant les subventions publiques immobilisées dans ce foncier. Ce parc de logements en accession sociale à la propriété, adossé à un OFS, constitue un outil complémentaire au service d'une politique locale de l'habitat.
Ce nouveau modèle d'accession à la propriété (OFS et BRS) a été introduit en 2014 par la loi Alur. La loi Elan de 2018 a permis :
- l'élargissement du champ des structures pouvant être agréées OFS (entreprises sociales pour l'habitat, coopératives HLM, SEM), qui peuvent être des organismes à lucrativité limitée ;
- l'intégration des logements en BRS dans le décompte de la loi SRU ;
- la prise en compte des logements en BRS dans le calcul de la décote.

La loi n° 2022-217 du 21 février 2022 relative à la différenciation, la décentralisation, la déconcentration et portant diverses mesures de simplification de l'action publique locale, dite loi 3DS, a consacré le BRS comme un dispositif à destination de ménages modestes, et ouvert la vente des HLM dans le régime du BRS.
Début 2024, 172 OFS étaient agréés, dont certains dans plusieurs régions. L'essentiel de la production est situé dans des communes soumises à l'article 55 de la loi SRU. Avec près de 3 600 logements livrés et plus de 20 000 lots en préparation en France à fin 2024, le BRS apparaît comme un dispositif prometteur. Le bilan fait ressortir trois grandes filières de production de logements :
- la réalisation de logements neufs *via* un opérateur de BRS et la cession des logements à des ménages par Véfa, qui représentent plus de 80 % de l'ensemble ;
- la réhabilitation de logements ;
- la vente de logements HLM par des OLS agréés OFS.

Ainsi, si cette option reste encore quantitativement faible au regard de l'ensemble de la production, elle ouvre des possibilités d'acquisition à des ménages modestes. Ces montages permettent aussi de limiter les spéculations foncières en zones tendues.

16.3 Études préalables

Toute opération de logements est unique. Les études préalables permettent d'éclairer les choix et de minimiser les risques.

16.3.1 Études techniques préalables obligatoires

Étude relative à l'approvisionnement en énergie

L'étude relative à l'approvisionnement en énergie s'applique au logement collectif à compter du 1er janvier 2025 (articles R. 122-1 à R. 122-4 du CCH).

Préalablement au dépôt de la demande de permis de construire, le maître d'ouvrage de toute construction de bâtiments mentionnés à l'article R. 172-10 du CCH réalise une étude de faisabilité technique et économique des diverses solutions d'approvisionnement en énergie pour le chauffage, la ventilation, le refroidissement, la production d'eau chaude sanitaire et l'éclairage des locaux. Cette étude examine notamment :

- le recours à l'énergie solaire et aux autres énergies renouvelables mentionnées par l'article L. 211-2 du Code de l'énergie ;
- le raccordement à un réseau de chauffage ou de refroidissement collectif ou urbain, s'il existe à proximité du terrain d'implantation de l'immeuble ou de l'opération ;
- l'utilisation de pompes à chaleur et de chaudières à condensation ;
- le recours à la production combinée de chaleur et d'électricité.

Dans les périmètres de développement prioritaire d'un réseau de chaleur ou de froid classé en application des articles L. 712-1 à L. 712-3 du Code de l'énergie, cette étude n'est exigée que pour les bâtiments ou les parties de bâtiments auxquels l'obligation de raccordement au réseau n'est pas applicable et pour ceux qui ont obtenu une dérogation à l'obligation de raccordement au réseau.

En pratique, lorsque le projet envisagé se situe dans un périmètre de développement prioritaire d'un réseau classé, il y a obligation de se raccorder au réseau de chaleur pour les puissances supérieures à 30 kW, et l'étude n'est alors pas obligatoire. Le classement d'un réseau nécessite que les conditions suivantes soient respectées :

- le réseau est alimenté à au moins 50 % par des énergies renouvelables ou de récupération ;
- un comptage des quantités d'énergie livrées par point de livraison est assuré ;
- l'équilibre financier de l'opération pendant la période d'amortissement des installations est assuré.

Étude géotechnique

La loi Elan de 2018, complétée par le décret n° 2019-495 du 22 mai 2019 relatif à la prévention des risques de mouvement de terrain différentiel consécutif à la sécheresse et à la réhydratation des sols argileux, a rendu obligatoires des études géotechniques dans deux cas : la vente d'un terrain constructible et la construction d'une maison individuelle. L'étude géotechnique préalable est obligatoire, concernant la vente de terrains non bâtis constructibles, dès lors que les constructions sont concernées par un plan de prévention des risques (PPR) « gonflement et retrait des argiles ».

> **ZOOM CODE DE LA CONSTRUCTION ET DE L'HABITATION**
>
> **Art. R. 132-4.** L'étude géotechnique préalable mentionnée à l'article L. 132-5 procède à une première identification des risques géotechniques d'un site et à la définition des principes généraux de construction permettant de prévenir le risque de mouvement de terrain différentiel consécutif à la sécheresse et à la réhydratation des sols. Son contenu est précisé par un arrêté des ministres en charge de la construction et de la prévention des risques naturels majeurs.

Étude de pollution

Un diagnostic de pollution des sols est obligatoire :

- dans les sites où se trouvaient des installations classées pour la protection de l'environnement (ICPE) ;
- dans les sites situés en secteurs d'information sur les sols (SIS), dès lors qu'il y a changement d'usage ;
- en cas de pollution accidentelle ayant entraîné une contamination des sols et/ou des eaux. Cela peut concerner des sites non professionnels. Un cas fréquent est celui de fuites sur cuves de fioul chez un particulier.

Les SIS ont été introduits par la loi Alur. Le décret n° 2015-1353 du 26 octobre 2015 relatif aux secteurs d'information sur les sols prévus par l'article L. 125-6 du Code de l'environnement et portant diverses dispositions sur la pollution des sols et les risques miniers impose aux préfets de recenser les sites pollués de leur département, c'est-à-dire les terrains où la connaissance de la pollution des sols justifie, notamment en cas de changement d'usage, la réalisation d'études de sols et de mesures de gestion de la pollution.

Classement acoustique

Afin de protéger les riverains du bruit des routes et des voies ferrées les plus circulées, l'arrêté du 30 mai 1996 relatif aux modalités de classement des infrastructures de transports terrestres et à l'isolement acoustique des bâtiments d'habitation dans les secteurs affectés par le bruit, modifié par arrêtés du 23 juillet 2013 et du 11 janvier 2016, définit des exigences d'isolement des façades renforcées par rapport aux exigences de la réglementation acoustique des bâtiments d'habitation, et dépendant du niveau de bruit émis par ces infrastructures.

Les voies sont classées par arrêté préfectoral dans une des cinq catégories possibles selon les niveaux d'émission de bruit, et les niveaux d'isolement requis sont fonction de la catégorie de la voie considérée et de la distance du bâtiment à la voie.

Ce même arrêté fixe également, pour les habitations à construire exceptionnellement admises dans les zones exposées au bruit des aérodromes, des exigences d'isolement acoustique vis-à-vis des bruits de l'espace extérieur renforcées dans les zones définies par le plan d'exposition au bruit des aérodromes au sens de l'article L. 112-11 du Code de l'urbanisme. Le diagnostic bruit ou état des nuisances sonores aériennes informe le futur acquéreur ou locataire d'un bien de l'existence de nuisances sonores aériennes. Tout propriétaire doit réaliser un diagnostic bruit pour toute vente ou location d'un bien immobilier situé dans une zone d'exposition au bruit d'aéroport. Pour savoir si le bien immobilier est concerné, il faut consulter en ligne le plan d'exposition au bruit.

Plan d'exposition au bruit des aéroports

Le plan d'exposition au bruit (PEB) est un document d'urbanisme opposable aux tiers, qui s'impose au plan local d'urbanisme (PLU) des communes. Il vise à organiser l'urbanisation proche des aérodromes en préservant l'activité aéroportuaire.

Les quatre familles de zones d'exposition au bruit sont quantifiées par l'indice *Level day evening night* (Lden). Ces zones[3] sont :

- A, bruit fort (Lden supérieur ou égal à 70) ;
- B, bruit fort (Lden supérieur à une valeur choisie entre 65 et 62) ;
- C, bruit modéré (Lden supérieur à une valeur choisie entre 57 et 55) ;
- D, obligatoire sur les plus grandes plateformes aéroportuaires (Lden supérieur à 50).

Étude de transformation

La loi n° 2021-1104 du 22 août 2021 portant lutte contre le dérèglement climatique et renforcement de la résilience face à ses effets, dite loi climat et résilience, a prévu, à compter du 1er janvier 2023, un nouvel outil destiné à faciliter la réversibilité du bâti : l'étude du potentiel de changement de destination et d'évolution. Requise préalablement aux travaux de construction et de démolition de certains bâtiments, cette étude intègre les possibilités de surélévation.

Dans le cas de travaux de construction, un décret doit notamment préciser les catégories de bâtiments et le contenu de cette étude, ainsi que le contenu de l'attestation de réalisation de l'étude à remettre au maître d'ouvrage. La loi prévoit que le maître d'ouvrage doit transmettre cette attestation aux services de l'État avant le dépôt du permis de construire.

En cas de démolition préalable, un diagnostic déchets « produits, équipements, matériaux, déchet » (PEMD) est également nécessaire.

> **ZOOM CODE DE LA CONSTRUCTION ET DE L'HABITATION**
>
> **Art. L. 126-34.** Lors de travaux de démolition ou de rénovation significative de bâtiments, le maître d'ouvrage est tenu de réaliser un diagnostic relatif à la gestion des produits, matériaux et déchets issus de ces travaux. Ce diagnostic fournit les informations nécessaires relatives aux produits, matériaux et déchets en vue, en priorité, de leur réemploi ou, à défaut, de leur valorisation, en indiquant les filières de recyclage recommandées et en préconisant les analyses complémentaires permettant de s'assurer du caractère réutilisable de ces produits et de ces matériaux. Il comprend des orientations visant à assurer la traçabilité de ces produits, matériaux et déchets. En cas d'impossibilité de réemploi ou de valorisation, le diagnostic précise les modalités d'élimination des déchets. Les informations contenues dans le diagnostic sont transmises à un organisme désigné par l'autorité administrative. [...]

16.3.2 Études préalables urbaine et commerciale

Faisabilité urbaine

Étude commune dans son principe aux OLS et aux promoteurs privés, elle vise à analyser le terrain envisagé sous trois ou quatre angles :

- constructibilité, dont l'estimation du nombre de mètres carrés constructibles sur la parcelle ;
- pour l'OLS, la destination du terrain visé à développer du logement social dans le programme local de l'habitat (PLH) ;
- acceptabilité politique, c'est-à-dire posture *a priori* de la commune d'accueil sur la recevabilité d'une opération locative sociale et/ou d'accession privée ;
- cohérence géographique au regard de l'activité d'ensemble de l'opérateur, c'est-à-dire la capacité de gestion future pour l'OLS et la facilité de gestion du projet et de son suivi pour le promoteur.

Faisabilité commerciale

La faisabilité commerciale se traduit par des approches différentes pour le promoteur et l'OLS :

• pour le promoteur, il s'agit de tracer une courbe de commercialisation réaliste, essentielle à la gestion future du financement de l'opération, et pour cela d'analyser :
- la concurrence, c'est-à-dire les autres opérations en cours dans le secteur et leur rythme de commercialisation, estimé en nombre de réservations par mois,
- les niveaux de prix de vente pratiqués et leur tendance, car la nouvelle opération ne sera commercialisée que plusieurs mois plus tard,
- l'attractivité urbaine du secteur,
- le type de clientèle visée (primo-accédants, investisseurs locatifs, etc.) ;

• pour l'OLS, la faisabilité n'est pas tant commerciale, puisque les locataires futurs seront proposés par les différents réservataires selon les règles du logement social, que financière, puisque ses partenaires (État, Action Logement, région) peuvent être ou non disposés à accepter le lancement d'une opération locative sociale sur le terrain envisagé. Dans les zones immobilières moins tendues, où les loyers du social et du privé peuvent se rapprocher, l'OLS doit malgré tout prêter attention à l'attractivité commerciale de son offre locative, qui peut se trouver en situation de réelle concurrence avec celle du privé.

ZOOM UNE PREMIÈRE QUESTION

La première question posée par les potentiels acquéreurs d'une résidence principale dans les bulles de vente concerne souvent la « qualité » des établissements scolaires environnants, avant même celle de l'immeuble ou de l'appartement visé...

Dans les deux cas (OLS et promoteur), la question des réseaux de transports desservant le futur immeuble de logements collectifs est un élément essentiel de la prise de décision finale.

16.4 Les processus de décision

Le terrain identifié, les études préalables engagées ou réalisées, l'engagement effectif des processus « lourds » de l'opération (acquisition du foncier, maîtrise d'œuvre puis travaux), qui vont représenter plus de 90 % des dépenses, répond à des logiques différentes pour le promoteur et l'OLS.

16.4.1 Processus de décision du promoteur

Pour le promoteur, le parcours de faisabilité est relativement simple : l'ensemble des informations recueillies dans les études préalables est présenté à un comité d'engagement interne à l'entreprise, qui décide ou non de l'allocation de ressources pour lancer les premières études, puis pour procéder à l'acquisition foncière. Ce comité examine le projet sous les angles suivants :
- localisation, pour l'aspect commercial ;
- politique locale, pour estimer l'orientation de la collectivité locale sur le projet envisagé ;
- risques de réactions de l'environnement (voisins, etc.) et risques techniques liés au terrain ;
- contraintes du PLU et autres règlements d'urbanisme ;
- rentabilité prévisionnelle au regard des prix de vente estimés et des coûts exposés (essentiellement foncier et travaux).

Une opération est présentée plusieurs fois à ce comité, aux stades :
- de l'identification, pour confirmer l'intérêt ;
- de la prise de position sur le foncier ;
- du lancement de la commercialisation ;
- du lancement des travaux.

16.4.2 Processus de décision de l'OLS

Pour l'OLS, le parcours de faisabilité est plus complexe et appelle l'engagement de différents partenaires au travers des questions suivantes :
- le flux d'agréments de logements sociaux sur la zone est-il compatible avec le nombre de logements visé ?
- un accord de principe est-il acquis avec les partenaires sur la répartition entre PLS, PLUS et PLAI, qui va conditionner les prêts et les loyers ?
- le prix d'acquisition du terrain est-il compatible avec l'équilibre d'une future opération de logements locatifs sociaux au regard des possibilités de mètres carrés de surfaces de plancher autorisées par le PLU ?
- la localisation du terrain est-elle stratégique pour l'organisme collecteur éventuellement associé, au regard des besoins exprimés par les entreprises qui lui versent leur collecte ?

Ainsi, pour l'OLS, l'opération se situe dans un écosystème complexe qui associe les thèmes de l'urbain, du financement et des besoins. La figure 16.7 donne un exemple d'étude de faisabilité en un parcours de 10 étapes, avec identification des trois thèmes suivants : besoin, urbain et finance.

L'ordre des 10 points n'est bien entendu pas intangible, et plusieurs d'entre eux peuvent être traités simultanément. D'une opération à l'autre, tel ou tel point prendra une importance décisive, avec en général deux aspects essentiels : le coût du foncier rapporté au mètre carré de surface de plancher constructible, et l'accord politique de la collectivité concernée.

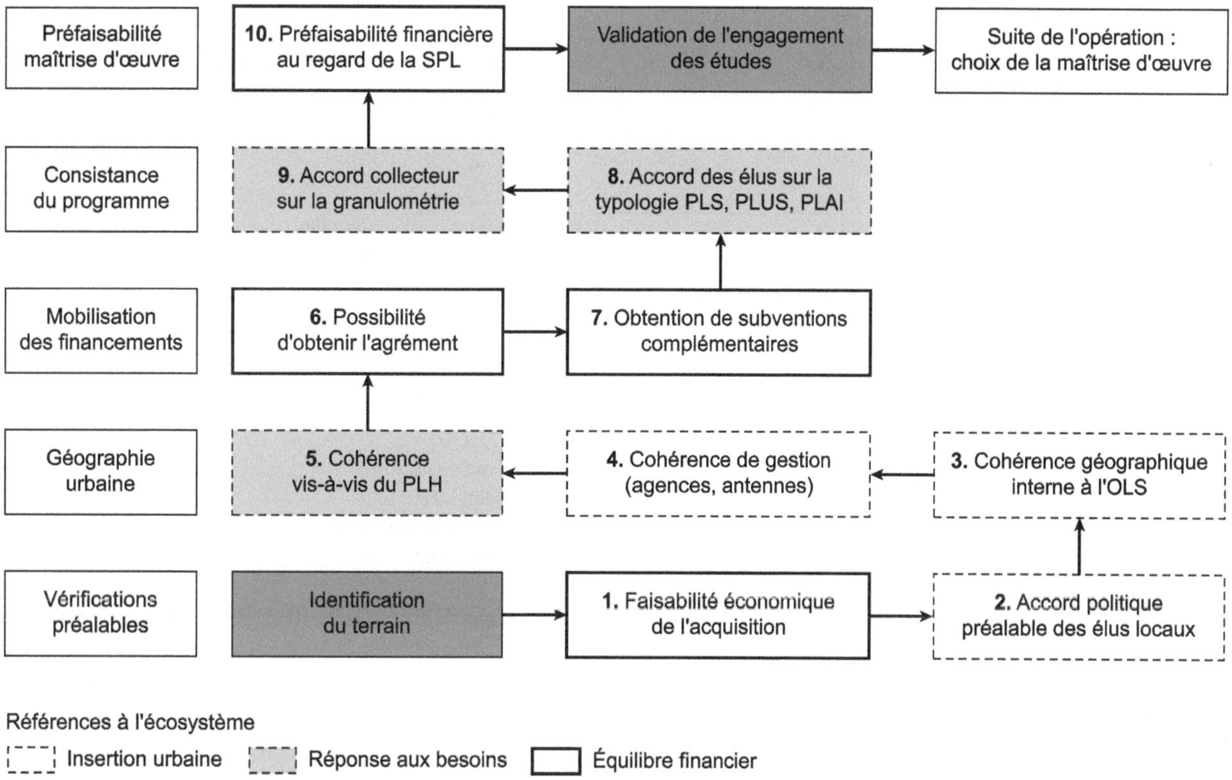

▲ **Fig. 16.7.** L'écosystème décisionnel de l'OLS

16.4.3 Équilibre financier prévisionnel

À chaque étape de l'opération, et dès l'amont, l'OLS comme le promoteur effectuent un calage de l'équilibre financier possible de l'opération. En phase amont, ce calage s'appuie essentiellement :

- pour l'OLS, sur un niveau de charge foncière traditionnellement admissible dans la zone considérée, qui conditionne les niveaux de loyers, dans une répartition classique des typologies des futurs logements et des modes de financement. L'OLS peut également engager, très en amont, des négociations visant à mobiliser notamment des subventions pour surcharge foncière ;
- pour le promoteur, sur un bilan financier prévisionnel simplifié (tab. 16.2).

Face à ce total de charges, le promoteur estime ses recettes futures, qui se cadrent en général par un prix estimé de vente au mètre carré multiplié par la surface effectivement vendue. Les parkings en sous-sol peuvent être soit inclus dans le prix des appartements soit vendus séparément. Des commerces en pied d'immeuble peuvent également être prévus, ou imposés par la collectivité locale.

Chaque opération est gérée par une société *ad hoc*, la SCCV (voir partie 15.2.1). Pour gérer son opération, cette société doit mobiliser des capitaux soit par des financements internes (les « fonds propres » du promoteur), soit par l'emprunt auprès d'une banque. La rentabilité de l'opération s'apprécie en rapportant la marge (le total des ventes moins le total des charges) aux fonds propres engagés. Pour maximiser le taux de marge, le promoteur peut être tenté de minimiser les fonds propres et de maximiser l'emprunt, mais ce faisant il accroît le risque, car les charges liées à l'emprunt sont certaines et réduisent d'autant la marge de manœuvre de gestion financière de l'opération face aux risques liés à la durée de commercialisation et de réalisation.

L'examen de ces différents aspects et leur pondération permet au comité d'engagement de décider ou non l'acquisition foncière.

16.4.4 Décision d'acquisition foncière

Les décisions d'acquisition foncière sont en général prises par le conseil d'administration de l'OLS, et autorisent les équipes opérationnelles à poursuivre le projet. Elles sont bien entendu soumises à différentes conditions suspensives, telles que le financement de l'opération ou l'obtention du permis de construire. L'achat proprement dit peut n'intervenir qu'à la fin de la phase de conception, afin de limiter le portage du terrain à la phase de travaux.

▼ **Tab. 16.2** Charges prévisionnelles de l'opération de promotion

Poste(s) de dépense		Détail et/ou destinataire(s) de la dépense
1	Charge foncière	– Terrain – Frais de notaires – Sondages – Référé préventif – Études environnementales – Taxe d'aménagement – Redevance archéologique – Branchements EDF, etc.
2	– Études préalables – Diagnostics	
3	Frais d'acquisition du terrain	
4	Maîtrise d'œuvre	– Architecte – Bureaux d'études
5	Autres prestations	– AMO HQE – Bureau de contrôle – Coordonnateur SPS – Assurance dommages-ouvrage – Certifications
6	– Frais financiers – Garantie financière d'achèvement, obligatoire pour tout promoteur qui vend en Véfa	Financement du besoin en fonds de roulement, c'est-à-dire écart de trésorerie entre recettes et dépenses
7	Direction d'investissement	Honoraires perçus par le promoteur
8	Conduite d'opération	
9	Honoraires de commercialisation	
10	Coûts des travaux	Total des lots, ou tous corps d'état (TCE) si entreprise générale
Total des charges		

ZOOM PORTAGE D'UN BIEN

On parle de « portage » d'un bien (terrain, bâtiment) lorsque les dépenses correspondant à son acquisition sont effectuées, mais que les recettes (vente des logements) ne sont pas encore acquises.

La promesse unilatérale de vente est signée uniquement par le vendeur. Elle l'engage à vendre son terrain à un acheteur déterminé et à un prix fixé dans la promesse. Pendant toute la durée de validité de la promesse, le vendeur ne peut pas laisser son bien sur le marché ou le vendre à un autre acheteur. L'acheteur bénéficie d'une option d'achat dans un délai défini par les deux parties. Elle lui donne le droit d'acheter le bien sans pour autant l'y obliger.
Le compromis de vente est un avant-contrat dans lequel un vendeur et un candidat acheteur s'engagent réciproquement à vendre et à acquérir un bien à un certain prix. Le compromis définit les conditions de la vente. Elles ne peuvent être modifiées sans l'accord des deux parties.

Promesse unilatérale ou compromis permet de prendre position comme acquéreur potentiel du terrain, mais dépend de l'obtention du permis de construire, de l'agrément de l'opération (pour les OLS), et des niveaux de commercialisation et des conditions financières (pour le promoteur). Reste à caler le projet architectural.

16.5 La maîtrise d'œuvre

La loi n° 77-2 du 3 janvier 1977 sur l'architecture, qui réglemente la profession d'architecte, impose le recours à un architecte pour toutes les opérations qui nécessitent l'obtention d'un permis de construire : constructions neuves et réhabilitations d'ouvrages existants.
Il revient au maître d'ouvrage, social ou privé, de traduire ses intentions dans la rédaction d'un programme, de choisir une équipe de maîtrise d'œuvre chargée de transformer ce programme en projet, puis de l'accompagner tout au long de sa mission, l'obtention du permis de construire restant un point crucial de la démarche commune.

ZOOM LOI Nº 77-2 DU 3 JANVIER 1977 SUR L'ARCHITECTURE

Art. 3. Quiconque désire entreprendre des travaux soumis à une autorisation de construire doit faire appel à un architecte pour établir le projet architectural faisant l'objet de la demande de permis de construire, sans préjudice du recours à d'autres personnes participant, soit individuellement, soit en équipe, à la conception. Cette obligation n'exclut pas le recours à un architecte pour des missions plus étendues.
Le projet architectural mentionné ci-dessus définit par des plans et documents écrits l'implantation des bâtiments, leur composition, leur organisation et l'expression de leur volume ainsi que le choix des matériaux et des couleurs.
Même si l'architecte n'assure pas la direction des travaux, le maître d'ouvrage doit le mettre en mesure dans des conditions fixées par le contrat, de s'assurer que les documents d'exécution et les ouvrages en cours de réalisation respectent les dispositions du projet architectural élaboré par ses soins. Si ces dispositions ne sont pas respectées, l'architecte en avertit le maître d'ouvrage. [...]

Dans la construction de logements comme dans tout projet immobilier, une part importante de la qualité finale dépend des décisions prises en amont : implantation du bâtiment, optimisation du fonctionnement des espaces, etc. C'est à ce stade de l'opération que l'énergie et l'intelligence doivent être en priorité mobilisées, dans une relation constructive entre maîtrise d'ouvrage et maîtrise d'œuvre. Le permis de construire une fois obtenu, le travail de projet se focalise sur les adaptations, détails et finalisation des objectifs, mais l'essentiel est acquis, en positif comme en négatif. La séquence de maîtrise d'œuvre est donc un élément essentiel de la réussite. La qualité des processus mis en place, tant pour sa désignation que pour l'établissement et la gestion de son contrat et le suivi du projet sont autant de gages de succès pour l'opération.
Les obligations et contraintes du maître d'ouvrage envers la maîtrise d'œuvre diffèrent entre logement social et promotion privée.

16.5.1 Cadre contractuel de la maîtrise d'œuvre en logement social

Cadre général

L'article L. 2411-1 du Code de la commande publique (CCP) définit la liste des maîtres d'ouvrage publics :
– l'État et ses établissements publics ;
– les collectivités territoriales, leurs établissements publics, les offices publics de l'habitat mentionnés à l'article L. 411-2 du CCH pour les logements à usage locatif aidés par l'État et réalisés par ces organismes et leurs groupements ;
– les organismes privés mentionnés à l'article L. 124-4 du Code de la sécurité sociale, ainsi que leurs unions ou fédérations ;
– les organismes privés d'habitations à loyer modéré, mentionnés à l'article L. 411-2 du CCH, ainsi que les SEM, pour les logements à usage locatif aidés par l'État et réalisés par ces organismes et sociétés.

Ainsi, les OLS sont des maîtres d'ouvrage publics lorsqu'ils construisent des logements locatifs aidés.
Les rapports entre les OLS et la maîtrise d'œuvre ont été régis par la loi nº 85-704 du 12 juillet 1985 relative à la maîtrise d'ouvrage publique et à ses rapports avec la maîtrise d'œuvre privée, dite loi MOP, entre 1985 et 2018. Depuis 2018, la loi Elan a sensiblement allégé les contraintes imposées aux OLS pour ce qui concerne la maîtrise d'œuvre, avec deux mesures symboliques :
– suppression de l'obligation de concours, quelle que soit la taille de l'opération ;
– abandon de l'obligation de respect du titre II de la loi MOP, ce qui a supprimé toute référence au cadre contractuel auparavant fixé par la loi MOP (caractère insécable de la mission de base, nature forfaitaire de la rémunération, etc.).

Les organismes HLM sont libres de définir et de confier les missions qu'ils souhaitent à la maîtrise d'œuvre. L'obligation de confier la mission de maîtrise d'œuvre à un groupement disparaît. Les obligations générales d'allotissement fixées par les textes de la commande publique s'appliquent alors. Les bailleurs peuvent donc, sauf justification particulière, consulter par lot : architecture, ingénierie, économie de la construction et prévoir opportunément dans le contrat de l'architecte la coordination des lots ainsi que le permet la loi nº 77-2 du 3 janvier 1977 sur l'architecture. Auparavant, une mission de base, qui ne pouvait pas être découpée, devait être confiée à la maîtrise d'œuvre par les OLS.
La loi Elan a ainsi singulièrement rapproché les processus de commande de maîtrise d'œuvre liés aux logements sociaux de ceux des promoteurs privés : les bailleurs sociaux peuvent librement choisir la procédure qui sera la plus pertinente eu égard à la complexité du marché à passer et à l'opération de construction envisagée. Ils disposent de différents outils, le concours ou une procédure formalisée à choisir parmi les procédures suivantes : la procédure avec négociation, l'appel d'offres ouvert ou restreint et le dialogue compétitif.

POUR EN SAVOIR PLUS...

Document

« Le bailleur social et l'architecture, un dialogue renouvelé », Ordre des architectes, septembre 2019, mise à jour février 2020

Seuils et types de procédures

Lorsque le montant du marché de maîtrise d'œuvre est inférieur à 40 k€ HT[4], l'OLS peut traiter de gré à gré avec la maîtrise d'œuvre. Ces marchés, passés sans publicité ni mise en concurrence préalables, peuvent donner lieu à une négociation conduite dans le respect du principe d'égalité de traitement de tous les soumissionnaires. Même dans ce cas, l'OLS doit respecter les principes de la commande publique :

- choix d'une offre pertinente et cohérente avec le besoin ;
- respect du principe de bonne utilisation des deniers publics ;
- variation dans le choix du prestataire lorsqu'il existe différentes offres pouvant répondre au besoin.

Entre 40 k€ et 221 k€ HT, l'OLS doit mettre en place un marché à procédure adaptée (Mapa). Le Mapa permet à chaque acheteur public de définir ses propres règles dans le respect des principes généraux de la commande publique, qui sont l'égalité de traitement des candidats, la transparence des procédures et l'égalité d'accès à la commande publique. En pratique, en deçà de 221 k€ HT d'honoraires, soit pour environ 25 à 30 logements, l'OLS n'est soumis à aucune véritable contrainte pour le choix de l'équipe de maîtrise d'œuvre. À partir de 221 k€, il est tenu à une exigence de publicité, mais peut ensuite formaliser son choix de façon libre à condition notamment d'en conserver la trace.

Au-delà de 221 k€ HT, soit une opération de 25 à 30 logements, l'OLS doit mettre en place une procédure formalisée. La commande publique définit, en plus du concours, trois types de procédures formalisées, comme indiqué précédemment : la procédure avec négociation, l'appel d'offres ouvert ou restreint et le dialogue compétitif.

ZOOM DÉFINITION DES SEUILS

Les seuils sont révisés tous les deux ans afin de corriger toute évolution monétaire entre les États signataires européens qui affecterait l'étendue de leurs marchés publics, puisque ces derniers sont ouverts à la concurrence des entreprises établies dans les autres pays. Ils sont calculés sur la base de la moyenne de la valeur quotidienne de l'euro exprimée en droits de tirage spéciaux (DTS), sur une période de 24 mois.

Contenu des missions

L'article R. 2431-1 du CCP indique les missions possibles de la maîtrise d'œuvre :

- les études préliminaires ;
- les études de diagnostic ;
- les études d'esquisse ;
- les études d'avant-projet ;
- les études de projet ;
- l'assistance apportée au maître d'ouvrage pour la passation des marchés de travaux ;
- les études d'exécution ou l'examen de leur conformité au projet et le visa de celles qui ont été faites par les opérateurs économiques chargés des travaux ;
- la direction de l'exécution des marchés de travaux ;
- l'ordonnancement, le pilotage et la coordination du chantier ;
- l'assistance apportée au maître d'ouvrage lors des opérations de réception et pendant la période de garantie de parfait achèvement.

La définition des éléments de mission de maîtrise d'œuvre ne s'impose plus aux OLS. Cependant, ces éléments sont totalement rentrés dans la culture française des contrats de maîtrise d'œuvre et sont également utilisés dans les contrats privés. Ces missions sont détaillées dans l'arrêté du 22 mars 2019 précisant les modalités techniques d'exécution des éléments de mission de maîtrise d'œuvre confiés par des maîtres d'ouvrage publics à des prestataires de droit privé.

Mapa et procédure formalisée

En cas de Mapa, l'OLS a le choix entre une procédure avec remise de prestations et une sans remise de prestations.

Le concours

Le concours est une technique d'achat qui permet à l'acheteur public de choisir, après mise en concurrence et avis d'un jury, un plan ou un projet (article L. 2125-1 du CCP). Pour la réalisation de logements locatifs aidés par l'État, le concours de maîtrise d'œuvre est obligatoirement un concours restreint, anonyme et indemnisé à hauteur de 80 % du prix estimé des études à effectuer (articles R. 2172-2 et suivants du CCP et articles R. 2162-15 à R. 2162-21 du CCP). Il est recommandé d'organiser un concours dès que l'opération présente un enjeu architectural, technique, urbain ou paysager important. L'OLS a la liberté de choisir ou non la voie du concours, mais s'il la choisit, il doit en respecter les règles.

La procédure avec négociation

L'OLS négocie les conditions du marché avec un ou plusieurs candidats (article L. 2124-3 du CCP).

Cette procédure est organisée en deux phases : une phase de sélection des candidats admis à négocier sur la base de leurs références, compétences et moyens, et une phase de négociation. Elle permet le dialogue entre le maître d'ouvrage et son futur prestataire.

Autres procédures

Les autres procédures formalisées prévues dans le CCP (appel d'offres ouvert ou restreint, dialogue compétitif) ne sont pas adaptées aux marchés de maîtrise d'œuvre.

Déroulement des procédures

Pour les Mapa, la procédure se traduit par la rencontre informelle de trois équipes différentes. Ces auditions libres, sans aucune remise de prestations, permettent de vérifier la « capacité à faire » de nouvelles équipes et d'examiner leurs références dans l'optique de diversifier la commande. Pour éviter la lourdeur du processus de sélection sur de petites opérations, il est possible d'organiser un avis annuel d'appel à la concurrence sur plusieurs opérations afin de présélectionner une liste dans laquelle seront choisis les architectes des opérations de petite taille. La seule contrainte effective est le traçage (mémoire) des prises de décision.

La procédure avec négociation (procédure formalisée sans concours) se déroule comme suit :

- l'OLS est tenu de publier un avis d'appel à la concurrence dans les conditions fixées par le décret. Le délai minimal de réception des candidatures est de 30 jours si l'envoi est fait par courrier électronique ;
- l'OLS a ensuite le libre choix sur la base de l'audition de trois candidats au minimum ;
- l'ensemble des démarches (publication de l'avis, choix des candidats, dates des réunions de présentation, courriers de confirmation au candidat retenu et aux autres) doit faire l'objet d'une traçabilité, par exemple par conservation des différentes pièces écrites dans le dossier de l'opération.

Le concours de maîtrise d'œuvre est le mode opératoire à privilégier dès que l'enjeu le nécessite, même en dessous

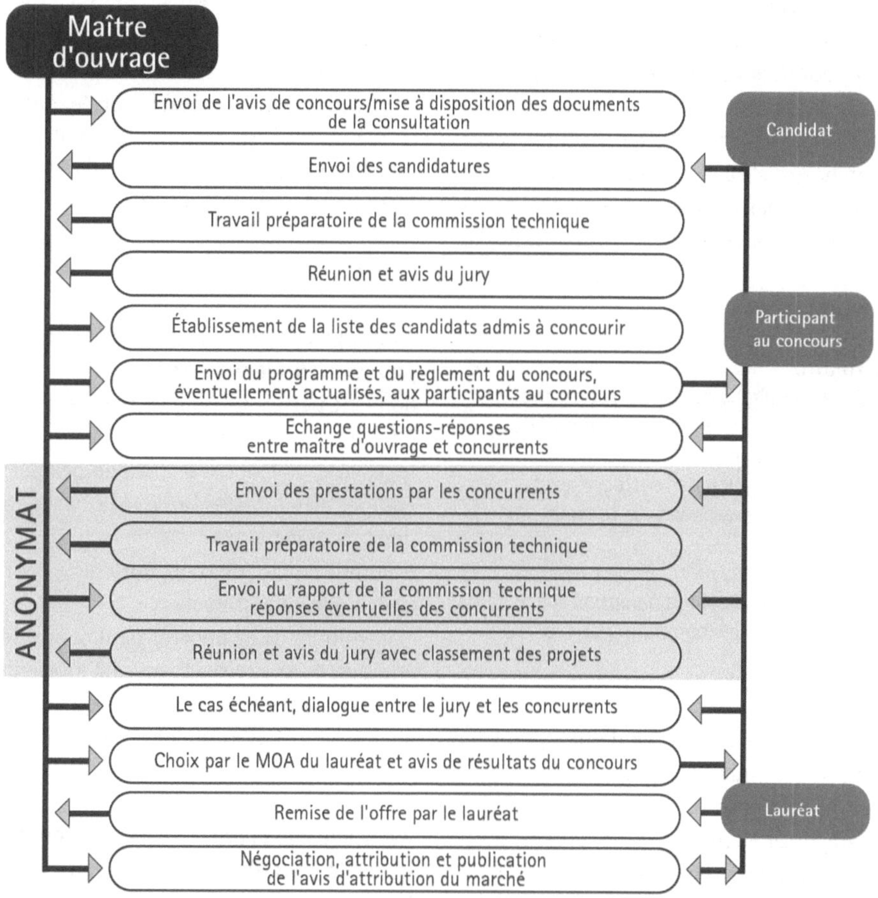

▲ **Fig. 16.8.** Déroulement schématique d'un concours

(source : « Le concours de maîtrise d'œuvre : dispositions réglementaires et modalités pratiques d'organisation », MIQCP, septembre 2017, actualisé en septembre 2020) des seuils de recours obligatoire à une procédure formalisée. La constitution d'un jury est obligatoire en cas de concours. Il est composé de personnes indépendantes des participants au concours. Lorsqu'une qualification professionnelle particulière est exigée pour participer à un concours, au moins un tiers des membres du jury doit posséder cette qualification ou une qualification équivalente. La constitution du jury est une opportunité pour réunir élus, associations, représentants des riverains et des locataires aux côtés du maître d'ouvrage et des maîtres d'œuvre, pour un choix collégial qui va assurer un parcours sans embûche jusqu'à l'obtention du permis de construire. Outre la question des délais d'avis d'appel à la concurrence et de remise des prestations par les candidats retenus, l'organisation d'un concours requiert énergie et savoir-faire, comme l'indique la figure 16.8 tirée du guide de la Mission interministérielle pour la qualité des constructions publiques (MIQCP).

16.5.2 Maîtrise d'œuvre des opérations privées

La maîtrise d'œuvre des opérations privées fait référence à la norme NF P 03-001 (octobre 2017 – indice de classement : P 03-001) : Marchés privés – Cahiers types – Cahier des clauses administratives générales applicable aux travaux de bâtiment faisant l'objet de marchés privés. La norme NF P 03-001 ne prend effet comme pièce constitutive du marché que si elle est citée parmi les pièces contractuelles énumérées dans le marché. Néanmoins, sa définition de la maîtrise d'œuvre reste largement utilisée.

ZOOM NF P 03-001

Art. 3.33. Maître d'œuvre
Pour la partie relative au marché de travaux, personne physique ou morale, qui, pour sa compétence, peut être chargée par le maître d'ouvrage :
- de l'assister pour la consultation des entreprises et pour la conclusion du ou des marchés avec le ou les entrepreneurs ;
- de diriger l'exécution du ou des marchés de travaux ;
- d'assister le maître d'ouvrage pour la réception des ouvrages et le règlement des comptes avec les entrepreneurs.

La norme porte sur la phase de travaux d'une opération de construction, aussi, la définition de la maîtrise d'œuvre laisse sous silence le rôle essentiel du maître d'œuvre concepteur de l'ouvrage. Or en France, dans l'organisation traditionnelle des opérations privées de bâtiment, il est fréquent que la personne physique ou morale chargée du suivi de l'exécution des travaux soit l'auteure du projet.

En pratique, les éléments de mission de conception des opérations de promotion privée s'inspirent des éléments de mission de la commande publique, mais les honoraires de maîtrise d'œuvre de ces opérations sont souvent sensiblement inférieurs aux honoraires des opérations des OLS, à montant de travaux équivalent.

16.5.3 Le concours, un choix exigeant mais utile pour les projets complexes

La multiplicité de textes réglementaires qui jalonnent l'écosystème du logement incite les opérateurs à s'en tenir au minimum requis par la réglementation. Si une telle attitude est souvent compréhensible s'agissant des réglementations techniques, elle reste discutable pour ce qui concerne la maîtrise d'œuvre. Ainsi, bien que n'étant jamais obligatoire, en social comme en libre, le concours ne doit pas être rangé au rayon des accessoires inutiles. Au contraire, il permet de minimiser le risque d'erreur et de développer un projet aussi adapté que possible au programme, au site et à la demande. Au regard des enjeux, et chaque fois que possible, le concours d'architecture reste une solution à privilégier, comme dans la figure 16.9, qui présente quatre projets issus d'un concours sur esquisse. Une des questions essentielles de cette opération est le traitement de l'angle et de l'entrée. Les quatre projets proposent à l'OLS une gamme de solutions de traitement du rapport à la rue, des accès et de vision urbaine de l'immeuble. La comparaison de ces options rend la décision finale plus pertinente que la critique directe d'un seul projet.

Avantages et inconvénients du concours pour la maîtrise d'œuvre

Souvent pertinent pour le maître d'ouvrage, notamment OLS, le concours restreint sur esquisse présente l'avantage, côté maîtrise d'œuvre, de permettre à de nouvelles équipes d'architectes l'accès à la commande, mais présente deux inconvénients :
- la multiplicité des concours reste économiquement difficile pour les architectes ;
- la volonté de l'emporter peut conduire parfois certaines équipes de maîtrise d'œuvre à présenter des rendus de concours sur esquisse proches d'un avant-projet, créant ainsi une inflation qualitative allant bien au-delà du travail d'esquisse indemnisable.

Avantages de la procédure de concours restreint pour le maître d'ouvrage

L'examen de plusieurs propositions pour un même programme sur un même terrain est une incontestable source d'enrichissement, car le maître d'ouvrage ne se trouve plus

Carrières-sous-Poissy (78)
Maîtrise d'ouvrage : 3F
Dans le cadre du réaménagement d'un îlot, construction d'une résidence sociale de 165 studios (PLAI) et de 55 places de parking. Site périurbain à 20 km à l'ouest de Paris, proche de la Seine, entouré de pavillons, situé à la limite de l'espace construit.

Architecte : Prioux

Architecte : Le Penhuel (lauréat)

Architecte : MG-AU

Architecte : Dubus

▲ **Fig. 16.9** Un concours pour un immeuble de logements à Carrières-sous-Poissy

dans une situation frontale de critique d'un seul projet, mais en démarche dynamique de progrès avec des propositions qui s'éclairent et s'enrichissent mutuellement.

Le concours responsabilise le maître d'ouvrage sur les enjeux urbains du moyen terme, alors que la complexité de l'immobilier focalise ses équipes opérationnelles sur le parcours d'obstacles du court terme : permis de construire, agréments de financements, recours, architectes des bâtiments de France, architectes voyers, servitudes diverses, dossiers de subventions, relations aux collectivités locales, CIL, archéologie préventive, pollution, démolition sélective, etc.

Le concours permet de donner la chance à de jeunes équipes de s'exprimer, sans prendre de risque immédiat.

Coût et délai

L'argument du délai n'a qu'un poids limité : l'organisation du concours et l'analyse des propositions induisent un décalage d'environ 4 mois par rapport à une commande directe. Mais dans une hypothèse favorable, une grande partie de ce délai pourra ensuite être absorbée par l'efficacité et la rapidité du montage du dossier de permis de construire. Et, en tout état de cause, l'impact du gain en qualité sur un ou deux siècles de vie du bâtiment est sans commune mesure avec la « perte » de temps de 4 mois.

L'argument du coût est en revanche indiscutable et présente deux facettes : l'indemnisation des candidats et le coût de la gestion de la procédure.

L'indemnisation des candidats, entre 300 et 500 € HT par candidat et par logement pour une esquisse sur une opération courante de 30 à 60 logements, ne pose pas de problème économique majeur à partir de 50 logements environ et pour une consultation de trois équipes. En deçà, il convient de jauger la difficulté du projet et l'enjeu urbain, ainsi que les perspectives de gains induites par la confrontation des idées.

Chaque projet présenté doit faire l'objet d'une analyse détaillée par une commission technique, afin d'éclairer les débats du jury. Ce travail d'analyse peut être effectué par les équipes internes ou par des prestataires, par exemple des architectes conseil. Le coût total de cette gestion de la procédure pour un projet n'excédera pas quelques milliers d'euros.

Jury

Le principe même du jury conduit le maître d'ouvrage à ne pas décider seul. Les aléas des échanges et des discussions peuvent conduire certains jurys à privilégier les qualités urbaines par rapport aux qualités d'usage ; on évoque parfois des « projets calibrés pour gagner le concours ». Les incertitudes sur les chiffrages proposés au stade de l'esquisse au regard des coûts d'objectif sont également source d'inquiétudes. Enfin, en référence à ce qui se produit parfois avec les grands projets publics, l'équipe de maîtrise d'œuvre lauréate, « adoubée » par le jury, ne sera pas toujours prête à assumer les modifications demandées ensuite.

Rappelons que le jury de concours n'émet qu'un avis, que le maître d'ouvrage demeure libre de suivre ou non en désignant éventuellement un candidat non lauréat. Si certains renforcent les pouvoirs du jury en s'engageant à suivre systématiquement sa décision, cette posture n'est en aucun cas obligatoire.

Trois règles à respecter pour un concours réussi

Au-delà du formalisme administratif, il faut avoir en tête trois règles simples :

• définir le programme et l'enveloppe financière ;
• fixer les critères de jugement, qui peuvent être :
- la relation au site,
- le parti esthétique,
- l'organisation fonctionnelle,
- la qualité architecturale des espaces de vie,
- les options proposées en matière de qualité d'usage,
- la qualité environnementale,
- la prise en compte de l'exploitation,
- l'aptitude à respecter le coût prévisionnel et les délais des travaux ;
• préciser le taux d'honoraires proposé et indemniser les candidats non retenus.

Rôle de la commission technique du concours

Les projets, trois au minimum, sont analysés par une commission technique en préalable aux travaux du jury. La commission technique ne doit porter aucun avis ni aucune appréciation. Sa mission est d'éclairer les débats du jury en mettant en évidence de façon parallèle les caractéristiques des différentes propositions, avec comme axes de travail les interrogations suivantes :

- le projet proposé répond-il au cahier des charges du concours ?
- est-il conforme aux réglementations urbaines et techniques ?
- quels sont ses principaux choix techniques et architecturaux ?

16.6 Déroulement du projet

Des réunions régulières de dialogue et de contrôle rassemblant maîtrise d'ouvrage et maîtrise d'œuvre sont indispensables afin d'atteindre un bon niveau de qualité. Elles doivent au minimum se tenir aux principales phases du projet, qui sont :

- le concours (CONC) ;
- l'esquisse (ESQ) ;
- l'avant-projet (AVP) ;
- le projet (PRO) ;
- l'élaboration du dossier de consultation des entreprises (DCE) ;
- l'analyse des offres des entreprises (AO) ;
- le suivi de chantier, incluant la direction et l'exécution des travaux (DET, VISA[5], AOR[6]) ;
- l'année de garantie de parfait achèvement (GPA).

16.6.1 Principales validations à réaliser sur l'opération

Durant les phases d'esquisse (ESQ) et d'avant-projet (AVP), avant le dépôt du permis de construire, les thèmes d'analyse portent principalement sur la qualité urbaine et architecturale du projet, la veille réglementaire, les dispositions techniques favorables au développement durable, la répartition du programme, le fonctionnement, etc. Le maître d'ouvrage valide progressivement les propositions de la maîtrise d'œuvre, dans le cadre de dialogues et d'échanges constructifs.

Le recours à une grille de revue de projet, remplie à chacune des phases d'étude par le concepteur et servant de base aux échanges, permet de conserver une bonne traçabilité du travail et de fiabiliser les points d'accord et les améliorations attendues.

Un témoin de façade est présenté avant la fin du gros œuvre. Prévu sur une hauteur d'étage au minimum, voire plus suivant la complexité du projet, il comprend un garde-corps, une menuiserie extérieure et l'ensemble des matériaux de façade, y compris ceux du soubassement.

La visite du logement témoin 7 mois avant la livraison permet de valider les choix de finitions. Un test de perméabilité à l'air est effectué dans le logement témoin à la date de la visite.

Pendant l'année de parfait achèvement une visite sur site peut être organisée. Elle rassemble tous les intervenants de l'opération, y compris le personnel du site. Cette visite est organisée 3 mois avant la fin de la garantie de parfait achèvement.

16.6.2 Travail de projet

La validation progressive du projet est un gage de qualité et de réussite. Elle comporte une série de phases résumées sur le logigramme « qualité » de la figure 16.10.

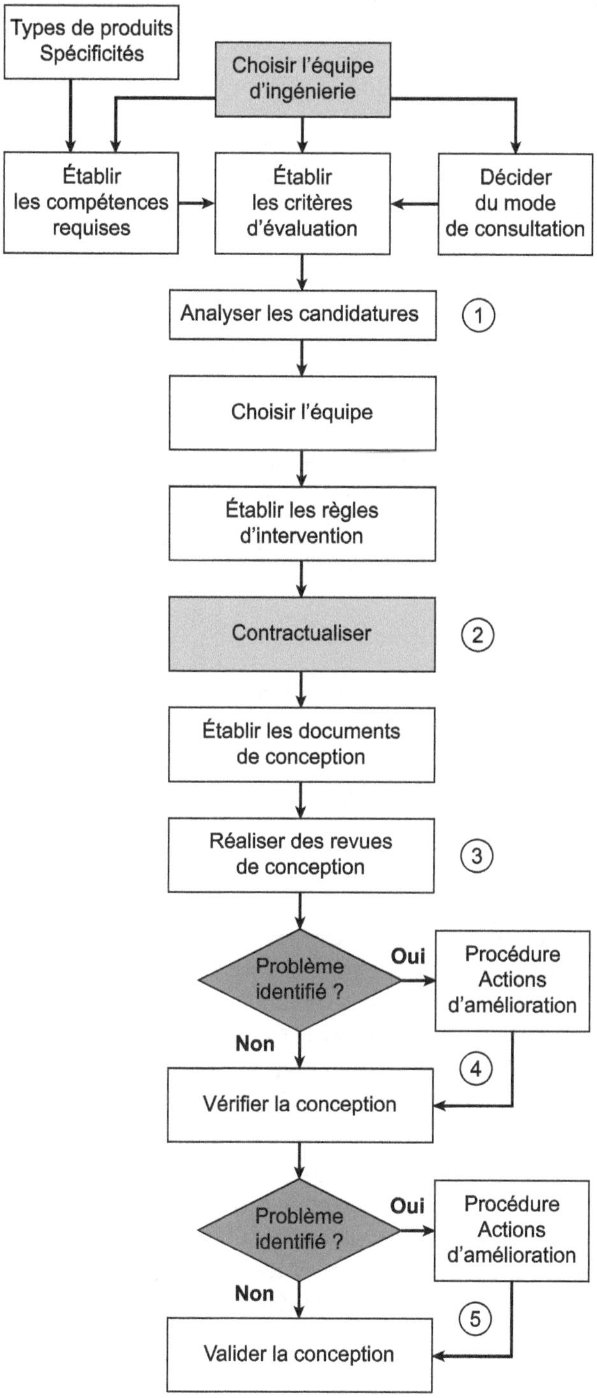

▲ **Fig. 16.10.** Les cinq étapes du logigramme « qualité » de la conception

Si de tels logigrammes sont utiles comme cadre de référence, ils ne sauraient se substituer au dialogue ; les revues de projet ou de conception restent le moteur de la qualité. Sans s'apparenter à une revue de détail militaire, il est malgré tout essentiel que la revue de projet soit structurée, afin de s'assurer que tous les points sensibles ont été abordés. Le tableau 16.3 présente un cadre de revue de projet en neuf points.

16.6.3 Dysfonctionnements fréquents

Quelques dysfonctionnements fréquemment rencontrés en revue de projet sont :

- vis-à-vis entre cellules, en particulier pour les immeubles en T ;
- relation au voisinage inadéquate, par exemple balcon de séjour au-dessus d'une rampe de parking ;
- trame de cellules inadéquate, conditionnée par exemple par la trame du parking ;
- superposition de pièces sèches et humides sans isolement acoustique spécifique ;
- ensoleillement insuffisant de la cellule, en particulier du séjour ;
- géométrie de pièce empêchant un ameublement satisfaisant ;
- cuisine sans coin-repas et sans relation directe au séjour, difficile à meubler ;
- couloir central distributeur sans qualités réelles (ameublement impossible, manque de lumière naturelle, surface excessive par rapport aux pièces principales) ;
- chambre trop étroite, difficile à meubler ;
- mauvais positionnement ou insuffisance des rangements ;
- balcon trop étroit, mal ensoleillé ou objet de vis-à-vis trop rapprochés ;
- radiateurs et prises mal placés, gênant l'ameublement ;
- positionnement inadéquat de châssis de toiture (manœuvre, vue) ;
- nettoyage de vitres dangereux.

16.6.4 Mise au point de l'économie du projet

Le suivi du projet effectué par la maîtrise d'ouvrage a notamment pour but de s'assurer que l'opération est au final « constructible », c'est-à-dire que la somme des offres des entreprises mieux-disantes sur les différents lots (ou l'offre de l'entreprise générale mieux-disante) correspond aux estimations qui ont servi de base au montage du financement.

Dans un monde idéal, le maître d'ouvrage n'intervient pas dans l'économie du projet. Il fixe un coût d'objectif et un programme au maître d'œuvre, à charge pour ce dernier de mettre au point le projet correspondant à l'objectif. Dans le monde réel, il s'agit bien d'un travail d'équipe : maîtrise d'œuvre et maîtrise d'ouvrage, chacune dans son rôle, se

▼ **Tab. 16.3.** Les neuf thèmes à aborder en revue de projet

1. Généralités	**2. Étapes du projet**	**3. Plan-masse et espaces extérieurs**
1.1. Désignation du maître d'œuvre 1.2. Présentation du projet 1.3. Performance énergétique 1.4. Terrain 1.5. Démolition 1.6. Dépollution	2.1. Dépôt du permis de construire 2.2. Étude de site 2.3. Étude de faisabilité énergétique 2.4. Rapport de sol 2.5. Concessionnaires 2.6. Avis du coordonnateur SPS	3.1. Insertion urbaine 3.2. Plan-masse 3.3. Espaces verts 3.4. Cheminements 3.5. Clôtures
4. Structure, enveloppe et volumétrie	**5. Analyse réglementaire**	**6. Parties communes et locaux communs**
4.1. Gabarit 4.2. Structure et volumétrie 4.3. Percements 4.4. Façades 4.5. Couvertures 4.6. Escaliers et coursives	5.1. Classement incendie 5.2. Classement acoustique 5.3. PLU 5.4. Droits à construire	6.1. Boîtes aux lettres 6.2. Coursives 6.3. Local à ordures ménagères 6.4. Local à vélos 6.5. Local à voitures d'enfant 6.6. Local à encombrants 6.7. Local d'entretien 6.8. Espace d'accueil 6.9. Stationnement 6.10. Local technique
7. Parties privatives	**8. Dispositifs techniques**	**9. Estimation**
7.1. Typologie des surfaces 7.2. Généralités 7.3. Accessibilité et adaptabilité 7.4. Celliers 7.5. Entrée et dégagement 7.6. Séjour 7.7. Chambres 7.8. Salle de bains 7.9. Cuisine	8.1. Chauffage, ECS et ventilation 8.2. Gestion de l'eau 8.3. Gestion de l'éclairage	Comparaison de l'estimation aux éléments du montage financier

doivent de conduire ensemble le projet, de l'esquisse au DCE.

Le schéma « vertueux » s'oppose ainsi au schéma « erratique » comme l'illustre la figure 16.11.

La mise au point de l'économie d'un projet est un chemin parsemé d'embûches, car chaque opération est spécifique par son architecture, sa localisation et sa période de construction, trois facteurs qui influencent notablement son prix de construction.

Si le premier élément peut être analysé, il n'en va pas de même des deux autres. La spécificité technique du terrain, notamment la nécessité de réaliser ou non des fondations spéciales, les risques liés à la pollution, etc., est en partie économiquement prédictible, mais chiffrer *a priori* le surcoût lié aux difficultés d'accès par les entreprises à un chantier de centre-ville n'est pas chose facile, et prendre en compte l'évolution de la conjoncture des marchés de construction l'est encore moins. En effet, si l'activité de construction tourne à plein régime, les entreprises de travaux doivent mettre en place des moyens spécifiques pour traiter de nouvelles affaires, et les prix remis aux maîtres d'ouvrage sont influencés à la hausse. Si au contraire l'activité de construction tourne au ralenti, les entreprises de travaux auront tendance, par le simple jeu de la concurrence, à modérer leurs prix afin de préserver leur volume d'activité et de maintenir en service les équipes compétentes qui sont à la base de leur savoir-faire. Ainsi, le prix constaté des travaux d'une opération achevée ne permet pas toujours d'anticiper sur le prix d'une opération similaire située dans un autre contexte et engagée un an plus tard. Ces incertitudes ne doivent pas conduire à transformer la construction de logements en loterie, en laissant le hasard décider des résultats de l'appel d'offres. La mobilisation des savoir-faire associés de la maîtrise d'ouvrage et de la maîtrise d'œuvre permet en général de gérer au mieux cet environnement incertain.

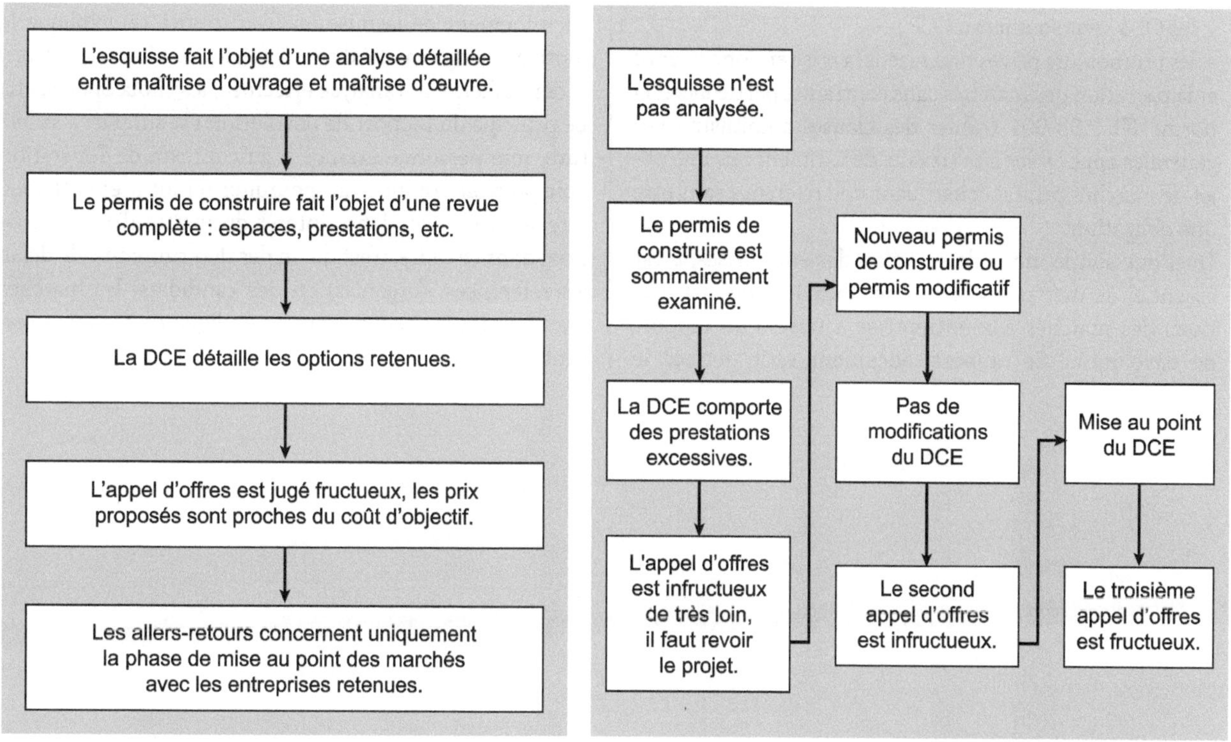

Schéma vertueux d'une opération étudiée dès l'esquisse **Schéma erratique d'une opération mal maîtrisée**

▲ **Fig. 16.11.** Processus d'une opération bien maîtrisée

16.6.5 Points d'attention

Le suivi économique du projet est avant tout affaire d'expérience pour le maître d'ouvrage et ne saurait se réduire à des procédures ou des procédés. Plusieurs points d'attention peuvent toutefois être soulignés :

- il est recommandé d'intégrer une compétence d'économiste dans l'équipe de maîtrise d'œuvre afin de disposer d'estimations fiables dès l'amont du projet ;
- le maître d'ouvrage doit mobiliser sa capacité d'analyse dès les phases amont, c'est-à-dire avant le dépôt du permis de construire. Ce savoir-faire se base sur les interrogations de bon sens suivantes :

– les descentes de charges sont-elles correctement assurées jusqu'aux fondations ?
– tous les volumes construits sont-ils utiles ?
– les linéaires de façades sont-ils raisonnables ?
– les parkings en sous-sol et en extérieur sont-ils optimisés, etc. ?

C'est à ce stade, 2 ans peut-être avant la livraison du bâtiment, que le dialogue entre la maîtrise d'ouvrage et la maîtrise d'œuvre est à la fois le plus pertinent et le plus efficace ;

- il est capital de prêter ensuite une attention détaillée au DCE sur lequel se basent les offres des entreprises, en visant le « juste nécessaire » en matière de prestations ;
- les phases de négociations avec les entreprises pour la mise au point des marchés de travaux sont essentielles, car elles fixent la réalité de ce qui sera finalement construit.

Deux schémas opposés (fig. 16.11) dessinent ainsi les deux approches :

– l'opération qui fait l'objet d'un suivi détaillé dès l'amont se déroule facilement selon un processus linéaire ;
– l'opération non suivie se termine par un ensemble d'essais-erreurs générateurs de perte de temps, d'argent et de qualité.

Il faut toutefois souligner que la réalité est en général plus complexe, et que les contre-exemples abondent d'opérations bien suivies et à l'appel d'offres infructueux, et à l'opposé d'opérations non suivies qui conduisent à un résultat satisfaisant.

16.7 Le rapport de dévolution des travaux

La phase de construction d'un immeuble de logements collectifs ne présente pas de singularité technique ou organisationnelle majeure qui la distinguerait d'un autre chantier de construction. OLS et promoteurs privés se trouvent dans des situations différentes pour ce qui concerne l'organisation de la séquence de travaux :

– les OLS sont soumis au CCP ;
– les promoteurs privés organisent la mise en concurrence et la passation des marchés sans contrainte particulière, la norme NF P 03-001 (cahier des clauses administratives générales applicables aux travaux de bâtiment faisant l'objet de marchés privés) constituant une référence sans être une obligation.

Quel que soit le mode de sélection des entreprises, il est essentiel de mettre en place une traçabilité des attributions des marchés aux entreprises à travers un rapport de dévolution. Ce rapport, document écrit, retrace le cheminement de la mise en concurrence ou explique la motivation du marché de gré à gré, les résultats des offres, le dépouillement, l'analyse effectuée, les choix opérés, etc. Le principe du rapport de dévolution est simple : à sa lecture, une personne étrangère au contexte de l'opération doit pouvoir comprendre pourquoi tel lot a été attribué à telle entreprise, dans l'intérêt du maître d'ouvrage. Le prix, dans ce cadre, n'est qu'un des déterminants ; le délai, les références, l'organisation des candidats, les marchés antérieurs, etc., peuvent entrer en ligne de compte : l'essentiel est la transparence.

Notes
1. Loi n° 67-3 du 3 janvier 1967 relative aux ventes d'immeubles à construire et à l'obligation de garantie à raison des vices de construction, *JO* du 4 janvier 1967.
2. Loi n° 67-547 du 7 juillet 1967 tendant à reporter la date d'application et à préciser certaines dispositions de la loi 673 du 03-01-1967 relative aux ventes d'immeubles à construire et a l'obligation de garantie a raison des vices de construction, *JO* du 8 juillet 1967.
3. Zones consultables sur le site https://www.geoportail.gouv.fr/donnees/plan-dexposition-au-bruit-peb.
4. Seuil 2024-2025, idem pour les suivants.
5. VISA : vérification par le maître d'œuvre des études d'exécution réalisées par les entreprises de travaux.
6. AOR : assistance par le maître d'œuvre aux opérations de réception.

17

Alternatives à la maîtrise d'ouvrage directe

17.1 Des alternatives à la maîtrise d'ouvrage pour les bailleurs sociaux

Le chapitre 16 décrit les différentes étapes de l'opération de construction de logements, en maîtrise d'ouvrage sociale et en maîtrise d'ouvrage privée. Si la construction est l'unique champ d'activité du promoteur, l'OLS développe deux métiers, la construction et la gestion, et sa finalité est bien de procurer un logement aux familles des classes moyennes et populaires. Par ailleurs, si la gestion est une activité stable, récurrente et qui mobilise en permanence les équipes dédiées, l'activité de construction est plus instable, les périodes d'intense activité avec plusieurs opérations en cours pouvant alterner avec des périodes plus calmes. Les OLS se sont trouvés depuis la fin des années 1970 devant la nécessité de diversifier leurs modes d'accès à la construction neuve, la maîtrise d'ouvrage internalisée n'étant plus qu'une des façons de construire.

Trois alternatives se présentent : la possibilité de confier à un tiers un mandat de maîtrise d'ouvrage, l'acquisition directe en Véfa de logements auprès d'un promoteur, la conception-réalisation. Une quatrième alternative, la « Véfa inversée », voit les rôles traditionnels de la Véfa interchangés : l'OLS développe une opération mixte sociale et privée et vend une partie des logements au promoteur, qui se contente alors de les commercialiser auprès de ses clients.

Ces alternatives ont pris depuis 40 ans une place importante dans la production des OLS, réalisée pour environ 50 % dans le cadre de Véfa. Mais les OLS ne doivent pas abandonner totalement la production en maîtrise d'ouvrage directe, car la construction en propre permet à leurs équipes de maîtrise d'ouvrage :

- de maintenir et de développer leurs compétences, d'autant plus utiles pour mener à bien les opérations d'acquisition en Véfa et les négociations avec les promoteurs ;
- de faire preuve d'innovation dans la conception de leurs projets pour développer de nouvelles façons d'habiter (réduction des charges ou zéro charge, habitat participatif, habitat intergénérationnel, etc.) et ainsi de répondre aux défis des évolutions sociétales et environnementales.

Maîtrise d'ouvrage et Véfa ne sont ni concurrents ni exclusifs pour un OLS, mais complémentaires. Les Véfa permettent d'augmenter les rythmes de production, d'expérimenter de nouvelles solutions techniques, d'accéder à des fonciers dont l'acquisition en direct serait économiquement impossible, etc.

17.2 Cadre de la Véfa en logement social

La Véfa (voir 16.1.2) est le fait, pour un bailleur social, d'acheter sur plan des logements à un promoteur immobilier. La Véfa présente plusieurs avantages pour un bailleur social puisqu'elle permet une implantation territoriale sur des secteurs jugés attractifs et facilite ainsi l'accès au foncier, favorise la mixité sociale, le décharge d'une partie du montage de l'opération et limite les avances de fonds. Elle lui permet aussi d'accroître sa capacité de production totale.

La Véfa nécessite la mise en place d'un partenariat de qualité avec le vendeur dans la définition du programme, en vue de permettre au bailleur social d'assurer la gestion locative à long terme des logements, cœur de métier du bailleur, et la maîtrise des charges. Les bailleurs sociaux se sont donc organisés pour développer des process internes en ce sens.

La Véfa peut impliquer une gestion en copropriété (logements privés et logements sociaux) ; aussi, cette dernière doit être anticipée et pensée. Les bailleurs sociaux privilégient ainsi l'achat de bâtiments ou de blocs de bâtiments dissociables du reste de la copropriété pour faciliter la gestion des parties communes notamment.

Dans son principe, la Véfa HLM est un dispositif ancien : la loi n° 67-3 du 3 janvier 1967 relative aux ventes d'immeubles à construire et à l'obligation de garantie à raison des vices de construction autorise l'acquisition d'immeubles en Véfa par les personnes morales de droit public. Un pas important a été franchi par la loi n° 91-662 du 13 juillet 1991 d'orientation pour la ville, qui a exclu du champ d'application de la loi MOP les ouvrages de bâtiment acquis par les organismes HLM au moyen d'un contrat de Véfa. Trois textes de 2000, 2001 et 2009 ont ensuite progressivement facilité aux organismes de logement social la possibilité d'acquérir en Véfa des logements auprès des promoteurs privés.

17.2.1 Décret n° 2000-104 du 8 février 2000[1]

L'article D. 331-1 du CCH détermine les opérations finançables par les prêts et subventions du logement social (voir chapitre 6). Avant le 8 février 2000, 9 types d'opérations étaient concernés :

« 1° l'acquisition de droits de construire ou de terrains destinés à la construction de logements à usage locatif et la construction de ces logements ;

2° la construction de logements à usage locatif ;

3° l'acquisition de logements et d'immeubles destinés à l'habitation ainsi que, le cas échéant, les travaux d'amélioration correspondants ;

4° l'acquisition de locaux ou d'immeubles non affectés à l'habitation et leur transformation ou aménagement en logements ;

5° les terrains, droits immobiliers, logements ou immeubles acquis par des organismes d'habitations à loyer modéré, des sociétés d'économie mixte ou des collectivités locales ou leurs groupements ainsi que les travaux de construction, de transformation ou d'amélioration à réaliser sur ces terrains, logements ou immeubles, à condition que les biens concernés aient été acquis depuis moins de dix ans à la date de la demande de décision favorable mentionnée à l'article D. 331-3 [du CCH] ;

6° les travaux d'amélioration exécutés sur des immeubles ou des logements cédés à bail emphytéotique par l'État, des collectivités locales ou leurs groupements ;

7° les travaux de transformation ou d'aménagement en logements de locaux ou d'immeubles non affectés à cet usage ;

8° la réalisation des dépendances de ces immeubles ou de ces logements, et notamment les garages, jardins, locaux collectifs à usage commun, annexes dans des limites fixées par arrêté du ministre chargé de la construction et de l'habitation ;

9° la réalisation d'opérations de construction ou d'acquisition avec ou sans travaux d'amélioration de logements-foyers à usage locatif tels que définis aux articles R. 832-20 et R. 832-21 [du CCH] ; »

Le décret du 8 février 2000 a ajouté l'acquisition en Véfa comme dixième catégorie d'opération finançable :

« 10° l'acquisition de logements dans le cadre des dispositions prévues aux articles L. 261-3 et L. 261-2. »

17.2.2 Circulaire du 12 mars 2001[2]

Une circulaire de 2001 a ensuite précisé les conditions que doivent vérifier les services de l'État avant d'autoriser un tel financement :

« Le mode d'intervention de droit commun des organismes constructeurs de logements sociaux est celui de la maîtrise d'ouvrage directe, encadrée par les dispositions législatives et réglementaires auxquelles sont soumises les différentes familles d'organismes. Afin de favoriser le développement de la mixité sociale dans les ensembles immobiliers, le décret 2000-104 du 8 février 2000 a également rendu possible le recours à la formule de la vente en l'état futur d'achèvement pour la réalisation de logements locatifs sociaux financés en PLUS et en PLAI.

Avant d'autoriser le financement de telles opérations vous vous assurerez :

- que l'opération est justifiée par une recherche de mixité sociale ;
- que le nombre de logements, individuels ou collectifs, ainsi financés est minoritaire si l'opération est montée par un promoteur privé ; cette disposition doit ainsi permettre de financer aussi bien l'acquisition de parties homogènes d'immeubles ("cages d'escalier") que quelques unités d'habitation au sein d'une opération d'ensemble ;
- de la qualité des logements à acquérir au regard des normes techniques en vigueur ;
- de l'intérêt de cette acquisition pour l'organisme acheteur et en particulier de l'adéquation des prix d'acquisition avec ceux du marché ; l'organisme devra au préalable et selon les règles générales applicables aux organismes HLM, avoir consulté le service des domaines ;
- que la décision favorable est antérieure à l'acte d'acquisition, sauf dérogation du préfet. »

17.2.3 Loi n° 2009-179 du 17 février 2009[3]

La loi de février 2009, en créant l'article L. 433-2 du CCH, a enfin supprimé toute condition de surface pour autoriser les acquisitions en Véfa, par les organismes HLM et les SEM, de logements inclus dans un programme de construction. Les organismes HLM ne sont plus soumis au verrou des 50 % maximaux de logements sociaux pour une même opération dans les programmes privés. Cette possibilité ne vaut toutefois que pour les programmes établis par un tiers et lorsque les permis de construire ont été déposés. Le texte de l'article est le suivant :

« Un organisme d'habitations à loyer modéré mentionné à l'article L. 411-2 [du CCH] ou une société d'économie mixte peut, dans le cadre de l'article 1601-3 du Code civil ou des articles L. 262-1 à L. 262-11 du [CCH] présent code, acquérir :

- des immeubles ayant les caractéristiques de logement-foyer mentionné à l'article L. 633-12 [du CCH] ou de résidence hôtelière à vocation sociale mentionnée à l'article L. 631-112 [du CCH] ;
- des ouvrages de bâtiment auprès d'un autre organisme d'habitations à loyer modéré ou d'une autre société d'économie mixte ;
- des logements inclus dans un programme de construction, à la condition que celui-ci ait été établi par un tiers et que les demandes de permis de construire aient déjà été déposées. »

17.3 Principaux atouts de la Véfa en logement social

Environ la moitié des logements sociaux sont construits dans le cadre d'une Véfa. Durant des décennies, le métier principal des OLS, que l'on dénommait alors « maîtres d'ouvrage sociaux », a été la construction de logements neufs, marquant la primauté des métiers de la construction sur les métiers de la gestion locative (quittancer les loyers, gérer les impayés, assurer l'entretien du patrimoine).

On pourrait imaginer que la possibilité pour les OLS d'acheter clés en main des parties d'opérations aux promoteurs privés conduise à l'inversion complète de ce modèle des Trente Glorieuses : seule compterait alors la gestion. Il n'en est rien : la Véfa est une possibilité de croissance de patrimoine qui complète, sans la remplacer, la maîtrise d'ouvrage.

Les trois moteurs principaux du développement de la Véfa en logement social sont :

- les collectivités locales, qui imposent la Véfa comme outil au service de la diversité de l'offre sur les quartiers, dans un but de mixité sociale. Pour une ville, contraindre tout promoteur privé à prévoir la cession en Véfa d'une partie de son programme à un OLS permet de faire coup double : développer la mixité et ne pas risquer de passer sous le seuil de 25 % de la loi SRU ;
- les OLS peuvent, par l'effet de la péréquation sur les prix des fonciers, accéder grâce à la Véfa à des terrains hors de portée des financements du logement social : la charge foncière est répartie de façon inégale entre les parties privées et sociales de l'opération, ce qui revient à réaliser au niveau d'un projet la péréquation de l'aménageur qui, sur sa zone d'intervention, vend des charges foncières plus élevées aux opérations libres qu'aux opérations sociales ;
- la rapidité d'exécution : le promoteur privé n'étant soumis à aucune procédure technique (libre choix de l'architecte, possibilité de contracter avec l'entreprise de son choix, sans délais imposés), la Véfa permet à l'OLS d'accroître son patrimoine plus rapidement qu'au travers des procédures classiques de maîtrise d'ouvrage intégrée.

17.4 Rôle de l'OLS, client du promoteur

L'OLS qui achète en Véfa, client du promoteur :

- n'est pas en situation de maîtrise d'ouvrage, le seul maître d'ouvrage de l'opération est le promoteur, pendant toute la durée de l'opération ;
- n'a donc aucun contact avec l'architecte ni avec les entreprises ;
- ne peut imposer ses choix techniques ni effectuer aucun acte de prescription, au risque de se voir taxer d'immixtion fautive. En effet, la jurisprudence considère comme responsable en cas de malfaçons ou de désordres constructifs le maître d'ouvrage notoirement compétent qui s'est immiscé dans l'opération de construction, que ce soit au stade de sa conception ou au stade de sa réalisation, et exonère dans ce cas les entreprises de leur responsabilité.

La Véfa permet à l'OLS de bénéficier d'une simplification de ses processus contractuels : l'enchaînement classique des principales séquences contractuelles de l'opération conduite en maîtrise d'ouvrage présenté dans la figure 17.1 se limite en Véfa à trois phases : contrat de réservation, achat et réception du bâtiment livré, comme le résume la figure 17.2.

Le travail administratif et juridique du responsable d'opération se simplifie dans son principe : contrats de réservation et d'achat, dossiers de financement. Dans cette logique, un OLS peut augmenter sensiblement son parc de logements neufs sans augmenter ses effectifs à due proportion.

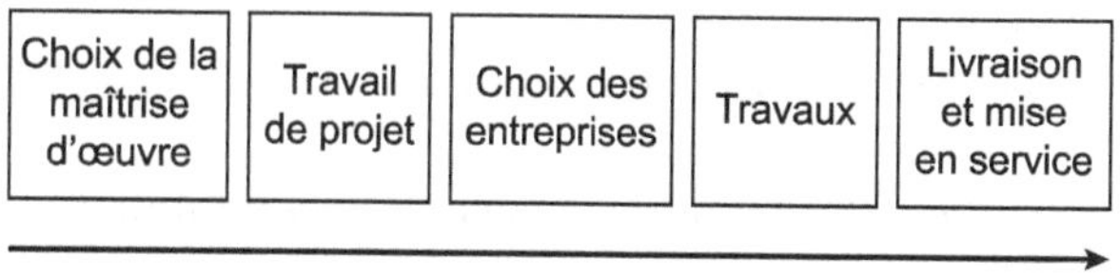

▲ **Fig. 17.1.** Séquences de la maîtrise d'ouvrage

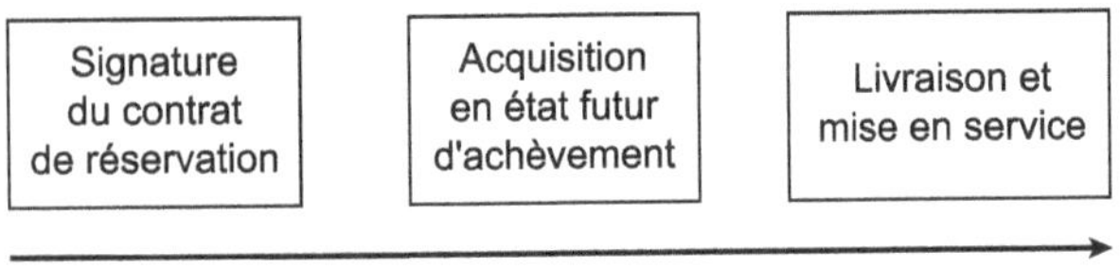

▲ **Fig. 17.2.** Séquences contractuelles de la Véfa

17.4.1 Contrat préliminaire ou contrat de réservation

La Véfa étant une acquisition de propriété au fur et à mesure de l'édification de l'ouvrage, il est indispensable pour les deux parties de formaliser le souhait d'acheter et de vendre par un contrat préliminaire ou contrat de réservation.

La loi prévoit que le vendeur (dit « le réservant ») s'engage à réserver (et non à vendre, à la différence d'une promesse de vente) à l'acheteur (dit « le réservataire ») un immeuble ou une partie d'immeuble en contrepartie d'un dépôt de garantie affecté à un compte spécial. Les fonds ainsi déposés sont indisponibles, incessibles jusqu'à la conclusion du contrat de vente. Le montant de ce dépôt ne peut excéder 5 % du prix prévisionnel et dépend de la date prévue pour l'acte de vente : 5 % si le contrat est conclu dans l'année, 2 % s'il est passé dans les deux ans, aucun dépôt au-delà.

Le contrat de réservation permet entre autres de clarifier le bien objet de la vente, le prix de vente prévisionnel et le délai de construction.

Le réservataire n'est pas obligé d'acheter, mais si le contrat n'est pas conclu de son fait, il perd son dépôt de garantie, sauf s'il peut invoquer de justes motifs.

Si la vente n'est pas réalisée du fait du réservant, il doit restituer le dépôt de garantie et peut être condamné à verser des dommages-intérêts à la demande du réservataire.

Le réservant a l'obligation d'informer le réservataire de la conclusion du contrat définitif, en lui notifiant le projet d'acte de vente un mois à l'avance.

Le contrat comporte les mentions obligatoires suivantes :
- description du local (surface habitable, nombre de pièces et dégagements, situation dans l'immeuble) ;
- qualité de la construction (note technique sommaire indiquant les matériaux de construction, les éléments d'équipement, les équipements collectifs éventuels) ;
- prix prévisionnel de la vente et, le cas échéant, ses modalités de révision ;
- délai d'exécution des travaux et date à laquelle le contrat définitif pourra être conclu ;
- indications sur le dépôt de garantie et sa restitution.

17.4.2 Contrat de vente en l'état futur d'achèvement

La conclusion du contrat de vente en l'état futur d'achèvement doit se faire à peine de nullité par acte authentique (article L. 261-11 du CCH, alinéa 2), autrement dit, rédigé par un notaire et signé par les parties devant lui.

Ce contrat définitif comporte des mentions et des annexes obligatoires, tout comme le contrat de réservation :
- au titre des mentions obligatoires :
  - description de l'immeuble ou de la partie de l'immeuble vendue,
  - mention du prix et de ses modalités de paiement,
  - mention des modalités de révision du prix ;
- mention de la garantie d'achèvement ou de remboursement due par le maître d'ouvrage (vendeur) ;
- indication du délai de livraison ;
- au titre des annexes obligatoires :
  - annexes ou documents précisant la consistance du local vendu, par un plan coté et une notice indiquant ses éléments d'équipement ainsi que la consistance de l'immeuble,
  - caractéristiques techniques de l'immeuble : notice descriptive conforme à l'arrêté du 10 mai 1968 (plans, coupes, élévations et caractéristiques techniques de l'immeuble). L'article 18 du décret n° 67-1166 du 22 décembre 1967[4] indique que « les caractéristiques techniques résultent du devis descriptif servant de base aux marchés ou d'une notice descriptive conforme à un modèle agréé par arrêté ministériel ». Cet arrêté du 10 mai 1968 paru le 29 juin 1968[5] correspond au document couramment désigné par « notice descriptive notaire ».

17.5 Cinq conditions pour une Véfa réussie

Si en théorie le travail technique et architectural de l'OLS disparaît, tout comme le fait d'assumer les risques liés au pilotage du projet, aux autorisations administratives et aux difficultés avec les entreprises de construction, l'OLS doit toutefois pleinement jouer son rôle de client actif. L'expérience des Véfa montre qu'une attitude de client passif se contentant de vérifier la pertinence juridique des clauses des contrats de réservation et de vente conduit à des contre-performances.

La réussite de l'achat en Véfa impose que l'OLS participe aux évolutions des natures architecturale et technique de l'opération (fig. 17.3).

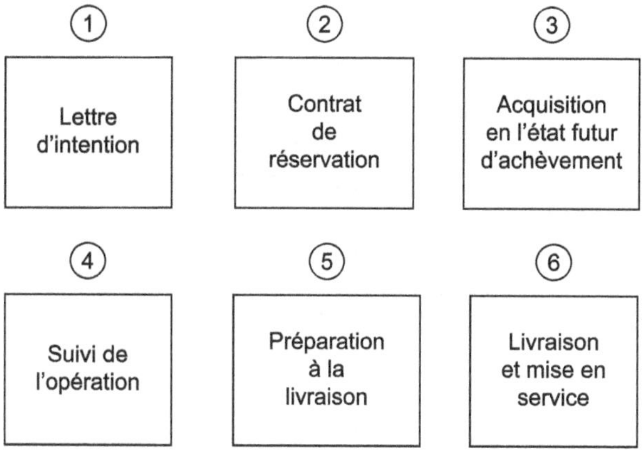

▲ **Fig. 17.3.** Étapes du processus de Véfa

17.5.1 Condition n° 1 : travailler avec le promoteur le plus en amont possible

En maîtrise d'ouvrage, la qualité d'un projet se joue en amont : insertion urbaine, orientation des bâtiments, options pour les parties communes. En Véfa, cette tendance est encore renforcée ; tout ou presque va se jouer au départ, car une fois le contrat de réservation signé, l'OLS ne pourra intervenir qu'à la marge.

Le risque le plus important avec l'achat en Véfa est lié à l'absence de regard sur le produit livré. L'OLS acquéreur en Véfa ne peut mettre en place de concours d'architecture permettant de choisir entre plusieurs options urbaines, ne peut imposer son cahier des charges technique et architectural, ne peut participer à la mise au point des plans, car la Véfa ne peut pas être finalisée avant le stade du dépôt du permis de construire, ne peut définir les parties communes et choisir le mode de chauffage, ne peut retenir les gammes d'équipements techniques liées à son expérience de gestionnaire... En un mot, l'expérience et le savoir-faire acquis ne sont pas directement utilisables. Les conséquences de cette situation peuvent s'avérer dommageables, notamment au niveau des parties communes des immeubles, donc de la vie de la résidence.

Pour réduire les impacts de ce risque, il convient d'établir le plus en amont possible une concertation avec le vendeur (en général promoteur immobilier), afin que le produit se rapproche du cahier des charges utilisé par l'OLS dans ses opérations effectuées en maîtrise d'ouvrage. L'OLS peut pour cela préparer un document d'orientation qui sert de trame de négociation et de liste de points de contrôle pour évaluer la proposition du promoteur ou pour apporter un avis sur un programme. L'OLS acheteur doit toutefois éviter de communiquer des indications techniques précises afin de ne pas se trouver dans une position d'immixtion dans l'opération, placée sous la maîtrise d'ouvrage du promoteur.

Cette phase amont de négociation peut se conclure par l'envoi d'une lettre d'intention par l'OLS, fixant les grandes lignes du projet en cours et déclarant son intention d'acheter en confirmant les éléments essentiels négociés : nombre de logements, superficie et prix maximal au mètre carré, qualité technique souhaitée, etc.

17.5.2 Condition n° 2 : détailler le contrat de réservation

Les contrats préliminaires, appelés souvent en pratique « contrats de réservation », habituellement utilisés par les vendeurs pour les acquéreurs individuels, ne sont pas adaptés à l'achat de logements locatifs sociaux. Le contrat adapté à l'OLS doit être aussi techniquement détaillé, préfigurant avec précision le contrat de vente.

Le contrat de réservation de l'acquéreur individuel précise en premier lieu l'emplacement précis du logement dans l'immeuble, le nombre de pièces, la surface totale, les éventuelles dépendances, les caractéristiques principales de la construction, le descriptif des éléments d'équipement privatifs et collectifs, le prix, la date prévue de livraison et la date la plus tardive à laquelle le contrat définitif de vente doit être signé.

17.5.3 Condition n° 3 : préciser les modalités de suivi de l'opération

L'OLS peut effectuer contractuellement, à sa demande, un suivi de l'opération sans être le maître d'ouvrage, notamment sous la forme de réunions de concertation et de visites sur site avec le vendeur préalablement aux appels de fonds. Le logement témoin prévu dans les actes de réservation et de vente constitue une bonne pratique, car il permet aux partenaires de valider ensemble la réalisation de la prestation attendue.

Rechercher une coopération étroite avec le vendeur ne doit pas conduire à quitter la posture d'acquéreur, l'OLS doit notamment s'abstenir de :

- donner des instructions écrites aux prestataires ;
- se rendre sur le site sans être accompagné du vendeur ;
- participer à des réunions organisées par la maîtrise d'œuvre, sauf en étant invité par le vendeur ;
- participer à la réception des travaux.

Dans le cas contraire, l'OLS risquerait d'être rendu responsable de retards et surtout de désordres qui pourraient se révéler ultérieurement, car ses interventions pourraient, là encore, être qualifiées d'actes d'immixtion.

17.5.4 Condition n° 4 : mettre en place une visite préalable à la réception

La réception, à laquelle l'OLS n'est pas convié, concerne les rapports entre vendeur et constructeurs.

Une visite préalable entre vendeur et acquéreur paraît utile pour s'assurer de la faisabilité de la livraison. Cette visite, si elle est située avant la réception, permet à chacun de vérifier et d'anticiper les réserves éventuelles pour permettre une livraison et une mise en location dans les meilleures conditions.

17.5.5 Condition n° 5 : anticiper les conditions de gestion de l'ouvrage après la livraison

Au-delà des questions liées directement à la conception et à la réalisation du produit, la gestion ultérieure de l'immeuble est notablement différente en cas de Véfa, qui est une « acquisition de logements inclus dans un programme de constructions ».
L'OLS, habituellement propriétaire unique d'une opération (logements, équipements, parties communes, espaces extérieurs, clôture, etc.) et seul décideur de l'ensemble de sa gestion, doit s'organiser avec les autres acquéreurs du programme, situation inconfortable car il ne peut décider seul des actions qu'il souhaite entreprendre sur le cadre bâti.

17.6 Quatre types de Véfa

Quatre cas de figure peuvent se présenter : acquisition de lots, acquisitions de parties d'immeubles, acquisition de volumes en opération complexe, et enfin acquisition par l'OLS de la totalité de l'opération. Dans ce dernier cas, la Véfa ne se distingue pas fondamentalement de la maîtrise d'ouvrage, car à l'issue de l'opération l'OLS est propriétaire d'un bien immobilier complet. Il n'en va pas de même pour les trois autres, qui induisent des modalités de gestion spécifiques, détaillées ci-après. Les choix architecturaux ainsi que l'identification des lots acquis par l'OLS peuvent peser de différentes manières sur la gestion future de la résidence.

17.6.1 Option 1 : des logements dans l'immeuble

L'OLS achète des logements disséminés dans la cage d'escalier (fig. 17.4), par exemple 6 logements sur les 18 de la cage. C'est le cas le plus abouti de la mixité entre logements sociaux et privés, dont les habitants partagent le même palier, le même ascenseur, le même hall. C'est aussi le cas le plus complexe en gestion, car l'OLS se trouve soumis aux règles de la gestion de la copropriété pour l'ensemble des parties communes et pour l'enveloppe du bâtiment. La gestion est donc assurée par le syndic, qui doit concilier les points de vue de copropriétaires particuliers et de l'OLS.

Cette situation est facilitée par l'identification de la cage d'escalier concernée comme « partie commune spéciale » à gestion autonome.

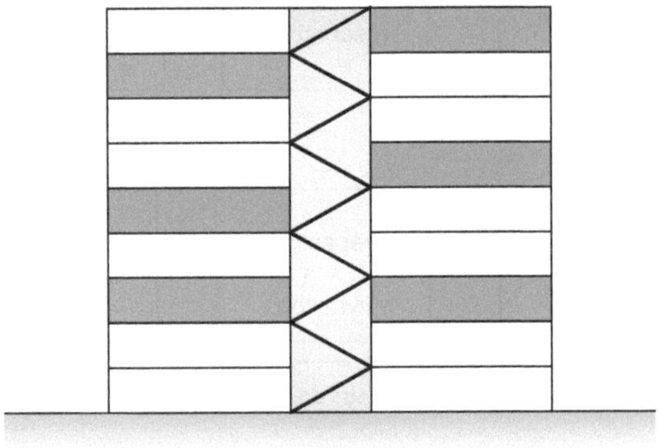

▲ **Fig. 17.4.** Véfa « disséminée »

17.6.2 Option 2 : achat d'un macrolot

L'OLS achète par exemple un immeuble d'une résidence qui en comporte plusieurs, soit une ou plusieurs cages d'escalier autonomes (fig. 17.5). Chaque groupe de logements ainsi acheté constitue un lot dont les parties communes (escaliers, paliers, hall, réseaux internes, etc.) sont gérées directement par l'OLS propriétaire. La gestion qu'il doit alors effectuer avec les autres propriétaires se limite aux espaces extérieurs, au parking souterrain, aux équipements communs et aux éventuelles servitudes. Cette gestion peut être assurée par une association syndicale libre (ASL) ou une association foncière urbaine libre (Aful)[6].

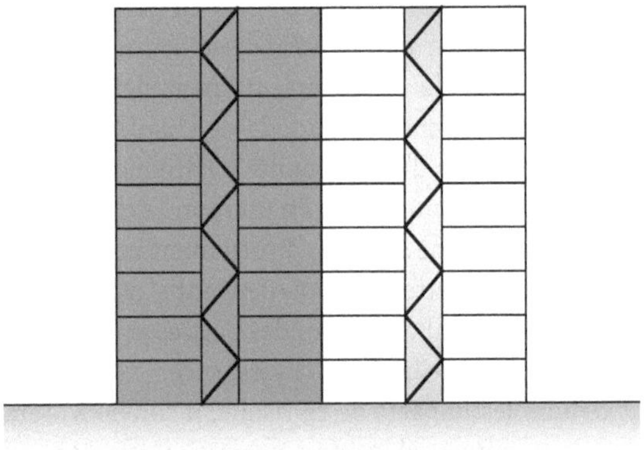

▲ **Fig. 17.5.** Achat d'une cage complète ou d'un immeuble complet dans un ensemble de bâtiments

17.6.3 Option 3 : division en volumes

Cette option s'applique aux opérations complexes et imbriquées, par exemple des immeubles construits sur un socle commun abritant des parkings et des commerces (fig. 17.6). Chaque volume doit pouvoir exister indépendamment des autres, notamment au plan des accès. La division en volume confère une forte autonomie aux différents propriétaires, cependant des éléments communs (terrains, équipements divers, réseaux) peuvent subsister et sont gérés dans ce cas par une structure spécifique telle qu'une ASL ou une Aful.

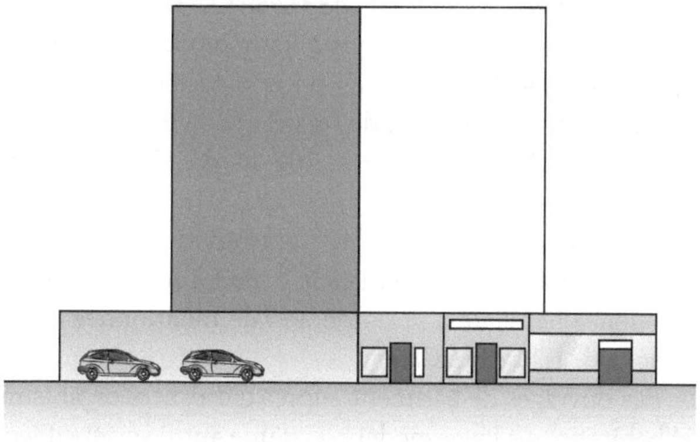

▲ **Fig. 17.6.** Division en volumes

17.6.4 Avantages et inconvénients des trois options

Le tableau 17.1 résume les avantages et inconvénients des trois options pour un OLS.

17.7 Coût d'une Véfa par rapport à celui d'une maîtrise d'ouvrage directe

Une étude[7] commandée par l'Agence nationale de contrôle du logement social (Ancols) apporte des réponses claires à la question du coût d'une Véfa par rapport à une maîtrise d'ouvrage directe (MOD). Les écarts de coûts constatés sont significatifs, mais restent limités : entre 2017 et 2021, la Véfa a proposé un coût de production moyen de logements sociaux inférieur au coût de production en MOD.

▼ **Tab. 17.1.** Approche comparée des trois configurations de Véfa (source : « Acheter en Véfa », Union sociale pour l'habitat, octobre 2010)

Thématique	Type de Véfa		
	Logements disséminés	*Macrolot*	*Volume*
Autonomie du propriétaire	– Pas d'autonomie sur l'ensemble de la gestion technique et financière – Travaux courants et gros travaux – Les décisions relèvent de l'assemblée de copropriétaires et sont mises en œuvre par le syndic de la copropriété	– Autonomie contrôlée sur les décisions relatives aux éléments extérieurs : harmonie, esthétique, etc. – Autonomie de gestion dans le bâtiment constituant le macro-lot. Exemples : nettoyage des halls et des paliers, entretien et réparation de l'interphonie, d'un ascenseur.	– Autonomie très forte : chaque bâtiment est un volume qui peut être en monopropriété – Il peut subsister néanmoins des éléments résiduels communs aux volumes, gérés par une association syndicale de propriétaires
Gestion des charges	– Toutes les charges communes sont des charges de copropriété, à répartir entre les locataires, lot par lot – Le propriétaire bailleur peut utiliser les tantièmes de charges du règlement de copropriété comme clé de répartition, ce qui permet de garder la cohérence de l'ensemble	– Gestion autonome pour tout ce qui constitue des parties privatives du macrolot, ce qui nécessite d'individualiser le plus possible les équipements du bâtiment concerné : eau, ascenseur, etc. – En tout état de cause, subsisteront toujours des charges de copropriété à payer au syndic et éventuellement à répartir entre les locataires : entretien d'une chaufferie, des espaces verts, etc. – La répartition au niveau des locataires est fonction de clés librement choisies par le propriétaire	– Chaque volume gère ses propres charges – Il reste néanmoins des charges communes aux volumes, gérés par une association syndicale de propriétaires – La répartition au niveau des locataires est fonction de clés librement choisies par le propriétaire
Ventes ultérieures aux locataires	– Facilite la gestion future des ventes par lots aux locataires – Les répartitions de charges sont déjà faites dans les documents initiaux de la copropriété	– En cas de vente aux locataires, il sera nécessaire de diviser le macrolot et l'état de répartition des charges – Intervention d'un géomètre et d'un notaire pour modifier les documents initiaux – Décision d'assemblée des copropriétaires pour modifier les documents initiaux	– Le volume, s'il est en propriété unique, devra faire l'objet d'une division en lots et d'une mise en copropriété – La décision est prise par le seul propriétaire, lorsqu'il décide de vendre

En 2021, le coût moyen de production en MOD était de 2 370 € par mètre carré de surface utile et de 2 129 € en Véfa. Ces écarts de coûts s'accentuent dans les zones tendues et dans les régions connaissant des tensions foncières.

Les écarts sont similaires en matière de coût par logement : un logement produit en Véfa possède un coût de production inférieur à celui produit en MOD. Pour l'année 2021, le coût de production au logement était de 150 273 € en MOD et de 141 785 € en Véfa (table 10 de l'étude). Par ailleurs, si les coûts au mètre carré de surface utile ont connu une baisse en 2020 dans les deux modes de production, cette baisse a été absente pour le coût au logement. Qu'il s'agisse du coût au mètre carré ou au logement, les opérations en MOD sont caractérisées par une augmentation des coûts sur la période étudiée (2017-2021), excepté pour l'année 2020, contrairement aux coûts en Véfa, qui sont restés stables sur la période.

Par ailleurs, l'enquête met en lumière plusieurs différences de coûts entre les opérations réalisées en MOD et en Véfa selon leur situation géographique et foncière. La Véfa est le mode de production majoritairement utilisé par les OLS en zones tendues et propose, dans ces zones, des coûts de production nettement inférieurs aux coûts en MOD. Ainsi, les coûts de production en Véfa dans les zones A *bis*, A et B1 sont respectivement inférieurs de 26 %, 18 % et 11 % aux coûts de production en MOD dans ces zones. Produire un logement social en zone détendue reste également moins coûteux en Véfa qu'en MOD ; cependant l'écart de coûts est moins important, les coûts en Véfa étant respectivement de 3 % et 2 % inférieurs à ceux en MOD en zone B2 et C.

17.8 Véfa inversée

Le mécanisme de la Véfa inversée consiste pour un organisme HLM à vendre à un opérateur privé des logements libres faisant partie d'une opération de construction majoritairement de logements sociaux réalisés sur des terrains acquis dans le cadre de la loi n° 2013-61 du 18 janvier 2013 relative à la mobilisation du foncier public en faveur du logement et au renforcement des obligations de production de logement social. La Véfa inversée n'est possible que si le terrain est situé en zone tendue ou s'il a été acquis dans le cadre de la mobilisation du foncier public (bénéfice du mécanisme de la décote). La vente de logements à une personne privée est limitée à 30 % au maximum du programme. Elle est soumise à autorisation du préfet de département du lieu de l'opération.

La Véfa inversée a été mise en place par l'article 103 de la loi Alur (voir 4.4.8) et confirmée par l'article 98 de la loi n° 2015-990 du 6 août 2015 pour la croissance, l'activité et l'égalité des chances économiques, dite « loi Macron ». Elle est cadrée par l'article L. 433-2 du CCH en ces termes :

« Un organisme d'habitations à loyer modéré mentionné à l'article L. 411-2 [du CCH] ou une société d'économie mixte peut, dans le cadre de l'article 1601-3 du Code civil ou des articles L. 262-1 à L. 262-11 du [CCH] présent code, acquérir :

- des immeubles ayant les caractéristiques de logement-foyer mentionné à l'article L. 633-1 [du CCH] ou de résidence hôtelière à vocation sociale mentionnée à l'article L. 631-11 [du CCH] ;
- des ouvrages de bâtiment auprès d'un autre organisme d'habitations à loyer modéré ou d'une autre société d'économie mixte ;
- des logements inclus dans un programme de construction, à la condition que celui-ci ait été établi par un tiers et que les demandes de permis de construire aient déjà été déposées.

Un organisme d'habitations à loyer modéré peut également, en application de l'article 1601-3 du Code civil ou des articles L. 261-1 à L. 261-22 du [CCH] présent code, vendre des logements à une personne privée, dès lors que ces logements font partie d'un programme de construction composé majoritairement de logements sociaux, dans la limite de 30 % de ce programme. Ces logements sont réalisés sur des terrains, bâtis ou non, ayant été acquis dans le cadre des articles L. 3211-7 ou L. 3211-13-1 du Code général de la propriété des personnes publiques ou sur un terrain situé sur le territoire des communes appartenant à une zone d'urbanisation continue de plus de 50 000 habitants, définie à l'article 232 du Code général des impôts. Cette vente est soumise à l'autorisation du représentant de l'État dans le département du lieu de l'opération et subordonnée au respect, par l'organisme d'habitations à loyer modéré, de critères prenant notamment en compte la production et la rénovation de logements locatifs sociaux, définis à l'article L. 445-1 du [CCH] présent code. L'organisme d'habitations à loyer modéré met en place une comptabilité permettant de distinguer les opérations relevant du service d'intérêt général défini à l'article L. 411-2 [du CCH] et celles qui n'en relèvent pas. »

17.9 Conception-réalisation

La conception-réalisation constitue une variante de la maîtrise d'ouvrage, qui rassemble les deux séquences de maîtrise d'œuvre et de travaux en une seule. La séquence d'acquisition foncière (fig. 17.7) est identique à celle de la maîtrise d'ouvrage (voir partie 16.2.1) et la présente partie se focalise donc sur la séquence de maîtrise d'œuvre et de travaux.

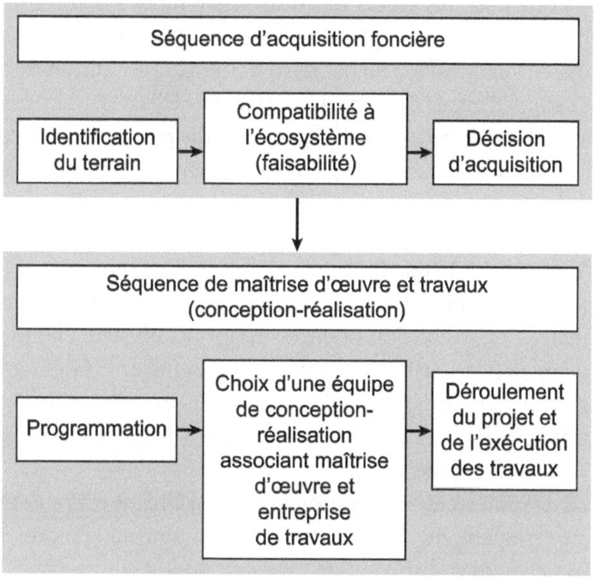

▲ **Fig. 17.7.** Les deux séquences de la conception-réalisation

17.9.1 Origines de la conception-réalisation

Le processus de maîtrise d'ouvrage à trois séquences (programmation, conception, réalisation), qui sépare conception et réalisation, n'est pas universel. Pour les ouvrages à fort contenu technique, notamment en génie civil, associer en amont la construction à la conception architecturale peut s'avérer performant : méthodes, matériels et ingéniosité constructive de l'entreprise interagissent en temps réel avec les solutions architecturales.
Même si la construction de logements locatifs sociaux ne comporte pas de grands enjeux techniques, l'association de l'architecte à l'entrepreneur s'était fortement développée dès les années 1970, afin de favoriser l'innovation technique et architecturale dans la construction, sous le pilotage direct d'un État encore très centralisé, qui impulsait une politique technique forte. De multiples procédés et systèmes avaient alors vu le jour, renouvelant effectivement en profondeur l'offre de logement social et permettant à de jeunes talents de s'exprimer (photos 17.1), mais sans connaître ensuite de véritables développements autonomes, en dehors de l'appui des financements

Villepinte, modèle « maisons gradins jardins », architectes Andrault et Parat : procédé de construction à base de panneaux béton et de modules d'escaliers préfabriqués.

Nogent-sur-Oise, procédé Variel de cellules béton tridimensionnelles préfabriquées, architecte Georges Noël, entreprise Dumez.
L'usine de Montesson en banlieue parisienne assurait la fabrication des modules tridimensionnels béton à partir de panneaux préfabriqués.

Angers, modèle « plan libre », architecte Vladimir Kalouguine.
Les murs extérieurs sont en béton projeté sur treillis métallique, structure à base de poteaux/dalles. Cette opération connut de sérieux problèmes d'étanchéité.

Modèle innovation Maillard, architecte Henri-Pierre Maillard.
Appelé aussi « tabouret Maillard », le modèle innovation associait l'entreprise SAE.
Les « tabourets » étaient préfabriqués sur le chantier.

▲ **Photos 17.1.** Quatre exemples de « modèles innovation » associant en amont architectes et entreprises, développés avec le concours du Plan construction vers la fin des années 1970 spécifiques attribués aux opérations innovantes pilotées par l'État ou la région.

Dix ans plus tard, dans sa version initiale, l'article 18 de la loi n° 85-704 du 12 juillet 1985 relative à la maîtrise d'ouvrage publique et à ses rapports avec la maîtrise d'œuvre privée (loi MOP) prévoyait que « le maître de l'ouvrage peut confier par contrat à un groupement de personnes de droit privé ou, pour les seuls ouvrages d'infrastructure, à une personne de droit privé, une mission portant à la fois sur l'établissement des études et l'exécution des travaux, lorsque des motifs d'ordre technique rendent nécessaire l'association de l'entrepreneur aux études de l'ouvrage ».

De multiples ouvrages avaient fait ainsi appel à la conception-réalisation, essentiellement pour des raisons techniques. L'article 18 avait toutefois été modifié en 2010 de la façon suivante, en adjoignant la préoccupation énergétique :

« Le maître de l'ouvrage peut confier par contrat à un groupement de personnes de droit privé ou, pour les seuls ouvrages d'infrastructure, à une personne de droit privé, une mission portant à la fois sur l'établissement des études et l'exécution des travaux, lorsque des motifs d'ordre technique ou d'engagement contractuel sur un niveau d'amélioration de l'efficacité énergétique rendent nécessaire l'association de l'entrepreneur aux études de l'ouvrage. »

Enfin, l'article 110 de la loi n° 2009-323 du 25 mars 2009 de mobilisation pour le logement et la lutte contre l'exclusion (loi Molle), précisait :

« Pour la réalisation de logements locatifs aidés par l'État financés avec le concours des aides publiques [...] soumis à la loi n° 85-704 du 12 juillet 1985 relative à la maîtrise d'ouvrage publique et à ses rapports avec la maîtrise d'œuvre privée, les organismes d'habitations à loyer modéré mentionnés [...] et les sociétés d'économie mixte de construction et de gestion de logements sociaux peuvent jusqu'au 31 décembre 2013 conclure, par dérogation aux dispositions des articles 7 et 18 de la loi n° 85-704 du 12 juillet 1985 précitée, des contrats portant à la fois sur l'établissement des études et l'exécution des travaux. »

La loi n° 2018-1021 du 23 novembre 2018 portant évolution du logement, de l'aménagement et du numérique (loi Elan) (voir partie 4.4.10) de 2018 a pérennisé enfin, sans échéances, le recours à la conception-réalisation pour les logements locatifs sociaux réalisés par les organismes HLM.

17.9.2 Avantages et inconvénients du processus de conception-réalisation

Trois avantages sont soulignés par les OLS, prix, délais et performances :

– optimisation du rapport qualité-prix des opérations, car la procédure requiert rigueur et professionnalisme (nécessité d'un programme précis, maîtrise économique en amont de la conception, intégration en amont des éventuelles contraintes de réalisation) ;

– réduction des délais de l'ordre de 6 mois à 1 an entre l'opération de conception-réalisation bien menée et une opération classique en maîtrise d'ouvrage avec conception et appel d'offres d'entreprises (chapitre 16) ;

– ouverture vers des engagements de performance des bâtiments livrés, notamment en matière de performance énergétique.

Responsabilité de l'OLS

Pour le bon aboutissement d'une opération de conception-réalisation, l'OLS doit prendre en compte plusieurs points de vigilance, car il se retrouve en pratique seul face à un groupement dirigé par l'entreprise, la maîtrise d'œuvre n'étant plus à ses côtés, mais « en face » de lui et aux côtés de l'entreprise de travaux.

La responsabilité opérationnelle de l'OLS, « seul » face au groupement, se trouve renforcée, son équipe-projet interne doit disposer de compétences équivalentes à celles de l'équipe de conception-réalisation (direction des travaux, suivi des comptes du chantier, gestion des litiges avec le groupement).

Ce renforcement de la présence de l'OLS peut se faire soit en interne (recrutements) soit en faisant appel à un AMO ou à un économiste, voire aux deux.

Le processus à « double détente » de la maîtrise d'ouvrage traditionnelle avec un programme restreint en phase de conception suivi d'un calage fin des prestations au moment de l'appel d'offres n'est plus possible. Il est donc indispensable, pour éviter les surcoûts liés aux demandes de modifications, de fixer en amont, dès la mise en concurrence, un programme qui va encadrer l'écriture du marché.

Surcoûts induits par l'appel d'offres

Ces précautions ont des impacts économiques :

– la procédure de conception-réalisation coûte cher du simple fait qu'il faut demander aux concurrents de proposer un projet à un stade de conception suffisamment avancé pour qu'il puisse faire l'objet d'un chiffrage permettant un engagement des parties. En procédure formalisée, le montant cumulé de la prime versée aux candidats évincés est de l'ordre de 3 000 € HT par logement ;

– l'établissement d'un programme précis, complet et définitif en amont de la consultation représente également un coût et un délai.

Au-delà du raccourcissement des délais, il est donc nécessaire de trouver des économies pour amortir ces surcoûts. Ainsi, même si le recours à la conception-réalisation est largement ouvert, on peut considérer qu'elle se justifie surtout sur les opérations pour lesquelles la plus-value liée à l'intervention de l'entrepreneur sera effective, et notamment aux opérations ayant de fortes ambitions en matière énergétique. Avantages et inconvénients sont résumés dans le tableau 17.2.

▼ **Tab. 17.2.** Avantages et inconvénients de la conception-réalisation (source : USH)

Domaine	Avantages	Inconvénients
Délais	• Délais de l'opération plus courts, car : – moins d'itérations lors de la conception grâce à la suppression des phases de validation à l'avancement du projet – suppression de la période de consultation des entreprises – superposition des phases d'études et de préparation à la réalisation – l'entreprise choisit un mode constructif qu'elle maîtrise • Maîtrise des délais : un seul contrat qui donne la date de livraison, sous réserve des délais administratifs • L'attribution à une entreprise générale ou à un groupement minimise les défaillances en cours de chantier	– Il est indispensable de prendre le temps de mener des études de faisabilité complètes et d'être très précis lors de la rédaction du programme de l'opération pour éviter que l'entreprise ne profite des imprécisions – Le délai de réponse des candidats doit être suffisant ; il n'est pas fixé réglementairement mais doit être d'au moins 3 mois – Phase d'analyse des projets proposés plus longue qu'en simple appel d'offres
Économie	– Moindre coût de construction, car la solution technique repose sur le savoir-faire de l'entreprise et tient compte de son matériel et de sa main-d'œuvre – Connaissance rapide du coût de l'opération du fait d'un engagement précoce (honoraires + travaux) – Moindre coût du fait de l'optimisation des frais d'étude	– Coût de la procédure pour une opération de 100 logements, coût global de 10 M€, montant total des primes à régler aux équipes non retenues de plus de 500 k€ TTC (15 % d'un contrat à 7 ou 8 %) – La maîtrise du coût de l'opération dépend du « poids » de l'OLS face à l'équipe pilotée par l'entreprise ; nécessité de compléter les compétences par des missions d'appui, d'économiste notamment – La maîtrise du coût de l'opération n'est acquise que si le programme reste stable. Tout changement ultérieur est coûteux
Organisation	– Moins d'interfaces à gérer car un seul interlocuteur – La qualification en marché de travaux permet de faire passer le recours à une procédure formalisée de 25 logements en maîtrise d'ouvrage à environ 50 logements – Circuit de mise au point raccourci : connaissance rapide des conséquences d'une demande de modification de programme par l'OLS, rapidement chiffrée par l'entrepreneur – En cas de procédure adaptée, prévoir la possibilité de négocier	– Changement des rôles et des responsabilités des acteurs : le maître d'œuvre n'est plus du côté de l'OLS, mais défend les intérêts du groupement ; l'OLS peut alors se faire accompagner par un économiste ou un AMO pour équilibrer les compétences en présence – Nécessité d'être très précis dans la nature et le détail des réponses à présenter par les candidats, la procédure d'appel d'offres interdisant la négociation – L'entrepreneur rédige le marché, notamment le cahier des clauses techniques particulières (CCTP) – Le maître d'œuvre est focalisé sur la conception, associé en général au BET de l'entreprise
Déontologie professionnelle	– Bien utilisée, cette procédure peut faciliter expérimentations et innovations – En travaillant directement avec les entreprises au chiffrage des projets, les architectes peuvent améliorer leur connaissance des coûts	– Risque de baisse de la rémunération des architectes – Cette procédure est destinée en priorité aux entreprises structurées, et une partie de la commande des OLS échappe alors aux PME

17.9.4 Déroulement de l'opération

Le déroulement opérationnel du marché de conception-réalisation s'effectue dans des conditions voisines de celles d'une opération classique en maîtrise d'ouvrage :
- le mandataire du groupement peut demander à l'OLS une réception formelle de différents éléments de mission de maîtrise d'œuvre. Il est notamment évident que le permis de construire doit être validé avant dépôt ;
- l'OLS signe les différents ordres de services de l'opération, mandate un bureau de contrôle et un coordonnateur SPS, procède à la réception des ouvrages.

Intérêt d'un assistant à maîtrise d'ouvrage (AMO)

Pour les opérations importantes, l'OLS peut s'adjoindre les services d'un assistant à maîtrise d'ouvrage (AMO), afin de réaliser tout ou partie des missions ci-dessous :
- le seconder dans la rédaction du programme, qui doit être ambitieux mais réaliste ;
- en cas de mise en concurrence, participer à l'analyse des propositions des équipes candidates ;
- suivre dans le détail la finalisation de la phase de conception ;
- contrôler les factures présentées par le groupement au regard de l'avancement ;
- l'assister dans la négociation d'éventuelles plus-values et contrôler l'état des décomptes finaux ;
- le faire bénéficier de son expertise lors d'éventuels litiges ou réclamations.

Forme du marché

Le marché de conception-réalisation comporte un lot « conception » et un lot « travaux ».

Mais ce marché doit être conclu avec un groupement d'opérateurs économiques, il n'est pas possible de contracter uniquement avec l'entrepreneur, notamment au regard de l'article 3 de la loi n° 77-2 du 3 janvier 1977 sur l'architecture :

« Quiconque désire entreprendre des travaux soumis à une autorisation de construire doit faire appel à un architecte pour établir le projet architectural faisant l'objet de la demande de permis de construire, sans préjudice du recours à d'autres personnes participant, soit individuellement, soit en équipe, à la conception. Cette obligation n'exclut pas le recours à un architecte pour des missions plus étendues.

Le projet architectural mentionné ci-dessus définit par des plans et documents écrits l'implantation des bâtiments, leur composition, leur organisation et l'expression de leur volume ainsi que le choix des matériaux et des couleurs.

Même si l'architecte n'assure pas la direction des travaux, le maître d'ouvrage doit le mettre en mesure dans des conditions fixées par le contrat, de s'assurer que les documents d'exécution et les ouvrages en cours de réalisation respectent les dispositions du projet architectural élaboré par ses soins. Si ces dispositions ne sont pas respectées, l'architecte en avertit le maître d'ouvrage. [...] »

Outre l'entrepreneur, le groupement doit inclure l'architecte. Ce dernier ne pouvant exercer la profession d'entrepreneur, le groupement doit être conjoint – et non solidaire, car l'architecte ne peut se substituer à l'entreprise éventuellement défaillante – et le mandataire, pour la même raison, en est l'entreprise.

Programme de l'opération

Une particularité importante du contrat de conception-réalisation porte sur la composition de ses pièces. Comme pour les marchés de maîtrise d'œuvre, le programme est une pièce contractuelle du marché mais, contrairement aux marchés de maîtrise d'œuvre, pour lesquels le programme peut évoluer, le programme en conception-réalisation est arrêté lors de la signature du marché et figé. Il est donc une pièce essentielle qui conditionne la réussite de l'opération.

Les approches de programmes définies aux chapitres 10 à 13 sont valables pour la conception-réalisation, notamment dans leurs aspects descriptifs les plus précis :
- programmation thématique définissant les cinq objectifs majeurs d'un propriétaire de logement social collectif ;
- programmation par ouvrage ;
- exigences détaillées par espace et équipement, distinguant :
  - les espaces intérieurs privatifs,
  - les équipements,
  - les espaces communs intérieurs,
  - les espaces extérieurs.

Pièces du marché

En plus du programme, un ensemble aussi complet que possible de pièces définissant le terrain doit être remis en amont aux candidats, pièces qui feront également partie du marché :
- topologie générale de la zone : pentes, talus, dévers, ruissellements ;
- plans de situation, de cadastre, de géomètre : bornage, nivellement, héberges ;
- PLU, ainsi que tout document lié aux droits à construire : zone protégée, monument historique, fouilles archéologiques, site classé, plan de prévention des risques (PPR), règlement d'aménagement de zone (RAZ), plan d'aménagement de zone (PAZ), règlement de lotissement, etc. ;
- servitudes actives et passives : réseaux enterrés, lignes aériennes, droit de passage, littoral, vues, hertzien ;

- classements en zone « technique » : bruit, climat, séisme, etc. ;
- utilisations antérieures : dépôt d'ordures, usine, station-service, etc. ;
- nature du sol appuyée par des études et sondages type, portance, nappe phréatique, etc. ;
- état des mitoyens ;
- possibilités de raccordements à la voirie et aux réseaux : électricité, eau potable, eaux pluviales, eaux usées, téléphone, éclairage public, fibre optique ;
- acteurs liés au terrain : ABF, aménageur, agence d'urbanisme, État, communes, EPCI, etc.

Le caractère stratégique du programme pour la réussite de l'opération est résumé sur la figure 17.8.

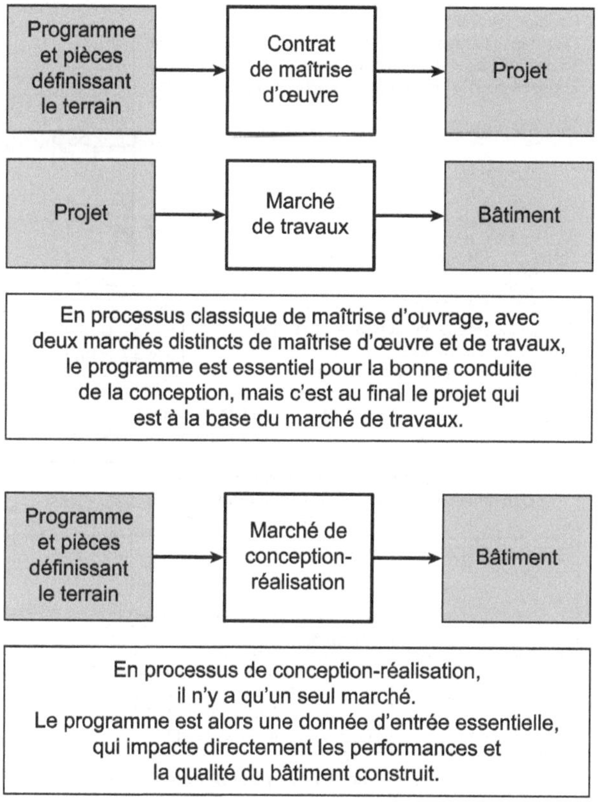

▲ **Fig. 17.8.** Comparaison entre les procédures de maîtrise d'ouvrage classique et de conception-réalisation. En conception-réalisation le programme doit être figé en amont et constitue une pièce essentielle pour la qualité finale du bâtiment

Marchés avec remise de prestations

En cas de procédure formalisée avec remise de prestations par les candidats, l'OLS choisit un APS et un prix, ce qui revient à dire que les marchés de travaux sont passés à l'APS, l'avant-projet étant approuvé dès que le lauréat est retenu.

Dans cette situation, la précision du programme remis aux candidats, et qui fait partie du marché, constitue un atout dans les discussions avec le groupement afin d'éviter que les modifications demandées post-signature du marché, obligatoirement mineures, ne se traduisent par des surcoûts importants.

17.9.5 Exemple de consultation en conception-réalisation

L'opération de 54 logements sociaux en énergie zéro de la ZAC Clause-Bois Badeau à Brétigny-sur-Orge (91) a été développée par 3F en procédure de conception-réalisation.

Cahier des charges de la consultation

L'ambition et la justification technique de cette conception-réalisation engagée en 2009 étaient d'atteindre l'énergie zéro dans l'exploitation de l'immeuble. Outre son cahier des charges classique applicable à toutes les opérations, l'OLS a fourni aux candidats un document de consultation spécifique détaillé portant sur le terrain, la nature du sol et du sous-sol, la gestion de l'eau, la forme urbaine souhaitée et l'organisation des espaces, la performance environnementale, la typologie et les caractéristiques des logements.

Propositions formulées par les candidats

La figure 17.9 fournit un résumé des 7 propositions effectuées par les équipes de conception-réalisation[8], ainsi que les analyses de la commission technique présentées au jury.

Les critères du choix étaient les suivants :
- critère n° 1, qualité architecturale, urbaine et paysagère du projet (25 %) ;
- critère n° 2, réponse environnementale (20 %) ;
- critère n° 3, respect du cahier des charges du maître d'ouvrage, organisation et fonctionnement du bâtiment offrant une qualité d'usage des logements (20 %) ;
- critère n° 4, conformité aux dispositions d'urbanisme (10 %) ;
- critère n° 5, fiabilité des propositions techniques, comptabilité du projet avec l'enveloppe financière prévisionnelle, proposition de rémunération (25 %).

17.10 Assistance à maîtrise d'ouvrage, conduite d'opération, mandat

Ces différentes missions ne constituent pas des alternatives à la maîtrise d'ouvrage traditionnelle décrite au chapitre 16, mais des appuis extérieurs dont le maître d'ouvrage peut s'entourer dans le cadre du projet de construction. Ces missions se situent sur un éventail très large, allant du simple conseil sur un sujet spécialisé

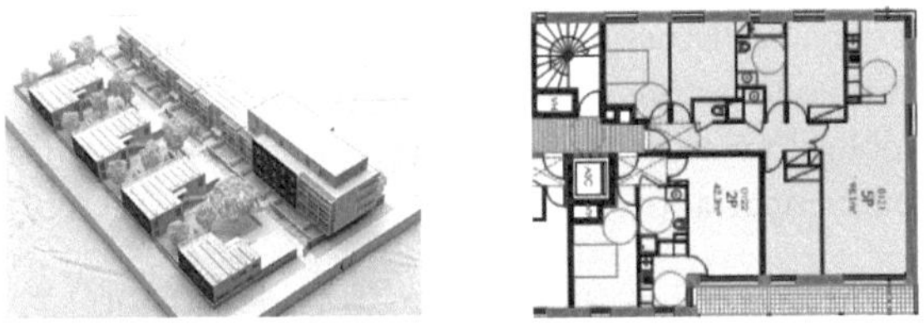

Tous les logements sont en simplex
Cuisines éclairées naturellement en prolongement du séjour
Partition jour/nuit
Prolongements extérieurs limités
Les T2 au RDC de la barrette sont défavorisés

2 056 € HT/m² Shon
2 276 € HT/m² Shab

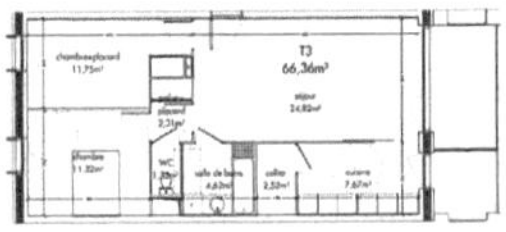

1 857 € HT/m² Shon
2 175 € HT/m² Shab

Grands logements en duplex
Partition jour/nuit
Cuisines éclairées naturellement en continuité du séjour
Prolongements extérieurs généreux : loggias semi-ouvertes, semi-fermées et jardins généreux

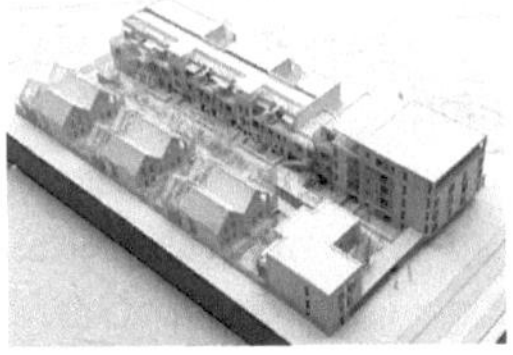

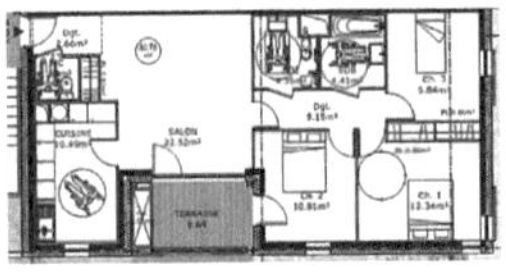

2 261 € HT/m² Shon
2 373 € HT/m² Shab

Grands logements en duplex
Partition jour/nuit
Salles de bains aveugles
Cuisines éclairées naturellement en continuité du séjour

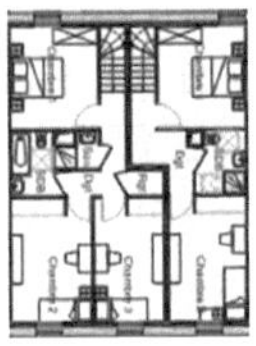

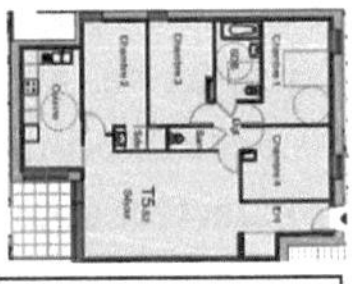

1 810 € HT/m² Shon
2 074 € HT/m² Shab

Partition jour/nuit
Cuisines éclairées naturellement en continuité du séjour
Toutes les salles de bains éclairées naturellement
Espaces pour le séchage du linge prévus à l'extérieur

Partition jour/nuit très marquée
Cuisines éclairées naturellement en continuité du séjour
Peu de salles de bains éclairées naturellement
Espaces pour le séchage du linge prévus à l'extérieur

1 866 € HT/m² Shon
2 016 € HT/m² Shab

Grands logements en duplex avec double hauteur sur les séjours
Partition jour/nuit et fluidité du plan
Salles de bains en général aveugles
Cuisines éclairées naturellement en continuité du séjour
Prolongements extérieurs généreux : coursive, balcons ou loggias

2 046 € HT/m² Shon
2 364 € HT/m² Shab

1 666 € HT/m² Shon
1 956 € HT/m² Shab

Trame longue et souvent étroite
Duplex à partir du T3, partition jour/nuit
Cuisines éclairées naturellement en continuité du séjour
La majorité des salles de bains éclairées naturellement
Prolongements extérieurs généreux avec de nombreuses serres

Concours de conception-construction Construction de 54 logements PLUS/PLAI et 54 emplacements de stationnement souterrains	
Shon maximale : 3 900 m^2	Typologie demandée : 25 % de 2P 40 % de 3P 30 % de 4P (75 m^2 au minimum) 5 % de 5P
Répartition du financement : 42 logements PLUS 12 logements PLAI	Performance environnementale et labels visés : bâtiment devant produire autant d'énergie qu'il en consomme, label BBC 2005, certification Habitat & Environnement profil A

▲ **Fig. 17.9.** Les sept projets présentés au jury ; les niveaux de prix constatés en 2010 ne sont indiqués que pour marquer les écarts entre les offres

(AMO HQE par exemple), jusqu'à une délégation complète dans le cadre du mandat de maîtrise d'ouvrage, par lequel le mandataire agit « au nom et pour le compte » du maître d'ouvrage. Ces missions peuvent s'exercer en maîtrise d'ouvrage sociale comme privée, les OLS étant tenus à un cadre réglementaire spécifique.

17.10.1 Assistance à maîtrise d'ouvrage (AMO)

Le maître d'ouvrage, OLS ou promoteur, peut faire appel à un AMO sur un ou plusieurs thèmes spécifiques, notamment pour l'élaboration du programme, la détermination de l'enveloppe financière prévisionnelle de l'opération, un conseil spécifique dans le domaine technique, financier, juridique ou administratif. L'AMO intervient en appui du maître d'ouvrage, qui demeure le seul pilote de l'ensemble du projet. La complexité croissante des réglementations et des environnements des opérations rend ces missions de plus en plus nécessaires et fréquentes. L'AMO peut être un

BET, un cabinet-conseil ou toute autre structure de prestations de services disposant des compétences souhaitées.

17.10.2 Conduite d'opération

Le maître d'ouvrage peut également recourir à un conducteur d'opération pour une assistance générale à caractère administratif, financier et technique. La conduite d'opération est courante en promotion immobilière, car les SCCV associées à chaque opération n'ont pas de moyens propres, et c'est le promoteur qui effectue la mission de conduite d'opération pour la SCCV qu'il créée. Elle est également systématique en logement social, le constructeur impactant directement le bilan de l'opération par les coûts internes de conduite d'opération correspondant aux charges, notamment salariales, engagées par ses équipes de maîtrise d'ouvrage.

La mission du conducteur d'opération reste une mission de conseil au maître d'ouvrage, mais qui prend un caractère d'assistance générale dans les domaines administratif, financier et technique, dans toutes les phases de l'opération, sous forme de proposition, de conseil, d'organisation, d'élaboration d'outils et de suivi. Le conducteur d'opération est présent à tous les stades et sur tous les sujets, mais le maître d'ouvrage demeure le décideur. Pour exécuter sa mission, le conducteur d'opération est au contact direct des intervenants de l'opération, notamment de la maîtrise d'œuvre et des entreprises.

La Mission interministérielle pour la qualité des constructions publiques (MIQCP), dans son « Guide des maîtres d'ouvrages publics pour le choix d'un conducteur d'opération ou d'un mandataire », actualisé en juin 2020, indique : « À côté du maître d'ouvrage décideur, le conducteur d'opération est un "gestionnaire de projet" qui adoptera l'attitude de faire, ou de faire faire, tout au long du processus de construction, en fonction du contexte de l'opération et des compétences réunies. Il convient de rappeler à ce propos que la position consistant à faire faire n'est en rien dévalorisante. Elle signifie : savoir définir une commande et la justifier auprès du maître d'ouvrage, savoir choisir le prestataire, à partir d'une connaissance du marché de l'offre et du milieu professionnel auquel on s'adresse, organiser son suivi, contrôler l'exécution, alerter si nécessaire. Il ne s'agit donc pas d'être dans une situation d'attente du résultat à l'échéance du délai contractuel mais de mettre effectivement en œuvre un savoir-faire qui requiert compétences et moyens correspondants. La prestation de conduite d'opération se décompose en missions transversales qui constituent le "cœur" du métier que l'on peut décliner par domaine :

- l'assistance générale relative à l'organisation de la maîtrise d'ouvrage, et des partenaires de l'opération ;
- l'assistance technique pour la définition des objectifs et leur mise en œuvre ;
- l'assistance à l'estimation et au suivi des aspects économiques et financiers (estimation de l'enveloppe financière prévisionnelle et du budget prévisionnel, assistance à la recherche de financement) :
- l'assistance pour la maîtrise des délais (calendriers prévisionnels des interventions, calendriers détaillés d'exécution). [...] »

17.10.3 Mandat de maîtrise d'ouvrage

Dans le mandat de maîtrise d'ouvrage, le maître d'ouvrage confie, par contrat, la réalisation de tout ou partie de ses attributions, « en son nom et pour son compte », à un mandataire. Le mandataire est tenu de la bonne exécution des missions confiées, et notamment :

- la définition des conditions techniques et administratives selon lesquelles l'ouvrage sera étudié et exécuté ;
- la préparation du choix du maître d'œuvre ;
- la signature et la gestion du contrat de maîtrise d'œuvre ;

ZOOM CODE DE LA COMMANDE PUBLIQUE

Art. L. 2422-7. Le contrat de mandat de maîtrise d'ouvrage est conclu par écrit, quel qu'en soit le montant, et prévoit, à peine de nullité :

1° L'ouvrage qui fait l'objet du contrat, les attributions confiées au mandataire, les conditions dans lesquelles le maître d'ouvrage constate l'achèvement de la mission du mandataire, le cas échéant les modalités de la rémunération de ce dernier, les pénalités qui lui sont applicables en cas de méconnaissance de ses obligations et les conditions dans lesquelles le contrat peut être résilié ;

2° Le mode de financement de l'ouvrage ainsi que les conditions dans lesquelles le maître d'ouvrage fera l'avance de fonds nécessaires à l'exécution du contrat ou remboursera les dépenses exposées pour son compte et préalablement définies ;

3° Les modalités du contrôle technique, financier et comptable exercé par le maître d'ouvrage aux différentes phases de l'opération ;

4° Les conditions dans lesquelles l'approbation des études d'avant-projet et la réception de l'ouvrage sont subordonnées à l'accord préalable du maître d'ouvrage ;

5° Les conditions dans lesquelles le mandataire peut agir en justice pour le compte du maître d'ouvrage.

– le suivi du chantier sur les plans technique, administratif et financier.

Le mandataire représente le maître d'ouvrage à l'égard des tiers dans l'exercice des attributions confiées jusqu'à à l'achèvement de sa mission ; c'est un gestionnaire global qui dirige directement le projet et réalise l'opération au nom du maître d'ouvrage, à qui il remet l'ouvrage.

Pour les maîtres d'ouvrages publics, le mandat est décrit dans les articles L. 2422-5 à L. 2422-11 du CCP, section 3, « Mandat de maîtrise d'ouvrage », et notamment l'article L. 2422-7.

Le mandat est une délégation complète mais non totale ; la phase de définition de l'ouvrage à réaliser demeure sous la responsabilité du maître d'ouvrage. Ce n'est qu'une fois le programme et l'enveloppe financière arrêtés par le maître d'ouvrage qu'il pourra déléguer une partie de ses attributions sous la forme d'un mandat.

Si AMO et conduite d'opération sont fréquentes pour les opérations de logements, la pratique du mandat est moins répandue ; elle s'applique surtout au domaine de la construction publique pour les maîtres d'ouvrage non professionnels souhaitant réaliser des hôpitaux, des prisons, des théâtres, etc.

Notes

1. Décret n° 2000-104 du 8 février 2000 modifiant le CCH et relatif aux dispositions concernant l'attribution de prêts et subventions pour la construction, l'acquisition et l'amélioration de logements en accession à la propriété, l'amélioration de logements existants et la réalisation ou l'amélioration des logements locatifs sociaux.
2. Circulaire UHC/IUH2/4 n° 2001-19 du 12 mars 2001 relative à la mise en œuvre de la politique du logement et à la programmation des financements aidés de l'État pour 2001.
3. Loi n° 2009-179 du 17 février 2009 pour l'accélération des programmes de construction et d'investissement publics et privés.
4. Décret n° 67-1166 du 22 décembre 1967 portant application de la loi 673 du 03-01-1967, modifiée par la loi 67547 du 07-07-1967, relative aux ventes d'immeubles à construire et a l'obligation de garantie a raison des vices de construction.
5. Arrêté du 10 mai 1968, notice descriptive prévue par l'art. 18 du décret 671166 du 22 décembre 1967.
6. L'AFUL est une catégorie d'ASL, régie par l'ordonnance n° 2004-632 du 1er juillet 2004 relative aux associations syndicales de propriétaires, article L. 322-1 du Code de l'urbanisme.
7. 1630 Conseil, « Étude relative aux coûts de production des logements sociaux. Comparaison des modes constructifs MOD / Vefa », Agence nationale de contrôle du logement social (Ancols), juillet 2023.
8. Architectes : Lipa & Serge Goldstein ; Arc/Pôle architectes ; Christian Devillers ; Atelier Pierre Dubus ; Jean & Aline Harari architectes ; Ateliers Lion architectes-urbanistes ; Pascal Chombart de Lauwe architecte (agence Tectône).

18

Équilibre économique de l'opération de logements collectifs sociaux

18.1 Le logement social, un produit immobilier (presque) comme un autre

Il est fréquent d'imaginer que le logement social, parfois assimilé à tort à un logement « des pauvres », présenterait des caractéristiques particulières qui le situeraient dans un monde à part. Il n'en est rien. Le logement social est « un des produits du marché du logement » qui ne peut se distinguer (voir 1.6) :

- par un loyer très faible, car ses gammes de loyers sont ouvertes, la moyenne des loyers sociaux demeurant inférieure à la moyenne des loyers libres comme le montre la figure 18.1. ;
- par son propriétaire, car de nombreux logements sociaux ne sont pas détenus par les organismes HLM ;
- par son architecture, car les « tours et barres » ont depuis longtemps fait place aux immeuble insérés dans leur environnement urbain.

En moyenne, le loyer d'un logement social est de 36 % inférieur à celui d'un logement privé, 55 % sur l'agglomération parisienne.

La base du concept de logement social est juridique : il s'agit d'un logement dont le propriétaire a signé une « convention de conventionnement » avec l'État, *a priori*

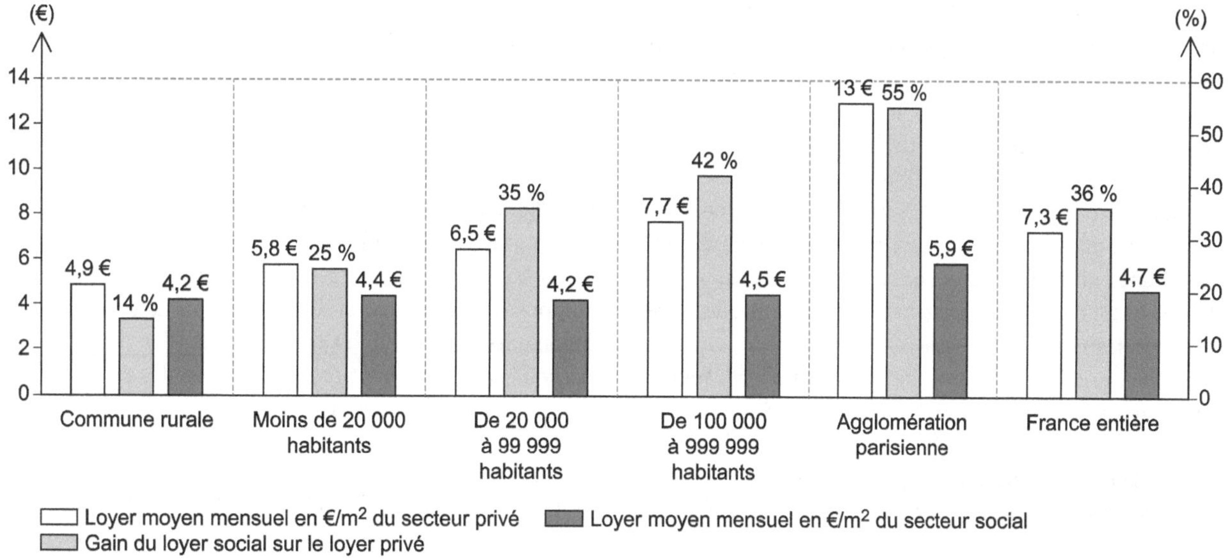

▲ **Fig. 18.1.** Écarts des loyers moyens sociaux et libres sur le stock de logements existants (source : enquête Logement 2006, Insee)

une convention par logement[1]. Dans une même cage d'escalier, le 3e gauche peut être un logement social et le 3e droite un logement libre.

18.2 L'opérateur social, un promoteur (presque) comme un autre

Les opérateurs sociaux ne sont pas des fondations[2] rassemblant des bénévoles au grand cœur. Les OLS travaillent dans un cadre réglementé, mais dans le respect des dogmes de l'économie libérale : l'opérateur social, tout comme le promoteur privé, cherche des terrains, les achète et y construit des immeubles grâce à des prêts bancaires, a l'obligation de maintenir un équilibre économique, recherché au niveau de chaque projet et en tout état de cause obligatoire au niveau de l'ensemble de l'entreprise.
Les trois différences principales entre promoteur et opérateur social sont :
– le modèle financier : logique concurrentielle directe de marché de court terme pour le promoteur, encadrement strict des moyens et recettes du bailleur social dans une logique réglementée de long terme ;
– la relation client/fournisseur : le promoteur vend directement ses logements à des clients, l'opérateur social se « livre à lui-même » l'immeuble qu'il met en location auprès de clients locataires ;
– l'usage qui est fait des bénéfices de la société : distribués aux actionnaires pour le promoteur, conservés et réinvestis dans de nouveaux projets pour l'opérateur social.
Mais ces différences s'estompent lorsqu'on se focalise sur les fondamentaux de l'acte de construire : trouver des terrains, négocier avec les collectivités, gérer les contraintes urbaines, concevoir des logements adaptés aux besoins des ménages, négocier des marchés de travaux au plus serré, intégrer les contraintes liées aux consommations énergétiques et à l'émission de carbone... sur tous ces sujets stratégiques, promoteurs comme maîtres d'ouvrage sociaux sont logés (presque) à la même enseigne. Avec comme premier impératif l'équilibre économique du projet, on entend les mêmes « ça passe » ou « ça ne passe pas » dans tous les comités d'engagement qui décident de lancer les projets, sociaux ou privés.
Pour une nouvelle opération de logement social, l'opérateur doit articuler deux équilibres distincts :
– d'une part, l'équilibre dépenses/ressources du projet immobilier, répondant à cette question : les financements mobilisés permettent-ils de payer les dépenses de foncier, d'honoraires, de construction ?
– d'autre part, l'équilibre dépenses/recettes de l'exploitation future, répondant à cette question : les loyers perçus seront-ils suffisants pour couvrir les charges techniques et financières tout au long de la vie de l'immeuble ?
Il le fera par la recherche du plan de financement le plus adapté au coût de son opération et en choisissant la catégorie de financement réglementé dont le loyer permet de couvrir au mieux les charges à venir.

18.3 Bref historique des financements successifs du logement social et de la structure des loyers, des APL et du conventionnement[3]

18.3.1 Des années 1950 à la réforme de 1977 : un produit, un financement, un loyer

Jusqu'en 1977, à chaque catégorie de financement correspondaient une qualité de construction, un prix de revient, un niveau de loyer maximal, un type de population bénéficiaire et donc un plafond de ressources spécifiques :
– les programmes à loyer réduit (PLR) et programmes sociaux de relogement (PSR) pour les plus modestes ;
– les HLM ordinaires (HLMO), qui représentaient l'offre standard ;
– les immeubles à loyer moyen (ILM) et les immeubles à loyer normal (ILN) pour les ménages à revenus moyens.
La hiérarchie des loyers (tab. 18.1) était identique dans chaque zone géographique.

▼ **Tab. 18.1.** Les loyers des logements sociaux avant 1977

Financement	Loyer maximal en pourcentage de celui de l'ILM
PLR-PSR	50
HLMO	67
ILM	100

18.3.2 Réforme de 1977 : financement unique, création de l'APL et conventionnement

Dans le courant des années 1970, cette stratification des financements, comme la différenciation de la qualité des logements, la hiérarchisation sociale des populations accueillies et la répartition territoriale – les programmes à prix plafonds moins élevés destinés aux plus pauvres étant construits loin des centres villes pour disposer d'un foncier moins cher – qui en découlaient, furent critiquées au travers du Livre blanc rédigé par l'Union HLM en 1974-1975 et le rapport Barre en 1975. La réforme de 1977 s'appuya sur les conclusions de ces rapports pour réformer le financement des opérations nouvelles, simplifier et homogénéiser le modèle avec la création d'une aide personnalisée au logement (APL) à vocation universelle grâce au conventionnement du parc de logements locatifs sociaux[4].

Financement des nouveaux logements

Il fut simplifié par la création d'un produit locatif unique, le prêt locatif aidé (PLA), qui remplaça la palette des financements antérieurs. Ses normes de qualité technique furent alignées sur celles de l'ILM, comme son niveau de loyer, désormais exprimé en francs par mètre carré, ce qui justifia une baisse de l'aide à la construction accordée sous forme de subvention et d'un prêt aidé.

Création d'une nouvelle aide à la personne

L'aide personnalisée au logement (APL) fut une autre disposition importante de la réforme. L'APL est universelle, alors que les allocations de logement (AL) étaient destinées à des catégories de ménages précises : familles avec enfants, jeunes couples, jeunes travailleurs, personnes âgées ou en situation de handicap. L'APL est ouverte sous seule condition de ressources à tout ménage locataire d'un logement financé en PLA ainsi qu'aux occupants des logements conventionnés (voir ci-après). En outre, l'APL solvabilise mieux les locataires qui en bénéficient que l'AL : son loyer plafond est plus élevé, puisqu'il s'agit de couvrir une dépense plus importante en PLA et, à revenu et loyer donnés, son montant est plus important. L'AL continue à être versée aux seuls ménages éligibles dans le parc ancien non conventionné.

Signature d'une convention entre État et organisme bénéficiaire des nouveaux prêts

Y figurent la liste des logements visés et les obligations du bailleur en contrepartie des aides reçues et du droit à l'APL pour tous les locataires :

- loyer maximal de l'opération ;
- plafond de ressources applicable ;
- part des réservations préfectorales ;
- autres engagements quantifiés en faveur du logement des personnes défavorisées.

La convention est signée opération par opération. Dans le régime du conventionnement, le loyer est payé en fin de mois (à terme échu), l'APL est versée au bailleur, qui présente une quittance nette d'aide au locataire (le tiers-payant), et le dépôt de garantie est limité à un mois.

Au lancement de la réforme, le conventionnement global du patrimoine fut proposé à chaque organisme pour permettre l'ouverture du droit à l'APL pour tous ses locataires dans le parc existant et donner la possibilité d'une augmentation significative des loyers dans ce parc, le surplus étant pour partie prélevé sous forme de contribution à un fonds national de financement de l'APL, le reste étant à disposition de l'organisme pour financer l'amélioration de son patrimoine et ses futures constructions. Peu d'organismes profitèrent de cette possibilité, que ce soit par manque de recul devant l'ampleur de cette opération, à cause de sa complexité de mise en œuvre, par crainte de se voir transformer en opérateur de marché ou encore par refus de voir l'équilibre du système reposer de plus en plus sur les aides à la personne, dont l'efficacité dépend des actualisations périodiques décidées par l'État.

En pratique, le conventionnement du parc social existant fut très progressif et s'étala sur plusieurs décennies. Dans son principe, l'alignement technique de tous les logements sociaux sur le « haut de gamme » du modèle précédent (ILM), accessible à tous grâce à l'APL, représentait un progrès indiscutable, mais le bon fonctionnement vertueux du nouveau cadre reposait entièrement sur le maintien de l'efficacité de l'APL et donc sur une actualisation satisfaisante, année après année, de son barème. Cependant, tandis que la crise économique et la montée durable du chômage réduisaient les ressources des locataires, et exigeaient de ce fait des montants d'APL sans cesse croissants pour maintenir son pouvoir solvabilisateur, l'État a effectué des arbitrages budgétaires défavorables au logement social en sous-actualisant année après année le barème de l'APL. Certes, tous les logements sociaux restent en théorie accessibles à tous les demandeurs... mais à condition que ceux-ci puissent payer la part croissante du loyer non couverte par l'APL.

18.3.3 Adaptations du cadre de 1977 : des financements et des loyers à nouveau différenciés

Au fil des années, il fallut faire passer le dispositif d'offre d'un produit unique, le PLA, à une palette de plusieurs financements disponibles pour les opérateurs sociaux. Créé en 1990, le PLA d'insertion (renommé PLA à loyer minoré, PLA très social, puis PLAI – d'intégration – à partir de 1999) est destiné prioritairement aux ménages les plus modestes, avec un plafond de ressources abaissé à 60 % (voire 55 %) et un loyer limité à 80 % de ceux du PLA. Le PLA lui-même fit l'objet d'une adaptation importante en 1999 ; il fut remplacé comme financement principal des opérations de logement social par le prêt locatif à usage social (PLUS) : un financement mieux aidé, qui permit une baisse du loyer maximal de 10 % pour se rapprocher du loyer plafond de l'APL, sans modification du plafond de ressources. La gamme des prêts fut complétée en 2001 par le prêt locatif social (PLS), dont le plafond de ressources est celui du PLUS majoré de 30 % et le loyer maximal fixé initialement à 150 % du PLUS, et donc 135 % de celui du PLA.

La comparaison des loyers maximaux des financements mis en place depuis 1977 (tab. 18.2), est à rapprocher de celle du tableau 18.1, le loyer maximal du PLA étant dans ce dernier cas celui de l'ILM.

▼ **Tab. 18.2.** Les loyers des logements sociaux après 1977

Financement	Loyer maximal en pourcentage de celui du PLA
PLA, de 1977 à 1999	100, et 107 à 110 pour les opérations labellisées
PLUS, à partir de 2000	90
PLAI, PLATS, PLALM	80
PLS	135 à 175 selon la période et la zone
PLI actuel	150 à 225 selon la zone

Les bailleurs sociaux disposent donc de quatre financements pour leur production de logements neufs : PLAI, PLUS, PLS et PLI.

En 2024, selon la taille de l'agglomération, les loyers des logements livrés en PLUS, le financement majoritaire, se situaient entre 5,8 et 7,5 € par m² et ceux du PLAI, le plus social, étaient inférieurs de plus de 10 % à ceux du PLUS. Le PLS et le PLI, également ouverts à d'autres bailleurs, visent des ménages à revenus intermédiaires et ont des loyers plus élevés : de 8,7 € à 14,7 € par mètre carré selon la zone en PLS, et jusqu'à 18,3 € pour le PLI dans le centre de l'agglomération parisienne.

Pour les 2,2 millions de logements sociaux construits avant 1977, les loyers restent aujourd'hui sensiblement inférieurs à ceux du PLUS et du PLAI. La figure 18.2 illustre les différences de niveaux de loyer selon le financement du logement. Entre parenthèses figure le poids de la catégorie. Le loyer moyen des PLI est inférieur à celui des PLS en raison de l'ancienneté moyenne du parc PLI, très supérieure à celle du parc PLS.

Notons que, à financement donné, l'écart de loyer selon la taille de l'agglomération est bien plus limité dans le parc social que dans le parc locatif privé : en passant des petites agglomérations au centre de l'agglomération de Paris, le loyer est majoré de 30 % en PLUS et PLAI, de 70 % en PLS contre 200 % dans le parc locatif privé.

ZOOM PLI INTERMÉDIAIRES

Les logements PLI dits « intermédiaires » des bailleurs sociaux sont destinés aux familles dont les revenus sont trop élevés pour accéder au parc social mais trop faibles pour accéder au parc privé. Les logements PLI ne sont pas des logements sociaux ; ils sont cités ici à titre de référence. À noter également que la production de PLI est fortement concurrencée depuis 2014 par une nouvelle catégorie de logements locatifs intermédiaires, les LLI (article 279-0 *bis* A du CGI).

18.3.4 Érosion du pouvoir solvabilisateur de l'APL

Pour ces niveaux de loyers (550 € hors charges en 2023 pour un logement de 70 m² en PLAI en zone III), une aide à la personne est indispensable pour permettre aux ménages qui ont les plus bas revenus d'accéder aux logements, même les plus sociaux, avec un taux d'effort raisonnable.

À sa création, en 1977, l'APL fut calibrée pour limiter à 20 % au plus, charges comprises, le taux d'effort net des ménages qui entraient dans un PLA, le financement

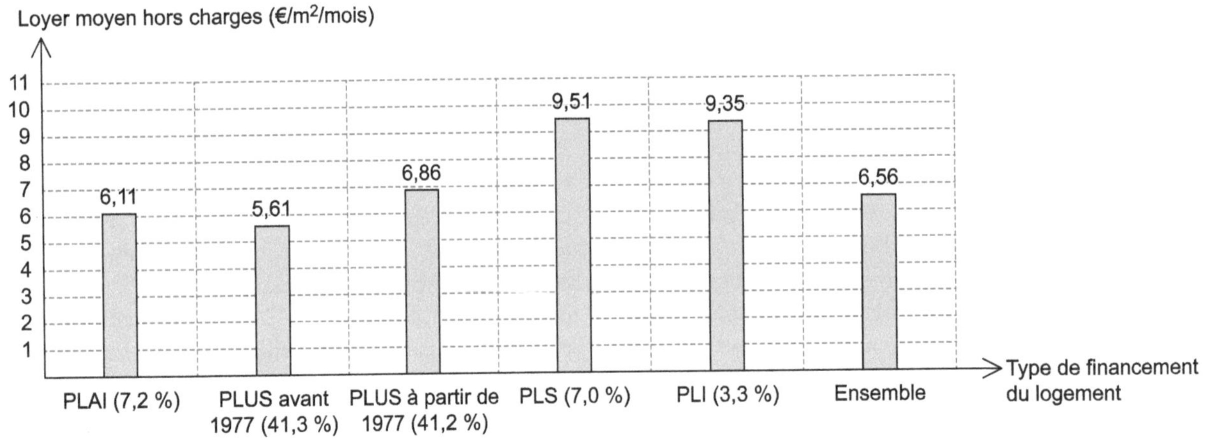

▲ **Fig. 18.2.** Niveaux moyens des loyers des logements sociaux par type de financement des logements au 1er janvier 2024
(source : Répertoire des logements locatifs des bailleurs sociaux – RPLS – au 1er janvier 2024, France entière)

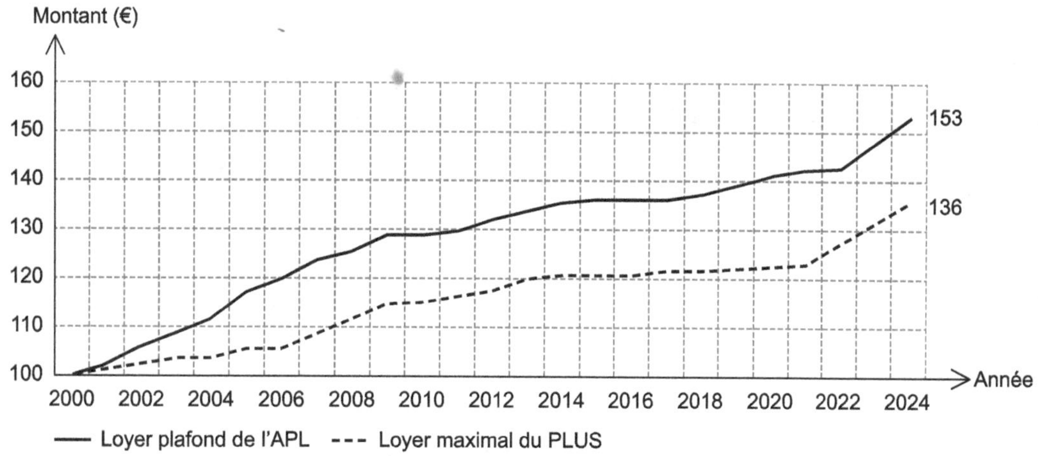

▲ **Fig. 18.3.** **Évolution du loyer plafond de l'APL et du loyer maximal du PLUS (source : RPLS, exploitation sur le parc HLM par l'USH et la Direction des études)**

standard des nouveaux logements sociaux, pour une famille avec enfants. Mais, comme indiqué plus haut, pour des raisons d'économies, les paramètres de calcul (loyer plafond, minimum à charge des bénéficiaires, forfait de charges) ont régulièrement été sous-actualisés, laissant une part croissante de la dépense à la charge des bénéficiaires, ce que montre la comparaison entre l'évolution du loyer maximal du PLUS et celle du loyer plafond de l'APL : en un peu plus de 20 ans, de 2002 à 2024, ce dernier a nettement « décroché » par rapport au loyer maximal du PLUS – et du PLAI, qui a évolué comme celui du PLUS – depuis 2000 (fig. 18.3). L'écart entre les deux courbes représente l'augmentation du loyer « réel » des locataires, c'est-à-dire le reste à payer, une fois les aides déduites, qui induit des mécanismes d'exclusion de fait des familles les plus démunies, insuffisamment « solvabilisées » par les aides.

L'érosion de l'APL a pris d'autres formes au cours des dernières années en plus de la sous-actualisation : retenue uniforme de 5 € par mois à partir de 2017, nouvelles modalités de prise en compte des ressources à partir de janvier 2021. Dans son rapport de 2024 sur l'état du mal-logement, la Fondation pour le logement des défavorisés chiffre les montants économisés sur les aides personnelles au logement en raison des mesures prises entre 2017 et 2021 à près de 3 Md€, ceci sans compter la réduction du loyer de solidarité (RLS), qui impose aux bailleurs HLM une baisse de loyer, et donc d'APL, calibrée pour réduire de 1,3 Md€ la dépense de l'État pour le logement.

18.4 Cadre actuel de la construction de logements sociaux

Le cadre actuel de l'opération de logements sociaux est résumé dans la figure 18.4.

Le contrat de conventionnement des logements s'accompagne de la mise en place simultanée de deux dispositifs : l'aide à la pierre, subvention de la construction destinée au propriétaire, et l'aide à la personne, qui réduit le montant du loyer des futurs locataires. De son côté, le bailleur s'engage sur :

– les conditions de location du logement : revenus du locataire, conditions du bail et notamment loyer ;

– la mise à disposition de quotas de logements réservés à l'État, à la collectivité locale et à d'autres intervenants (Action Logement par exemple), qui disposent alors de la possibilité de proposer des locataires *via* des droits de réservation.

La plupart des paramètres qui régissent le modèle financier du logement social, et notamment les loyers, font l'objet d'une modulation géographique par zones afin de tenir compte de la grande diversité des marchés locaux liée au prix des terrains, aux coûts de construction, etc. Les OLS fixent le plus souvent les loyers des logements neufs au maximum autorisé (tab. 18.3 et fig. 18.5) afin de maximiser leurs recettes d'exploitation et d'obtenir l'équilibre qui permet d'engager l'opération. Le tableau concerne le flux des conventions qui sont signées dans l'année, tandis que les conventions antérieures font *a priori* l'objet d'une indexation sur l'indice de référence des loyers (IRL).

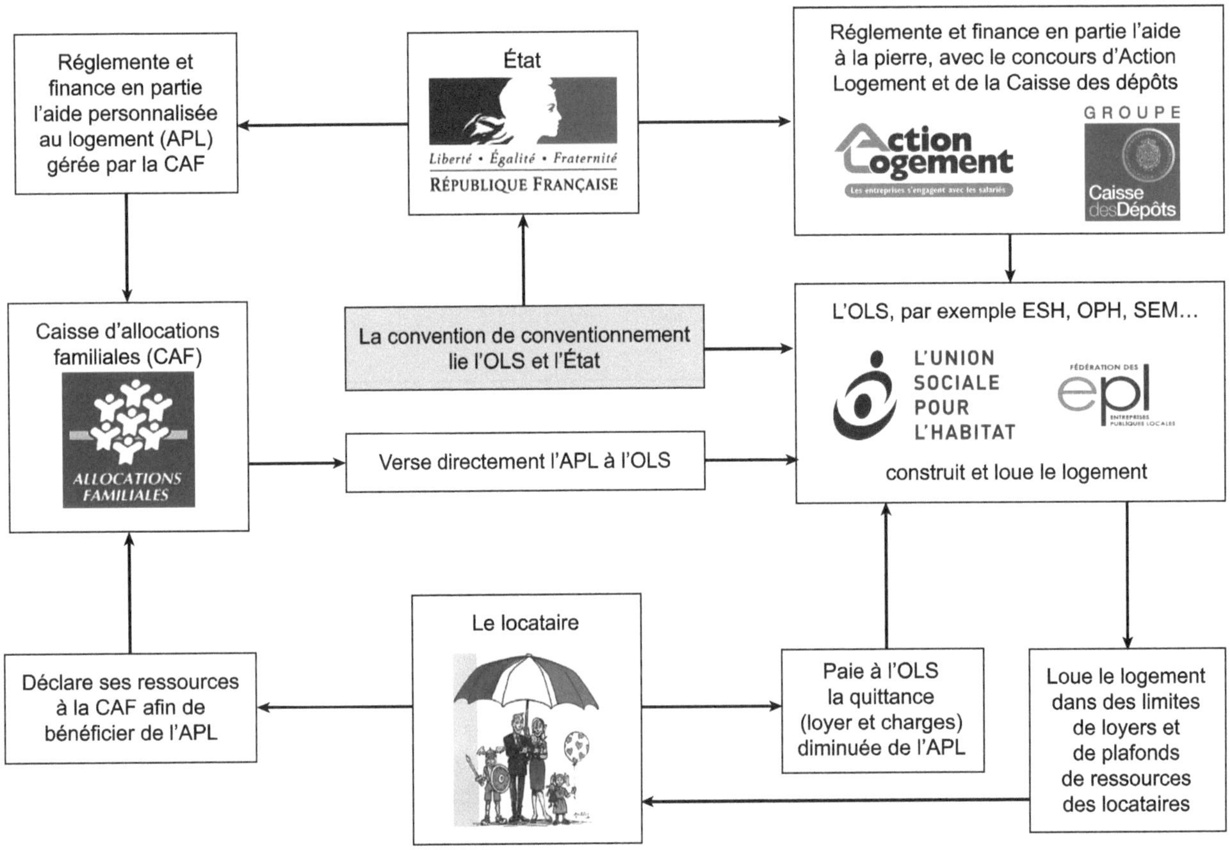

▲ **Fig. 18.4.** Principes de fonctionnement du conventionnement des logements locatifs sociaux neufs construits par les OLS

▼ **Tab. 18.3.** Loyers maximaux des logements sociaux en 2024 en €/m² de surface utile

Zone	Logements financés en			
	PLAI	*PLUS*	*PLS*	*PLI*
1 *bis*	6,71	7,52		
1	6,29	7,09	–	
2	5,53	6,22		
3	5,11	5,76		
A *bis*			11,31	18,25
A			9,75	13,57
B1	–		9,34	10,93
B2			8,66	9,50
C			–	–

On notera que les « zonages » des loyers (fig. 18.5) sont différents pour le PLAI et le PLUS d'une part (zones 1 *bis*, 1, 2 et 3), et pour le PLS d'autre part (zones A *bis*, A, B et C).

La convention est publiée au fichier immobilier ou inscrite au livre foncier (les hypothèques). Cette formalité est la condition nécessaire pour que les restrictions au droit de propriété qu'elle impose produisent des effets vis-à-vis des tiers, notamment les éventuels propriétaires successifs, sauf cas particuliers, notamment la vente du logement à son locataire[5].

D'autres bailleurs que les OLS – personnes morales publiques et privées (communes, sociétés civiles immobilières, associations, particuliers, etc.) – peuvent aussi, souvent en contrepartie de prêts aidés destinés à la réhabilitation, conventionner leurs logements à l'APL. Un conventionnement spécifique destiné aux petits propriétaires bailleurs existe, placé sous la responsabilité de l'Agence nationale de l'habitat (Anah). Ce dispositif s'adresse aux propriétaires bailleurs et repose sur un mécanisme simple. En signant une convention avec l'Anah, le bailleur s'engage à louer son ou ses logements à des ménages dont les ressources n'excèdent pas certains plafonds et à un loyer également inférieur à un plafond déterminé. En contrepartie, le bailleur signataire de la convention peut bénéficier d'un avantage fiscal et, le cas échéant, d'une subvention pour travaux.

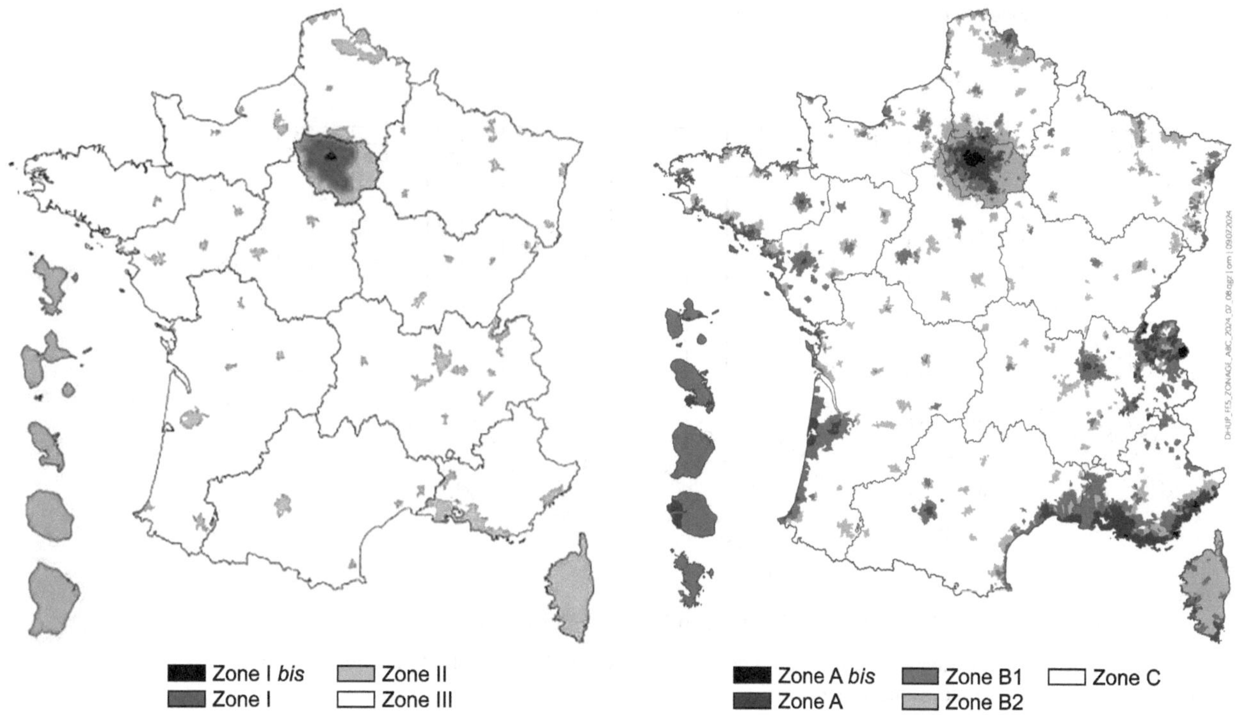

▲ **Fig. 18.5.** Les zonages des loyers maximaux des logements sociaux (source : DGALN/DHUP)

18.5 Montage d'une opération de logement social neuf

18.5.1 Principes

Pour construire, l'OLS doit financer son opération, c'est-à-dire mobiliser les ressources lui permettant d'acheter le terrain, de payer les différents intervenants des prestations techniques et intellectuelles, notamment la maîtrise d'œuvre, et l'ensemble des entreprises de travaux. Il a recours pour ce faire à trois types de ressources dans le cadre du conventionnement : prêts, subventions et fonds propres (fig. 18.6).

La validation du montage financier par l'OLS, et par la Caisse des dépôts avant d'accorder les prêts, impose deux vérifications : équilibre entre les ressources mobilisées et le coût TTC de l'opération, et équilibre entre les recettes et les dépenses futures de l'exploitation de l'immeuble (voir fig. 18.8). Pour assurer ces deux équilibres, la répartition entre emprunts et subventions est capitale : moins on emprunte, moins on a de charges de remboursement, et l'équilibre d'exploitation est alors plus facile à atteindre.

Les sources de financement sont les suivantes :

- les prêts principaux réglementés, attribués à tout OLS dont l'opération a reçu un accord de financement de l'État ou de son délégataire au regard de la programmation (PLAI, PLUS, PLS, essentiellement auprès de la Caisse des dépôts), les taux étant d'autant plus faibles que les logements sont à loyer modéré ;
- les autres prêts, essentiellement attribués par Action Logement, l'ensemble de ces prêts couvrant entre 70 % et 80 % du coût total de l'opération[6] ;
- les subventions, ressource particulièrement intéressante, car elle ne produit aucune charge à venir, toute subvention abaissant directement le coût réel de l'opération : subvention de l'État pour la construction et pour l'acquisition du foncier, subventions des collectivités locales ;
- les capacités financières internes, ressource désignée par le terme « fonds propres ». Les OLS utilisent systématiquement une partie des recettes venant de l'exploitation d'opérations rentables pour s'auto-subventionner en mobilisant leurs propres ressources[7], qui représentent entre 6 et 12 % du financement total de l'opération.

Le conventionnement donne accès à d'autres avantages financiers, et notamment :

- le taux de TVA réduit à 5,5 % ;
- l'exonération de TFPB. Cette aide « en creux » (taxe non payée) n'impacte pas la construction mais joue un rôle essentiel dans l'équilibre de l'exploitation future en réduisant les charges annuelles.

Le montant moyen de ces aides, hors prêts, par type de financement et par logement est indiqué dans le tableau 18.4.

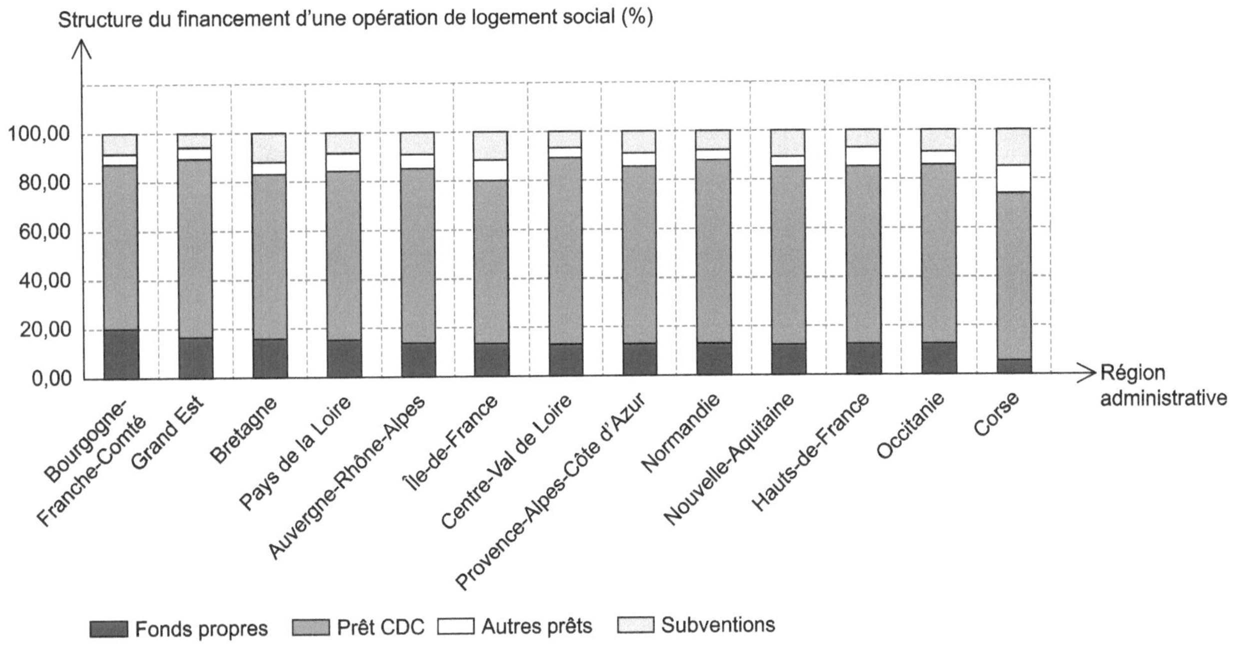

▲ **Fig. 18.6.** Structure du financement des opérations de logement social en fonction des régions administratives
(sources : Banque des territoires et Caisse des dépôts)

ZOOM PRÊT DE LA CDC

À ces aides il convient d'ajouter l'avantage que représente l'accès aux prêts de la CDC. Mesurer l'avantage de prêts à taux variable (livret A) par rapport aux prêts à taux fixe couramment utilisés dans le secteur immobilier n'est pas chose aisée et on ne s'y livrera pas ici. L'accès à cette ressource de longue durée, jusqu'à 60 ou 80 ans pour la partie foncière et offerte pour toute opération bénéficiant d'une décision favorable n'en est pas moins un avantage systémique considérable.

▼ **Tab. 18.4.** Aides moyennes en 2022 par logement construit
(source : Fondation Abbé Pierre, « L'état du mal-logement en France », rapport annuel #29, 2024)

Type d'aide	Montant de l'aide par logement (€)		
	PLAI	*PLUS*	*PLS*
Subvention de l'État, y compris surcharge foncière	11 016	671	331
Réduction de TVA	22 225	15 471	15 835
Exonération de TFPB	14 605		
Subventions collectivités et autres	14 827	10 322	4 390
Total des aides	62 673	41 069	35 161

Le mixage entre les financements PLAI, PLUS, et PLS relève à la fois de la recherche d'équilibre financier[8], de la volonté de développer la mixité sociale et de négociations avec les parties prenantes (collectivité, État, Action Logement, etc.).

18.5.2 Types d'opérations conventionnées finançables

Pour être financée, l'opération doit être finançable. La construction neuve est bien entendu finançable sous réserve de conventionnement et de financements disponibles, mais d'autres types d'opérations le sont également. L'article D. 331-1 du CCH précise que des subventions et des prêts peuvent être accordés pour financer :
« 1° L'acquisition de droits de construire ou de terrains destinés à la construction de logements à usage locatif et la construction de ces logements ;
2° La construction de logements à usage locatif ;
3° L'acquisition de logements et d'immeubles destinés à l'habitation ainsi que, le cas échéant, les travaux d'amélioration correspondants ;
4° L'acquisition de locaux ou d'immeubles non affectés à l'habitation et les travaux pour leur transformation ou aménagement en logements ;
5° Les terrains, droits immobiliers, logements ou immeubles acquis par des organismes d'habitations à loyer modéré, des sociétés d'économie mixte ou des collectivités locales ou leurs groupements ainsi que les travaux

de construction, de transformation ou d'amélioration à réaliser sur ces terrains, logements ou immeubles, à condition que les biens concernés aient été acquis depuis moins de dix ans à la date de la demande de décision favorable mentionnée à l'article D. 331-3 [du CCH] ;
6° Les travaux d'amélioration exécutés sur des immeubles ou des logements cédés à bail emphytéotique par l'État, des collectivités locales ou leurs groupements ;
7° Les travaux de transformation ou d'aménagement en logements de locaux ou d'immeubles non affectés à cet usage ;
8° La réalisation des dépendances de ces immeubles ou de ces logements, et notamment les garages, jardins, locaux collectifs à usage commun, annexes dans des limites fixées par arrêté du ministre chargé de la construction et de l'habitation ;
9° La réalisation d'opérations de construction ou d'acquisition avec ou sans travaux d'amélioration de logements-foyers à usage locatif tels que définis aux articles R. 832-20 et R. 832-21 [du CCH] ;
10° L'acquisition de logements dans le cadre des dispositions prévues aux articles L. 261-3 et L. 262-1 [du CCH]. »

18.5.3 Synthèse de l'ensemble des aides

Si les aides de l'État et des collectivités concernent en premier lieu la construction par l'intermédiaire de subventions et de prêts, elles se poursuivent tout au long de l'exploitation de l'opération sous deux formes : l'APL versée aux locataires (en réalité directement aux bailleurs), par laquelle l'État paie une partie du montant du loyer d'environ un locataire sur deux, et l'exonération, pour une durée limitée, de TFPB.

Les figures 18.7 et 18.8 présentent l'ensemble des sources de financement en construction et exploitation, ainsi que leurs rôles respectifs.

18.5.4 Détail des financements

Prêts à la construction à des taux préférentiels[2]

Les prêts directs mis en place par la Caisse des dépôts pour le logement locatif social ordinaire, c'est-à-dire hors habitat spécifique, et par la politique de la ville ont représenté, en 2022, 11,4 Md€[9], auxquels se sont ajoutés 2,6 Md€ de prêts distribués par les banques. En 2022, les caractéristiques des prêts PLUS et PLAI étaient les suivantes :

- durée d'amortissement de 40 ans au maximum, avec option à 50 ans pour la charge foncière, pouvant être portée à 80 ans dans les zones tendues ;
- remboursement par échéances annuelles progressives ;
- taux d'intérêt de 2,60 % pour le PLUS et 1,85 % pour le PLAI ;
- taux révisable, indexé sur le taux du livret A.

Le tableau 18.5 donne un résumé quantitatif de l'ensemble des prêts accordés au logement social par la Caisse des dépôts en 2022, pour 85 000 logements sociaux neufs et 80 000 logements sociaux réhabilités.
Par ailleurs, 3 200 M€ en prêts, subventions et dotations en fonds propres des OLS ont été attribués par Action Logement.

Subventions

Les subventions de l'État faisaient jusqu'en 2021 l'objet d'un savant calcul, nécessitant de déterminer, dans un

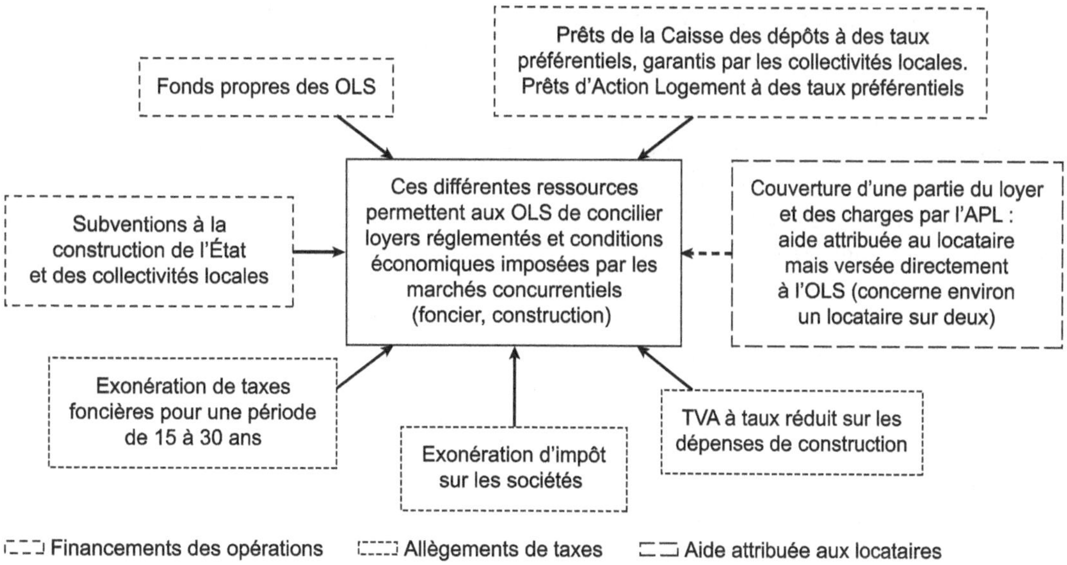

▲ **Fig. 18.7.** Les différents financements de l'opération de logement social en construction et exploitation

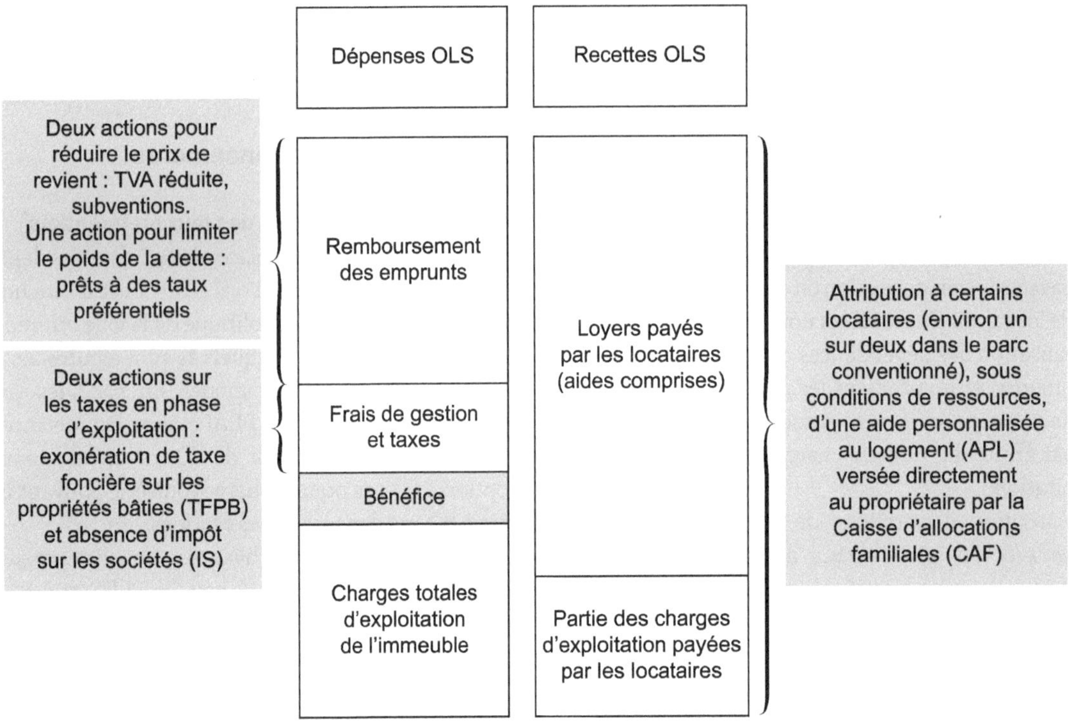

▲ **Fig. 18.8.** La vie de l'opération de logement social comprenant les dépenses et les recettes d'exploitation, ainsi que les aides

▼ **Tab. 18.5.** Prêts accordés en 2022 par la Caisse des dépôts au logement social (source : Caisse des dépôts)

Domaine	Prêts (Md€)			Variation (%)	
	2020	*2021*	*2022*	*2022/2021*	*2022/2020*
Construction	8 065	8 234	8 060	– 2,12	– 0,07
Réhabilitation	1 452	1 581	1 736	+ 10	+ 20

premier temps, l'assiette, qui était égale au produit d'une valeur de base définie par arrêté, par la superficie de l'opération, exprimée en mètre carré de surface utile, majorée ou minorée en fonction de sa structure et notamment de la taille moyenne des logements, selon des modalités fixées également par arrêté. Le taux de subvention variait quant à lui de 5 à 30 %, avec une multitude de taux intermédiaires (6,5 %, 8 %, 12 %, 14,5 %, 15 %, 17,5 %, 20 %, 22 %) en fonction de la nature de l'opération et de sa localisation. Des taux spécifiques étaient appliqués pour les opérations réalisées en Corse. Cette complexité a perdu sa justification à mesure que les subventions de l'État par logement financé se sont réduites, notamment en PLUS, puisqu'elles sont de quelques centaines d'euros par logement dans la plupart des régions depuis les années 2010.

Le décret n° 2022-1256 du 26 septembre 2022 relatif aux subventions et prêts pour la construction, l'acquisition et l'amélioration d'habitations donnant lieu à l'aide personnalisée au logement est venu modifier l'article R. 331-15 du CCH en prévoyant un montant de subvention :

- au plus égal à 20 000 € par logement ;
- ou 60 000 € par logement pour les opérations adaptées aux besoins des ménages rencontrant des difficultés d'insertion particulières.

Par ailleurs, si une opération présente des surcoûts exceptionnels, le préfet de région peut accorder des dérogations à ces montants plafonds dans les limites de :

- 5 000 € par logement ;
- ou 20 000 € par logement pour les opérations adaptées aux besoins des ménages rencontrant des difficultés d'insertion particulières.

Certaines opérations de construction de logements locatifs agréées par l'État peuvent également bénéficier d'une subvention d'Action Logement. Les subventions sont distribuées sur la base d'un forfait au logement produit

défini selon la nature et la localisation du projet ; à titre d'exemple pour 2022 :
- 7 000 € de subvention pour un logement PLAI en Île-de-France en zone très tendue ;
- 4 000 € en région en zone B1.

Les coûts élevés du foncier constituent le principal frein à la construction de logements sociaux. Pour favoriser la mixité sociale urbaine, plusieurs dispositifs de subvention pour surcharge foncière permettent aux OLS d'acquérir des terrains à des prix élevés. Les collectivités – régions, départements, villes, communautés de communes, etc. – mettent ainsi en œuvre différents dispositifs permettant aux OLS d'acquérir des terrains situés dans des marchés tendus, notamment par le biais de subventions spécifiques.

18.5.5 Demande de financement

Principes

Le système de financement est largement déconcentré[10], avec comme point de départ la préfecture de région qui dispose chaque année d'une dotation régionale calculée en fonction, notamment, des données sociales et démographiques, de l'état du patrimoine de logements ainsi que de la situation du marché locatif.

Le préfet de région, après avis du Comité régional de l'habitat, répartit les crédits publics qui lui sont notifiés entre les communautés urbaines, les communautés d'agglomérations, les communautés de communes et les départements. Ces différentes structures peuvent conclure une convention avec l'État, par laquelle celui-ci leur délègue la compétence pour décider de l'attribution des aides et procéder à leur notification aux bénéficiaires.

Le « guichet » auquel s'adresse l'OLS pour inscrire son opération dans la liste des demandes de financements est ainsi variable d'une localité à une autre. Ensuite, ou parallèlement, différents dossiers sont également à présenter auprès des collectivités locales pour l'attribution de subventions complémentaires, auprès de la Caisse des dépôts pour l'obtention des prêts, auprès d'Action Logement le cas échéant...

Exemple de contenu d'un dossier de demande de financement

1. Dans le cas d'une décision par opération :
- le plan de financement prévisionnel de l'opération ;
- l'équilibre financier prévisionnel de l'opération.

2. Dans le cas d'une décision unique pour un ensemble d'opérations :
- la liste et la localisation des opérations devant faire l'objet du programme, en distinguant les catégories de financement (PLUS, PLAI, PLS) ;
- le plan de financement prévisionnel global du programme ;
- l'équilibre financier prévisionnel global du programme.

3. Pièces à fournir quelles que soient les modalités de décision :
- un plan de situation de l'opération ;
- une fiche descriptive de l'opération mentionnant :
  - l'identification de l'opération,
  - ses caractéristiques techniques,
  - le nombre et les types de logements,
  - un état des surfaces permettant de déterminer la surface utile de l'opération,
  - le coût prévisionnel hors taxe, décomposé en charge foncière totale pour les opérations de construction neuve ou en charge immobilière totale pour les opérations d'acquisition-amélioration, en coût des travaux hors VRD et en montant des prestations intellectuelles et frais divers ;
- l'échéancier prévisionnel de l'opération ;
- la justification de la disponibilité du terrain ou de l'immeuble par une promesse de vente, un acte de vente, un bail ou une promesse de bail emphytéotique ou à construction. Dans le cas de la réalisation de logements sur des terrains en cours de cession par l'État, une lettre établie par le service des domaines attestant qu'à l'issue de la procédure de mise en vente le candidat ayant déposé la demande de prêt ou de subvention a été retenu ;
- les pièces complémentaires permettant de justifier les demandes de majoration intervenant dans le calcul des subventions et des loyers ;
- le cas échéant, pour le calcul des subventions foncières, le coût des acquisitions foncières et, pour les opérations de construction, le coût prévisionnel des VRD ;
- dans le cas des opérations éligibles au PLS, l'engagement de principe d'un établissement de crédit distributeur du PLS pour délivrer le PLS correspondant.

Bien entendu, l'attribution des aides aux OLS ne se résume pas à un système de « guichet » mais appelle une planification spécifique qui se concrétise par la réalisation d'un plan stratégique de patrimoine (PSP), document d'orientation interne, qui peut ensuite déboucher sur la signature d'une convention d'utilité sociale (CUS) avec l'État.

Droits de réservations

Qu'il s'agisse de l'État qui subventionne, des collectivités locales qui apportent leur garantie aux prêts consentis par la Caisse des dépôts, ou d'Action Logement, les aides financières aux OLS se traduisent par des « droits de réservations », c'est-à-dire la capacité, pour le pourvoyeur de subvention ou de garanties, à proposer des locataires pour les logements réalisés.

Ces droits de réservations sont définis dans leur principe par le décret n° 2011-176 du 15 février 2011 relatif à la procédure d'attribution des logements sociaux et au droit au logement opposable :
« Le total des logements réservés par le préfet au bénéfice des personnes prioritaires mentionnées à l'article L. 441-1 [du CCH] ne peut représenter plus de 30 % du total des logements de chaque organisme, dont au plus 5 % au bénéfice des agents civils et militaires de l'État. Un arrêté du préfet peut, à titre exceptionnel, déroger à ces limites pour une durée déterminée, pour permettre le logement des personnels chargés de mission de sécurité publique ou pour répondre à des besoins d'ordre économique.
Le total des logements réservés aux collectivités territoriales, aux établissements publics les groupant et aux chambres de commerce et d'industrie en contrepartie de l'octroi de la garantie financière des emprunts ne peut globalement représenter plus de 20 % des logements de chaque programme.
Des réservations supplémentaires peuvent être consenties par les organismes d'habitations à loyer modéré en contrepartie d'un apport de terrain ou d'un financement à l'État, aux collectivités territoriales, aux établissements publics les groupant et aux chambres de commerce et d'industrie. »
Ainsi, un OLS qui construit des logements neufs devra réserver des « contingents » de logements à la préfecture au titre de la subvention de l'État, à la ville au titre de la garantie de l'emprunt CDC, à Action Logement au titre des prêts et subventions accordés. Les durées de ces réservations, avec ou sans « droit de suite » (droit de désigner de nouveau un locataire en cas de départ du premier occupant du logement), sont variables et en général liées à la durée des prêts.

18.6 Prix du logement social neuf

18.6.1 Lien entre prix et contexte

Un prix est toujours conjoncturel. Chaque projet étant unique par sa consistance, sa localisation, ses plus ou moins grandes facilités d'accès de chantier, sa période de construction (marché plus ou moins tendu), la notion de « prix de construction du logement social » est intrinsèquement fluctuante.
De façon intuitive, les entrepreneurs de la construction s'accordent à considérer qu'en Île-de-France, par exemple, la construction de logements collectifs locatifs sociaux s'effectue à un prix au mètre carré à peu près identique à celle du logement privé collectif en accession à la propriété. En social, les surfaces sont plus importantes, ce qui induit une différence à la baisse au mètre carré par rapport à l'accession, car les dépenses techniques fixes (porte d'entrée, salle de bains, cuisine, etc.) sont réparties sur un plus grand nombre de mètres carrés. Cette différence est compensée par le fait qu'en social les prestations, notamment pour les parties communes, sont supérieures à celles de l'accession. En fin de compte, les prix tous corps d'état hors taxes au mètre carré du social et de l'accession sont très voisins.
Ce raisonnement ne s'applique pas aux régions, où les surfaces du social et du privé ne présentent pas toujours d'écart significatif[11].

18.6.2 Prix du logement social neuf

La figures 18.9 et la figure 18.10 présentent les prix (total terrain, honoraires, construction) du logement social neuf, hors taxes, en euros par mètre carré de surface utile et par logement construit.
L'écart entre l'Île-de-France et les autres régions est net, tant en prix au mètre carré qu'en prix par logement. Il est à noter que, si l'écart entre la région la plus chère (l'Île-de-France) et la région la moins chère (l'Occitanie) est de 60 % en prix au mètre carré de surface utile, il n'est que de 37 % en prix au logement, ce qui indique que les surfaces moyennes dans les grandes métropoles sont plus faibles que dans les zones moins densément urbanisées.
Derrière l'Île-de-France, se trouvent sans surprise la région Provence-Alpes-Côte d'Azur et la région Auvergne-Rhône-Alpes, régions où l'immobilier est globalement sous tension.
Si le coût total du logement social, et également privé, est plus élevé en Île-de-France, c'est d'abord à cause du prix des travaux. Cette situation s'explique en partie par les caractéristiques des terrains : la pression foncière en Île-de-France conduit les OLS à construire des logements sociaux sur des terrains complexes qui induisent des volumétries tout aussi complexes et parfois des accès de chantier difficiles. Toutes ces caractéristiques s'ajoutent à des coûts de facteurs de production (main-d'œuvre, matériaux) objectivement plus élevés. Ce prix élevé des travaux n'implique donc pas des marges exceptionnelles pour les entreprises, mais reflète une situation économique et urbaine.

18.6.3 Structure du prix d'une opération de logement social

La figure 18.11 présente la décomposition du prix total des logements sociaux neufs construits en 2022 par région administrative. Ces histogrammes mettent en évidence des structures proches, le prix total demeurant dominé par le montant des travaux de bâtiment.

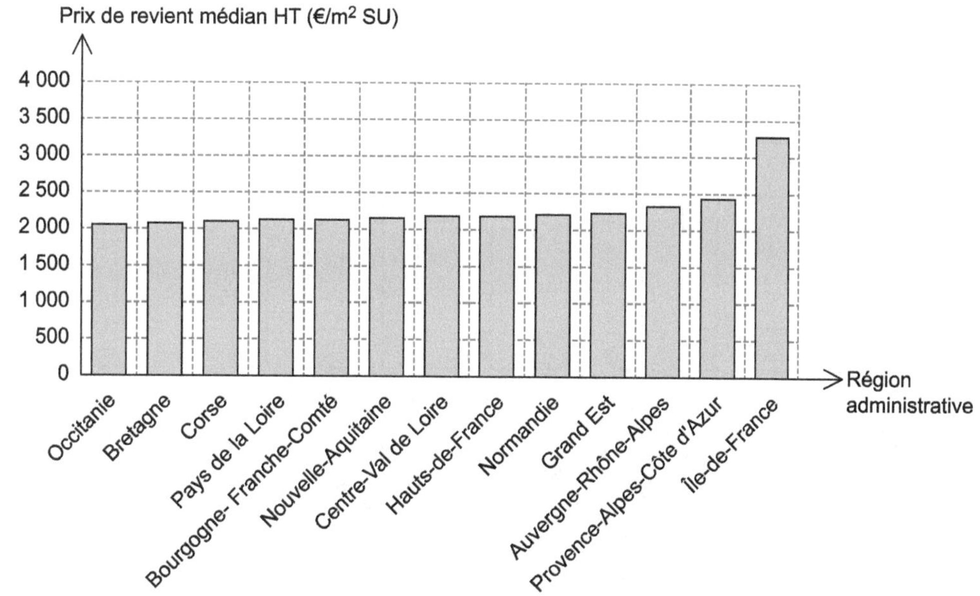

▲ **Fig. 18.9.** Prix HT médian au mètre carré de surface utile en 2022 par région administrative
(sources : Caisse des dépôts et Banque des territoires)

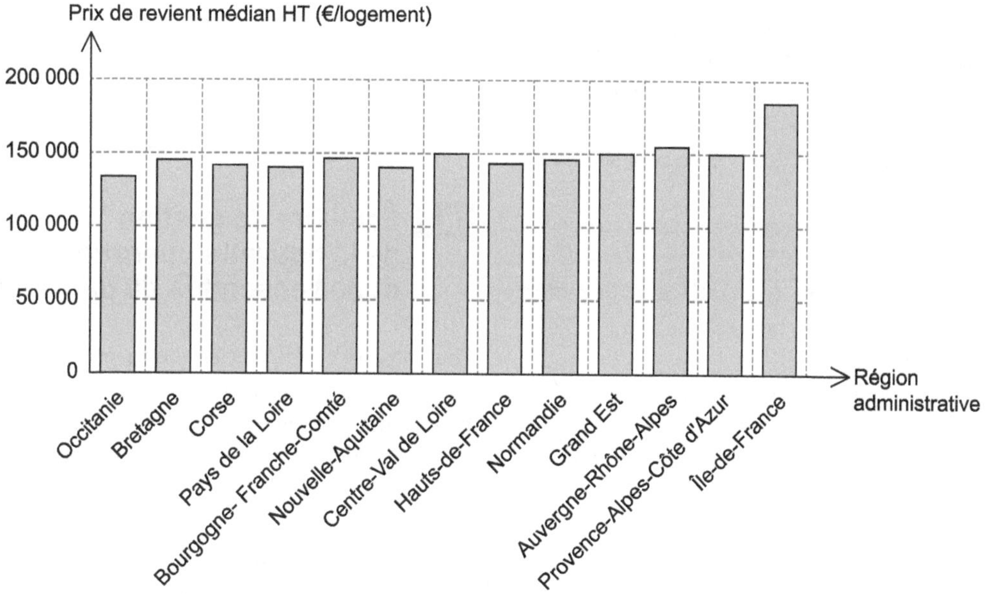

▲ **Fig. 18.10.** Prix HT médian par logement en 2022 par région administrative
(sources : Caisse des dépôts et Banque des territoires)

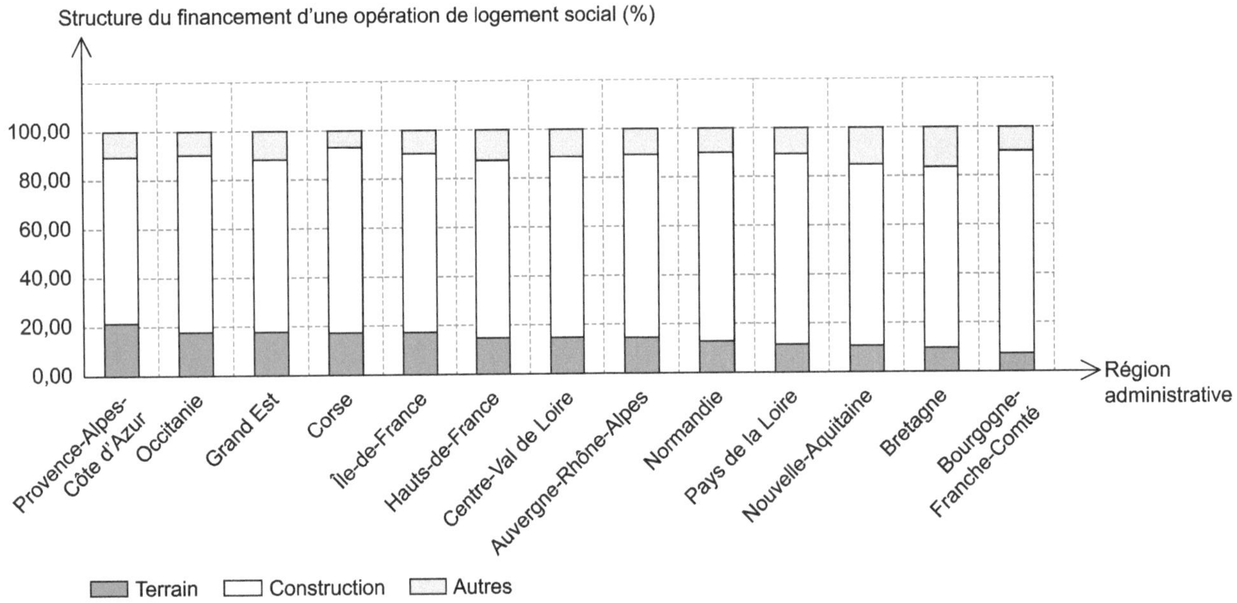

▲ **Fig. 18.11.** Structure du prix total des opérations de logement social en 2022 par région administrative
(sources : Caisse des dépôts et Banque des territoires)

18.6.4 Postes du budget d'une opération de construction de logement social

Le poste relatif au bâtiment comprend les dépenses :
- relatives à la construction ;
- de fondations dans la limite de 10 % du prix de revient du bâtiment ;
- relatives à l'ensemble des équipements : ascenseurs, etc. ;
- de mise en place du système de chauffage ou de raccordement à un réseau de chaleur existant.

La charge foncière comprend :
- les prix et frais d'acquisition du terrain ;
- le coût des sondages éventuels ;
- les dépenses relatives à l'aménagement du terrain : démolitions, voiries, réseaux, etc. ;
- le coût des fondations, pour la part éventuelle qui excède 10 % du prix de revient du bâtiment ;
- les surcoûts liés à l'adaptation des structures aux contraintes du site (plafonnés) ;
- les taxes, et notamment la taxe locale d'équipement (TLE).

Les prestations intellectuelles comprennent :
- les frais de direction d'investissement (plafonnés)
- le coût des études sociales ;
- les honoraires des architectes et des techniciens ;
- les honoraires du géomètre ;
- les coûts internes de maîtrise d'ouvrage ;
- les assurances dommages obligatoires ;
- les honoraires de contrôle technique ;
- les honoraires de sécurité et de protection de la santé (SPS) ;
- les frais éventuels de contrôle de la qualité et de gestion des labels.

18.7 Équilibre de gestion de la nouvelle opération et de l'ensemble du patrimoine

Pour être validé financièrement, en interne comme en externe, le nouveau projet doit faire la preuve de sa viabilité dans le temps ; il faut donc établir un « scénario d'exploitation » sur 50 ans et en démontrer la cohérence économique. L'OLS est placé dans une situation paradoxale, car :
- pour bien construire, sur des terrains bien situés et avec une bonne qualité technique et architecturale, l'OLS doit mobiliser un volume important de financement ;
- pour rembourser ses prêts, il doit donc mobiliser un niveau maximal de loyers ;
- mais pour assumer la mission sociale, il lui faut quittancer aux ménages, notamment les plus démunis, des loyers (en réalité des « reste à payer sur quittance », déduction faite des aides aux locataires) aussi faibles que possible.

Ainsi, l'OLS constructeur a besoin de loyers élevés, tandis que l'OLS gestionnaire a besoin de loyers faibles...[12]

En pratique, en plus des remboursements de prêts, la vie de l'immeuble induit des charges annuelles d'exploitation (entretien, taxes, etc.) qui sont réparties entre le propriétaire et ses locataires.

ZOOM PAIEMENT DES CHARGES

Le logement social ne se distingue pas du parc privé concernant la répartition des charges récupérables auprès des locataires de celles qui ne le sont pas. Les mêmes règles de répartition s'appliquent dans l'un et l'autre secteur.

Le propriétaire doit enfin assurer lui-même, ou déléguer à un prestataire spécialisé, la gestion administrative et technique de l'immeuble. Cette gestion administrative et technique de logements n'est pas simple, car un ensemble de textes réglementaires, rassemblés dans le CCH (voir partie 2), qui ne seront pas détaillés ici, fixent les répartitions entre propriétaire et locataire de certaines charges telles que le gardiennage ou le nettoyage des parties communes, dont les escaliers et les ascenseurs. Par ailleurs, en cas de chauffage collectif, les frais de chauffage sont payés par l'OLS et refacturés aux locataires. Certaines taxes sont à la charge du propriétaire, d'autres payées par le locataire... Des équipes de gestion qualifiées sont nécessaires pour maîtriser cette complexité et apporter aux locataires un service de qualité tout en conservant intacte la nécessaire rentabilité de l'OLS.

Sur ces bases, trois données économiques sont importantes pour un OLS : le résultat d'exploitation annuel d'une opération, le résultat cumulé d'une opération et le résultat annuel d'un patrimoine.

18.7.1 Résultat d'exploitation annuel d'une opération, bénéfice ou déficit

En résultat annuel, le propriétaire reçoit du locataire les 12 mois de loyers et une participation aux charges, qui compensent ou non ses propres dépenses, comme l'illustre la figure 18.12. Le propriétaire réalise donc sur son immeuble un bénéfice ou un déficit.

Cette situation évolue au cours de la vie de l'opération :

- les loyers et charges d'exploitation augmentent de façon diversifiée :
  - les loyers au rythme des indices de réévaluation,
  - les charges de gardiennage en fonction des salaires des gardiens ;
- les charges de gestion, notamment salariales, en fonction de l'organisation des équipes ;
- le remboursement des emprunts et le poids des taxes évoluent également ; les opérations sont donc souvent en situation d'exploitation tendue entre la 25ᵉ et la 40ᵉ année :
  - en cas de différé de remboursement sur les trois premières années des prêts, l'OLS constitue des bénéfices,

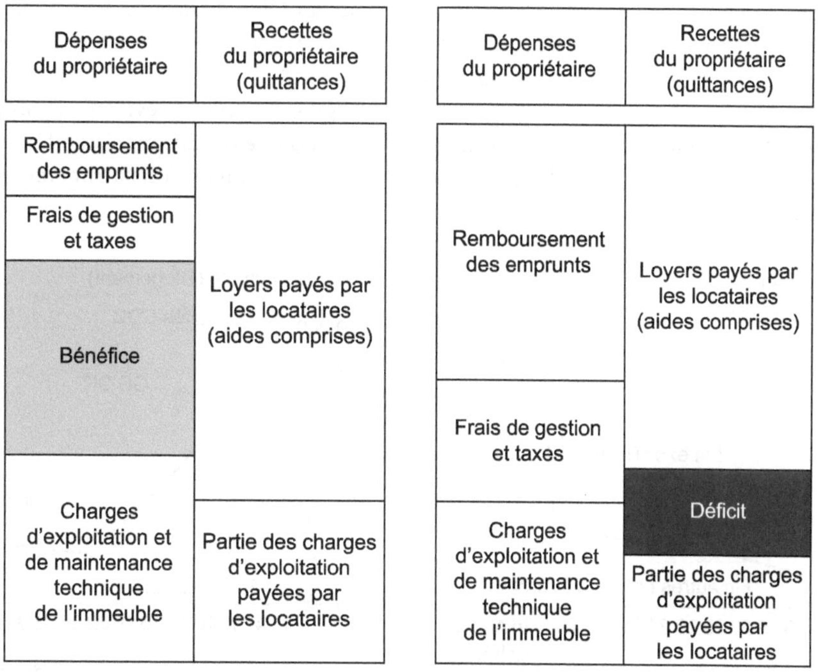

▲ **Fig. 18.12.** Principe de fonctionnement économique d'une opération locative : exemples d'une exploitation annuelle bénéficiaire (à gauche) et déficitaire (à droite)

– les remboursements des prêts suivent les évolutions du taux du livret A ; bien entendu, la fin du remboursement des prêts allège considérablement les charges,
– certaines taxes à la charge du propriétaire, telle la TFPB, n'interviennent qu'au bout de 15 à 30 ans[13] ;
• les charges techniques (€/m²/mois) comportent deux familles d'interventions, qui sont estimées au regard de ce qui est constaté sur le patrimoine existant de l'OLS :
– la petite maintenance, qui est essentiellement curative : remplacement d'une poignée de porte, d'une vitre de porte de hall, d'un radiateur, etc.,
– les grosses réparations, qui interviennent de façon programmée, notamment sur le clos et le couvert (étanchéité des toitures) mais aussi sur les parties communes (peinture des cages d'escalier).

18.7.2 Résultat cumulé d'une opération

Il n'est pas obligatoirement préoccupant qu'une opération soit en perte d'exploitation une année donnée, dans la mesure où d'autres années ont permis ou permettront de réaliser des bénéfices. C'est pourquoi on parle de « résultat cumulé » pour une opération, obtenu en additionnant les pertes et bénéfices des années successives (fig. 18.13). Sur la courbe des soldes annuels (à gauche) :
– on situe en année 3 ou 4 le pic positif du décalage de remboursement des emprunts (pas de charge de remboursement, solde positif, on atteint + 4 000 €) ;
– la courbe passe ensuite en négatif avec l'impact des remboursements des prêts ;
– elle descend encore, compte tenu de la prise en compte de travaux de gros entretien et de grosses réparations (GE/GR) à l'issue de la période de garantie décennale, vers les années 9-10 ;
– la courbe redevient positive entre les années 25 et 28 ;
– mais elle est ensuite touchée par la fin de l'exonération de la TFPB, qui la fait repasser dans le rouge ;
– la fin des prêts à l'année 43 permet enfin de dégager des excédents récurrents.

La courbe de trésorerie cumulée (à droite) est dans le rouge entre les années 8 et 50 : l'OLS doit disposer d'une trésorerie issue d'autres opérations qui atteint 25 000 € par logement en année 43, soit 1 M€ pour une opération de 40 logements.

18.7.3 Résultat annuel d'un patrimoine

La perte annuelle constatée sur une opération ne pose pas de problème si les prévisions laissent entrevoir pour les années suivantes des bénéfices qui compenseront les pertes ; encore faut-il être en mesure d'assurer la charge du découvert financier correspondant à la perte d'exploitation. C'est ici qu'intervient le résultat annuel de patrimoine (fig. 18.14). Un OLS possède en général un ensemble d'opérations à des degrés divers de maturité d'exploitation : opérations récentes, opérations anciennes à charge financière réduite, etc. Certaines sont bénéficiaires, d'autres déficitaires. Si les produits issus des opérations bénéficiaires compensent (au moins) chaque année les pertes issues des opérations déficitaires, l'exploitation du patrimoine se déroule sans difficulté. Dans le cas contraire, il convient de trouver la ressource en trésorerie permettant de passer le cap. Il peut être alors possible de recourir à l'emprunt, à condition que les bénéfices des années à venir compensent les pertes de l'année. C'est ce qui explique qu'une même opération, avec le même projet, situé sur le même terrain, pourra s'avérer constructible pour un OLS et inconstructible pour un autre, en fonction de l'ensemble des ressources mobilisables par chacun (fig. 18.14).

La figure 8.14 met en évidence l'imbrication entre résultat annuel d'une opération, résultat cumulé d'une opération et résultat cumulé d'un patrimoine.

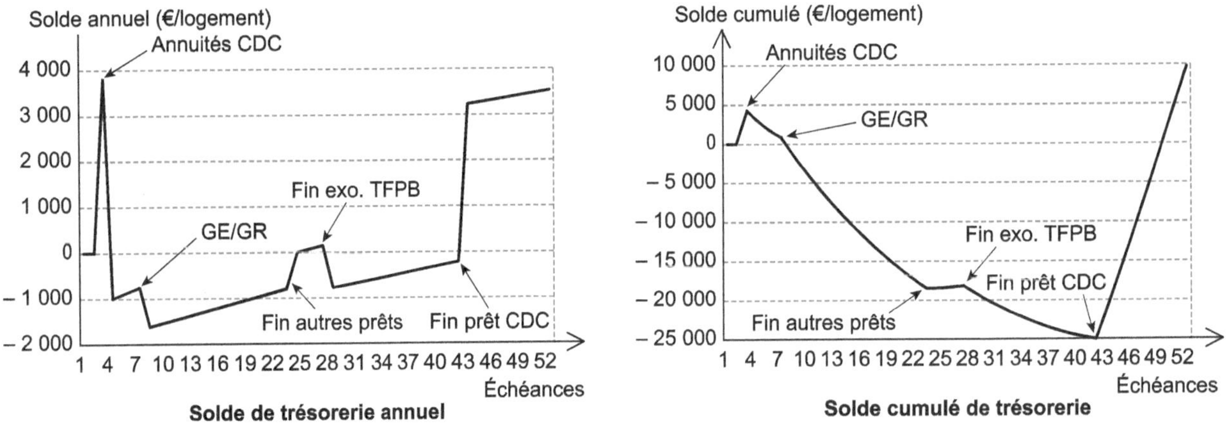

▲ **Fig. 18.13.** Soldes de trésorerie annuel et cumulé pour une opération locative sociale francilienne de 2013

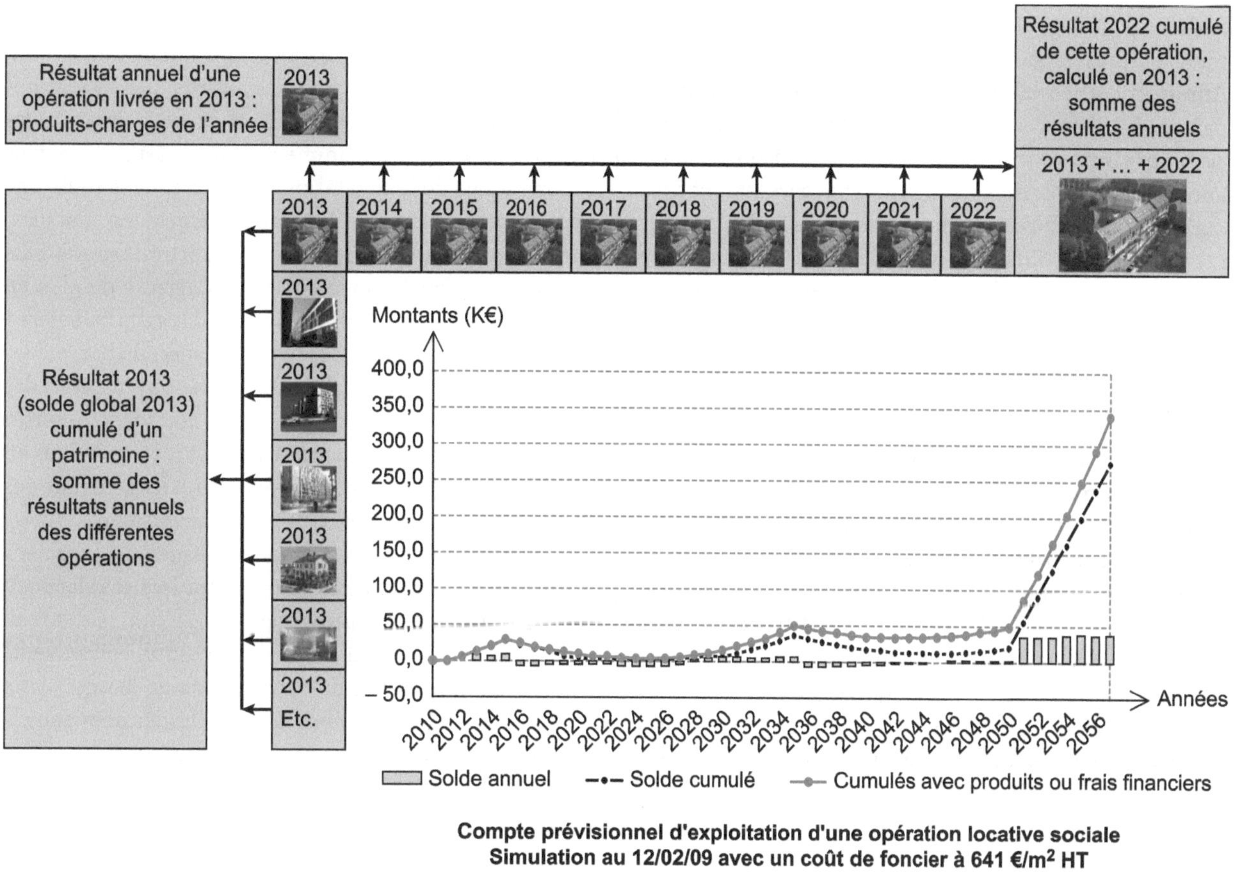

▲ **Fig. 18.14.** Résultat d'une opération et d'un patrimoine

18.7.4 Les difficultés d'une prévision fiable

L'ensemble des dépenses (foncier, honoraires, travaux, etc.) étant fixé, les différents emprunts, subventions, etc., étant évalués, comment s'effectue la vérification de l'équilibre de l'opération, qui détermine sa viabilité, et donc la décision de son engagement ?

Le calcul proprement dit des soldes annuels et cumulés de l'opération se limite à un ensemble d'additions et de soustractions qui sont programmées dans différents outils informatiques.

La principale difficulté du calcul réside dans la fiabilité des hypothèses effectuées sur les données d'entrée correspondant aux années futures d'exploitation. En effet, si toutes les données sont maîtrisées lors de la mise en service de l'opération pour l'année en cours, la variation dans le temps de la plupart d'entre elles (taux des prêts PLUS, PLAI et PLS liés au livret A, dont le taux varie ; coûts futurs d'exploitation technique ; montant des impayés à prévoir, etc.) est imprévisible. Les services de l'État proposent, en concertation avec la Caisse des dépôts et les bailleurs sociaux représentés par l'USH, un jeu d'hypothèses commun sur l'évolution des différents paramètres qui influent sur l'équilibre à long terme des opérations locatives sociales : inflation, taux du livret A, évolution des taxes foncières, etc. Ce jeu d'hypothèses[14], qui doit faciliter le dialogue, fait l'objet d'actualisations quand l'environnement économique le nécessite.

Lorsque les soldes cumulés des années d'exploitation de l'opération induisent un profil insatisfaisant, l'opération ne peut être engagée en l'état. L'OLS dispose alors de deux moyens pour améliorer la situation :

– d'une part, retravailler le projet afin d'en améliorer l'exploitation, notamment en augmentant les loyers perçus sans accroître significativement les coûts. Cette mise au point suppose que le permis de construire ne soit pas déposé, et doit donc s'effectuer en amont. Le travail peut concerner à la fois le nombre et la taille des logements, les surfaces des annexes, etc. ;

– d'autre part, réduire le montant des mensualités en réduisant le montant du prêt. Cette réduction s'opère par substitution d'une partie des emprunts par des fonds propres de l'OLS. Plus la quantité de fonds propres investis dans une opération est importante, plus les emprunts sont limités et plus l'équilibre est facile à atteindre. Mais investir lourdement en fonds propres réduit le nombre de logements qu'il est possible de construire, car la masse de fonds propres dont dispose l'OLS est limitée.

Afin d'affiner les calculs, il est possible de tenir compte dans les résultats cumulés des produits ou des frais financiers qui viennent améliorer ou dégrader chaque résultat annuel. Soldes annuels et soldes cumulés avec ou sans frais ou produits financiers sont représentés sur des courbes produites par les différents outils de calcul, notamment le logiciel de loyer d'équilibre des opérations locative aidées (LOLA), qui intègre le jeu d'hypothèses mentionné plus haut.

18.7.5 Interdépendance entre la finance et l'urbain

Économie globale de l'OLS et financement sont étroitement liés dans le logement social : la gestion des opérations déjà construites doit dégager des bénéfices sans lesquels la réalisation de nouveaux projets est impossible. Ainsi, les locataires d'aujourd'hui permettent-ils à de futurs locataires de trouver un toit demain.

Finance et urbain sont fortement interconnectés. Des situations d'échec urbain se traduisent au niveau des immeubles par un surcroît de dégradations, donc des charges de réparation plus importantes, mais aussi par une désaffection des clients locataires qui implique montée de la vacance et des impayés locatifs, donc moindres recettes de loyers. Moindres recettes et croissance des charges placent ainsi les immeubles dits « sensibles » dans la zone rouge de l'exploitation déficitaire, dont seule une opération de rénovation urbaine, impliquant la mobilisation de fonds publics, peut les faire sortir. Ils s'affaiblissent dans un environnement qui les agresse de plus en plus. À l'inverse, les immeubles situés dans des quartiers à l'image positive verront un plus fort respect du bâti par les habitants, ainsi qu'un faible taux de renouvellement des locataires, en général bons payeurs de leur loyer. Recettes en hausse et dépenses en baisse placent ces immeubles en zone verte de l'exploitation bénéficiaire. Ils génèrent des ressources excédentaires dans un cercle vertueux.

C'est ainsi que se dessinent deux images du logement social : celle négative des « cités » dégradées et celle positive des résidences calmes et fleuries. Le cœur de la mission de l'OLS consiste à assurer une gestion collective de son patrimoine, en mutualisant recettes et charges, mais aussi et surtout à prendre en compte ces données dans la décision d'investir dans une nouvelle construction.

Notes

1. Dans le cas des opérateurs classiques (HLM, SEM), la convention couvre tous les logements financés d'une même opération, donc *a priori* un ou plusieurs immeubles.
2. Voir le chapitre 2 : les fondations de la fin du XIXe siècle construisaient avec leurs propres ressources des immeubles destinés à la location, sans en attendre une quelconque rentabilité.
3. Cette partie 18.3 est construite à partir de larges extraits de l'article de Michel Amzallag « Loyers des logements sociaux : montants actuels et prise en charge par l'APL pour les ménages modestes », paru en 2022 sur le site politiquedulogement.com. Les montants des loyers ont été mis à jour.
4. L'AL existait bien avant 1977, mais son impact demeurait limité.
5. L'article L. 443-10 du CCH précise que la convention n'est pas opposable aux propriétaires successifs du logement « en cas de vente d'un logement à une personne physique, à une collectivité locale ou un groupement de collectivités locales ou à un organisme sans but lucratif qui s'engage à mettre le logement acquis à la disposition de personnes défavorisées ».
6. En 2021, le montant total de l'endettement du secteur HLM dépassait 150 Md€.
7. Les fonds propres proviennent des recettes d'exploitation d'opérations « amorties », qui ne supportent plus de charges de remboursement d'emprunts.
8. Les loyers les plus élevés (PLS) correspondent aux conditions financières les moins favorables, et réciproquement…
9. Pour un encours total de 174,3 Md€.
10. Pour les détails de fonctionnement, voir la loi n° 2004-809 du 13 août 2004 relative aux libertés et responsabilités locales, qui concerne la délégation de compétence de gestion du financement du logement.
11. Dans les zones très tendues, notamment l'Île-de-France, la promotion privée vise des surfaces « compactes » pour limiter les prix de vente et faciliter l'accès à la propriété.
12. En cas d'investissement sur un immeuble existant (réhabilitation), la charge financière nouvelle du remboursement de l'emprunt lié à la réhabilitation se cumule à l'éventuelle charge financière liée à la construction si le remboursement initial n'est pas achevé, ou à l'acquisition.
13. L'article 1384 A du Code général des impôts (CGI) prévoit que les constructions neuves de logements sociaux à usage locatif financées au moyen de prêts aidés par l'État sont exonérées de taxe foncière sur les propriétés bâties pendant une durée de15 ans à compter de l'année qui suit celle de leur achèvement. La durée de l'exonération est portée à 20 ans lorsque ces constructions satisfont à des critères de performance énergétique et environnementale supérieurs à la règlementation environnementale en vigueur. La durée d'exonération mentionnée est portée à 30 ans pour les constructions qui bénéficient d'une décision d'octroi de subvention ou de prêt aidé prise entre le 1er juillet 2004 et le 31 décembre 2026 (CGI, art. 1384).
14. Voir par exemple la « Note technique relative aux hypothèses macroéconomiques à retenir dans les simulations d'équilibre des opérations locatives sociales », ministère de la Transition écologique et de la Cohésion des territoires, 12 septembre 2024.

19

Équilibre financier en promotion immobilière

19.1 Principes

19.1.1 Entre rentabilité et risque

La promotion immobilière de logements collectifs est une activité extrêmement simple dans son principe, qui consiste à construire un immeuble puis à vendre les appartements qui le composent, la marge dégagée par l'opération étant la base économique de l'activité. L'attractivité de cette industrie se mesure par le rapport entre la marge dégagée et les capitaux investis, qui peuvent être relativement limités si l'opération s'appuie en majorité sur l'emprunt. Sur une opération de 10 M€, une base de fonds propres de 20 % (argent avancé par le promoteur pour sécuriser ses emprunts, équivalent de l'apport personnel pour un ménage acquéreur) implique une mise de fonds de 2 M€. Si la marge globale constatée *in fine* est de 5 % du chiffre d'affaires, le promoteur percevra alors 0,5 M€, soit une rentabilité de 40 % sur les capitaux investis, bien supérieure à tous les placements traditionnels...

Mais cette rentabilité reste soumise à la bonne appréciation des prix de vente finaux des appartements et au rythme effectif des ventes, principaux risques de l'activité : le promoteur doit « simuler » un schéma économique avec deux ou trois ans d'avance en faisant des hypothèses sur les prix de vente futurs des appartements, et donc la future conjonction du désir des acquéreurs et de leurs capacités financières. Le point de départ est le prix de vente constaté dans le quartier au moment de la simulation, avec comme question : quel sera ce prix 1 000 jours plus tard ? Et de très nombreux facteurs interviennent :

- le quartier : évolution du quartier dans lequel se situe le projet, moyens de transport disponibles, type d'habitat, espaces verts, écoles et collèges à proximité, etc. ;
- la concurrence : quelles opérations en cours sur quels terrains ? ;
- la ville : attractivité économique de la métropole concernée ;
- les loyers futurs des logements pour les acquéreurs qui vont acheter aux fins de location.

Le modèle financier de la promotion immobilière de logements est dans ses grands principes plus simple que celui du logement social :

- le promoteur construit, puis vend son immeuble sur un délai court et n'en assume pas la gestion ultérieure ; il n'a pas à se préoccuper de l'équilibre économique à long terme ;
- l'activité du promoteur est juridiquement encadrée mais ne dépend pas d'un arsenal de modalités financières, administratives et juridiques comme c'est le cas en logement social ;
- comme tout acteur immobilier, le promoteur est soumis aux contraintes d'urbanisme, notamment l'obtention du permis de construire, mais il est ensuite libre de gérer son opération comme bon lui semble.

Cette relative liberté de manœuvre a un prix : le risque de la promotion immobilière, le bénéfice ou la perte de l'opération n'étant connu que deux à trois ans après la décision d'engagement. Et la marge finale est liée à la commercialisation des logements construits. Si l'on envisage une opération de 50 logements dont la marge opérationnelle, en période difficile, tombe à 5 %, les trois derniers logements vendus représenteront la marge. En effet, à 47 logements vendus sur 50, l'opération est presque bouclée mais le promoteur est toujours « dans le rouge »...

19.1.2 Ratio SRU

Dans de très nombreux cas, et notamment dans la plupart des grandes métropoles, le promoteur est contraint par la collectivité à vendre en Véfa une partie de ses logements à des opérateurs sociaux. Dans toutes les villes concernées par la loi SRU, le taux de logement social est suivi comme le lait sur le feu. Mécaniquement, une opération de logements 100 % privée dégrade le taux SRU : pour une opération de 50 logements en accession privée, si le taux SRU de la ville avant l'opération est NbLS/NbTotal, il devient ensuite NbLS/(NbTotal + 50). Pour ne pas dégrader le taux SRU de la ville, il faut donc que le promoteur vende une partie de son opération à un opérateur social : 50*NbLS/NbTotal logements. Si le taux SRU de la ville est à 25 % avant l'opération, le promoteur devra vendre un quart de ses logements à un OLS – à moduler bien entendu par les éventuelles opérations 100 % sociales réalisées sur la commune, qui « autorisent » la construction de logements privés sans dégrader le taux global – pour que ce taux reste à 25 %.
Ces situations ont un impact important sur la conception architecturale, car les opérateurs sociaux privilégient les solutions leur permettant de disposer de volumes dont ils pourront gérer les parties communes de façon indépendante.

19.1.3 Taux d'intérêt

Enfin, le promoteur est fortement dépendant des niveaux des taux d'intérêt. En effet, la presque totalité des acquéreurs emprunte auprès des banques pour acheter, que ce soit pour occuper le logement ou pour le mettre en location, et leur capacité d'emprunt, donc d'achat, dépend de leurs ressources, avec un taux d'effort maximal de 25 à 30 %. Si les taux d'intérêt montent, les capacités d'achat baissent et certains logements ne sont plus accessibles. Pire encore : si les taux montent, même les acquéreurs suffisamment aisés pour supporter la hausse se placent en position d'attente d'une future baisse escomptée. Les taux d'intérêt sont ainsi une épée de Damoclès suspendue au-dessus de la tête de tout promoteur.
C'est ce qui s'est produit en 2022/23/24 avec la hausse brutale des taux d'intérêt, qui a induit une chute de plus de 40 % des réservations de logements libres.

19.1.4 Variabilité dans la maîtrise des facteurs de réussite

Ainsi, parmi les facteurs essentiels de réussite d'une opération de promotion immobilière, certains sont endogènes et relèvent du professionnalisme opérationnel du promoteur, d'autres sont exogènes et relèvent de sa capacité d'anticipation des évolutions de l'environnement (fig. 19.1).

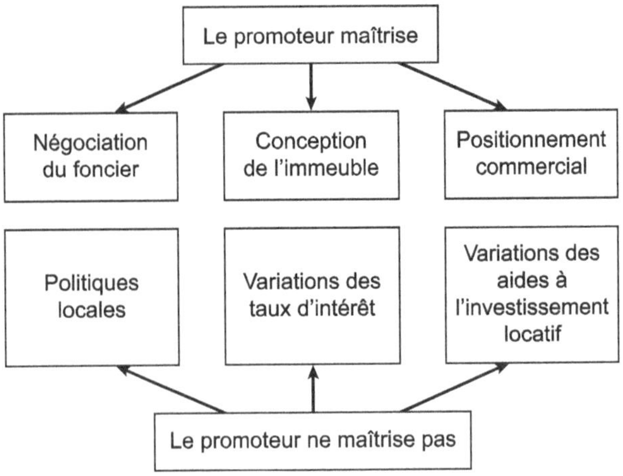

▲ **Fig. 19.1.** Ce que le promoteur maîtrise, et ce qu'il ne maîtrise pas

19.2 Bilan promoteur et prix du foncier

Le premier calcul effectué dès les premiers contacts concernant un foncier potentiel reste basique. Ses données d'entrée sont :
- la capacité constructible du terrain au regard du PLU et d'éventuelles autres contraintes ;
- les prix de vente possibles des appartements à construire à l'horizon de 6 à 12 mois (date de démarrage possible d'une commercialisation) ;
- les prix de vente à un OLS, qui sont fréquemment imposés, notamment dans le cas de concours ;
- les coûts de construction moyens de la zone considérée.

Ces données d'entrée permettent d'établir un premier « bilan promoteur », qui donnera une fourchette de prix d'acquisition possible du terrain. Le promoteur effectue un calcul à rebours en partant des recettes escomptées, donc du prix de vente possible, pour en soustraire des coûts « techniques » : construction, honoraires et frais divers, dont les intérêts de l'emprunt qu'il souscrira, ainsi qu'une marge. Le résultat final représente la somme maximale qu'il peut consacrer au foncier, la « charge foncière ». S'il dépassait cette somme, son bilan ne serait pas équilibré et l'opération ne serait pas viable (fig. 19.2).
L'équilibre du bilan est plus facile à trouver lorsque les prix du marché sont élevés. Des valeurs de marché immobilier faibles peuvent tout simplement interdire le lancement d'une opération de promotion privée : avec des coûts de construction envisagés, par exemple, en valeur minimale possible autour de 1 700 € HT du mètre carré de surface effectivement vendue, les prix de vente doivent atteindre au minimum le double, soit 3 400 €/m^2 HT.
Dans l'autre sens, une augmentation des prix du marché immobilier peut faire exploser les valeurs foncières : avec un foncier en base à 10 % du prix de vente, une

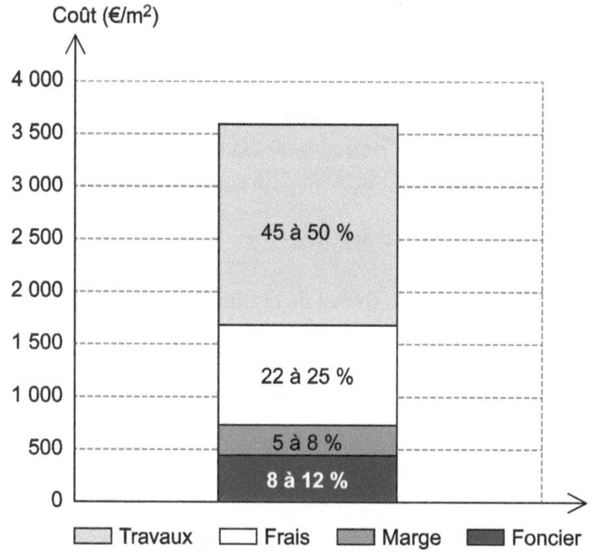

▲ **Fig. 19.2.** Dans un bilan promoteur, le prix acceptable du foncier se déduit des autres paramètres

(source : Cerema, fiche outil « Aménagement opérationnel. Le bilan promoteur », juillet 2023)

augmentation de 5 % du prix de vente, si elle était affectée en totalité au foncier, permettrait de le payer 50 % plus cher.

Le bilan promoteur reste une vision statique d'une opération, qui dure de deux à trois ans entre la signature d'une promesse de vente avec le propriétaire foncier et la livraison des nouveaux logements aux occupants. Ce bilan évolue en réalité en permanence (fig. 19.3), puisque les charges (coûts de construction) et les produits (prix de vente) évoluent. En période faste, les prix des appartements d'une opération en commercialisation peuvent augmenter de 20 % entre le premier et le dernier acquéreur.

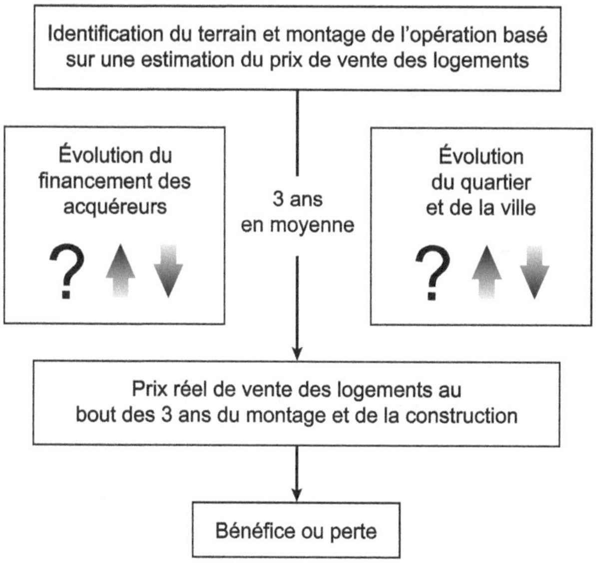

▲ **Fig. 19.3.** Le temps, principale inconnue des opérations de promotion immobilière

Mais le marché foncier est bien souvent un marché d'enchères : le plus offrant remporte la mise. Et le plus offrant est celui qui table sur le prix de vente final le plus élevé, donc qui assume le maximum de risque. Tout l'enjeu du métier de promoteur est là : jusqu'où peut-on aller ?

19.3 Prix de vente et modes de commercialisation

19.3.1 Clients

Une opération de promotion immobilière privée a trois types de clients :

- des accédants à la propriété, qui achètent l'appartement pour l'occuper ;
- des investisseurs privés, qui achètent aux fins de réaliser un investissement locatif ;
- des opérateurs HLM, qui achètent en bloc une partie de l'opération.

Ces trois types de clients ont des raisonnements économiques distincts, tous guidés par des considérations exogènes à l'opération.

Accédant à la propriété

L'accédant à la propriété qui achète pour occuper est limité par sa capacité d'emprunt, donc par le poids du remboursement de la dette rapporté à l'ensemble de ses revenus. La banque va examiner ce ratio, qui n'est encadré par aucune réglementation, mais dont la limite est couramment supérieure à 30 %. La stabilité des ressources va également influer sur la décision du banquier. Cependant, le plus important reste l'évolution de la conjoncture immobilière, car la garantie du banquier réside dans l'hypothèque sur la valeur du bien. Si le marché est en hausse, le bien objet du prêt va voir sa valeur croître, donc le banquier est assuré que son prêt restera dans l'avenir nettement inférieur à la valeur de l'appartement, et ne court pas de risque. Mais si le marché se retourne et les prix baissent, la valeur future du logement peut devenir inférieure au montant du prêt accordé, et le banquier se trouve alors dans une position risquée. Le réflexe du banquier est donc de mener une sélection drastique des dossiers, ce qui signifie de potentiels nombreux refus de prêts. C'est ce qui s'est passé en 2023 et 2024 en conséquence de la hausse des taux d'intérêt, impliquant des baisses de prix du marché de l'immobilier.

Investisseur privé

Le raisonnement de l'investisseur privé est différent. Il achète un bien pour le louer et doit assumer les charges qui y sont associées : remboursement d'emprunt, charges de la copropriété non imputables aux locataires, taxes, frais de gestion. Face à ces charges, un loyer guidé par le marché locatif local. L'équilibre peut être facilité de trois façons :

- l'investisseur peut engager un apport personnel qui diminue le montant du prêt, donc la charge de remboursement, et facilite l'atteinte de l'équilibre ;
- l'investisseur peut viser le long terme :
  - à l'issue du remboursement du prêt, l'opération devient en général rentable, car la plus grande partie du loyer passe alors en marge,
  - si l'image du quartier évolue favorablement, et les prix de l'immobilier avec, l'investisseur peut espérer une plus-value lors de la revente de son bien, sous les contraintes liées au congé pour vente dans la mesure où le logement est loué ;
- l'État a mis régulièrement en place des dispositifs d'aide aux investisseurs leur permettant, sous certaines conditions, notamment de loyer plafond, de bénéficier d'avantages fiscaux. Ces dispositifs sont associés en général aux ministres en charge du logement successifs : Périssol, Besson, Robien, Borloo, Scellier, Duflot, Pinel. Mais le ministre en charge du logement en 2023 avait annoncé cette année-là la fin de ce type de dispositif.

Opérateur HLM

Les opérateurs HLM sont liés par leurs contraintes d'équilibre d'opération présentées au chapitre 18.

19.3.2 Modes de commercialisation

À ces trois familles de clients correspondent trois modes de commercialisation :

- l'acquéreur en direct passe par la bulle de vente présente sur le site ; il scrute l'environnement, l'orientation des logements, la qualité des écoles et des commerces ; il faut le convaincre de l'intérêt global d'une installation dans le quartier concerné ;
- l'investisseur se préoccupe essentiellement des loyers pratiqués ; il vise en général des logements de petite surface, faciles à louer, sans exigences fortes sur l'étage ou l'orientation ; il achète parfois *via* des réseaux de commercialisation, sans connaître ni le quartier ni l'allure de l'immeuble quelquefois situé à des centaines de kilomètres de son domicile ;
- l'opérateur HLM s'intéresse en priorité à la gestion future de ses logements, qui ne doit pas se voir contrariée par les contraintes de la vie en copropriété.

19.4 Postes du bilan de l'opération

On peut distinguer cinq grandes familles de dépenses pour une opération de promotion immobilière (tab. 19.1), liées au terrain, aux honoraires, à la construction, à la gestion de l'opération et aux frais financiers.

▼ Tab. 19.1. Détail et pourcentages des dépenses

Famille de dépense	Détail de la famille de dépense
Foncier	– Achat du terrain – Frais de notaires – Sondages – Référé préventif – Étude environnementale – Taxe d'aménagement – Redevance d'archéologie préventive – Branchements gaz, électricité et fibre – Branchements eau et assainissement – Démolition et dépollution – Évictions et commissions
Honoraires	– Maîtrise d'œuvre : architecte, bureau d'études – AMO, par exemple pour l'impact carbone – Bureau de contrôle technique – Coordonnateur SPS – Assurance dommages-ouvrage – Certifications – Conduite d'opération – Maîtrise du chantier – Direction d'investissement – Géomètre
Construction	– Bâtiment – Garages – Aménagements et espaces verts – Divers et imprévus
Gestion	– Frais de gestion – Commercialisation – Publicité – Imprévus divers
Finance	– Frais financiers – Garantie financière d'achèvement

19.5 Exemple d'opération-type

Cette opération-type de 130 logements en petit collectif associe des logements vendus aux particuliers sur le marché libre, des logements sociaux vendus à un opérateur social et des logements vendus en BRS (voir 16.2.2).

19.5.1 Postes de dépenses

Le tableau 19.2 présente les pourcentages de la dépense par poste.

▼ **Tab. 19.2.** Détail des postes de dépense et pourcentages des dépenses

Poste de dépense	Détail de la dépense	Pourcentage de la dépense
Charge foncière	– Acquisition du terrain – Frais de notaire – Rémunération des intermédiaires – Versement d'indemnités – Dépollution et désamiantage – Taxe d'urbanisme – Géomètre pour les sondages – Frais d'affichage	23 (1)
Aménagement du terrain	– VRD – Branchements	2
Travaux	– Marchés de travaux – Révisions et actualisations – Provision pour aléas travaux	55
Honoraires techniques et architecturaux	– Architecte maître d'œuvre – BET – Honoraires HQE – Honoraires espaces verts – Bureau de contrôle – Coordonnateur SPS – Honoraires pour l'obtention de labels	7
Frais annexes non techniques	– Assurances – Garantie financière d'achèvement – Honoraires de vente par réseau	4
Autres dépenses opérationnelles	– Taxe foncière – Honoraires de gestion de l'opération – Honoraires de vente internes – Publicité – Frais financiers	9
Total des dépenses		100
(1) Dont 90 % pour l'achat du terrain.		

19.5.2 Postes de recettes

Les recettes proviennent des ventes aux particuliers en accession classique ou BRS, et à l'opérateur social pour la vente en bloc. Sur une base de 60 % de ventes classiques, 20 % de logements sociaux et 20 % en BRS, la répartition des recettes pourrait être celle indiquée dans le tableau 19.3.

▼ **Tab. 19.3.** Détail et pourcentages des recettes

Vente	Pourcentage de la recette
des logements en accession	63
des logements en BRS	17
en bloc de logements sociaux	13
de boxes et places en sous-sol	5
des charges foncières BRS	2
Total des recettes	100

19.5.3 Indicateurs de rentabilité

Sur ces bases, les deux indicateurs de rentabilité du promoteur sont :

- la marge de l'opération, différence entre le total des ventes et le total des dépenses, qui est distribuée au promoteur en totalité, ou en partie si d'autres associés participent à la SCCV ;
- le cash-flow de l'opération, qui rassemble l'ensemble des recettes générées par l'opération pour le promoteur :
  - marge de l'opération,
  - honoraires de vente par les équipes internes du promoteur,
  - honoraires de gestion de l'opération.

La marge de l'opération se situe en ordre de grandeur entre 5 et 15 % du total des ventes, le cash-flow entre 10 et 20 %.

Index

C

D

E

F

G

H

I

J

L

M

O

P

T

U

V

W

Z

Table des matières

Chapitre 3

PARTIE 2

Chapitre 4

Chapitre 5

Chapitre 6

Chapitre 7

Chapitre 8

Chapitre 9

PARTIE 3

PARTIE 4

Chapitre 15

Chapitre 16

Chapitre 17

Chapitre 18

Chapitre 19

EDITIONS
LE MONITEUR
Une marque du groupe
infoprodigital

Le groupe Infopro Digital, certifié ISO 14001,
est engagé dans une démarche environnementale.
Cet ouvrage est imprimé en France sur un papier issu de forêts gérées durablement.

Achevé d'imprimer sur les presses SEPEC Numérique
"les Bruyères", 01960 Péronnas France en juin 2025
Dépôt légal : juillet 2025

IMPRIM'VERT®
PEFC
10-31-3532